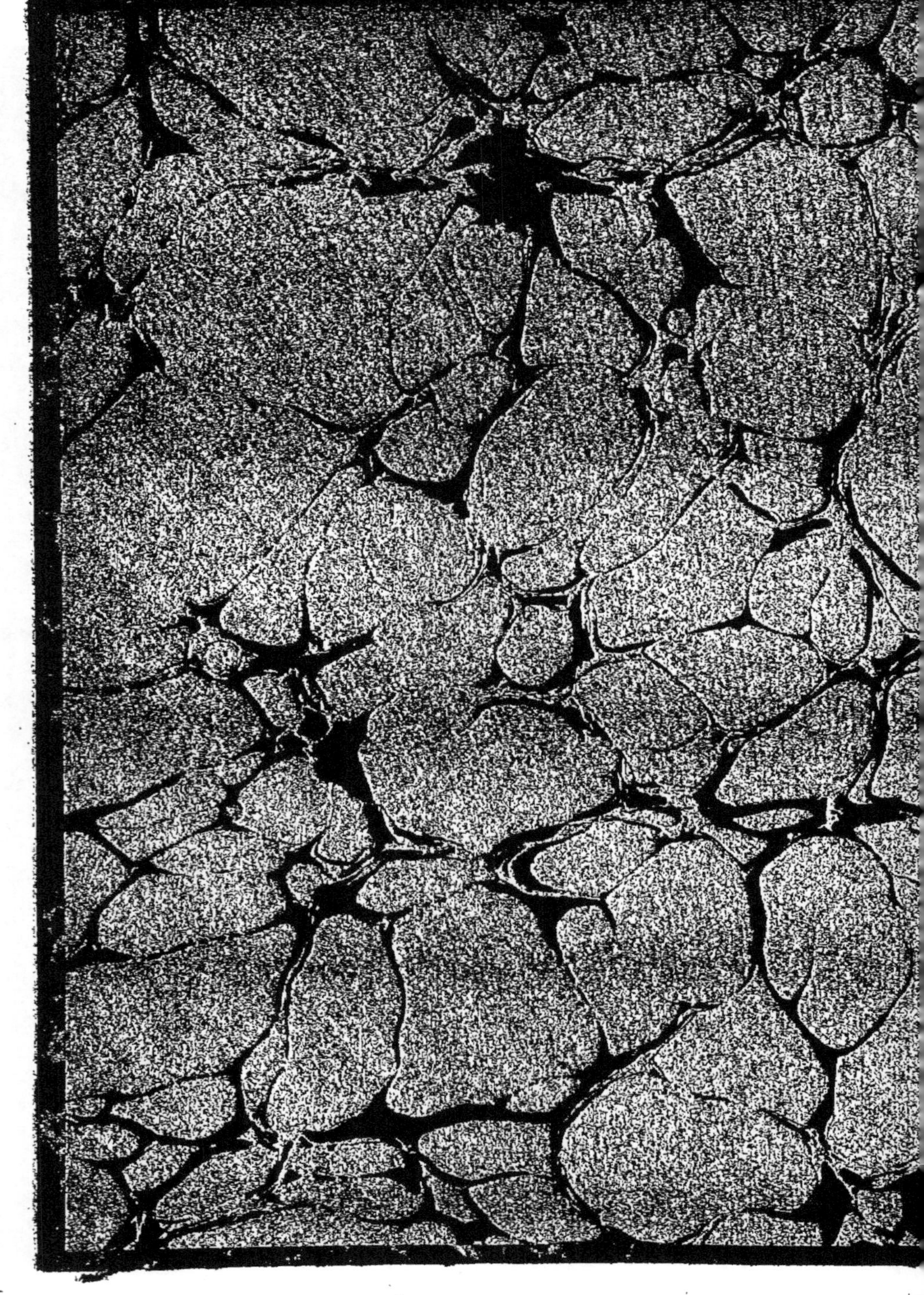

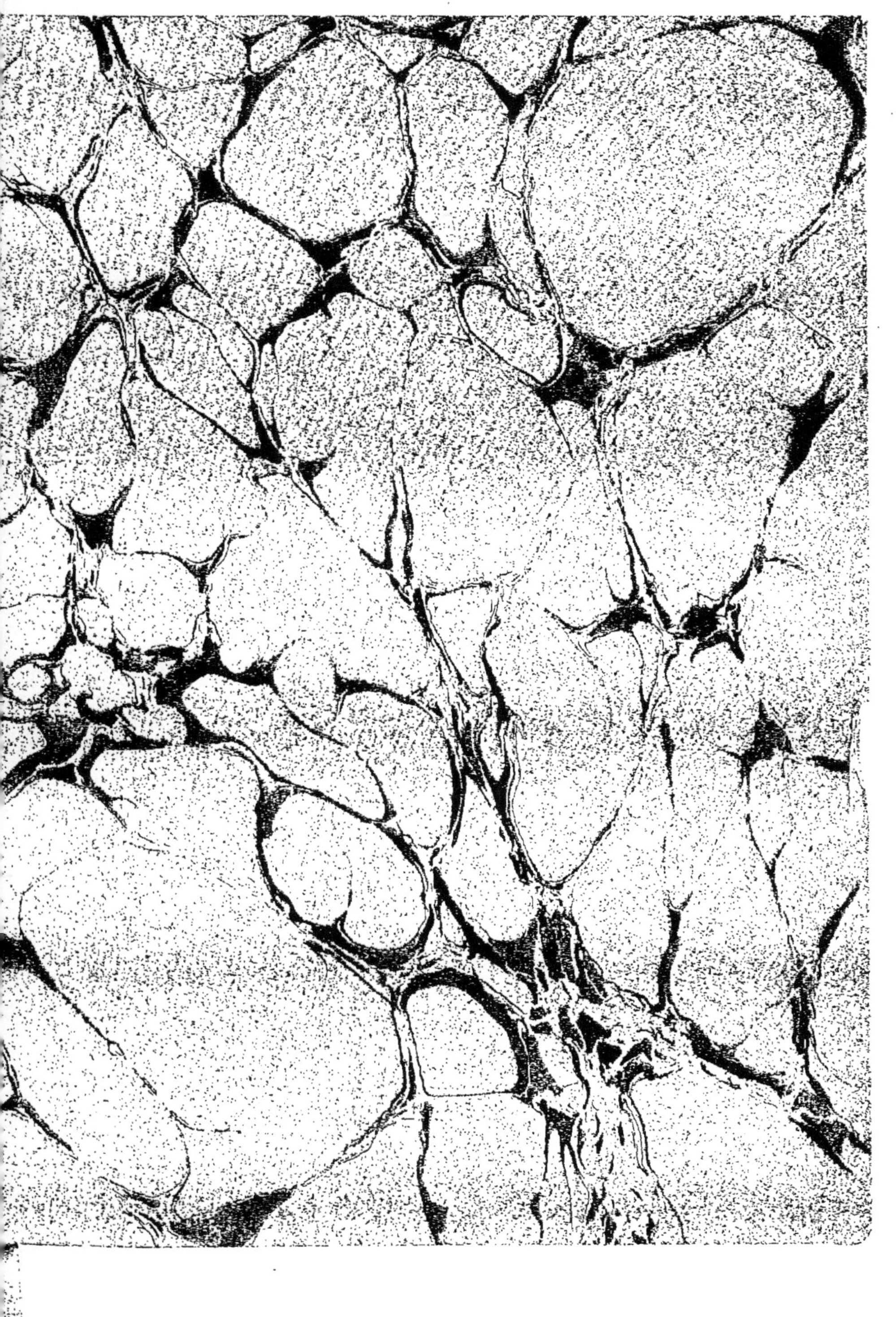

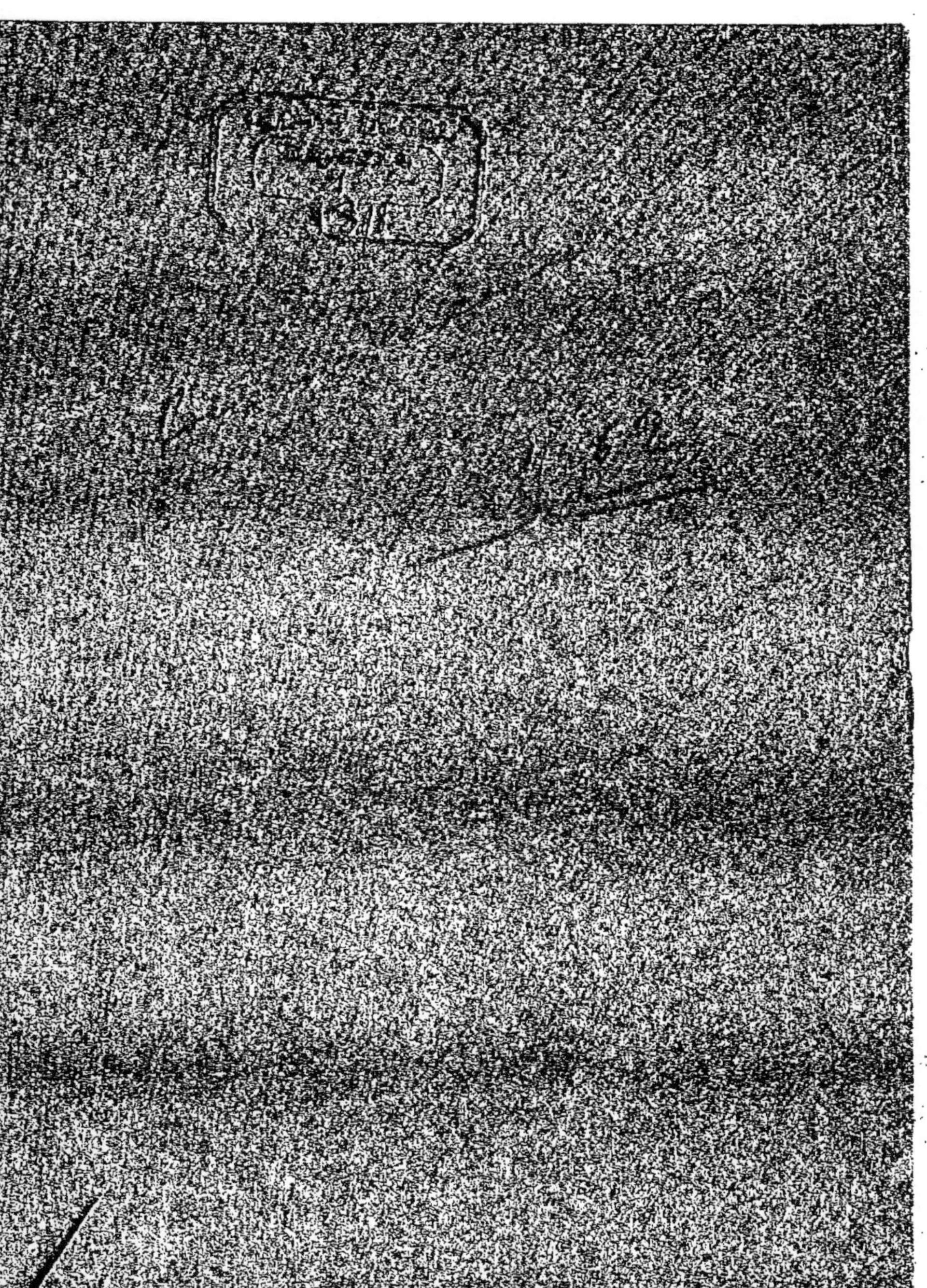

Ce livre appartient à M..

demeurant à ....

rue .... *n°* ....

La librairie Bernard **TIGNOL**
accorde aux porteurs de ce volume
une remise de **10** % sur tout achat
de livres fait par son intermédiaire.

BIBLIOTHÈQUE DE L'ÉLECTRICIEN

	Livres achetés ou à acheter	Observations

BIBLIOTHÈQUE DES ACTUALITÉS INDUSTRIELLES, N° 51

MANUEL PRATIQUE

DU

MONTEUR ÉLECTRICIEN

Le Mécanicien Chauffeur Électricien

MONTAGE & CONDUITE DES INSTALLATIONS ÉLECTRIQUES

Cours d'Électricité Industrielle Pratique

FAIT A LA FÉDÉRATION GÉNÉRALE PROFESSIONNELLE
DES CHAUFFEURS - MÉCANICIENS DE FRANCE ET D'ALGÉRIE

PAR

J. LAFFARGUE

Ingénieur-Électricien, Licencié ès-sciences physiques,
Ancien directeur de l'usine municipale d'électricité des Halles centrales,
Attaché au service municipal du contrôle des Sociétés d'électricité
de la Ville de Paris,
Officier de l'instruction publique.

*Ouvrage honoré d'une Médaille d'argent
par la Société d'Encouragement pour l'Industrie nationale*

TROISIÈME ÉDITION

entièrement refondue et considérablement augmentée

PARIS

BERNARD TIGNOL, ÉDITEUR

ACQUÉREUR DE LA

LIBRAIRIE DE L'ÉCOLE CENTRALE DES ARTS ET MANUFACTURES

53 *bis*, QUAI DES GRANDS-AUGUSTINS

AVIS

Demandez toujours la courroie « REDDAWAY »
(poil de chameau portant la marque du chameau) et [exi-
ger la marque sur chaque courroie.

En raison du grand nombre de contrefaçons, la Maison
REDDAWAY, créatrice de la courroie en Poil de Chameau,
s'est décidée à changer le nom primitif, pour adopter celui de
son créateur.

Nous espérons que, par ce moyen, toute fraude ou confusion
sera évitée, et que, dans leur propre intérêt, Messieurs les
Industriels sauront écarter les mauvaises contrefaçons que
l'énorme succès de notre courroie a fait surgir.

F. DREVDAL

PARIS — 30, Rue Amelot, 30 — PARIS

Seul Concessionnaire pour la France

Demandez notre catalogue contenant renseignements
techniques et pratiques sur toutes nos courroies.

APPLICATIONS. — La courroie « REDDAWAY » vu sa
force, son inextensibilité et son adhérence est indiscutablement
supérieure à toute autre courroie pour commandes et sous-com-
mandes.

En outre, elle est non seulement la meilleure, mais presque
indispensable pour toutes les industries où les courroies fonctionnent dans un milieu anormal, par exemple dans l'humidité,
la grande chaleur, les poussières, ou en contact avec les gluco-
ses, les huiles et mêmes les acides. Nous la recommandons donc
tout particulièrement pour :

Sucreries, Raffineries, Distilleries, Brasseries, Féculeries,
Blanchisseries, Teintureries, Papeteries, Verreries, Fabriques
de Ciments, Chaux, Phosphates et Produits chimiques. Usines
métallurgiques, Installations en plein air, etc., car elle est la
seule pouvant subir toutes les influences sans altération et en
donnant une plus longue durée.

PRÉFACE DE LA TROISIÈME ÉDITION

Nous présentons aux électriciens la troisième édition de notre Manuel pratique de l'Ouvrier Monteur électricien. Ce modeste ouvrage n'a d'autres prétentions, comme l'indique son sous-titre, que de rassembler en un recueil les renseignements pratiques de toutes sortes qui peuvent être utiles à un électricien, soit pour la conduite ou l'établissement d'une installation électrique. Et par électricien nous ne désignons pas seulement l'ouvrier dont le métier est de s'occuper uniquement des montages électriques ; mais nous voulons parler également des chauffeurs-mécaniciens qui ont pour mission de faire fonctionner dans une usine, la chaudière et la machine à vapeur et, le soir, d'assurer également l'éclairage électrique ; souvent même dans la journée, il est nécessaire de faire marcher la dynamo pour alimenter des moteurs électriques placés dans l'atelier. C'est pour fournir à ce mécanicien les instructions nécessaires qu'ont été créés nos cours à la Fédération des chauffeurs mécaniciens, sous la présidence intelligente et toujours dévouée de M. Guimbert, assisté du secrétaire général M. Roguenant. Pendant l'année 1896-1897, dix cours ont eu lieu à Paris, et nous avons pu établir un cours de deuxième année essentiellement pratique, où chaque élève manie les divers appareils et apprend à les monter et à les démonter. Nous espérons que bientôt nous aurons, pour faire ces cours, une usine spéciale.

C'est en nous inspirant de ces idées que nous avons donné un grand développement à notre livre, en insistant surtout sur le côté pratique. Après quelques chapitres consacrés aux définitions générales, à la production de l'énergie électrique par les piles, par les dynamos à courants continus, alternatifs et polyphasés, aux accumulateurs et appareils de transformation, aux appareils de mesure, indicateurs divers, aux appareils de manœuvre, nous faisons une étude des modes de distribution d'énergie électrique, de la marche de l'usine génératrice avec ou sans accumulateurs. Nous arrivons ensuite successivement aux canalisations dans les rues, aux installations intérieures, et aux divers appareils d'utilisation de l'énergie électrique. Dans divers chapitres, nous parlons des accidents possibles, des instructions nécessaires; nous citons plusieurs exemples d'installations à Paris et en province, nous mentionnons les réglements les plus importants. Une série de questions et de réponses donnent un résumé des leçons. Viennent ensuite divers problèmes pratiques d'électricité, ainsi que des exercices pratiques de deuxième année. Nous terminons en donnant les réponses à des questions qui nous ont été posées par des lecteurs depuis l'apparition du Manuel.

Nous pensons avoir donné, dans des termes accessibles à tous, les éléments suffisants pour faire de bons mécaniciens-électriciens-conducteurs, et de bons monteurs électriciens. C'est pour nous un devoir agréable de remercier les Sociétés qui ont bien voulu nous donner leur appui, la Chambre syndicale des Industries électriques, l'Association amicale des ingénieurs électriciens, et le Syndicat des usines d'électricité.

J. LAFFARGUE.

Paris, septembre 1897.

MANUEL

DE

L'OUVRIER MONTEUR ÉLECTRICIEN

CHAPITRE I

DÉFINITIONS GÉNÉRALES

L'électricité industrielle a pris aujourd'hui une importance considérable ; il n'est malheureusement pas toujours possible d'expliquer les phénomènes qui apparaissent, sans avoir recours à des théories élevées et empruntant souvent les mathématiques supérieures.

A côté de ces théories des plus intéressantes mais souvent trop abstraites, il nous a semblé qu'il pouvait y avoir place pour des considérations pratiques basées sur des exemples frappants et faciles à répéter et qui pourraient être de grande utilité aux ouvriers mécaniciens électriciens, chargés quelquefois de conduire une dynamo, d'autres fois d'allumer des lampes à arc, mais le plus souvent obligés de faire une installation électrique, de la mettre en exploitation, de la surveiller, de la mettre en marche, de l'arrêter, d'assurer la charge des accumulateurs, etc. Ces mécaniciens électriciens désirent s'instruire et connaître les principaux appareils qu'ils sont obligés de manier chaque jour. Ils veulent connaître une dynamo, les principales parties qui la composent, comment elle fonctionne et comment elle agit : ils demandent qu'on leur apprenne les accidents pouvant survenir, ils y porteront toute leur attention et chercheront à les éviter.

Pour atteindre ce but et arriver ainsi peu à peu à montrer à l'ouvrier électricien les diverses connaissances qu'il doit posséder, nous aurons recours à des expériences que l'on peut répéter facilement. L'écoulement de l'eau dans les tuyaux nous offre l'exemple le plus frappant. C'est également celui que nous avons toujours employé à nos cours. En étudiant tous les détails de cette expérience, on retrouve exactement les éléments dont nous allons parler.

Ce premier chapitre est donc destiné à nous faire connaître les divers éléments de l'énergie électrique, à nous montrer comment l'énergie électrique se manifeste à nous. Quand nous connaîtrons ces divers éléments, il sera nécessaire de les mesurer, d'apprécier leur grandeur.

Nous nous contenterons donc dans ce premier chapitre de traiter successivement : *Les Éléments caractéristiques de l'énergie électrique, les unités électriques diverses, les exemples divers relatifs aux unités électriques.* Nous donnerons ensuite quelques renseignements sur le principe de la production de l'énergie électrique, sur les différents modes de production en mentionnant leurs principaux avantages et inconvénients ainsi que leurs dépenses respectives. Les quelques chiffres que nous citerons ainsi n'auront d'autre but que de fixer un peu les idées sur divers points et nous maintenir toujours dans les limites des résultats pratiques. Nous indiquerons ensuite les dispositifs atcuels des installations électriques.

Eléments caractéristiques de l'énergie électrique.

Afin de mieux envisager les effets électriques, il importe de les mesurer, c'est-à-dire de les rapporter à des unités spécialement choisies. De même, dans la vie pratique, nous évaluons les poids en gramme et en ses multiples et sous-multiples, les quantités d'eau en mètre cube et en ses dérivés, etc.

Mais avant d'entreprendre cette étude, il convient de connaître les éléments caractéristiques de l'énergie qui se présente à nous sous la forme d'énergie électrique. Nous emprunterons la plupart de nos comparaisons à l'hydraulique, pour les rendre plus claires et plus compréhensibles.

Si nous considérons une distribution d'eau établie (fig. 1), par exemple, sur les hauteurs de Montmartre, pour alimenter l'intérieur de Paris, nous remarquerons d'abord qu'il y a une certaine *différence de niveau* entre le réservoir placé sur la hauteur et les points *bas* de Paris à desservir ; puis dans l'*unité de temps ou seconde*, il s'écoule une *quantité d'eau*, variable suivant le diamètre du tuyau de transmission. Ce

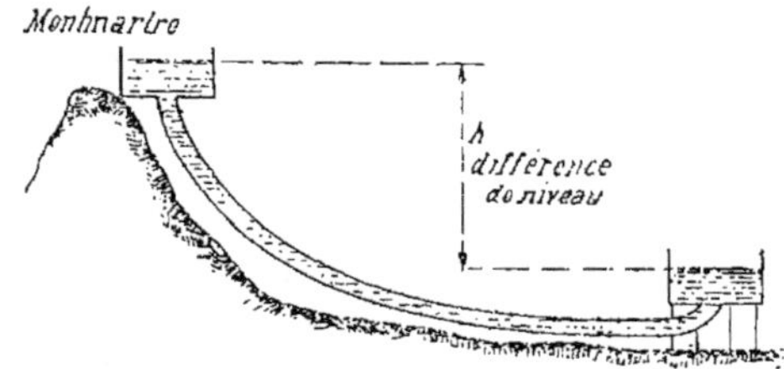

Fig. 1. — Schéma d'une distribution d'eau à l'aide de deux réservoirs placés à des hauteurs différentes.

tuyau, suivant son diamètre, opposera une *résistance* au passage de l'eau, qui aura à vaincre des frottements intérieurs. L'eau, en tombant, aura effectué un certain *travail* dépendant de la différence de niveau et de la quantité qui aura été débitée. Si nous considérons le *travail effectué* dans l'unité de temps ou dans la *seconde*, nous aurons la *puissance*.

Dans l'exemple choisi plus haut, une analyse détaillée nous montre que la quantité d'eau qui s'écoule dépendra d'abord de la *différence de niveau* des deux réservoirs, de la *longueur* et du *diamètre* des tuyaux de jonction. La longueur et le diamètre des tuyaux interviennent par la résistance du frottement opposée au passage de l'eau. Plus le tuyau sera long, plus long sera également le chemin à parcourir par l'eau, et par suite les frottements interviendront également dans une plus grande mesure. Le diamètre du tuyau est aussi lié directement à la résistance offerte. Si le diamètre est faible, le passage offert est très étroit et l'eau ne s'écoule que difficilement. Il n'en est plus de même si le diamètre a une certaine valeur. Il y aurait encore intérêt à considérer la nature de la matière qui compose le tuyau (cuivre, fer, caoutchouc). Ce dernier facteur a une influence que nous pouvons négliger pour le moment. Nous remarquerons aussi que l'écoulement de l'eau se produit dans un tube creux.

On peut encore réaliser la même expérience d'une autre façon qui met aussi très clairement en évidence l'influence de la pression. Prenons deux récipients métalliques fermés par un couvercle, réunissons-les par un tuyau portant un robinet, et fermons ce dernier. Soufflons ensuite une certaine quantité d'air sous pression dans un des récipients. La pression augmentera dans ce réservoir, viendra appuyer sur l'eau et la fera écouler aussitôt dans le deuxième réservoir dès que nous aurons ouvert le robinet du tuyau de communication.

Le mot *différence de niveau* dont nous nous sommes servis plus haut peut donc être remplacé par le mot *différence de pression* qui est plus exact dans l'espèce, puisque la différence de niveau crée une différence de pression qui seule agit effectivement.

Ces mêmes éléments se retrouvent dans les distributions d'électricité, et nous permettent de définir les principales unités dont nous aurons besoin.

Pour une installation électrique, nous prenons deux conducteurs formés de fils de cuivre, et entre eux nous établissons une différence de pression électrique, qui prend le nom de *différence de potentiel*; cette dernière est l'effet dû à la cause désignée sous le nom de *force électromotrice*.

De même que deux réservoirs placés à des hauteurs différentes et réunis entre eux par une canalisation tendent à se mettre au même niveau, le niveau du réservoir le plus haut placé se déverse dans l'autre, en créant un débit d'eau dans un sens déterminé; de même deux conducteurs portés à des potentiels différents, et par suite présentant entre eux une différence de potentiel, s'ils viennent à être réunis entre eux, donneront un débit d'électricité, en créant un courant dans le sens du plus haut potentiel vers le plus faible.

Dans la figure 2 se trouve un schéma de distribution hydraulique et électrique. Les deux réservoirs AB et CD sont placés à des hauteurs différentes et sont réunis par un tuyau de communication. Au point de vue électrique, les conducteurs AB

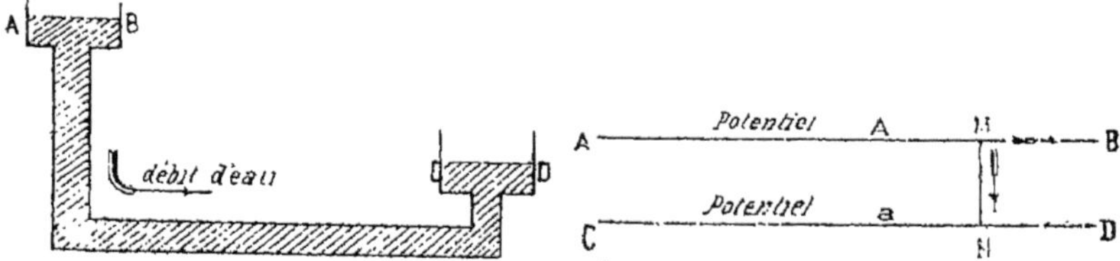

Fig. 2. — Comparaison des différences de pression hydraulique et électrique.

et CD sont portés à des pressions électriques différentes A et *a* ou *potentiels électriques*.

Entre ces deux conducteurs électriques AB et CD, nous plaçons un fil quelconque ou d'une nature particulière comme un charbon MN, par exemple. Ce dernier est traversé par un courant électrique par suite de la différence de pression électrique qui existait entre les deux conducteurs. La pression tend en effet à devenir la même sur les deux parties.

Dans les deux réservoirs réunis entre eux et placés à des hauteurs différentes, il s'écoulait en un temps donné, de l'un dans l'autre, une quantité d'eau. On peut se demander, à un certain moment quel est le volume débité par unité de temps ou par seconde. Ce volume, par unité de temps, n'est autre que *l'intensité* du débit.

Dans un courant électrique, on retrouve la même notion de l'*intensité*, qui est alors la quantité d'électricité débitée dans l'unité de temps, la seconde.

L'eau, en glissant dans le tuyau, a rencontré des résistances qu'il a fallu vaincre, frottements, étranglements etc. Pour le courant électrique également, les fils de charbon, de cuivre ou autres ont opposé des résistances passives au passage du courant.

L'eau, en tombant avec une certaine force et en parcourant une distance déterminée, accomplissait un certain travail. On définit en effet, en mécanique, le travail comme le produit d'une force par le chemin parcouru par le point d'application de cette force.

Il importe de connaitre le rapport du travail au temps employé à l'accomplir ; il porte le nom de *puissance*.

Tous ces éléments se retrouvent également au point de vue électrique.

Nous insistons particulièrement sur cette dernière notion de la puissance et du travail. La distinction qui existe entre les deux est souvent méconnue, et entraine parfois des erreurs. L'élément distinctif d'une machine est la *puissance*, ou travail qu'elle peut développer par seconde. Le travail qu'elle effectuera dépendra de la durée de marche et des conditions dans lesquelles elles devra fonctioner.

Unités électriques diverses

Dans les quelques considérations qui précèdent, nous avons trouvé les divers facteurs qui caractérisent l'énergie électrique :

La différence de potentiel ;
La résistance ;
L'intensité ;
La puissance électrique ;
Le travail électrique.

Il ne suffit pas de connaître ces divers facteurs, il faut encore en apprécier la grandeur, de façon à nous permettre dans tels ou tels cas d'établir des comparaisons nettes et précises entre différentes machines, diverses installations, etc.

Pour arriver à ce but, il convient de prendre quelques termes que nous définirons comme *unités*, et auxquels nous rapporterons les autres. De même pour mesurer une longueur, nous avons aujourd'hui le centimètre, ou son multiple le mètre.

La question que nous nous posons, les électriciens se la sont déjà posée à plusieurs reprises et notamment aux congrès de 1881, 1884, 1889 et 1893.

Après une entente avec les délégués des divers pays, les unités suivantes ont été adoptées. (Nous ne parlons ici, bien entendu, que du système électromagnétique centimètre-gramme-seconde). On s'est attaché à donner aux diverses unités des noms d'électriciens célèbres qui ont contribué par leurs travaux aux progrès de la science électrique.

Un décret, paru le 25 avril 1896 a décidé, après rapport d'une commission compétente, que le système international d'unités électriques tel qu'il va être défini serait seul et obligatoirement employé.

L'unité électrique de résistance ou *ohm* est la résistance offerte à un courant invariable par une colonne de mercure à la température de la glace fondante, ayant une masse de 14,4521 grammes, une section constante et une longueur de 106,3 centimètres.

L'unité électrique d'intensité ou *ampère* est le dixième de l'unité électro-magnétique de courant. Elle est suffisamment représentée pour les besoins de la pratique par le courant invariable qui dépose en une seconde 0,001118 grammes d'argent.

L'unité de force électro-motrice ou *volt* est la force électro-motrice qui soutient le courant d'un ampère dans un conducteur dont la résistance est *un ohm*. Elle est suffisamment représentée pour les besoins de la pratique par les 0,6974 de la force électromotrice d'un élément Latimer Clark.

Le nom de VOLT provient du nom du physicien Volta qui vécut de 1745 à 1827.

La valeur de cette unité est représentée par divers modèles de piles. Nous donnons ici les chiffres de forces électro-motrices de ces différentes piles ; pour les renseignements pratiques et détails, nous renvoyons au *Formulaire pratique de l'Electricien*, de M. E. Hospitalier.

	Volt
Pile Daniel (Etalon du Post-Office de Londres).	1,08
Etalon de M.-J.-A. Fleming	1,102
Etalon Kittler à 15· C	1,182
Etalon Latimer-Clark (sauf corrections de température)	1,438
Etalon Baille et Féry à 15· C	0,500
Etalon Gouy à 12· C	1,300

Ohm était un physicien allemand qui a vécu de 1787 à 1854.

Une formule simple, que pas un électricien ne doit ignorer, permet de relier la résistance, la force électro-motrice et l'intensité. Cette loi porte le nom de loi de Ohm et s'exprime ainsi :

$$I = \frac{E}{R}$$

I est l'intensité du courant en ampères.

E — la force électro-motrice en volts.

R — la résistance en ohms.

Cette formule dit que l'intensité du courant est d'autant plus élevée que la force électro-motrice est plus grande et la résistance plus faible. C'est le résultat auquel nous étions déjà arrivés pour l'eau, quand nous avons vu que plus la différence de niveau était grande, la résistance dans les tuyaux faible, plus le débit d'eau en mètres cubes par seconde était fort.

L'unité d'intensité est donc l'intensité qui traverse un conducteur qui a 1 ohm de résistance quand la différence de potentiel est de 1 volt. L'unité porte le nom d'*ampère*. Ampère (1775-1836) est un des plus illustres physiciens français.

Puissance électrique. — L'unité de puissance électrique est le *watt*, qui représente le produit de 1 volt par 1 ampère : le point indique la multiplication.

$$1 \text{ watt} = 1 \text{ volt} . 1 \text{ ampère}.$$

L'unité mécanique de puissance est le *cheval*, qui vaut 75 kilogrammètres par seconde. Le kilogrammètre est l'unité de travail et représente le travail correspondant à 1 kilogramme soulevé à 1 mètre de hauteur.

Cette unité, le *cheval*, dont on se sert encore toujours, est une unité arbitraire, peu commode aux calculs. Aussi s'est-on occupé au Congrès mécanique de 1889 de la supprimer et de la remplacer par le *Poncelet* qui vaut 100 kilogrammètres par seconde. Poncelet était un mathématicien et un mécanicien distingué qui vécut de 1788 à 1867. Malgré cette décision, on exprime toujours la puissance en chevaux, tant l'habitude est prise.

Afin de faciliter la transformation des *chevaux* en watts, il suffit de se rappeler que :

1 cheval ou 75 kilogrammètres par seconde égale 736 *watts*.

On a par suite :

$$1 \text{ poncelet} = \frac{100}{75} \text{ cheval} = 981 \text{ watts}$$

Le watt étant une unité un peu faible, le Congrès des électriciens de 1889 a adopté comme unité de puissance industrielle le *kilowatt* qui vaut 1000 watts.

On a donc encore :

$$1 \text{ kilowatt} = \frac{1000}{736} \text{ cheval} = 1,0193 \text{ poncelet}$$

On a en effet :

$$1 \text{ poncelet} = \frac{100}{75} = 1,33 \text{ cheval}$$

$$1 \text{ kilowatt} = \frac{1000}{736} = 1,358 \text{ cheval.}$$

D'où 1 poncelet $=$ 1 kilowatt, sensiblement.

Travail électrique. — L'unité pratique de travail électrique est le watt-heure. Il suffit de multiplier la puissance électrique par le temps exprimé en heures.

Nous avons également :

1 watt-heure $=$ 1 volt. 1 ampère. 1 heure.

1 cheval-heure $=$ 75 kilogrammètres par seconde pendant 1 heure.

1 cheval heure $=$ 736 watts-heure.

1 poncelet-heure $=$ 981 watts-heure.

1 kilowatt-heure $=$ 1000 watts-heure.

Nous avons insisté à plaisir sur toutes ces définitions et toutes ces relations, parce que nous les retrouverons souvent dans ce qui suivra, et que nous aurons souvent besoin de tous ces éléments sous leurs diverses formes.

Exemples divers relatifs aux unités électriques

Différence de niveau électrique, Intensité, Résistance. — Il convient encore de fixer par quelques exemples les idées sur tous ces termes que nous rencontrons pour désigner les unités électriques.

Nous avons donné plus haut (page 8) une formule très simple et qui cependant peut quelquefois embarrasser nos mécaniciens-chauffeurs. Cherchons à donner d'autres explications encore plus simples.

Si nous voulons obtenir un courant électrique, nous devons relier par un conducteur C, C (fig. 3) deux points A et B entre lesquels nous produisons une différence de pression électrique par certains procédés que nous étudierons plus loin. Nous avons intercalé dans le circuit un appareil M qui fonctionnera au passage du courant. Nous aurons aussitôt entre les points A

et B une certaine différence de pression électrique exprimée
en volts, et un débit dans le circuit C,C ou intensité en ampères.
Le conducteur C,C aura une résistance en
ohms, qui dépendra de sa longueur, de sa
section, et de la nature du métal qui le compose. Ce sont exactement les mêmes éléments que nous avons retrouvés plus haut
dans la comparaison hydraulique.

Supposons maintenant que la résistance
de ce conducteur ait une valeur déterminée
par sa longueur et sa section, et que cette
valeur soit égale à 1 ohm. Si nous mettons
entre les points A et B une différence de
niveau électrique égale à 1 volt, nous aurons :

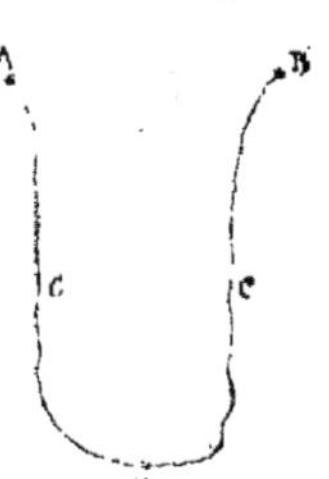

Fig. 3. — Conducteur
traversé par un
courant électrique.

         1 volt = 1 ampère. 1 ohm.
   Le point est pour nous le signe de la multiplication.
         2 volts = 2 ampères. 1 ohm
         10 volts = 10 ampères. 1 ohm

Nous déduisons de là que si l'intensité augmente dans un circuit, la résistance restant la même, il est nécessaire que la *pression* ou différence de pression aux bornes augmente. De même,
si nous voulons obtenir un débit de vapeur plus élevé dans un
même tuyau, nous sommes obligés d'augmenter la pression.

Nous pouvons encore écrire :
         2 volts = 1 ampère. 2 ohms.
         10 volts = 1 ampère. 10 ohms.

La résistance du circuit augmentant et atteignant 10 ohms au
lieu de 2 ohms, il faut, pour maintenir le même débit de 1
ampère, augmenter la pression et mettre 10 volts au lieu de 2
volts. De même, si le diamètre du tuyau de vapeur diminue,
nous sommes obligés d'augmenter la pression pour assurer le
même débit de vapeur.

Écrivons enfin les lignes suivantes :
         1 volt = 1 ampère. 1 ohm.
         10 volts = 1 ampère. 10 ohms.

10 volts = 10 ampères. 1 ohm.
10 volts = 5 ampères. 2 ohms

Ce qui signifie que la différence de niveau électrique est proportionnelle à l'intensité et à la résistance. Pour avoir la valeur en volts de la différence de pression électrique aux bornes d'un circuit, il suffit de multiplier l'intensité en ampères par la résistance en ohms.

Ces relations nous permettent, avec 2 éléments, de déterminer le troisième qui reste inconnu. Voici, à ce sujet, 3 exemples :

1. Aux bornes d'un circuit d'une résistance de 2 ohms est une différence de pression électrique de 10 volts Quel est l'intensité qui traverse le circuit ?

On doit avoir : 10 volts = 2 ohms. 5 ampères.
L'intensité est donc de 5 ampères.

2. Un circuit a une résistance de 2 ohms, on désire le faire traverser par une intensité de 10 ampères. Quelle différence de pression électrique doit-on mettre aux bornes du circuit ?

On a : 2 ohms. 10 ampères = 20 volts.

3. Aux bornes d'un circuit est une différence de niveau électrique de 30 volts ; l'intensité qui le traverse atteint 10 ampères. On demande la résistance du circuit ?

On a : 30 volts = 3 ohms. 10 ampères.
La résistance est donc de 3 ohms.

Puissance, Travail.

La puissance électrique s'exprime en watts. Nous avons :
1 watt = 1 volt. 1 ampère.
1000 watts = 100 volts. 10 ampères.

La différence de pression de 100 volts est la pression ordinaire. On peut donc dire que la puissance électrique dépend du débit ou intensité à une pression donnée. On apprécie de même la puissance d'une chaudière par le débit de vapeur en une seconde à une pression déterminée.

Si nous alimentons un circuit à 100 volts et avec 100 ampères, nous dépenserons une puissance de 10 000 watts ou 10 kilowatts.

Le travail électrique fourni s'exprimera en watts-heure ou en kilowatts-heure. Il suffira de multiplier la puissance en watts ou en kilowatts par le nombre d'heures de fonctionnement.

Une machine électrique produit 100 volts et 1000 ampères pendant 20 heures.

Elle donne une puissance de 100 . 1000 = 100 000 watts ou 100 kilowatts.

Et fournit un travail de 100 000 . 20 = 2000000 watts-heure ou 100 . 20 = 2000 kilowatts-heure.

Nous donnons dans la page suivante un tableau qui résume la comparaison de l'hydraulique et de l'électricité. Nous indiquons les éléments divers que nous avons trouvés et en regard les unités pratiques. On remarquera qu'il n'existe pas d'unité pratique spéciale pour la résistance opposée par un tuyau au passage de l'eau ; en pratique cette résistance se traduit par un débit par seconde plus ou moins élevé, et par une perte de charge.

Principe de la production de l'énergie électrique.

Pour produire de l'énergie électrique, il est absolument nécessaire de dépenser une énergie quelconque, de même que pour faire du feu, il faut brûler du charbon.

Si donc nous voulons produire de l'énergie électrique, nous devrons transformer une autre énergie dont nous disposons et que nous pouvons produire facilement. Cette énergie est l'énergie mécanique.

Il convient d'examiner quelles sont les principales sources d'énergie mécanique.

COMPARAISON DE L'HYDRAULIQUE ET DE L'ÉLECTRICITÉ

HYDRAULIQUE

ÉLÉMENTS DIVERS	UNITÉS PRATIQUES
Différence de niveau	Mètre.
Résistance opposée par le tuyau au passage de l'eau.	(Pas de nom spécial).
Intensité du débit ou débit par seconde	Litre par seconde.
Travail	Cheval-heure.
Puissance.	Cheval-vapeur.

ÉLECTRICITÉ

Différence de niveau électrique	Volt.
Résistance des conducteurs électriques.	Ohm.
Intensité	Ampère.
Travail électrique.	Watt-h. ou kilowatt-h.
Puissance électrique	Watt ou kilowatt.

RELATIONS ÉLECTRIQUES

1 cheval-vapeur = 736 watts. 1 cheval-heure = 736 watts-heure.

1 ohm. 1 ampère = 1 volt.   1 volt. 1 ampère = 1 watt.   1 volt. 1 ampère. 1 heure = 1 watt-heure.

Les différents modes de production de travail connus jusqu'à ce jour sont : *vapeur*, *chutes d'eau*, *air comprimé*, *air raréfié*, *gaz*, *eau sous pression*, *eau chaude*, *pétrole*.

Modes de production d'énergie mécanique.

Les principes généraux de ces modes de production de travail sont les suivants :

Vapeur. — L'eau est transformée en vapeur dans les chaudières à l'aide de l'énergie calorifique fournie par la combustion du charbon. La vapeur met en mouvement des machines, lesquelles actionnent des dynamos à l'aide de transmissions par câbles, courroies ou par couplages directs.

À New-York, on a effectué des distributions directes de vapeur. Une usine centrale produit de la vapeur qu'elle transmet dans des tuyaux souterrains. Un abonné peut avoir chez lui de la vapeur comme il a de l'eau.

Chutes d'eau. — Des turbines sont mises en mouvement par l'écoulement de l'eau sous une hauteur de chute ; les turbines commandent les dynamos à l'aide de dispositions variables.

Air comprimé. — Des usines produisent de l'air comprimé à l'aide de compresseurs spéciaux, ou pompes qui aspirent l'air et le refoulent dans des cylindres. Des tuyaux répartis dans les rues distribuent l'air comprimé.

Air raréfié. — Le mode de production est le même que le précédent avec cette différence que les pompes aspirent l'air, pour faire le vide dans la canalisation, au lieu de le comprimer.

Gaz. — Le gaz peut actionner des moteurs particuliers, dont le fonctionnement peut être ainsi défini : Le gaz est aspiré dans un cylindre du moteur, puis comprimé légèrement, une étincelle jaillit alors, allume le mélange. Les gaz produits se dilatent, repoussent le piston et s'échappent au dehors. Ce

mode de production du travail mérite d'être pris en consi-
dération, même pour de grandes puissances. Il existe également des moteurs à gaz pauvre, qui commencent à être utilisés
dans l'industrie et qui ont déjà fourni des résultats intéressants. Dans ces derniers appareils, un charbon de qualité inférieure est distillé dans un four spécial et produit le gaz pauvre.
Dans quelques systèmes, il faut interposer un gazomètre ; dans
d'autres, au contraire, celui-ci est inutile.

Eau sous pression. — L'eau sous pression d'une certaine
valeur peut permettre également de mettre en action des moteurs hydrauliques. Le mode de distribution est analogue au
mode actuel pour les eaux de lavage ou autres ; seule la pression est plus élevée.

Eau chaude. — En Amérique, on a aussi distribué de l'eau
chaude, qui, réchauffée à son arrivée chez l'abonné, peut être
facilement convertie en vapeur.

Ces différents modes de distribution sont déjà usités en de
nombreux endroits. A Paris nous avons un grand nombre
d'usines à vapeur, des distributions d'air comprimé, d'air
raréfié et de gaz. Nous trouvons un grand nombre d'installations en France fonctionnant par chutes d'eau. A Londres
existe une distribution d'eau sous pression qui fournit jusqu'à
3000 mètres cubes d'eau par jour sous la pression de 54 kg.
par centimètre carré. Une distribution d'eau chaude a été
faite à Boston.

Pétrole. — Quelques moteurs fonctionnent à l'aide de gaz
fournis par des essences légères et donnent des résultats très
satisfaisants dans diverses installations, surtout pour de faibles
puissances.

Dépenses afférentes à ces différents modes de production.

Vapeur. — 1 kilogramme de charbon vaporisera de 8 à 10
kilogrammes d'eau à la pression de 10 à 12 kilogrammes par

centimètre carré. On peut admettre une dépense de 10 kilogrammes de vapeur par *cheval-heure utile* pour les différents systèmes de machines à vapeur, plus une dépense de 3 kilogrammes de vapeur par *cheval-heure* pour les condenseurs. Une bonne transmission par courroies peut atteindre un rendement variant entre 70 et 80 pour 100. En pleine charge, le rendement des dynamos atteint au moins 90 pour 100. Ce sont là les chiffres que l'on peut admettre dans la pratique courante.

Les dépenses de vapeur varient encore dans de grandes proportions selon qu'il s'agit de machines avec ou sans condensation, selon le degré de détente, la puissance, etc.

Chutes d'eau. — Les turbines peuvent donner un rendement de 70 à 90 pour 100. Les dépenses en mètres cubes d'eau sont très variables.

Air comprimé. — Dans le cas d'une distribution d'air comprimé à quatre atmosphères, il faut compter par cheval-heure utile une dépense de 38 mètres cubes d'air non réchauffé, et de 15 mètres cubes d'air réchauffé avec injection d'eau. Les résultats sont variables, on le voit, si l'air est réchauffé ou non avant son entrée dans les cylindres du moteur.

Gaz ordinaire. — Les moteurs à gaz, pour de faibles puissances de 1 à 3 chevaux, dépensent de 1000 à 800 litres de gaz par cheval-heure.

Pour des puissances plus élevées, les dépenses s'abaissent respectivement à 700, 600 et 500 litres par cheval-heure utile. Les moteurs à gaz Charon de 25 chevaux, à pleine charge, ne consomment que 450 à 480 litres par cheval-heure.

Gaz pauvre. — Les prix de revient du gaz pauvre varient dans de notables proportions avec les systèmes ; il en est de même de la consommation en litres. Les moteurs *simples*, de MM. Delamare-Deboutteville, à Rouen, consomment par cheval-heure utile pour les puissances de 8 à 20 chevaux, 1 kilogramme de charbon ; pour les puissances de 20 à 40 chevaux 0,850 kilogramme ; pour les puissances de 40 à 60 chevaux,

0,750 kilogramme et pour les puissances supérieures 0,700 kilogramme d'un anthracite valant 30 francs la tonne. Le gaz ainsi produit vaudrait environ un demi-centime le mètre cube.

Pétrole. — Les essences employées dans les moteurs dits à pétrole sont de nature très variable, et de densités différentes. Pour des moteurs de 4 à 5 chevaux, on compte aujourd'hui des dépenses de 400 à 450 grammes par cheval-heure.

Dispositifs pour la production de l'énergie électrique.

Parmi les différents modes de production d'énergie mécanique que nous avons énumérés plus haut, nous en choisirons un, la production par les machines à vapeur, et nous allons indiquer les différents dispositifs adoptés.

La planche n° I donne toutes les indications nécessaires à ce sujet. Le charbon que l'on aperçoit à gauche est brûlé dans la chaudière qui fournit par le tuyau de communication la vapeur à la machine à vapeur. Celle-ci se met en marche et à l'aide d'une courroie placée sur le volant et sur la poulie de la dynamo entraîne cette dernière. La dynamo est reliée par 3 fils à un tableau de distribution placé à droite, et dont nous verrons plus loin la composition et l'usage. Nous ne faisons que mentionner également les circuits de distribution qui vont desservir les installations des abonnés ou d'autres installations.

Avec ces éléments, nous pouvons déjà étudier les diverses parties d'une usine.

Supposons que la chaudière puisse nous fournir, à la pression de 10 kilogrammes par centimètre carré, environ 1000 kilog. de vapeur par heure. La machine à vapeur pourra donc avoir une puissance normale de 100 chevaux. Elle mettra en marche son volant qui actionnera une dynamo à l'aide d'une courroie, et c'est aux bornes de cette dynamo que nous recueillerons la puissance électrique utile. Pour en arriver à ce point, nous serons obligé de passer par plusieurs transformations, et par suite de subir plusieurs pertes de puissance. La transmission par courroie nous donnera aussi une perte d'environ 25 pour 100. Sur 100 chevaux au piston de la machine à vapeur nous n'en recueillerons donc que 75 sur la poulie de la dynamo. Cette dernière nous donnera encore quelques pertes intérieures que nous pourrons évaluer à 5 0/0.

Il ne nous restera donc en définitive à la sortie de la dynamo que 70 chevaux qui seront transformés en puissance électrique et qui nous donneront :

$$70 \text{ chevaux} = 70.736 = 51520 \text{ watts}$$
$$\text{ou } 51,520 \text{ kilowatts}$$

A une différence de potentiel ou de pression électrique de 100 volts, l'intensité sera de 515 ampères.

Si nous marchons pendant 10 heures à ce régime, nous aurons produit 515200 watts-heure ou 515,200 kilowatts-heure.

Les principaux points que nous venons d'étudier dans ce chapitre nous ont fait connaître toutes les généralités qui nous étaient nécessaires. A la condition de bien les avoir comprises, et d'avoir répété à plusieurs reprises les exercices se rapportant à ce premier chapitre et contenus dans le chapitre XIII *Questions et réponses*, et dans le chapitre XIV *Problèmes d'électricité pratique*, nos lecteurs seront en mesure de passer à l'étude des chapitres suivants.

CHAPITRE II

MODÈS DE PRODUCTION DE L'ÉNERGIE ÉLECTRIQUE. APPAREILS DE TRANSFORMATION. APPAREILS DE MESURE. APPAREILS DE MANŒUVRE.

Dans ce deuxième chapitre, nous désirons décrire tous les appareils qui peuvent concourir à la production de l'énergie électrique. Nous n'avons pas l'intention d'approfondir complètement la question ; nous voulons seulement donner quelques principes généraux.

Nous parlerons d'abord des diverses sources d'énergie électrique et des piles en particulier. Nous nous étions abstenu de traiter ce sujet ; mais les ouvriers ont souvent besoin de manier une pile. Nous verrons ensuite la production de l'énergie électrique par les machines dynamos à courants continus, à courants alternatifs et à courants polyphasés. Nous dirons plus loin quelques mots des appareils de transformation, ou appareils qui nous permettent de prendre l'énergie électrique produite, et de la transformer pour la distribution. Il nous restera enfin à étudier les appareils de mesure qui nous fourniront les moyens d'apprécier l'énergie électrique produite.

Le présent chapitre contiendra donc les divisions suivantes : A. Sources diverses d'énergie électrique. — B. générateurs mécaniques d'énergie électrique, machines dynamos. — C. Appareils de transformation. — D. Appareils de mesure, indicateurs, appareils de réglage. — E. Appareils de manœuvre.

A. — SOURCES DIVERSES D'ÉNERGIE ÉLECTRIQUE.
EXPÉRIENCES DIVERSES.

L'électricité est connue depuis la plus haute antiquité ; plusieurs siècles avant Jésus-Christ, les anciens produisaient déjà des charges électriques en frottant du verre, de la cire, de la résine. Tout le monde a présentes à l'esprit les expériences d'Otto de Guericke. On construisit ensuite diverses machines à influence et à frottement parmi lesquelles nous devons citer les machines de Ramsden, Carré, Holtz, Voss, Wimshurst. De nos jours ces machines existent encore et sont utilisées en médecine ; mentionnons entre autres la machine Bonetti qui sans aucun secteur sur le plateau d'ébonite donne des résultats très satisfaisants.

M. le D^r d'Arsonval a mesuré dernièrement l'énergie électrique fournie par la raie-torpille, excitée convenablement. Il a trouvé une différence potentiel de 25 volts et une intensité de 11 ampères.

Études de Galvani et de Volta. — En 1780, Galvani trouva une source particulière d'électricité en réunissant par un arc métallique les muscles et les nerfs d'une grenouille qu'il étudiait. Vers la même époque, ou quelques années plus tard, Volta étudia les actions chimiques qui devaient amener la découverte de la pile. Nous ne pouvons ici faire un long historique de cette intéressante question ; nous préférons renvoyer nos lecteurs aux divers traités de physique et nous contenter d'exposer les faits qui peuvent nous être immédiatement utiles.

La pile élémentaire. — Si nous prenons deux corps différents, un morceau de zinc et un morceau de charbon de cornue, et que nous les plaçions, comme le montre la figure 4 dans un vase renfermant de l'eau acidulée sulfurique, nous remarquons que le zinc est attaqué par l'acide sulfurique et disparaît peu à peu en formant un sel soluble qui n'est autre que du sulfate de zinc. Le charbon C au contraire n'est nullement attaqué. Nous avons donc entre les deux corps C et Zn une différence d'attaque. Dans l'attaque du zinc, il se dégage une certaine quantité de chaleur, qui se transforme en énergie électrique. Sans insister outre mesure sur ce mécanisme un peu délicat, nous pouvons comparer ou tout au moins établir une analogie entre ces deux corps attaqués différemment par un même liquide et entre les deux récipients, dont nous avons

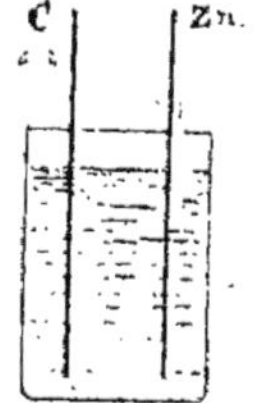

Fig. 4.
Schéma d'une pile
élémentaire.

parlé dans le premier chapitre, remplis d'eau et soumis à des pressions différentes. Dans notre pile, le corps le moins attaqué, le charbon, est placé au niveau électrique le plus élevé, et le corps le plus attaqué, le zinc, au niveau le plus faible. Si nous réunissons ces deux corps par un fil métallique extérieur, nous constaterons le passage d'un courant électrique du charbon, auquel nous donnerons le nom de pôle + ou pôle positif, au zinc, auquel nous donnerons le nom de pôle — ou pôle négatif. Nous venons de constituer ainsi la pile élémentaire, en faisant réagir chimiquement un même liquide sur deux corps différents et différemment attaqués par ce liquide.

Polarisation. — On constate bientôt que le courant établi comme nous venons de le dire s'affaiblit graduellement. Ce fait connu sous le nom de polarisation est attribué soit à diverses attaques locales intérieures, soit au dégagement d'hydrogène. Ce dernier, en restant en suspension, ou en formant un vernis gazeux sur le pôle négatif, augmente successivement et peu à peu la résistance du milieu.

On peut faire disparaître l'hydrogène au fur et à mesure de sa formation en introduisant dans la pile un corps qui abandonne graduellement de l'oxygène. Celui-ci se combine à l'hydrogène pour former de l'eau, et fait ainsi disparaître l'hydrogène, tout en mettant en jeu une nouvelle action chimique. Ces corps oxydants portent le nom de *dépolarisants*.

On peut également supprimer dans les piles les actions locales, dues bien souvent à diverses impuretés, en amalgamant le zinc.

Telles sont les bases sur lesquelles reposent toutes les piles connues jusqu'à ce jour, et dont nous nous contenterons de donner une simple description.

Divers modèles de piles.

Pile Daniell. — Le pôle + est formé par une lame de cuivre plongée dans une dissolution saturée de sulfate de cuivre, dans un vase poreux ; le pôle — est constitué par une lame de zinc

Fig. 5. — Pile Daniell.

amalgamée plongeant dans une solution à demi-saturée de sulfate de zinc. Cette pile, découverte en 1836, donne 1,08 volt ; d'une constance remarquable, elle ne peut fournir que de très faibles débits (fig. 5).

Pile Leclanché, 1868. — Lame de zinc amalgamée plongeant dans une solution de chlorhydrate d'ammoniaque. Le pôle + est formé par un charbon noyé dans un mélange de bioxyde de manganèse et de coke. Cette pile donne 1,5 volt et peut fournir des débits assez intenses pendant une durée de temps très faible. Elle convient surtout pour des usages intermittents (sonneries, téléphones, etc.), et rend actuellement de très grands services dans l'industrie pour de faibles utilisations (fig. 6).

Pile Bunsen. — Lame de zinc amalgamée plongeant dans une solution d'eau acidulée sulfurique ; le pôle + est formé par une lame de charbon dans une solution d'acide azotique contenue dans un vase poreux. Cette pile donne 1,8 volt, peut fournir des débits assez intenses, mais a le grand inconvénient de dégager des

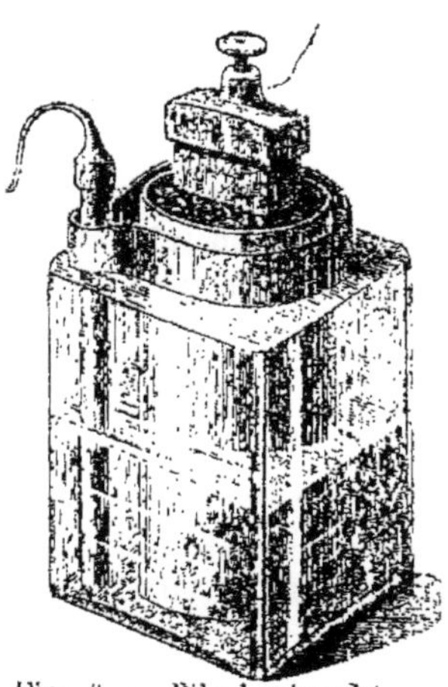

Fig. 6. — Pile Leclanché.

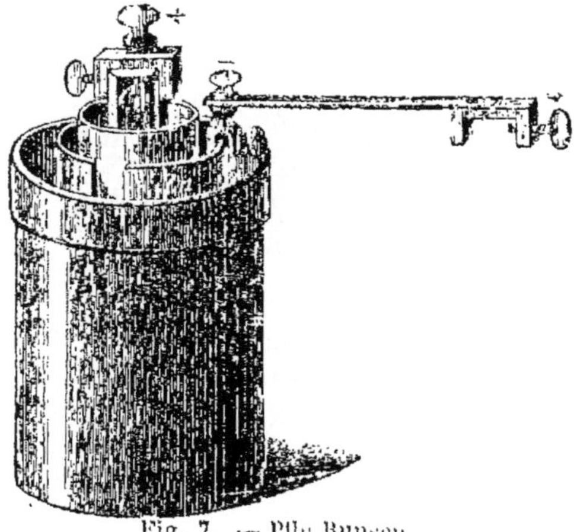

Fig. 7. — Pile Bunsen.

vapeurs nitreuses. La pile Bunsen a été une des piles les

plus employées autrefois pour les expériences de laboratoire et essais divers d'éclairage électrique (fig. 7).

Piles au bichromate. — Les piles au bichromate sont des piles où le pôle — est constitué par une lame de zinc plongeant dans une solution acidulée sulfurique (fig. 8).

Fig. 8.
Pile-bouteille au bichromate de potasse.

Le liquide dépolarisant est formé par une solution de bichromate de potasse ou de soude mélangée au liquide acidulé (piles à 1 liquide) ou renfermée dans un vase poreux spécial (piles à 2 liquides). Dans les deux cas, le pôle + est constitué par une lame de charbon.

Ces piles donnent 2 volts et fournissent des débits élevés ; pour maintenir l'intensité pendant une certaine durée, on est obligé de recourir à un écoulement.

Piles à l'acide chromique. — Dans ces piles, le dépolarisant est formé par une solution d'acide chromique.

Le nombre de piles hydro-électriques imaginées jusqu'à ce jour est considérable ; sans nous y arrêter, nous rappellerons les piles Renard, de M. Upward au chlore, de MM de Lalande et Chaperon à l'oxyde de cuivre, les piles Carré, les piles Reynier, etc.

Piles thermo-électriques. — A côté des piles hydro-électriques nous devons mentionner les piles thermo électriques qui sont formées de deux métaux homogènes soudés. Si l'on chauffe l'une des soudures, on produit une force électro-motrice. Hâtons-nous d'ajouter que ces piles formées par divers métaux ne donnent que des forces électro-motrices atteignant quelques microvolts par degré centigrade. La figure 9 donne la vue d'ensemble d'une pile de ce genre.

Piles à combustion directe. — M. Borchers a essayé de construire une pile où la combustion directe du charbon produit l'énergie électrique. Ses premiers essais lui ont donné une force électro-motrice de 0,56 volt.

Couplage en tension et en quantité. — Les divers modèles de piles dont il vient d'être question ne nous donnent donc que 2

Fig. 9. — Vue d'ensemble d'une pile thermo-électrique.

volts au maximum par élément et une intensité variable suivant les dimensions des surfaces en présence. Nous serons donc obligés d'avoir recours à différents couplages, pour augmenter le voltage ou l'intensité.

Si nous représentons une pile par deux traits, l'un court et gros, le pôle +, et l'autre long et mince, pôle —, nous monterons cinq éléments en tension, en réunissant, comme le montre la figure 10, le pôle — du premier élément au pôle + du second élément, le pôle — du second élément au pôle + du troisième et ainsi de suite ; entre les fils extrêmes AB nous recueillons une

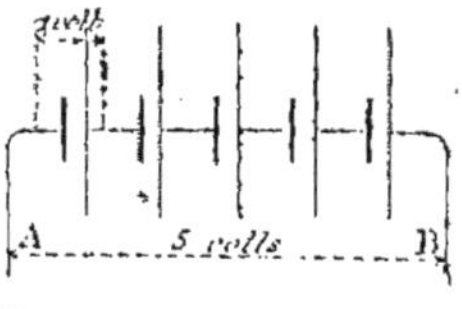

Fig. 10. — Couplage en tension de 5 piles.

force électro-motrice égale à la somme des forces électro-motrices de chaque élément. Si l'un d'eux donne 1 volt, nous avons 5 volts en AB.

Prenons maintenant deux éléments (fig. 11) ; réunissons ensemble les 2 pôles + et ensemble les 2 pôles —. Nous réalisons ainsi le *couplage en quantité*. La différence de potentiel reste la même pour les 2 éléments ; chacun d'eux fournit une moitié de l'intensité totale, soit 1 ampère chacun. L'intensité est donc de 2 ampères. De même, si sur un tuyau d'eau T nous branchons deux ajutages R et R′ (fig. 12), nous recueillons dans le même laps de temps une quantité d'eau double de celle qui se serait écoulée seulement par le tuyau R. Les deux ajutages sont *couplés en quantité*.

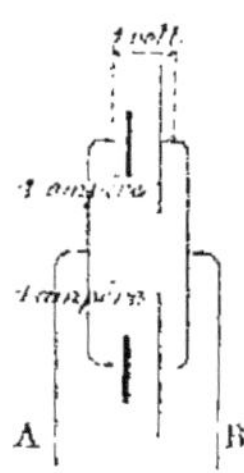

Fig. 11.
Couplage en quantité
de 2 piles.

Nous pourrons à la fois demander à des piles un voltage élevé et un débit assez intense ; nous les monterons en tension et en quantité, ainsi que nous le fait voir la figure 13.

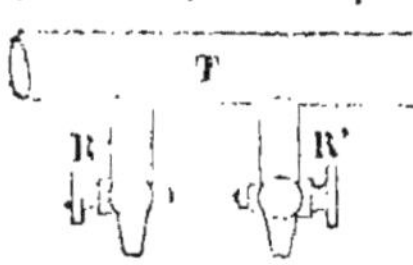

Fig. 12. — Montage de
deux robinets en quan-
tité sur une conduite
d'eau.

En résumé, ces quelques considérations nous montrent que jusqu'ici les piles hydro-électriques n'ont donné que des résultats bien faibles. Leur puissance est très limitée par rapport à leur poids. Aussi ces diverses piles ne sont-elles guère utilisées dans l'industrie électrique. Il convient toutefois de faire des réserves importantes en ce qui concerne la pile de M. Borchers, fondée sur la production directe de l'énergie électrique par la combustion du charbon. Elle permet de transformer en énergie électrique 30 pour 100 de l'énergie thermique développée, alors que les machines à vapeur actuelles ne peuvent transformer en énergie mécanique plus de 7 à 8 pour 100 de l'énergie thermique mise en jeu.

La pile Leclanché mérite également une mention toute spéciale. C'est elle qui nous rend le plus de service pour les petites installations de sonneries et de téléphones. Quelques précautions sont à prendre pour leur entretien, notamment il faut avoir soin de ne pas employer des liquides saturés ou trop riches en chlorhydrate d'ammoniaque pour éviter des dépôts ou cristallisations. Nous renverrons du reste pour

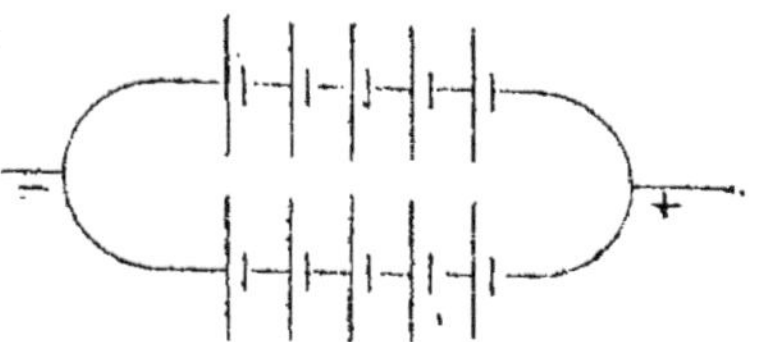

Fig. 13. — Couplages des piles en tension et en quantité (3 en tension, 2 en quantité).

ces divers tours de main aux *Recettes de l'Electricien* de M. E. Hospitalier.

B. — GÉNÉRATEURS MÉCANIQUES D'ÉNERGIE ÉLECTRIQUE

MACHINES DYNAMOS.

L'étude des machines dynamos comprend l'étude des moyens qui permettent d'utiliser l'énergie mécanique pour la production de l'énergie électrique.

1° ÉTUDES PRÉLIMINAIRES.

Principes fondamentaux, faits généraux. — Avant d'aborder l'étude proprement dite des machines, nous devons faire connaître quelques principes fondamentaux et faits généraux.

Ligne de force, champ magnétique, flux de force. — Si nous considérons l'une des deux extrémités ou pôles d'un aimant, cette partie est caractérisée par un centre d'attraction que l'on peut mettre en évidence à l'aide de limaille de fer. La direction de la force exercée en chaque point est donnée par une *ligne de force*. L'ensemble de toutes les lignes de force constitue ce qu'on appelle le *champ magnétique*. Sans nous étendre sur de grands développements, nous dirons qu'il importe de connaitre l'*intensité de ce champ magnétique*, ou rapport de la force exercée à l'intensité du pôle sur lequel elle s'exerce. Si maintenant, dans l'intérieur de ce champ magnétique d'intensité $\mathcal{K}$, nous découpons une surface S quelconque, et si nous considérons le produit $\mathcal{K}\,S$, nous avons le *flux de force*. Ainsi donc un aimant ou électro aimant produit un champ magnétique d'une intensité donnée. On obtient un flux de force en coupant le champ magnétique par une surface.

Prenons des exemples :

Fig. 14. — Champ magnétique autour d'un aimant
Fantôme magnétique.

Considérons un aimant AB (fig. 14). Si nous plaçons cet aimant sous une feuille de papier et que nous jetions dessus de la limaille de fer, nous remarquerons que la limaille s'attachera particulièrement aux extrémités de l'aimant en A et B, aux points appelés pôles *Nord* et *Sud* et que nous représenterons par les lettres N et S. Entre A et B se trouvera une partie sur laquelle la limaille s'attachera moins. Tout autour des points N et S sur le papier nous observerons une série de *lignes de force* ; elles sont développées autour des pôles. L'ensemble des *lignes de force* constitue le *champ magnétique*.

Prenons une circonférence de fil de cuivre ou de fer MOP ; plaçons-la dans le champ magnétique, comme le représente la figure 15. Nous obtenons ainsi une surface S perpendiculaire qui découpe dans le champ magnétique une partie plane. Si l'on fait le produit de cette surface S par l'intensité du champ magnétique considéré, on a le *flux de force* embrassé. Cette notion du flux de force est importante.

Le point capital que nous devons retenir de ce qui précède est donc le suivant : un aimant produit autour de lui un

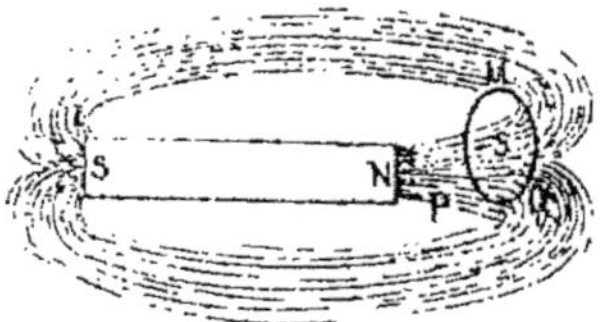

Fig. 15. — Position d'un circuit métallique dans un champ
magnétique.

champ magnétique d'une intensité donnée. On obtient un flux de force en coupant le champ magnétique par une surface perpendiculaire.

Faits d'expérience. — Approchons du pôle de cet aimant une bobine de fil de cuivre MOP formée d'un certain nombre de tours de fil. Supposons aussi que l'aimant puisse entrer et sortir librement à l'intérieur de la bobine. On dit que la bobine

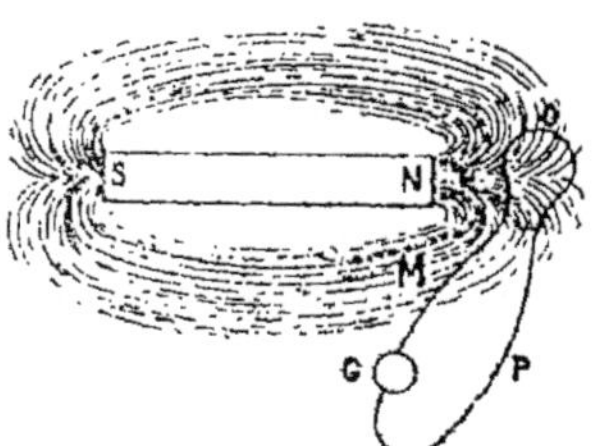

Fig. 16. — Déplacement d'un circuit métallique dans un champ
magnétique.

embrasse une partie du *champ magnétique*, un certain *flux de force*. Fermons les deux extrémités de cette bobine sur elles-mêmes, après avoir placé en circuit un galvanoscope sensible (i ou appareil qui, par le déplacement d'une aiguille, indiquera si le circuit est traversé par un courant ou non, comme nous le verrons plus loin, et refaisons la même expérience de déplacer la bobine dans le champ magnétique, nous voyons aussitôt le galvanoscope accuser une déviation. *Il y a donc eu naissance d'un courant par le fait seul du déplacement de la bobine.* Sans entrer dans la nature et l'essence même du phénomène, nous pouvons remarquer seulement que le travail dépensé pour déplacer la bobine n'a pas été dépensé en pure perte, mais il nous est apparu sous la forme d'énergie électrique. Il y a eu transformation de l'*énergie mécanique* dépensée pour déplacer la bobine en *énergie électrique* qui est apparue dans la bobine sous forme de courant.

Les mêmes considérations s'appliqueraient si nous avions considéré un électro-aimant au lieu d'un aimant, c'est-à dire un noyau de fer entouré d'un certain nombre de tours de fil traversés par un courant.

L'expérience précédente renferme toute la théorie des machines électriques. *Un circuit fermé se déplaçant, dans un champ magnétique, constitue une machine dynamo-électrique.*

L'aimant, qui produit le champ magnétique, forme l'*inducteur*, et le circuit fermé, qui comprend un certain nombre de tours de fil, est l'*induit*. Nous distinguons donc deux parties essentielles dans une machine : l'*inducteur* et l'*induit*.

Lois. — Les faits expérimentaux que nous venons d'énoncer ont été étudiés par Faraday, et Maxwell, un physicien anglais, les a exprimés dans la loi suivante :

Toute variation du flux de force embrassé par un circuit donne naissance à un courant si le circuit est fermé.

C'est, en effet, ce qui est arrivé dans l'expérience que nous signalons plus haut. Le circuit de la bobine étant fermé, quand nous l'avons déplacée, nous avons produit une variation du flux de force qui se trouvait embrassé, et par suite un courant.

On peut aussi ajouter cette autre loi, reconnue expérimentalement dans les mêmes conditions que plus haut :

La force électro-motrice produite est proportionnelle à la variation du flux de force pendant l'unité de temps.

Appliquons cette loi à notre exemple. Quand nous approchons la bobine de fil de l'aimant, il y a d'abord un point où le flux de force embrassé est sensiblement nul, puisque la bobine est hors du champ magnétique ; le flux de force augmente ensuite, arrive à une valeur maxima, et va après en diminuant. D'après la loi précédente, il est facile de comprendre que l'intensité du courant produit sera d'abord maxima, puis décroîtra, passera par zéro et changera de sens Le courant produit de cette façon changera donc successivement de sens ; il est dit *alternatif*.

Nous verrons plus loin les moyens de le rendre *continu*.

Nous concluons donc que le courant produit dépend du champ magnétique, de la longueur de fil soumise à l'expérience et de la vitesse de déplacement.

Inducteur. — Induit. — Nous trouvons d'abord deux parties principales dans l'expérience citée plus haut : 1° un *aimant* qui produit un champ magnétique ; 2° un *circuit fermé* que l'on fait déplacer dans un champ magnétique. Le premier s'appelle l'*inducteur* ; le second l'*induit*. Ce sont là deux parties que nous aurons à examiner dans les différentes machines dynamos. Nous verrons quelques généralités à ce sujet.

1° *Inducteur.* — Il faut produire des variations de flux de

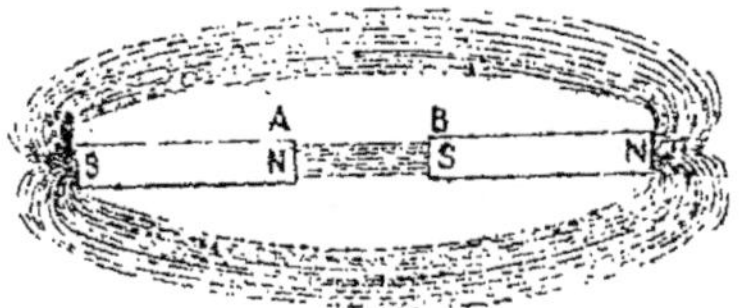

Fig. 17. — Flux de force obtenu par deux aimants
en présence.

force aussi grandes que possible, puisque l'intensité du courant produit est proportionnelle à ces variations. Il importe donc de produire des flux de force le plus élevés possible, pour ensuite les faire passer par une valeur nulle.

Cherchons à obtenir le plus grand flux de force possible.

Si nous plaçons deux aimants en regard (fig. 17), en mettant en présence les pôles contraires *nord* et *sud*, et si nous diminuons de plus en plus la distance AB, nous obtiendrons des valeurs de flux de force de plus en plus grandes.

Entre les deux pôles N S mettons un morceau de fer F (fig. 18),

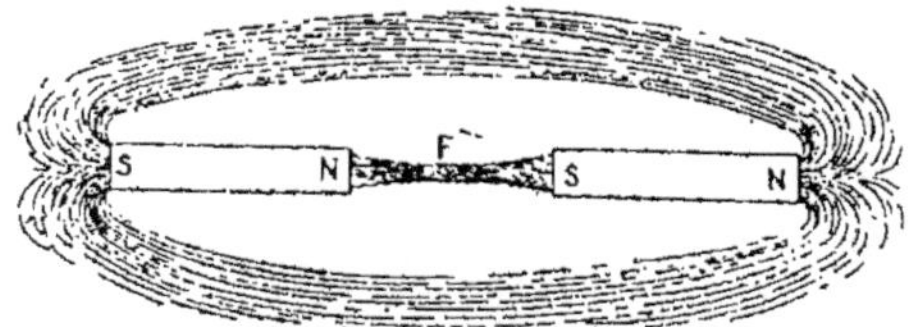

Fig. 18. — Flux de force obtenu entre les pôles d'aimants par l'interposition d'un morceau de fer.

nous augmentons encore la valeur du flux de force qui primitivement traversait l'espace NFS.

Si nous choisissons un aimant en forme de fer à cheval recourbé (fig. 19) nous augmentons le flux de force qui traverse l'espace NS, dans des proportions considérables.

Fig. 19. — Flux de force produit entre les pôles d'un aimant en fer à cheval.

Nous pouvons enfin remplacer les *aimants* par des *électro-aimants*.

Prenons un cylindre de fer doux AB (fig. 20) ; enroulons dessus quelques tours de fil de cuivre isolé, et faisons traverser ce fil par le courant produit par une pile. Le cylindre de fer doux présente alors tous les caractères d'un aimant, et d'autant plus, dans une certaine mesure, que le nombre de tours de fil est plus grand, et que l'intensité du courant est plus élevée.

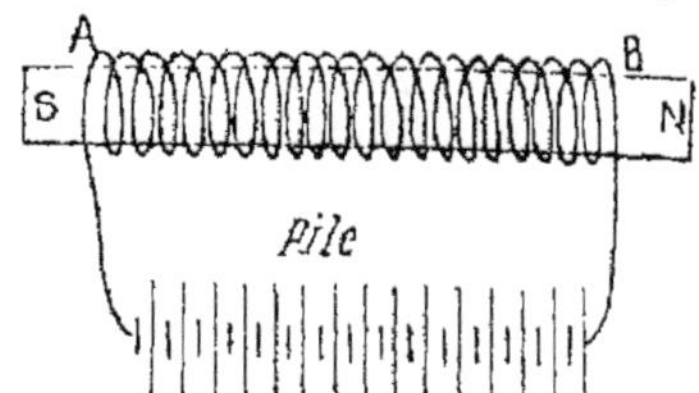

Fig. 20. — Principe d'un électro-aimant.

Ainsi avec des électro-aimants nous pouvons obtenir des champs magnétiques plus puissants qu'avec les aimants.

2° *Induit.* — Donnons maintenant quelques notions fondamentales sur l'induit.

Pour obtenir la production d'un courant, il suffit de prendre un circuit formé d'un fil de cuivre AB, relié à un petit appareil G (fig. 21) muni d'une aiguille qui se met en mouvement quand

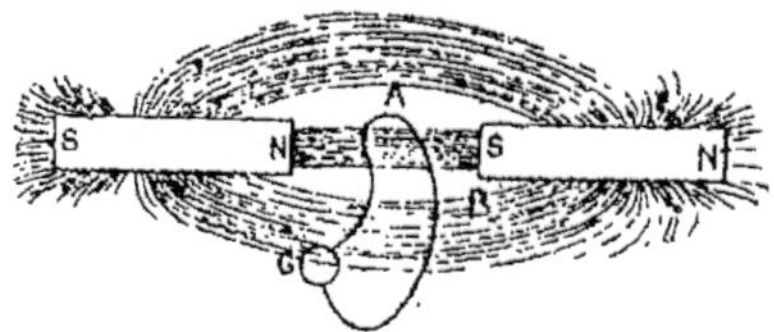

Fig. 21. — Production de courant par le déplacement d'un circuit métallique dans le champ magnétique formé entre deux aimants.

le courant passe. Si maintenant nous éloignons brusquement le circuit AB, comme le représente la figure 22, nous voyons l'aiguille de l'appareil G accuser une déviation considérable et revenir au zéro aussitôt. Par le fait du déplacement du circuit AB, il y a donc eu production d'un courant. Rapprochons le circuit AB, de façon à le remettre dans la position première, nous verrons l'aiguille de l'appareil G nous donner une déviation *en sens inverse* de la précédente. Remarquons que, dans cette dernière expérience, nous avons fait un mouvement *en sens inverse,* nous avons rapproché notre circuit au lieu de l'éloigner. Le sens du courant qui a pris naissance a changé également.

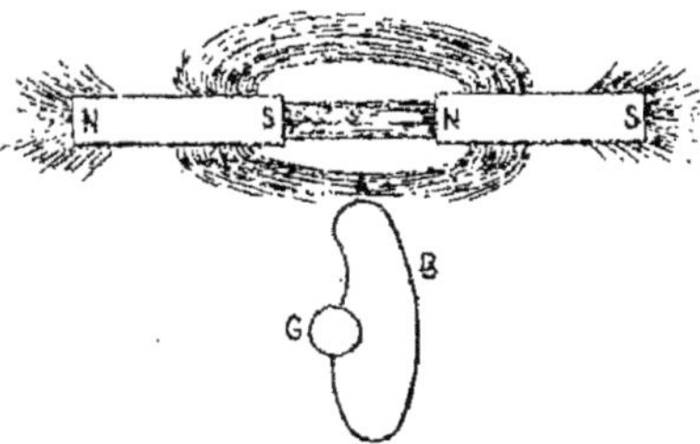

Fig. 22. — Circuit métallique placé hors du champ magnétique.

Le circuit AB, que nous avons successivement approché et éloigné du *champ magnétique* créé entre les deux aimants, constitue l'*induit.*

Nous pouvons augmenter la *force électro-motrice* d'induction qui prendra naissance en augmentant le nombre de tours de fils du circuit AB (fig. 23). Si nous mettons 1, 2, 3, 4, 5, etc., tours de fil, nous aurons une *force électro-motrice* qui augmentera dans ces proportions.

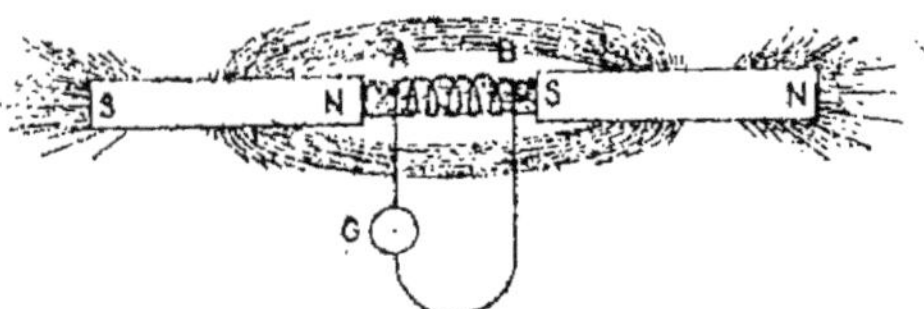

Fig. 23. — Déplacement d'un circuit métallique formé de plusieurs spires.

Il existe également un autre moyen d'augmenter la *force électro-motrice* engendrée ; c'est d'enrouler le circuit AB sur une pièce de fer que l'on déplacera en même temps dans le champ magnétique.

Résumé des notions fondamentales précédentes :

Les quelques notions fondamentales précédentes nous ont

appris : *que, pour produire un courant, il faut déplacer un circuit, formé d'un certain nombre de tours de fil de cuivre fermé, à travers un flux de force.*

Si donc nous donnons un mouvement continu de déplacement à un circuit, nous obtiendrons la production d'un courant qui subsistera tant que le mouvement aura lieu.

Nous voyons là une conséquence importante : il suffira de mettre en mouvement un circuit pour obtenir un courant. Dans une machine dynamo, nous animerons l'induit d'un mouvement continu à l'aide d'une transmission sur une machine à vapeur. Nous disposerons l'induit sur un arbre entre les inducteurs. Sur l'arbre sera montée une poulie qui sera commandée par une courroie.

Nous pouvons augmenter les effets ainsi produits comme nous l'avons expliqué plus haut :

1° En disposant deux aimants de pôles opposés en regard l'un de l'autre (inducteurs) ;

2° En enroulant un certain nombre de tours de fils de cuivre recouverts d'une couche de coton ou de soie sur un morceau de fer qui se déplacera dans le champ magnétique (induit) ;

3° En approchant et en éloignant, *le plus souvent possible et le plus rapidement possible*, le circuit induit du champ magnétique.

Tels sont les seuls principes sur lesquels repose la construction des machines dynamos.

Machine théorique.

En appliquant les principes précédents, il nous faut trouver maintenant une disposition qui permette d'utiliser le mouvement des machines à vapeur afin d'obtenir une production continue d'énergie électrique.

Nous prendrons pour cela un arbre que nous pourrons mettre en mouvement à l'aide d'une poulie et d'une courroie.

Sur cet arbre (fig. 24) représenté en A, nous fixerons 4 supports à angle droit B, B, B, B qui maintiendront un anneau de fer C, C, C, C sur lequel nous enroulerons une série de bobines semblables à la bobine D. Cette bobine occupera, suivant le mouvement, plusieurs positions dans le champ magnétique créé par les épanouissements polaires représentés. Supposons cette bobine successivement aux points 1 et 2. Elle occupera les deux positions extrêmes ; en 1 le flux de force embrassé est nul, puisque les spires de la bobine sont parallèles aux lignes

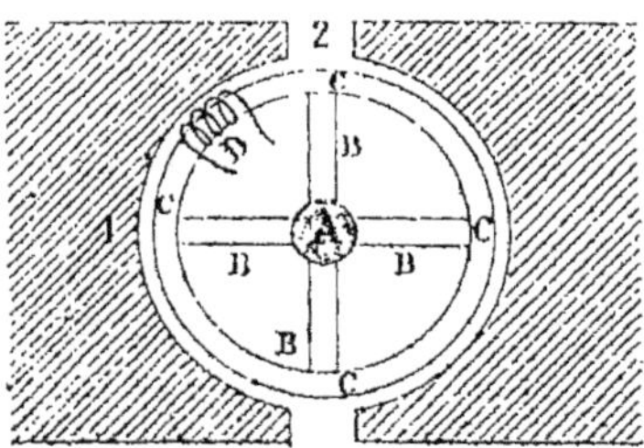

Fig. 24. — Schéma d'une machine dynamo théorique.

de force, en 2 il est maximum, les spires étant perpendiculaires aux lignes de force. La variation a donc eu lieu entre ces deux positions, et la bobine a produit un courant.

Nous aurions pu monter sur l'arbre A une série de rayons portant chacun un noyau et une bobine à leur extrémité ; nous avons préféré adopter de suite la disposition précédente.

On remarquera que dans notre figure nous avons formé des épanouissements polaires aussi rapprochés que possible de l'anneau intérieur en laissant une distance très faible. Cette distance est l'*entrefer*.

Nous pouvons donc dire comme conclusion que nous sommes arrivés à constituer expérimentalement une machine théorique en la formant (fig. 25) d'un électro-aimant à branches recourbées de grosse section, de faible longueur, avec épanouissements polaires embrassant exactement la surface extérieure de l'induit en laissant un très faible entrefer. Le circuit qui entoure ces électros est alimenté par un circuit exté-

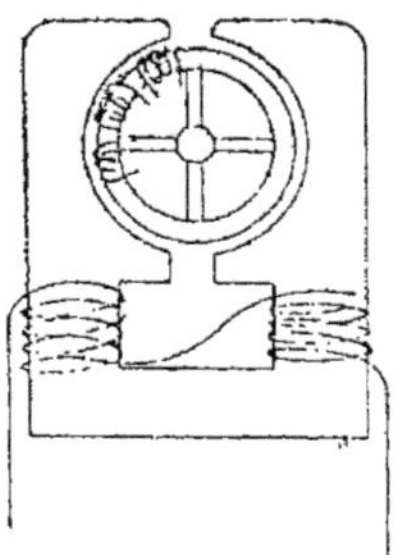

Fig. 25. — Constitution d'une machine dynamo théorique.

rieur. L'induit est formé d'un grand nombre de bobines convenablement disposées sur un anneau.

Nature du courant produit.

Il importe maintenant de connaître la nature du courant que nous avons produit.

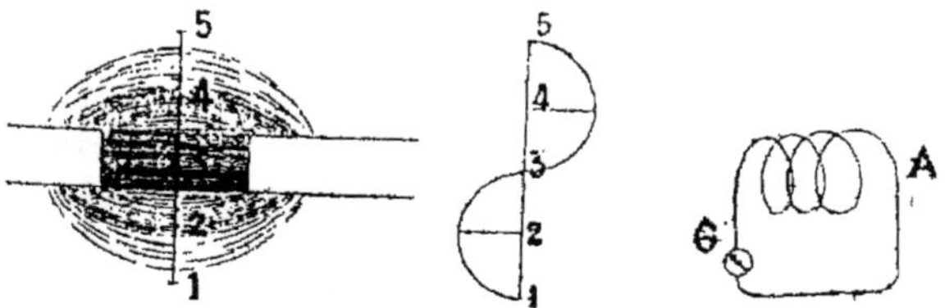

Fig. 26. — Détermination expérimentale de la nature et du sens du courant produit.

Les lois de Maxwell et de Lenz, dont nous avons déjà parlé sont les suivantes :

Toute variation du flux de force embrassé par un circuit fermé produit un courant d'induction dont la durée est égale à celle de la variation du flux.

Le sens du courant induit dans un circuit par une variation de flux de force donnée est tel qu'il s'oppose à chaque instant à la variation par le flux qu'il produit lui-même.

Ces lois semblent tout d'abord peu compréhensibles ; essayons cependant de les appliquer aux cas que nous avons déjà examinés.

Prenons dans un champ magnétique (fig. 26) quatre positions déterminées. Un circuit A avec un appareil G formé d'une aiguille, qui déviera suivant le courant qui prendra naissance, nous permettra d'apprécier en chaque point la grandeur et le sens du courant.

En 1, nous sommes en dehors du champ magnétique Il n'y a pas de courant.

De 1 en 2, nous avons une grande variation de flux, nous passons d'une valeur nulle à une valeur déterminée. C'est le maximum de variation. L'aiguille de l'appareil G dévie dans un sens et accuse la plus grande déviation que nous allons trouver.

De 2 en 3, la variation est moins grande, car le champ est presque uniforme en 3. La déviation de l'aiguille a donc diminué.

De 3 en 4, le champ magnétique diminue. La variation a donc changé de sens. Le courant change également de sens, et nous voyons l'aiguille donner une déviation en sens inverse du sens précédent.

De 4 en 5, la diminution est successive et plus faible.

En 5, la champ magnétique est nul.

Si nous relevons maintenant toutes les déviations en chaque point, et si nous portons les valeurs soit à gauche, soit à droite, suivant le sens du courant, d'une ligne verticale, nous obtenons la courbe que montre la figure 26 à la partie droite.

Appliquons les mêmes considérations à la machine théorique dont nous avons parlé plus haut et nous trouvons (fig. 27) :

En 1, pas de variation, pas de courant.

De 1 en 2, variation maxima de flux de force (diminution),
puisque ce dernier est nul en 2.

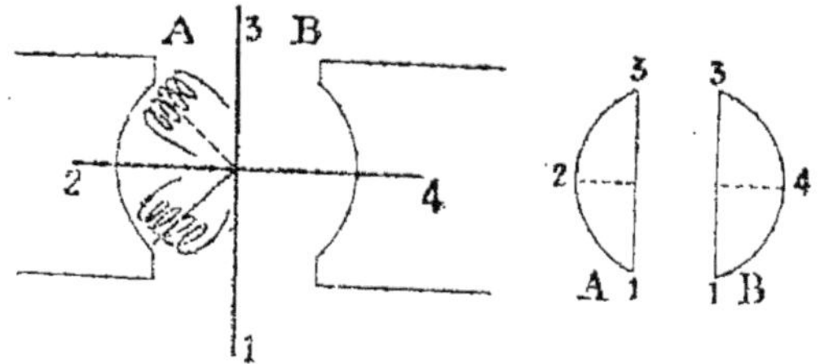

Fig. 27. — Sens du courant produit par une machine
théorique.

De 2 en 3, augmentation du flux de force. Le courant aurait
dû changer de sens, mais la bobine a également
changé de face. Le sens du courant reste donc le
même, mais il diminue.

De 3 en 4, diminution du flux de force, changement de sens
du courant.

En 4, variation maxima, flux nul, maximum de courant.

De 4 en 1, augmentation du flux de force. Même consi-
dération que pour le changement de 2 en 3.

Nous trouvons donc deux parties A et B, où les courants pro-

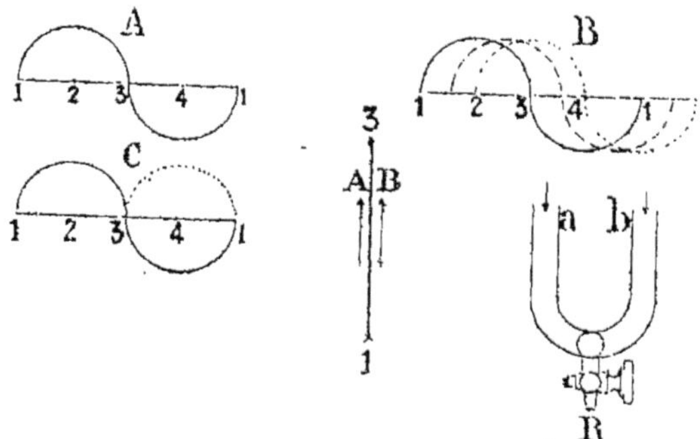

Fig. 28. — Courbes représentant les sens des courants obtenus.
A. Courant alternatif simple. B. Courants alternatifs
successifs. C. Courant redressé.

duits par une même bobine sont de sens inverse, comme le montre la partie droite de la figure 27.

Si nous portons sur une même ligne droite les valeurs successives du courant, nous aurons la courbe A (fig. 28) nous montrant le *courant alternatif*. Au lieu d'une seule bobine, prenons en deux, puis trois se déplaçant l'une après l'autre dans le champ magnétique, nous trouvons des valeurs différentes pour l'intensité du courant dans chaque bobine au même instant ; nous aurons les courbes B montrant successivement *un, deux et trois courants alternatifs*, produits par les bobines occupant les mêmes positions les unes après les autres. Supposons que par un artifice quelconque nous fassions changer de sens au courant au point 3 dans la courbe A, nous aurons la courbe C, qui nous montrera un *courant redressé*. Aux points 1 et 3 réunissons les deux courants produits, comme nous faisons écouler par un même robinet R les deux courants d'eau provenant de deux branches *a* et *b*, nous aurons le *courant continu*.

Ces simples considérations nous montrent que nous aurons à étudier les courants continus, les courants redressés, les courants alternatifs et les courants polyphasés. Les courants redressés offrent peu d'intérêt aujourd'hui ; aussi nous les laisserons de côté.

Avant d'entreprendre cette étude, nous donnerons quelques renseignements sur les calculs des machines, (bien que cette partie soit en dehors de notre programme, mais on nous a demandé parfois quelques détails), et sur le rôle du fer dans les machines.

Calculs des machines.

Il est facile aujourd'hui de calculer une machine de toutes pièces, en connaissant certaines données. Notamment en ce qui concerne l'anneau, il suffit de connaître le flux de force, la vitesse à donner, le refroidissement à admettre, la puissance à atteindre, etc. Il faut en excepter les résistances mécaniques et autres, dont il serait difficile de tenir compte. Il y a également une part à faire en ce qui concerne les petites machines, à cause de certains phénomènes secondaires qui ont lieu. Voici les quelques lois qu'il faut appliquer :

La force électro-motrice E produite a pour valeur en volts $\mathcal{H}lv$, $\mathcal{H}$ étant l'intensité du champ magnétique exprimée en unités c. g. s., l la longueur du fil enroulé sur la bobine qui se déplace, longueur exprimée en centimètres, v la vitesse en centimètres par seconde. Pour avoir l'intensité, il suffit de diviser la valeur de la f. e. m. par la résistance du circuit en ohms

De sorte que, si nous désignons par R cette résistance, nous pouvons écrire .

$$i = \frac{\mathcal{H}lv}{R}$$

i étant l'intensité du courant en ampères.

Par exemple, si nous prenons 100 mètres de fil de cuivre, présentant une résistance de 10 ohms, et que nous le fassions déplacer avec une vitesse de 5 mètres par seconde dans un champ magnétique de 1000 unités c. g. s., nous aurons une force électro-motrice de :

$$E = \mathcal{H}lv = 1\,000.\ 10\,000\ 500.$$
$$= 5\,000\,000\,000\ \text{unités.}$$

Mais comme un volt $=$ 100 000 000 unités c. g. s., nous aurons E $=$ 50 volts,

$$\text{et } i = \frac{E}{R} = \frac{50}{10} = 5 \text{ ampères.}$$

Rôle du fer dans les machines.

Il importe, dès à présent, de présenter quelques considérations relatives à l'emploi du fer. En effet, si, dans l'expérience précédente de la bobine de fil se déplaçant en présence de l'aimant. nous avionsintroduit un noyau de fer dans l'intérieur de la bobine, nous aurions observé des effets beaucoup plus puissants. En voici la raison : Tous les milieux ne se laissent pas traverser également par le flux de force. Par exemple, le fer se laissera traverser plus facilement que l'air ; il est plus *perméable*, la perméabilité étant le rapport du flux passant dans le fer au flux passant dans l'air. La résistance magnétique d'un circuit est en raison inverse de la perméabilité. Cette perméabilité est également très variable, suivant la valeur de l'induction. Pour fixer les idées, si nous prenons une induction de 11000 unités, la perméabilité a une valeur de 1692 pour le fer, de 37 pour la fonte, de 1 pour l'air. Ainsi, si en présence d'un aimant nous mettons un morceau de fer, il laissera passer 1692 fois plus de lignes de force que l'air ; la fonte n'en laissera passer que 37 fois plus. Nous sommes donc naturellement amenés à mettre un morceau de fer dans la bobine dont nous parlions tout à l'heure. Mais si ce morceau de fer était plein, sa résistance serait très faible, et, en se déplaçant dans le champ magnétique, ils serait le siège de courant parasites très intenses appelés *courants de Foucault*, qui constituent une perte d'énergie. Le fer doit donc être découpé parallèlement aux lignes de force et à son déplacement, en épaisseurs minces ; nous verrons les dispositions adoptées en décrivant les machines.

Pour augmenter encore le flux de force, au lieu de mettre un seul pôle d'aimant, on en dispose deux de noms contraires en regard. La bobine induite se meut entre les deux. L'espace laissé libre pour le jeu nécessaire entre la bobine renfermant un noyau de fer et le pôle inducteur constitue l'*entrefer*. Il faut qu'il soit aussi petit que possible pour avoir une résistance magnétique très faible.

Nous n'avons parlé jusqu'ici que des aimants, et peu des électro-aimants. Il est bien entendu que les mêmes propriétés s'appliquent à ces derniers.

Si en effet nous prenons un noyau de fer doux, que nous l'entourions d'un certain nombre de tours de fils, et que nous fassions traverser le circuit par un courant électrique, le barreau sera aimanté. Il sera traversé par un *flux de force*, qui aura pour valeur le produit de l'intensité du champ magnétique dans le fer par la surface embrassée. Notons en passant que, pour une même section, le *flux de force* n'a pas la même valeur, suivant que l'on considère un milieu d'air ou un autre milieu, comme le fer. Dans le cas de l'air, le champ magnétique est désigné par $\mathcal{H}$, et il est désigné par $\mathcal{B}$, pour le fer : dans ce dernier cas, il prend le nom particulier d'*induction magnétique*.

On conçoit naturellement que cette valeur de $\mathcal{B}$ soit variable, suivant la nature des différents métaux employés. Afin d'établir des comparaisons, on a décidé de rapporter toutes les valeurs $\mathcal{B}$ qui désignent le champ magnétique ou induction dans les diverses substances au champ magnétique dans l'air désigné par $\mathcal{H}$. De sorte que nous avons pour terme de comparaison le rapport $\dfrac{\mathcal{B}}{\mathcal{H}}$ qui est la *perméabilité magnétique*. Ce rapport que l'on désigne par la lettre μ indique de combien le champ magnétique $\mathcal{B}$ est plus fort dans le fer que dans l'air $\mathcal{H}$ pour une même dépense d'énergie électrique. Ce rapport est variable suivant la valeur de $\mathcal{B}$. On constate que pour des valeurs de $\mathcal{B}$ très petites, il a une valeur très grande, et il diminue à mesure que $\mathcal{B}$ augmente. Ce qui veut dire que la *perméabilité magnétique* d'un milieu, ou propriété de se laisser traverser par un champ magnétique, diminue à mesure que le champ augmente dans le milieu.

Voyons maintenant de quoi dépend la valeur de ce flux de force. Il est d'autant plus grand que le nombre de tours de fil qui entoure le noyau est plus grand et que l'intensité du courant qui le traverse est plus grande. Un calcul plus rigoureux nous montrerait que l'intensité du champ est égale au facteur $\dfrac{4\pi N I}{l}$, π étant le rapport de la circonférence au diamètre et étant égal à 3,1416, N étant le nombre de tours de fils de la bobine, l la longueur de cette dernière et I l'intensité du courant. Nous savons, de plus, que le flux de force traversant le noyau de fer tend à se fermer en passant par l'air. Mais l'air n'est pas aussi perméable que le fer au flux de force. Il importe donc également de tenir compte, dans la formule du flux de force, de la résistance opposée à son passage par les différents milieux. Nous dirons donc que le flux de force est d'autant plus petit que la résistance magnétique $\mathcal{R}$ du circuit est plus grande. Nous pouvons donc écrire pour l'air :

$$\text{flux de force } \mathcal{B}S = \frac{4\pi NI}{l} S.$$

Ce que l'on peut énoncer simplement :

Le flux de force créé à l'intérieur d'une bobine de longueur l, de section S a pour valeur le produit du facteur $\dfrac{4\pi NI}{l}$ par la section S du milieu considéré.

Le facteur $4\pi NI$ est appelé *force magnéto-motrice*. On peut écrire alors pour un autre milieu, le fer par exemple :

$$\text{flux de force} = \frac{\text{force magnéto-motrice}}{\text{résistance magnétique}}.$$

Cette formule est analogue à la formule de Ohm $I = \dfrac{E}{R}$, dans laquelle l'intensité est analogue au flux de force, la force électro-motrice E à la force magnéto-motrice et la résistance R du circuit à la résistance magnétique.

La résistance magnétique d'un circuit ou *réluctance* suivant le nouveau nom adopté, est elle-même en raison inverse de la perméabilité et de la section, et en raison directe de la longueur. C'est ce qui nous explique que l'on doit faire, dans les machines, des électro-aimants courts, d'une grosse section et se rapprochant autant que possible des bobines induites, de façon à diminuer l'*entrefer*, ou espace laissé entre les bobines induites et les pôles inducteurs.

Il ne faudrait pas croire maintenant que pour une résistance magnétique donnée, on puisse arriver à augmenter indéfiniment le flux de force, en augmentant le nombre de tours de fil et l'intensité du courant ou la puissance d'excitation, car le fer devient bientôt *saturé* ; il est bien évident qu'on n'a pas d'intérêt à atteindre cette limite de saturation, attendu qu'au voisinage on dépense, pour l'excitation, de l'énergie en pure perte.

2° ETUDE DES MACHINES A COURANTS CONTINUS

Nous examinerons successivement les deux parties : *inducteurs* et *induits*.

Inducteurs

Nous avons vu précédemment que le rôle des inducteurs était de produire un champ magnétique. Celui-ci peut être fourni par les pôles d'aimants. La machine est alors une machine *magneto*. Les inducteurs peuvent être formés par des électro-aimants ; les machines sont alors des machines *dynamos*. Disons tout de suite que les aimants ont une puissance beaucoup plus faible, à poids égal, que les électro-aimants. Aussi, dans les machines actuelles, les inducteurs sont constitués généralement par des électro-aimants.

Il serait intéressant de savoir maintenant comment le courant est fourni aux fils qui forment les électro-aimants pour les alimenter : nous préférons attendre pour exposer cette question que nous ayions vu la production du courant dans l'induit. Nous étudierons ensuite l'alimentation des électro-aimants sous le nom d'*excitation*.

Forme des inducteurs. — Une des particularités les plus frappantes dans les électro-aimants est la forme que ceux-ci peuvent affecter. Cette dernière peut varier à l'infini. Le principe consiste, en effet, à produire un champ magnétique aussi intense que possible. Nous devons considérer le *flux de force*, qui n'est autre que le produit de l'intensité du champ magnétique par la surface embrassée. Comme nous l'avons dit précédemment, l'intensité du courant produit est proportionnelle aux variations successives du flux de force. Or ce *flux de force* est directement proportionnel au nombre de tours de fil et à l'intensité du courant qui traverse le circuit. On est donc amené à prendre un grand nombre de tours et une intensité aussi grande que possible. De plus le flux de force est en raison inverse de la *résistance magnétique* du circuit, ou résistance qu'éprouve le passage du flux magnétique dans le fer et dans l'air entre les deux pôles. Cette résistance magnétique est proportionnelle à un certain facteur que l'on appelle *résistance magnétique spécifique* ou *réluctivité* et qui est la caractéristique des diverses

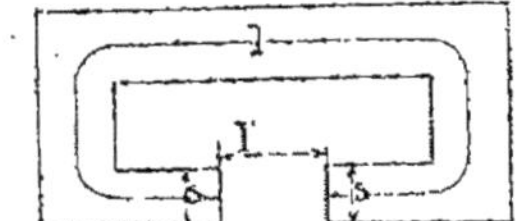

Fig. 29. — Carcasse d'un champ magnétique.

substances, proportionnelle à la longueur du circuit, et indirectement proportionnelle à la section du circuit. On doit donc prendre un circuit de fer de section S très grande (fig. 29), de longueur *l* entre les deux pôles très faible ; car l'air a une résistance spécifique très élevée.

C'est en se basant sur ces différents principes que de nombreuses dynamos ont été construites. Nous donnons pages 50 et 51 une série de figures représentant les principales formes des inducteurs des machines actuellement connues ainsi que la liste de leurs noms.

Telles sont les principales formes des inducteurs dans les machines à courants continus aujourd'hui construites. Comme on le voit, il est facile de trouver de nouvelles formes à l'aide de simples changements.

Entre tous, nous distinguons d'abord le *type Gramme* (nº 2), type d'atelier, formé par deux traverses horizontales supportées par deux traverses verticales, avec des épanouissements polaires dans le milieu des barres horizontales.

L'*inducteur Siemens* (nº 15) est constitué par des traverses horizontales rapprochées et soutenues par deux traverses verticales. Les pôles consistent en des renflements dans lesquels est logée la bobine. Les traverses sont elles-mêmes formées par des lamelles de fer juxtaposées.

L'*inducteur Edison-Hopkinson* (nº 7) se compose de deux colonnes de fer réunies à leur partie supérieure, et terminées à leur partie inférieure par des masses polaires, reposant sur un socle de zinc. Ce dernier a pour but d'éviter que le champ magnétique ne se ferme directement par la base, et de le forcer au contraire à traverser l'anneau.

Nous signalerons encore le *type Gramme supérieur* semblable au type Edison renversé, mais plus ramassé, et le type Manchester ressemblant au type Gramme d'atelier, mais avec des colonnes moins hautes, et des épanouissements polaires plus prononcés.

Les inducteurs sont ordinairement constitués par du fer ; quelques types cependant sont en fonte. On fabrique également aujourd'hui des aciers spéciaux, l'acier Robert entre autres.

Il faut cependant, autant que possible, éviter la fonte qui a une *résistance magnétique* beaucoup plus grande que le fer, et par suite une *induction magnétique* beaucoup moins élevée.

Machines multipolaires. — Dans tout ce qui précède, nous n'avons considéré que deux pôles pour les machines. Mais il est certain que l'on peut augmenter le nombre des pôles. Il en résulte que l'on obtient une série de flux de force comme le montre la figure 30 pour une machine à quatre pôles. On a donc de plus grandes variations qu'avec un seul flux de force. Il est par suite possible d'augmenter la différence de potentiel

4

1. Machine Gramme à pôles conséquents.
2. Machine Gramme type d'atelier.
3. — Edison, type 1880.
4. — — autre type.
5. — Gramme, type supérieur.
6. Machine Hopkinson.
7. — Edison Hopkinson.
8. — Manchester.
9. — Elwell.
10. — Kümmer.
11. — Goolden et Trotter.
12. — Hochausen.
13. — Weston.
14. — Ironclad.
15. — Siemens.
16. — Crompton.
17. — Dynamo-Belfort, de la Société alsacienne de Constructions mécaniques.
18. Machine Kester.
19. — Norwich Electric Motor (Laurence Scott et Cᵒ).
20. — Kennedy.
21. — Lahmeyer.
22. — Andrews-Eickemeyer
23. — de la Société des Téléphones de Zurich.
24. Machine Kümmer.
25. Moteurs à faible puissance de la Société alsacienne.
26. Machine Griscom.
27. — Kapp
28. — Fürgessen.
29. — Silvanus Thompson.
30. — Mather.
31. — Jones.
32. — Fein.
33. — Cᵒ Dynamo.
34. — S. Thomson.
35. — Patten.
36. — E. Scott et Montain.
37. — Fein (petit moteur).
38. — Norwich ship lighters (Laurence Scott) à induit denté.
39. Machine Desroziers (multipolaire).
40. Machine Kester.
41. — Wenström.
42. — Crompton.
43. — Machine Siemens à 8 pôles intérieurs et à collecteur extérieur.
44. Machine Thury.
45. — Brush (Victoria).
46. — Alioth.
47. — Gramme multipolaire
48. — Kümmer à 4 pôles.
49. — Kapp à 4 pôles.
50. — Cuenod-Sautter multipolaire.
51. Machine Thomson-Houston (à induit sphérique).

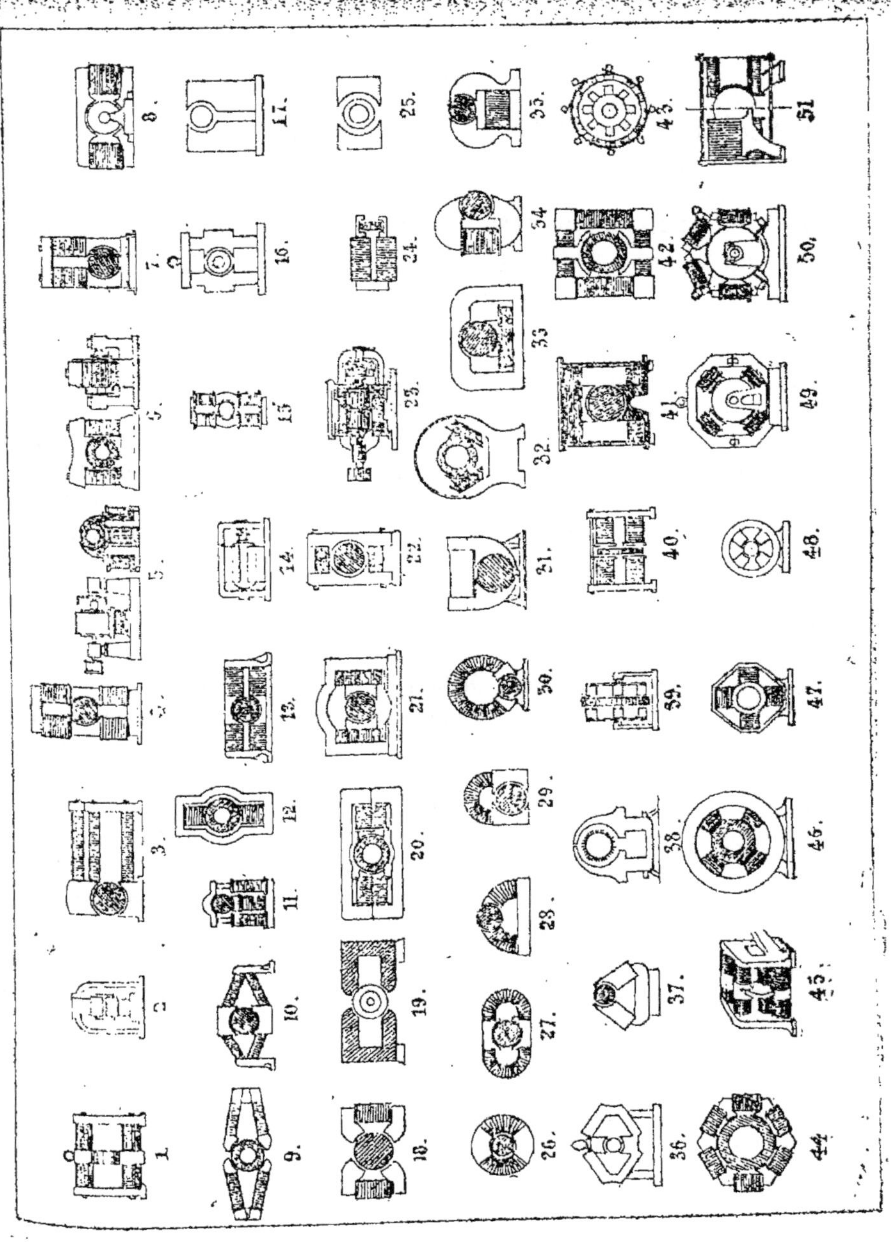

et l'intensité produites. Mais il est nécessaire de mettre 4 balais aux points A, B, C, D. Par rapport aux machines à deux pôles, les machines multipolaires présentent les avantages suivants : on peut avoir une moins grande vitesse angulaire. employer une plus grande densité de courant, alléger l'armature. Il est enfin très facile de transformer une machine multipolaire en machines à 2 pôles, en supprimant un certain nombre de pôles intermédiaires.

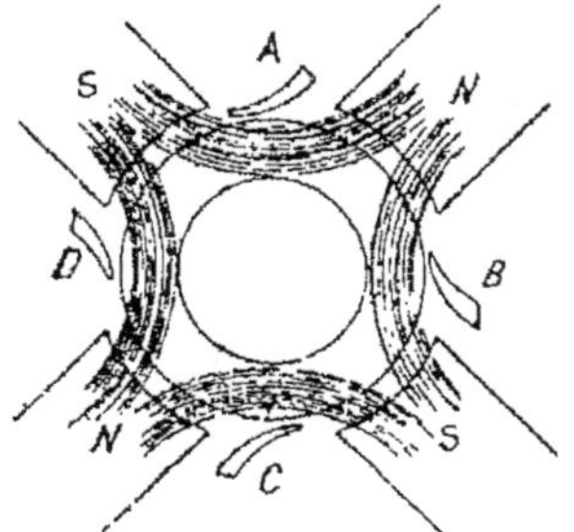

Fig. 30.—Champs magnétiques obtenus dans une machine à 4 pôles.

Les balais dans les machines multipolaires. — On peut éviter

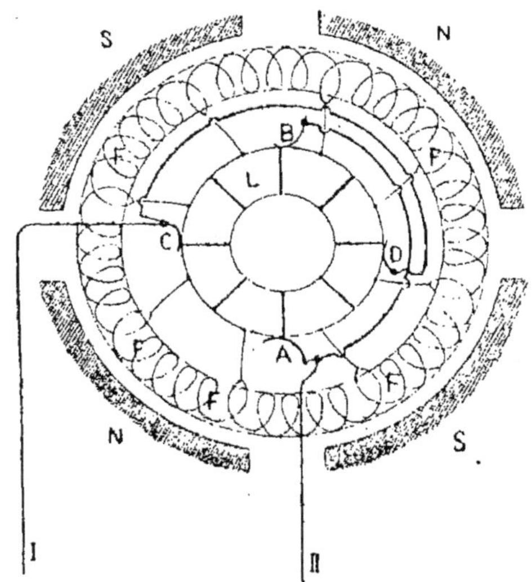

Fig. 30 *bis*. — Jonction de balais entre eux dans une machine multipolaire.

une grande complication de montage en reliant deux à deux

les balais qui se trouvent placés dans les mêmes conditions et par conséquent à la même différence de potentiel, comme on le voit dans la figure 30 *bis*. Les balais A et B, C et D sont réunis entre eux. On peut encore relier les fils d'entrée et de sor-

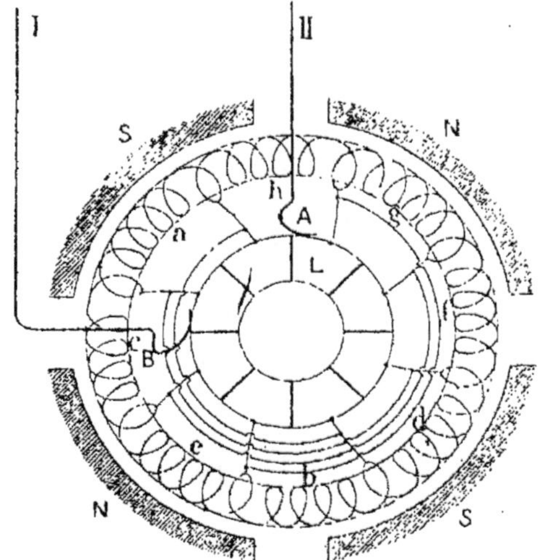

Fig. 30 *ter*. — Réunion des lames du collecteur se trouvant à la même différence de potentiel dans une machine à 4 pôles.

tie des diverses bobines a, b, c, d, e, f, g, h, (fig. 30 *ter*), de telle sorte que les bobines se trouvant au même instant dans les mêmes positions du champ magnétique communiquent entre elles, telles que a et d, c et f, e et g, b et h. Il n'y a alors que deux balais A et B qui sont réunis aux fils I et II.

Induits

Voyons maintenant les dispositions adoptées pour les induits.

Les types d'enroulement peuvent se ramener à deux principaux : l'enroulement *Gramme,* et l'enroulement *Siemens.* Pour étudier les induits, il est préférable d'établir la classification suivante :

1° Induits à anneau ; 2° induits à tambour ; 3° induits à disque.

Induits à anneau. Enroulement Gramme.

Supposons un anneau de bois *a, b, c, d*, représenté en coupe sur la figure 31, et formant la base qui se prolonge en arrière. Cet anneau est maintenu autour d'un axe central mobile à l'aide de quatre montants spéciaux *e, f, g, h*. L'axe dont il est

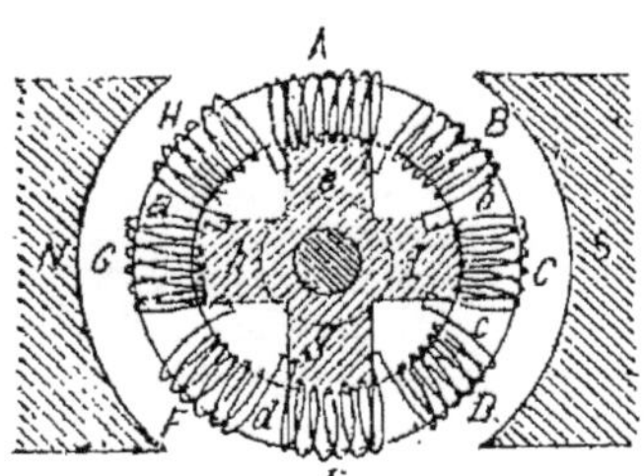

Fig. 31. — Schéma d'un enroulement à anneau.

question peut être mis en mouvement à l'aide d'une poulie qui reçoit le mouvement d'une courroie actionnée par une machine à vapeur. Sur cet anneau de bois enroulons une série de spires de fils successives, de façon à former plusieurs bobines de cinq spires chacune A, B, C, D, E, F, G, H. Réunissons ensemble les extrémités des fils de ces diverses bobines de telle sorte que le fil sortant de A soit relié au fil rentrant de B, le fil sortant de B au fil rentrant de C, et ainsi de suite comme le représente la figure. Nous avons ainsi un circuit fermé tel qu'en partant d'un point nous pouvons revenir au même point en parcourant tout le circuit. Plaçons notre anneau ainsi disposé entre les deux pôles d'électro-aimants N et S. Mettons ensuite l'anneau en mouvement, chacune des bobines A, B, C, D, E, etc., en se déplaçant, va donner naissance à un courant, dont le maximum sera produit au départ par les bobines C et G qui subissent la variation maxima du flux de force. Mais les courants produits par ces diverses bobines, placées à droite ou à gauche de l'axe vertical perpendiculaire à la ligne des pôles, sont alternatifs, c'est-à-dire qu'ils changent de sens suivant les sens des variations du flux de force.

Nous avons vu plus haut les divers artifices qui permettent d'avoir le courant continu. Il suffit de le recueillir à l'aide de 2 frotteurs placés sur l'axe vertical perpendiculaire à la direction des pôles. Ce résultat est atteint à l'aide du *collecteur* et des *balais*.

Collecteur. — La construction des collecteurs peut différer suivant les divers modèles, nous donnerons ici la description d'un collecteur que nous avons eu entre les mains et que nous avons démonté plusieurs fois dans nos différents cours. La figure 32 nous montre la coupe transversale en avant

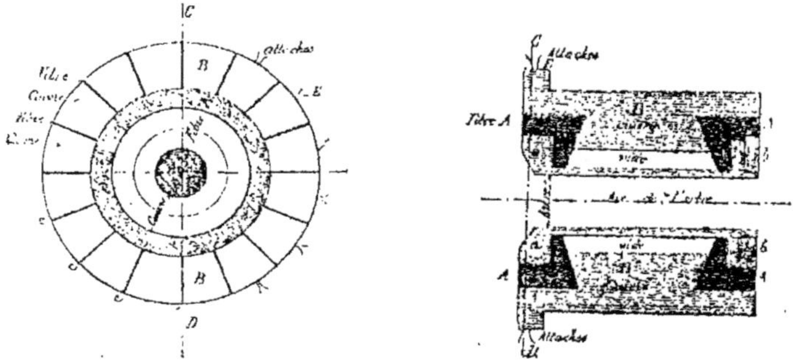

Fig. 32. — Vue en avant et vue en coupe d'un collecteur.

et la coupe longitudinale. Si nous partons du centre à la périphérie, nous trouvons d'abord un cylindre de cuivre creux dans lequel s'enfoncera l'arbre de la machine. Ce cylindre porte à la partie antérieure un prolongement *a, a* et à l'arrière *b, b* une partie filetée sur laquelle vient se monter un boulon pour maintenir le tout. En A, A se trouvent des rondelles de fibre recourbées en queue d'aronde et épousant les formes indiquées. Par dessus sont posées les lames de cuivre B venant reposer sur les parties de fibre, et s'emboîtant dans la queue d'aronde en laissant un vide entre la lame et le cylindre de cuivre intérieur. Si nous considérons maintenant la coupe transversale en avant de ce collecteur, nous voyons dans le cas actuel 16 lames de cuivre rouge B, B placées les unes à côté des autres à la périphérie et séparées par des petites lames de fibre c, c, c. Toutes ces lames une fois ajustées sont maintenues par le boulon dont nous avons parlé plus haut. Chaque lame porte soudées à la périphérie des attaches E, qui servent à réunir les fils des différentes bobines.

Le nombre des lames de cuivre du collecteur varie suivant le nombre de volts à recueillir ; on admet qu'il ne peut y avoir plus de 4 à 5 volts entre deux lames successives. Ces lames de cuivre suivant les types de machines, sont isolées les unes des

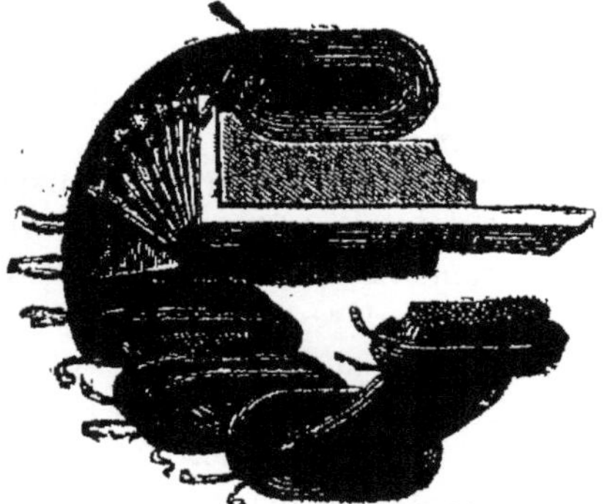

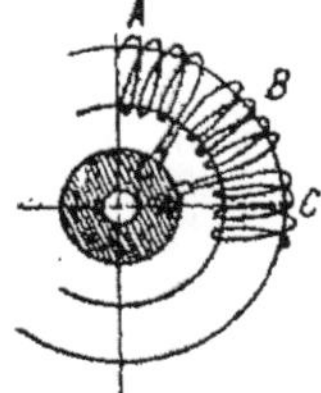

Fig. 33. — Disposition des bobines sur un anneau constitué par des fils de fer.

Fig. 34. — Détail des connexions des bobines au collecteur.

autres à l'aide de mica, ou de fibre etc., et sont recourbées à angle droit. L'extrémité des fils d'une bobine et le commencement des fils de l'autre bobine sont soudés à chacune de ces tiges, de sorte que l'ensemble des bobines forme un circuit complètement fermé. En partant d'un point, on peut y revenir en parcourant entièrement le circuit, et en s'arrêtant à chacune des lames du collecteur (fig. 34).

C'est cette ingénieuse disposition qui est exclusivement adoptée aujourd'hui. Bien des inventeurs ont essayé de la modifier ; on n'a jamais réussi à trouver plus simple et plus pratique. On peut dire que c'est cette invention qui a donné naissance à l'industrie électrique. Elle est due au professeur Paccinotti et à M. Gramme.

La figure 33 nous montre la coupe transversale d'un anneau. On voit au centre les fils de fer constituant l'anneau sur lequel sont enroulées les bobines.

Balais. — L'emploi du collecteur nécessite l'emploi de *balais*, ou frotteurs spéciaux, qui viennent appuyer sur le cylindre tournant du collecteur et établir la communication constante entre les deux pôles de la machine et le circuit extérieur. Le nombre des balais varie suivant l'intensité à recueillir. Pendant la marche normale ils ne doivent pas chauffer au-delà d'une certaine mesure.

Il nous faut maintenant disposer les balais AB et CD pour recueillir les courants. Les balais sont formés d'une lame de cuivre rigide *a* et d'un support *b*, formant étui dans lequel sont logés de petits fils de cuivre argentés de 0,5 à 0,75 millimètre de diamètre. Ces balais sont placés aux points F et E (fig 35) où le flux de force est maximum.

Les balais peuvent être de plusieurs sortes. Nous distinguerons aujourd'hui les balais à fils (fig. 36 *a*) les balais en toile métallique (*b*), les balais feuilletés (*c*), et les balais en charbon (*d*).

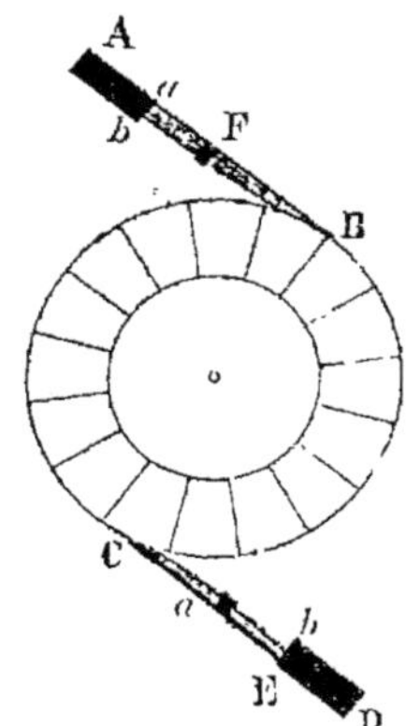

Fig. 35. — Coupe d'un collecteur avec la place occupée par les balais. Détail des balais.

Les balais doivent avoir une grande conductibilité, et doivent établir une bonne communication avec les lames du collecteur sans exercer sur elles une trop grande pression, d'où il résulte un frottement qui détériore rapidement le collecteur.

Les balais en fils fins (*a*) exercent un frottement encore trop fort ; les fils sont divisés, portent sur plusieurs parties du collecteur qu'ils entament.

Les balais en toile métallique (*b*) donnent de bons résultats,

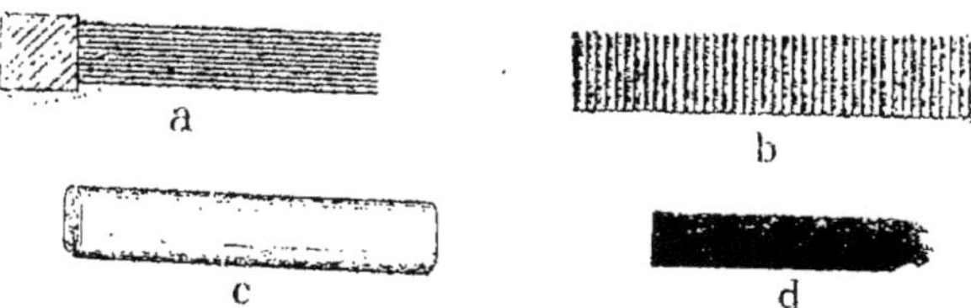

Fig. 36. — Divers modèles de balais.

mais ils ne sont pas encore à l'abri de tout reproche. Il est nécessaire d'exercer une certaine pression pour obtenir de bons contacts.

Depuis déjà plusieurs années, M. L. Boudreaux a fabriqué de nouveaux balais (*c*) formés de feuilles métalliques laminées à une très faible épaisseur de 2 à 3 centièmes de millimètre et pliées. Le métal est à base de cuivre. Ces balais appuyant sur le collecteur exercent un frottement très doux qui réduit au minimum l'usure du collecteur.

Dans quelques machines on a utilisé des balais en charbon, formés de plaques d'un charbon d'une composition spéciale (*d*),

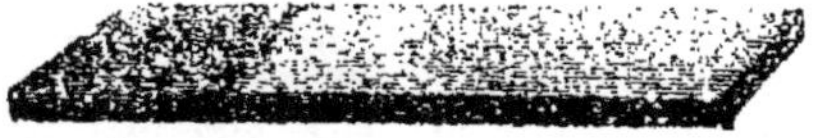

Fig. 36 bis. — Balais à fils serrés.

cuivrés ou non. Avec des balais ordinaires on ne dépasse pas des densités de 10 ampères par millimètre carré. La Société le *Carbone* fabrique depuis peu des balais en carbone électrographitique d'une grande homogénéité, qui permettent d'atteindre 20 ampères par millimètre carré, et assurent un mouvement très doux. La figure 36 *bis* nous montre un modèle de balais à fils très serrés.

Support des balais. — Il ne suffit pas d'avoir de bons balais, il faut également assurer leur maintien et leur contact sur le collecteur dans de bonnes conditions. Chaque type de machine a un support particulier qui lui convient. Nous avons réuni dans les figures suivantes quelques modèles divers. Dans la figure 37, nous voyons un petit support muni d'une poignée qui maintient un col-

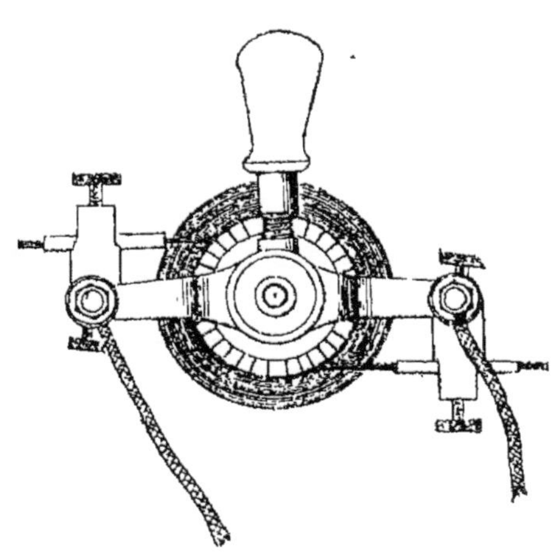

Fig. 37. — Porte-support des balais.

lier de serrage portant deux prolongements sur lesquels se trouvent fixés les écrous des supports horizontaux. Ces derniers portent une mâchoire dans laquelle glissent les balais. Dans la fig. 37 bis on voit la disposition des balais en charbon ; ces balais portent en bout sur le collecteur et sont retenus par des ressorts.

Fig. 37 bis. — Porte-support de balais en charbon.

La figure 38 nous montre el détail d'un porte-balai Edison. Un collier de serrage C est muni de deux prolongements qui portent les supports. Une poignée P est elle-même fixée à ce collier. En D se trouve l'axe autour duquel est fixé l'anneau K se terminant en haut par un col recourbé qui maintient le ressort B et en bas par la glissière dans laquelle se trouve le balai F. On voit en H le collecteur. La partie C qui maintient l'autre extrémité du ressort est immobile sur l'axe D ; une vis A sert à tendre le ressort. On voit que ces dispositions per-

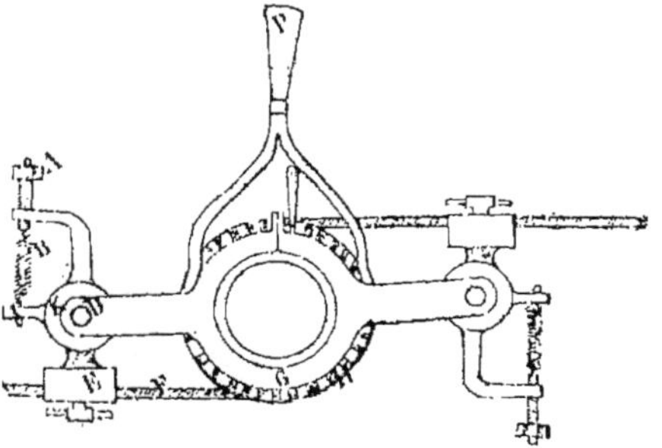

Fig. 38. — Détail d'un porte-balai Edison.

mettent d'une part de déplacer les balais tout autour du collecteur en utilisant la poignée P. Il est aussi possible de déplacer le balai dans la glissière, et d'augmenter la pression sur le

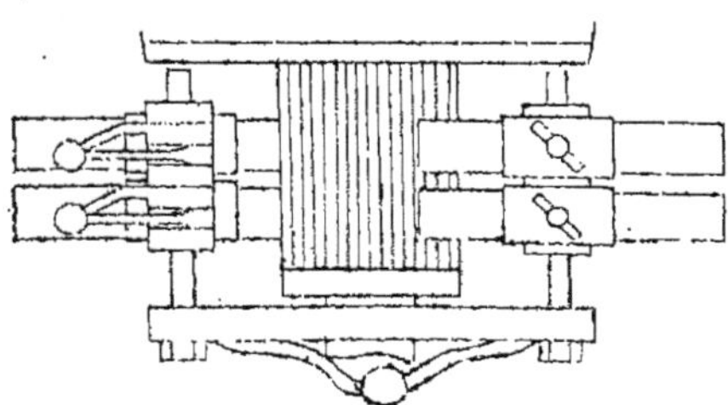

Fig. 38 bis. — Vue en plan d'un collecteur muni de ses balais.

collecteur en tendant le ressort B. La figure 38 bis fait voir l'application de ce porte-balai à une machine.

Nous donnons dans les figures 39 et 39 bis la coupe en avant
et la vue en plan d'un porte-balais pour machines à 8 pôles à
balais en charbon construite par la maison Postel-Vinay. Comme
on le voit une croix à 4 branches montée sur l'arbre de la
dynamo maintient 4 tiges horizontales qui portent des porte-
balais spéciaux. En A se trouve le pivot de chaque porte-
balai. Celui-ci est formé d'une gaine B, un ressort I est fixé par
des vis sur cette oreille D qui est placée à la tête de la gaine et
porte une clé permettant de régler le serrage de la gaine porte-
balai. Sur la gaine B à l'extrémité est un butoir K. Le charbon

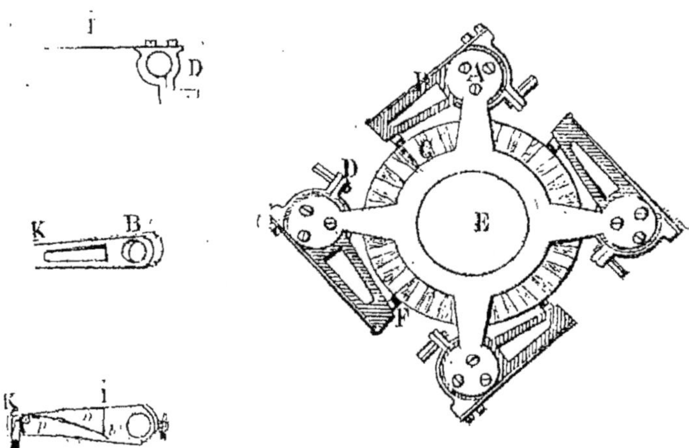

Fig. 39. — Coupe en avant d'un collecteur d'une machine Postel-
Vinay à 8 pôles, muni de ses balais.

F est appuyé sur le collecteur C par la tension d'un ressort
autour d'un pivot *p*. Sur ce ressort vient appuyer un butoir *b*
porté par le ressort horizontal I dont nous avons parlé. Il en
résulte que le charbon F est appuyé fortement par la tension
du ressort. Celui-ci est soumis à une tension plus ou moins

forte par le butoir *b*. Ce dernier peut être serré et venir buter en K par un serrage à l'oreille D.

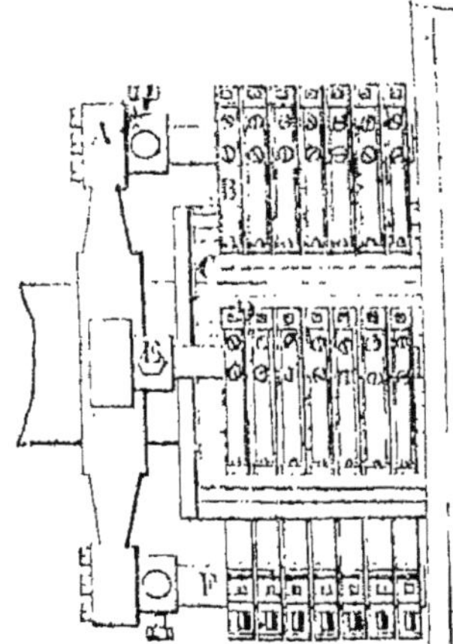

Fig. 39 bis. — Vue en plan du même collecteur.

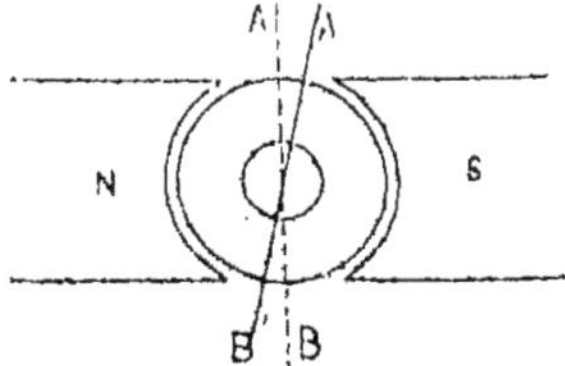

Fig. 40. — Points de calage des balais.

Calage des balais. — Nous avons dit précédemment que les balais devaient être placés aux points où se trouve le maximum de flux de force, et où naît la différence de potentiel minima. En ce point les étincelles seront nulles et le collecteur s'usera peu. Mais en pratique il se présente quelques difficultés.

Ainsi, dans les machines à deux pôles placés latéralement comme dans les machines Gramme (type supérieur), Edison, les balais devraient se trouver sur une perpendiculaire passant à égale distance des deux pôles (fig. 40). On remarque cependant qu'en pratique on est obligé de leur donner une avance dans le sens de la rotation et l'avance est d'autant plus grande que la machine est plus mauvaise. Ce décalage est rendu nécessaire par la réaction des courants produits dans l'induit, qui déplacent le maximum du flux de force.

En effet, le courant produit dans l'induit donne naissance également à un flux de force dont la direction est perpendiculaire à celle du flux créé par les électro-aimants. Il s'ensuit que le maximum de flux de force résultant est légèrement déplacé en A′ B′ par exemple. Les balais doivent être calés en ce point, sous peine d'avoir des étincelles qui détériorent le collecteur.

La position de calage des balais varie pour chaque charge de la machine ; elle doit cependant présenter une certaine marge pour assurer un bon fonctionnement. On a remédié aujourd'hui à ces inconvénients par des enroulements spéciaux, des compensateurs annulant la réaction d'induit, etc. On s'arrange également en pratique, quand il y a deux ou plusieurs balais, pour faire varier la position de chacun d'eux et annuler toute étincelle.

Support de l'induit. — Il nous reste à examiner maintenant le support *a. b, c, d,* de l'anneau (fig. 31). Nous avons vu dans les leçons précédentes que, pour obtenir de meilleurs effets, il convenait de mettre dans la bobine un noyau de fer pour le faire déplacer dans le champ magnétique. De même, dans le cas actuel, nous pourrions mettre un anneau en fer doux. Mais alors nous aurions des pertes très grandes, par *l'hysteresis* due à l'*aimantation remanente*, suivant le nom adopté aujourd'hui. Il convient de diviser la masse, autant que possible. Pour cela on prend des anneaux de fer doux (fer de Suède), de 0,5 millimètre d'épaisseur (fig. 41) ; on en superpose un certain nombre, et on les sépare les uns des autres à l'aide de feuilles de papier. L'enroulement des bobines se fait alors sur l'anneau ainsi formé, au lieu de se faire directement sur l'anneau en bois.

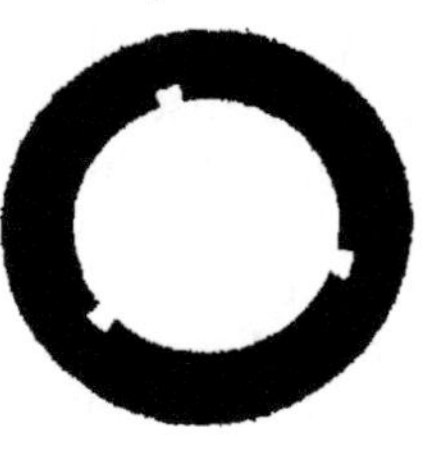

Fig. 41. — Coupe d'un anneau en fer doux utilisé dans les supports des induits.

Sur l'arbre même est fixé un croisillon ou tout autre support qui maintient les disques.

Principaux modèles. — Dans ce qui va suivre, nous signalerons quelques-uns des principaux modèles actuellement en usage, uniquement pour fournir quelques exemples, afin de fixer les idées sur l'ensemble d'une machine.

Machine Gramme.

La Société Gramme construit un grand nombre de machines dynamos de toutes puissances. La machine connue sous

Fig. 42. — Vue d'ensemble d'une dynamo Gramme à 6 pôles.

le nom de *type supérieur* est répandue dans de nombreuses installations, et nous en parlons plus loin dans le tableau général.

Nous mentionnerons ici, en particulier, les machines multipolaires construites dernièrement. La fig. 42 nous montre un modèle à 6 pôles donnant 1500 ampères à 120 volts et à la vitesse angulaire de 300 tours par minute. Dans cette machine, les pôles inducteurs sont fixés sur une carcasse de fonte maintenue à la partie inférieure sur la base. Au centre se déplace l'anneau porté par l'arbre reposant sur les paliers. On aperçoit en avant les diverses paires de balais.

Machine Sautter, Harlé et Cie.

Cette machine, d'une forme robuste et simple, est remarquable par sa bonne construction ; elle est de faible hauteur,

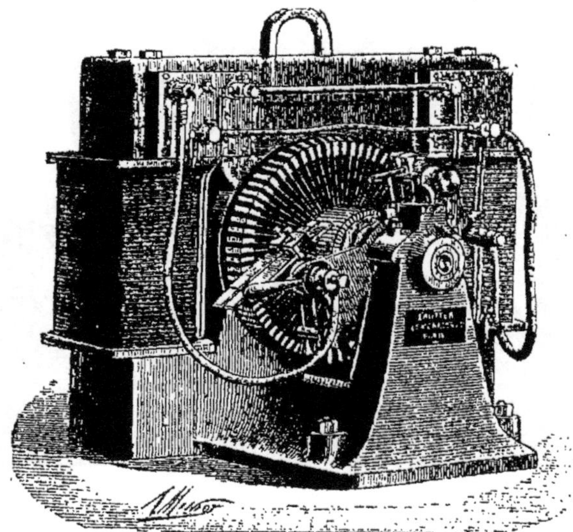

Fig. 43. — Machine dynamo Sautter Harlé et Cie.

et présente une large base comme le montre la figure 43. Les coussinets offrent de grandes surfaces de frottements. Au point de vue électrique, l'induit se trouve placé au centre du champ magnétique, symétriquement et par suite bien équilibré. Tous les organes en sont robustes; le graissage est soigné. Depuis 1873, la maison Sautter, Harlé et Cie a apporté de nombreux perfectionnements à la construction de cette machine qui est une des premières modifications de la machine Gramme.

Machines Labour.

M. E. Labour a imaginé divers modèles de machines bipolaires et multipolaires à anneau ou à tambour, qui sont remarquables par leurs divers perfectionnements ; l'entretien en est notablement réduit. Le rendement industriel est élevé à toutes les puissances, et les variations de charge ne donnent pas d'étincelles aux balais. Les inducteurs sont en fer doux coulé et ne forment qu'une seule pièce. Les noyaux des inducteurs sont sectionnés parallèlement aux fils de l'induit ; il en résulte qu'une résistance magnétique très grande est opposée aux flux de réaction de l'induit. Le calage des balais reste donc constant. Le noyau de fer de l'induit est constitué par des tôles minces isolées et agglutinées au feu. La Société l'*Éclairage Électrique* construit aujourd'hui des dynamos à 4 pôles pouvant fournir jusqu'à 5000 ampères.

Machine Henrion.

Cette machine, dont un modèle est représenté par la figure 44, existe à 2 pôles ou à 4 pôles.

Elle se compose essentiellement d'un bâti inférieur sur lequel reposent aux deux extrémités deux disques de fer verticaux sur lesquels sont fixés, à l'aide de boulons, les pôles des électro-aimants. Dans la machine à 2 pôles, ces plaques ont une forme spéciale découpée pour permettre facilement l'enlèvement de l'anneau. Dans la machine à 4 pôles, les deux flasques de fer en forme circulaire sont réunies à leur partie supérieure par une tige de bronze.

Dans les nouvelles machines plus puissantes, M. Henrion a ajouté un troisième palier pour supporter l'axe de l'induit.

L'induit se compose d'un anneau plat à enroulement Gramme, monté sur un disque formé de fils de fer isolés entre eux par du papier.

Fig. 44. — Vue d'une dynamo à 4 pôles à anneau plat, système F. Henrion.

Nous n'insisterons pas sur tous les détails de ces machines. Nous ferons remarquer seulement la disposition des fils de l'induit arrivant au collecteur. Ces fils sont maintenus en l'air à des distances convenables. Il en résulte une très grande netteté pour l'ouvrier chargé du montage, et un isolement à l'air, qui est certainement le meilleur. Nous dirons plus tard quelques mots de cette disposition.

Nous parlerons aussi du nouveau graisseur de M. Henrion, adopté dans toutes ces machines.

M. F. Henrion construit également un autre modèle de machine

Fig. 44 bis. — Machine multipolaire Henrion.

multipolaire de forme différente que représente la figure 44 bis.

Machine de la Société Alsacienne à collecteur extérieur.

Nous voulons aussi ajouter quelques mots de la machine à collecteur extérieur construite par la Société Alsacienne de constructions mécaniques à Belfort.

Cette machine, dont la figure 45 représente une vue extérieure est remarquable par l'ensemble de ses dispositions toutes très étudiées et très soignées. Le collecteur est extérieur, comme nous allons l'expliquer plus loin. Les balais reposent à la surface et sont maintenus par une étoile à plusieurs branches que l'on peut facilement déplacer à l'aide d'un levier commandant un engrenage. Ces machines demande-raient une description très détaillée, et nous ne pouvons fournir que quelques renseignements.

Le collecteur a une disposition particulière. Les fils qui forment les diverses bobines c (fig. 47) sont dénudés à leur partie extérieure d, et isolés les uns des autres. Ce sont donc eux qui forment le collecteur Gramme ordinaire. Le modèle em-

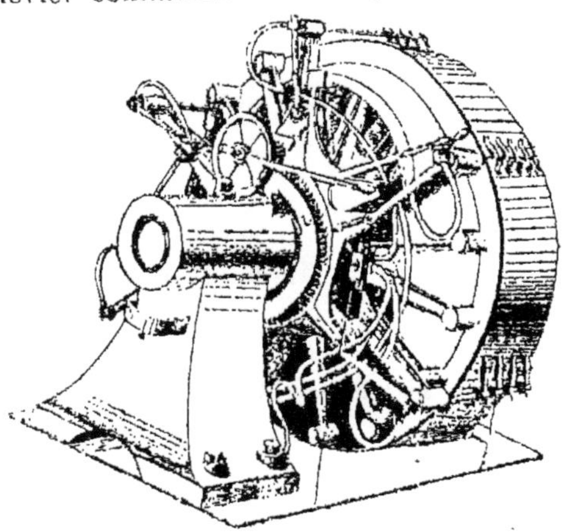

Fig. 45. — Vue d'ensemble de la dynamo à collecteur extérieur de la Société Alsacienne.

ployé au secteur de Clichy à Paris est à 8 pôles formés par des électro-aimants placés à la partie intérieure et immobiles. Ces électro-aimants de section rectangulaire sont fixés sur une pièce de fer en forme d'anneau, qui est maintenue sur l'axe O (fig. 46) ; un support spécial en A permet de la fixer au pied B de la machine à vapeur, et de la déplacer à volonté. L'induit C est porté par un support D en forme d'étoile à plusieurs branches. De même un autre

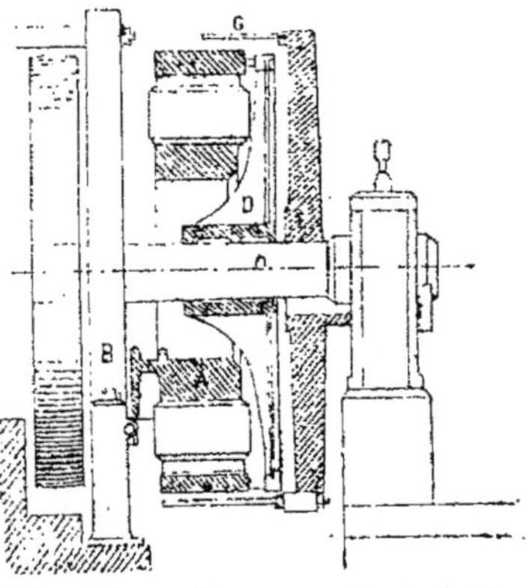

Fig. 46. — Coupe verticale intérieure de la même machine.

support E de la même forme maintient une série de tiges horizontales G pour porter les balais. Ces derniers peuvent être déplacés tous ensemble et très facilement à l'aide d'un levier placé à la portée de l'électricien. La figure 46 donne une coupe de l'ensemble de la

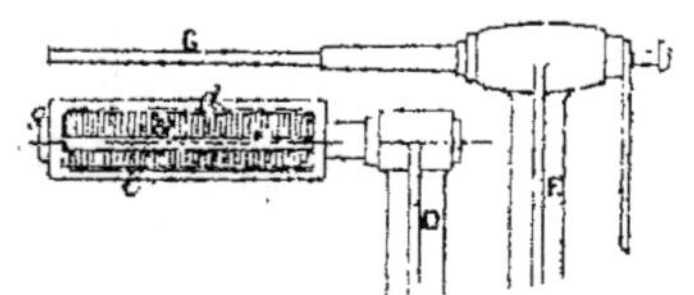

Fig. 47. — Détails de l'induit et du porte-balais.

machine et la figure 47 le détail de l'induit et du porte-balais.

Machines Hillairet-Huguet.

La maison Hillairet-Huguet a construit un grand nombre de machines de tous voltages, de toutes intensités et de toutes puissances pour diverses utilisations. Ces machines sont bipolaires ou multipolaires et affectent diverses formes sur lesquel les nous ne pouvons insister ici.

Machine Postel-Vinay.

La maison Postel-Vinay, qui est actuellement le constructeur des machines de la Compagnie française pour l'exploitation des procédés Thomson-Houston, fabrique des machines de toutes puissances. Nous ne pouvons décrire ici-même les principaux modèles soit à 2 pôles ou à 4 pôles ou 8 pôles. Nous nous contenterons de donner dans la figure 48 une vue d'ensemble d'une dynamo à 4 pôles. La couronne extérieure qui maintient les pôles est en acier magnétique spécial. Cette machine n'a que 2 balais fixés à 90°.

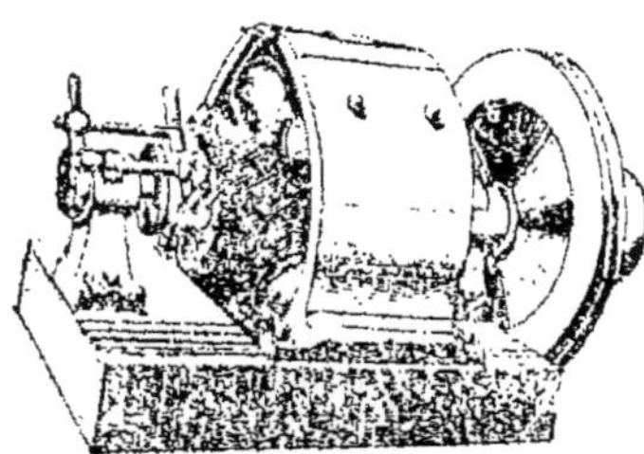

Fig. 48. — Dynamo multipolaire. Postel-Vinay.

Cette même maison a fourni récemment au service d'éclairage électrique de l'Hôtel-de-Ville une dynamo presque semblable à 4 pôles, donnant en service normal 310 ampères et 110 volts soit 34 kilowatts à la vitesse angulaire de 720 tours par minute. La même machine peut donner 200 ampères et 160 volts. Elle peut donc servir à la fois à l'éclairage direct et à la charge des accumulateurs.

Induits à tambour

Enroulement Siemens. — Dans ces induits, l'enroulement est porté sur un cylindre et affecte une forme spéciale que nous allons décrire.

Sur un arbre sont montés une série de disques de tôles de fer isolés les uns des autres par du papier. Ils forment ainsi un cylindre sur lequel on place d'abord de la toile isolante, puis on enroule les bobines en suivant par exemple une génératrice du cylindre (fig. 49), descendant ensuite pour contourner l'ar-

bre, suivre après la génératrice à la partie inférieure et remonter au-dessus. La figure ci-jointe nous montre d'un côté
la coupe du cylindre avec les sections des fils des différentes
bobines 1, 1, 2, 2, 3, 3. Dans le dessin de droite on aperçoit

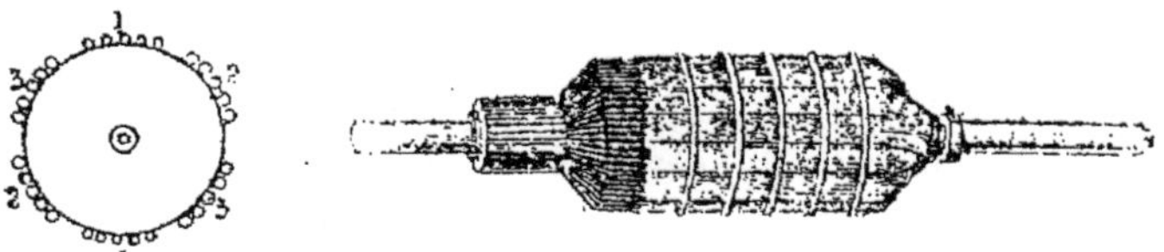

Fig. 49. — Coupe du tambour avec indication des bobines et vue
d'ensemble d'un tambour enroulé.

les fils se superposant pour passer sur l'arbre et aboutissant de
l'autre côté aux lames du collecteur ordinaire. Cet enroulement
a l'inconvénient de ne pas permettre d'atteindre de hauts potentiels, à cause de la juxtaposition des fils qui se trouvent à
des potentiels très différents, et, de plus, pour la construction,
ils offrent des calottes de fils aux deux extrémités du tambour
présentant une très faible surface de refroidissement.

Modèles de machines à tambour

La machine la plus ancienne est la machine Siemens dont la
figure 49 *bis* donne une vue extérieure.

Machine Edison. — Le type général de ce modèle est la machine Edison.

Deux électro-aimants verticaux, avec épanouissements polaires à leur partie inférieure, sont montés sur un support qui
maintient la machine. A la partie supérieure les deux électros
sont réunis par une traverse solidement boulonnée. A leur partie inférieure, au contraire, les électros reposent sur une plaque

de zinc, pour éviter de fermer directement le circuit magnétique par le socle de la machine.

Fig. 49 bis. — Dynamo Siemens

Machine Rechniewski. — La machine Rechniewski dont la

Fig. 50. — Vue d'une dynamo Rechniewski.

figure 50 montre la forme générale, est caractérisée par l'emploi d'un induit en fer denté. Le support de l'induit ou tambour est formé par une série de disques de tôle de fer de Suède de 4 à 6 dixièmes de millimètre d'épaisseur superposés et isolés magnétiquement les uns des autres. Ces disques portent des dents saillantes dans lesquelles sont enroulées les bobines induites. Les inducteurs sont également formés d'une série de feuilles de tôle superposées et isolées les unes des autres. Ces machines sont construites avec anneaux ou tambours. Les machines d'une puissance de 0,2 à 30 kilowatts sont bipolaires, à tambour et donnent des différences de potentiel de 70 et 110 volts. Elles atteignent environ un poids de 20 à 27 kilogrammes par kilowatt, et un rendement industriel de 90 pour 100. Les machines d'une puissance supérieure, de 36 à 200 kilowatts, sont à anneaux, multipolaires à 4 ou à 8 pôles, et donnent un rendement industriel de 94 pour 100.

Machine de la Société des anciens établissements Cail. — M. Helmer, chef du service électrique de la Société Cail, a créé depuis quelques années divers modèles nouveaux et intéressants de machines dynamos. En s'appuyant sur des considérations des plus logiques, que nous ne pouvons reproduire ici, cet ingénieur est arrivé à établir, comme il le voulait, des machines faciles à manier, donnant un bon rendement et pouvant fournir un même voltage avec des vitesses angulaires très différentes en agissant simplement sur l'excitation, comme nous le verrons plus loin. Il a obtenu ce résultat en employant de faibles inductions. La figure 51 donne la vue d'ensemble des machines bipolaires pour des puissances inférieures à 60 kilowatts. La carcasse inductrice est coulée d'une seule pièce en acier extra-doux, de grande perméabilité. Les pôles sont peu développés, les enroulements inducteurs sont placés très près de l'induit. Ce dernier présente à l'air extérieur une grande surface de refroidissement. Au dessous de 60 kilowatts, ces machines sont bipolaires et à tambour. Pour des puissances supérieures, elles sont à anneau et multipolaires (fig. 51 *bis*). La vitesse angulaire varie entre 1350 et 1026 tours par minute. Le rendement industriel de ces machines atteint 92 pour 100 ; on compte 330 watts utiles par kilogramme de cuivre total sur la dynamo.

Bien que la place nous manque un peu, nous signalerons cependant les modèles de dynamos à un seul palier, établis en

Fig. 51. — Vue d'ensemble d'une dynamo Cail.

1893 par M. Helmer pour les puissances faibles de 1 à 10 kilowatts (fig. 51 ter). Dans ces machines, l'arbre est maintenu par un seul palier placé dans la culasse verticale de la machine. L'induit formé par un anneau d'une part et la poulie d'autre part est placé en porte à faux aux extrémités de l'arbre. Ces dynamos donnent 115 volts et ont des vitesses angulaires de 1550 à 1000 tours par minute, avec des rendements industriels de 85 à 91 pour 100.

Nous aurions encore à donner ici les descriptions d'un grand nombre de machines fort intéressantes, notamment des machines de Fives-Lille, des machines Ganz, des machines Thury.

Fig. 51 bis. — Coupe latérale d'une dynamo Cail à 4 pôles.

Ces descriptions nous entraîneraient trop loin; nous nous contenterons de publier quelques données dans le tableau qui suivra.

Induits à disques

Depuis quelques années, on a essayé d'employer des induits en forme de disques plats sans fer. Cette disposition permet de diminuer l'entrefer, ou distance entre les deux pôles inducteurs ; on supprime le fer dans l'induit. De la sorte on peut avoir sous un faible volume une machine très puissante. Les machines de ce genre ont été employées dans un grand nombre d'installations de navires.

Parmi les machines à disques, nous mentionnerons les machines Fritsche et Desroziers.

Fig. 51 ter. — Dynamo Cuil à un seul palier.

Cette dernière machine a été employée à Paris dans un grand nombre d'installations ; nous en donnerons donc une description succincte, accompagnée d'un dessin.

Dans cette machine (fig. 52), l'induit sans fer en forme d'un disque porte radialement les fils induits, et tourne entre des pôles alternativement de nom contraire. Les pôles sont formés par des électro-aimants maintenus sur deux couronnes en fonte reliées au support-bâti de la machine. Il n'y a qu'une seule paire de balais, grâce à un habile dispositif qui relie entre elles plusieurs lames du collecteur placées à un angle déterminé par le nombre de pôles.

L'enroulement symétrique et régulier permet d'atteindre des vitesses périphériques de 20 à 22 mètres par seconde. Le rendement industriel atteint à pleine charge les chiffres les plus élevés.

La machine Desroziers a le grand avantage d'avoir des faibles

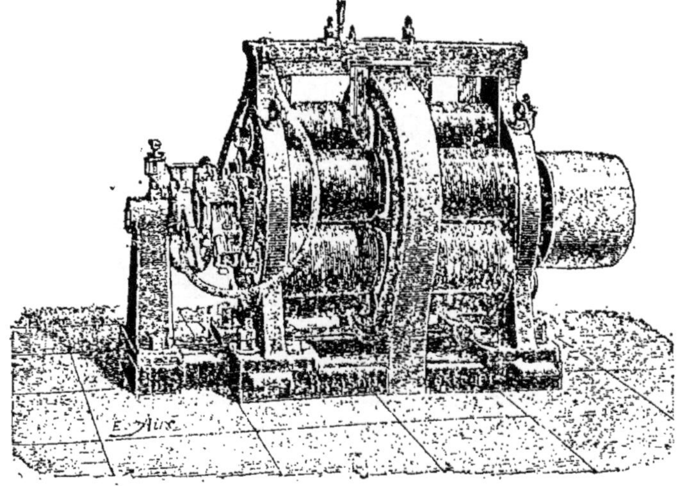

Fig. 52. — Machine dynamo Desroziers.

vitesses angulaires (300 — 350 tours par minute). On a pu ainsi accoupler directement une dynamo à une machine à vapeur à l'aide de l'ingénieux accouplement élastique de M. Raffard. Cet accouplement consiste en deux plateaux portés sur les extrémités des arbres à relier. Sur chacun des plateaux sont fixées des chevilles perpendiculaires au plan du plateau. Ces chevilles sur l'un et l'autre plateau ne se trouvent pas sur une même circonférence, mais elles peuvent tourner librement à l'intérieur les unes des autres. Des bagues de caoutchouc réunissent ces chevilles deux à deux.

A côté des enroulements précédents, nous devons encore en signaler quelques autres pour mémoire.

L'enroulement Edison était constitué par des barres de cuivre placées suivant les génératrices d'un cylindre et reliées à des disques de cuivre suivant certaines dispositions. Cet enroulement est aujourd'hui presque complètement abandonné.

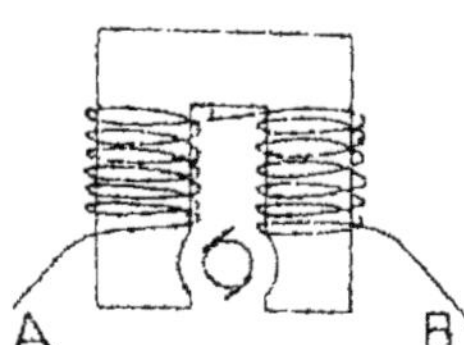

Fig. 53. — Schéma de l'excitation en général.

L'enroulement Alioth consiste en une série de zig-zags parcourus par le fil à la périphérie de l'anneau ou du tambour.

Mentionnons aussi divers autres enroulements mixtes tenant à la fois de l'enroulement Gramme et de l'enroulement Siemens, de l'anneau et du tambour.

Excitation. — Nous avons vu que pour exciter les machines, il suffisait d'entourer les électro-aimants d'un fil AB traversé par un courant (fig. 53). Ce courant peut être pris de plusieurs façons. Il peut être emprunté à la machine même.

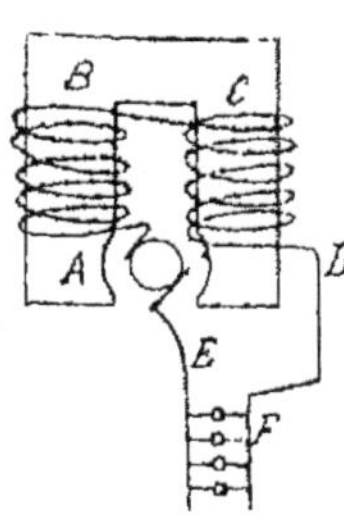

Fig. 54. — Schéma de l'excitation en série.

1° Le circuit ABCD qui entoure les électros est en tension avec le circuit extérieur EF, de sorte que l'intensité est la même en tous les points du circuit. Cette disposition constitue la *machine série* (fig. 54).

2° Le circuit CD est pris en dérivation aux balais A et B, sur le circuit extérieur EF, ceci constitue la *machine shunt* (fig. 55).

3° Le circuit d'excitation peut être constitué par une disposition en circuit (fig. 54), et une disposition en shunt (fig. 55) : on a ainsi la *machine compound*.

Les avantages et les inconvénients de ces diverses machines sont loin d'être les mêmes.

Avec les machines *série*, il faut que le fil qui entoure les électros ait une grosse section, puisqu'il doit être traversé par l'intensité totale fournie par la machine.

Avec les machines *shunt*, cette section n'a pas besoin d'être aussi grande, puisque le fil n'est traversé que par une fraction de l'intensité totale.

Variation de la différence de potentiel dans les diverses machines. — Nous avons vu que la différence de potentiel produite par une machine tournant à vitesse constante était proportionnelle à l'intensité du champ ma-

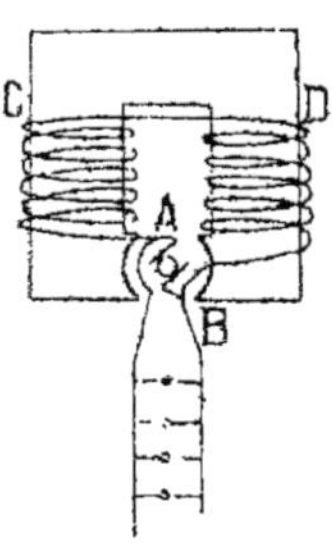

Fig. 55. — Schéma de l'excitation en dérivation (Shunt-excitation).

gnétique. Cette dernière dépend elle-même de l'intensité du courant qui traverse le conducteur entourant les électros-aimants.

Il est intéressant de savoir comment se comportera la différence de potentiel aux bornes des lampes, quand ces dernières seront successivement éteintes ou allumées chez les abonnés sans que l'usine de production en soit prévenue.

Examinons les divers types de machines. Dans les *machines série*, au fur et à mesure que la résistance du circuit augmente, c'est-à-dire que le nombre de lampes allumées diminue, puisque la résis-

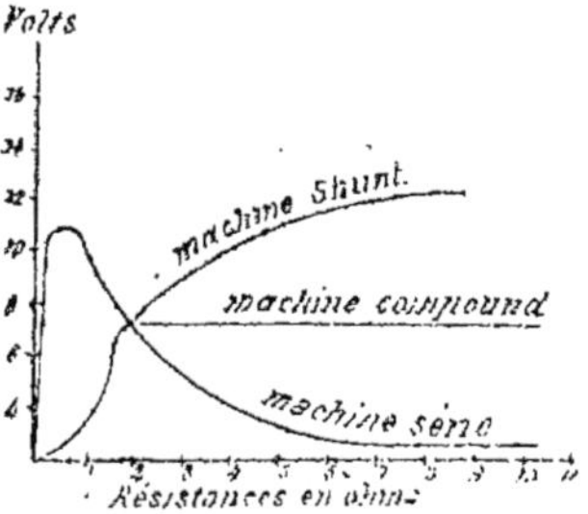

Fig. 56.— Courbes représentant pour chaque mode d'excitation les valeurs de la différence de potentiel électrique en fonction de la résistance extérieure (Caractéristiques).

tance est d'autant plus faible que le nombre de lampes en dérivation est lui-même plus grand, la différence de potentiel *diminue*, attendu que l'intensité qui passe dans le fil entourant les électros subit de notables variations.

Dans les *machines shunt*, à mesure que la résistance du circuit extérieur augmente, l'intensité augmente dans la dérivation et par suite la différence de potentiel *augmente*.

Dans les *machines compound*, on peut arriver par certaines combinaisons de disposition *shunt* et de disposition *série* à obtenir que la différence de potentiel reste constante. Mais ceci est vrai pour une vitesse donnée absolument constante. Si la vitesse varie, la différence de potentiel varie. C'est ce qui arrive aujourd'hui avec les *machines compound*. Comme il survient toujours des variations de vitesse, il n'est pas besoin de prendre des machines compound.

On peut représenter par une courbe les différents résultats énoncés plus haut (fig. 56). Prenons deux lignes rectangulaires : sur l'horizontale portons différentes valeurs de la résistance extérieure, et sur la verticale les valeurs correspondantes de la différence de potentiel en volts. Nous obtenons des courbes différentes pour les machines série, shunt et compound.

Il existe même aujourd'hui des machines compound dans lesquelles on rend l'enroulement série prépondérant, de telle sorte que la différence de potentiel aux bornes tend à augmenter lorsque la charge augmente. Ces machines sont dites *hypercompound*.

Réglage de la différence de potentiel. — Puisque nous venons

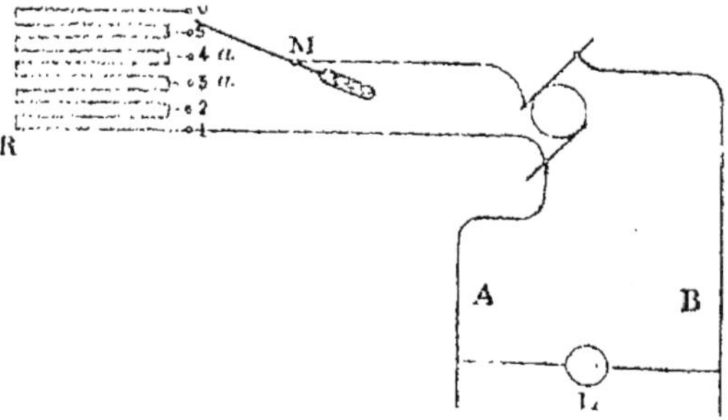

Fig. 57. — Mode de réglage de la différence de potentiel dans une machine Shunt.

de constater qu'il existe des variations de la différence de potentiel avec la charge, il est nécessaire d'y remédier par un réglage. Nous ne considérerons que les machines en dérivation ou machines shunt, qui sont les plus employées. Dans ces machines nous pourrons faire varier la différence de potentiel aux bornes mêmes de la machine en faisant varier la résistance de la dérivation. Nous aurons par exemple la disposition que représente la figure 57. Une lampe L est allumée, la manette M de la résistance d'excitation est sur le plot 6, nous avons en AB environ 110 volts.

Allumons 50 lampes, la différence de potentiel tombe à 108 volts. Si nous ramenons la manette sur le plot 5, nous faisons remonter le voltage à 110 volts et ainsi de suite. Le réglage est donc des plus simples et des plus aisés, d'autant plus qu'il peut être placé à une certaine distance de la machine comme nous le verrons plus loin.

Construction des machines dynamos. — Il serait intéressant de donner ici quelques renseignements sur la construction même des dynamos. C'est une question un peu complexe que la pratique seule peut expliquer clairement. Nous nous contenterons d'appeler l'attention des électriciens sur le montage des induits (anneau, tambour, disque, enroulement), sur le montage des inducteurs, sur la mise en place, sur le bâtis, sur la ventilation intérieure des machines, l'isolement des diverses bobines, sans oublier les précautions nécessaires pour assurer le graissage dans les meilleures conditions.

Toutes les précautions doivent être également prises pour assurer facilement le démontage de toutes les pièces, soit pour une réparation, soit pour le nettoyage.

Montage et entretien des machines dynamos.

MONTAGE. — Les opérations du montage des machines dynamos varient essentiellement avec la nature et les particularités des machines. Nous ne pouvons qu'indiquer ici des notions générales.

Fondations. — Il convient d'abord d'établir des fondations sur lesquelles seront placées les machines. Quelle doit être la nature de ces fondations, leur profondeur ? Autant de questions qu'il est difficile de résoudre à l'avance, mais qu'il faut examiner sur place, suivant la nature du sol où l'on se trouvera, le poids de la machine, etc. En général les fondations sont faites en béton et atteignent au minimum un mètre de profondeur.

Pour ces fondations, il est nécessaire d'examiner également s'il faut éviter les vibrations. Dans ce cas, il faudra laisser un espace libre autour du bâti, et le remplir de tan, ou de liège, ou de tout autre matière destinée à amortir les vibrations. On peut aussi disposer une couche de sable fin de dix centimètres d'épaisseur ou du caoutchouc.

Plate-forme. — Quand les fondations sont élevées à la hauteur convenable au-dessus du sol (dix ou vingt centimètres suivant les cas), on fixe dessus des madriers en bois, et c'est sur ces derniers qu'est portée une plate-forme à glissières. Celle-ci est disposée à l'aide de boulons, de façon à permettre un déplacement facile de la machine ; ce qui est absolument nécessaire pour tendre les courroies.

Mise en place de la machine (inducteurs). — On procède ensuite à la mise en place de la machine. Ce n'est pas toujours chose aisée. Il faut des appareils puissants de levage pour manier ainsi des poids souvent considérables. Aussi, dans la plupart des usines électriques, dispose-t-on aujourd'hui, à la partie supérieure de l'usine, des ponts roulants avec palans et leviers. Il est alors facile de prendre le bâti de la machine, souvent très lourd, car il porte avec lui les inducteurs, et de le reposer sur la plate-forme établie.

Mise en place de l'induit. — Une fois le bâti de la machine et les inducteurs posés, on place l'induit. Ce dernier est également lourd et difficile à manier. De plus, dans quelques machines, il est nécessaire de démonter les paliers, et souvent les inducteurs, pour les mettre en place. Nous recommandons de faire bien soigneusement ce travail, car *les induits peuvent facilement se détériorer.*

Ajustage de la courroie, s'il y en a. — On ajuste ensuite la courroie, c'est-à-dire qu'on la coupe à la longueur voulue, en laissant les longueurs nécessaires pour rejoindre les deux extrémités. Pour cette jonction, on se sert parfois d'agrafes spéciales ; mais ces dernières ont l'inconvénient de donner des sauts, pendant la marche, quand elles passent sur les poulies. À l'aide de certaines dispositions, on est cependant parvenu à éviter cet inconvénient. Nous préférons de beaucoup le collage des deux parties.

On commence par raboter les deux extrémités de la courroie pour les tailler en biseau. On les ajuste ensuite, et on les colle à l'aide d'une colle spéciale, en ayant soin de les tendre et de les laisser quelques heures pour sécher. Ce collage, qui demande à être refait de temps à autre, nous a toujours donné d'excellents résultats.

ENTRETIEN. — L'entretien des machines doit être soigné et suivi avec attention.

Les principaux points à surveiller particulièrement sont les suivants :

1° L'échauffement des coussinets ; le graissage ;

2° La marche de l'induit entre les inducteurs ;

3° L'échauffement de l'induit ; la ventilation ;

4° L'état du collecteur ;

5° L'état des balais ;

6° L'isolement de la machine par rapport à la masse et à la terre.

1° *L'Échauffement des coussinets ; le graissage.* — Il faut avoir soin d'éviter les échauffements des coussinets. Les dynamos tournent, en général, à des vitesses angulaires très grandes (500 à 1200 tours par minute). Il convient donc de maintenir toujours un graissage abondant. Quel que soit le système de graisseur employé, il faut surveiller son débit.

Il existe déjà une grande quantité de graisseurs. Parmi les plus utilisés, nous citerons les graisseurs à bague, les graisseurs à godets, les graisseurs compte-gouttes.

Les graisseurs à bague consistent en un anneau placé sur l'arbre, et passant en tournant dans un bain d'huile. L'huile entraînée dans ce mouvement se déverse sur l'arbre.

Ces graisseurs présentent plusieurs inconvénients. Aussi dans l'industrie a-t-on cherché de nombreuses modifications. Nous mentionnerons entre autres le graisseur de MM. Sautter-Harlé et C° et nous décrirons la nouvelle disposition imaginée par M. Henrion.

Dans quelques types de dynamos Sautter-Harlé et C° le graissage des paliers s'effectue automatiquement. Une bague est montée sur l'arbre et entraînée par lui dans le mouvement. L'huile est recueillie à la partie supérieure dans une petite fourche en fer, qui la répand dans le coussinet.

Pour d'autres types de machines, au dessus du palier se trouve un petit réservoir présentant au centre un tube de cuivre. Dans ce tube est passée une mèche de coton qui d'une part se trouve juste au-dessus de l'arbre à graisser, et plonge d'autre part dans le récipient environnant, en formant un véritable siphon. A la sortie des coussinets, l'huile est recueillie dans un petit récipient.

Dans le graisseur Henrion, une bague de section rectangulaire amène de l'huile en quantité par les rainures latérales (fig. 57 bis). Celles-ci en effet en venant plonger dans le réservoir inférieur se remplissent. L'huile est ainsi amenée à la partie supérieure en $e\,f\,d$ où elle semble se ramasser. Le mouvement de la bague est alors arrêté par cette sorte de frein liquide, jusqu'à ce que l'huile se soit écoulée. L'huile descend le long des coussinets par les rebords s, s et retombe dans le réservoir ; elle ne peut revenir à la bague qu'en passant à travers les filtres *i, i* qui sont inclinés de façon à laisser tomber au fond toutes les impuretés. Au-dessous de l'huile se trouve en effet une certaine quantité d'eau, qui reçoit tous ces résidus et les laisse déposer. Un trou de vidange permet de les retirer.

Les graisseurs à godets, les graisseurs compte-gouttes sont déjà bien connus ; qu'il nous suffise de les signaler.

Tous ces derniers graisseurs, sauf ceux de MM. Sautter, Harlé et Henrion, présentent des inconvénients pratiques.

Il faut d'abord les remplir souvent de temps à autre. Et si adroit que soit un ouvrier, il en renversera toujours quelque

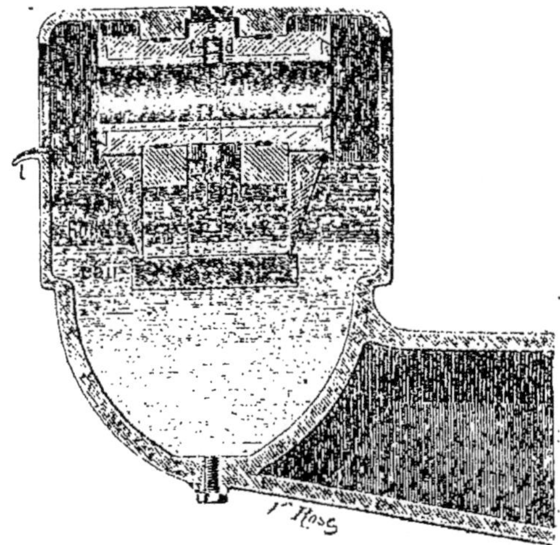

Fig. 57 bis. — Mode de graissage appliqué dans les machines Henrion.

peu. La machine ne sera pas propre et un peu d'huile sera perdu.

Dans les graisseurs à bague ordinaires, l'huile est constamment agitée inutilement, elle mousse et s'épaissit.

Quand l'huile aura séjourné quelque temps dans les paliers, elle sera hors d'usage à cause des saletés qu'elle renfermera.

Dans l'appareil de M. Henrion, le filtrage a lieu dans le palier même. Un filtrage est également opéré en quelque sorte par la mèche siphonnante des dynamos Sautter.

Pour les autres dispositions, il faut recueillir l'huile dans un récipient, la porter à filtrer afin de l'utiliser encore. En outre des quantités d'huile qui seront perdues dans ce transport, de la quantité répandue sur les dynamos et qu'il faudra essuyer avec des chiffons (dépense de chiffons à ajouter), cette opération exigera un certain laps de temps.

Aussi dans une usine centrale d'électricité qui emploie une série de dynamos, cette disposition n'était réellement pas pratique.

En 1888, M. Hébert, alors directeur de l'usine du Palais-Royal, avait imaginé un dispositif des plus ingénieux.

A une hauteur élevée dans l'usine (fig. 57 *ter*) en A était

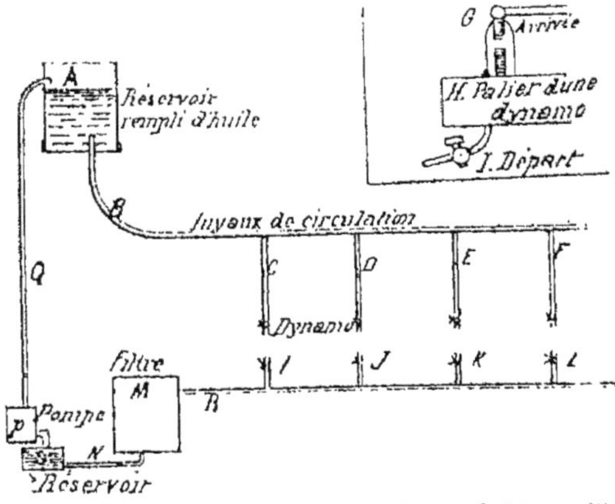

Fig. 57 ter. — Graissage par circulation d'huile. Schéma d'installation.

installé un réservoir d'une certaine capacité. De ce réservoir partait une conduite B, sur laquelle se trouvaient des prises individuelles pour les machines C, D, E, F avec des robinets d'arrêt. A chaque machine était un compteur compte-gouttes

G. L'huile arrivait, lubrifiait la machine dans le palier H, et ressortait ensuite par un tuyau de départ I. Ce dernier tuyau était placé de façon à laisser une certaine quantité d'huile dans le palier. Il était, du reste, toujours facile de régler l'arrivée et le départ pour atteindre ce but.

Tous les tuyaux de départ étaient réunis à une même conduite R qui passait à un filtre M.

Après filtrage, l'huile arrivait par une conduite N à un réservoir S ; de là elle était reprise par une pompe P qui la ramenait au réservoir A à l'aide d'une conduite Q.

Cette disposition a permis de faire de très grandes économies d'huile et d'assurer une très grande propreté dans l'état des dynamos, ce qui n'est pas à dédaigner. En effet, la même huile peut servir longtemps sans inconvénient.

Ce dispositif a été adopté par les usines du Palais-Royal, de l'avenue Trudaine, de la rue de Bondy.

Les machines Ferranti ont une disposition spéciale de graissage, comme nous le verrons plus loin.

Un réservoir d'une capacité de plusieurs litres est maintenu à une certaine hauteur. De là partent des tuyaux munis de robinets qui distribuent l'huile dans toutes les parties de la machine. Toute cette huile, après avoir servi, est recueillie par un tuyau qui la ramène dans un réservoir inférieur placé sur la machine. Là, une petite pompe mue par une courroie branchée sur l'arbre de la dynamo, remonte l'huile dans le réservoir par un tuyau distinct. Un tube de niveau permet de voir toujours la quantité d'huile en action, et de voir en même temps l'état de l'huile. Car il arrive un moment où, après avoir servi pendant quelque temps, l'huile a besoin d'être filtrée.

Cette disposition présente beaucoup d'avantages, et entre autres celui de pouvoir toujours indiquer très exactement la dépense d'huile par machine.

L'établissement des usines électriques a donné naissance à Paris à une industrie très intéressante. Quel que soit le mode de graissage employé, il reste toujours à la fin des déchets d'huiles, de graisse et de chiffons. On brûle parfois ces derniers, mais ils encrassent les grilles. On a installé à Paris des usines où l'on traite tous ces déchets par le chauffage à vapeur et une série de filtrations répétées. On passe dans les usines, on recueille les vieilles huiles, on les traite et on les rend avec une perte de 10 pour 100 au prix de 0 fr. 25 le kilogramme. Les conditions sont variables suivant la graisse et les chiffons. Dans quelques installations, divers fabricants sont descendu même à 0 fr. 10 le kg. On peut de la sorte, dans une usine centrale, faire encore une économie sur les déchets d'huiles. Il est à remarquer que les huiles ainsi traitées sont peut-être meilleures, car elles renferment une série d'huiles de différentes qualités (valvoline, huile ordinaire, etc.), dont le mélange est très heureux.

2° *La marche de l'induit entre les inducteurs.* — En général, on cherche à réduire le plus possible l'*entrefer*, ou distance entre les inducteurs et le noyau. De la sorte, on laisse tout juste l'espace nécessaire pour le déplacement de ce dernier. Il peut arriver, par suite, qu'un faible dérangement de l'induit puisse entraîner des accidents. Par exemple, un arbre peut être faussé au moment d'un arrêt brusque d'une machine ; l'enroulement frotte contre les inducteurs. Il convient d'y remédier au plus tôt.

3° *L'échauffement de l'induit ; la ventilation.* — En fonctionnant, l'induit s'échauffe. Ajoutons à cela que la température est toujours très élevée dans les salles des machines, et que bien souvent les induits n'ont pas une ventilation suffisante. Les induits sont alors toujours soumis à une température qui les détériore rapidement. La question de la ventilation, négligée jusqu'ici, mérite d'être étudiée en détail ; nous la verrons plus loin. Dans quelques machines américaines, un petit ventilateur est actionné par une courroie fixée sur l'arbre, et envoie de l'air frais sur l'enroulement et sur le collecteur en même temps pour souffler les étincelles.

4° *L'état du collecteur.* — Les balais, en frottant sur les collecteurs, abandonnent des traces et laissent une usure qui creuse des sillons dans le collecteur. Ces sillons s'accusent encore davantage quand jaillissent des étincelles. Il faut donc, autant que possible, éviter ces dernières en décalant les balais, suivant la puissance dépensée par la machine. Il faut aussi, à de fréquents intervalles de temps, déplacer les balais tout le long du collecteur pour que l'usure soit égale en tous points, frotter le collecteur avec du papier verré pour faire disparaître tout mauvais contact.

5° *L'état des balais.* — Les balais doivent toujours être bien ajustés, bien appuyés sur le collecteur, et surtout bien taillés. Il importe qu'ils soient montés sur un support qui permette de les déplacer facilement. On doit toujours avoir deux paires de balais, afin de pouvoir faire les réparations nécessaires à l'un d'eux, même en marche.

6° *L'isolement par rapport à la masse et à la terre.* — Il est essentiel de bien surveiller l'isolement d'une machine par rapport à la masse et par rapport à la terre.

Les fils qui entourent les électro-aimants ou qui forment l'induit sont recouverts par une couche de caoutchouc ou autre isolant. Mais il peut arriver que, par suite d'une température excessive, cet isolant soit brûlé, et qu'il se déclare un contact direct entre le fil de cuivre et la masse de fer des inducteurs. Si, pour une raison ou pour une autre, il se trouve un contact même faible, ou même une diminution d'isolement sur l'électro même, ou dans l'induit, les fils de l'induit peuvent être brûlés. Il s'agit alors ensuite d'une grande réparation : changement des fils de l'inducteur, ou changement de l'induit. De graves désordres peuvent provenir aussi du fait de la canalisation extérieure, qui présente toujours des défauts d'isolement. Un circuit peut être fermé par une terre sur la canalisation et un mauvais isolement à l'inducteur ou à l'induit.

Pour éviter tous ces accidents, on peut employer les moyens suivants :

D'abord, surveiller constamment l'état de l'isolement des inducteurs et induits par rapport à la masse de fer, et avertir dès que l'on suppose quelque chose en mauvais état. Mettre des petites plaques de plomb en circuit au départ même de la dynamo, à la sortie des balais. Ces plaques de plomb sont destinées à fondre, si l'intensité dépasse la valeur normale, et, par suite, si un court circuit se présente à cause d'un défaut d'isolement.

Enfin, pour éviter que l'accident ne s'aggrave et ne donne des courts circuits plus importants, s'il se produit des défauts dans les inducteurs et les induits de la machine, il convient d'assurer l'isolement de la machine de la terre ; ce qui est obtenu à l'aide des madriers en bois placés directement sur le sol, dont nous avons parlé plus haut.

Accidents pouvant survenir aux dynamos

Les accidents qui peuvent survenir aux dynamos en marche ou à l'arrêt sont très nombreux. Sans les examiner tous, il importe cependant de parler de quelques-uns d'entre eux. Nous emprunterons à ce sujet les éléments de notre étude à un travail très important que M. Montpellier a publié dans l'*Electricien* et que M. Boudreaux a reproduit dans son *Petit Mémorial des Electriciens* 1895.

Les principaux dérangements qui se présentent le plus souvent sont les suivants :

A. La dynamo ne donne pas de courant.

B. Les balais donnent de fortes étincelles.

C. Echauffement anormal en diverses parties.

D. Bruit ou trépidations pendant la marche.

E. Vitesse angulaire trop faible.

Nous allons indiquer sommairement les principales parties à considérer, sans insister autrement, le remède étant souvent tout indiqué par la nature du mal.

A. *La dynamo ne donne pas de courant.*

Causes possibles. — Magnétisme rémanent des inducteurs trop faible, contacts défectueux, courts-circuits ou rupture dans les inducteurs, rupture dans l'induit, mauvais isolement, pose défectueuse des balais.

Il est facile d'observer ces divers défauts. En ce qui concerne les courts-circuits ou rupture dans les inducteurs, on les remarque en intercalant une pile et un petit galvanoscope. Il suffit de faire la même opération entre deux lames successives du collecteur pour trouver le même défaut dans l'induit.

B. *Les balais donnent de fortes étincelles.*

Causes possibles. — Surcharge de la dynamo, mauvais état des balais et porte-balais, ou mauvais calage des balais, ruptures dans le circuit induit, court-circuit dans l'armature, isolement défectueux.

C. *Echauffement anormal en diverses parties.*

Causes possibles. — Echauffement de l'armature (fil de section trop faible, courants de Foucault, court-circuit) échauffement des inducteurs (intensité d'excitation trop grande, courants de Foucault dans les pièces polaires), échauffement des paliers (mauvais graissage, poussière dans les coussinets, arbre faussé, courroie trop tendue, armature attirée près d'une pièce polaire, etc., etc.)

D. *Bruit ou trépidations pendant la marche.*

Causes possibles. — Ecrous desserrés, butées de l'arbre contre les coussinets, armature mal équilibrée, chocs de l'armature contre les pièces polaires, joint de la courroie battant contre la poulie, ronflement dû aux aimantations et désaimantations successives, surtout dans les armatures à dent.

E. — *Vitesse angulaire trop faible.*

Causes possibles. — Surcharge de la dynamo, coussinets trop serrés ou poussières, frottement de l'armature contre les pièces polaires.

Ce tableau donne un aperçu des principaux dérangements à observer ; nous en avons fait un résumé sommaire, mais les lecteurs pourront facilement se reporter à l'original.

Manœuvres à exécuter avec les dynamos

Les principales manœuvres à exécuter avec les machines dynamos sont : la mise en marche et l'arrêt, le couplage en quantité, le couplage en tension. Nous verrons plus loin les manœuvres à faire pour la charge des accumulateurs.

Mise en marche. — La dynamo est d'abord embrayée, on la laisse tourner, on s'assure que le graissage se fait, qu'aucune partie ne frotte ou ne chauffe. On appuie ensuite les balais, puis on ferme le circuit d'excitation en ayant soin d'intercaler tout d'abord la résistance maxima. On branche la lampe témoin et le voltmètre, et peu à peu en manœuvrant la résistance d'excitation, on arrive au voltage demandé. La machine est prête à être mise en circuit en fermant les interrupteurs des circuits extérieurs. Au fur et à mesure que la charge augmentera, on aura soin de manœuvrer le rhéostat d'excitation pour maintenir constante la différence de potentiel.

Arrêt. — Avant d'arrêter une machine, il convient de la décharger peu à peu en coupant successivement un ou plusieurs circuits. Quand l'intensité atteint une valeur très faible, on coupe les interrupteurs, on ouvre le circuit d'excitation, et on relève les balais. Tant que la machine est encore en marche, et chaude, on en profite pour essuyer le collecteur et les diverses parties pour enlever toutes les particules de graisse ou d'huile qui ont pu rejaillir de divers côtés.

Couplage en quantité. — Le couplage en quantité des machines est d'une grande importance. En effet, dans une installation électrique quelconque, on n'a pas besoin à tout instant de la puissance maxima, mais seulement à certains moments. Il convient donc de pouvoir mettre en service une, deux, trois machines suivant les besoins.

Les diverses machines à courants continus excitées en *série*, en *compound* présentent des difficultés plus ou moins grandes pour le couplage en quantité.

Les machines en *shunt* permettent de faire le couplage très facilement.

Il suffit d'exciter la machine II (fig. 58), d'amener une lampe témoin à une différence de potentiel sensiblement égale à celle aux bornes de la machine I, et de fermer les interrupteurs A et B. Il n'est pas absolument nécessaire que la différence de potentiel soit égale dans les deux cas ; on peut admettre une différence d'environ 6 à 8 volts sur 100 volts.

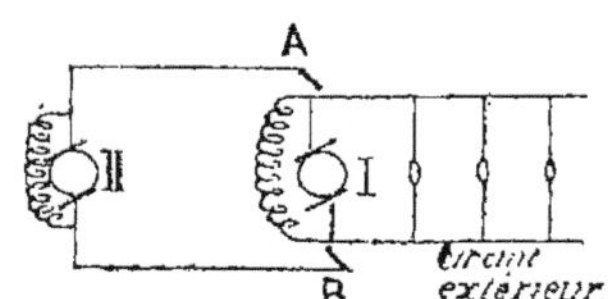

Fig. 58. — Schéma pour le couplage en quantité de deux dynamos shunt.

Dans les *machines-séries*, il y a un inconvénient. Si, au moment de la fermeture des interrupteurs A et B, la différence de potentiel (fig. 59) n'est pas *absolument la même* aux bornes des machines I et II, il s'ensuit que le courant fourni par l'une traverse l'autre, et produit un renversement des pôles, c'est-à-dire que les pôles changent de signe. Les deux machines travaillent alors l'une sur l'autre.

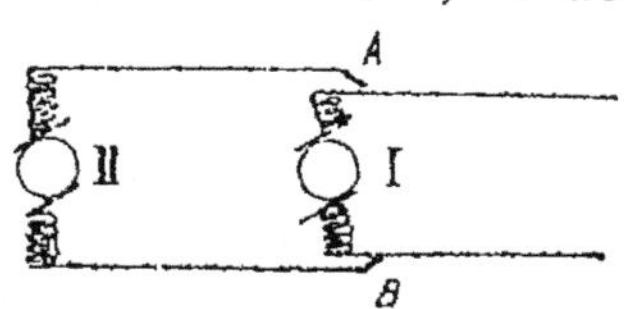

Fig. 59. — Schéma pour le couplage en quantité de deux dynamos série.

Les mêmes inconvénients se présentent avec les *machines compound*, puisque dans celles-ci, se trouve un enroulement série.

Ces simples considérations suffisent à montrer que le couplage en quantité des machines *compound* et *série* est difficile à réaliser pratiquement.

Couplage en tension. — Le couplage en tension de deux machines n'offre aucune difficulté. Il suffit d'abord de bien s'assurer que les deux machines sont excitées, et ensuite que le pôle positif de l'une des machines est bien réuni au pôle négatif de l'autre machine, comme le montre la figure 60.

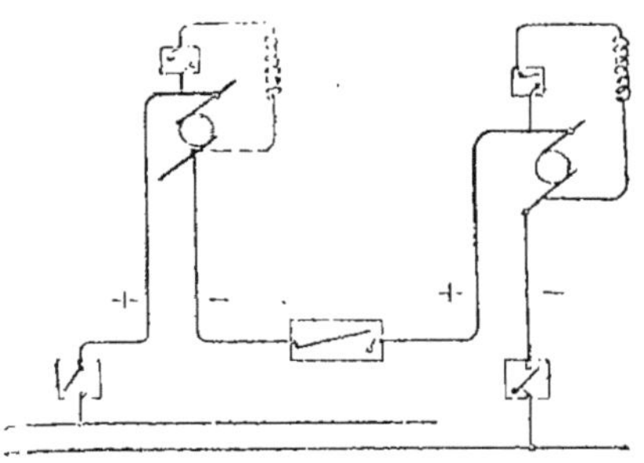

Fig. 60. — Schéma pour le couplage en tension de deux machines.

Le couplage en tension de deux machines nous servira plus tard quand nous parlerons des distributions à 3 fils et de l'emploi des survolteurs pour la charge des accumulateurs. Pour les distributions à 3 fils, nous aurons besoin de 2 machines en tension. La compagnie de Fives-Lille emploie cependant maintenant un dispositif qui permet d'alimenter une distribution à 3 fils avec une seule dynamo.

Modèles divers de machines dynamos.

Les modèles de machines dynamos actuellement employées dans l'industrie sont des plus nombreux ; il en existe de toutes les formes répondant aux conditions les plus diverses.

En ce qui concerne la *puissance*, on trouve des dynamos de 100 watts à 1500 kilowatts, et cette limite tend encore à être reculée tous les jours.

La différence de potentiel est très variable, de 6 à 3000 volts. Les valeurs les plus usitées sont 70, 110, 220, et 550 volts pour les tramways.

L'intensité varie de 5 à 8.000 ampères environ.

Dans les petits modèles, la vitesse angulaire monte jusqu'à 3000 tours par minute ; dans les modèles de puissance moyenne à deux pôles, on atteint des vitesses angulaires de 1200, 1000, 800, et 500 tours par minute. Si l'on augmente le nombre de pôles, on peut descendre à 400, 300 et 150 tours par minute.

Le poids varie dans de grandes proportions. On compte des puissances de 20 à 200 watts par kilogramme de poids total.

Les rendements électriques, suivent la puissance, oscillent entre 90 et 96 pour 100 ; les rendements industriels entre 85 et 92 pour 100.

Les prix des machines dépendent beaucoup des vitesses angulaires, des rendements et de diverses conditions. Une machine de 20 kilowatts à 2 pôles tournant à 1000 tours par minute coûtera 3500 francs ; elle vaudra 4500 francs si elle ne tourne qu'à 650 tours par minute.

Afin de fixer encore un peu les idées sur ces questions de dynamos à courants continus, nous avons réuni dans le tableau suivant quelques constantes relatives à diverses machines.

Commande directe des machines à courants continus.

Avant de terminer tout ce qui se rapporte aux machines à courants continus, nous voulons ajouter quelques mots sur les transmissions actuelles du mouvement des machines à vapeur à ces dynamos.

Par suite des progrès réalisés dans la construction des machines dynamos et des machines à vapeur, on a pu arriver à supprimer les transmissions par courroies, et à atteler directement les dynamos sur l'arbre des machines à vapeur, souvent même à la place du volant.

FORME GÉNÉRALE	NOMS	MODE D'EXCITATION	TYPE D'INDUIT	VOLTS	AMPÈRES	KILO-WATTS	POIDS TOTAL en kilogrammes	VITESSE angulaire en tours par minute.	RENDEMENT électrique pour cent.
1° Anneau.	Gramme, type supérieur 1889.	Shunt, série, compound.	Enroulement Gramme.	55-70-110-210	—	0,500 100	—	2000 800	..
	Manchester, 1887 (Mather et Platt).	Compound.	Enroulement Gramme.	100-10-200-250-350-500-600-800-1000	12-95-40-60-80-100-120-180-260-300-360-400	1,2-3-4-5,4-6,6-8-15-18-24-28-35-40	—	1800 à 800 1700 à 500	90
	Crompton.	Série.	Enroulement Gramme.	800	120	72	—	400	96
	Victoria (Brush) à 4 ou 6 pôles.	Compound.	Enroulement Gramme.	65-110	—	1,2-3,7-10-12 15-25-30-35 60-72	—	200-1500-1200 700-550-450	93
	Henriou F., à 2 ou 4 pôles.	Série ou shunt.	Enroulement Gramme, anneau plat. Galvanoplastie. Compound.	50-60-110 93-930 4 9-90 110	3-130-400-800 8 30-250 450-550 7,5-550	0,150 à 88 — — — —	40-182-283 1935-7309 — — —	1200-150 1100-700 1100-750 750-450 1500-100	91-95
	Kapp, à 2 ou 4 pôles.	Compound.	Enroulement Gramme.	110	155	17	230	340	—
	Sautter-Harlé.	Compound.	Enroulement Gramme.	70-110-120	30 65-105-200 440-640	3,250-4,6-7- 8-11,11,74,2-33	180-350-550-875 1300-2150-4150	1800-1450-1200 1000-850-700 600	—

FORME GÉNÉRALE	NOMS	MODE D'EXCITATION	TYPE D'INDUIT	VOLTS	AMPÈRES	KILO-WATTS	POIDS TOTAL en kilogrammes.	VITESSE angulaire en tours par minute.	RENDEMENT électrique pour cent.
	Foin.	Shunt, série.	Enroulement Gramme.	65-110	9-160	0,600-18	90-1440	1700-700	80-85
	Mc. Culloch, Sons et Kennedy.	Shunt.	Enroulement Gramme.	100	30-120	...	...	1150-700	—
	Paterson et Cooper.	Shunt, série, compound.	Enroulement Gramme.	30-60-120-150 180-200	—	0,6-0, 9-2,3-3-6 12-24-30-48-60	—	1800-1500-1000 900-780-300 150-90	...
	Bréguet.	Shunt, compound.	Enroulement Gramme.	65-110	0-30-60-125-200 310	—	140-315-650 1100-1300	1500-1300-1200 900	—
2ᵉ Tambour.	Edison, 1885. 1886.	Shunt Compound.	Enroulement Siemens. —	55-110 55-110	20-1600 90-730	2,2-S, 9,2-80,6	330-11750 1800-4160	1100-300 2000-650	— —
	Edison-Hopkinson, 1887.	Shunt.	—	55-105	35-60-80-140 180-216-280 340-450-500 600-730	2,80-4,755-6,3 7,560-9,45 10,72-15,12 21-25-34,650 52,500 - 65 28,750	800-1030-1600 2100-2750	1000 - 1000 - 900 800-720-580 400-300	93,8
	Thury, à 2 ou 4 pôles ou 6 pôles.	Compound, série shunt.	—	65-110-800 125-2000	90-35-60 420-50	2,150-66 87-102	170-1300 4500-6200	1300-350 350	93.
	Bechniewski (inducteurs) [cuilletés].	—	Tambour denté.	65-110	—	0,100-200	depuis 0 kg. 33 kg. par 1000 watts	120 à 900 cm. : seconde	—
	Siemens.	Shunt.	—	65-100-1000	10-650	..	..	65-1200	85

FORME GÉNÉRALE	NOMS	MODE D'EXCITATION	TYPE D'INDUIT	VOLTS	AMPÈRES	KILO-WATTS	POIDS TOTAL en kilogrammes.	VITESSE angulaire en tours par minute.	RENDEMENT électrique pour cent.
	Lahmeyer, 1882.	—	—	65-110	15-1000	1,020-65	77 watts p. kg. cuivre total	—	85
	Ganz.	Shunt.	—	50-110	15-30-60-120 180-200-400	1,650 - 1,800 3,700-5,600 6,600-7,200 11-22-44	7-10 watts par kg. poids total 160-200 watts kg. cuivre total	400-1400	90-95
	Laurence, Scott et C°. Norwich Ship-Lighters à 2 ou 4 pôles. Norwich dynamos.	Shunt. Shunt, série.	— —	80-100 25-60-110-250 400-600-800	70-180 6-12-40-180-300 600	1,200-10,800 0,76?-11-41-66	— 60-500-2250	160-100 2000-1200-900 800-160	— —
	Société alsacienne de Constructions mécaniques.	Shunt, compound.	Collecteur à jour en acier.	65-110	—	—	—	—	Petits m. 90-93 Moyens m. 96 Grands m. 98
	Kümmer, à 2 ou 4 pôles.	—	—	65-110	—	1,800-4,500 13,100-30,700	190-530-1930 2500	1480-1050-710 635	78-84-90-93
	Thomson Houston.	Shunt.	—	110	—	1,500-3.5-7.5-10-15-20-50-62-80	300 - 450 - 700 1000 - 1550 3160 - 4500 6350 - 7400 10800-13000	2300-2000-1800 1300 - 1125 1020-900-750	—
3° Disque.	Pelecka, 1895.	Shunt.	Enroulement particulier.	25	2000	—	1140	1500	—
	Fritsche, 1840.	—	—	110	50-540	5,500-54	1100-7000	110-180	—
	Desroziers, 1899, sans fer. Commande par courroies. Commande directe.	Shunt ou série. Shunt ou série. Shunt ou série.	— — —	70-110-120 70-105-130-165-400	150-200-300-450 620-780-1000 1200-1880-2500 195-140-160-200-550-850-750-2000-3000	16-21-33-44-55 96-132-180 8-11,7-16,8-21 31,500-44-60 100-210-300	800-1700-2400 4000-5000-8000 850-1300-1800 2100-4000 6000-8000 20000-28000	800-650-500-450-300 400-330-250-150-100-80	— —

Nous trouvons ainsi dans Paris les machines dynamos Desroziers montées sur les volants des machines Weyher et Richemond à l'aide des joints Raffard.

La maison Bréguet a entrepris depuis quelques années la construction des turbines à vapeur de Laval qui entraînent directement des dynamos à la vitesse angulaire de 1500 à 3000 tours par minute. La figure 61 nous montre un exemple des

Fig. 61. — Dynamo commandée directement par une turbine
à vapeur de Laval

dispositions adoptées. La vapeur arrive sur les aubes d'une turbine après s'être détendue dans une série de canaux et n'agit que par sa force vive.

Mentionnons aussi les machines Westinghouse qui tournent à des vitesses angulaires de 4 à 500 tours par minute et qui entraînent des dynamos multipolaires.

Depuis quelques années, les machines à vapeur verticales Willans à simple effet et à distribution centrale ainsi qu'à simple, double et triple expansion ont pris un très grand développement. Ces machines dont divers modèles tournent à 200, 350 et 400 tours par minute sont avantageuses pour la commande des dynamos (fig. 62).

La maison Sautter-Harlé a construit également divers modèles de machines pour bateaux, dans lesquelles les dynamos sont couplées directement sur les arbres moteurs.

La Société Alsacienne de constructions mécaniques a monté aussi les dynamos directement sur les arbres des machines

Fig. 62. — Commande directe d'une dynamo par une machine à vapeur Willans-Croizier.

à vapeur, soit horizontales, soit verticales, comme nous le verrons en décrivant la station centrale du secteur de Clichy et de la Cie parisienne de l'air comprimé.

Cette commande directe des machines dynamos par les machines à vapeur apporte de notables avantages : suppression des transmissions encombrantes, augmentation du rendement industriel, place restreinte, etc. Ajoutons à cela que la consommation de vapeur est des plus raisonnables, et ne dépasse pas 8 à 10 kg de vapeur par cheval-heure utile.

3º ÉTUDE DES ALTERNATEURS

Les machines à courants alternatifs ont été les premières machines que l'on a utilisées pour la production de la lumière ; puis elles ont été abandonnées pendant quelque temps, elles présentent aujourd'hui une importance considérable en raison des services qu'elles rendent pour la transmission de l'énergie électrique à grande distance.

Principes fondamentaux, faits généraux.

Nous avons vu précédemment (page 35) que si nous faisons déplacer une bobine dans un champ magnétique, nous observons suivant les diverses positions que nous parcourons un courant *périodique*, c'est-à-dire un courant variable, se reproduisant toujours le même à des intervalles de temps égaux. La figure 63 nous représente les variations successives d'un cou-

Fig. 63. — Variations du courant alternatif.

rant *alternatif*. Sur un axe horizontal ON nous portons diverses parties donnant les valeurs du temps ; au-dessus nous notons les valeurs du courant d'un certain sens, et au-dessous les valeurs du courant d'un sens contraire. Nous supposons pour ce courant la forme la plus simple, c'est-à-dire la forme sinusoïdale. Nous remarquons que le courant a d'abord une valeur nulle en O, puis une valeur qui augmente graduellement, passe en M par une valeur maxima, décroît ensuite, passe par zéro en 2, change de sens, et repasse successivement par les mêmes valeurs que précédemment, mais en sens inverse.

Dans les courants alternatifs, il y a lieu de distinguer le temps nécessaire ON pour accomplir un cycle complet, c'est-à-dire le temps qui s'écoule entre deux passages successifs du courant par les mêmes valeurs. Ce temps, qui est une caractéristique des courants alternatifs, porte le nom de *période*. La durée qui sépare deux changements de signe (OA) est une *demi-période* ou phase.

Nous aurons à considérer souvent le rapport du nombre de périodes au temps mis à les produire. Ce rapport porte le nom de *fréquence* et s'exprime en nombre de *périodes par seconde*. Nous verrons l'importance de la fréquence dans les courants alternatifs.

Nous ne pouvons nous étendre ici sur la théorie des courants alternatifs, qui présente beaucoup plus de difficultés que celle des courants continus. Contentons-nous de dire que les valeurs de la différence de potentiel et de l'intensité sont données par des moyennes dont la formule mathématique est un peu compliquée, et qu'elles prennent le nom de *différence de potentiel efficace, intensité efficace*.

Machine théorique à courants alternatifs.

D'après les principes que nous venons d'énoncer, on voit que les courants alternatifs diffèrent notablement des courants continus. Nous serons donc obligés d'avoir recours à des machines différentes pour leur production.

La machine la plus simple à courants alternatifs consiste en un anneau Gramme, semblable à celui dont nous nous sommes déjà servis plus haut pour les courants continus (fig. 63 bis). Aux points diamétralement opposés de l'anneau A et B ont été réunis des conducteurs F et G, qui aboutissent à des bagues en cuivre D et C isolées et montées sur l'arbre de la machine. L'anneau en se déplaçant dans le champ magnétique fournit des courants alternatifs.

Cette disposition donnerait en pratique de faibles résultats. En effet, avec la disposition dont nous venons de parler, nous recueillerons un courant alternatif dont la période sera égale

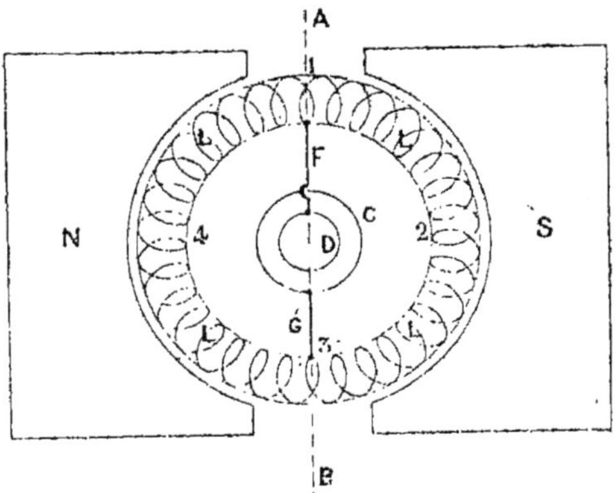

Fig. 63 bis. — Machine théorique à courants alternatifs.

à la durée d'un tour. Si nous comptons une vitesse angulaire de 1000 tours par minute, le courant alternatif aurait donc une fréquence de 16,6 périodes par seconde seulement. Il faut avoir recours à d'autres modèles de machines. Nous serons obligés d'augmenter le nombre de bobines de l'induit, sans toutefois les superposer ; nous devrons également avoir recours à un plus grand nombre de champs magnétiques successifs. Nous allons parler des conditions théoriques des inducteurs et des induits.

Alternateur théorique. — Inducteurs. — Induits

Inducteurs. — Les induits peuvent être rapportés à trois types généraux : *à disque*, *à anneau* et *à tambour*, qui demandent des formes d'inducteurs différents.

Pour les induits à disque, les inducteurs consisteront en une série d'électro-aimants (fig. 64), portés sur deux disques placés

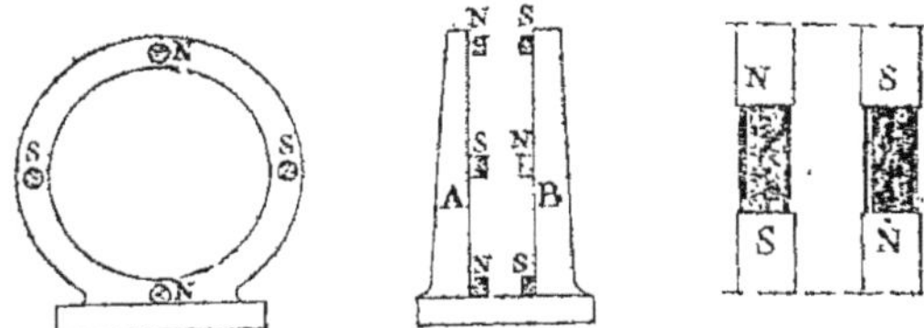

Fig. 64. — Dispositions générales d'un alternateur.

en regard l'un de l'autre AB. Ces électroaimants laisseront entre eux une faible distance pour le passage du disque et l'entrefer.

Les électro-aimants seront alternés de façon à produire suc-

Fig. 65. — Coupe d'une machine Gramme à courants alternatifs.

cessivement des champs magnétiques de nom contraire comme le montre le dessin à droite de la figure. Nous n'avons représenté que quelques pôles ; mais en pratique le nombre de pôles sera beaucoup plus considérable. Nous verrons plus loin comment sera produite l'excitation.

Pour les induits en forme d'anneau, et dont la première machine Gramme à courants alternatifs donne exactement la forme, les inducteurs seront constitués (fig. 65) par une série de noyaux fixés sur l'arbre et portant chacun un électro-aimant de pôle inverse au précédent.

Les induits en forme de tambour sont constitués par des enroulements portés sur un cylindre fixé sur l'arbre ; les inducteurs sont formés par des pôles inducteurs placés à l'extérieur.

Induits. — Ainsi que nous l'avons dit plus haut, les induits peuvent être de plusieurs formes. Les induits à disque sont formés, comme dans la machine Siemens, Ferranti, etc., par un disque, plat, monté sur l'arbre, et portant à sa périphérie les diverses bobines, en général en nombre égal au nombre des inducteurs

Pour les induits en forme de couronne extérieure ou d'anneau, ils sont formés d'une série de bobines disposées sur un support fixe placé autour des inducteurs, comme le montre la figure 65.

Les induits en tambour sont constitués par des enroulements portés sur un cylindre monté directement sur l'arbre.

Les diverses machines dont nous venons d'énoncer les principes supposent que les induits et les inducteurs sont tantôt les uns mobiles, tantôt les autres fixes et inversement.

On peut encore supposer le cas où les inducteurs et les induits sont fixes ; nous verrons que des alternateurs de ce genre ont également été réalisés.

Couplage des bobines. — Dans les alternateurs, les bobines peuvent être couplées en tension ou en quantité. Pour le couplage en tension, il est nécessaire de relier entre elles les extrémités de pôles de nom contraire, pour que la différence de potentiel totale à un moment donné soit égale à la somme des différences de potentiel de chaque bobine. Dans l'induit à disque, dont nous parlions plus haut, nous aurons soin de changer le sens des fils toutes les deux bobines, puisque le champ magnétique change de sens. La figure 65 bis nous donne

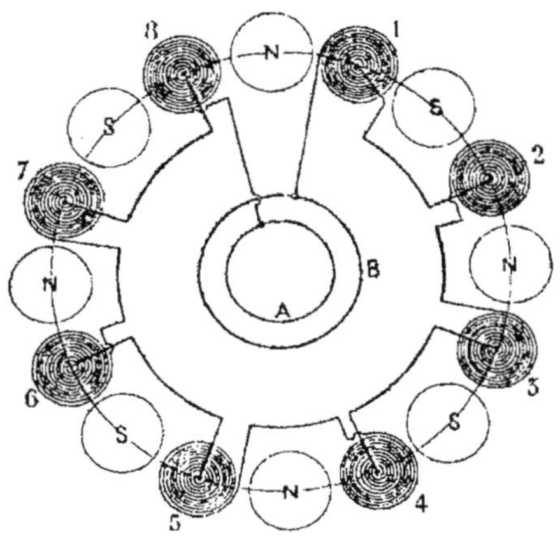

Fig. 65 bis. — Coupe schématique d'un alternateur à disques.

la coupe schématique intérieure d'un alternateur à disques. On voit les plans des 8 pôles inducteurs successivement alternés N, S, N, S ; les connexions des diverses bobines sont également indiquées. Toutes les bobines sont couplées en tension et les extrémités du circuit sont reliées aux bagues collectrices A et B. On remarquera que l'enroulement est dans le même sens d'une part pour les bobines 1, 3, 5, 7 et d'autre part pour pour les bobines 2, 4, 6, 8. qui se trouvent respectivement au même moment dans des champs magnétiques de sens contraire.

Rôle du fer. — Comme dans les machines à courants continus, le fer joue un rôle important dans les courants alternatifs, pour obtenir des champs magnétiques intenses sans de grandes dépenses d'excitation. Mais dans ces dernières machines, les phénomènes des courants de Foucault et d'hystérésis (pertes par aimantation) prennent une plus grande importance dépendant de la fréquence ou nombre de périodes par seconde. Il y a donc lieu de prendre de grandes précautions pour l'emploi du fer dans les alternateurs.

Moyen de recueillir les courants alternatifs. — Dans les machines à courants alternatifs, le courant est recueilli à l'aide de deux disques isolés montés sur l'arbre, et sur lesquels viennent appuyer des balais extérieurs. Pour supprimer ces derniers, plusieurs dispositions ont été utilisées ; nous mentionnerons entre autres le système Ferranti.

Autour de l'axe O se trouve un manchon AB embrassant l'axe tout entier et pouvant se resserrer à l'aide d'une vis D (fig. 66). Dans ce manchon sont disposés perpendiculairement des petits cylindres de graphite qui viennent appuyer sur le disque en cuivre de l'axe O.

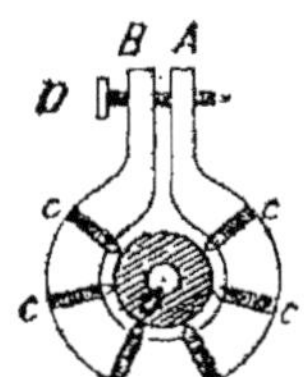

Fig. 66. — Coupe du collecteur alternatif Ferranti.

Excitation des machines à courants alternatifs. — L'excitation des machines à courants alternatifs se fait toujours par courant continu. Ce courant peut être produit de diverses manières.

1° Une petite machine spéciale à courants continus est montée sur le même axe que la machine à courants alternatifs (fig. 67) et fournit le courant à cette dernière (A, machine à courants alternatifs, B, machine à courants continus).

2° Une petite machine (fig. 68) à courants continus est actionnée par une courroie montée sur une poulie qui est placée sur le même axe que la machine à courants alternatifs.

3° Une partie du courant total peut être redressée par certains artifices que nous verrons plus loin. C'est ce courant ainsi redressé qui sert à assurer l'excitation.

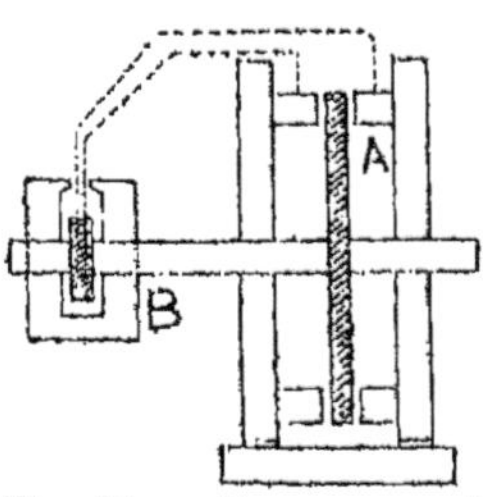

Fig. 67. — Dynamo excitatrice montée sur l'arbre de l'alternateur.

4⁰ Dans diverses grandes usines, une dynamo à courants continus est actionnée par une machine à vapeur spéciale ; elle sert à effectuer la distribution dans l'usine et à fournir l'excitation aux alternateurs, quelquefois à charger une batterie d'accumulateurs.

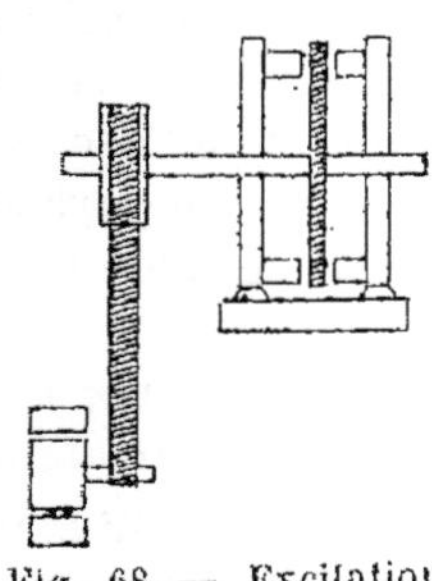

Fig. 68. — Excitation par dynamo à courants continus commandée par courroies.

Enfin, dans une usine qui comporte à la fois des courants continus et des courants alternatifs, une partie du courant continu peut être utilisée pour l'excitation.

Ajoutons à cela que diverses études sont poursuivies aujourd'hui dans le but de construire des alternateurs *auto-excitateurs*, sans avoir recours au courant continu ou à une transformation quelconque.

Etude de quelques alternateurs

Les alternateurs sont aujourd'hui très nombreux et il devient difficile de les classer. Quelques auteurs les divisent en alternateurs à disque, à tambour, à anneau ; d'autres étudient les alternateurs suivant les parties fixes ou mobiles. Nous préférons suivre en partie l'ordre chronologique.

La première machine à courants alternatifs date de 1831 et est due à Faraday. Vint ensuite en 1835 la machine de Pixii. A la même époque, Clarke fit une machine composée d'un aimant vertical, devant les pôles duquel deux bobines étaient mises en mouvement.

Après une série d'essais plus ou moins fructueux, apparut en 1855 la machine de l'Alliance.

Dans cette machine, les bobines productrices, au nombre de 16, étaient disposées sur une roue en bronze et maintenues sur le bord extérieur. Ces bobines tournaient entre une série d'aimants supportés par des plans parallèles au disque.

Fig. 69. — Bagues collectrices de la machine de l' « Alliance ».

Toutes les bobines étaient reliées les unes aux autres en tension, et les deux extrémités aboutissaient à deux bagues de cuivre R et S isolées convenablement de l'axe. Sur ces bagues de cuivre appuyaient les balais frotteurs destinés à recueillir le courant (fig. 69).

Parmi les autres machines datant de cette époque, nous mentionnerons les machines de Méritens, Lontin et Gramme.

Machines de Méritens (1878). — L'induit est constitué par un anneau renfermant des pièces de fer sur lesquelles sont enroulées diverses bobines, montées également en tension. Les

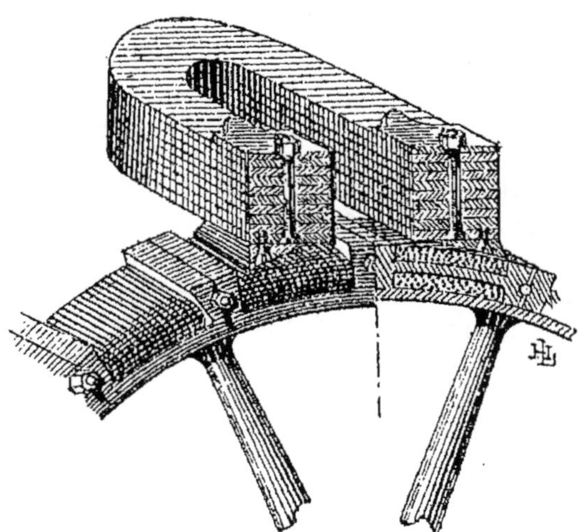

Fig. 70. — Dispositifs d'un alternateur de Méritens.

inducteurs sont formés par des aimants en fer à cheval disposés à plat comme le représente la fig. 70, les pôles successifs étant alternés. L'induit est mobile. L'anneau renferme autant de bobines qu'il y a de pôles inducteurs. Le sens d'enroulement varie d'une bobine à l'autre.

Machine Lontin (1876). — Les inducteurs, au lieu d'être formés par des aimants, étaient constitués par des électro-aimants, excités à l'aide de petites machines spéciales à courants continus. Les inducteurs étaient mobiles et composés de pignons magnétiques dont les pôles étaient alternativement de noms contraires, fig. 71. Ces inducteurs étaient montés sur un tambour porté directement sur l'arbre. Les induits étaient formés par des bobines de fil enroulé sur des pignons fixes, et ces derniers étaient placés en regard des pignons des inducteurs.

Fig. 71. — Coupe intérieure d'un alternateur Lontin.

Machine Gramme (1878). — Dans cette machine les inducteurs sont formés par des électro-aimants en forme de pignons (fig. 72). Ils sont excités par un courant continu fourni par

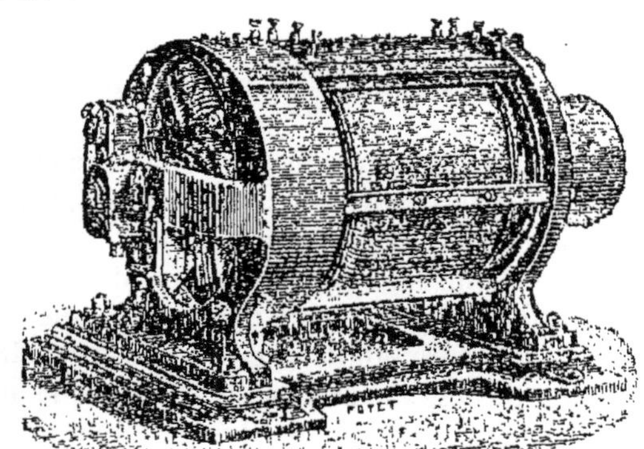

Fig. 72. — Alternateur Gramme. Vue extérieure.

une machine à courants continus portée sur le même axe que ladite machine et mise en route en même temps.

L'induit est constitué par un anneau extérieur sur lequel sont enroulées les bobines.

Ces diverses bobines forment des sections qui peuvent être couplées en tension ou quantité.

Nous avons donné dans la figure 65 la coupe intérieure de cette machine.

Les alternateurs modernes peuvent être divisés en alternateurs à disques, à anneau et à tambour suivant la forme des induits. Ces trois classes contiennent les types suivants :

1° Machines à disques : Siemens, Ferranti, Mordey, Kennedy, Kapp, Brush, Labour.

2° Machines à anneau : Zipernowsky, Hillairet, Cail-Helmer.

3° Machines à tambour : Labour, Westinghouse, Lowrie-Parker, Thomson-Houston, Brown.

Il existe encore un très grand nombre d'autres alternateurs et toutes ces machines sont très intéressantes à tous les points de vue. Il importerait d'en faire une étude complète, en donnant tous les renseignements et tous les détails. Mais le cadre de cet ouvrage serait alors trop étendu, et nous ne pouvons que donner des descriptions sommaires de quelques-unes d'entre elles.

Nous choisissons ces exemples pour montrer aux ouvriers en quoi doit consister l'étude de toutes les parties intérieures d'une machine. C'est cette étude, absolument personnelle, que nous leur conseillons de faire sur les machines qui leur sont confiées. Pendant le travail, alors que la machine fonctionne et que tout est en ordre, qu'ils cherchent à se rendre compte des différentes pièces, à examiner leur fonctionnement, à en prendre des croquis et à inscrire toutes leurs observations. S'ils ne saisissent pas un point, qu'ils le demandent à leur ingénieur. Pour bien conduire une machine, il faut bien la connaître.

Alternateurs à disques. — Ces alternateurs se distinguent par des induits plats avec fer ou sans fer se déplaçant dans une série champs magnétiques très resserrés. Le premier type est la machine Siemens.

Machine Siemens. — La machine Siemens se compose de 2 supports (fig. 73) portant à l'intérieur des électro-aimants. C'est entre ces derniers que se trouvent les bobines induites,

Fig. 73. — Vue d'ensemble et vue intérieure d'un alternateur Siemens.

montées sur un disque centré sur l'axe. L'excitation est fournie par une petite machine séparée.

L'induit ne porte pas de fer, les bobines sont montées en tension ou en quantité. Les champs magnétiques successifs sont alternativement dirigés en sens inverse. Dans l'induit, deux bobines placées à côté l'une de l'autre sont donc enroulées en sens inverse pour pouvoir être couplées en tension. Du reste tout ce que nous avons dit plus haut de la machine théorique à induit à disque s'applique à l'alternateur Siemens.

Machine Ferranti. — L'inducteur de la machine Ferranti ressemble à peu de chose près à l'inducteur de la machine Siemens. Les pôles intérieurs placés en regard l'un de l'autre sont également très rapprochés et ne laissent entre eux qu'un intervalle de 2 centimètres. Signalons les facilités de pouvoir ou-

Fig. 74. — Alternateur Ferranti ouvert. Vue de l'induit.

vrir les inducteurs et laisser l'induit complètement séparé à l'intérieur.

Les machines Ferranti sont à inducteurs fixes et à induit mobile.

L'induit est formé par 20 bobines plates couplées par 2 en quantité et 10 en tension. Ces bobines sont fixées sur un support qui est monté directement sur l'arbre. Les inducteurs sont formés par 40 bobines, 20 en tension, 2 en quantité, montées sur des bâtis qui peuvent s'éloigner à volonté pour mettre l'induit à découvert. L'excitation est fournie par une petite machine dynamo à courants continus montée directement sur l'arbre de transmission.

Fig. 75. — Ensemble de l'alternateur Ferranti avec l'excitatrice et la disposition pour le graissage.

Les figures 74 et 75 donnent la vue de la machine ouverte, et la vue de la machine fermée ainsi que de l'excitatrice.

Nous donnerons maintenant des détails sur la construction et le montage.

Constitution des bobines. — Les bobines sont composées de la façon suivante :

Au centre se trouve un support constitué par une série de lames de bronze juxtaposées et séparées les unes des autres par une feuille d'amiante. A leur extrémité ces lamelles sont réunies et soudées, en laissant une ouverture.

Sur cette carcasse est enroulée extérieurement un ruban de cuivre, présentant un gaufrage à sa partie médiane. Dans le modèle de 100 kw, ce ruban a 12,5 millimètres de large, 0,3 millimètre d'épaisseur et une longueur totale de 111 mètres avec 86 tours. La longueur des bobines est de 28 centimètres et la largeur de 18 centimètres. Les couches successives du

ruban sont isolées les unes des autres par des lanières de fibre
vulcanisée. Quand la bobine a été ainsi enroulée, elle est gomme-laquée des deux côtés. L'extrémité du ruban est laissée
libre. Chaque bobine produit 240 volts, le poids total de
cuivre de l'armature est de 170 kilogrammes, et la résistance
de 1,2 ohm. Les bobines sont montées à la périphérie d'un
plateau fixé sur l'arbre. A Londres, M. Ferranti a construit des
machines de 10000 volts.

Alternateur Labour. — M. Labour a imaginé un alternateur
à disques (fig. 76) que construit la Société l'*Eclairage Electrique*. Cet alternateur est sans fer et rappelle les dispositions de

Fig. 76. — Alternateur Labour.

l'alternateur Siemens. Il produit généralement de 1500 à 3000
volts à la fréquence de 80 périodes par seconde. La machine
excitatrice est montée directement sur le prolongement de
l'arbre, ou actionnée par courroie sur le côté.

Alternateur Mordey. — L'alternateur Mordey diffère notable-

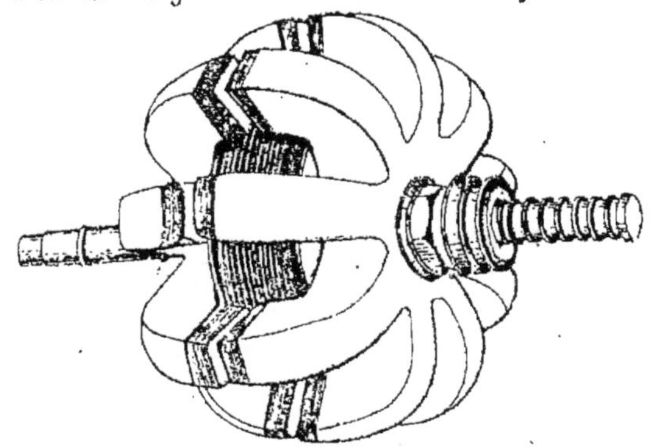

Fig. 77. — Alternateur Mordey. Inducteurs.

ment des alternateurs connus jusqu'à ce jour ; il est à inducteurs mobiles et à induit fixe sans fer. Les dessins de la fig. 77
nous montrent les principales dispositions. Sur l'arbre est
monté un noyau en fer forgé sur lequel sont enroulées les bo-

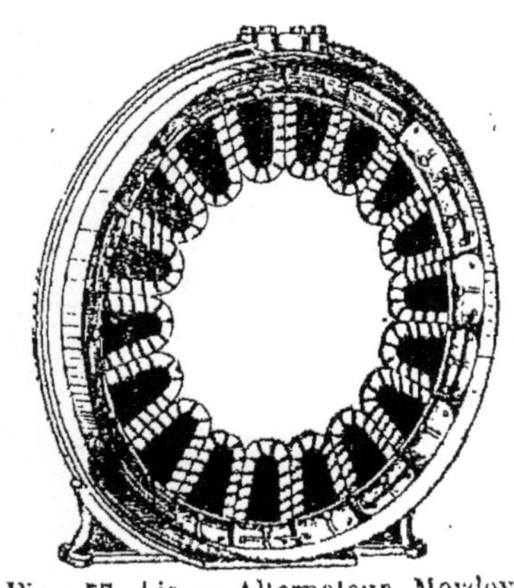

Fig. 77 bis. — Alternateur Mordey.
Induit.

bines excitatrices. Aux deux
extrémités de ce noyau sont
reliés une série de bras qui
se recourbent en tous sens
de façon à venir se placer en
regard les uns des autres et
à laisser entre eux un intervalle très restreint. Ces bras
sont ensuite recouverts de
calottes en tôle. L'induit est
formé par une série de bobines constituées par des
rubans de cuivre qui sont
enroulés sur des noyaux en
porcelaine et isolés à l'aide
de la fibre (fig. 77 bis). Ces

bobines, en nombre double de celui des champs inducteurs,

ont leurs enroulements inversés pour deux bobines voisines.

Elles sont fixées à la partie intérieure d'une couronne en bronze qui repose sur le bâtis de la machine. Le dessin de la

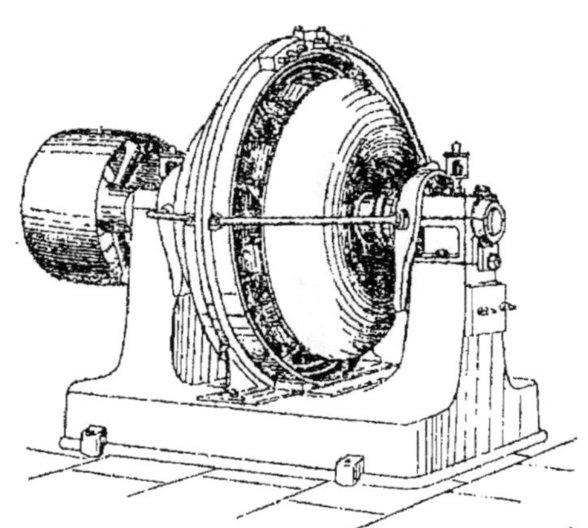

Fig. 77 ter. — Alternateur Mordey. Vue d'ensemble.

fig. 77 ter nous montre l'ensemble d'un alternateur et le dessin

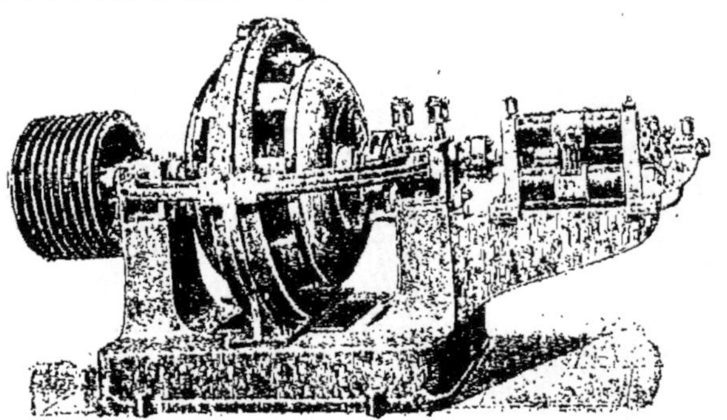

Fig. 77 quater. — Alternateur Mordey avec son excitatrice.

de la fig. 77 quater la vue d'un alternateur avec l'excitatrice montée sur le même arbre.

Dans cette classe d'alternateurs, il nous reste encore à mentionner les alternateurs Kapp, Crompton, Kennedy, Brush, etc.

Alternateurs à anneau. — Ces alternateurs sont tous caractérisés par des induits en forme d'anneaux extérieurs, avec des inducteurs constitués par des pignons magnétiques montés sur l'arbre de la machine. Ils sont à inducteurs mobiles et à induit fixe.

Alternateur Hillairet. — La maison Hillairet et Huguet construit des alternateurs dont la figure 78 représente le modèle le plus puissant donnant 450 kilowatts à 60 tours par minute, et

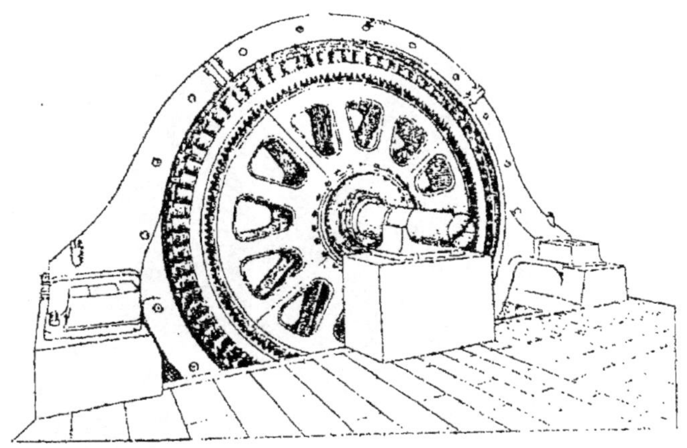

Fig. 78. — Vue d'ensemble de l'alternateur Hillairet.

utilisé à Paris au secteur des Champs-Élysées. Les inducteurs au nombre de 80 sont portés sur un volant de 5,8 mètres de diamètre, et se meuvent à l'intérieur d'une couronne de 80 bobines induites. Ces alternateurs produisent normalement 133 ampères et 3000 volts à la fréquence de 40 périodes par seconde ; ils sont commandés directement par des moteurs à vapeur Farcot.

Alternateur Cail-Helmer. — Cet alternateur porte également

le nom d'alternateur à flux renversé. La figure 79 se rapport e
à un alternateur de 25 kw. L'induit fixe porte 12 noyaux et
bobines répartis à l'intérieur d'une carcasse formée de de ux
couronnes entretoisées et fixées sur le bâti de la machine.

Fig. 79. — Alternateur Cail-Helmer. Vue de l'induit fixe.

L'inducteur mobile (fig. 79 bis), comprend aussi douze
noyaux et bobines répartis à la périphérie d'un tambour formé
de deux parties identiques que l'on peut rapprocher par
le serrage d'un écrou et de son contre écrou. La figure 79 ter
nous donne la coupe transversale de cet alternateur. La partie

magnétique de l'alternateur est composée de feuilles de tôles de fer extradoux superposées et repliées de façon à former des U en tôle. Ces alternateurs donnent 2400 volts et 25 kw. à la fréquence de 60 périodes par seconde à 600 tours par minute.

Fig. 79 bis. — Alternateur Cail-Helmer. Inducteur mobile.

Alternateur Ganz-Zipernowski. — L'alternateur Ganz Zipernowski est construit en France par MM. Schneider et Cie au Creusot. L'induit est formé par une série de bobines enroulées sur des noyaux de tôles qui se trouvent boulonnés sur une couronne extérieure formant le bâtis de la machine (fig. 80). Ces bobines sont interchangeables. L'inducteur est constitué par une sorte d'étoiles à bras variable, portant chacun un électro-aimant. Deux bras voisins donnent naissance à des pôles de noms contraires.

Il y a autant d'inducteurs que de bobines induites (fig. 80 bis). Les parties de fer sont formées par des plaques de tôle

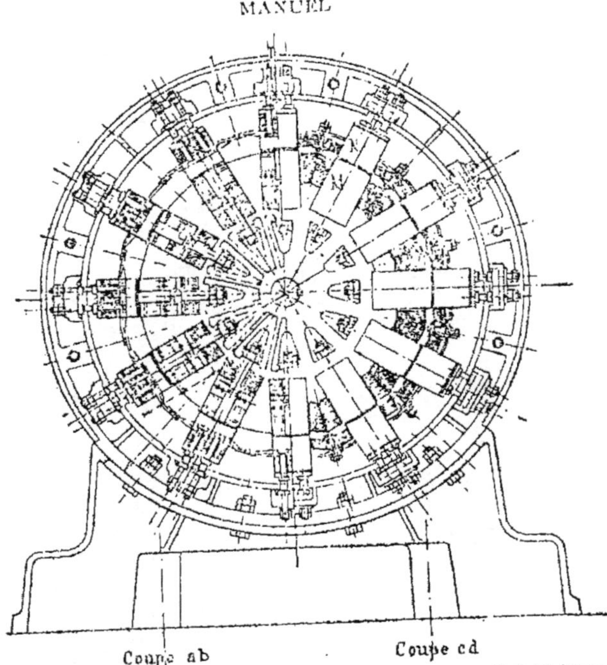

Fig. 79 ter. — Coupe transversale de l'alternateur Cail-Helmer.

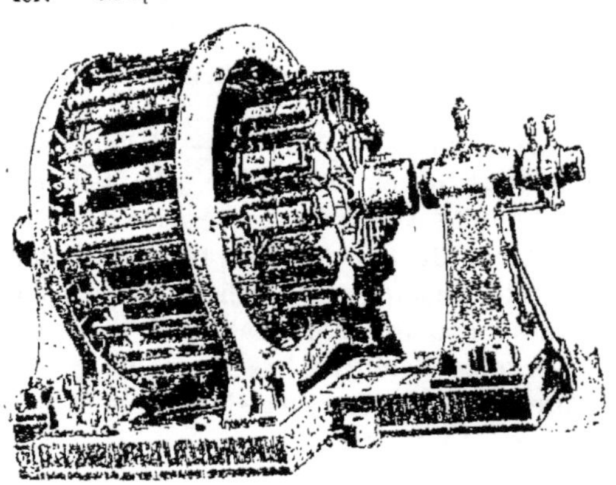

Fig. 80. — Alternateur Ganz-Zipernowski. Inducteurs et induit.

très minces en acier très doux superposées en nombre suffisant et isolées les unes des autres. Le Creusot construit des
modèles de 10 à 400 kilowatts avec des voltages de 2000, 5000
et 10000 volts. Le nombre de pôles varie de 6 à 40, et la vitesse angulaire de 830 à 125 tours par minute. Les modèles de

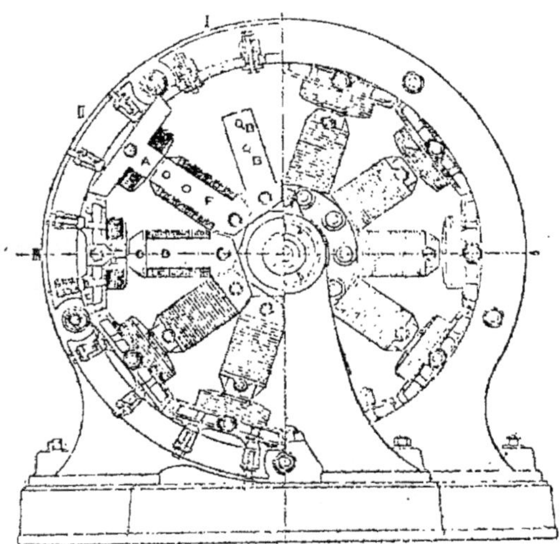

Fig. 80 bis. — Alternateur Ganz-Zipernowski. Coupe intérieure.

faible puissance sont actionnés avec transmission par courroies ; les modèles de grande puissance sont actionnés directement. La fréquence adoptée est de 42 périodes par seconde.

Alternateur Hutin et Leblanc. — Nous mentionnerons également ici les alternateurs de MM. Hutin et Leblanc, dont un
modèle spécial à amortisseur vient d'être installé dans l'usine
du secteur des Champs-Elysées. L'induit comporte 80 bobines
montées en deux circuits en parallèle enroulées à plat. Les
inducteurs, qui sont la partie mobile, sont formés de 80 pôles
en tôle de 2 millimètres d'épaisseur. Ils sont fixés directement
sur le volant de la machine à vapeur.

Alternateurs à tambour. — Dans les alternateurs à tambour, les inducteurs sont fixés en dedans d'une couronne extérieure fixe, et les induits sont portés sur un cylindre formant tambour et couplé directement sur l'arbre. Les principaux modèles à signaler sont l'alternateur Labour, l'alternateur de la General Electric C⁰ (Thomson Houston), et l'alternateur de la Compagnie Westinghouse.

Alternateur Labour. — En dehors des alternateurs à disques que nous avons décrits plus hauts, M. Labour a imaginé des alternateurs à basse tension à tambour. Les inducteurs sont formés par des noyaux entourés d'une bobine et portés à l'intérieur d'une couronne en fonte. L'induit est constitué par un anneau en tôle feuilletée avec dents à la partie extérieure. Les bobines induites sont enroulées à la surface extérieure. L'excitation peut être obtenue à l'aide d'un enroulement Gramme placé sur l'anneau, ou encore le plus souvent à l'aide d'une petite dynamo à courants continus montée sur le même arbre·

Fig. 84. — Alternateur Thomson-Houston de la General Électric C⁰.

Alternateur de la General Electric C⁰. — La General Electric

C° emploie l'alternateur que représente la figure 81. Les inducteurs sont constitués par des bobines maintenues sur une couronne, comme dans les précédentes machines. Les bobines induites sont placées à plat à la surface extérieure d'un tambour central. Il y a autant de bobines induites que de pièces polaires. Ces alternateurs sont surtout remarquables par leur mode d'excitation. Quelques-uns sont à auto-excitation séparée, avec dynamo à courants continus ; d'autres sont auto excitateurs, toute leur excitation est fournie par du courant alternatif redressé à l'aide d'un redresseur placée sur l'arbre. Enfin la plupart des alternateurs sont à la fois excités par du courant continu fourni par une dynamo à courants continus séparée et par du courant redressé. Dans la figure on peut voir d'une part l'excitatrice, et d'autre part le redresseur à côté de la poulie portant la courroie de commande. Ce dernier mode d'excitation porte le nom de compound ; nous verrons plus loin son utilité.

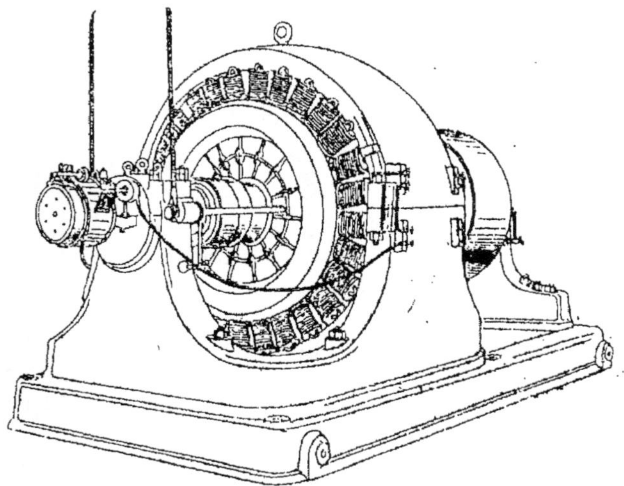

Fig. 82. — Alternateur Westinghouse.

Alternateur Westinghouse. — L'alternateur Westinghouse

(fig. 82) a les bobines des inducteurs disposées exactement comme dans les machines précédentes. Les induits sont enroulés sur un noyau en bois et placés à plat à la surface du tambour. Les bobines sont divisées deux parties montées en quantité, chacune d'elles comprenant un certain nombre de bobines montées en tension. La Société emploie également les dispositions dont nous parlions plus haut pour l'excitation.

Nous aurions encore à décrire ici les alternateurs Brown et divers autres que nous retrouverons plus loin pour les courants alternatifs polyphasés, mais qui sont également disposés pour produire des courants alternatifs simples.

Alternateurs à fer tournant. — Il nous faut maintenant signaler une autre classe d'alternateurs dans lesquels les inducteurs et les induits sont fixes, et où un morceau de fer se déplace

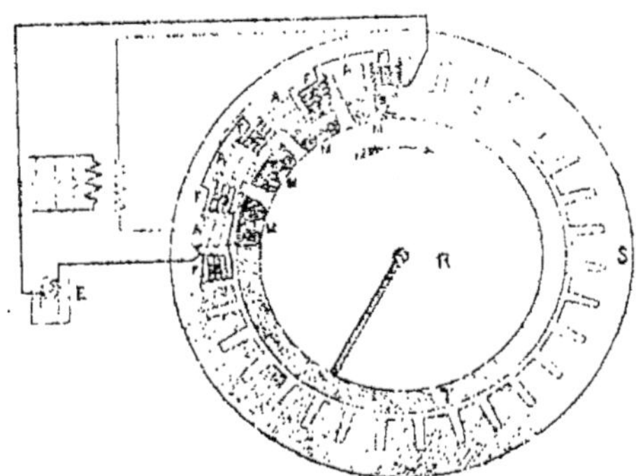

Fig. 83. — Schéma de l'alternateur à fer tournant Kingdon.

seul dans les champs magnétiques pour faire varier à chaque instant la *réluctance* ou *résistance magnétique* et produire ainsi les variations de flux, par ces armatures mobiles qui ferment périodiquement les circuits magnétiques.

L'alternateur Kingdon (fig. 83), est formé d'un grand anneau S présentant une série de dents F, A, F, A. Cet anneau est composé de tôles minces de fer isolées les unes des autres et maintenues entre deux couronnes extérieures de fonte. Sur les dents sont enroulées des bobines de fil se réjoignant de deux en deux pour former deux circuits distincts F, F, F et A, A, A, A. Le circuit F, F est traversé par le courant venant de l'excitatrice E et forme des pôles N, S, N, S. Le deuxième circuit A, A est le circuit induit. Au centre se trouve une roue R composée de 2 couronnes de bronze fixées elles-mêmes sur deux forts disques d'acier calés sur l'arbre. A la périphérie des couronnes de bronze sont placées des masses de tôles isolées M, M de longueur suffisante pour relier magnétiquement deux bobines voisines. Les bobines de l'induit sont donc traversées successivement par des flux magnétiques de sens inverse.

La maison Cail a construit également un alternateur dit *à flux ondulé*, dans lequel 4 pièces polaires portent près de la culasse les enroulements inducteurs, et à leur extrémité les enroulements induits. Au centre se trouve une pièce de fer à 4 pignons qui se déplace devant les pôles dont nous parlions.

Citons encore dans le même genre les alternateurs Thury.

Les ateliers de construction d'Œrlikon construisent actuellement des alternateurs de puissance élevée et, également à inducteurs et à induit fixes. La partie mobile est une armature dentée en une ou plusieurs pièces venues de fonte.

M. Mordey a récemment imaginé un alternateur basé sur le même principe.

Commande directe des alternateurs. — De même que pour les machines dynamos à courants continus, on a également essayé pour les alternateurs de supprimer les transmissions et de les installer directement sur l'arbre des machines à vapeur. Nous en avons déjà vu quelques exemples en parlant des divers alternateurs ; nous en citerons encore quelques autres.

M. O. Patin a combiné un alternateur-volant que l'on peut accoupler directement sur les machines à vapeur. La figure 84 nous montre une vue des dispositions adoptées. L'inducteur mobile est fixé sur l'arbre même de la machine. Il se compose de deux couronnes portant les inducteurs en fer doux encastrés dans la fonte. Ces deux couronnes sont réunies sur un côté par

Fig. 84. — Alternateur volant Patin.

des bras spéciaux, et de l'autre côté laissent un espace libre où se trouve l'induit. Celui-ci est formé de bobines de lames de

Fig. 85. — Alternateur Crompton commandé directement.

cuivre plat, qui sont enroulées sur un cadre en cuivre fondu et ont une forme cintrée. L'induit est fixe. La vitesse angulaire de ces alternateurs est de 120 et 60 tours par minute. Un grand nombre d'installations ont déjà été faites avec ces alternateurs.

Mentionnons encore l'alternateur-volant Cail-Helmer, dont les bobines inductrices sont fixées sur le volant de la machine à vapeur et se déplacent à l'intérieur d'une couronne fixe maintenant les bobines induites.

A Londres, la maison Crompton et C° a monté ainsi directement des alternateurs sur l'arbre de machines Willans (fig. 85).

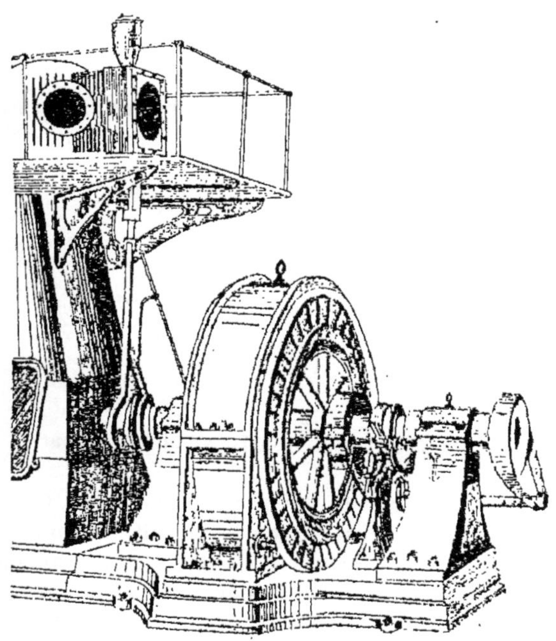

Fig. 86. — Alternateur de la Fort Wayne Electric Corporation commandé directement.

Nous devons citer également l'alternateur Fly-Wheel de 350 kilowatts accouplé sur l'arbre d'une machine à vapeur compound entre les 2 cylindres, à la Corporation Electric Light station de Halifax. La maison A. Parsons et C° construit également sur le même principe des Turbo-alternateurs.

En Amérique, nous mentionnerons les alternateurs de la General Electric C° montés directement sur les arbres des machines à vapeur Bullock, ainsi que les installations de la Fort Wayne Electric Corporation, que nous représentons dans la figure 86.

Réglage de la différence de potentiel aux bornes. — Avec les alternateurs, comme avec les dynamos à courants continus, il est nécessaire de faire varier la différence de potentiel aux bornes suivant le débit.

Le moyen le plus simple consiste à faire varier la résistance R du circuit d'excitation de la machine excitatrice (fig. 87).

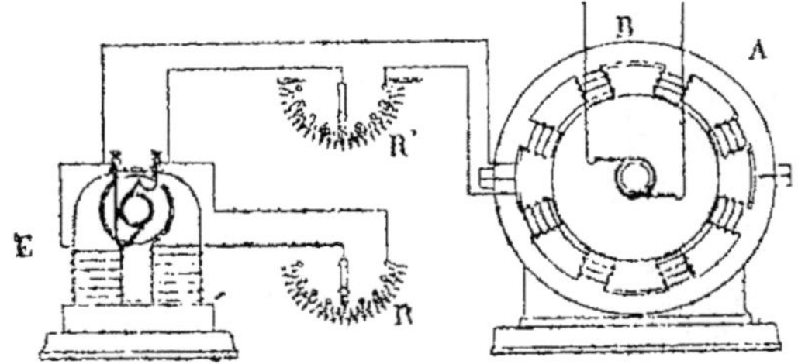

Fig. 87. — Schéma du réglage d'un alternateur.

En augmentant ou en diminuant cette résistance, on diminue ou on augmente l'intensité dans le circuit des inducteurs de l'alternateur A et par suite on fait varier la différence de potentiel aux bornes B de l'alternateur. On peut encore introduire un rhéostat R' dans le circuit des inducteurs; il permet également de faire varier l'intensité d'excitation. Cette disposition est celle qui est ordinairement adoptée.

Dans les alternateurs où l'excitation est assurée par une partie de courant redressé, un rhéostat est également placé pour faire varier la résistance

Des rhéostats automatiques, c'est-à-dire fonctionnant par

eux-mêmes, dès que la différence de potentiel vient à varier
au-delà d'une certaine limite, peuvent également être employés.

La General Electric Company a adopté un système particulier
de compoundage et d'hypercompoundage qui permet de maintenir toujours constante la différence de potentiel. La figure 88
représente la disposition. Les bobines des inducteurs I sont
parcourues par le courant provenant de l'excitatrice, comme
dans le cas précédent; deux bobines sont traversées par une
dérivation prise aux bornes du redresseur R, aux bornes du-

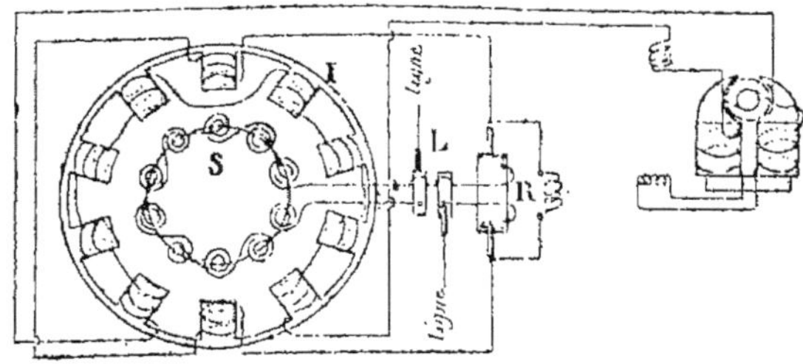

Fig. 88. — Mode de compoundage pour le réglage des alternateurs.

quel se trouve également un rhéostat. Le redresseur est placé
dans le circuit. Quand l'intensité augmente dans le circuit extérieur, l'intensité du courant redressé augmente également et
par suite l'excitation est augmentée dans une certaine mesure.
Une autre disposition consiste à placer sur chaque inducteur
deux enroulements, l'un traversé par le courant de l'excitatrice, et l'autre par le courant redressé. On peut arriver par ce
procédé à maintenir la différence de potentiel absolument
constante.

Montage et construction des alternateurs.

Nous ne pouvons traiter en détail cette question qui a bien
son importance cependant. Nous avons indiqué en décrivant

les principaux alternateurs les particularités de chacun d'eux, et les détails de construction qui leur étaient relatifs. Quant aux conditions de montage et d'installation, elles pourront varier suivant chaque cas particulier.

Précautions à prendre dans l'emploi des alternateurs

Il convient de prendre de grandes précautions avec les machines à courants alternatifs. Ces machines sont, en effet, destinées, comme nous l'avons vu, à produire de hautes différences de potentiel, qui pourraient être dangereuses. Il est également nécessaire de veiller à un bon isolement, et d'éviter les contacts entre les induits et les inducteurs.

Naturellement, suivant les diverses installations, les mesures à prendre peuvent différer. Nous ne voulons ici qu'attirer l'attention de l'électricien sur ce point capital, et l'engager à étudier sérieusement l'installation qui lui sera confiée. Ce sera à lui, armé de ces principes, de prendre telles mesures qu'il conviendra.

Nous résumerons quelques points généraux dans les lignes suivantes :

Il importe d'abord que l'armature de la machine soit parfaitement à l'abri de tout contact. Les fils des bobines doivent être isolés et ne pouvoir toucher en aucune façon les électros entre lesquels elles tournent. Les fils de départ du collecteur pour le tableau demandent également à être soigneusement isolés et soigneusement à l'abri de toute atteinte. Il faut de plus qu'ils soient très visibles, de façon à pouvoir retrouver le moindre défaut à une simple inspection. Le bâti de la dynamo exige aussi un isolement soigné. Nous ne parlons pas de l'excitatrice qui ne demande aucunes conditions particulières. Nous recommandons de mettre autour des machines des tapis en caoutchouc. Le collecteur doit être aussi à l'abri de tout contact et sous verres. Les fils d'arrivée du collecteur au tableau de distribution doivent être bien apparents et recouverts de façon à ne laisser aucun point défectueux. Le commutateur doit être facile à manœuvrer, et permettre d'éviter toute étincelle à la rupture du circuit. On atteint facilement ce but en adoptant une disposition qui laisse couper le circuit d'excitation de la machine avant le circuit principal.

L'idéal dans des machines de ce genre serait de maintenir immobiles les parties dangereuses (induit à 2400 volts et plus), et de faire tourner les parties à faible tension. De la sorte, il serait facile de garantir et de protéger efficacement les câbles à haute tension. Cette idée a déjà été appliquée dans plusieurs modèles de machines, comme il en a été question.

Les mêmes soins que nous avons indiqués pour les machines à courants continus doivent être employés pour les machines à courants alternatifs, en ce qui concerne l'installation et la surveillance. L'isolement des inducteurs et de l'induit doit être vérifié très attentivement.

Nous verrons plus loin les instructions générales concernant le cas des courants alternatifs pour éviter tout danger.

Accidents pouvant survenir aux alternateurs

Les accidents qui peuvent survenir aux alternateurs sont sensiblement de la même nature que ceux que nous avons déjà trouvés pour les dynamos à courants continus.

En ce qui concerne les inducteurs, il faut faire attention aux courts-circuits, ruptures de bobines, contacts défectueux, isolement, excitation mauvaise provenant de la dynamo excitatrice.

L'induit peut ne pas produire de courant, par suite de contacts intérieurs, de courts circuits, de ruptures de fils, d'échauffement anormal. *L'électricien ne doit jamais toucher à l'induit, la machine étant en marche et excitée.* Il est nécessaire de s'assurer de l'état de l'induit avant la mise en marche.

Comme dans toutes les machines, dans les alternateurs, le graissage des parties frottantes doit être assuré dans les meilleures conditions.

Manœuvres à exécuter avec les alternateurs

Les principales manœuvres à exécuter avec les alternateurs sont : la mise en marche, l'arrêt, le couplage en parallèle, le couplage en tension. Ce dernier n'a pas été très usité jusqu'ici.

Mise en marche. — La machine à vapeur étant en marche et entraînant l'alternateur, on ferme d'abord l'excitation de la machine excitatrice. Celle-ci est bientôt excitée, on le voit aux balais ou au voltmètre. On ferme ensuite le circuit des inducteurs en faisant varier la résistance de l'excitation de l'excitatrice et la résistance du circuit des inducteurs jusqu'à ce que l'intensité atteigne la valeur déterminée. A ce moment on ferme les interrupteurs du circuit extérieur et l'alternateur est en service. On fait varier les résistances jusqu'à ce que le la différence de potentiel soit à la valeur normale. Il suffit ensuite de suivre au voltmètre les variations pendant la charge des premiers instants.

Arrêt. — Avant d'arrêter l'alternateur, attendre que la charge diminue et se réduise à une valeur très faible. Couper ensuite les interrupteurs primaires, le circuit d'excitation, l'excitation de l'excitatrice et arrêter la machine.

Couplage en tension. — Tous les ouvrages disent ordinairement qu'il n'est pas possible de coupler en tension deux alternateurs. M. P. Boucherot a indiqué des méthodes pour coupler des alternateurs en tension, soit à l'aide de condensateur en série, soit à l'aide de condensateur en dérivation. Nous n'entrerons pas dans ces détails, d'autant plus que ce couplage ne sera pas, jusqu'à nouvel ordre, très utilisé par nous.

Couplage en parallèle. — Le couplage en parallèle des alternateurs est certainement l'opération la plus intéressante et plus importante. Deux alternateurs ne peuvent être couplés en quantité que si les phases sont synchroniques. Ce synchronisme est quelquefois facile, d'autres fois difficile à obtenir.

En général, pour coupler un alternateur en quantité avec un autre déjà en charge, on commence par le faire travailler sur une résistance appelée rhéostat de charge. On fait varier l'excitation jusqu'à ce que la différence de potentiel aux bornes soit égale à la différence de potentiel aux bornes du réseau de distribution. Il faut également que les deux phases soient concordantes ; ce que l'on observe au moyen d'un *indicateur de phases*. Celui-ci est formé d'un noyau de fer A sur lequel sont enroulés deux circuits B et C (fig. 89) que l'on couple sur le réseau et sur l'alternateur à mettre en parallèle. Ces deux circuits forment les deux primaires d'un transformateur dont le circuit secondaire est constitué par le circuit D qui alimente la lampe L. Lorsque les deux phases des circuits B et C sont concordantes, la lampe L brille. On peut alors mettre les deux alternateurs en quantité.

Divers dispositifs ont été encore imaginés pour remplacer l'indicateur de phases que nous venons de décrire. Nous en trouverons plus loin quelques exemples.

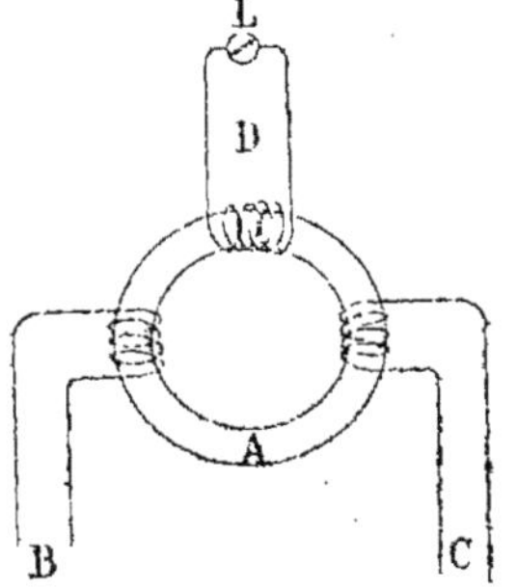

Fig. 89. — Schéma d'un indicateur de phases.

Un grand nombre d'essais ont été effectués sur les couplages en quantité des alternateurs. Les conclusions sont que des alternateurs bien proportionnés, amenés à la même fréquence, peuvent être facilement couplés dans des conditions très différentes de charge et d'excitation sans aucune précaution particulière. Les conditions les plus favorables sont de donner aux pièces en mouvement de grands moments d'inertie, de faire commander les alternateurs par des moteurs indépendants et d'avoir pour les alternateurs une résistance et une self-induction faible.

On peut distinguer en pratique plusieurs cas pour le couplage en parallèle des alternateurs.

On peut tout d'abord avoir plusieurs alternateurs semblables à actionner à l'aide d'une seule machine motrice. Le plus simple est alors d'accoupler mécaniquement les deux alternateurs à l'aide de dispositions qui placent les alternateurs dans des positions où les phases seront toujours concordantes.

On peut avoir deux alternateurs et deux machines à vapeur, formant deux groupes séparés. C'est le cas le plus général. Deux solutions peuvent être adoptées. On peut d'abord accoupler mécaniquement les deux alternateurs. De grandes précautions sont alors nécessaires pour s'assurer que lorsque le couplage est effectué, la puissance totale se répartit également sur les deux machines, que la vitesse angulaire est la même, et que les conditions de fonctionnement des condensateurs sont semblables. Au moment de la mise en marche d'une machine, lorsque celle-ci aura atteint la vitesse normale, on l'embraiera et on s'efforcera de répartir la puissance sur les deux machines motrices. On excite ensuite, on amène à la même différence de potentiel et on couple les deux alternateurs. Pour retirer une machine déjà mise en parallèle avec une autre, on fait passer peu à peu toute la charge sur celle qui doit rester, et il ne faut débrayer l'autre machine que lorsqu'il ne reste plus aucune charge sur elle.

Le cas le plus fréquent se présente d'avoir à accoupler deux alternateurs mis en marche par deux machines à vapeur indépendantes. Il faut alors avoir recours aux indicateurs de phases dont nous avons parlé plus haut. Dans le cas où les alternateurs sont actionnés par courroies, le synchronisme et la répartition de la charge s'obtiennent par un simple glissement de courroie.

Il est également possible d'obtenir de bons résultats pour le couplage en parallèle en surveillant constamment les indicateurs de phase et en agissant sur le rhéostat d'excitation.

Nous mentionnerons ici le mode de couplage des alternateurs adopté récemment par la maison Siemens et Halske de Berlin et qui a donné d'excellents résultats. Le dispositif utilisé consiste uniquement en un appareil laissant arriver à la machine, fonctionnant toujours à la même vitesse angulaire, une quantité de vapeur plus ou moins grande, de façon à régler la charge de chaque machine tout en conservant le synchronisme. Il suffit pour cela de placer sur le régulateur à vapeur un levier maintenu par un ressort et de disposer celui-ci de façon à augmenter ou à diminuer par sa tension l'action de la force centrifuge. On peut également placer sur la tige du régulateur un contrepoids dont les déplacements d'un côté ou de l'autre donneront le même résultat. Il sera ainsi possible de maintenir couplés en parallèle des alternateurs, sur lesquels on pourra enlever de la charge ou en remettre, en les faisant marcher à la même vitesse angulaire et en maintenant leur synchronisme par le procédé dont nous venons de parler. Ce mode de réglage ne peut être réel et effectif que s'il est possible d'agir d'un seul point sur tous les régulateurs à la fois. L'appareil est le suivant. Sur l'axe qui porte le régulateur à force centrifuge d'une machine à vapeur se trouve fixé un petit moteur électrique, qui entraîne une vis tangente horizontale. Celle-ci actionne un engrenage horizontal placé dans un récipient maintenu à l'arbre par un collier. Une transmission élastique vient mettre en marche une vis verticale qui fait mouvoir une roue dentée. Celle-ci est solidaire des contrepoids et les fait déplacer. Ce déplacement agit sur la charge du régulateur et fait varier l'admission suivant les besoins. Le nombre des dents de la roue est calculé pour que le déplacement ne soit possible qu'entre certaines limites. On peut à volonté déplacer la vis tangente verticale pour l'embrayer ou la débrayer. Les moteurs de réglage sont alimentés par le circuit principal d'excitation avec rhéostat et interrupteurs sur le tableau de distribution.

Ces simples considérations prouvent que le couplage en parallèle est encore une opération difficile que l'expérience seule peut apprendre.

De très bons couplages en parallèle ont été récemment obtenus au secteur des Champs Elysées avec les alternateurs Leblanc et Hutin à amortisseurs et les alternateurs Hillairet. M. F. Guilbert, qui a effectué ces divers essais, a trouvé expérimentalement un fait que l'on peut déduire de la théorie de la synchronisation de M. Blondel. Pour obtenir un couplage stable des deux alternateurs dont il est question, la marche devait se faire en charge répartie dans une proportion inversement proportionnelle aux inductances. Ces conditions ayant été réalisées, les alternateurs ont bien fonctionné. Il a suffi au début d'obtenir la coïncidence des phases, d'amener l'alternateur à coupler a une différence de potentiel un peu supérieure à celle de l'alternateur en fonction, et de fermer les interrupteurs dès que les vitesses angulaires ont été sensiblement les mêmes.

Modèles divers. — Les modèles d'alternateurs sont assez nombreux ; nous allons résumer dans les quelques lignes suivantes les principales données connues aujourd'hui.

La *fréquence*, qui s'exprime en nombre de périodes par seconde, varie de 25 à 133. Les alternateurs Zipernowsky ont une fréquence de 42, les alternateurs Hillairet 40, les alternateurs Ferranti 67, les alternateurs Kapp 80, etc.

La *puissance* varie de 10 à 750-800 kilowatts (Westinghouse 1893 Chicago). M. Ferranti travaille à des alternateurs de 7360 kw.

La *force électro-motrice efficace* ordinairement adoptée est de 1000, 2400, 3000 volts. On a employé également quelquefois 5000 volts et on cherche à utiliser 10000 volts.

L'intensité efficace n'est pas très élevée ; elle atteint 10, 20, 30, 100, 200, 300 ampères suivant la puissance.

La *vitesse angulaire* est de 1000, 800, 600, 500, 300 tours par minute et diminue à mesure que la puissance augmente jusqu'à atteindre 95 et 85 tours par minute. Les alternateurs-volants Patin tournent à 60 tours par minute.

Le *poids* des machines est assez variable. On peut cependant estimer environ 80 kg. de poids total par kilowatt utile jusqu'à 100 kilowatts ; au delà, on tombe à 50 et 60 kg par kilowatt utile.

Le *rendement électrique* pour les alternateurs de 20 à 50 kilowatts atteint 90 à 91 pour 100 ; mais pour des alternateurs d'une puissance supérieure 75,100 et 250 kilowatts il varie de 95 à 97 pour 100.

Le *rendement industriel* pour les alternateurs de 20 à 50 kw est de 80 à 85 pour 100 ; pour les puissances supérieures, il varie de 92 à 93 pour 100.

Courants redressés

Ces courants ne sont guère utilisés aujourd'hui ; nous devons cependant en dire quelques mots.

Les courants redressés sont des courants dont on a changé le sens au moment même où le courant changeait de direction pour devenir alternatif.

Par exemple, le courant, au moment de suivre la direction A, B, C, a été retourné de façon qu'il suive la direction A, B', C, fig. 90.

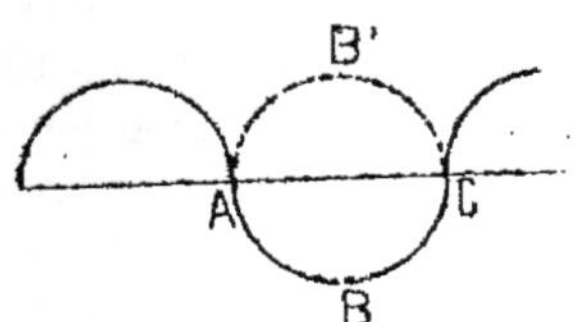

Fig. 90. — Redressement d'un courant alternatif.

Cet artifice a consisté dans l'emploi d'un commutateur formé de deux parties A et B, fig. 91. La bobine M est en relation avec ces points. Quand le courant qu'elle produit a la direction de la flèche 1, le commutateur A touche le balais S ; mais, dès que le courant a changé de sens et a pris la direction 2, le commutateur a tourné, et la par-

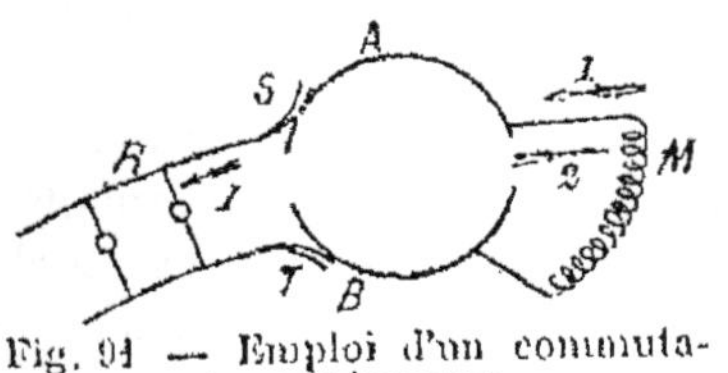

Fig. 91 — Emploi d'un commutateur-redresseur.

tie A est venue toucher le balais T ; par suite, la direction est restée la même dans le circuit extérieur.

Plusieurs machines à courants redressés ont été construites ; nous citerons la machine Gérard (1884), la machine Thomson-Houston à induit sphérique (1884), la machine Brush (1886).

4° ETUDE DES ALTERNATEURS A COURANTS POLYPHASÉS

Principes fondamentaux

Il existe aujourd'hui de nouveaux courants qui sont désignés sous le nom de *courants polyphasés*. Prenons deux ou plusieurs circuits séparés et supposons que chacun d'eux soit traversé par un courant alternatif de même période et de même intensité ; mais l'une des machines produisant ce courant alternatif est partie avant l'autre et toutes les autres successivement à à des intervalles de temps déterminés. Le premier circuit sera traversé par le courant 1 qui a pris naissance en O (fig. 92), le second circuit sera traversé par le courant 2 qui a pris naissance en A au moment où le courant 1 passait par sa valeur maxima. Nous avons donc là dans ces deux circuits deux courants alternatifs dont le second est en retard de 1/4 période sur le premier ; on dit qu'il y a entre eux une *différence de phase*, un *décalage*. Nous aurons des courants à deux phases ou *diphasés*.

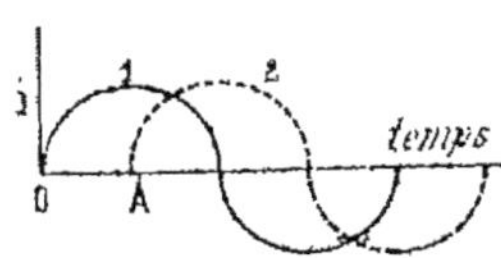

Fig. 92. — Diagramme des courants diphasés.

Prenons maintenant trois circuits séparés et faisons-les encore traverser successivement par trois courants alternatifs de même période, de même intensité, mais en les décalant chacun de 1/3 de période par rapport au précédent. Nous aurons des courants alternatifs présentant entre eux une *différence de phase.* Nous aurons des courants alternatifs à trois phases ou *triphasés* (fig. 93).

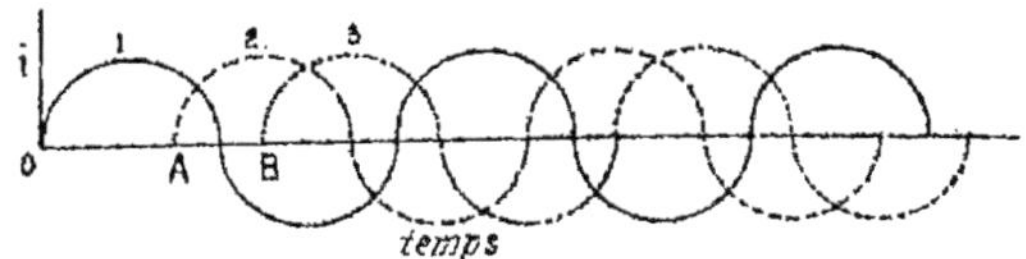

Fig. 93. Diagramme des courants triphasés.

Machine théorique

On peut facilement réaliser une machine théorique en prenant les dispositions dont nous avons parlé précédemment. Soient deux diques A et B placés en regard l'un de l'autre (fig. 94). et portant l'un et l'autre des épanouissements polaires N, S qui laissent entre eux un faible intervalle dans lequel vient se déplacer un autre disque D mobile autour d'un axe O. Sur ce disque D, dont on voit à gauche la projection verticale ainsi que les positions des pôles d'un des disques, nous avons placé 3 bobines *a*, *b*, *c* à égale distance l'une de l'autre dans l'espace qui sépare deux pôles voisins. Quand nous mettrons le disque D en marche, la bobine *a* nous donnera d'abord une force électro-motrice ; la bobine *b* nous donnera, 1|3 de période après, une force électro motrice égale à la précédente et la bobine *c* viendra ensuite. Nous aurons donc une machine à courants triphasés. Nous relierons toutes ensemble en tension les bobines A, A, A et les extrémités de ce circuit aboutiront à deux bagues D montées sur l'ar-

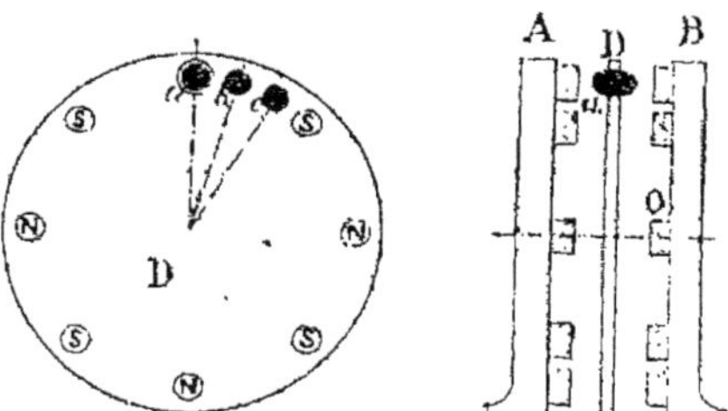

Fig. 94. — Principes généraux d'un alternateur à courants polyphasés.

bre (fig. 95, planche 2). Les bobines B, B, B formeront un autre circuit dont les extrémités viendront aux bagues E. Les bobines C, C, C formeront aussi un troisième circuit aboutissant aux bagues F. Nous aurons donc trois circuits nettement séparés nous donnant chacun un courant alternatif décalé de l'autre de $1/3$ période.

Au lieu de mettre ainsi 3 bobines décalées chacune de $1/3$ de période, nous aurions pu en mettre deux seulement décalées de $1/4$ de période l'une par rapport à l'autre. Nous aurions eu dans l'intervalle angulaire de 2 pôles 4 bobines au lieu de 2 et seulement deux circuits donnant des courants diphasés.

Les dispositions dont nous venons de parler sont des dispositions théoriques et primitives sur lesquelles nous avons insisté pour bien les faire comprendre ; mais en pratique elles seraient trop compliquées. Nous allons indiquer les modifications à faire, en nous servant des démonstrations frappantes que M. Paul Janet a données dans ses *Premiers principes d'électricité industrielle*.

Pour la machine à courants diphasés, il ne serait pas possible d'adopter d'autres dispositions. Il s'agit d'une machine à 2 circuits à courants alternatifs déphasés de $1/4$ de période.

Dans la machine à courants triphasés, nous aurions trois circuits à courants alternatifs déphasés de $1/3$ de période. Nous aurions donc 6 fils de ligne. Il est possible d'apporter ici certaines modifications.

On peut d'abord faire communiquer entre elles trois bagues par une ligne L (fig. 96 planche, 2), et réunir le tout à la terre T. Nous aurons pour ces trois lignes le même potenticl O. Il ne nous restera ensuite que trois lignes de départ A, B, C qui toutes présenteront une force électromotrice décalée de $1/3$ période par rapport à la précédente. Ce dispositif revient, comme le montre le schéma (fig. 97, planche 2), à réunir en T une extrémité de chacun des circuits et à laisser l'autre libre. C'est le *montage en étoile*. Dans la construction de la machine, il suffit alors de réunir ensemble les trois départs des circuits, et de mettre sur l'arbre 3 bagues isolées pour recueillir les courants à leur sortie.

Il y a également un autre moyen de disposer les circuits. Nous pouvons (fig. 98, planche 2), réunir une des bagues D à une bague E, l'autre bague E à une bague F et les deux dernières bagues extrêmes D et F ensemble. Nous avons le montage représenté par le schéma situé au-dessus. Les trois circuits ont des potentiels qui présentent encore entre eux des décalages de 1/3 de période. Ce deuxième montage est le *montage en triangle*. On n'a encore que les trois lignes de départ A, B, C.

Etude de quelques modèles d'alternateurs à courants polyphasés

Il est très facile de réaliser une machine à courants diphasés et triphasés avec une machine Gramme ordinaire. Dans un anneau Gramme (fig. 99), prenons deux points diamétralement opposés, A et A ; ils donnent un courant alternatif simple produit par la partie gauche de l'anneau qui est hachée sur la figure. Deux autres points également ment opposés, B et B', donnent un autre courant alternatif simple, mais

Fig. 99. — Production de courants diphasés avec un anneau Gramme.

qui est en retard par rapport au premier d'un quart de période. Pour recueillir les deux courants produits par cette machine, il est nécessaire de mettre quatre fils, deux en AA et deux en BB'. On a ainsi deux courants diphasés. On remarque bien en effet que dans la position représentée par la figure 99, la partie A A' produit l'intensité maxima. Au même instant dans la partie BB' l'intensité est nulle puisque le courant produit en A B et A B' est égal et de sens contraire. Il y a donc bien un décalage de 1/4 période.

Pour faire une machine à courants triphasés, il suffit de prendre dans un anneau Gramme également trois points à égale distance, c'est-à-dire à 120° l'un de l'autre. Nous avons, par exemple, les trois points A, B, C, fig. 100. Nous recueillons entre A et B un courant, puis un autre entre B et C, mais décalé par rapport au premier, et un troisième entre A et C, également en retard sur le deuxième.

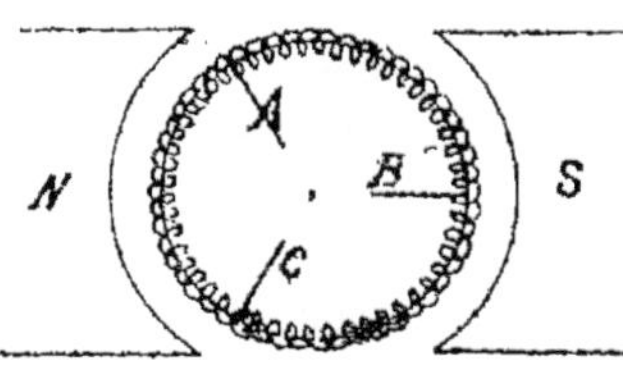

Fig. 100. — Production de courants triphasés avec un anneau Gramme.

On peut facilement réaliser l'expérience. On prend une machine Gramme ordinaire et on réunit trois points distants de 120° à trois bagues collectrices a, b, c, fig. 101. Il est à remarquer que la machine à courants continus reste dans son état normal, avec ses balais en B appuyés sur le collecteur ordinaire. La machine est mise en marche ; nous recueillons en B sur le collecteur des courants continus qui servent à l'excitation de la machine et en a, b, c des courants alternatifs triphasés.

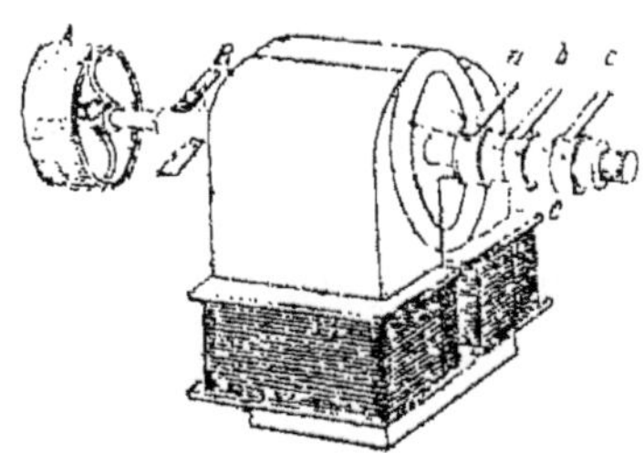

Fig. 101. — Dispositifs pour produire des courants triphasés avec une machine Gramme.

Nous allons maintenant passer à la description de quelques modèles industriels d'alternateurs à courants polyphasés.

Les alternateurs à courants diphasés et triphasés les plus simples sont les alternateurs formés de 2 ou 3 alternateurs montés sur le même arbre en ayant soin de les caler à l'angle convenable pour obtenir des courants di ou triphasés. Cette disposition a l'inconvénient d'augmenter notablement le prix de revient de ces alternateurs ; mais elle offre l'avantage de les rendre indépendants et de permettre de régler la différence de potentiel de chaque circuit en manœuvrant la résistance de chaque champ inducteur.

En pratique, on a dû recourir à d'autres arrangements et disposer des bobines pour les faire déplacer dans les mêmes champs. Ces bobines pourront être placées les unes à côté des autres ou au-dessus les unes des autres suivant les cas.

Les alternateurs Brown étaient construits jusqu'à ces derniers temps par la société des établissements Weyher et Richemond à Pantin (Seine). La figure 102 représente la vue d'ensemble de cet alternateur.

L'inducteur est formé par un gros anneau extérieur en fonte portant à l'intérieur des pôles terminés par des pièces rectangulaires. L'induit est composé d'une série de bobines plates disposées à la surface d'un tambour formé d'anneaux en tôle de fer isolées les unes des autres. Les bobines sont disposées de façon à chevaucher les unes sur les autres,

Fig. 102. — Alternateur à courants diphasés Brown.

tout en étant bien isolées et maintenues. La maison construisait des alternateurs de puissances de 13 à 160 kilowatts et au delà. M. Boucherot, ingénieur de la Société, a eu l'occasion d'étudier ces alternateurs et nous a donné quelques renseignements sur un modèle de 50 kilowatts. Ce modèle était caractérisé par les constantes suivantes : puissance 50 kilowatts ; différence de potentiel utile 150 volts ; intensité maxima normale 165 ampères ; Vitesse angulaire 600 tours par minute ; fréquence 40 périodes par seconde ; poids 2700 kilogrammes. Le rendement industriel était de 0,90 à la charge normale, de 0,86 à moitié charge et de 0,58 au dixième de la charge. Cet alternateur était à 8 pôles, et comportait 16 galettes induites.

à raison de 8 par circuit, les 8 galettes de chaque circuit étant couplées en deux dérivations de 4 galettes en tension. Le courant était recueilli par des balais, et le graissage assuré par des paliers à bagues noyées dans des réservoirs d'huile. La société construisait également, d'après le même principe, des alternateurs à courants triphasés.

La Société l'*Eclairage électrique* fabrique les modèles d'alternateurs à courants diphasés système E. Labour. Les pôles inducteurs sont portés sur une couronne extérieure ; à l'intérieur tourne un anneau dont les circuits ont été convenablement disposés.

Les alternateurs à courants diphasés construits par MM. Schneider et Cie au Creusot sont formés de deux alternateurs jumelés. Il a suffi (fig. 103 et 104) de caler les inducteurs de

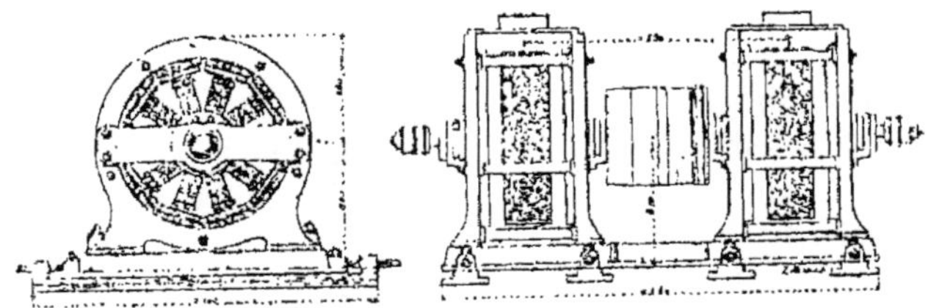

Fig. 103 et 104. — Vues en coupe latérale et longitudinale d'un alternateur à courants diphasés Schneider et Cie.

deux alternateurs sur le même arbre avec un écart angulaire d'un demi intervalle de pôles. Les différences de potentiel aux bornes des deux alternateurs présentent alors une différence de phase de 1/4 de période. Des alternateurs de ce genre ont été utilisés dans les houillères de Decize. Cette combinaison rend chacun des circuits absolument indépendant.

La Société de Fives-Lille construit en France les alternateurs polyphasés de la grande compagnie allemande *Allgemeine Elektricitäts Gesellschaft*. L'inducteur est en forme d'anneau et porte à l'intérieur des pièces polaires, le tout est en tôle. L'induit est formé par un enroulement à barres. Dans les alternateurs à courants triphasés, une extrémité des barres est reliée à un même point et les trois autres extrémités aboutissent aux barres collectives.

La figure 105 nous montre la vue d'une génératrice de ce

Fig. 105. — Alternateur à courants triphasés de la Société de Fives-Lille.

genre. La carcasse magnétique est en fonte et présente 14 pôles. Le noyau induit est composé de disques de tôle de fer isolés, qui sont serrés entre deux joues servant de support. Ces machines donnent environ 200 volts entre deux conducteurs, ont des puissances variables de 36 à 200 kilowatts avec des vitesses angulaires de 750 à 375 tours par minute.

La société de Fives-Lille construit également des alternateurs

à fer tournant semblables comme principe à ceux que nous
avons déjà signalés.

La maison J. Farcot a construit récemment deux alternateurs
volants système Leblanc à courants diphasés pour la station
centrale d'énergie électrique de Saint-Ouen-les-Docks. Dans
ces alternateurs l'induit est fixe et formé de barres de cuivre
logées dans des encoches de fer placées à la périphérie intérieure d'un grand anneau de 6 m. 25 de diamètre. L'inducteur
se compose d'un grand volant portant sur son pourtour 72 pô-

Fig. 106. — Alternateur à courants triphasés des expériences
de Francfort.

les en tôle de 2 millimètres d'épaisseur qui sont fixés sur le
volant à l'aide de boulons. Des circuits amortisseurs ont été
disposés pour augmenter la stabilité des alternateurs en synchronisme. Ces deux alternateurs à courants diphasés sont de
250 kilowatts à 88 volts et à 1420 ampères par circuit à la fréquence de 39 périodes par seconde ; ils sont montés directement sur l'arbre de moteurs à vapeurs Corliss monocylindrique
tournant à la vitesse angulaire de 65 tours par minute. Leurs
rendements électriques sont de 92,5 et 94,3 pour 100.

La Société Alsacienne de constructions mécaniques construit des alternateurs à courants di ou triphasés de 30 à 1200 kilowatts, à induits fixes et inducteurs mobiles, pour la fréquence de 50 périodes par seconde. La tension normale est de 3 à 4000 volts.

La société des ateliers d'Oerlikon fabrique depuis longtemps des alternateurs à courants triphasés. Dès 1891, elle avait construit les alternateurs qui ont servi aux expériences de Francfort et que représentent nos figures 106 et 107. Dans l'une, on aperçoit la vue d'ensemble de l'alternateur, et dans l'autre les inducteurs et les induits sont séparés. Cet alterna-

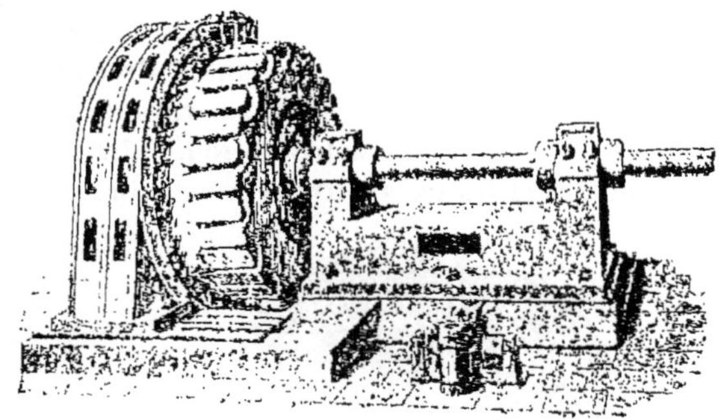

Fig. 107. — Alternateur à courants triphasés des expériences de Francfort.

teur avait une puissance de 300 chevaux à 150 tours par minute et donnait 55 volts dans chaque circuit. Les champs inducteurs sont formés de la façon suivante : un plateau en fonte monté sur l'arbre porte à la périphérie une excavation qui sert à loger l'enroulement inducteur. Sur les côtés de ce plateau sont rapportés à gauche et à droite deux joues munies de pièces polaires successivement alternées, formant ainsi une série de champs magnétiques. On peut voir exactement le détail de cette disposition dans la figure 108 qui représente les inducteur d'un alternateur à 52 pôles et de 224 kilowatts employé en Suisse dans la transmission de force motrice Zufikon-Bremgarten. L'induit est formé par un anneau extérieur composé de plaques de tôle de 0,5 mm. d'épaisseur isolées au papier. Ces anneaux portent à leur périphérie interne, le plus près possible de l'extérieur, une série de trous dans lesquels sont fixées des barres de cuivre enroulées de tubes d'amiante. Ces barres sont reliées en zig-zags de façon à former trois circuits dont trois extrémités sont réunies et les trois autres restent libres.

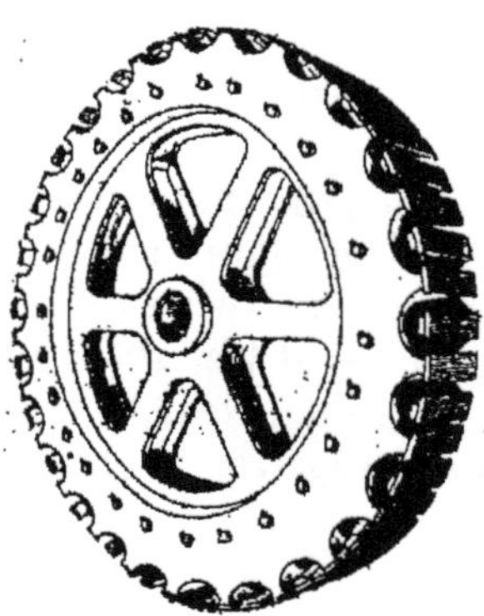

Fig. 108. — Vues du disque portant les inducteurs.

Fig. 109. — Vue d'ensemble d'un alternateur à courants triphasés.

La Société des ateliers d'Oerlikon construit aussi d'autres

alternateurs dont la figure 109 représente le modèle. Les inducteurs présentent la même disposition que plus haut : mais l'induit est formé de bobines que l'on enfonce dans des ouvertures laissées à cet effet à la périphérie de l'anneau en fer. Sur l'arbre est montée la machine excitatrice à courants continus.

La même Société fabrique aujourd'hui des alternateurs à enroulements fixes et à fer tournant. Dans ces machines se

Fig. 109 bis. — Alternateur de 300 chevaux avec inducteurs et induit fixes.

trouve une couronne extérieure en acier coulé, formant carcasse ; la partie inférieure est reliée au bâti ; la partie supérieure peut s'enlever. Cette couronne porte des ouvertures pour faciliter le refroidissement ; à l'intérieur au milieu et suivant un plan perpendiculaire à l'axe se place l'unique bobine inductrice dont le support de bronze est soutenu par des encoches. De chaque côté de la bobine inductrice est ajusté, à l'intérieur de la carcasse, un anneau d : fer doux laminé terminé par deux plaques de bronze et dont la partie inférieure porte près de la surface des évidements, pour le logement de l'enroulement induit. Une fente étroite prolonge ces évidements jusqu'à la surface intérieure et facilite l'enroulement, tout en laissant à peu près continue la surface de fer doux présentée à la partie mobile. Les bobines induites préparées d'avance sur un mandrin sont introduites dans les rainures et fixées solidement au moyen de cales de bois faisant coin placées à chaque extrémité. La partie mobile est une armature dentée en une ou plusieurs pièces en acier coulé ayant la forme d'un volant. La figure 109 bis nous donne la vue d'ensemble d'un alternateur de 300 chevaux à courants triphasés. Cette machine donne 3000 volts utiles par phase, une intensité maxima de 25,5 ampères, à la vitesse angulaire de 250 tours par minute et à la fréquence de 42 périodes par seconde. Le nombre d'expansions polaires sur chaque couronne est de 10, le nombre total des bobines induites de 60. La perte dans l'excitation à à p'eine charge est de 1500 watts, soit environ 0,75 pour 100. Le rendement industriel à pleine charge atteint 92 pour 100. Le poids de l'alternateur avec l'excitatrice est de 16 tonnes.

La Société Siemens et Halske a utilisé déjà un grand nombre d'alternateurs à courant triphasés dans diverses installations. Ces alternateurs sont formés de deux parties : l'une mobile, en forme d'étoile, portant les masses polaires des inducteurs entourés des fils d'excitation, et l'autre extérieure, en forme d'anneau. Ces deux parties sont constituées par des disques de tôle de fer superposés et réunis par des boulons. Le courant d'excitation est amené au circuit par deux bagues avec frotteurs montées sur l'arbre. Dans les alternateurs type R, le nombre des pôles est de 40 ; ce qui correspond à 3000 périodes par minute, à la vitesse angulaire de 150 tours par minute, ou à la fréquence de 50 périodes par seconde. L'anneau extérieur qui porte les circuits induits est pourvu de rainures ongitudinales intérieures, 4 pour chaque pôle ; dans celles-ci sont logés les enroulements soigneusement isolés du fer à l'aide de mica. La figure 110 représente le schéma inté,ieur des connexions des induits de l'alternateur. Dans la rainure 1 est placé un enroulement qui ressort au dehors, et vient entrer dans la rainure 4; de même dans les autres rainures 3 et 6; 5 et 8. On compose ainsi 3 circuits bien distincts et superposés l'un formé par les bobines A_1, A_2 et A_3, le deuxième par les bobines B_1, B_2 et B_3, et le

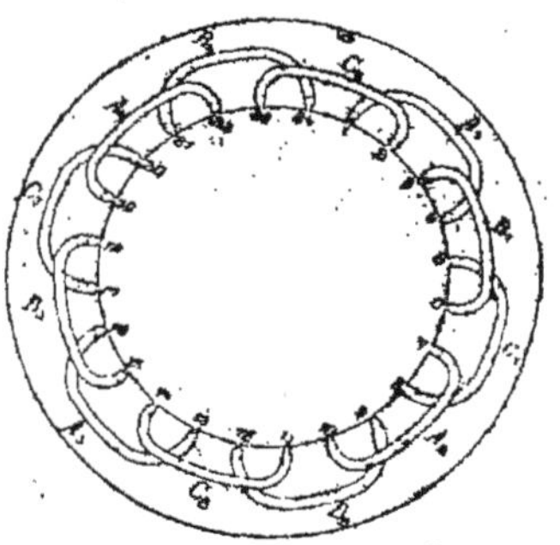

Fig. 110. — Diagramme des connexions d'induits d'un alternateur à courants triphasés.

Fig. 111. — Vue d'ensemble d'un alternateur Siemens à courants triphasés.

troisième par les bobines C_1, C_2 et C_3. Ces trois circuits peuvent être couplés entre eux en étoile ou en triangle.

La figure 111 nous montre la vue d'ensemble d'un alternateur à courants triphasés de 220 kw. à la fréquence de 50 périodes par seconde à 150 volts. Le nombre des pôles inducest de 67. La dynamo excitatrice est montée sur le même arbre.

Nous mentionnerons encore les alternateurs de l'*Elektricitäts Aktien gesellschaft*, autrefois Schuckert et Cie. Ces alternateurs ne diffèrent des machines à anneau plat que par le couplage des bobines. Avec ces mêmes dispositions, il donc très facile d'avoir des alternateurs à courants di ou triphasés. Cette grande société construit également des alternateurs à pôles intérieurs.

La Westinghouse electric and manufacturing Co est une des sociétés américaines qui s'est le plus occupée de la construction des alternateurs à courants polyphasés. En 1893 à l'Exposition de Chicago, elle faisait fonctionner pour le service général, 12 alternateurs à courants diphasés de 750 kilowatts chacun. Chaque alternateur diphasé était formé de 2 alternateurs indépendants, montés sur le même arbre ; il y avait deux couronnes inductrices fixes et deux induits se mouvant à l'intérieur à la vitesse angulaire de 200 tours par minute. Le nombre des pôles inducteurs était de 36, ce qui donnait une fréquence de 60 périodes par seconde.

De nouveaux alternateurs à courants polyphasés sont utilisés dans les ateliers de la compagnie à Pittsburg pour la distribution de la force motrice. Ces alternateurs ont 14 pôles en tôle d'acier rivés et fixés dans le bâti en fonte formant couronne extérieure. La périphérie de l'induit porte 92 dents entre lesquelles se logent les barres de cuivre formant le double enroulement. Les alternateurs à courants diphasés sont établis pour des puissances de 45 à 300 kilowatts à la fréquence de 60 périodes par seconde et des potentiels efficaces de 1000 à 2000 volts. Nous mentionnerons en particulier l'alternateur de 1200 kw. à courants diphasés qui a été récemment installé à la station centrale de Missouri. Il donnait cette puissance à

2200 volts, à 180 tours par minute et à la fréquence de 80 périodes par seconde.

Nous ne pouvons oublier la construction que la Cie Westinghouse a faite des alternateurs Forbes à courants diphasés de 5000 chevaux, pour la Cie des chutes du Niagara. Ces alternateurs (fig 112) sont à induits fixes B et à inducteurs

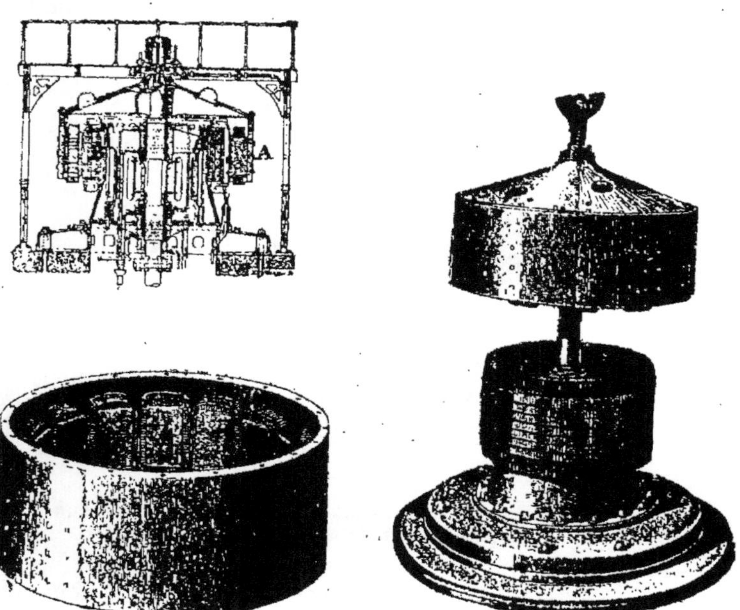

Fig, 112. — Alternateurs à courants diphasés de 5000 chevaux pour l'usine du Niagara.

mobiles A. Les pôles inducteurs, au nombre de 12, sont montés sur une couronne en acier reliée à un chapeau qui est fixé sur l'arbre vertical de la turbine tournant à 250 tours par minute. Les induits sont fixes et sont formés de noyaux de tôle présentant les fentes dans lesquelles sont logés les enroulements. La différence de potentiel efficace est de 2000 volts et la fréquence de 25 périodes par seconde.

La *General Electric C°* à New-York construit également des alternateurs à courants triphasés et diphasés à inducteurs fixes et induits mobiles.

Nous terminerons enfin en donnant quelques renseignements sur les alternateurs à courants diphasés de la Stanley Electric C°, qui sont à inducteurs fixes, à induits fixes et à fer tournant. Une couronne extérieure (fig. 113) porte les bobines induites à

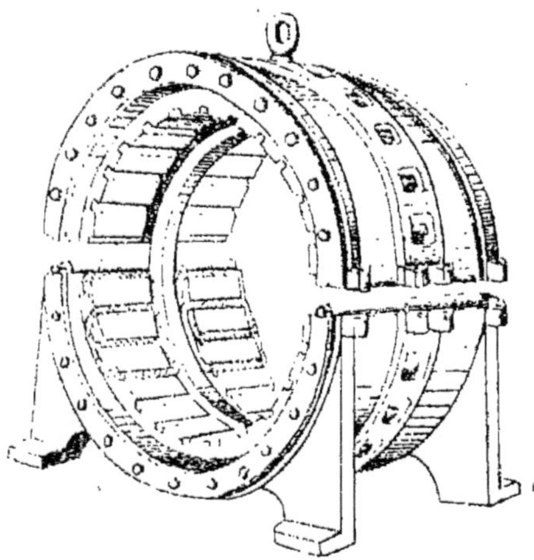

Fig. 113. — Couronne extérieure portant les induits d'un alternateur de la Stanley Electric C°.

sa surface intérieure ; elles se trouvent séparées en deux parties, à gauche et à droite d'une rainure centrale.

Dans cette rainure centrale est placée une bobine fixe qui reçoit l'excitation. Le fer tournant est constitué par un noyau cylindrique en acier coulé à la périphérie duquel sont des projections polaires en tôle douce (fig. 113 bis) laissant entre elles un intervalle. C'est dans cet intervalle que se placera la bobine fixe d'excitation dont il était question plus haut. Les projections polaires se trouveront juste en regard des bobines induites. Toutes les projections d'un même côté seront d'un même pôle. Le fer en tournant produira des variations de flux de force qui donneront les courants diphasés. Nous n'avons rien à rajouter ici en ce qui concerne le réglage, la surveillance, les

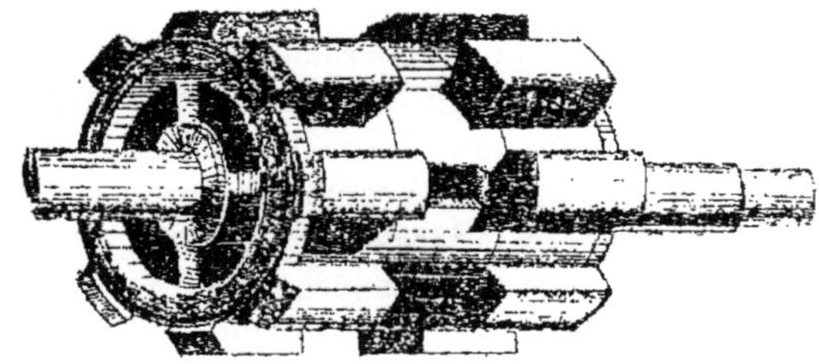

Fig. 113 bis. — Fer tournant dans un alternateur de la Stanley Electric Cº.

manœuvres et les accidents relatifs aux alternateurs à courants polyphasés. Tout ce que nous avons dit à propos des alternateurs simples s'applique également.

C. — ACCUMULATEURS ET APPAREILS DE TRANSFORMATION

Il convient de dire ici quelques mots des accumulateurs et des appareils de transformation qui nous seront plus loin très utiles, quand dans la conduite de l'usine nous désirerons emmagasiner une certaine quantité d'énergie électrique ou que nous serons obligés d'avoir recours aux appareils de transformation.

1º ACCUMULATEURS

GÉNÉRALITÉS.

Principe. — On donne le nom d'accumulateur à un appareil capable d'emmagasiner l'énergie électrique sous forme d'actions chimiques et de la restituer ensuite. M. E. Hospitalier leur donne le nom de transformateurs différés. M Darrieus

Fig. 114.
Schéma
d'un accu-
mulateur.

prétend au contraire que le seul nom qui leur convienne est le nom de pile réversible. Cet appareil est le plus généralement formé aujourd'hui de deux plaques de plomb A et B (fig. 114), placées en regard l'une de l'autre à une distance E, dans un vase C rempli d'eau acidulée sulfurique Si l'on fait traverser ces deux plaques par un courant électrique en les reliant par exemple, aux pôles d'une batterie de piles, il se forme une série d'actions chimiques successives. On voit d'abord la lame positive prendre peu à peu une teinte foncée, et la lame négative prendre l'éclat du plomb métallique. Après un certain temps, il se dégage des bulles d'oxygène sur la lame positive et des bulles d'hydrogène sur la lame négative. Ensuite, si l'on supprime le courant, et si l'on réunit entre elles les deux plaques A et B, on obtient un nouveau courant. La différence de potentiel entre les deux plaques a une valeur moyenne de deux volts

Nous ne pouvons indiquer ici que le principe de ces appareils. Les actions intérieures des accumulateurs, sur lesquelles les auteurs ne sont pas encore d'accord, ont pour but d'oxyder la plaque positive, et de réduire et souvent même de sulfater la plaque négative.

La teinte brune, dont nous venons de parler plus haut, est due au peroxyde de plomb qui se forme peu à peu au contact de l'oxygène. C'est quand toute la lame est entièrement oxydée que l'on voit l'oxygène se dégager. Si l'on fait ensuite débiter l'accumulateur, on voit la couleur brune disparaître peu à peu. Dans le premier cas, nous avons *chargé* l'accumulateur ; dans le second cas, nous l'avons *déchargé*. Nous n'insisterons pas d'ailleurs sur tous ces détails qui nous entraîneraient trop loin ; on les trouvera dans un récent ouvrage. *Les accumulateurs électriques* dû à M. J. A. Montpellier.

Le premier accumulateur fut imaginé en 1860, par M. Gasion Planté. Ce savant enroulait deux lames de plomb séparées l'une de l'autre (fig. 115) et les plongeait dans un vase rempli d'eau acidulée, en faisant communiquer les extrémités avec les pôles d'une pile (fig. 116). Cet accumulateur ne comportait que l'emploi du plomb pur et porte le nom d'accumulateur genre Planté.

Cette invention eut aussitôt un succès considérable. Aussi chercha-t-on de tous côtés à l'améliorer et à la perfectionner. La modification la plus heureuse fut celle employée par MM. Faure, Sellon et Volckmar et qui consista à disposer les plaques d'accumulateurs pour recevoir des oxydes d'un degré in-

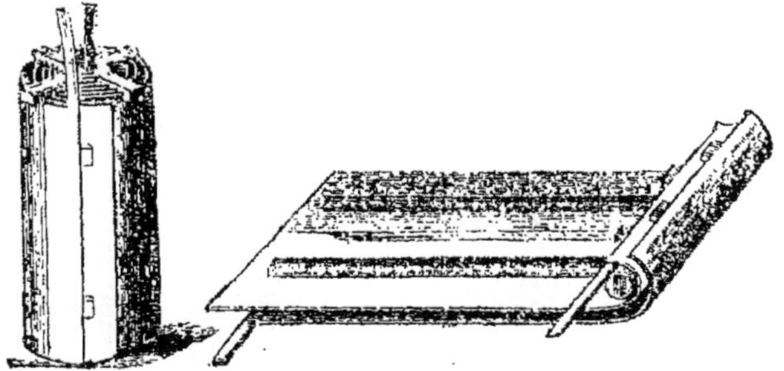

Fig. 115. — Enroulement de deux plaques de plomb pour former les électrodes d'un accumulateur.

férieur aux oxydes à former. La plaque positive recevait du minium qu'une simple oxydation transformait aussitôt en peroxyde ; la plaque négative recevait de la litharge, qu'une réduction ramenait aussitôt à l'état de plomb métallique. Une grande difficulté se présentait pour retenir les oxydes dans les quadrillages ; nous verrons plus loin les divers dispositifs qui ont été employés ; mais qui n'ont pas encore donné pleine et entière satisfaction.

Éléments caractéristiques. — L'accumulateur présente dans son fonctionnement plusieurs éléments caractéristiques que nous retrouverons toujours et dont nous allons dire quelques mots.

La différence de potentiel aux bornes d'un accumulateur est avant la charge de 1,8 volt et monte vers 2,3 ou 2,5 volts après la charge. En marche normale un accumulateur doit donc donner environ 1,9 à 2 volts.

L'intensité, pour la charge et la décharge, peut varier sui-

Fig. 116. — Charge d'un accumulateur Planté, à l'aide de piles.

vant les éléments, comme nous allons le voir plus bas ; mais il faut compter en général sur un débit de 1 ampère par kilologramme.

Les accumulateurs se distingueront surtout par leur régime

de décharge. Nous trouverons des accumulateurs qui fourniront leur décharge en quelques heures à un régime d'intensité très élevé, de 3 à 5 ampères par kg. de plaques par exemple; nous aurons là les accumulateurs à décharge rapide. D'autres accumulateurs fonctionnent à un régime moyen de 1 à 2 ampères par kg. de plaques et d'autres à un régime très faible 0,5 ampère par kg. Nous indiquerons plus loin quelques renseignements sur ces divers accumulateurs; mais dans ce qui va suivre, nous supposerons un régime moyen de 1 ampère par kg.

La *puissance* d'un accumulateur sera donnée à chaque instant par le produit de la différence de potentiel aux bornes par l'intensité.

La *puissance moyenne* après une décharge, sera le produit de l'intensité moyenne par la différence de potentiel moyenne.

La capacité ou produit de l'intensité moyenne par le nombre d'heures de fonctionnement est aussi très variable. Avec les accumulateurs genre Planté, il faut compter sur une capacité moyenne de 10 ampères-heure par kilogramme de plaque. Avec les accumulateurs, à oxydes, cette capacité peut s'élever jusqu'à 15, 20 et 25 ampères par kilogramme de plaques. Ce sont là de grandes capacités spécifiques. Les capacités moyennes atteignent en général 10 à 12 ampères heure par kilogramme et même dans certains cas on recherche les capacités plus faibles. Disons à ce sujet que MM. Cailletet et Colardeau dans des recherches en 1894, ont obtenu des capacités de 56 et 176 ampères-heure par kg., en formant des accumulateurs à la mousse de platine et à la mousse de palladium sous des pressions de 600 atmosphères.

Le rendement a une très grande importance. Il est nécessaire de savoir la quantité d'électricité fournie aux accumulateurs et la quantité recueillie. De même il est nécessaire de connaitre l'énergie fournie et l'énergie recueillie en watts-heure ou produit de la différence de potentiel moyenne par l'intensité moyenne et par le temps exprimé en heures de la charge et de la décharge. Nous distinguons donc deux rendements : le rendement en quantité et le rendement en énergie. Ces rendements sont naturellement variables suivant le débit ; nous supposerons le débit normal.

Dans les accumulateurs genre Planté, on peut admettre un rendement en quantité de 85 pour 100 et un rendement en énergie de 75 pour 100.

Dans les accumulateurs à oxydes rapportés, ces mêmes rendements atteignent respectivement 90 pour 100 en quantité et 80 pour 100 en énergie.

Il faut considérer les *rendements industriels*, c'est-à-dire les rendements obtenus dans une usine, une station centrale après une ou plusieurs années de marche par exemple. A Paris, dans une station centrale, on a trouvé en service courant, après une année, un rendement en quantité de 85 à 88 pour 100 et un rendement en énergie de 70 pour 100. Dans une autre usine, avec les mêmes accumulateurs, les rendements n'atteignaient que 75 pour 100 en quantité et à peine 65 pour 100 en énergie. Dans des stations centrales à l'étranger, on comptait 90 pour 100 en quantité et 73 pour 100 en énergie. Ces chiffres nous prouvent que les résultats sont très variables suivant la conduite de ces appareils.

Les renseignements généraux donnés ci-dessus nous montrent nettement que les principaux éléments de fonctionnement d'un accumulateur dépendent du poids de cet accumulateur. L'intensité sera plus ou moins élevée suivant le modèle et surtout suivant le poids. Il en sera de même pour la capacité. Pour ce dernier facteur, en dehors du poids, il faut également considérer le temps de décharge. Par exemple, un accumulateur Tudor, d'une capacité de 100 ampères-heure pour une décharge normale en 10 heures, donnera 30 ampères-heure pour la décharge en 1/2 heure, 45 ampères-heure pour une décharge en 1 heure, 65 ampères-heure pour une décharge en 2 heures, 85 ampères-heure pour une décharge en 4 heures, 98 ampères-heure environ pour une décharge en 8 heures (fig. 117). Il est donc nécessaire pour les accumulateurs de leur donner un poids en rapport avec la capacité que l'on désire et avec le débit que l'on veut obtenir.

Installation et montage. — Les plaques d'accumulateurs ont été préparées avec les quadrillages ou autres dispositions, mais toujours avec un cadre extérieur résistant formé de plomb renfermant un peu d'étain et d'antimoine. Chaque plaque présente une extrémité qui permettra d'effectuer les connexions nécessaires.

Nous allons d'abord effectuer le montage d'un élément. Il faut

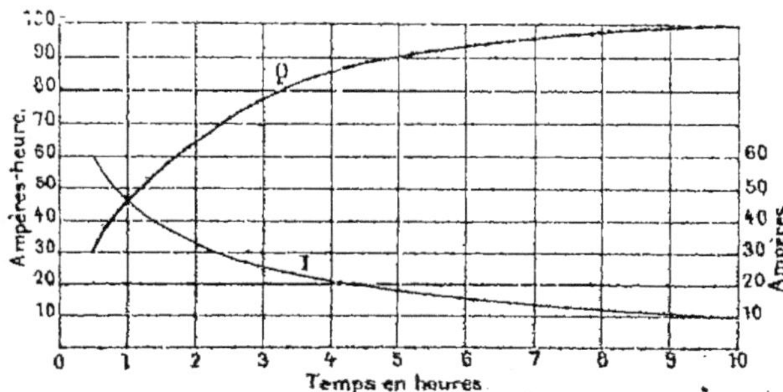

Fig. 117. — Capacité d'un accumulateur en fonction du temps de décharge et de l'intensité du courant.

commencer par préparer les plaques ; on frotte la queue de la plaque avec un peu de papier de verre afin d'assurer le contact avec les boulons, puis on place des bracelets de caoutchouc tout autour des plaques ou on adopte toute autre disposition, afin de les séparer les unes des autres. On met deux bracelets pour la plaque positive et un pour la négative. Pour cette dernière, le bracelet se trouve à une extrémité de la plaque. Dans quelques modèles, on a adopté des peignes en verre, des tasseaux, toujours pour arriver au même résultat.

Dans l'industrie pour placer les accumulateurs on a choisi des bacs en bois doublés de plomb. Depuis peu de temps, la grande manufacture des glaces et produits chimiques de

St-Gobain, Chauny et Cirey, fabrique des récipients en verre spécial moulés par le procédé Appert qui peuvent être de la plus grande utilité. Ces bacs rectangulaires atteignent comme dimensions maxima 47 centimètres sur 34,6 et sur 56,2 de hauteur.

Il ne nous reste plus maintenant qu'à placer les plaques dans les bacs ; en général, les plaques extrêmes sont toujours des plaques négatives. On commence donc par mettre une plaque négative puis une +, une —, une + et ainsi de suite en terminant par une — et en ayant bien soin de les séparer les unes des autres à une distance de 4 à 5 millimètres. Une plaque de verre avec rainures dans le fond du vase, peut être très utile à cet égard.

Les plaques présentent à leurs extrémités des petites entailles dans lesquelles peut pénétrer une tige. On a soin de tourner le bec de la plaque d'un côté et de l'autre suivant que la plaque est — ou +. On relie les plaques au moyen d'un boulon en cuivre et l'on serre le bec de la plaque à l'aide d'écrou. Pour le groupage des plaques entre elles, plusieurs autres dispositions ont également été adoptées. Entre autres, quelques fabricants soudent toutes les mêmes plaques à la soudure autogène. Il n'y a plus à craindre ainsi aucune trace de sels grimpants ou autres ; mais il devient également difficile de démonter l'élement pour la moindre petite réparation. La connexion avec les boulons a donc du bon, à la condition d'être bien surveillée.

On aura soin dans le montage des plaques de ne pas les faire reposer directement au fond du vase, mais de les maintenir à une distance de 4 à 5 centimètres du fond. Il peut arriver en effet, que les oxydes se détachent et tombent ; les plaques établiraient des courts-circuits. Des précautions de-

Fig. 118. — Disposition des plaques.

vront également être prises pour laisser des espaces libres et faciliter les effets de dilatation que les plaques pourront subir en pleine marche.

Nous aurons ainsi notre élément tout monté, formé par une série de plaques. + réunies entre elles et une série de plaques — réunies également entre elles (fig. 118). Le tout sera placé dans un récipient que nous remplirons d'un mélange d'eau acidulée sulfurique dans des conditions que nous déterminerons plus loin.

Nous monterons ainsi 50, 100 éléments et nous formerons une batterie d'accumulateurs que nous pourrons coupler en tension ou en quantité suivant les besoins du service (fig. 119 et 119 *bis*).

Fig. 119. — Couplage en tension.

Pour installer une batterie d'accumulateurs, on cherchera d'abord une pièce sèche, suffisamment grande pour que les accumulateurs puissent tous être convenablement disposés et facilement abordables. On assurera la ventilation dans les meilleures conditions. Ce local devra être dallé et muni de rigoles pour l'écoulement des acides; il devra surtout disposer d'eau en abondance. Il sera bon d'établir des systèmes de transports faciles pour la manutention des plaques.

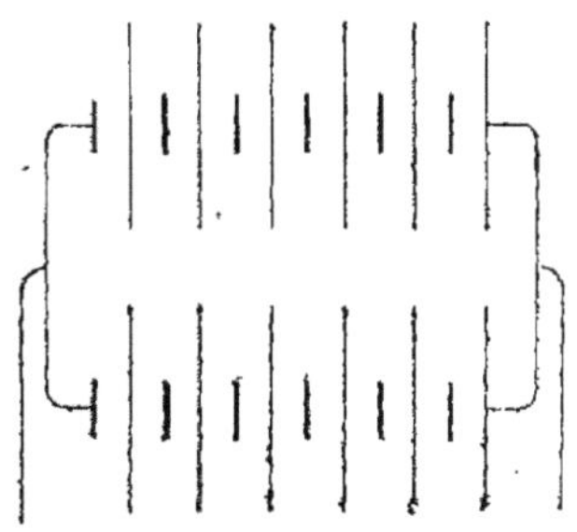

Fig. 119 bis. — Couplage en tension et en quantité.

Les accumulateurs doivent ensuite être placés de façon à être isolés les uns des autres et à être isolés du sol. A cet effet, lorsque l'emplacement est choisi, on pose sur le sol des madriers en bois goudronnés écartés l'un de l'autre suivant la grandeur des accumulateurs (fig. 120).

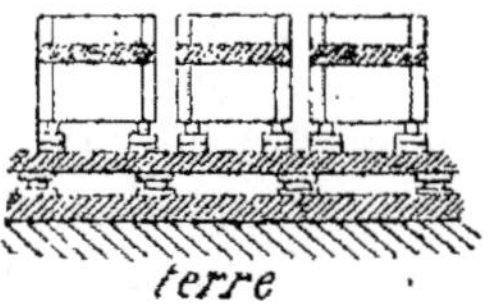

Fig. 120. — Installation d'accumulateurs sur le sol.

Sur ces madriers reposent de place en place, environ tous les 50 à 60 centimètres, des isolateurs en porcelaine. Sur ces isolateurs sont ensuite placés d'autres madriers en bois. L'isolement par rapport à la terre est donc assuré par ces isolateurs ; on doit ensuite isoler aussi les accumulateurs les uns des autres afin d'éviter les dérivations. On pose donc sur les derniers madriers placés quatre isolateurs en porcelaine ou en verre, par accumulateur. On place ensuite les bacs sur ces quatre isolateurs en ayant soin que les bacs soient bien d'aplomb et qu'ils ne se touchent pas ; l'écartement entre chaque bac doit être de 2 à 3 centimètres environ. Les isolateurs employés affectent différentes formes dont la figure 121 en représente deux principales. Dans la figure de

Fig. 121. — Isolateurs en verre pour supporter les accumulateurs.

gauche un récipient de verre ou de porcelaine A est rempli d'huile lourde C ; dans son assiette est fixé une pièce B avec rebords sur laquelle repose l'accumulateur. La figure de droite nous montre un isolateur à deux étages. Une pièce de verre A porte en son centre une pièce B, sur laquelle repose l'isolateur C, qui porte l'accumulateur ; en H se trouve l'huile lourde.

La figure 122 nous fait voir la disposition adoptée par la Société pour le travail électrique des métaux, pour le montage d'une batterie d'accumulateurs dans Paris.

Il est quelquefois nécessaire, eu égard au manque de place,

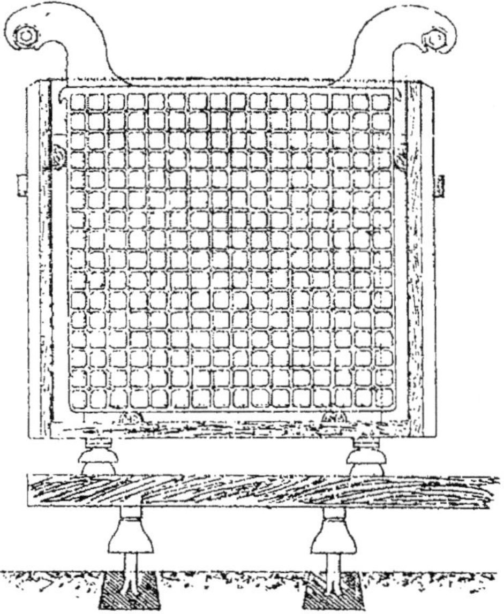

Fig. 122. — Montage d'un accumulateur.

de poser les éléments au-dessus les uns des autres. Dans ce cas,

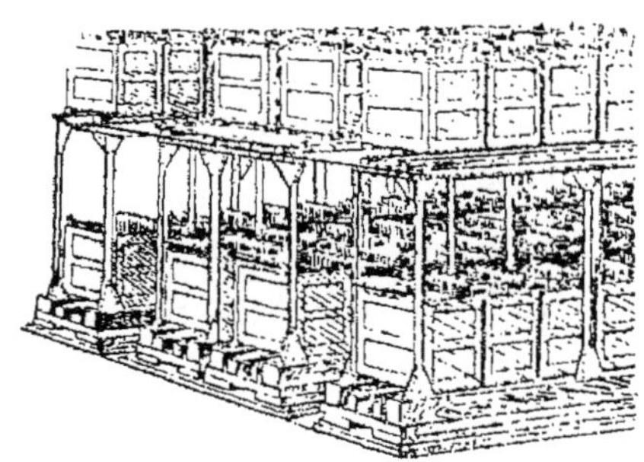

Fig. 123. — Installation d'une batterie d'accumulateurs.

il est facile d'établir un ou plusieurs étages à l'aide de madriers ou de supports en fer. La figure 123 représente l'installation des accumulateurs à une station Edison à New-York.

Quand les accumulateurs sont en place, il faut procéder au remplissage avec de l'eau acidulée ; généralement cette opération ne se fait que le jour où l'on doit charger ; sans cette précaution on abîmerait les plaques en les sulfatant.

Le mélange d'acide sulfurique et d'eau est préparé à l'avance. Pour faire ce mélange, on commence par mettre dans une cuve la quantité d'eau nécessaire. On verse ensuite peu à peu l'acide en agitant avec une tige de verre ou de bois approprié ; on laisse refroidir. Le liquide ainsi préparé marque des densités différentes ou des degrés différents à l'aréomètre Baumé, suivant la quantité d'acide et d'eau. On doit employer de l'acide sulfurique au soufre à 66°.

On mélange 7 à 8 parties en volume d'eau distillée ou de pluie avec 1 partie d'acide. On laisse refroidir le tout et on vérifie la densité du liquide qui doit être de 1,134 à 1,142 (17 à 18° Baumé). Ce liquide n'est versé dans les vases que bien refroidi, et doit recouvrir les plaques de trois à quatre centimètres.

Il serait intéressant de donner ici quelques renseignements sur les prix d'établissement ; cette question est difficile en raison des divers régimes auxquels peuvent être soumis les accumulateurs. Le *Formulaire pratique de l'Électricien* indique cependant une dépense de 2000 francs par kilowatt installé pour une décharge lente, et une dépense de 500 francs pour une décharge rapide.

CONDUITE ET ENTRETIEN DES ACCUMULATEURS.

Nos accumulateurs étant montés, nous avons maintenant à en assurer la conduite et l'entretien.

Charge. — Nous ferons d'abord la *charge* de la batterie. A cet effet, nous enverrons l'énergie électrique produite par une machine dans notre batterie, tous les éléments étant montés en tension. La charge peut être faite à différence de potentiel *constante* ou *variable*. Tous les éléments sont montés en tension et aux bornes extrêmes de la batterie, on établit une différence de potentiel suivant les cas.

Dans la charge à potentiel constant, si nous prenons une batterie de 60 accumulateurs, il nous faudra environ 140 volts aux bornes, en comptant pour chaque accumulateur 2,3 volts.

Dans la charge à potentiel variable, supposons une batterie de 60 accumulateurs, nous devrons avoir au début une différence de potentiel de $1,8$ volt $\times$ 60 $=$ 108 volts, et à la fin de la charge une différence de potentiel de $2,5 \times 60 = 150$ volts. Nous voyons déjà qu'il nous faudra pour la charge une différence de potentiel variable de 108 à 150 volts.

Dans la charge à potentiel variable qui a été la plus usitée jusqu'ici, on est obligé de suivre avec grande attention l'état de charge et de faire varier constamment la différence de potentiel en maintenant l'intensité constante. Au contraire, avec la différence de potentiel constante, égale à la différence de potentiel maxima que peut supporter la batterie, l'intensité est d'abord très élevée si la batterie est complètement déchargée, puisque la force contre-électromotrice est faible. L'intensité cependant diminue peu à peu à mesure que la batterie se charge, et quand la limite est atteinte, elle devient nulle. On est donc certain de ne pas surcharger la batterie. A la fin de la charge on est obligé de porter la différence de potentiel à $2,4$ volts par élément pour assurer une charge complète et accélérer le service. C'est de cette façon que se fait la charge des accumulateurs des tramways de St Denis. La différence de potentiel est au début de 250 volts. Les avantages de ce mode de charge ont été reconnus dès 1891 par MM. Picou et Hospitalier. A la suite de diverses expériences faites à l'École de Physique et de Chimie de la Ville de Paris, M. Hospitalier a trouvé que la charge à potentiel constant évite un dégagement exagéré des gaz et par suite la perte d'énergie qui en résulte ; elle diminue la durée de la charge, donne la certitude de ne pas surcharger, demande moins de surveillance, et permet d'abaisser notablement la différence de potentiel maxima que l'on doit demander à la dynamo. En maintenant sous charge à 2,3 volts constants des accumulateurs Gadot, ceux-ci avaient pris :

A la fin de la 1ʳᵉ heure 0,5   de la charge totale
—   2ᵉ.   —   0,75   —
—   3ᵉ   —   0,83   —

Les tramways récemment établis de Puteaux à la Madeleine utilisent des accumulateurs Tudor pour lesquels on emploie à la station terminus la méthode de charge à différence de

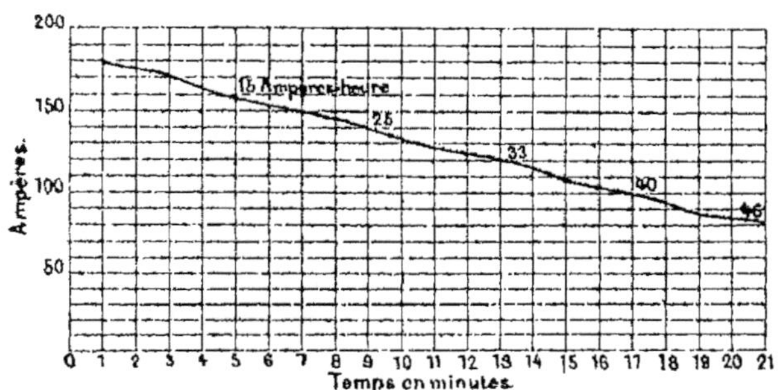

Fig. 123 bis. — Intensité du courant de charge d'un accumulateur chargé à potentiel constant, en fonction du temps.

potentiel constante. La figure 123 bis nous donne la courbe de l'intensité du courant de charge d'un accumulateur chargé par cette méthode en fonction du temps. L'intensité qui était au début de 180 ampères est tombée à 80 ampères après 21 minutes. La capacité acquise est indiquée après un certain temps de charge. On voit que l'accumulateur a récupéré :

15 pour 100 de sa charge normale en 5 minutes
25   —   —   —   9   —
33   —   —   —   13   —
40   —   —   —   17   —
46   —   —   —   21   —

Quelle machine électrique pouvons-nous d'abord utiliser pour la charge ? Nous avons vu précédemment les particularités des machines shunt, série et compound. Les machines série et compound ne sauraient nous convenir ; car si, à un moment donné, pour une raison ou pour une autre, la différence de potentiel aux bornes de la machine vient à baisser, dans le cas des machines série et compound (*a* et *b* de la figure 124), les enroulements série seront traversés par un courant en sens inverse envoyé par les accumulateurs et qui désamorcera la machine.

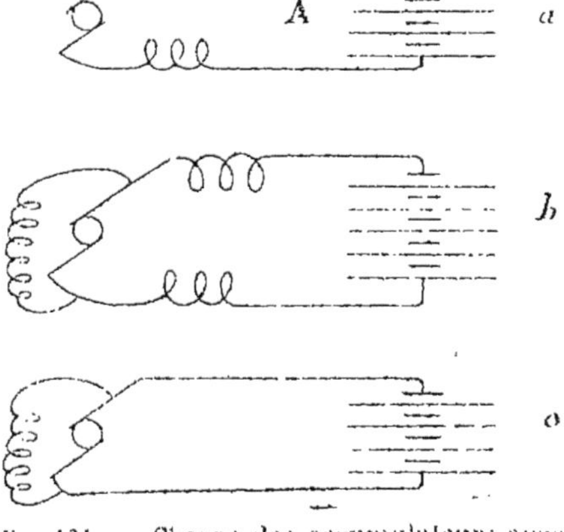

Fig. 124. — Charge des accumulateurs avec des machines série, shunt, compound.

Il n'en est plus de même avec la machine shunt *c*. Même si cette machine vient à ralentir et à produire une différence de potentiel plus faible, les électros ne seront pas désamorcés. La dynamo tendra à tourner comme moteur, mais il n'y aura aucun accident. Le choix d'une machine dynamo shunt s'impose donc. Nous devons dire cependant que diverses machines compound ont été également employées pour la charge des accumulateurs, grâce à un mécanisme spécial qui permettait de supprimer l'enroulement série et d'augmenter l'enroulement shunt.

Dans bien des cas, l'électricien n'aura qu'une machine compound pour assurer sa charge. Il lui arrivera alors souvent de *retourner* les pôles de sa machine. On s'en aperçoit par les indications d'un voltmètre ou ampèremètre polarisés qui donnent des indications en sens inverse. Que doit faire dans ce cas un électricien ? Il doit couper aussitôt les interrupteurs AA (fig. 125) pour séparer la dynamo D de la batterie

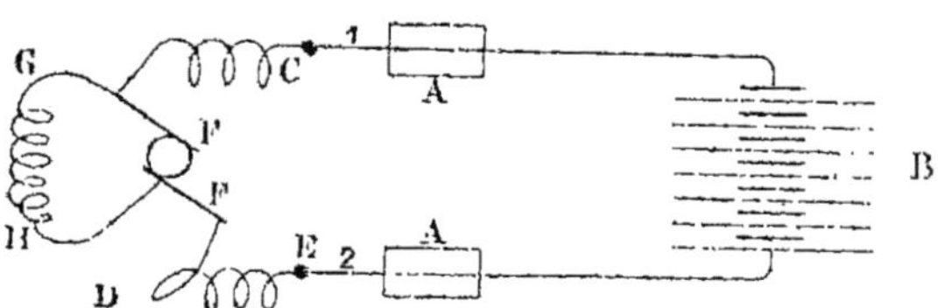

Fig. 125. — Charge d'accumulateurs avec une machine shunt.

d'accumulateurs B. Il vérifie ensuite avec le voltmètre les pôles des accumulateurs et les pôles de la machine. Il trouve bien que le pôle de la machine, qui était + précédemment, est devenu —, et que le pôle — est devenu +. Deux procédés se présentent pour remettre les choses en état. On peut d'abord couper les circuits extérieurs aux bornes de la machine C et E, et placer le fil 1 en E et le fil 2 en C. Ces changements de câbles sont quelquefois difficiles. On peut ensuite faire passer le courant des accumulateurs à travers le fil fin dans le sens déterminé. Par exemple, on soulève les balais F', F et on retire les fils G, H des extrémités des bobines du shunt et on les réunit G en C et H en E. On laisse passer le courant pendant un certain temps. On rétablit ainsi la polarité.

Il peut arriver quelquefois que les accumulateurs aient également changé de sens. Dans ce cas, il importe de les décharger aussitôt et de recommencer la charge dans le sens normal.

Conjoncteurs disjoncteurs. — Nous venons de voir qu'il peut arriver un moment où la différence de potentiel produite par la machine peut être inférieure à la différence de potentiel produite par les accumulateurs, soit parce que le rhéostat automatique de l'excitation n'a pas bien fonctionné, soit parce que le rhéostat à main n'a pas été manœuvré assez rapidement. Avec une machine shunt, nous n'aurons aucun inconvénient ; mais la charge de nos accumulateurs ne s'effectuera pas, ils se déchargeront au contraire. Pour éviter cet accident, on a recours à des appareils qui portent le nom de *conjoncteurs-*

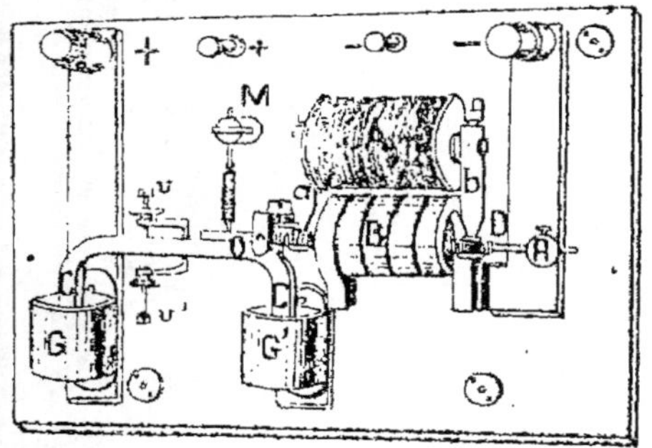 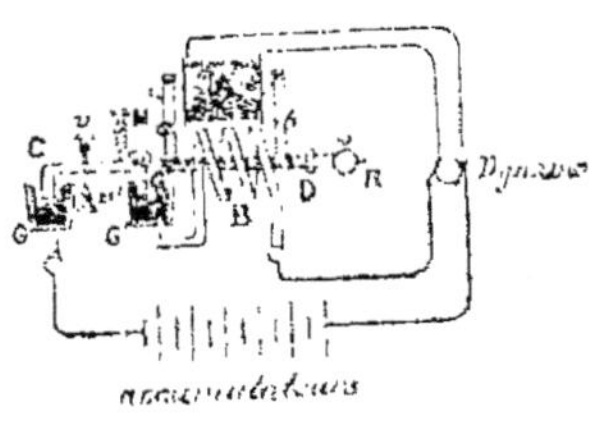

Fig. 126. — Conjoncteur-disjoncteur automatique Féry.

disjoncteurs automatiques. Ils ont pour fonction de couper le circuit dès que la différence de potentiel tombe au-dessous d'une certaine limite, ils referment le circuit dès que la valeur précédente est de nouveau atteinte. Le premier de ces appareils est le conjoncteur-disjoncteur automatique de M. E. Hospitalier (1882). Sont venus ensuite une série d'appareils industriels tels que ceux de Woodhouse et Rawson, MM. Féry, Leroy, Genteur, Henrion, Drake et Gorham, etc., Nous nous contenterons de donner ici la description de l'appareil de M. Féry, construit par MM. Ducretet et Lejeune.

La fig. 126 nous donne à gauche une vue intérieure de l'ap-

pareil et à droite un schéma. La figure 126 *bis* est une vue
d'ensemble. Cet appareil est formé de deux bobines A et B,
l'une, B, placée en circuit, et l'autre, A, en dérivation. Dans
l'axe de la bobine A se trouve une tige de fer doux avec deux
prolongements recourbés *a* et *b*. A l'intérieur de la bobine B
se trouve également une tige de fer doux avec un contre-poids

Fig. 126 *bis*. — Vue d'ensemble du conjoncteur disjoncteur Féry.

R à l'extrémité. Cette tige pivote autour du point O et fait
déplacer une pièce de cuivre CC' dont les extrémités plongent
dans le mercure dans des godets G et G' pour établir les communications. Le ressort M, les vis de butée *v* et *v'* et le contre-
poids R permettent de régler l'appareil. Au départ, nous
mettons la machine en marche. La bobine A est traversée par
le courant, les pièces *a* et *b* sont aimantées ; le levier D est
attiré, la pièce C C' est presque horizontale et le circuit prin-

cipal est fermé sur les accumulateurs par les communications aux godets remplis de mercure G et G'. Au même instant, le solénoïde B est traversé par le courant, et l'enroulement est tel que la tige D soit également attirée dans le même sens que plus haut. Dès que la différence de potentiel vient à baisser, l'attraction diminue, les pièces tendent à tomber, le ressort M rappelle la pièce CC' et le circuit est coupé. Au contraire, dès que la différence de potentiel augmente, les choses se rétablissent comme précédemment.

Réducteurs de charge. — Cherchons maintenant le moyen d'assurer la charge. Nous savons que la différence de potentiel nécessitée par la charge de la batterie variera de 108 à 150 volts. Plusieurs cas peuvent se présenter :

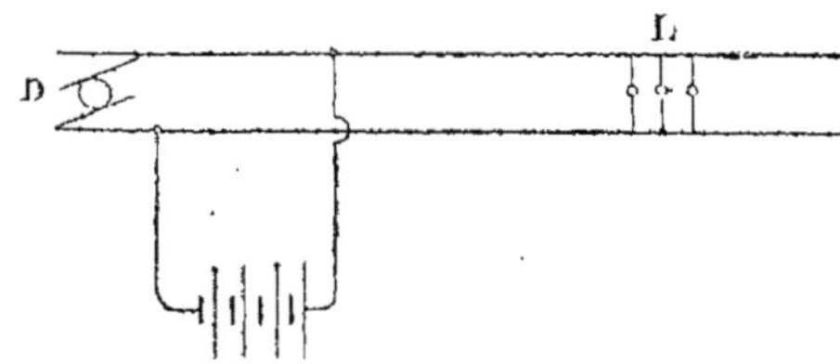

Fig. 127. — Charge d'accumulateurs.

Nous avons d'abord une dynamo qui dessert un circuit alimentant des lampes L à 110 volts. Nous pouvons, au début,

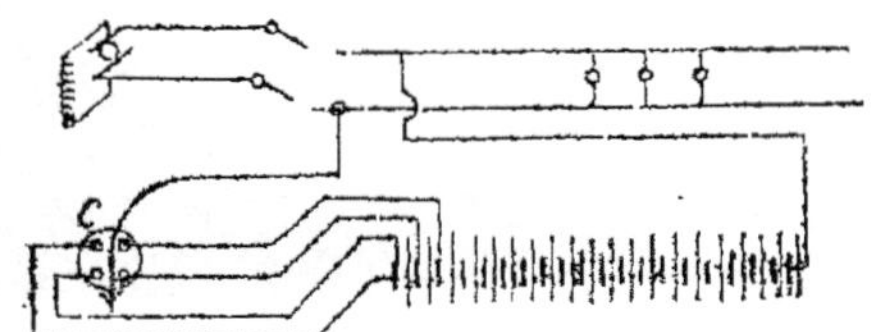

Fig. 128. — Charge d'accumulateurs à l'aide de réducteurs.

brancher notre batterie d'accumulateurs, car ils ne réclameront que 1,8 volt. 60 = 108 volts. Mais, dès que nos accumulateurs se chargeront, la différence de potentiel montera à

1,9 volt, et il nous faudra 1,9 volt. 6 = 114 volts (fig. 127).
Nous serons alors obligé d'avoir recours à la disposition dont
le principe est représenté dans la figure 128. Un certain nombre d'accumulateurs sont réunis à un commutateur C qui per-

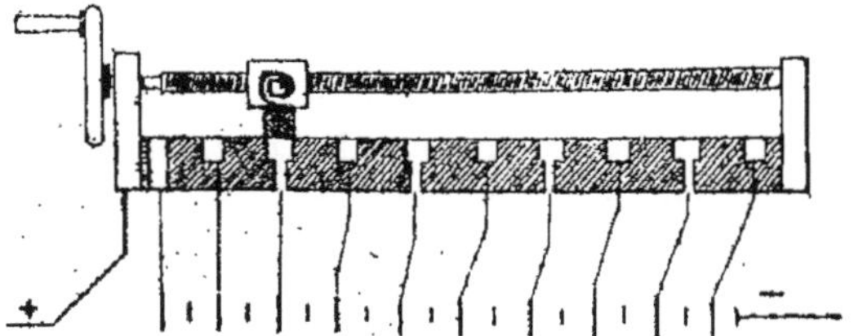

Fig. 129. — Détail d'un réducteur de charge.

met de faire varier le nombre d'accumulateurs, jusqu'à ce que la
différence de potentiel réclamée par eux soit égale à celle fournie par la machine. Ces appareils sont des *réducteurs de charge*.

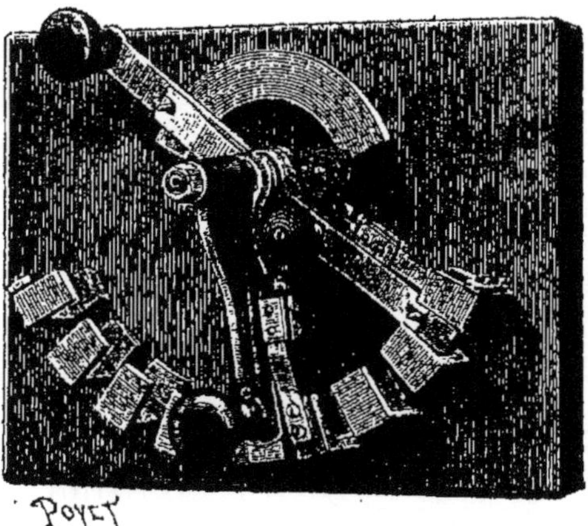

Fig. 130. — Modèle de réducteur double de charge
et de décharge.

Le modèle le plus simple consiste en une longue vis munie
d'un écrou se déplaçant en glissant sur une série de touches

isolées aboutissant aux pôles des accumulateurs (fig.129). Mais pour passer d'un accumulateur à l'autre, il faut ou rompre

Fig. 131. — Réduction de charge et de décharge de la maison Muirhead et C°.

le circuit, ou mettre en court-circuit un accumulateur. Pour éviter cet inconvénient, on a rajouté une résistance auxiliaire

Fig. 132.— Réducteur de charge et de décharge de l' « Electrical Power storage C°. »

qui se met en tension avec l'accumulateur, et qui empêche alors le court-circuit de se former.

Parmi divers autres modèles, nous citerons ceux des figures 130, 131 et 132. La fig. 130 représente le modèle de la maison Genteur ; il sert à la fois à la charge et à la décharge.

Les figures 131 et 132 représentent les modèles de la maison Muirhead et Cᵒ et de l' « Electrical Power storage Company. »

Le cas que nous venons d'examiner et pour lequel nous sommes obligés d'employer des réducteurs de charge est très mauvais, car une partie seulement des accumulateurs est bien chargée. Il faudrait avoir soin de mettre hors du circuit tantôt une partie des accumulateurs, tantôt une autre.

Charge avec survolteur. — Un deuxième cas peut se présenter. L'usine examinée renferme une deuxième machine que

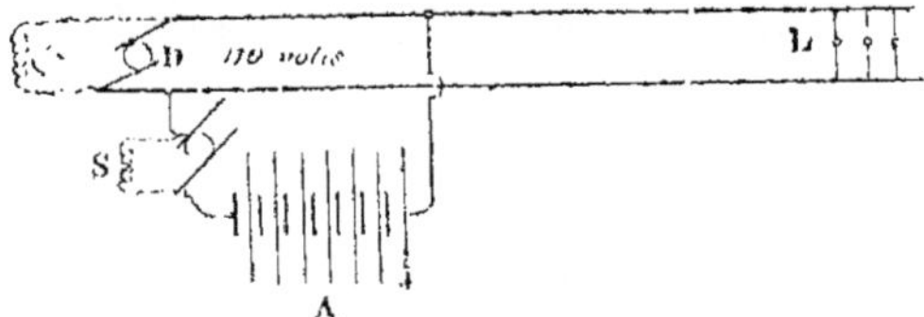

Fig. 133. — Schéma de la charge d'accumulateurs à l'aide d'un survolteur.

l'on peut faire marcher pendant le jour uniquement pour la charge des accumulateurs et qui peut donner jusqu'à 160 volts par exemple. Ce cas ne présente évidemment pas de difficultés. C'est la solution la plus simple et la meilleure à adopter.

Le cas le plus général est celui que nous avons examiné tout d'abord ; mais il appelle une solution plus économique et mieux appropriée que la première.

Notre dynamo D (fig. 133) alimente le circuit sur lequel sont branchées des lampes L et maintient la différence de potentiel constante 110 volts. Aux bornes du circuit, nous montons une petite dynamo auxiliaire S donnant une différence de potentiel de 50 à 60 volts et une intensité élevée.

Cette dynamo S est actionnée par une courroie mise en marche par le moteur et se trouve montée en tension avec le circuit de distribution sur le réseau des accumulateurs. De la sorte, il suffit de faire varier la résistance de l'excitatrice de la dynamo S pour augmenter la différence de potentiel 110 volts, fournie par la dynamo principale D, de 5, 10, 20, 30, 40 volts, jusqu'à ce que le voltage total aux bornes de la batterie d'accumulateurs ait atteint 150 volts. Cette dynamo auxiliaire prend le nom de *survolteur*. C'est la solution universellement adoptée aujourd'hui qui permet, dans la journée, d'alimenter le réseau de lampes nécessaire et d'assurer en même temps la charge de la batterie d'accumulateurs. Nous verrons plus loin les manœuvres à effectuer avec le survolteur ; nous ne faisons connaître ici que le principe.

Au lieu d'avoir une dynamo et un survolteur on peut, comme nous l'avons dit plus haut, n'avoir qu'une seule machine donnant la différence de potentiel totale.

Décharge. — Arrivons maintenant à la décharge. Quand nous mettrons en décharge une batterie d'accumulateurs, nous aurons à nous servir des réducteurs de charge dont nous avons parlé plus haut et qui deviendront des réducteurs de décharge. En effet, au début, notre batterie de 60 accumulateurs donnera 60. 2,5 = 150 volts. La distribution s'effectuant à 110 volts, il nous faudra supprimer 40 volts, soit $\frac{40}{2,5} = 16$ accumulateurs. Après quelques instants de débit, nous tomberons à 105 volts, nous remettrons deux accumulateurs en service. On voit toute l'utilité de ces réducteurs de charge et de décharge. Les mêmes appareils que nous avons décrits plus haut serviront également ici. Ils pourront être manœuvrés à la main ou être automatiques, comme il en existe déjà un certain nombre dans les stations centrales et usines électriques.

La Société du secteur de la place Clichy a adopté une ingénieuse disposition qui permet au chef électricien, par la manœuvre d'un commutateur, de faire changer à distance le nombre des accumulateurs en charge ou en décharge.

Le diagramme ci-joint est le diagramme de l'installation (fig. 134).

Aux bornes A de la dynamo est une prise qui se rend en B aux accumulateurs. De chacun de ces derniers partent des

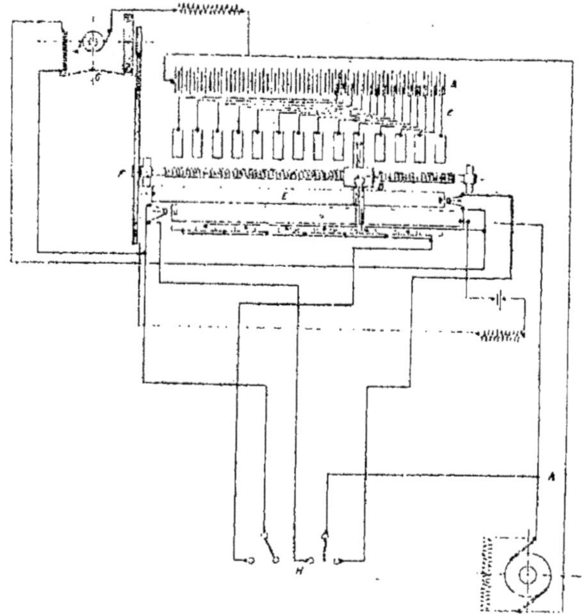

Fig. 134. — Commande à distance d'un réducteur de charge et de décharge.

fils C qui aboutissent à des plots sur lesquels se meut un contact glissant porté sur un écrou D. Cet écrou appuie d'un côté sur les plots des accumulateurs et de l'autre sur une bande de cuivre E, shuntée pour éviter les ruptures de circuit en cas de mauvais contact. La vis qui maintient l'écrou porte sur un volant, à une de ses extrémités, une chaîne F qui

la met en relation avec la poulie d'un moteur G, dont le circuit
qui commande l'inducteur peut être ouvert, fermé ou in-
terverti à l'aide de commutateurs placés en H près de la dynamo. Il est alors très facile, par une simple manœuvre, de
faire avancer ou reculer l'écrou D, et par suite d'augmenter
ou de diminuer le nombre d'accumulateurs en service. Plusieurs autres dispositions ont été également étudiées à ce sujet, et M. Aliamet nous en a fait connaître quelques-unes dans
un article de l'*Électricien*.

Entretien de l'accumulateur. — Il importe maintenant d'assurer à l'accumulateur un bon entretien. L'accumulateur est
un excellent outil, mais il faut savoir s'en servir. Nous allons
résumer dans quelques lignes les principaux points à surveiller particulièrement.

La charge et la décharge doivent toujours être assurées dans
de bonnes conditions.

Pour la mise en charge d'abord, le liquide doit indiquer
environ 15° à 20° à l'aréomètre (densité 1,150). En couplant la
machine, il faut bien s'assurer que le pôle + est en connexion
avec le pôle + des accumulateurs et le pôle — avec le pôle
—. Un appareil à aimant permet de faire cette vérification
avant la marche et pendant la marche.

Pendant la charge, il est bon de vérifier que tous les appareils se chargent également et que pour quelques-uns il n'y a
pas de courts-circuits. On le fait aisément en vérifiant la
différence de potentiel aux bornes de chacun avec un petit
voltmètre dont nous parlerons plus loin. Si un des accumulateurs ne donne pas la différence de potentiel normale, il est
bon de vérifier aussitôt s'il n'y a pas un court-circuit par suite
du contact ou d'une chute de pastille. On passe légèrement
une petite baguette de bois pour faire tomber cet objet.

Dans la charge comme dans la décharge, il ne faut jamais
dépasser le régime d'intensité indiqué par le constructeur. On
peut facilement détériorer les accumulateurs en leur demandant un débit trop élevé.

FEUILLE D'EXPLOITATION DE LA STATION D'ACCUMULATEURS

Décharge du ___________   Batterie N°. ___________   Charge du ___________

Résumé

Le Chef de la station

Pour Vérification.

Il ne faut jamais non plus pousser la charge ou la décharge au delà de leur régime normal. Si on charge trop les accumulateurs, on dépense d'abord de l'énergie en pure perte et on risque de les détériorer en les échauffant. Si on décharge les accumulateurs au delà de 1,8 volt, on peut les sulfater. Nous verrons ci-après les moyens d'éviter ces accidents.

Pour éviter de dépasser la charge normale, on peut s'en apercevoir au dégagement de gaz abondant qui se manifeste lorsque les accumulateurs sont suffisamment chargés ; le liquide prend également à ce moment un aspect laiteux caractéristique. On a même construit des limiteurs automatiques de charge qui, à l'aide d'électros, fonctionnant lorsque la différence de potentiel maxima est atteinte, suppriment l'allumage et provoquent, par exemple, l'arrêt d'un moteur à gaz ou à pétrole.

On a aussi construit des *indicateurs de charge* ou appareils qui indiquent à chaque instant l'état de charge d'un accumulateur. Il n'est pas besoin d'insister sur tous les services que peuvent rendre des appareils de ce genre. On a besoin de connaître à tout instant l'état de charge et de décharge d'un accumulateur ; un accident peut survenir. Il faut savoir de suite l'énergie que l'on peut demander aux accumulateurs. La plupart du temps, on établit des calculs rapides ; mais peut-on jamais répondre de leur exactitude ? M. G. Roux, qui a particulièrement étudié cette question des accumulateurs, a trouvé un bon indicateur, basé sur les densités du liquide, qui permet de connaître à tout instant la quantité d'énergie renfermée dans les accumulateurs. Cet appareil peut être d'une grande utilité.

Un des points les plus gênants dans le fonctionnement des accumulateurs est la formation de sulfate de plomb qui vient recouvrir les plaques et les empêche de travailler.

Lorsque les plaques sont sulfatées, il faut les soumettre à l'action de l'hydrogène. A cet effet, on les plonge dans un bain très peu acide, donnant 2 à 3° Baumé ; après un certain temps, toute trace de sulfate disparaît. On a recommandé également d'employer une solution de carbonate de soude. On prépare un liquide avec 19 parties d'eau, 5 parties d'acide sulfurique concentré et 1 partie d'une solution formée par le mélange de 375 centimètres cubes d'acide sulfurique concentré dans un litre d'une solution saturée de carbonate de soude.

Les accumulateurs demandent à être nettoyés et visités tous les 2 ou 3 mois. On retire toutes les plaques en défaisant les boulons qui les retiennent, on les plonge dans l'eau pure et on les nettoie. On les remonte ensuite avec toutes les précautions nécessaires pour qu'elles ne se touchent pas. Si quelques plaques sont déformées, il faut les redresser légèrement. Il faut également avoir bien soin de retirer tous les dépôts qui se trouvent au fond du vase et qui proviennent le plus souvent des chutes de pastilles. Le liquide devra être décanté également.

Lorsque l'on remarque un élément qui ne fonctionne pas bien ou qui n'a pas sa différence de potentiel normale, il faut le visiter.

Pour cela, on peut le démonter entièrement si l'on croit que du peroxyde ou matière produite par l'oxydation et qui se détache de la plaque positive, se trouve au fond du bac ; ce que l'on reconnaît en sortant une plaque négative. Pour sortir une plaque, on desserre les deux écrous qui tiennent la plaque, et prenant d'une main le bec de la plaque et de l'autre un crochet en fer que l'on fait pénétrer dans un trou pratiqué dans la plaque, on soulève celle-ci et on la sort complètement du liquide.

S'il se trouve du peroxyde au fond du bac, on le reconnaît sur la plaque négative qui est noircie en bas. Ce peroxyde ainsi à la partie inférieure peut établir des courts-circuits.

Si l'on remarque que la plaque est blanchâtre pour la négative ou sablonneuse pour la positive, on la brosse sur toute sa surface. On redressera la plaque si elle est un peu tordue et on la replace dans le bac à la place qu'elle occupait ; on resserre les deux écrous et on peut ressortir une autre plaque pour la même opération

Même en marche, on peut sortir les plaques une par une dans les accumulateurs.

On a soin, de temps en temps, de vérifier la densité du liquide et de la ramener au degré normal. Il faut aussi maintenir le niveau du liquide, afin que les plaques baignent entièrement et ne pas les laisser à l'air libre. Les batteries d'accumulateurs ne doivent pas rester longtemps sans fonctionner; sinon, il faut remplacer le liquide acidulé par de l'eau pure.

Malgré tous les soins et tous les perfectionnements apportés à la construction des accumulateurs, les fabricants n'ont pu empêcher la chute des pastilles. Aussi quelques-uns d'entre eux se sont-ils résolus à laisser se déposer au fond du vase cet oxyde, à ménager des petits augets dans les plaques positives et à *réempâter* de temps à autre, lorsque la quantité de matière devient trop abondante.

Après quelque temps de bon fonctionnement, on remarque qu'il est nécessaire de passer un temps plus long à la charge des accumulateurs.

Les causes peuvent provenir :

1° De courts-circuits intérieurs formés par du peroxyde de plomb tombé au fond du vase. Un nettoyage complet est alors nécessaire

2° Des plaques qui sont dégarnies et ne renferment plus de matières actives. La charge est alors plus faible, ainsi que l'électrolyse. Donc, pour donner une même charge, il faut plus de temps. Le seul moyen est de regarnir les plaques ou de les remplacer.

3° D'une sulfatation partielle des plaques. Dans ce cas, il faut aussitôt employer les procédés dont nous avons parlé plus haut, et le plus simple est de charger jusqu'à complète désulfatation.

Pour éviter les vapeurs acides qui se dégagent pendant la

charge et la décharge, et pour éviter l'évaporation du liquide, on recouvre l'eau acidulée d'une couche d'huile lourde de pétrole, qui empêche les gaz de se dégager et fait mousser le liquide. Mais il convient alors de maintenir le niveau d'huile toujours au-dessus d'un certain niveau, pour éviter le contact avec les caoutchoucs et les plaques. On trouve cependant que cette manière d'opérer fait projeter de tous les côtés des bulles d'huile qui sont plus désagréables que les bulles de gaz et l'on préfère parfois assurer une bonne ventilation.

Il est nécessaire, de temps à autre, de vérifier l'état d'isolement à la terre des batteries d'accumulateurs ; nous verrons plus loin les appareils à employer dans ce but.

Marche des accumulateurs. — Il est de la plus haute importance, dans les usines centrales, de se rendre compte chaque jour de la marche des accumulateurs.

C'est en se basant sur ces chiffres que l'on peut adopter un mode d'exploitation rationnelle d'une usine en supprimant les mises en marche des machines à vapeur au moment où les accumulateurs peuvent suffire. Il est ainsi possible, par une installation convenable d'accumulateurs, d'augmenter la puissance d'une usine et d'obtenir des résultats satisfaisants.

A cet effet, des feuilles d'exploitation sont tenues dans les stations. Nous donnons, pages 184 et 185, le modèle qui avait été adopté par la Société pour le travail électrique des métaux pour l'exploitation des accumulateurs de la Société Popp, à Paris. Cette feuille, relative à une batterie, donne toutes les 20 minutes le détail de la charge et de la décharge, ainsi que le nombre d'ampères-heures et de watts-heures déjà débités. A la fin de la page, c'est-à-dire au bout de 24 heures, on trouve d'une part le total des ampères-heures et des watts-heures débités et le total des mêmes facteurs chargés. Ces éléments permettent de calculer les rendements pour la journée. Mais surtout ils permettent de connaître la charge restant encore dans les accumulateurs, et par suite la charge à donner le lendemain pour effectuer le service.

Il est essentiel, dans une usine, de se rendre compte des dépenses effectuées, et les ouvriers doivent eux-mêmes apporter la plus grande attention à réduire ces dépenses dans la mesure du possible. Il est sage, pour un directeur d'usine, de savoir récompenser à l'occasion les ouvriers économes, quand tout a bien fonctionné.

Un bon ouvrier doit donc s'efforcer de surveiller le plus attentivement possible la marche des accumulateurs.

Utilisation des accumulateurs. — Les accumulateurs peuvent être utilisés de plusieurs manières dans l'industrie.

La fonction la plus importante de l'accumulateur est cer-

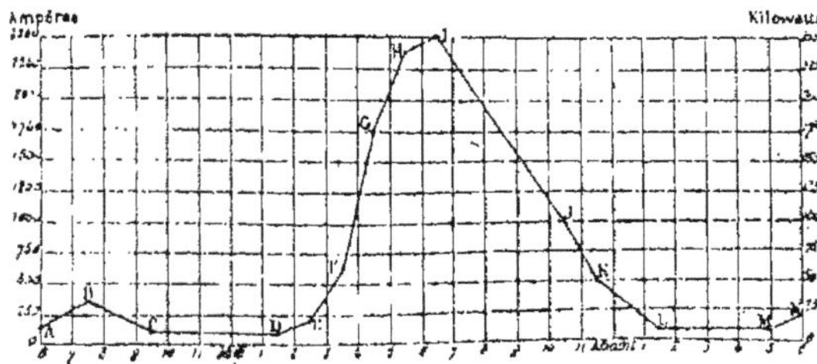

Fig. 135. — Courbe journalière de consommation d'intensité dans une station centrale d'électricité.

tainement celle de former une réserve d'énergie électrique que l'on peut charger bien souvent dans la journée, lorsque la machine à vapeur est obligée de fonctionner pour un autre travail, et que l'on peut décharger après l'arrêt des machines.

C'est le cas le plus fréquent pour des installations privées ou des stations centrales.

Dans une usine, en effet, la consommation d'énergie électrique par les abonnés ou par le service d'éclairage intérieur est très faible de sept heures du matin à deux heures du soir, et de une heure du matin à sept heures du matin (fig. 135); elle est au contraire très élevée de trois heures du soir à une heure du matin. On peut alors charger une batte-

rie d'accumulateurs pendant les heures de faible consomma.
tion et les faire débiter en même temps que les machines,
le soir, au moment de la forte charge.

Cette marche a le grand avantage d'assurer presque toujours le régime de pleine charge aux machines. Or, on sait
que le rendement de ces dernières est d'autant plus élevé que
la charge est elle-même plus grande et plus près du maximum.

Il est également possible avec des accumulateurs de réduire
les frais de première installation ; car il n'est pas besoin
alors de prévoir des machines spéciales de secours, comme
cela a lieu dans les installations sans accumulateurs.

Le fonctionnement avec accumulateurs assure aussi une
plus grande sécurité dans l'exploitation. Car, si, pour une
cause ou pour une autre, les machines cessent de fonctionner,
les accumulateurs peuvent pendant quelque temps, par un débit forcé, remédier à l'absence de la production et parer aux
extinctions.

Les accumulateurs sont aussi employés comme appareils de
régulation dans les usines où les machines ont un fonctionnement variable.

Modèles divers. — Les modèles d'accumulateurs sont très

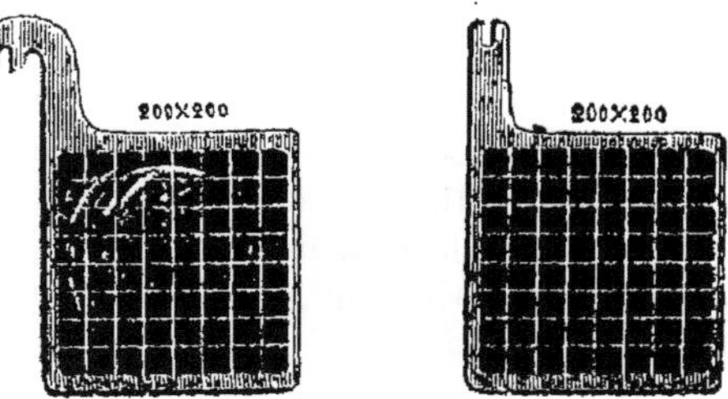

Fig. 136. — Plaques d'accumulateur de la « Société pour
le travail électrique des métaux ».

nombreux. Nous allons ici en décrire quelques systèmes
sans nous arrêter sur toutes les particularités.

La *Société pour le travail électrique des métaux* construit les accumulateurs représentés par la figure 136. Comme on le voit, il s'agit d'une série de plaques à quadrillages d'une formation spéciale. Les pastilles sont formées de chlorure de plomb ; on coule ensuite autour d'elles un alliage de plomb et d'antimoine qui les encastre.

Les pastilles sont alors soumises à la réduction. Une des lames est ensuite péroxydée pour former une positive. Dans de nouveaux modèles les plaques positives sont à âme centrale, et les négatives sont toujours à pastille. L'âme centrale porte des augets inclinés destinés à recevoir la matière active.

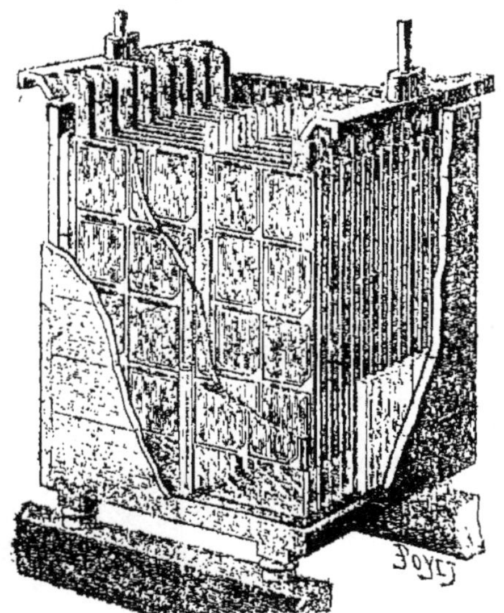

Fig. 137. — Accumulateur Tudor.

Lorsque cette dernière est tombée en partie au fond du vase, il est facile de réempater.

Un autre accumulateur, déjà bien connu également, a été très employé jusqu'ici dans les stations centrales ; il s'agit de l'accumulateur Tudor. Celui-ci est caractérisé par des électrodes solides, ayant une grande surface de développement, et une faible quantité d'oxydes. Ces derniers sont logés dans les rainures parallèles très rapprochées d'une plaque en plomb pur ayant reçu une formation Planté préalable. L'accumulateur Tudor a été construit de façon à supporter facilement les débits considérables qu'on peut lui demander. De grands intervalles entre les plaques et au fond du récipient ont été ménagés pour que les oxydes qui tombent sous forme de fine poussière ne puissent y déterminer des circuits dérivés. Les plaques sont réunies entre elles par la soudure autogène.

La Société Tudor garantit ses accumulateurs 10 ans, moyennant une redevance qui ne dépasse pas 3,5 pour 100 de la valeur de la batterie (figure 137).

Depuis deux ans l'accumulateur Tudor a subi divers perfectionnements. Les plaques actuelles sont formées d'une série de lamelles superposées, d'environ 10 millimètres de longueur, ayant au centre 1 millimètre d'épaisseur, et allant en diminuant en pointe jusqu'aux deux extrémités, comme le montre la figure 137 *bis*. On obtient de la sorte une très grande surface exposée à l'action de l'électrolyte, soit environ 25 décimètres carrés par kilogramme d'électrodes. On peut atteindre des densités de courant de 6, 8 et 10 ampères par kilogramme à la charge et à la décharge, sans influence notable sur la capacité utilisable.

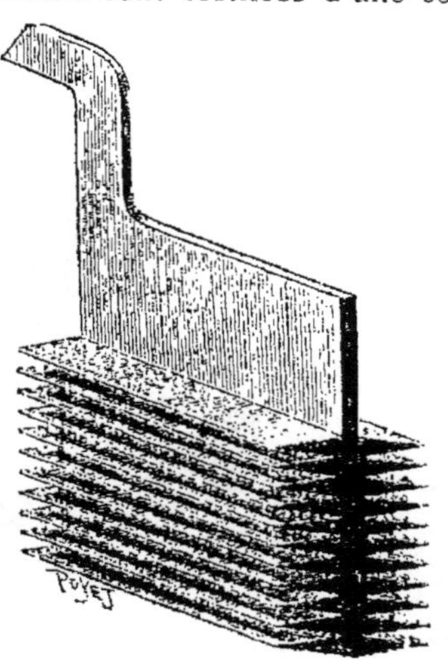

Fig. 137 *bis*. — Nouvelle plaque de l'accumulateur Tudor.

M. Dujardin construit également des accumulateurs genre Planté à formation électro-chimique à faible épaisseur.

Ces accumulateurs, dont la figure 138 représente une plaque positive et une plaque négative, peuvent donner des capacités

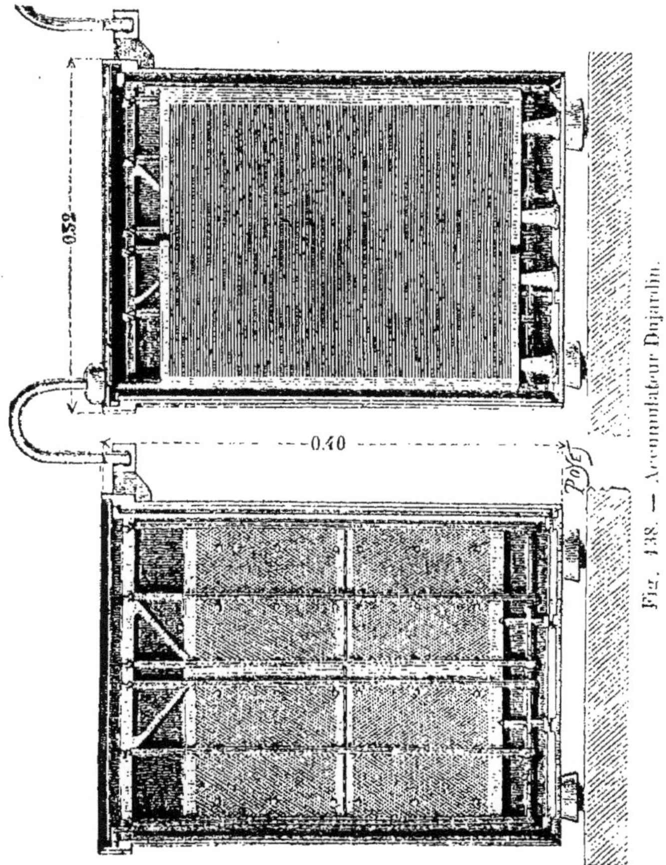

allant jusqu'à 15 et 18 ampères-heure par kilogramme de plaques. Les modèles les plus élevés ont été fabriqués pour des capacités de 3000 ampères-heure. Les modèles installés déjà dans un grand nombre d'usines et de stations centrales, ont donné toute satisfaction.

L'accumulateur Blot est du type Planté à plomb, sans aucun oxyde. Il est formé par une série de bandes de plomb venant s'enrouler en AB (fig. 139), comme du fil sur une navette. Celle-ci est constituée par une âme solide en plomb antimonié avec des fourches à la partie supérieure et inférieure. Deux bandes de plomb parallèles s'enroulent l'une sur l'autre : l'une d'elles est simplement striée à sa surface, l'autre, au contraire, est plissée et quadrillée. On a donc ainsi une série de lames alternées. Ces diverses navettes sont coupées en deux parties pour donner la lame C qui constitue un des éléments de la plaque S. Une plaque est, en effet, for-

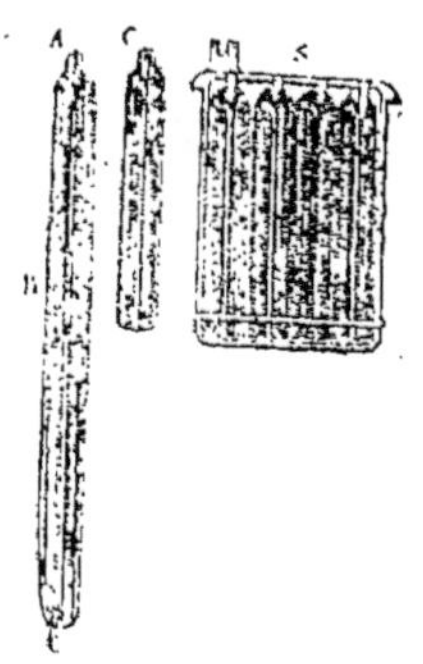

Fig. 139. — Accumulateur Blot.

mée par une série de navettes, variable suivant la puissance de l'appareil, toutes soudées sur un cadre extérieur S en plomb antimonié. On remarquera sur notre figure que les bandes de plomb ne tombent pas jusqu'à la partie inférieure du cadre ; de même dans le sens transversal, les navettes sont un peu séparées les unes des autres. Il en résulte que les lames de métal ne sont retenues par aucun obstacle et peuvent librement se dilater au moment du foisonnement pendant les diverses opérations chimiques.

Les plaques sont suspendues à un cadre en plomb dur portant deux lames de glace sur lesquelles elles viennent reposer. Elles se trouvent ainsi suspendues dans la cuve de l'accumulateur.

M. d'Arsonval a trouvé que l'on peut demander à ces accumulateurs des débits allant jusqu'à 25 ampères par kilogramme. On peut les fermer en court circuit, les recharger ensuite ; la capacité conserve sa même valeur. Après un très grand nombre d'expériences, on ne retrouve jamais au fond des vases un dépôt quelconque ou des traces d'oxydes.

Les expériences du Laboratoire central d'électricité à Paris ont montré que les rendements en quantité ont varié de 89 à 45 pour 100 pour des débits de 1 à 6 ampères par kilogramme. Les capacités ont respectivement été de 15 et 14 ampères-heure pour des débits de 0,5 et 1 ampère par kilogramme d'électrode.

Dans des expériences récentes de charge rapide, M. Picou a trouvé avec M. Margaine les résultats suivants :

	Capacité en ampères-heure par kg. d'électrode	Rendement en énergie en 0/0
Après 5 minutes de charge	2,35	60
— 15 —	4	66 à 70
— 50 —	7,6	66
— 52 —	8,2	66

L'accumulateur Fulmen (fig. 140) se distingue des autres accumulateurs en plomb par la constitution de ses plaques ; celles-ci sont enveloppées d'une chemise ou gaine b, en celluloïd spécial inattaquable et isolant, perforé d'une multitude de petits trous et dont les deux faces sont réunies par des entretoises d également en celluloïd soudées intérieurement. A l'intérieur de cette gaine la matière active m, plomb spongieux pour les positives et oxyde de plomb pour les négatives, préservée de toute désagrégation, conserve néanmoins sa remarquable porosité. Au centre est noyée une grille en plomb a, destinée

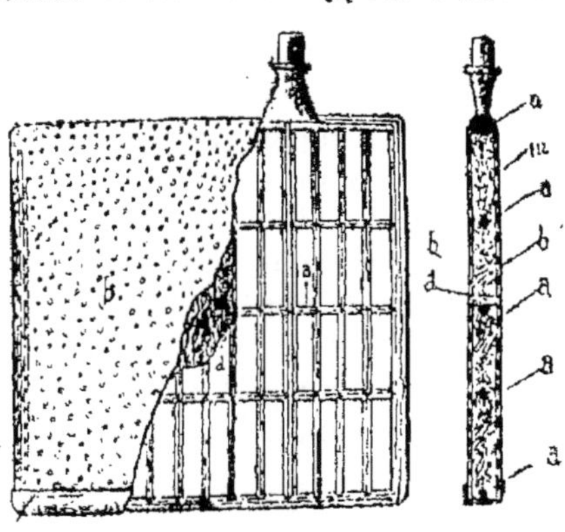

Fig. 140. — Plaque d'accumulateur « Fulmen ».

non à supporter la matière active, mais à recueillir le courant. Ses barreaux sont faits, comme l'indique le croquis, très minces et très rapprochés dans le sens vertical. Ses plaques de même nom sont soudées ensemble à une barre de connexion en plomb, et séparées des plaques de nom contraire voisines par des baguettes verticales en celluloïd. Le récipient est en bois doublé intérieurement d'un garnissage en celluloïd plein, qui présente sur les autres matières employées dans ce but le double avantage d'être très léger et parfaitement isolant.

Ce garnissage permet en outre de fermer la boîte par une feuille de celluloïd et une véritable soudure autogène assure aux bords de ce couvercle une rigoureuse et indestructible étanchéité. L'accumulateur ainsi constitué possède sous un poids et un volume réduits une capacité considérable et peut sans inconvénient supporter des régimes extrêmement élevés. C'est ainsi que dans la voiture de M. Jeantaud le courant moyen est de 100 ampères, mais atteint et dépasse par fois 200 ampères aux démarrages et dans les fortes rampes. Les accumulateurs qui l'actionnent ne pèsent cependant que 13 kg. 300 ; on voit par là que le régime moyen correspond à un débit de 7 1/2 ampères, et le régime maximum à un débit de 15 ampères par kg. de plaques. Dans ces conditions la batterie fonctionne 1 1/2 heure et la capacité des accumulateurs, à ce régime extraordinaire se maintient à 11 ampères-heure par kg. de plaques.

Mais ce sont là des conditions absolument exceptionnelles. A des régimes plus raisonnables, la capacité est beaucoup plus élevée ; elle est de :

22 ampères-heure par kg. de plaque au régime de 1 ampère par kg.

18 ampères-heure par kg. de plaque au régime de 3 ampères par kg.

15 ampères-heure par kg. de plaque au régime de 5 ampères par kg.

A première vue ces chiffres peuvent paraître presque invraisemblables, mais il faut considérer que le poids de la matière active est environ les 60 centièmes du poids total et que cette matière travaille dans toute sa masse grâce à son extrême porosité.

La maison Pisca construit aujourd'hui des accumulateurs à plaques rainées très épaisses et très robustes (fig. 141). Les pla-

Fig. 141. — Accumulateur Pisca.

ques sont suspendues par le haut et il reste au fond un très grand espace pour les déchets. Dans ce nouveau modèle on a écarté le bois, le caoutchouc et autres matières pouvant se détériorer. La figure ci-jointe nous montre le modèle de plaques jumelles démontables

M. Edouard Peyrusson fabrique un accumulateur à grande surface formé de lames de plomb n'ayant qu'un demi-millimètre d'épaisseur, mais rendu cependant très robuste par des armatures en plomb antimonié qui lui donnent une grande solidité. L'électrode positive est formée d'une tige centrale, autour de laquelle rayonnent toutes les lames positives. L'électrode négative est formée de lames de plomb, également d'un demi-millimètre d'épaisseur, plissées et fendues de telle sorte que l'action électrique s'exerce sur les deux faces. Ces lames sont reliées entre elles par des bandes et deux anneaux, l'un supérieur et l'autre inférieur, en plomb antimonié, qui par des soudures autogènes constituent un tout rigide d'une grande résistance. L'accumulateur ne comporte qu'une seule

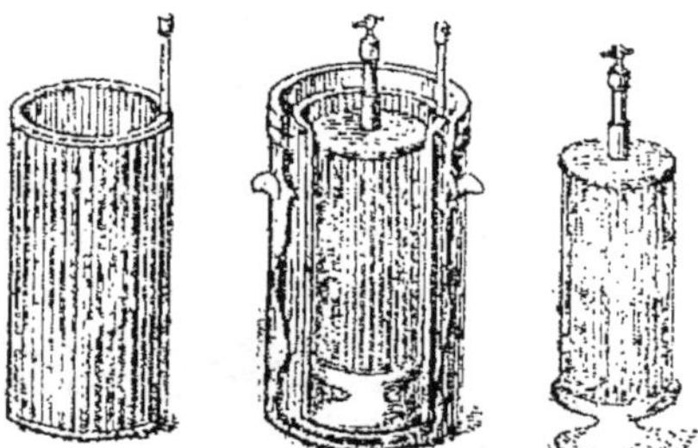

Fig. 142. — Accumulateur Peyrusson.

électrode positive ayant la forme d'un cylindre, et une électrode négative représentée par un cylindre creux dans lequel

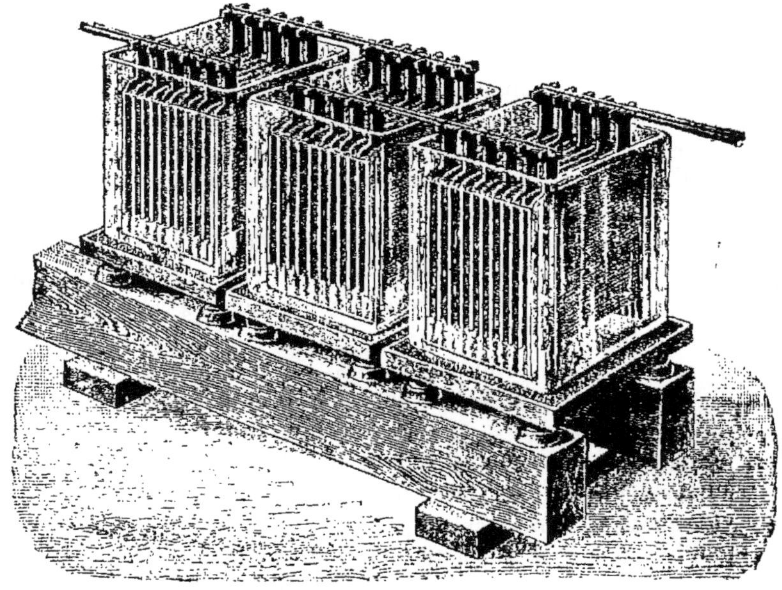

Fig. 143. — Accumulateur Henrion.

pénètre l'électrode positive (fig. 142) : des couvercles en porcelaine maintiennent les deux électrodes à la distance de quelques millimètres et rendent tout contact impossible, si bien que la surveillance et l'entretien sont considérablement simplifiés. La capacité par kilogramme est très grande comme cela doit résulter de l'emploi des lames de plomb d'un demi-

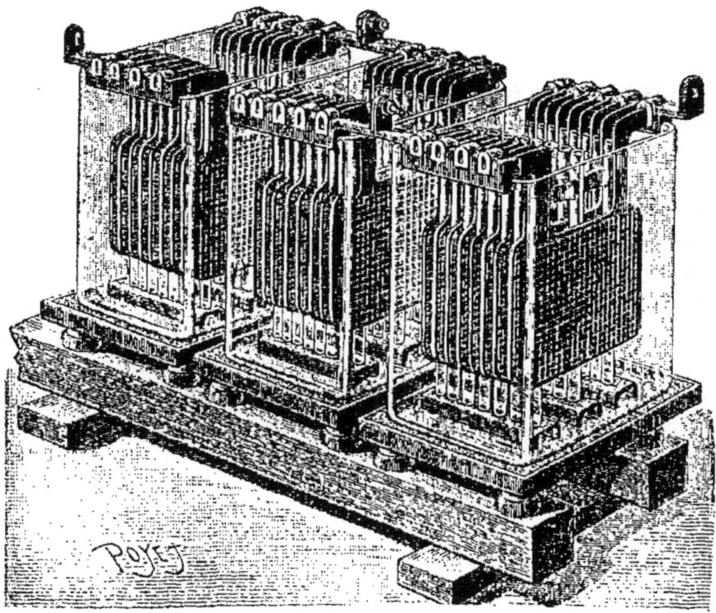

Fig. 141. — Accumulateur Valls.

millimètre d'épaisseur seulement ; et, comme cela se produit pour tous les accumulateurs genre Planté, cette capacité va en augmentant jusqu'à l'usure complète, qui, pour les raisons qui viennent d'être indiquées, n'est à redouter qu'au bout d'un temps très long. On peut atteindre en régime normal 40 ampères-heure par mètre carré de surface active de plomb, soit environ 12 à 15 ampères-heure par kg. de plaques.

Les accumulateurs Henrion (fig. 143) sont du genre Planté à lames à grande surface. Ces lames rainées dans le sens horizontal, sont très rigides en raison de leur épaisseur et d'un système spécial de nervures. Ces accumulateurs se distinguent par leur capacité qui tend à s'accroître à mesure qu'ils sont en usage et par les débits élevés qu'on peut leur demander pendant un temps restreint. On remarquera que les plaques posées dans des rainures de verre installées sur le côté sont réunies entre elles et soudées par la soudure autogène. Les rainures de verre reposent sur une bande de caoutchouc placée au fond du vase. Les plaques sont séparées les unes des autres par des tubes de verre verticaux.

La maison Valls et Cie fabrique aujourd'hui de nouveaux modèles d'accumulateurs Faure-Sellon-Volckmar qui ont été les premiers accumulateurs à oxydes ayant donné de sérieux résultats. Les plaques actuelles sont formées d'un grillage eu plomb qui maintient les matières actives. La figure 144 nous représente le nouveau mode de montage. Les plaques sont suspendues et leurs extrémités sont réunies à des lames placées sur le côté. Entre deux plaques se trouvent des tubes en verre pour maintenir l'écartement. Les accumulateurs sont à décharge lente ou rapide, ou à poste fixe, ou légers à grande capacité.

La maison Jarriant fabrique également des accumulateurs à oxydes où des dispositions spéciales ont été prises pour suspendre les plaques, et les maintenir à distance l'une de l'autre par des tubes de verre.

Dans les accumulateurs de la Compagnie française pour la pulvérisation des métaux, on emploie de la poudre de plomb

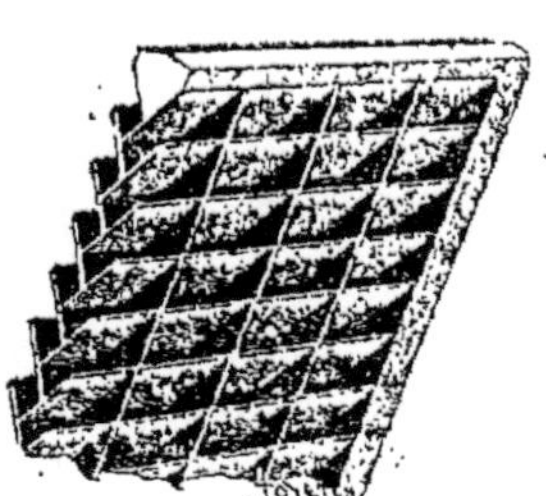

Fig. 145. — Accumulateur Jacquet.

pur excessivement fine fabriquée par un procédé mécanique et mélangée avec un corps inerte de nature poreuse. Le support de la matière active est un ruban en plomb avec rainures à queues d'aronde.

M. F. Verdier construit des accumulateurs dont les plaques sont horizontales. Ces appareils peuvent atteindre des débits jusqu'à 5 ampères par kg., et d'autres appareils sont à décharge lente.

- Les accumulateurs de la maison Jacquet frères à Vernon sont très remarquables par les dispositions des plaques positives (fig. 145 et 145 *bis*. Elles sont formées de cellules alternées qui maintiennent la matière tout en la laissant libre de se dilater.

Le support métallique est en métal durci et offre une très grande rigidité.

Comme on le voit, les accumulateurs genre Planté ou à oxydes sont très nombreux, et nous sommes obligés encore de nous arrêter dans nos descriptions. En terminant nous voulons cependant faire connaître le moyen de fabriquer soi-même une petite batterie d'accumulateurs d'après un article que nous avons fait il y a quelques années dans le journal *La Nature* (fig. 146).

Un élément d'accumulateur se compose de seize plaques de plomb de 15 centimètres de largeur sur 17 centimètres de longueur, et d'une épaisseur de 2 millimètres et demi, placées dans un vase en verre de 15 centimètres de largeur sur 23 centimètres de longueur, avec une hauteur de 20 centimètres. Chaque plaque est munie d'un prolongement étroit qui est destiné à faciliter les connexions électriques. Les plaques de plomb sont découpées dans une feuille, comme l'indique en C la figure. C'est là une manière qui permet d'économiser la matière. Les plaques, une fois coupées et aplaties sont rendues rugueuses. A cet effet, on prend une lime moyenne, on l'applique sur le plomb, et on

Fig. 145 bis. — Coupe de l'accumulateur Jacquet.

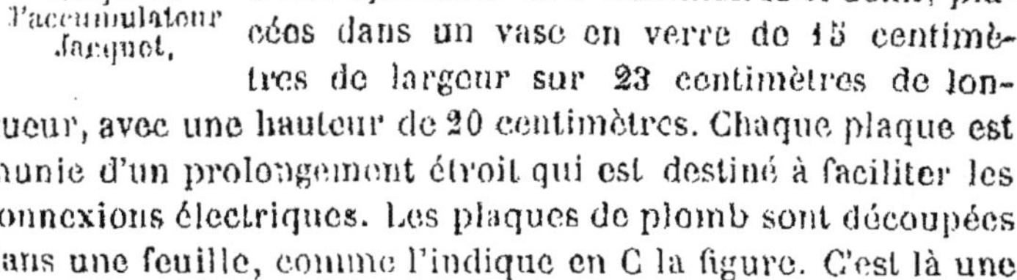

frappe avec un maillet. On fait la même opération sur les deux côtés de la plaque de plomb. Les prolongements de plomb, dont nous avons parlé plus haut, sont percés d'un trou. Les plaques sont juxtaposées en alternant, de façon que la moitié des bras se trouvent d'un côté, et la moitié de l'autre côté. Toutes ces plaques sont séparées les unes des autres à l'aide de morceaux de bois paraffinés maintenus par des rubans de caoutchouc comme on le voit en A et B dans la figure. Les bras de plomb des plaques d'un même côté sont réunis entre eux à

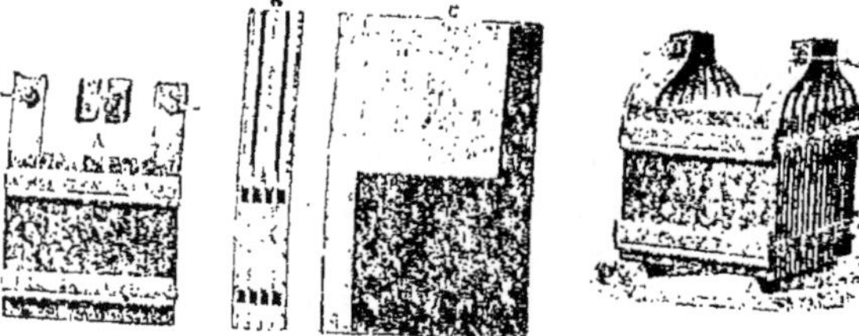

Fig. 146. — Construction d'un accumulateur au plomb.

l'aide d'écrous, et forment les pôles de l'accumulateur. Passons maintenant à la formation. Les éléments sont placés dans les vases remplis d'acide nitrique dilué (acide nitrique et eau, parties égales). On les laisse tremper pendant vingt-quatre heures. Ce premier traitement modifie la surface du plomb, la rend plus poreuse, et joint à la rugosité donnée plus haut, réduit le temps de formation de quatre ou cinq semaines à une semaine seulement. Quand on s'aperçoit d'une altération profonde sur les plaques, on jette la solution nitrique, et on la remplace par une solution de 9 parties d'eau et 1 partie d'acide sulfurique en volume. Chaque élément d'accumulateur donne une f.é.m. de 2 volts en chiffres ronds. La f.é.m. d'une batterie de n éléments s'obtient en multipliant le nombre d'éléments n par 2. Pour l'intensité du courant, à la charge, on ne doit pas dépasser 2 à 3 ampères par kilogramme de plaques ; à la décharge, on peut adopter le même régime.

On place alors la batterie composée d'un certain nombre d'accumulateurs dans le circuit extérieur d'une machine shunt. Au bout de trois à quatre heures, la charge est interrompue, et on fait décharger les accumulateurs, soit sur des résistances inertes, soit sur des lampes. Ensuite les connexions sont de nouveau établies, mais en ayant soin de changer le sens du courant. Après cette opération, on décharge encore les appareils, et on recharge en sens inverse. Après trois ou quatre opérations de ce genre, la formation est complète.

2° TRANSFORMATEURS

GÉNÉRALITÉS

On donne le nom de transformateur électrique à tout appareil qui modifie soit la forme soit les qualités de l'énergie électrique. M. E. Hospitalier a fait à ce sujet et reproduit dans l'*Industrie Électrique* (1894) une très intéressante conférence qui déterminait nettement les divisions en classes de ces divers appareils.

Nous ne pouvons ici entrer dans tous ces détails ; mais il est nécessaire cependant d'étudier ces divers transformateurs que nous pouvons rencontrer à chaque instant.

De même que nous avons trouvé précédemment des machines à courants continus, alternatifs et polyphasés, de même nous trouverons des transformateurs à courants continus, alternatifs et polyphasés. Chacun de ces transformateurs pourra à son tour transformer le courant qu'il recevra (continu, alternatif ou polyphasé) soit en courant continu, soit en courant alternatif, soit en courant polyphasé. Nous aurons donc ainsi au moins 9 classes de transformateurs différents. Il n'entre pas dans notre intention de faire une étude de tous ces transformateurs ; nous allons étudier simplement les modèles dont nous pourrons citer une application.

Etude générale des transformateurs avec exemples.

Transformation de courants continus en courants continus

Ces appareils ne changent pas la forme du courant, mais n'en modifient que les qualités.

Nous ne trouvons que deux genres d'appareils semblables : les *accumulateurs*, que l'on peut considérer comme transformateurs, et les *transformateurs rotatifs*.

Prenons une batterie d'accumulateurs A de 200 éléments (fig. 147). Tous ces éléments ont été chargés ensemble et nous donnaient au total 400 volts et 100 ampères. Divisons-les en 4 groupes de 50, tels que B, C et chacun de ces groupes nous

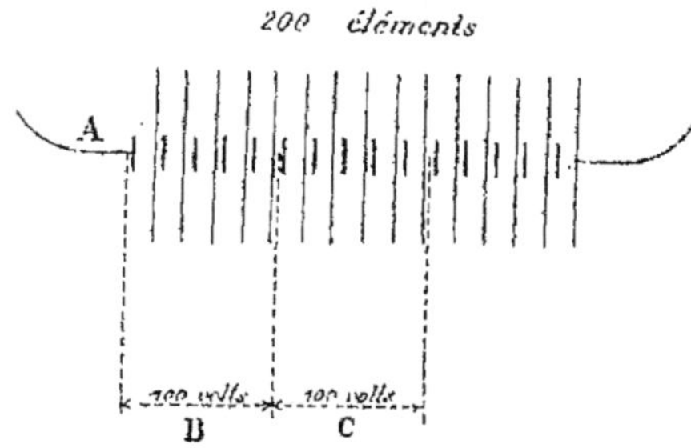

Fig. 147. — Accumulateurs montés en tension.

donnera 100 volts et 100 ampères ; nous n'aurons pas changé la forme du courant qui restera continu, mais nous aurons modifié sa tension.

Nous avons un exemple dans l'ancien mode de distribution qu'employait la Compagnie parisienne de l'air comprimé. Une série de sous-stations d'accumulateurs en tension étaient chargées par une même usine : chaque sous-station effectuait ensuite la distribution à 110 volts dans son quartier. Entre A et B, par exemple, on établit 1000 volts; entre C et D (fig. 148), on distribue à 100 volts.

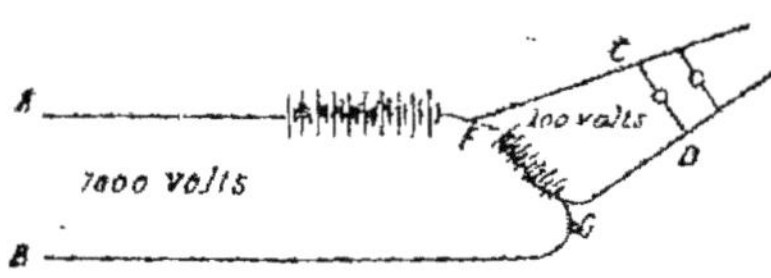

Fig. 148. — Mode de transformation à l'aide d'accumulateurs.

Les transformateurs rotatifs ont aussi un grand intérêt. Ils sont constitués par deux machines accouplées A et B (fig. 149) sur le même arbre N et montées sur le même bâtis. L'une fonctionne comme moteur et l'autre comme génératrice. On peut par exemple alimenter le moteur à 1000 volts et recueillir 100 volts aux bornes de la génératrice; on peut inversement alimenter à 100 volts et recueillir à 1000 volts.

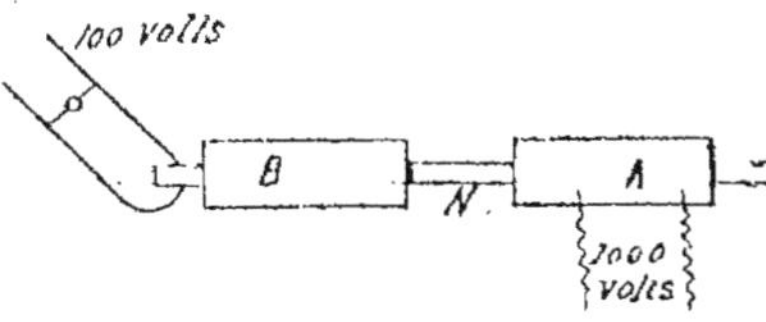

Fig. 149. — Principe des transformateurs rotatifs à courants continus.

Les exemples de ce genre ne manquent pas. Bornons-nous à mentionner les deux suivantes: La Société d'Éclairage et de force par l'électricité emploie des transformateurs de ce genre dans ses usines du Boulevard Barbès et de la gare du Nord à Paris. L'énergie électrique est envoyée de l'usine de St-Ouen à des moteurs qui actionnent des dynamos génératrices. Le même procédé était utilisé, avant sa transformation, par la Cie parisienne de l'air comprimé qui avait remplacé des batteries d'accumulateurs par des transformateurs Thury. Jusqu'à ce que l'usine du quai Jemmapes soit en état d'alimenter tout le secteur, des transformateurs Thury fonctionneront encore dans la sous-station Saint-Roch.

Transformation de courants alternatifs en courants continus.

Ce mode de transformation amène un changement de forme du courant. Ces transformateurs sont composés le plus souvent d'un moteur électrique M (fig. 150) branché sur une distribution R à courants alternatifs à 3000 volts. Le moteur M actionne par une courroie C une dynamo D qui fournit du courant continu à un circuit E. Nous passons sous silence ici les difficultés qui peuvent se présenter pour la mise en marche du moteur et nous ne considérons que le principe.

Un exemple de ce genre existe à la station centrale de Rouen, où se trouve un alternateur spécial pour alimenter dans le quartier de St-Sever un transformateur à courants continus.

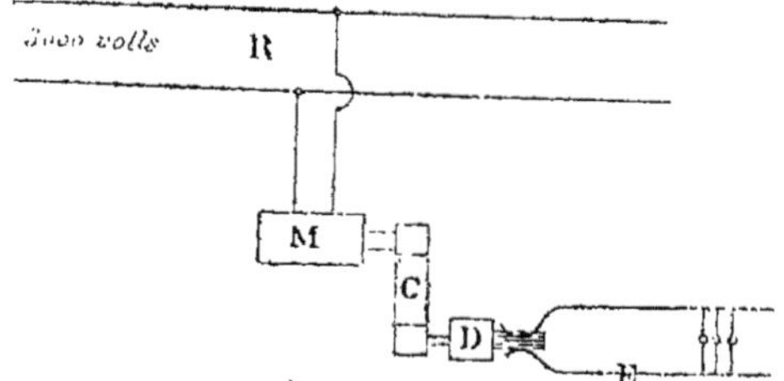

Fig. 150. — Transformateur rotatif de courant alternatif en courant continu.

Les machines employées sont des machines Alioth qui fournissent à la fois sur des collecteurs spéciaux du courant continu et du courant alternatif.

A Cassel, en Allemagne, des moteurs alternatifs synchrones, branchés sur une distribution, actionnent à distance des dynamos génératrices à courants continus. A Paris, un moteur à courants alternatifs branché sur le réseau de distribution du secteur de la rive gauche met en marche une dynamo à courants continus qui assure la distribution de l'énergie électrique dans toute la Sorbonne.

Il nous faut mentionner également l'appareil de MM. Hutin et Leblanc qui permet la transformation des courants alternatifs en courants continus.

*Transformation des courants alternatifs en courants
alternatifs.*

Ces transformateurs ne changent pas la forme, mais modifient simplement les qualités du courant. Ce sont les transformateurs employés dans les distributions, et qui rendent les plus utiles services.

Principe. — Le principe de ces appareils est des plus simples bien que la théorie, comme du reste tout ce qui concerne les courants alternatifs, soit élevée et difficile.

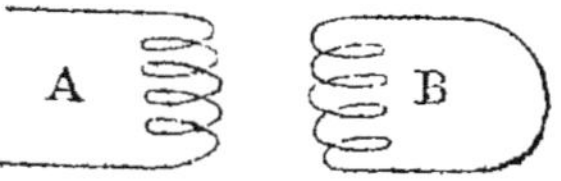

Fig. 151. — Principe d'un transformateur à courants alternatifs.

Prenons 2 bobines A et B (fig. 151), mettons-les en présence l'une de l'autre, faisons traverser la bobine A par un courant alternatif, nous recueillons en B un courant alternatif également. L'effet est d'abord très faible; mais il augmente notablement, si nous enroulons les deux bobines A et B sur un noyau de fer F (fig. 152). Si nous voulons encore augmenter les effets, mettons un nombre plus considérable de spires. Nous avons constitué ainsi le *transformateur* simple. En envoyant en A un courant alternatif, nous produisons un flux de force alternatif qui aimante le barreau de fer F et agit par induction sur la bobine B.

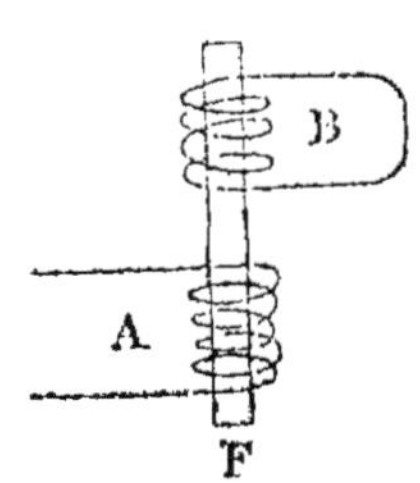

Fig. 152. — Action du fer dans un transformateur à courants alternatifs.

Nous aurions ici à étudier une série d'éléments : l'influence de la *fréquence*, du noyau de fer, etc.

Nous nous contenterons d'admettre le principe que nous

venons d'énoncer et auquel nous ajouterons encore le suivant :

Les différences de potentiel efficaces aux bornes des bobines d'un transformateur sont sensiblement proportionnelles au nombre de tours de fils de ces bobines.

Le noyau de fer joue un rôle très important ; il sert à concentrer tout le flux de force et à éviter les pertes magnétiques. Mais il est soumis pendant le fonctionnement à une série d'aimantations et de désaimantations successives. Il en résulte des pertes en *courants de Foucault* qui peuvent atteindre une valeur assez grande. Pour les diminuer autant que possible, nous aurons soin de répartir le fer en épaisseurs très faibles et de les séparer les unes des autres.

Un transformateur sera donc constitué par un noyau de fer feuilleté F (fig. 153), fermé sur lui même, et sur lequel seront enroulés deux circuits, l'un à fil fin A et à un grand nombre de spires, l'autre à fil gros B et à un petit nombre de spires. Le circuit A qui reçoit par exemple un courant à 1000 volts est le *circuit primaire*, et le circuit B qui produit un courant à 100 volts est le circuit secondaire.

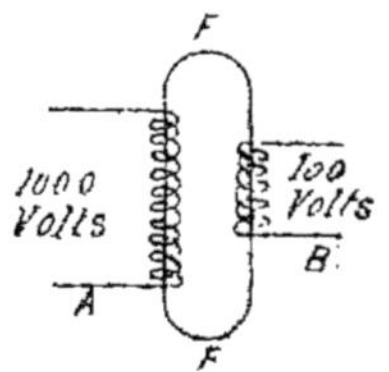

Fig. 153. — Principe d'un transformateur alternatif à circuit magnétique fermé.

Si donc nous voulons construire un transformateur, nous pourrons déterminer approximativement le nombre de tours de fil sur chacune des bobines, en admettant la loi que nous avons indiquée plus haut.

Les transformateurs se divisent aujourd'hui en deux grandes classes : les transformateurs à circuit magnétique fermé ou ouvert. Les transformateurs à circuit magnétique fermé ont l'avantage de donner à pleine charge un bon rendement ; les transformateurs à circuit magnétique ouvert donnent un rendement plus faible à pleine charge, mais d'autre part à vide dans la journée, dépensent en pure perte une puissance moins

14

grande que les autres appareils. Ce sont des avantages à considérer en pratique.

Modèles divers. — Les modèles de transformateurs sont aujourd'hui très nombreux.

Le plus simple et le plus ancien est la bobine de Ruhmkorff, qui constitue un transformateur à circuit ouvert. Elle est formée de deux bobines ayant un nombre de tours de fil différent et un fil de section différente, placées l'une sur l'autre autour d'un noyau de fer. Le circuit primaire est traversé par un courant interrompu successivement par un ressort en fer qui subit des attractions. Le circuit secondaire donne une différence de potentiel très élevée et une intensité très faible.

Le premier transformateur industriel fut établi en 1882 par Gaulard en se servant de disques de cuivre superposés et isolés les uns des autres. On formait ainsi deux enroulements distincts bien isolés par du papier parcheminé.

Le premier modèle se composait de 4 colonnes en bois montées sur un socle en bois. Des crémaillères permettaient de faire monter ou descendre à volonté le fer à l'intérieur des colonnes dont nous avons parlé. Ces appareils furent utilisés à Londres, en 1883, pour des installations électriques au Royal Aquarium et au Railway métropolitain.

La première expérience industrielle fut celle de Turin-Lanzo à l'Exposition de Turin, en 1884. Le rendement du transformateur fut trouvé égal à 92 pour 100. Gaulard montra pour la première fois qu'il était possible de transporter à distance l'énergie à haute tension et qu'il était possible de la transformer ensuite à l'aide des transformateurs ou *générateurs secondaires* comme il les appelait à tort. A Turin, Gaulard obtint la plus haute récompense. Gaulard groupait ses transformateurs en tension; il en résultait de nombreux inconvénients pour la distribution. Cependant à Tours, l'installation fut faite avec transformateurs en dérivation. Gaulard eut à lutter longuement pour établir nettement le principe de cette application si importante. Fatigué par toutes sortes de déboires, il s'éteignit en 1888.

On comprend qu'une invention de ce genre préoccupa bientôt tous les esprits. Les plus grandes fabriques étudièrent les transformateurs ; le mode de distribution fut adopté, et nous vîmes bientôt, dès 1885, apparaître les transformateurs Zipernowski-Déri-Blathy, Ferranti, Mordey-Brush, Thomson-Houston, Westinghouse, G. Kapp, Swinburne, Paris et Scott, Labour, Helmer, Tesla, Brown, etc., etc. Les descriptions de ces transformateurs ont déjà été données partout ; nous n'en ferons connaître que quelques-unes.

Les transformateurs Zipernowski se composaient primitivement d'un toron en fer doux sur lequel étaient enroulés les deux circuits. La pièce en fer doux fut ensuite changée en fils de fer enroulés.

Les modèles actuels de Ganz, construits par le Creusot, sont des modèles à noyau magnétique formé de paquets de tôles minces en acier extra-doux. Ces tôles en forme de E sont isolées entre elles et encastrées dans des plateaux de fonte formant le bâti. La figure 154 montre le modèle utilisé sur le secteur des Champs-Elysées et le secteur de la rive gauche, à Paris.

Le transformateur Ferranti (fig. 155), se compose d'une série de lames de fer F, F repliées sur

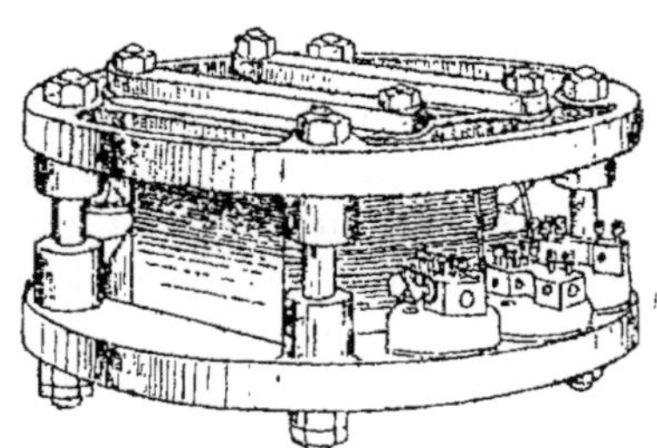

Fig. 154. — Transformateur Zipernowski.

elles-mêmes à la partie supérieure et à la partie inférieure qui se trouvent maintenues par une carcasse en fonte extérieure A, A. L'enroulement secondaire est constitué par une série de bobines S placées directement sur le fer ; au dessus de l'enroulement secondaire se trouve une couche de papier paraffiné et par dessus l'enroulement primaire P.

La figure 156 représente la disposition générale des trans-

formateurs Patin. Le circuit magnétique de ce transformateur est constitué par une série de tôles de fer découpées en

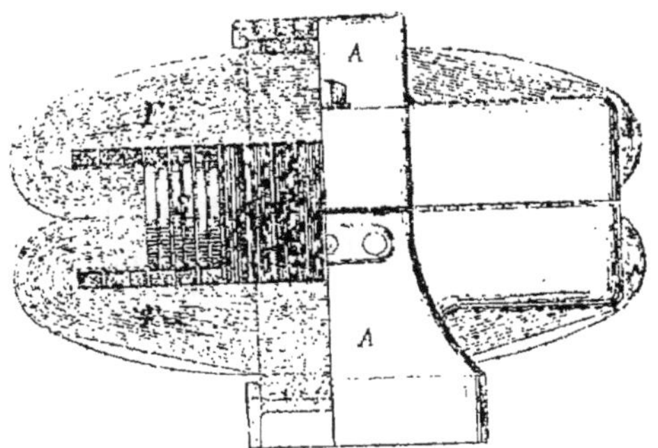

Fig. 155. — Transformateur Ferranti.

U. Les enroulements primaires et secondaires sont placés sur
ce circuit.

Fig. 156. — Transformateur Patin.

La Société *L'Eclairage Electrique* construit les transformateurs Labour dont le circuit magnétique est formé par des
tôles dentées sur les côtés, en forme d'U renversé. Les bobines primaires et secondaires enroulées sur des manchons
en bois sont enfilées dans les branches de l'U. La partie inférieure ouverte est ensuite fermée à force à l'aide de tôles
enfoncées à pression. De la sorte le champ magnétique est
complètement fermé. Les dents dont nous avons parlé permettent d'établir une ventilation intérieure. La figure 157
nous donne une vue d'ensemble d'un modèle construit par
la Société.

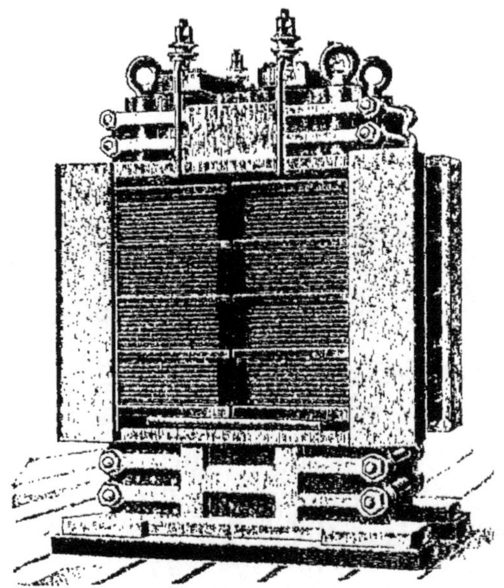

Fig. 157. — Transformateur Labour.

Les anciens établissements Cails fabriquent des transformateurs Helmer à circuit magnétique entr'ouvert et à résistance magnétique variable. Le circuit magnétique de ce trans-

formateur est formé par des feuilles de tôle de fer empilées et

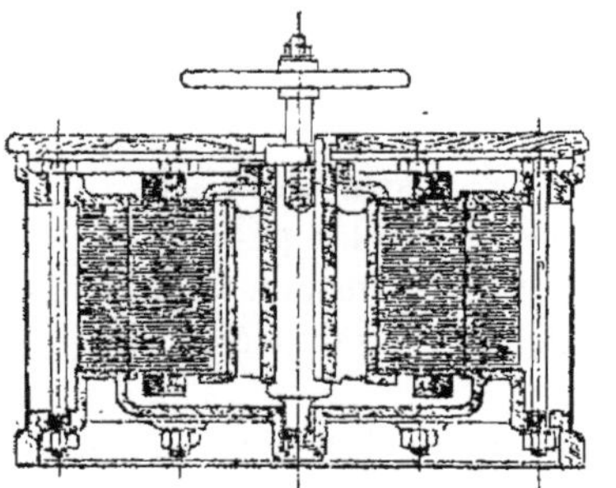

Fig. 158. — Transformateur Cail-Helmer.

serrées ; les bobines des primaires et des secondaires sont enroulées dans des vides laissés dans ces feuilles de tôle. Au centre est ménagé un espace pour un cylindre formé de disques de tôles superposées. Ce cylindre présente des échancrures et en tournant autour de l'axe, il peut faire varier la résistance d'un maximum à un minimum. Les transformateurs peuvent être bipolaires ou multipolaires. La figure 158 montre la coupe d'un transformateur hexapolaire.

Enfin nous décrirons le transformateur *hérisson* de M.

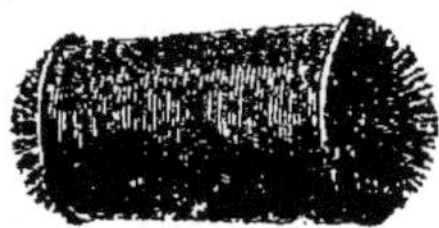

Fig. 159. — Principe du transformateur « hérisson ».

Swinburne à circuit magnétique ouvert. Ce transformateur se compose en principe d'un faisceau de fil de fer fin et recuit (fig. 159). On recouvre ce faisceau d'un ruban isolant, puis on enroule le circuit secondaire et on le recouvre d'une feuille d'ébonite. Enfin on bobine par-dessus le circuit primaire, et on s'arrange dans l'enroulement de façon à avoir les deux extrémités à la partie supérieure. L'appareil est ensuite placé dans un vase cylindrique en poterie. La figure 160 montre le transformateur lui-même et la figure 161 le transformateur dans le vase.

Par ces quelques descriptions, on voit que le nombre des transformateurs est aujourd'hui considérable.

Données actuelles. — Il nous reste maintenant à donner quelques constantes de ces divers appareils.

La *puissance* des transformateurs varie ordinairement de 45 à 30 kilowatts pour les petites installations. Dans de grandes installations, on peut exceptionnellement atteindre 500 kilowatts et au delà.

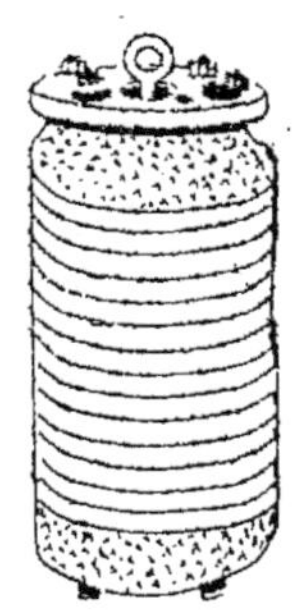

Fig. 160.— Vue du transformateur.

La *différence de potentiel primaire* peut varier dans toutes les proportions. On compte en général 3000 volts, mais on peut aller à 10000 et 30000 volts.

Les *pertes intérieures* de transformateurs comprenant les pertes par échauffement, hystérésis, courants de Foucault, varient suivant les types de 2 à 5 pour 100 environ à circuit secondaire fermé.

La *fréquence* varie de 25 à 130 périodes par seconde.

Le *rendement électrique* des transformateurs est très variable suivant les modèles et suivant les puissances.

On peut compter à pleine charge des rendements électriques de 90 à 97 pour 100 ;

On peut compter à moitié charge des rendements électriques de 87 à 95 pour 100 ;

On peut compter à quart de charge des rendements électriques de 80 à 92 pour 100 ;

On peut compter à vide des pertes de puissance de 2 à 3 pour 100

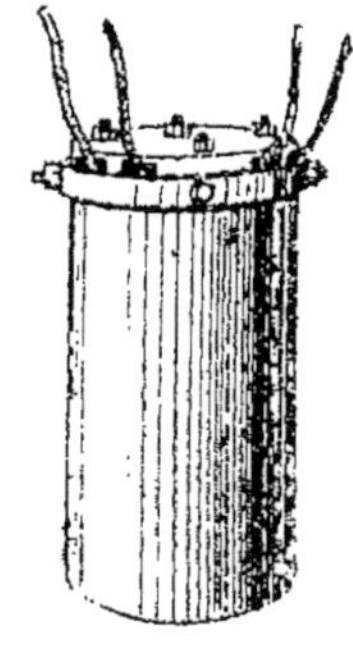

Fig. 161.— Vue du transformateur dans le vase.

Le *poids* varie naturellement suivant les modèles. Un transformateur de 2 kilowatts pèse en moyenne 70 kg, un transformateur de 4 kw environ 110 kg, et un transformateur de 15 kw environ 300 kg.

Il est également très important d'asurer un bon isolement entre les circuits primaires et les circuits secondaires. Au début l'isolement est faible, parce que les vernis ou autres substances isolantes ne sont pas encore sèches. Mais lorsque le courant a passé pendant un certain temps, on peut monter à des résistances d'isolement qui atteignent le plus souvent des mégohms.

Transformation des courants polyphasés en courants continus.

Ces appareils consistent surtout en moteurs polyphasés actionnant directement des dynamos à courants continus génératrices montées sur le même arbre. Nous citerons à ce sujet les exemples de distribution des chutes du Niagara, où la distribution est faite en courants diphasés et la transformation en courants continus assurée ensuite par des convertisseurs pour les tramways électriques de la *The Buffalo and Niagara Falls Electric Railway.* La distribution de l'énergie électrique est également obtenue à Budapest par des génératrices à courants diphasés placées dans la banlieue et actionnant à distance des convertisseurs à courants continus.

Nous citerons également les importantes expériences réalisées dernièrement à Paris par la Compagnie des chemins de fer du Nord et la Société d'éclairage et de force par l'électricité. A la station centrale de Saint-Ouen-les-Docks, 2 alternateurs à courants diphasés système Leblanc produisent des courants diphasés à 88 volts et à 39 périodes par seconde. Ces courants passent dans des transformateurs ordinaires et la tension est portée à 6000 volts sur la ligne de distribution. A une des usines réceptrices, à La Chapelle par exemple, se trouvent deux transformateurs ordinaires à circuit magnétique fermé. Les circuits primaires sont distincts ; les fils des divers enroulements secondaires, aux bornes desquels la tension est ramenée à 110 volts, sont réunis entre eux et aboutissent par des connexions aux touches d'un redresseur. Celui-ci est formé d'un arbre portant diverses bagues sur lesquelles viennent appuyer les balais reliés aux fils dont nous avons parlé. A leur tour ces bagues sont réunies à deux balais, entre lesquels on recueille un courant continu à 110 volts. Cet arbre redresseur est mis en marche à l'aide d'un petit moteur synchrone. Cet appareil constitue le moteur-redresseur ou transformateur de courants diphasés en courants continus ; son rendement électrique a été trouvé égal à 91,2 pour 100.

Transformation des courants polyphasés en courants polyphasés.

Il existe encore un grand nombre de transformateurs de courants triphasés en courants triphasés, de courants diphasés en courants diphasés et enfin de courants triphasés en courants diphasés et de courants diphasés en courants triphasés. Nous ne pouvons insister ici sur tous ces appareils.

D. — APPAREILS DE MESURE, INDICATEURS DIVERS, APPAREILS DE RÉGLAGE.

Un électricien doit savoir lire à un moment donné l'*intensité* que produit sa machine, la *différence de potentiel*, la puissance en *watts*. Il doit pouvoir reconnaître les *pôles*, savoir utiliser les *indicateurs de tension*, mesurer le nombre de *tours* de la machine pour la régler, se servir des *appareils de réglage* et mesurer l'isolement d'une installation de machine. Il doit encore pouvoir apprécier la *section* d'un câble en millimètres carrés, et déterminer sa *résistance* ; nous réserverons pour le moment cette dernière question que nous retrouverons plus loin à propos des câbles.

Ce sont ces différentes parties que nous étudierons sommairement en ne faisant connaître que les principes des différents appareils. Nous ne parlerons pas des compteurs ; ces appareils exigent une étude délicate et toute spéciale.

Ampèremètres, voltmètres. — Ces appareils sont basés en général sur l'attraction par le courant d'une palette mobile de fer doux.

Les premiers appareils industriels ont été les ampèremètres et voltmètres de la maison Carpentier dont la figure 162 représente une vue extérieure. Ils se composent d'une palette de fer doux mobile autour d'un axe dans l'intérieur d'une bo-

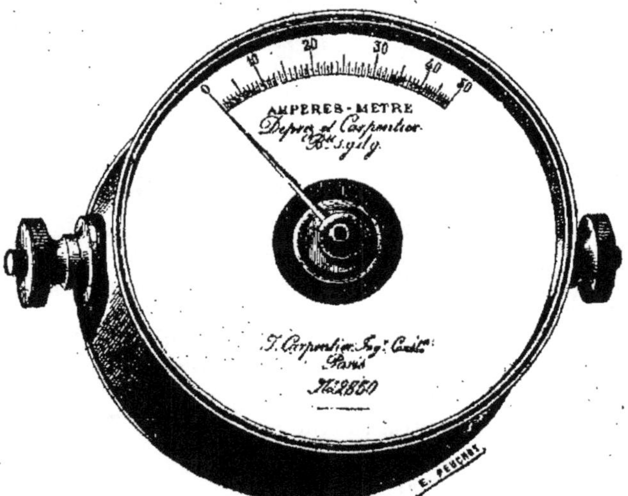

Fig. 162. — Ampères-mètre Carpentier.

bine formée par une lame de cuivre rouge enroulée plusieurs fois sur elle-même, dans le cas des ampèremètres et par un fil de cuivre très fin et très long et présentant une résistance d'environ 2000 ohms dans le cas d'un voltmètre. La bobine est placée entre les pôles de deux aimants en forme de C placés en regard l'un de l'autre. Ces premiers appareils donnaient par construction le sens du courant. La maison Carpentier vient de construire de nouveaux appareils ne renfermant pas d'aimants. Les voltmètres peuvent être construits de

0 à 100, 120, etc. jusqu'à 400 volts avec réducteurs spéciaux ; les ampèremètres peuvent indiquer de 0 à 200 ampères avec shunts appropriés.

La figure 163 nous représente un voltmètre Henrion formé d'un solénoïde, dans lequel se trouve au centre une aiguille mobile autour d'un pivot, et portant une petite plaquette de fer contournée. Cette lamelle tend à se mettre dans le flux de force maximum, et l'aiguille se déplace. La même maison construit des ampèremètres fondés sur le même principe.

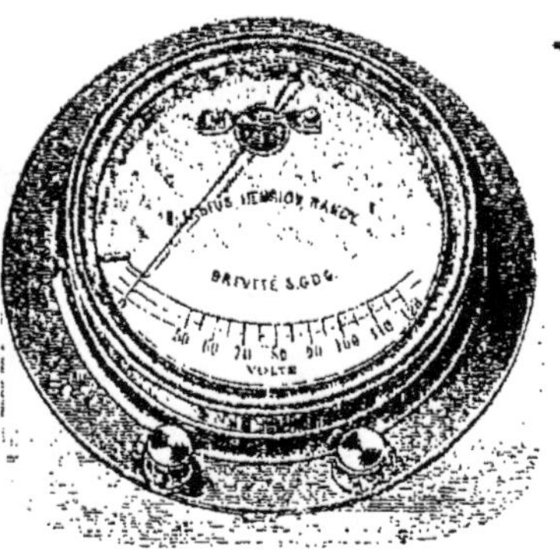

Fig. 163. — Voltmètre Henrion.

L'appareil de la figure 164 est dû à M. Walker de New-York. Dans cette figure est un enroulement traversé par le courant total ou par une dérivation, suivant que l'on fait un ampèremètre ou un voltmètre. Autour d'un axe central se meut une circonférence a formée d'un fil de fer et portée par une tige mobile autour de ce point.

L'appareil (fig. 165), est un appareil basé presque sur le même principe. Un fil de fer b recourbé en circonférence se déplace dans un solénoïde a. Il est maintenu par une tige radiale mobile autour de l'axe et porte l'aiguille indicatrice.

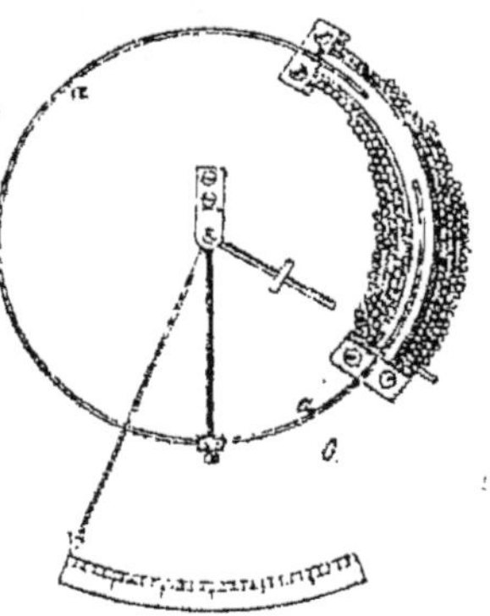

Fig. 164. — Ampèremètre Walker.

Sur une tige c se trouve un écrou m avec pas de vis pour le réglage. Une aiguille g se déplace sur une graduation et autour de l'axe O, mais solidairement avec la tige c. Suivant l'intensité du courant qui traverse a, le fil de fer b est plus ou moins attiré, et par suite l'aiguille g se déplace plus ou moins.

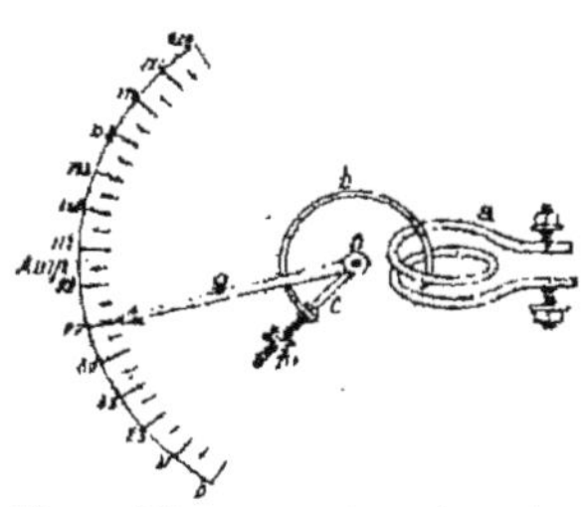

Fig. 165. — Ampèremètre fondé sur l'attraction d'un fil de fer.

MM. Arnoux et Chauvin viennent de construire de nouveaux appareils très intéressants.

Ces nouveaux galvanomètres sont basés sur le principe d'un cadre galvanométrique mobile dans un champ magnétique produit par un aimant permanent. La figure 166 permet de saisir nettement ce principe. Un aimant A de forme circulaire constitué par une seule pièce d'acier au tungstène trempée, présente un évidement cylindrique dans lequel est centrée une petite sphère en acier F.

Le cadre galvanométrique B, mobile dans le champ magnétique formé par les deux entrefers, est simplement constitué par une petite couronne de fil de cuivre isolé à la soie, sertie entre deux bagues concentriques de cuivre pur.

Fig. 166. — Pièces fondamentales des appareils de mesure Arnoux et Chauvin.

Ces deux bagues, tout en donnant au cadre une certaine rigidité, constituent un amortisseur électro-magnétique remarquable par suite des courants d'induction qui prennent naissance par les mouvements du cadre dans le champ magnétique. L'aiguille atteint donc sans oscillation et avec exactitude la position d'équilibre pour chaque mesure.

Deux ressorts spiraux S et S' en métal non magnétique et inoxydable, dont les deux extrémités fixées d'une part sur le cadre mobile et d'autre part sur les parties convenablement

isolées du tube à embase, servent à amener le courant électrique dans ce cadre et à développer le couple mécanique
antagoniste pour faire équilibre au couple électro-magnétique.

L'aiguille indicatrice est en aluminium afin de réduire autant que possible son poids et son moment d'inertie.

C'est en partant de ces principes et de ces bases que MM.
Arnoux et Chauvin ont établi une série de voltmètres et d'ampèremètres très intéressants qui peuvent rendre de grands
services dans l'industrie électrique.

Dans le voltmètre le circuit du cadre mobile a une résistance de 75 ohms et une intensité de 5 milliampères suffit
pour donner à l'aiguille une déviation égale à la totalité de
l'échelle.

Les constructeurs ont également disposé des résistances
appropriées qui permettent
de mesurer jusqu'à 3000
volts ; ces résistances sont
placées en série sur le circuit du voltmètre. La résistance du circuit correspondant à la mesure d'une dif-
érence de potentiel maxima
de 150 volts est de 30000
ohms, la résistance du fil
de cuivre du cadre mobile
n'entre dans ce chiffre que
pour 75 ohms.

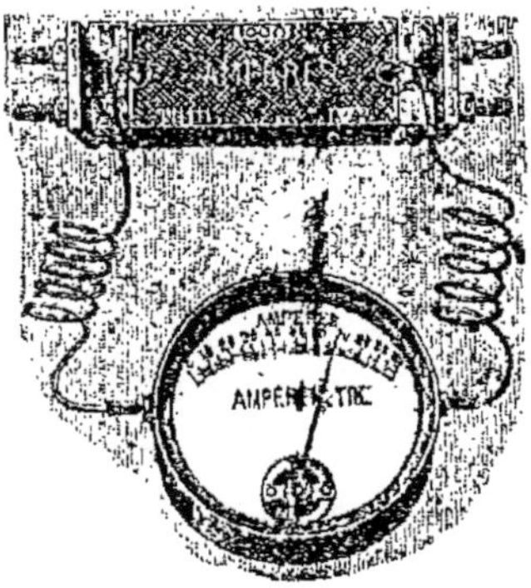

Dans les ampèremètres
construits sur le même

Fig. 167. — Ampèremètre Arnoux et
Chauvin avec shunt séparé.

principe, (fig. 167), le circuit du cadre mobile a une résistance
moyenne de 0,5 ohm et un courant de 0,05 ampère suffit pour
donner à l'aiguille une déviation égale à la totalité de l'échelle.
Pour mesurer des intensités supérieures à 0,05 ampère, on
a recours à des shunts ou résistances appropriées placées en

dérivation aux bornes du circuit parcouru par le courant à mesurer et qui sont reliés, au circuit de l'ampèremètre par deux petits cordons souples terminés par des fiches coniques.

Fig. 168. — Boîte de contrôle Arnoux et Chauvin, renfermant le voltmètre et l'ampèremètre avec shunts.

Ces dernières peuvent facilement être engagées dans des trons coniques ménagés à cet effet aux bornes des shunts et de l'ampèremètre.

Cet emploi des shunts permet avec un seul appareil de mesurer avec la même précision des intensités très différentes comprises entre 1 et 3000 ampères. Chaque shunt est muni d'une plaque sur laquelle est indiquée la valeur maxima en ampères de l'intensité pour laquelle il a été construit, ainsi que la valeur de sa résistance exprimée en microhms. La figure 167 représente un ampèremètre de 10 centimètres de diamètre relié à un shunt de 1000 ampères et d'une résistance de 40 microhms.

En utilisant les appareils dont nous venons de parler, MM. Arnoux et Chauvin ont construit la caisse de mesures, que représente la figure 168 ci-jointe, et qui renferme le voltmètre, l'ampèremètre et les shunts nécessaires pour déterminer dans de bonnes conditions de 0,1 à 1000 ampères, et de 1 à 600 volts, soit de 0,1 à 600000 watts. Le voltmètre est un voltmètre apériodique de précision, semblable à ceux que nous avons décrits précédemment, d'un diamètre de 15 centimètres, étalonné en volts légaux ; il est gradué en 150 divisions et muni de 5 sensibilités différentes avec un maximum de déviation respectivement pour 3, 30, 150, 300 et 600 volts. Une borne de ce voltmètre est commune, et diverses autres bornes correspondent aux différentes sensibilités. Un inverseur-interrupteur placé sur le côté permet d'interrompre ou de changer à volonté le sens du courant.

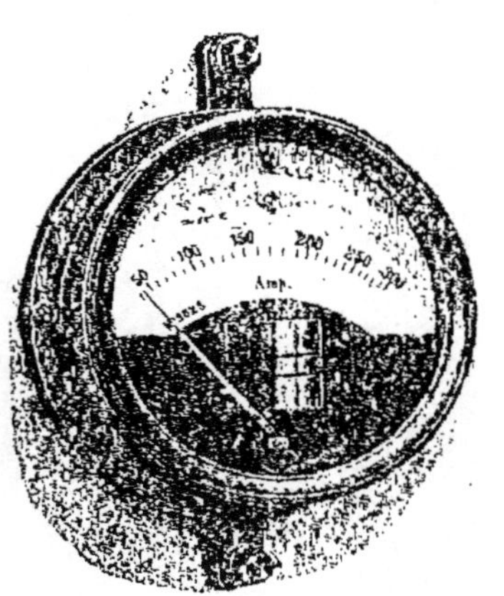

Fig. 169. — Ampèremètre Hartmann et Braun.

La caisse renferme également un ampèremètre apériodique de précision, gradué en 100 divisions. Deux cordons souples d'un mètre de longueur, terminés par des fiches coniques permettent de brancher l'appareil sur les différents shunts à employer. Ces derniers, qui sont également renfermés dans la boîte permettent d'obtenir le maximum de déviation respectivement pour 1, 5, 10, 50, 100, 500 et 1000 ampères. On voit que l'on peut apprécier 1 ampère à raison de 1 centième d'ampère par division, et 1000

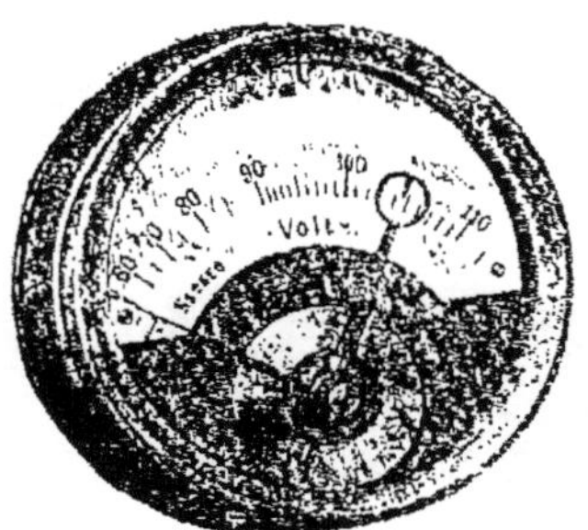

Fig. 169 bis. — Voltmètre avec lecture à la loupe.

ampères à raison de 10 ampères par division. Pour plus de facilité, tous les shunts peuvent être montés sur une planche.

La maison Hartmann et Braun construit également des voltmètres et ampèremètres basés sur l'attraction d'une palette de fer doux dans un solénoïde (fig. 169). La même maison a construit des appareils électrothermiques très intéressants. Dans la fig. 169 bis est représenté un modèle de voltmètre avec lecture à la loupe.

M. Weston, qui a déjà imaginé un grand nombre d'appareils de précision, a construit aussi

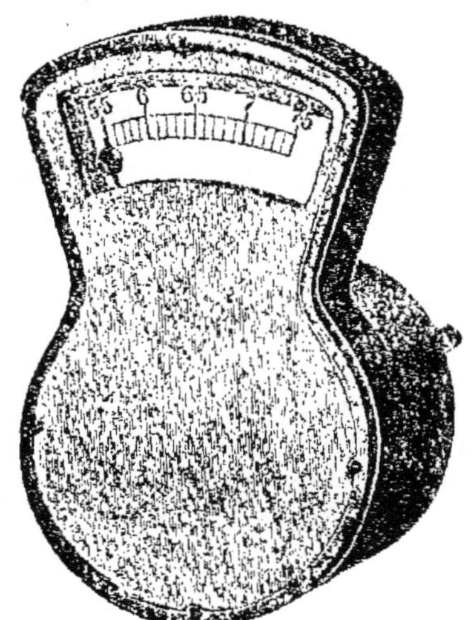

Fig. 170. — Appareils de mesure Weston.

des appareils pour usine permettant des lectures faciles et

très visibles, le mouvement de l'aiguille étant très nettement
amorti. La fig. 170 nous montre la vue d'ensemble d'un appareil de ce genre. Nous ne pouvons ici entrer dans tous les
détails.

Nous signalerons en terminant plusieurs appareils de Lord
Kelvin et notamment son électromètre à cadrans, et son électromètre multicellulaire. L'électromètre à cadrans (fig. 171) se
compose d'une aiguille
mobile entre deux paires
de cadrans. L'aiguille indique les différences de
potentiel. Cet appareil
est surtout employé pour
les hautes différences de
potentiel à courants al-
ternatifs.

Le voltmètre électro-
statique multicellulaire
(fig. 172) de Lord Kelvin
se compose de deux sé-
ries de 10 quadrants fixes
en métal reliés ensemble
à une borne extérieure
isolée et d'un groupe
de 10 aiguilles en forme
de lemniscate en alu-
minium montées sur un

Fig. 171. — Électromètre à quadrants
de Lord Kelvin (S. W. Thomson).

arbre de même métal fixé à l'extrémité d'un fil en alliage
de platine-iridium soudé à l'autre bout à un chapeau tournant à frottement sur un tube de laiton protégeant le fil
de suspension. L'extrémité supérieure de l'arbre maintenant
les aiguilles porte en outre un ressort elliptique qui vient
butter contre la base du tube protecteur du fil de suspension
lorsqu'on élève cet arbre au moyen d'un petit plateau situé à
une petite distance de son extrémité inférieure, et qui est élevé

15

ou abaissé au moyen d'une vis à tête moletée placée extérieurement au centre de la base de l'appareil. Dans le modèle représenté, la graduation est faite sur une portion de cylindre dont l'axe coïncide avec la suspension ; l'aiguille est recourbée et se déplace devant la graduation. L'amortisseur est constitué par un disque de laiton suspendu par un crochet à l'aiguille et se déplaçant dans de l'huile lourde. L'appareil est très sensiblement apériodique.

Ces derniers modèles d'appareils sont gradués pour indiquer de 60 à 240 volts. Lord Kelvin a imaginé encore un grand nombre d'appareils industriels et notamment des ampèremètres sur lesquels nous ne pouvons insister ici.

Disons maintenant qu'on a construit un certain nombre de petits appareils de poche permettant d'effectuer quelques lectures.

Nous signalerons entre autres un petit voltmètre (fig. 173) de poche en forme de montre, allant de 40 à 120 volts. Ces appareils peuvent rendre service aux ingénieurs qui ont à se déplacer en divers points d'une canalisation.

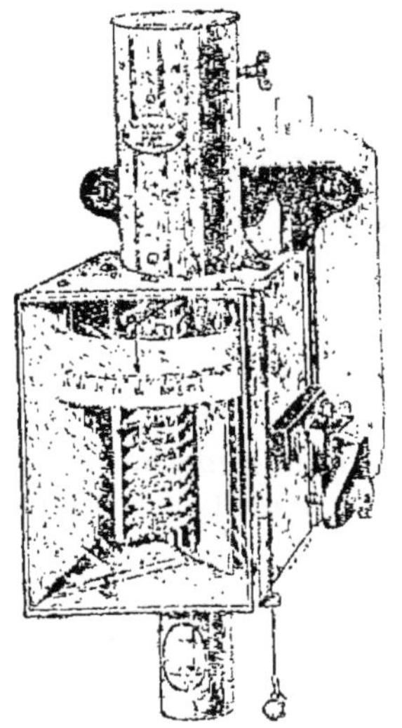

Fig. 172. — Voltmètre électrostatique multicellulaire de Lord Kelvin (S. W. Thomson).

Des petits voltmètres de 3 à 4 volts sont spécialement destinés aux vérifications de voltage des accumulateurs.

La figure 173 *bis* nous donne la vue du voltmètre portatif de petites dimensions établi par M. J. Richard. Ce voltmètre a 8 centimètres de diamètre et est gradué de 0 à 5 volts avec des divisions larges facilement appréciables. L'aimant employé est 20 fois plus puissant qu'il n'est nécessaire pour produire l'effet attendu. Il en résulte que les erreurs n'atteignent au maximum que 1 pour 100. C'est, comme le dit M. J. Richard, un outil solide et précis.

La plupart des appareils dont nous avons parlé con-

Fig. 173. — Voltmètre de poche.

viennent aux courants continus et doivent satisfaire à certaines conditions.

Il ne faut pas d'abord que ces appareils renferment d'aimants permanents, parce qu'alors ils manquent de constance dans leurs indications. Il faut que l'enroulement soit fait de telle façon que les appareils puissent rester sans inconvénient en circuit, sans échauffement anormal. Il faut enfin éviter le plus possible les ressorts métalliques trop sujets à de fréquentes variations. Il faut également que les appareils donnent les indications le plus rapidement possible, sans être exposés à de trop grandes oscillations.

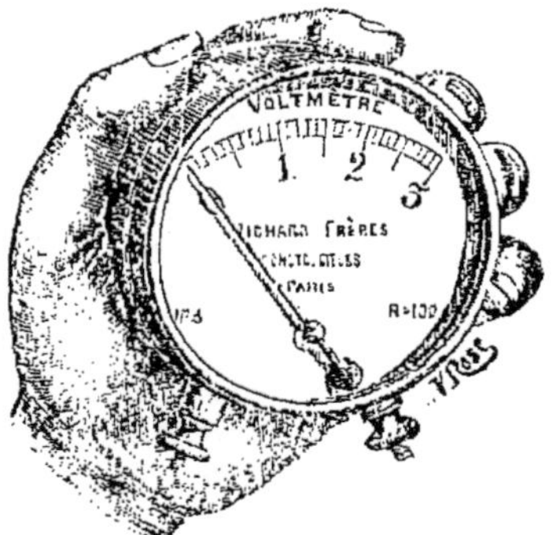

Fig. 173 bis. — Voltmètre portatif Richard.

Les appareils précédents doivent être complétés maintenant par des enregistreurs. On comprend que dans les usines centrales d'électricité, il importe de conserver une preuve écrite des différences de potentiel et des intensités produites aux divers instants de la journée. Pour atteindre ce but, on a recours aux enregistreurs.

La figure 174 représente l'enregistreur Richard bien connu, qui peut être appliqué aux voltmètres et ampèremètres. L'aiguille indicatrice de l'appareil voltmètre ou ampèremètre porte une plume qui appuie sur une feuille graduée portée sur

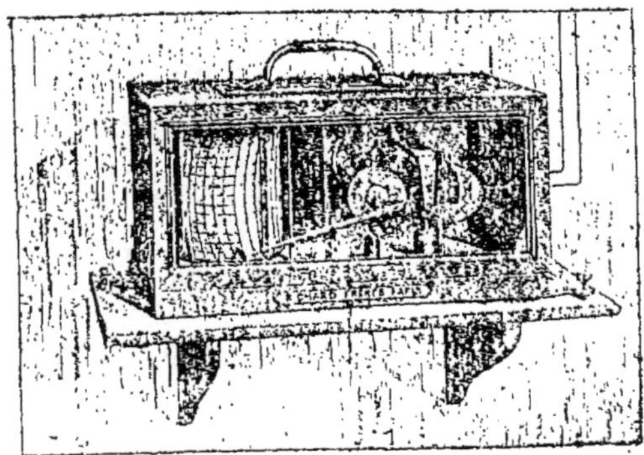

Fig. 174. — Appareil enregistreur Richard.

un registre ; elle est animée d'un mouvement continu fourni par un mouvement d'horlogerie.

M. Henrion a eu l'idée de faire mouvoir une aiguille à l'intérieur d'un solénoïde (fig. 157) et de faire appuyer la pointe munie d'une plume sur un disque de carton animé d'un mouvement continu. Le disque est partagé en secteurs indiquant les différentes heures et en circonférences concentriques qui correspondent aux diverses différences de potentiel et intensités.

MM. Arnoux et Chauvin viennent également de construire des voltmètres et ampèremètres qui permettent d'enregistrer des mesures dans un rapport très étendu.

Si nous passons maintenant aux courants alternatifs, nous nous trouvons en présence d'une série de difficultés que nous

ne pouvons que mentionner ici. Nous savons d'abord que nous ne trouverons par nos appareils que l'*intensité efficace*, la *force électro-motrice efficace* et dont nous avons parlé précédemment. Pour les mesures d'intensité efficace, nous devrons employer un électrodynamomètre, ou appareil constitué par deux bobines placées l'une dans l'autre, dont l'une est fixe et l'autre mobile, munie d'une aiguille ; ces deux bobines sont traversées par le même courant alternatif. Par suite des actions exercées, la bo

Fig. 175. — Voltmètre enregistreur Henrion.

bine mobile se déplace proportionnellement à l'intensité efficace. Il est donc possible d'apprécier celle-ci. Les forces

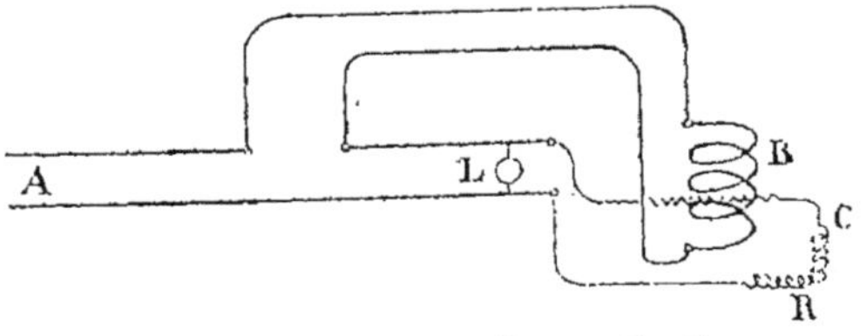

Fig. 176. — Schéma d'un wattmètre.

électro-motrices peuvent être mesurées grâce à certains ap-

pareils statiques semblables à l'appareil de Lord Kelvin dont
nous avons parlé plus haut. C'est en se basant sur ces divers

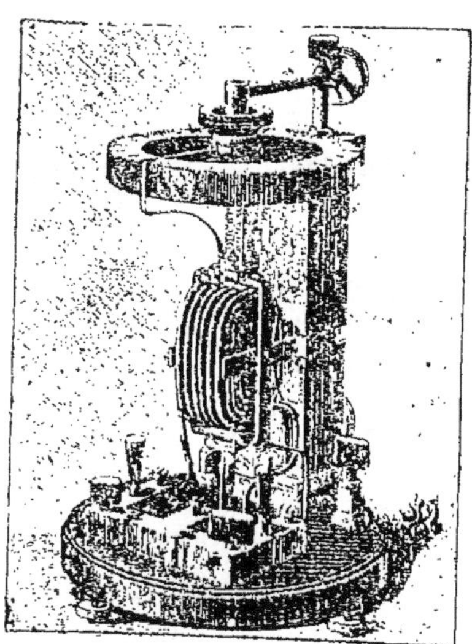

Fig. 177. — Vue d'ensemble d'un wattmètre Zipernowski.

principes, et en prenant diverses précautions que l'on est arrivé aussi à construire des appareils pour la mesure des
courants alternatifs.

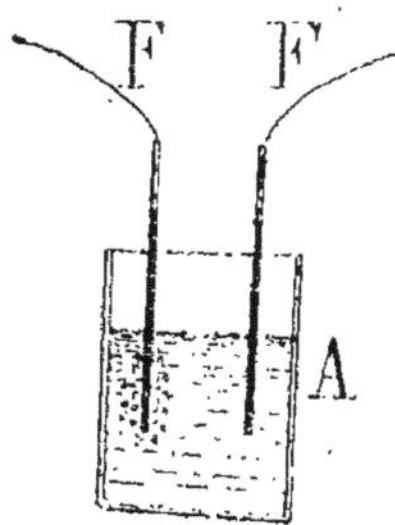

Fig. 178. — Indicateur
de pôle.

Wattmètres. — Il est également nécessaire de mesurer la puissance en
watts. Un appareil spécial a été imaginé
dans ce but. Cet appareil n'est autre
qu'un électrodynamomètre, semblable à
celui dont il a été question plus haut,
dont la bobine fixe B est traversée par
le courant total, et dont la bobine mobile C, à fil fin, montée en tension (fig. 176)
avec une grande résistance R, est établie
en dérivation entre les deux bornes de
l'appareil d'utilisation L où l'on veut mesurer la puissance

moyenne absorbée. Cette bobine mobile tourne autour d'un axe vertical et est fixée à un ressort de torsion en spirale qui permet de la ramener dans la même position à chaque mesure,

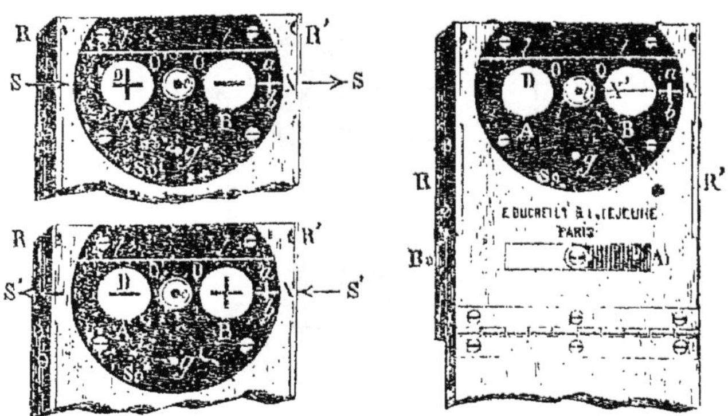

Fig. 179 et 180. — Chercheur de pôles de MM. Ducretet et Lejeune.

en tordant le ressort en sens inverse d'un angle que l'on peut mesurer sur un limbe gradué fixé à la partie supérieure de l'appareil. Le courant qui traverse la bobine mobile est proportionnelle à la différence de potentiel aux bornes de L. Il s'en suit donc que l'appareil donne des indications proportionnelles à l'intensité totale et à la différence de potentiel, c'est-à-dire à la puissance.

Le premier électrodynamomètre a été construit par MM. Siemens et Halske. M. Zipernowsky a ensuite trouvé le modèle que représente la fig. 177. Il en existe un grand nombre de modèles industriels, fondés sur le même principe, parmi lesquels nous citerons le wattmètre portatif de la Compagnie des

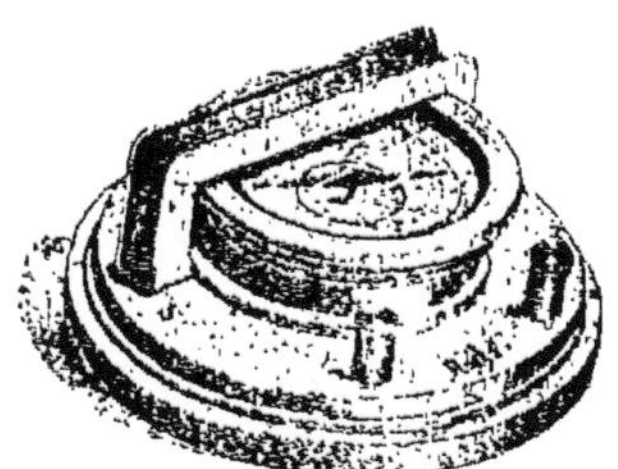

Fig. 181. — Simple chercheur de pôles.

Compteurs, le wattmètre Brillié de la Compagnie Anonyme continentale pour la fabrication des compteurs à gaz et autres appareils, et le wattmètre de la maison Carpentier.

Indicateurs de pôles ou de sens de courant. — Un électricien est quelquefois embarrassé pour connaître les pôles des circuits. Il existe de nombreux moyens pour faire cette détermination.

On prend un vase A (fig. 178) que l'on remplit d'eau acidulée sulfurique. On fait arriver deux fils F et F' en communication avec le circuit dont il est question. Si les fils sont en plomb, on aperçoit bientôt l'un d'eux noircir ; c'est le pôle + qui se recouvre de peroxyde. Si les fils sont en cuivre, on voit autour de l'un d'eux se dégager un grand nombre de bulles d'hydrogène, c'est le pôle —. Il existe également divers papiers préparés avec quelques substances.

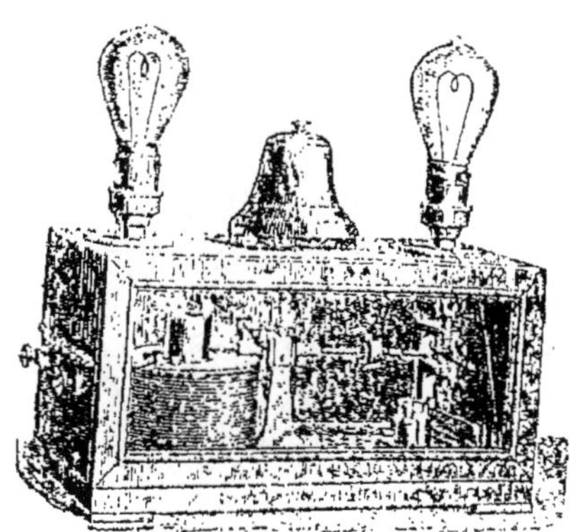

Fig. 182. — Indicateur de tension de la maison Richard.

Lorsqu'on fait passer le courant, on aperçoit une tache colorée au pôle +. Des appareils renfermant aussi une solution préparée donnent une tache rouge autour du pôle +. Le précipité formé se redissout ensuite. Les formules de ces indicateurs se trouvent dans les *Recettes de l'Électricien* de M. E. Hospitalier.

MM. Ducretet et Lejeune ont construit un chercheur spécial représenté par les figures 179 et 180. Il se compose d'un couple astatique formé de deux petits barreaux aimantés parallèles et à pôles alternés qui sont placés au-dessous d'un disque mobile. Dans le fond de la boîte est un circuit que l'on fait traverser par le courant à étudier, on voit aussitôt apparaître à la partie supérieure les désignations + et —.

On peut également employer des petits appareils semblables à celui que représente la figure 181. Une aiguille aimantée repose sur un pivot. Perpendiculairement est disposée une bobine. Si l'on envoie le courant dans un sens ou dans un autre, l'aiguille dévie à gauche ou à droite. M. Richard en a construit un modèle très pratique.

Quelquefois on cherche seulement à savoir si le courant passe dans un câble ; il suffit alors d'approcher une simple boussole.

Indicateurs de tension. — Le voltmètre branché sur un circuit indique continuellement la tension ; mais l'électricien n'a pas toujours les yeux fixés sur l'appareil. On met en général à côté un indicateur automatique

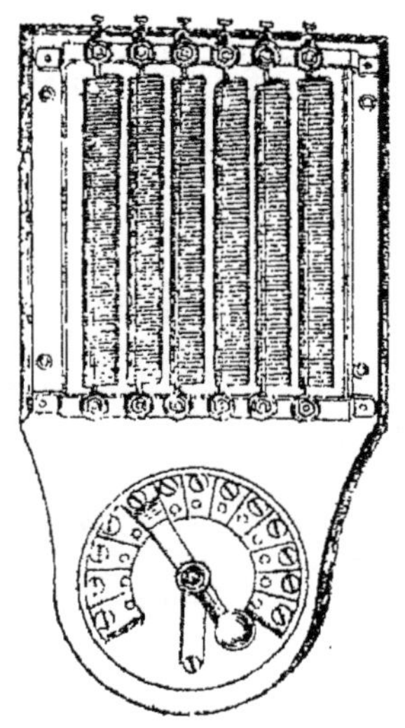

Fig. 183. — Rhéostat à résistance variable.

de maximum de tension. Cet appareil consiste en un électro-aimant qui, pour un maximum ou un minimum de tension déterminé, attire une tige fermant un circuit sur une lampe rouge ou sur une lampe bleue. Une sonnerie fonctionne également à ce moment. La figure 182 montre l'appareil construit par la maison J. Richard.

On emploie également des *indicateurs de tension* que l'on connaît sous le nom de lampes-témoins. Ce sont des lampes ordinaires placées sur le tableau de distribution et branchées sur des petits fils, appelés *fils de retour* qui sont fixés sur les fils extrêmes de la distribution et qui reviennent à l'usine. A la place de la lampe, on peut également brancher un voltmètre.

Appareils pour mesurer le nombre de tours d'une machine. — Un électricien aura souvent besoin de mesurer le nombre de tours par minute soit de sa dynamo soit de la machine qui l'entraîne

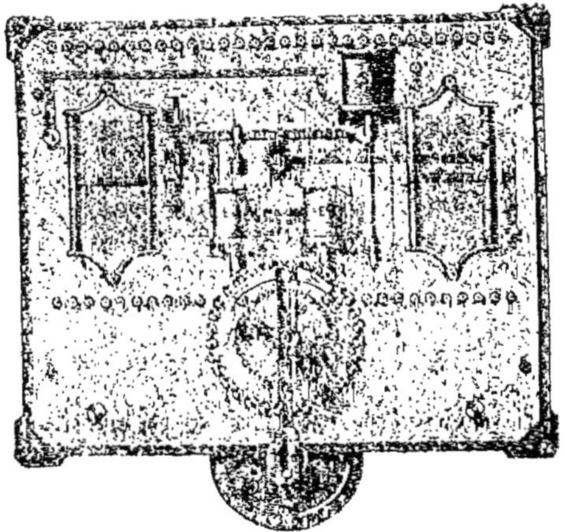

Fig. 184. — Rhéostat automatique Henrion.

pour savoir si le régime est normal. Tout le monde sait qu'il faut un compteur de tours et un compte-secondes. L'opération se fait en appuyant le compteur de tours sur l'axe de l'arbre en mouvement et en déclenchant en même temps le compte-secondes. Après une ou plusieurs minutes, on arrête l'appareil et l'on calcule le nombre de tours par minute. Cette mesure doit être refaite à plusieurs reprises en ayant bien soin d'appuyer en même temps le compteur de tours et de déclencher le compte-secondes pour éviter toute erreur. Des appareils permettent d'effectuer les deux mesures en même temps.

Appareils de réglage. — Nous avons vu précédemment en étudiant les machines que le seul appareil de réglage qui soit nécessaire pour régler une machine était un rhéostat placé dans le circuit d'excitation. Ce rhéostat doit être à résistance variable et doit présenter une série de plots correspondant à des résistances différentes sur lesquels un électricien pourra facilement faire déplacer une manette.

Le nombre de ces rhéostats est considérable ; la figure 183 nous représente assez bien la disposition générale d'un de ces appareils. A la partie supérieure se trouvent les boudins de maillechort formant résistances et à la partie inférieure la manette avec les plots successifs sur lesquels elle doit se déplacer.

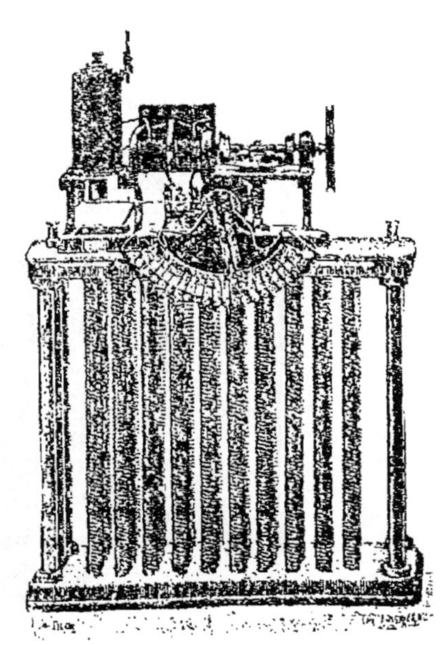

Fig. 183. — Rhéostat automatique Thury.

Dans quelques cas on a voulu établir également des rhéostats automatiques.

Le principe de tous les rhéostats automatiques est le suivant : Si la différence de potentiel augmente ou diminue, par divers moyens sur lesquels nous ne pouvons nous étendre, l'un ou l'autre des circuits de deux électro-aimants sont fermés. L'un des deux devient actif, attire une pièce quelconque qui se déplace sur le rhéostat, et fait varier la résistance. La figure 184 représente le modèle particulier de rhéostat automatique de la maison Henrion. On voit qu'il se compose d'un rhéostat ordinaire placé par derrière. Si la différence de potentiel vient à baisser ou à augmenter, l'indicateur de tension placé à la partie supérieure en AB fait d'abord fonctionner des lampes indicatrices. Et aussitôt un des deux électro-aimants E ou E' attire le cliquet C, à droite ou à gauche. L'autre partie vient donc s'appuyer contre les dents de la roue que l'on voit. La tige qui commande le cliquet C est toujours mise en mouvement par

Fig. 186. — Isolement des câbles.

une poulie que commande une petite courroie. Dès que le cliquet C est engrené, il fait tourner dans un sens ou dans un autre la roue dentée qui déplace un contact sur les plots des résistances.

Nous mentionnerons aussi l'appareil Thury (fig. 185) basé sur le même principe, mais dont les dispositions sont un peu

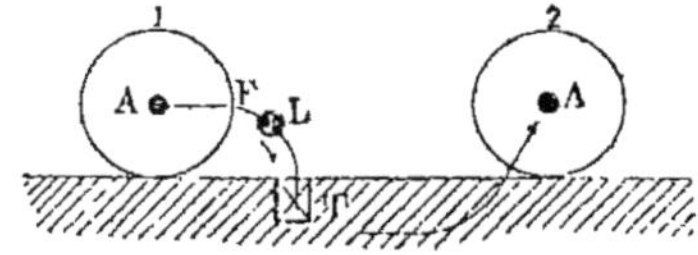

Fig. 187. — Moyen simple de vérifier l'isolement.

différentes. Il s'agit aussi d'un curseur que l'on fait déplacer automatiquement sur des plots de résistances. Suivant l'attraction ou la répulsion d'un électro-aimant, le mouvement est transmis à la manette de droite à gauche ou de gauche à droite.

Mesures et indicateurs d'isolement. — Les mesures et indications d'isolement sont certainement de la plus haute importance pour un électricien. Il s'agit pour lui de pouvoir se rendre compte à chaque instant si les câbles venant de la machine ne sont pas en contact direct avec la terre, s'il y a encore sur le câble un isolant et si la résistance de celui-ci est suffisante. Par exemple, voici deux câbles 1 et 2 (fig. 186)

venant d'une machine et posés sur la terre T. Le fil de cuivre nu AA est entouré d'une substance particulière B, dont nous verrons plus loin la nature, et qui a pour but, si elle est en bon état, d'éviter le passage du

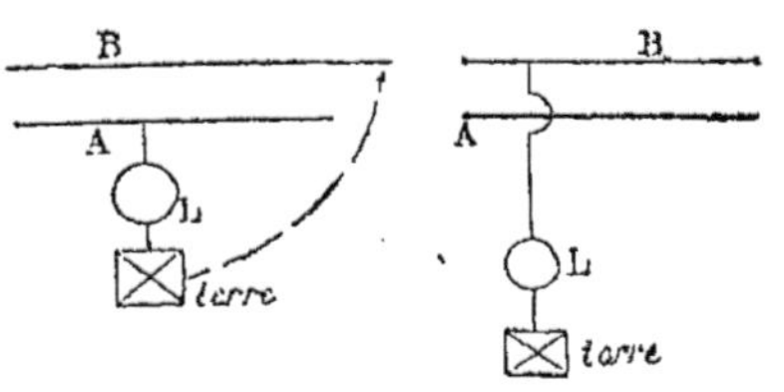
Fig. 188. — Vérification de l'isolement.

courant vers la terre. Cette substance B présente donc la résistance d'isolement qu'il nous est utile de connaître.

Le moyen le plus simple pour connaître l'isolement est d'intercaler une lampe comme le montre la figure 187. Un

fil F est relié en A sur le cuivre du câble 1, traverse une lampe L et est relié à la terre T. Si la résistance offerte par l'isolement du câble 2 est très faible, le courant passe à travers la lampe L, la terre et le fil de cuivre du câble 2. La différence de potentiel entre les deux câbles est élevée et la lampe s'allume.

Donc, avec deux câbles A et B sur notre tableau, nous n'aurons qu'à relier une lampe L successivement sur un pôle et sur l'autre (fig. 188) et

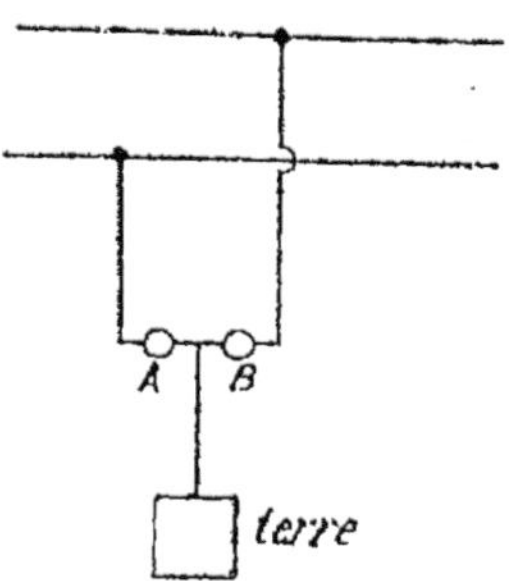
Fig. 189. — Indicateur permanent de terres.

la terre pour savoir sur quel pôle existera la perte. Il est à remarquer que le contact à la terre existera sur le pôle où la lampe ne se trouvera pas branchée, puisque c'est l'isolant de ce câble qui donnera passage au courant.

On peut installer sur un circuit un indicateur permanent de

terres en branchant deux lampes A et B en tension avec un fil
fixé entre elles et relié à la terre (fig. 189). Si une terre se déclare sur un conducteur, la lampe branchée sur l'autre s'allume aussitôt.

Ce ne sont là que des indicateurs qui rendent les plus
grands services. Il est utile, le plus souvent, de *mesurer* la
résistance d'isolement, de se rendre compte de sa valeur réelle.
Les appareils, pour répondre à ce but, sont encore très nombreux. Nous donnerons ici quelques
renseignements sur divers appareils
que nous avons été à même de manier
tous les jours dans notre service de
vérification à la Ville de Paris.

Fig. 190.— Appareil pour
mesurer l'isolement.

L'appareil (fig. 190) est construit
par la Keys Electric Cᵒ London ; il
constitue plutôt un indicateur de mesures d'isolement de 500000 ohms
à 1000000 ohms, mais il permet de
faire quelques mesures dans d'assez
bonnes conditions. Il est formé d'un
galvanomètre avec environ 1500 tours
de fil fin agissant sur une aiguille aimantée qui est mobile sur
un cadran extérieur où se trouvent des divisions. Deux piles
sèches placées dans le fond de l'appareil servent à le faire
fonctionner. Cet appareil est monté en série avec la résistance
à mesurer et l'on observe la déviation. Une graduation placée
sur la boîte indique la résistance d'isolement. On a certains
reproches à faire à cet appareil, dont les indications peuvent
varier suivant certaines circonstances extérieures ; mais il
forme en somme un indicateur d'isolement assez intéressant.

M. Picou a décrit dans son excellent petit livre *Distribution
de l'électricité. Installations isolées,* de l'Encyclopédie Léauté,
deux petits indicateurs de terres pour courants alternatifs qui
peuvent être très utiles. Le premier (fig. 190 *bis*), à gauche, est
formé d'un transformateur dont le primaire est réuni, d'une

part, à une tige de commutateur pour être mis sur un des conducteurs et, d'autre part, à la terre; le secondaire est fermé sur une lampe qui s'allume quand il y a une terre. Le second appareil, à droite de la figure, est formé de deux armatures métalliques de large surface en communication avec les deux conducteurs. Entre elles est placée une troisième plaque reliée à un téléphone et à la terre. L'ensemble des trois plaques forme un condensateur. Dès qu'une terre se produit, le téléphone fait entendre un bruit.

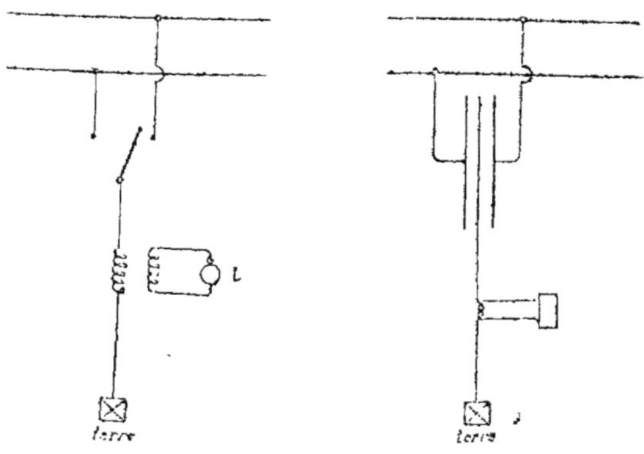

Fig. 190 *bis*. — Indicateurs de terres pour courants alternatifs.

Nous aurions une série d'appareils de mesure à citer et à décrire ici, si nous pouvions nous y arrêter. Nous nous ferons cependant un devoir de mentionner l'appareil de MM. Ducretet et Lejeune, très portatif et très facile à manier, l'appareil portatif de Silvertown, l'appareil d'Evershed et un appareil spécial de la maison Elliott. Tous ces appareils, dont nous nous sommes servis souvent, sont réellement remarquables, et donnent des résultats très satisfaisants. Nous regrettons de ne pouvoir insister longuement sur leur description.

Nous terminerons par un examen détaillé du mégohmmètre dû à M. Carpentier, et qui semble aujourd'hui la seule solution pratique de la mesure des résistances d'isolement sur place ou à distance. Cet appareil est représenté en plan à la partie supérieure et en coupe verticale dans la figure 191. Il est constitué par deux petits cadres rectangulaires superposés A et B, calés à 90° l'un de l'autre et portés par des pivots sur des chapes de rubis ; cet ensemble des deux cadres peut tourner dans un champ magnétique intense produit par des aimants

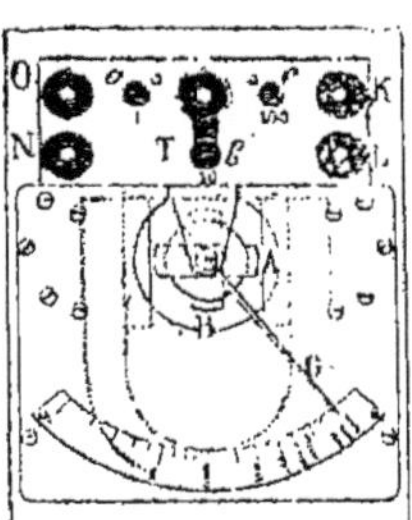 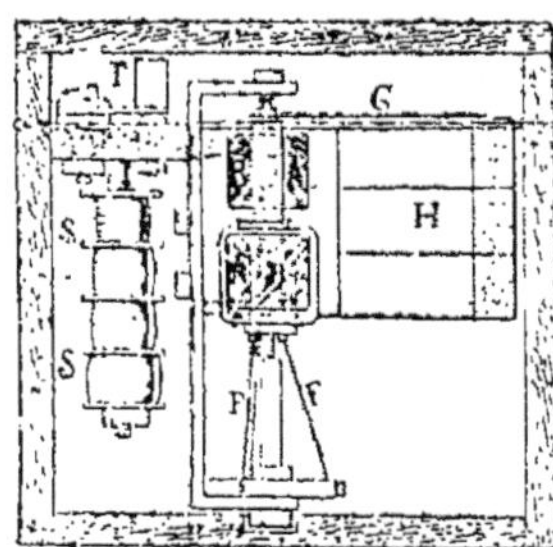

Fig. 191. — Vue en plan et en coupe du mégohmmètre Carpentier.

en fer à cheval M, des pièces polaires et des cylindres de fer doux fixes complètent le circuit magnétique. On voit les aimants en pointillé en plan et la coupe verticale sur la figure Les cylindres de fer doux sont également visibles en R., R. Les deux petits ressorts à boudin FF servent à amener le courant dans les circuits ; ils sont en argent, très longs et très fins pour produire un couple très faible et négligeable, ce qui arrive lorsque la force électromotrice employée dépasse 100 volts. L'aiguille G reliée à l'axe des cadres se déplace sur la graduation.

M. Armagnat a donné, dans l'*Industrie électrique*, au sujet de cet appareil quelques renseignements très intéressants.

Les deux cadres sont placés, l'un directement sur la source du courant, l'autre en série avec la résistance à mesurer et en dérivation sur le premier ; ils produisent donc deux forces rectangulaires dont la résultante est minima lorsque l'un des circuits agit seul, c'est le cas de la résistance infinie, et maxima lorsque les deux circuits agissent ensemble avec les courants maxima, c'est-à-dire pour la résistance zéro. Au moment où la force est minima, il y a intérêt, pour éviter les causes d'erreur, à rendre nul le couple des ressorts ; c'est pourquoi le système mobile, qui théoriquement devrait être en équilibre indifférent lorsqu'il ne passe pas de courant, est toujours rappelé vers le point infini.

L'ohmmètre est complété par des shunts S,S manœuvrés au moyen d'une manette T que l'on voit sur le plan ; le chiffre

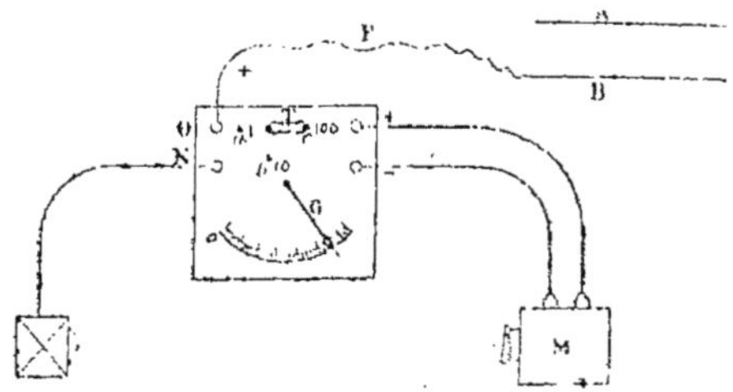

Fig. 192. — Schéma d'installation du mégohmmètre pour la mesure d'isolement.

qu'on trouve en face de la manette est le coefficient par lequel il faut multiplier les lectures faites sur le cadran. On voit en *a*, *b*, *c* les chiffres 1, 10, 100 qui signifient que les lectures doivent être multipliés par ces chiffres. La graduation va de 0 à 50000 ohms ; quand la manette se trouve en face du chiffre 100, les mesures peuvent atteindre jusqu'à 5 mégohms.

Le courant nécessaire aux mesures est fourni par une petite machine magnéto-électrique à courant continu qui peut donner 120 volts avec une vitesse de 100 tours de manivelle par minute. Dès que la vitesse imprimée à la manivelle est suffisante, c'est-à-dire dès que la force électromotrice dépasse 100 volts, les variations de vitesse n'affectent plus la précision des mesures et la pratique démontre que l'on a plutôt une tendance à tourner plus vite. De plus, par suite de la valeur du champ magnétique dans lequel se trouve le système mobile, l'orientation primitive de l'appareil n'a aucune influence et l'on peut également approcher autant que l'on veut la magnéto de l'ohmmètre.

Cet appareil est très portatif et son emploi des plus faciles ; nous en avons fait un usage journalier, et il ne nous est possible de trouver un seul jour où nous ayions eu quelque chose à lui reprocher.

Il est du reste si facile de mesurer un isolement. Prenons par exemple les deux câbles A et B (fig. 192) dont nous voulons connaître l'isolement de chacun d'eux par rapport à la terre et entre eux. Les dispositions que nous adoptons sont celles que représente la figure. Nous branchons les deux fils de la magnéto M aux bornes K et L de l'appareil en ayant soin de mettre le pôle $+$ au $+$ et le pôle $-$ au pôle $-$. Nous réunissons ensuite la borne O par un fil F au câble B, et la borne N à la terre. Nous mettons la manette T sur le shunt c (1/100), nous tournons la manivelle P et nous voyons aussitôt l'index G se déplacer sur la graduation et nous indiquer une résistance que nous multiplions par 100. C'est la résistance d'isolement cherchée du câble A par rapport à la terre. Si nous voulons mesurer la résistance du câble B par rapport à la terre, nous mettons le fil F en communication avec le fil A et nous opérons de la même façon que précédemment. On remarquera que nous avons mis le fil F en communication avec la borne $+$ et le fil de terre avec la borne $-$. Il est préférable, en effet, d'opérer toujours ainsi, car la résistance d'isolement est toujours plus faible.

Nous pouvons aussi mesurer l'isolement entre les deux câbles A et B. Il suffit d'enlever le fil de terre N et de le mettre en relation avec le câble A ; en opérant comme plus haut, nous lisons l'isolement entre les deux câbles.

Quelquefois, dans des mesures où l'isolement dépasse
5 mégohms, on est quelquefois incertain et on désire se rendre
compte si l'appareil marche. Il suffit, en tournant légèrement
la manivelle P de la machine, d'appuyer le fil réuni à la

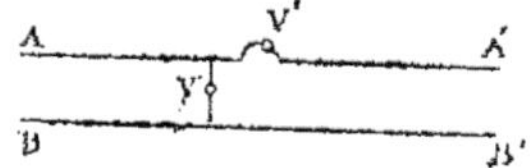

Fig. 193. — Schéma de la méthode du voltmètre pour la mesure
d'isolement, le câble BB' à la terre.

borne N contre le fil réuni à la borne O. On voit aussitôt l'aiguille G revenir au zéro si l'appareil est bon état.

Il nous faut enfin en terminant citer la méthode du voltmètre, qui permet avec un voltmètre d'effectuer très aisément des
mesures de résistances d'isolement, en l'intercalant entre chaque fil et la terre. Dans une distribution à 3 fils, sur deux
lignes AA' et BB', il suffit d'intercaler
successivement le voltmètre en V et V'
(fig. 193) pour avoir la résistance d'i-
solement de la ligne AA'. Une formule
simple que nous ne voulons pas développer ici montre que la résistance d'i-
solement dépend de la résistance propre du voltmètre et du rapport des deux
lectures aux voltmètres V et V'.

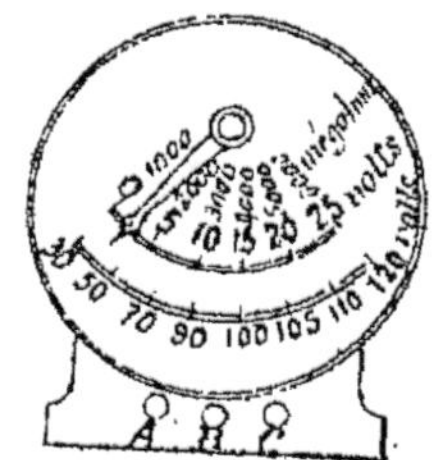

Fig. 194. — Voltmètre
gradué indiquant les
résistances d'isole-
ment.

Mais il est également possible de faire
tous ces calculs à l'avance et, en sup-
posant la différence de potentiel de la distribution constante,
de déterminer la résistance d'isolement correspondant aux
lectures successives V'. On a alors un appareil qui peut donner
directement la résistance d'isolement. La maison F. Henrion
a construit un appareil de ce genre représenté dans la figure
194. L'appareil à l'aide de trois bornes A, B, C, porte deux
graduations de 0 à 25 volts et de 25 à 120 volts. Au-dessus de

chaque lecture se trouve l'indication de la résistance d'isolement en mégohms. Il y a à très juste titre deux divisions pour des différences de potentiel variables. Il est bien certain, en effet, que les réseaux présentant de grands isolements ne donneront que de faibles différences de potentiel ; les mauvais isolements laisseront lire des valeurs élevées. Il est donc nécessaire d'avoir une graduation ordinaire et une graduation permettant de lire des fractions de volt.

Nous mentionnerons en particulier l'ohmmètre portatif, qui vient d'être construit par MM. Chauvin et Arnoux pour la mesure rapide des résistances d'isolement et des résistances moyennes comprises entre 20 mégohms et 0,1 ohm.

Tels sont les principaux renseignements que nous avons cru devoir donner sur les mesures d'isolement. Nous avons pris toujours pour exemple des câbles, mais les mêmes méthodes se rapportent aussi aux dynamos ; nous verrons plus loin l'utilité de ces appareils pour les installations électriques.

E. — APPAREILS DE MANŒUVRE.

Il nous reste encore à faire connaitre divers appareils dont nous aurons à nous servir pour la conduite des machines. Ces appareils sont :

Interrupteurs — Commutateurs — Coupe-circuits.

Nous allons étudier successivement chacun de ces appareils.

Interrupteurs. — Les interrupteurs sont des appareils qui permettent de couper un courant en supprimant la continuité métallique d'un circuit. Les interrupteurs doivent présenter aux contacts les plus grandes surfaces possibles et assurer le contact le plus intime. La rupture doit se faire en deux ou plusieurs points et être très brusque afin d'éviter des formations d'arcs qui pourraient être dangereux avec des intensités un peu élevées comme celles dont nous nous occupons ici.

L'appareil en lui-même n'est donc formé que de deux pièces métalliques qu'une disposition permet de mettre en communication. Le tout est porté sur un socle isolant, en bois, en marbre, en ébonite, en ardoise. Les interrupteurs sont *monopolaires*, c'est-à-dire ne coupant que sur un pôle ou mieux ne comportant qu'une seule ligne, ou *bipolaires*, c'est-à-dire comportant deux lignes que le même appareil interrompt à la fois. Ces appareils doivent être robustes, bien construits, et bien isolés surtout lorsqu'il s'agit de hautes tensions.

Fig. 195. — Interrupteur simple.

Les modèles sont très nombreux ; nous donnerons une description sommaire de quelques-uns pour mieux fixer les idées.

Les figures 195 et 196 nous représentent un interrupteur simple et un interrupteur bipolaire de la maison Genteur. Dans la figure 195, sur un socle de marbre ou de bois, sont fixées deux pièces de cuivre, qui portent d'un côté une ouverture pour recevoir les câbles et les maintenir par un boulon ; à l'autre extrémité se trouvent des pinces B, dont les montants sont formés de lamelles de cuivre espacées. C'est entre ces pinces B, que vient se déplacer la lame CC que guide la manette M. Les pinces appuient fortement sur la lame et forment un

Fig. 196. — Interrupteur bipolaire.

bon contact. La figure 196 représente l'interrupteur bipolaire. Un tambour A, de matière isolante est commandé par une manette M. Ce tambour porte sur les côtés deux lames de cuivre CC, contre lesquelles viennent s'appliquer quatre pièces formées de lamelles de cuivre et en communication avec des blocs de cuivre présentant les ouvertures nécessaires au passage des fils.

La maison Mornat et Langlois a construit un interrupteur (fig. 197) dans lequel une manette centrale vient faire appuyer les lames de contact sur des plots de cuivre. M. J. Ullmann vend les interrupteurs (fig. 198) où les lames de contact sont en forme de ressort. C'est entre elles que viennent se placer des lames de cuivre portées longitudinalement sur la pièce centrale. La fig. 198 bis

Fig. 197. — Interrupteur bipolaire par contacts.

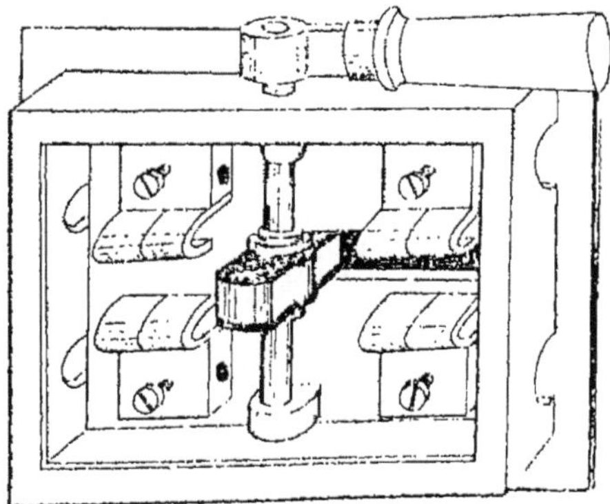

Fig. 198. — Interrupteur bipolaire à ressort.

est un modèle également à lames faisant ressort construit par M. Illyne Berline,

M. Leroy construit l'interrupteur unipolaire à balais mobi-

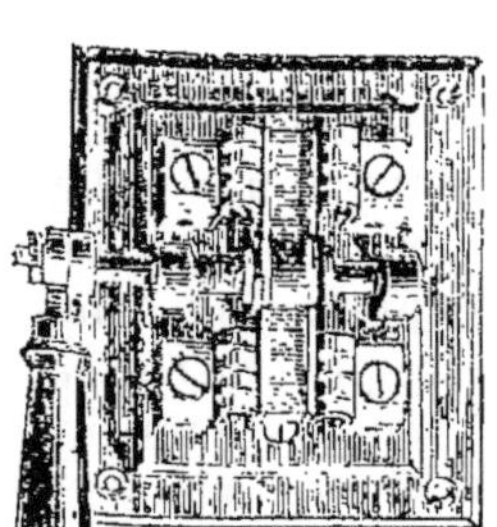

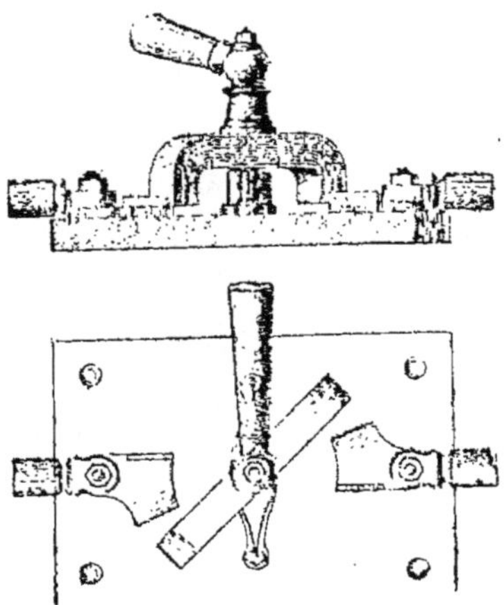

Fig. 198 *bis*. — Interrupteur bipolaire à ressort.

Fig. 199. — Interrupteur simple à contacts glissants.

les et rupture rapide de la fig. 199. Ce modèle peut convenir
à des intensités de 100 à 800 ampères.

MM. Sage et Grillet ont adopté le modèle (fig. 200). Des

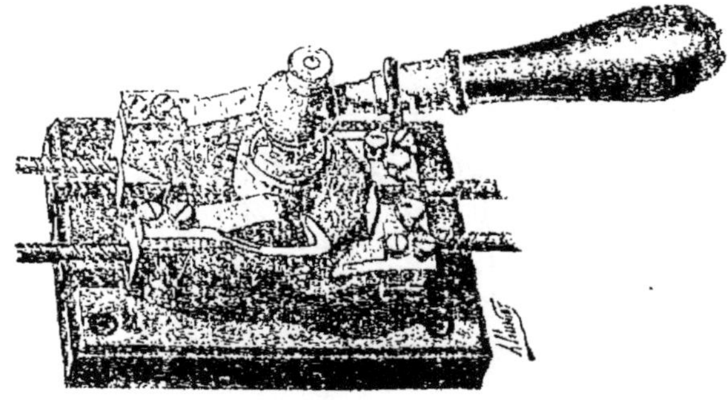

Fig. 200. — Interrupteur bipolaire à contacts sur un disque central.

lames métalliques viennent appuyer comme des ressorts sur la

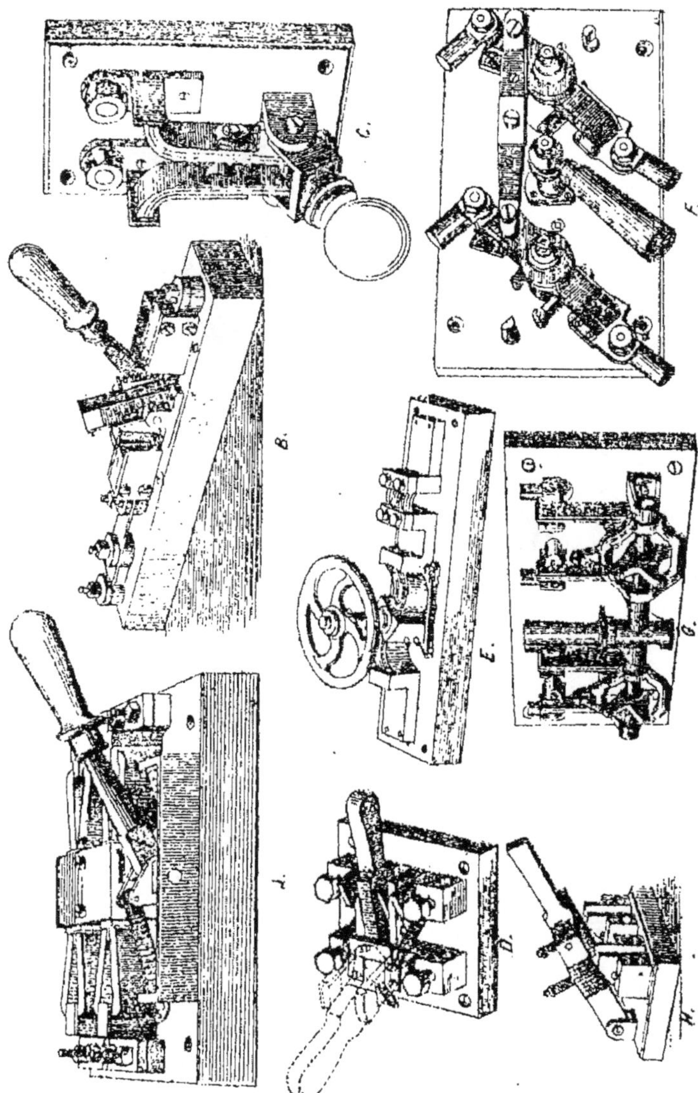

Fig. 201. — Modèles divers d'interrupteurs.

pièce de cuivre établissant le contact et portée par le disque du milieu.

Dans le tableau formé par la fig. 201, nous avons réuni

Fig. 201 *bis*. — Interrupteur bipolaire.

quelques autres modèles d'interrupteurs convenant à des intensités de 400 ou 500 ampères. En A et B se trouvent des interrupteurs

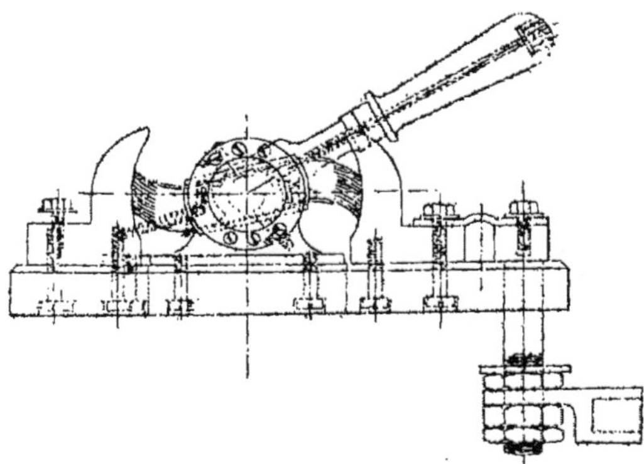

Fig. 202. — Interrupteur de la Compagnie de travaux d'éclairage et de force.

rupteurs à levier de la Société alsacienne, en C un modèle à

glissière de MM. Drake et Gorham à Londres, en D un modèle
à levier de M. Genteur à Paris. La figure E est un interrupteur
à contacts multiples avec un coupe-circuit. La figure F est un

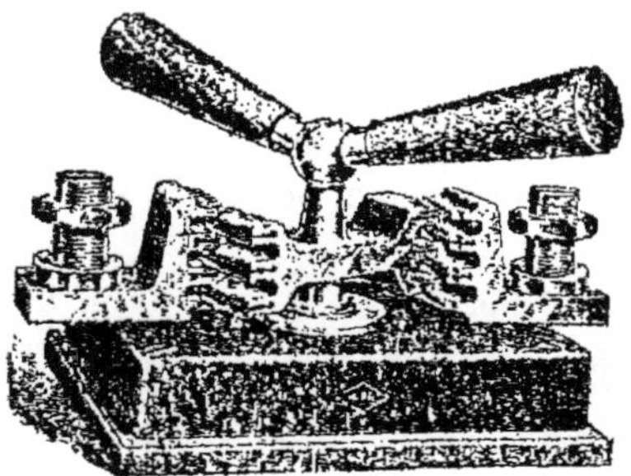

Fig. 203. — Interrupteur simple à contacts multiples.

interrupteur à double pôle et à déclenchement instantané de
MM. Dorman et Smith. L'interrupteur bipolaire H est construit

Fig. 204. — Interrupteur bipolaire à lames formant ressort.

par M. Henrion à Nancy et peut aller à 900 ampères. Il se
compose de deux pièces formées d'une série de lamelles élasti-

ques et portées sur une tige qui traverse librement le levier.
Ces pièces viennent s'engager à la partie inférieure dans des
blocs où elles pénètrent d'abord obliquement et ensuite plus
profondément, grâce aux efforts qui sont alors nécessaires. La
figure 201 *bis* est un autre modèle d'interrupteur basé sur ce
même principe.

Nous mentionnerons encore l'interrupteur de la Compagnie
générale de travaux d'éclairage et de force (anciens établisse-

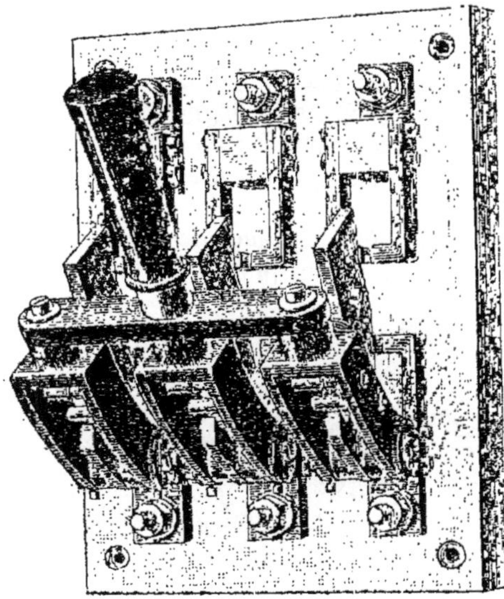

Fig. 204 *bis*. — Interrupteur tripolaire.

ments Clémançon); la figure 202 représente le côté de
l'appareil. Dans ces interrupteurs, les contacts sont obtenus
par l'emploi de lames de clinquant serrées ensemble et dont
les extrémités sont libres. Les contacts sont constamment nettoyés par suite du frottement qui s'exerce. La même société
construit également des interrupteurs à 5 fils commandés par
une seule manette.

Nous signalerons encore les deux appareils des figures 203 et 204. Dans le premier les contacts sont obtenus par des lames fle cuivre pénétrant à force dans des ouvertures ménagées à cet effet sur le côté. Le second qui est bipolaire laisse pénétrer des lames métalliques rigides dans des lames flexibles formant ressort.

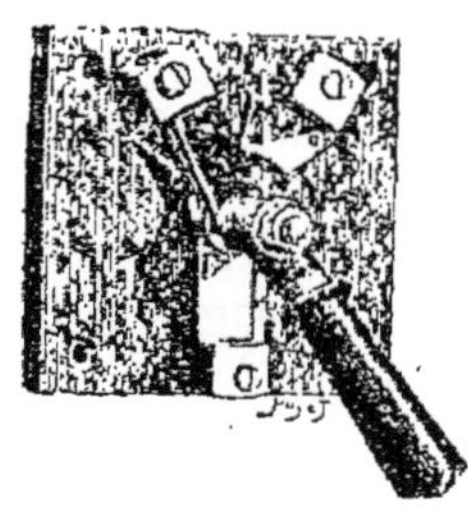

Fig. 203. — Commutateur monopolaire.

La figure 204 *bis* nous fait voir un interrupteur tripolaire construit récemment par la maison Genteur. Cet interrupteur est à couteaux, à ruptures brusques, à contacts à balais avec prises devant ou derrière. Sur une plaque de marbre sont montées six pièces avec lames flexibles laissant une ouverture par laquelle peut pénétrer un couteau. Ces derniers, au nombre de trois, sont portés sur des supports spéciaux, mobiles autour d'un axe et commandés par une poignée extérieure.

Fig. 206. — Commutateur bipolaire.

On a également construit des interrupteurs limiteurs d'intensité, ou interrupteurs automatiques qui rompent brusquement le circuit dès que l'intensité dépasse une certaine valeur : ils complètent les coupe circuits.

Nous dirons que les interrupteurs pour haute tension à courants alternatifs reposent sur les mêmes principes, et que l'isolement est plus soigné.

Il serait difficile de faire une étude comparative des avanges et inconvénients respectifs de ces appareils. Nous ne désirons que faire connaître les principes sur lesquels ils doivent reposer ; les électriciens sachant les conditions auxquelles ces appareils doivent répondre en connaîtront rapidement les défauts et les qualités.

Fig. 207. — Commutateur monopolaire.

Nous mentionnerons en particulier l'interrupteur pour des circuits de 10000 volts que la maison Genteur a fabriqués dernièrement. Cet appareil est formé de 2 paires de balais en communication avec les extrémités du circuit. Une tige peut venir se placer entre les balais par le mouvement d'une poignée

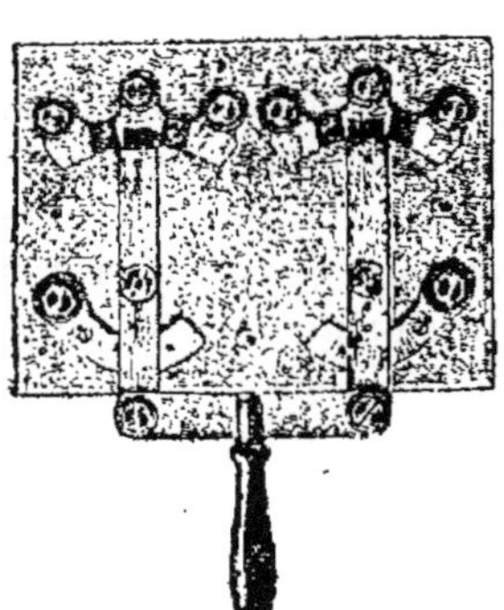

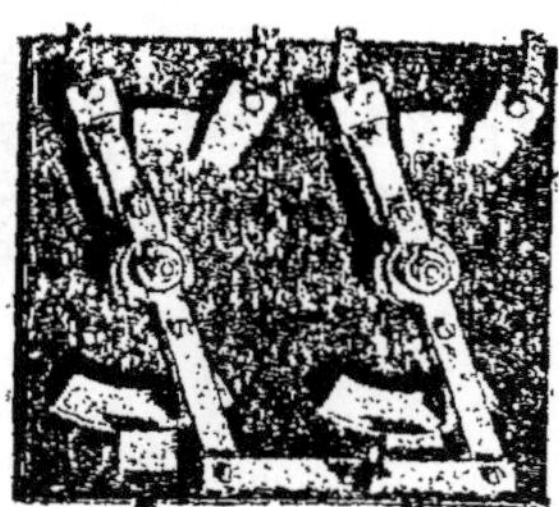

Fig. 208 et 209. — Commutateurs bipolaires.

que l'on peut déplacer à volonté et qui commande une tige à section rectangulaire sur laquelle est fixée la lame qui s'engage entre les balais. Dans la manœuvre de cet appareil, on a une rupture brusque ou une fermeture très rapide. Cet appareil peut être disposé pour permettre la rupture dans un bain de pétrole.

Commutateurs. — On désigne sous le nom de commutateurs les appareils qui permettent de changer brusquement le sens du courant, ou de faire passer rapidement le courant d'un circuit dans un autre.

Ces appareils doivent avoir les mêmes propriétés essentielles que les interrupteurs dont nous avons parlé plus haut.

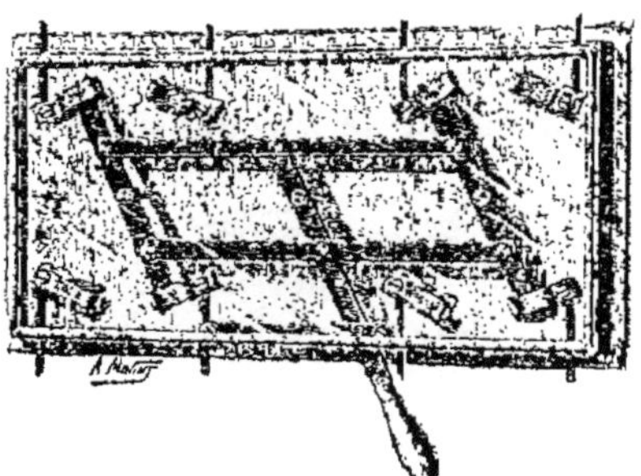

Fig. 210. — Commutateur bipolaire pour haute tension.

Nous trouvons dans les figures 205 et 206 les dispositions ordinaires de simples commutateurs permettant de faire passer rapidement le courant d'un circuit dans un autre. Un appareil est monopolaire et l'autre bipolaire ; ils ont été cons-

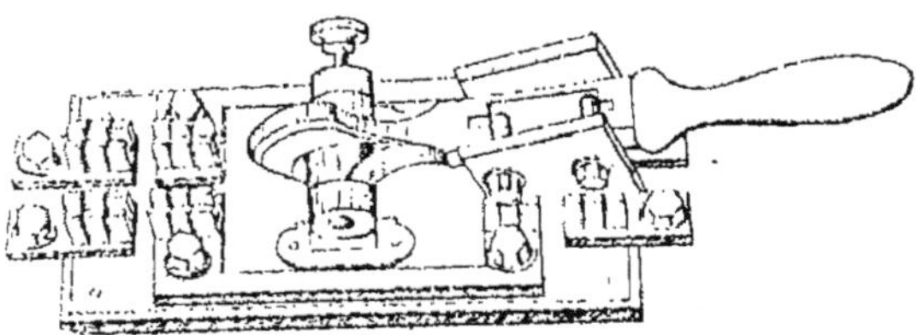

Fig. 211. — Commutateur inverseur bipolaire.

truits par MM. Genteur et Japy. Dans la figure 207 nous voyons un autre commutateur monopolaire simple.

Dans les figures 208 et 209 sont représentés deux commutateurs bipolaires à deux directions et point mort pour des intensités élevées.

Le commutateur de la figure 210 est bipolaire à deux directions et pour courant à haute tension.

Le figure 211 nous montre un commutateur inverseur bipolaire sur ardoise à levier à ressort. La figure 212 est un commutateur à balais à 3 directions de 200 à 300 ampères, avec commande par volant, construit par M. Bardon.

Coupe-circuits. — Les coupe-circuits sont des appareils destinés à couper automatiquement le circuit si l'intensité vient à dépasser de beaucoup la valeur normale. Lorsque l'intensité s'élève au-delà de l'intensité normale, ce fait ne peut résulter que de courts-circuits ou accidents divers Les coupe-circuits sont donc des appareils de sûreté. Ils sont basés sur les propriétés calorifiques du courant électrique ; nous allons donner à ce sujet quelques explications.

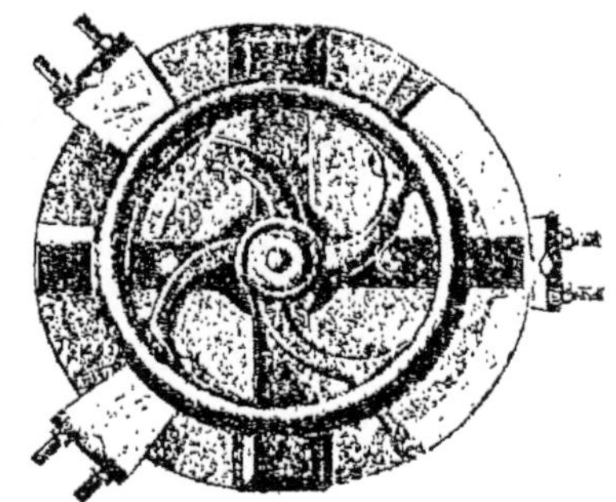

Fig. 212. — Commutateur à balais à 3 directions.

Quand un courant traverse un conducteur, une partie de l'énergie électrique est transformée en chaleur ; le conducteur s'échauffe.

La quantité de chaleur dégagée peut être calculée par la formule :

$$W = RI^2t. \quad 0,24 \text{ calories gramme-degré.}$$

R est la résistance du conducteur en ohms.

I est l'intensité du courant en ampères.

t est le temps de passage du courant en secondes.

Si donc nous faisons traverser un conducteur métallique par un courant d'une intensité déterminée, ce conducteur, après un certain temps de passage, s'échauffera. Si nous augmentons l'intensité et si nous choisissons un métal à point de fusion peu élevé, nous pouvons arriver à obtenir la fusion de ce métal. Le plomb est le métal spécialement employé parce qu'il fond à 326 degrés.

C'est ce phénomène qui est utilisé dans la construction des *coupe circuits automatiques*. On met en circuit une lame de plomb d'une section calculée. Le courant traverse cette lame et l'échauffe. Quand l'intensité augmente, la lame s'échauffe jusqu'à atteindre son point de fusion. Elle fond alors et coupe automatiquement le circuit. On voit donc que ce procédé permet de garantir les machines. Si, pour diverses causes que nous examinerons plus loin, l'intensité sur un circuit tend à augmenter au-delà de la valeur normale que peut fournir la machine, le circuit sera rompu.

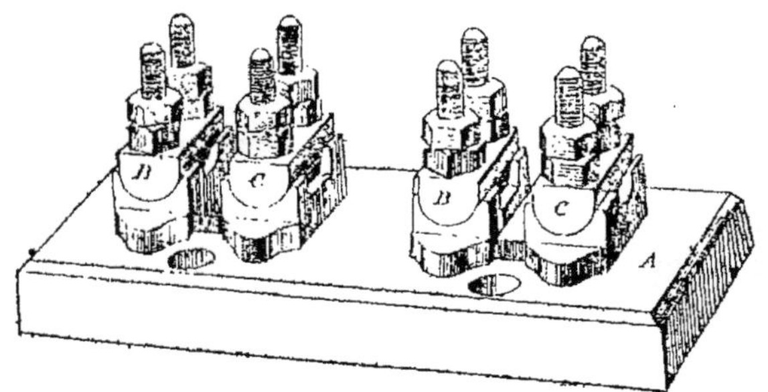

Fig. 213. — Coupe-circuit pour intensités élevées.

Les épaisseurs des lames de plomb à disposer ainsi en circuit varient avec les intensités maxima à observer.

Il est nécessaire pour ces coupe-circuits de faire attention au refroidissement des attaches. Après expériences, M. Grassot a reconnu qu'il n'y avait de relation simple entre le diamètre du fil et l'intensité du courant produisant la fusion que lorsque la longueur du fil dépassait 8 à 10 centimètres. Ces dimensions ne sont jamais atteintes en pratique. Il n'est donc pas possible de calculer le diamètre d'un fil de plomb fusible, mais il est nécessaire de l'essayer expérimentalement. Un coupe-circuit, en principe, est donc formé par deux bornes placées à distance entre lesquelles peut se fixer la lame fusible constituant le coupe-circuit lui-même. On conçoit qu'en partant de ce principe, il soit possible de créer une variété infinie d'appareils.

Nous donnons dans la figure 213 la forme générale d'un coupe-circuit. Sur un socle isolant A, en ardoise ou en marbre, sont fixées deux paires de bornes de cuivre B, B, C, C. C'est entre elles deux que se placent les lames de plomb, maintenues à l'aide de boulons. On peut disposer une série de fils ou lames de plomb à côté les unes des autres, au lieu d'en ajuster une seule (fig. 214).

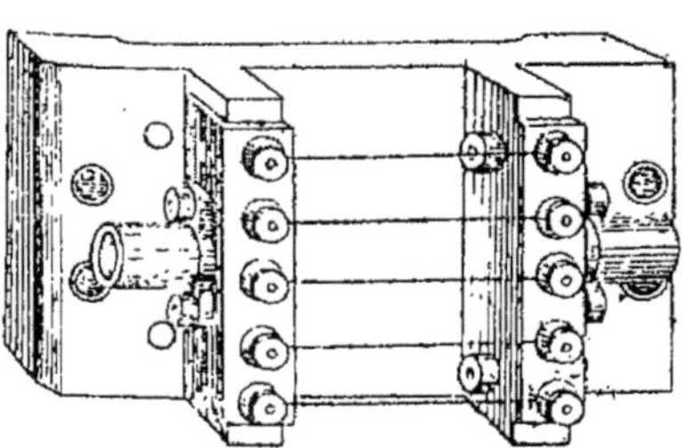

Fig. 214. — Coupe-circuit à fils multiples.

Si l'on veut éviter le remplacement des lames fusibles, ce qui peut se présenter assez souvent, on a recours à des coupe-circuits magnétiques. Ils sont constitués par une substance, qui perd ses propriétés magnétisantes quand elle atteint une certaine température. Cette matière est attirée par un aimant ou électro-aimant, et elle ferme à ce moment le circuit; si le courant qui la traverse devient anormal, elle s'échauffera, et rompra le circuit.

Pour les coupe-circuits ordinaires, on devra se préoccuper d'abord de la constitution de la lame fusible elle-même. On emploie généralement des alliages renfermant 1 partie d'étain et 2 parties de plomb, et quelques traces de phosphore.

Les fils sont du reste généralement préparés à l'avance et vendus par les constructeurs. Nous citerons en particulier M. Vedovelli qui a établi des séries de fils fusibles montés sur lamelles isolantes avec œillets pour les contacts. Les séries qui nous intéressent en ce moment vont de 25 à 500 ampères

17

avec des longueurs différentes. Ces fils sont étalonnés et fondent à des intensités déterminées.

Quelquefois le fil peut rougir sans fondre aussitôt. La Compagnie anglaise Acme et Immisch attache un petit poids pour forcer le fil à se casser dès qu'il rougit.

Les modèles de coupe-circuits sont très nombreux. Nous en citerons quelques-uns. Dans la figure 215 est un modèle construit par la maison Bréguet; la figure

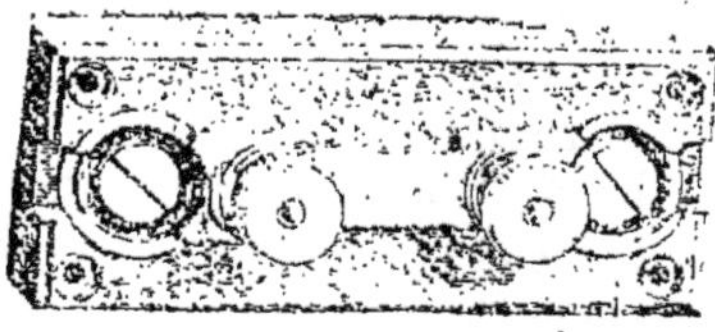

Fig. 215. — Coupe-circuit mono-polaire.

216 est un coupe-circuit de la maison Bardon, la fig. 217, un coupe-circuit bipolaire de MM. Sage et Grillet et la fig. 218, un coupe-circuit magnétique Woodhouse et Rawson. Dans ce

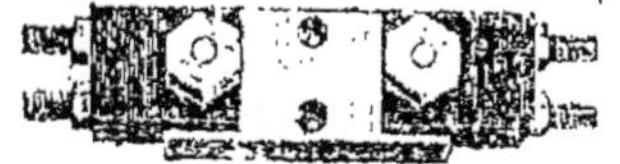

Fig. 216. — Coupe-circuit monopolaire.

dernier appareil, le solénoïde, traversé par le courant, est attiré par un noyau de fer fixe; quand l'intensité dépasse une certaine valeur, le circuit est alors rompu. La fig. 218 bis est un coupe circuit bipolaire à cloison de la grande maison anglaise *Verity*. La maison D. Soulé à Bagnères-de-Bigorre fabrique également des coupe-circuits bipolaires en porcelaine émaillée pour des intensités de 500 ampères.

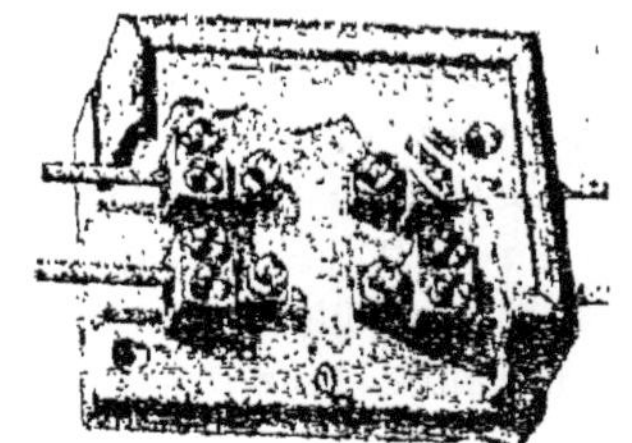

Fig. 217. — Coupe-circuit bipolaire avec couvercle.

On voit que les coupe-circuits en général sont basés sur la fusion d'un métal. Au moment de cette fusion, le métal peut être projeté de tous côtés et causer des accidents très graves. Il importe donc que tous les coupe-circuits soient recouverts d'un couvercle pouvant arrêter les projections de métal.

La Cie pour la fabrication des compteurs a construit dernièrement l'interrupteur bipolaire-disjoncteur Volta que représente la figure 218 *ter*. Cet appareil comprend une bobine à self-induction très grande qui s'oppose à toute augmentation brusque de courant, et un interrupteur armé qui produit la rupture du circuit dans un temps plus court que celui qui serait nécessaire à l'intensité pour atteindre une valeur élevée. Si le courant atteint la limite fixée et réglée par la bande d'un ressort, une plaquette est

Fig. 218. — Coupe-circuit magnétique.

attirée et produit l'extinction en déclenchant le levier. Cet appareil, qui est du plus haut intérêt pour la sécurité des installations électriques, joue donc à la fois le rôle d'interrupteur et de coupe-circuit.

Des coupe-circuits spéciaux ont été construits avec des fils de plomb enfermés dans des tubes de verre qui portent des garnitures de contact à leurs extrémités. Ces tu-

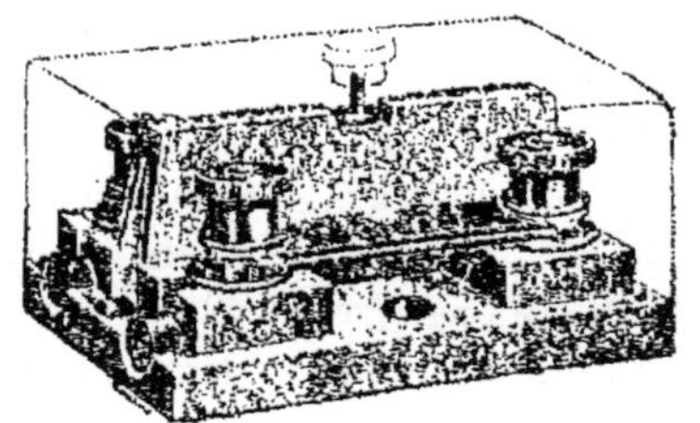

Fig. 218 *bis*. — Coupe-circuit bipolaire à cloison.

bes de verre sont percés d'une ouverture pour faciliter le dégagement des gaz. Ils sont maintenus entre des balais. Une poignée en bois sert au maniement de cet appareil. De tels coupe-circuits peuvent être disposés pour des tensions de 10000 volts.

Appareils divers. — Sous ce titre, nous comprendrons d'abord les disjoncteurs magnétiques basés sur l'attraction par

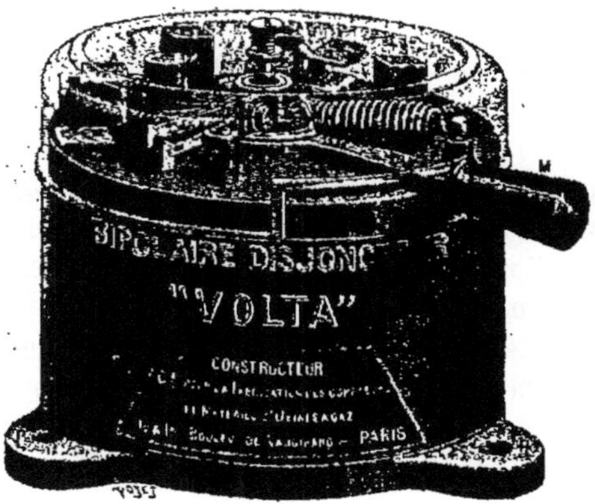

Fig. 218 *ter*. — Interrupteur bipolaire-disjoncteur Volta.

des électro-aimants d'une lame destinée à faire fermer le circuit. Nous comprendrons aussi les interrupteurs-coupe-circuits, les interrupteurs-commutateurs, etc...

Dans ce chapitre, nous n'avons pas voulu du reste faire une description même des principaux appareils utilisés aujourd'hui, un volume n'y suffirait pas; mais nous avons désiré simplement donner quelques explications générales sur les appareils que nous allons rencontrer à chaque pas.

CHAPITRE III

MODES DE DISTRIBUTION DE L'ÉNERGIE ÉLECTRIQUE.

Il convient maintenant de chercher les moyens de distribuer au loin ou à faible distance l'énergie électrique produite dans l'usine. Ces moyens devront être les plus simples et les plus économiques à la fois.

Ces systèmes sont aujourd'hui très nombreux ; et nous aurions fort à faire si nous voulions les examiner ici tous en détail. Nous établirons les classifications dans ce qui va suivre.

A. — GÉNÉRALITÉS.

Éléments caractéristiques. — L'énergie électrique W a pour expression :

$$W = U I t.$$

U est la différence de niveau électrique, ou différence de potentiel dont l'unité est le *volt*.

I est l'intensité du courant ou débit dans l'unité de temps, dont l'unité est l'*ampère*.

t est le temps, dont l'unité choisie est la seconde.

Les deux facteurs les plus importants sont :

U la différence de potentiel :

I l'intensité du courant.

Une distribution électrique peut se faire en supposant :

1° L'intensité du courant constante ;

2° La différence de potentiel constante.

La première s'effectue en formant un circuit partant de deux points MN (fig. 219), entre lesquels est établie une différence de potentiel *u* et en mettant en tension les différents appareils (lampes, etc.), A, B, C, c'est-à-dire en les disposant de telle sorte qu'un fil arrive d'un côté, sorte par l'autre pour rentrer dans un autre appareil, et ainsi de suite. On voit de suite l'in-

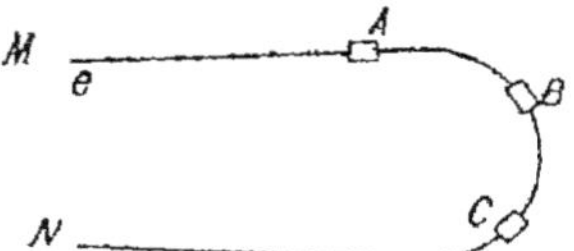

Fig. 219. — Schéma de distribution à intensité constante.

convénient d'un pareil système : les appareils ou lampes sont dépendants les uns des autres ; si l'une est allumée il faut que les autres le soient également. On peut cependant remplacer une lampe par une résistance équivalente. Mais alors il se produit une consommation d'énergie en pure perte.

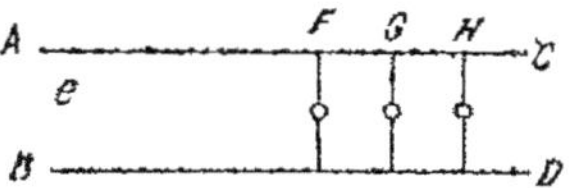

Fig. 220. — Schéma de distribution à différence de potentiel constante.

Le procédé de distribution à différence de potentiel constante consiste à établir des conducteurs tels que AC, BD (fig. 220), entre lesquels est maintenue toujours une différence de potentiel. On branche ensuite une série d'appareils F, G, H. Ces divers appareils sont indépendants les uns des autres. Si l'un est éteint, l'autre peut être allumé et réciproquement.

Les avantages et inconvénients de fonctionnement des systèmes à intensité constante et à différence de potentiel constante peuvent être résumés dans la note ci-jointe :

Dans le mode de distribution à intensité constante, tous les appareils d'utilisation (lampes ou autres) sont montés en tension, c'est-à-dire que le fil sortant d'une lampe rentre dans la lampe suivante et ainsi suite. Tous les appareils sont donc dépendants les uns des autres, c'est-à-dire que si l'un s'éteint, les autres doivent s'éteindre également. Pour éviter cet inconvénient, on a imaginé plusieurs procédés. L'un consiste à remplacer l'appareil que l'on supprime par une résistance auxiliaire équivalente, l'autre à régler la différence de potentiel à l'usine, pour amener l'intensité à avoir la même valeur.

D'après ces considérations, on voit que pour une installation à intensité constante d'une certaine importance, on est obligé d'avoir recours à des différences de potentiel élevées. Les applications de ce genre sont fréquentes en Amérique ; le potentiel employé varie entre 1000 et 2000 volts. Avec ce système de distribution, les câbles ont des sections de cuivre faibles comme nous le verrons plus loin. Il s'ensuit de grandes économies sur la masse de cuivre employée.

Mais ce procédé à intensité constante n'assure pas une véritable distribution dans le sens propre du mot, puisque tous les appareils dépendent les uns des autres.

Le système de distribution à potentiel constant permet une distribution régulière de l'énergie électrique. Mais il ne peut employer que des différences de potentiel relativement faibles. Le prix d'installation est donc plus élevé.

La différence à établir entre les deux systèmes au point de vue du fonctionnement est que l'un assure une véritable distribution d'énergie électrique et l'autre dans certaines limites seulement.

Aussi jusqu'à ce jour, le système de distribution à différence de potentiel constante est-il le plus employé. C'est de ce dernier que nous nous occuperons dans ce qui va suivre.

Distribution à différence de potentiel constante. — Influence du débit. — Perte de charge. — Influence de la différence de potentiel initiale. — Admettons une différence de potentiel de 100 volts. S'il s'agit d'alimenter 1000 lampes de 60 watts chacune (environ 16 bougies), il nous faudra 60000 watts. Le *watt* est l'unité de puissance électrique, et est égal au produit des *volts* par les *ampères*.

Nous aurons donc EI = 60000 watts. Si la différence de potentiel est égale à 100 volts, il faut que l'intensité égale 100. I = 60000.

$$I = \frac{60000}{100} = 600 \text{ ampères.}$$

Nous aurons donc à établir une canalisation pour 600 ampères. De même, si nous avons un réservoir d'eau situé en A

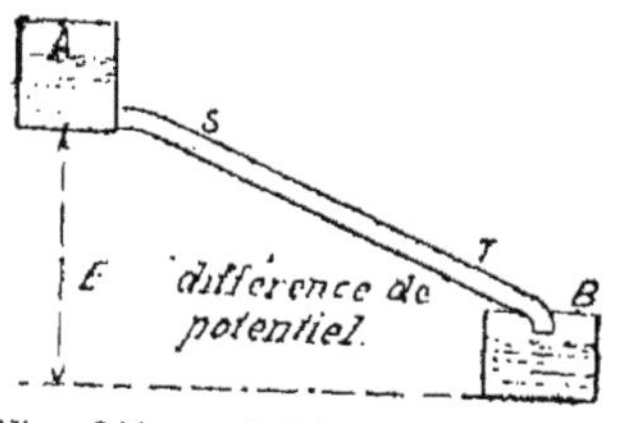

Fig. 221. — Schéma pour comparaison hydraulique.

(fig. 221), et que nous voulions faire venir de ce réservoir une quantité d'eau égale à 100 mètres cubes par seconde dans un autre réservoir B, il nous faudra établir une tuyauterie T d'une section S convenable, afin d'assurer le débit demandé.

Dans l'exemple cité plus haut, si nous avions pris une différence de potentiel de 1000 volts, l'intensité à distribuer n'aurait plus été que de :

EI = 60000 watts, E = 1000 volts.

$$I = \frac{60000}{1000} = 60 \text{ ampères.}$$

Nous pouvons nous demander ici s'il est plus avantageux d'employer des différences de potentiel grandes ou faibles.

Avant de résoudre cette importante question, il convient d'établir quelques notions indispensables.

Dans un tuyau où circule de l'eau, il y a ce qu'on appelle *une perte de charge*, une perte de pression, due aux frottements intérieurs. La même loi se retrouve pour la circulation dans des tubes de l'eau, de la vapeur, de l'air comprimé, etc. Cette perte de charge est d'autant plus grande que la section du tuyau est plus petite, et que la longueur est plus grande. De plus elle est différente suivant la nature des métaux qui composent le tuyau.

Il en est de même au point de vue électrique.

Soit un conducteur AB (fig. 222) traversé par un courant *i*. De A en B se produit une perte de charge, perte de pression électrique ou de différence de potentiel. Cette perte dépend d'abord de l'intensité du courant *i*, et ensuite de la *résistance* propre de ce conducteur AB. Cette perte de charge est égale au produit de la résistance propre du conducteur R par l'intensité qui le traverse.

La résistance R du conducteur dépend elle-même de la nature du métal conducteur, de sa longueur et de sa section.

On voit donc que pour avoir une perte très faible, il faut prendre une longueur petite, et une section grande ; mais si par la nature de l'application, la longueur est grande, il est nécessaire de prendre une section très forte pour que la perte reste faible.

Fig. 222. — Conducteur électrique.

Il est cependant difficile d'obtenir des câbles de grande section. La fabrication est pénible et le prix très élevé.

Ordinairement on ne dépasse pas une section de 500 millimètres carrés. Il existe, cependant, dans certaines stations centrales des câbles de 1000 millimètres carrés.

On se trouvera donc forcément limité à une faible distance, si l'on ne veut pas employer une section trop grosse.

On peut aussi réduire la perte de charge par quelques artifices.

Il convient d'abord pour une même longueur et une même section d'avoir la résistance R la plus faible possible. Or cette valeur dépend d'abord de la nature propre du métal. On est ainsi amené à choisir entre divers métaux ; le cuivre constitue presque exclusivement la matière première des câbles. On a cependant essayé d'employer le fer ; plusieurs canalisations sont en bronze silicié. Dans ces derniers temps, on a même parlé de conducteurs bi-métalliques, cuivre avec une âme centrale en acier. Il serait difficile de donner un avis absolu en pareille matière ; des considérations multiples peuvent seules nous dicter un choix. Néanmoins si nous comparons les résistances spécifiques ou résistivités des divers métaux à la température de 0°C, nous trouvons les chiffres suivants d'après le *Formulaire de l'Électricien* (1896).

	Résistivité en Microhms-centimètre à 0°C
Cuivre électrolytique Grammont. . .	1,538
Fer pur	9,065
Fil d'acier	15,803
Bronze phosphoreux.	5,600
Bronze siliceux	1,670
Maillechort.	30,000
Nickeline	33,200
Manganin	46,700

On voit que le cuivre est encore celui des métaux usuels qui présente la plus faible résistance spécifique. On a parlé dernièrement de l'aluminium. Ce métal est, en effet, très léger (D = 2,67) et commence à être fabriqué industriellement à des prix peu élevés. D'autre part sa résistivité n'est que de 2,889 microhms-centimètres et celle du bronze d'aluminium est de 12,3 microhms-centimètres.

Détermination de la section utile. — Il est encore nécessaire de considérer qu'en dehors de la perte de charge, il faut éviter l'échauffement au-delà d'une certaine limite qui pourrait devenir dangereuse ;

Pour éviter tout échauffement, la pratique enseigne qu'avec le cuivre du commerce, on peut admettre 2 et 3 ampères par millimètre carré pour les câbles d'une section supérieure à 20 millimètres carrés ; pour les autres, au contraire, on peut aller jusqu'à 4 et 5 ampères par millimètre carré Ces chiffres n'ont rien d'absolu et peuvent du reste être notablement modifiés par les conditions d'isolement, les conditions de pose, de refroidissement, etc. Ce sont les nombres admis dans tout ce qui va suivre.

La loi de Thomson nous permet de déterminer la perte en lignes de façon à nous trouver dans les meilleures conditions économiques. Cette loi est la suivante :

« L'intérêt et l'amortissement annuel du capital engagé dans les conducteurs, doivent être équivalents au prix de revient de l'énergie qu'ils absorbent annuellement. »

Ici encore, suivant le nombre d'heures de fonctionnement, le prix du watt-heure, etc., le résultat est variable. Nous admettrons, ce qui est vrai, dans la plupart des cas, une perte en volts de 10 pour 100.

Avec cette donnée, il est possible de déterminer la section nécessaire au câble.

Nous prenons la formule

$$u = R\,i.$$

dans laquelle u est la perte en volts entre les deux extrémités de la ligne.

R est sa résistance totale en ohms.

i est l'intensité du courant qui la traverse en ampères.

D'autre part la résistance de la ligne a pour expression :

$$R = \frac{\rho l}{S}.$$

Pour que R soit exprimé en ohms il faut que :

ρ soit exprimé en centièmes de microhms-centimètre.

l — en mètres (longueur totale aller et retour).

S — en millimètres carrés.

d'où nous tirons.

$$u = R\,i = \frac{\rho l}{S}\,i.$$

d'où

$$S = \frac{\rho l}{R} = \frac{\rho l}{u}\,i$$

La masse de cuivre sera $M = VD$, D étant la densité et V le volume, et l'on a $M = VD = l\,SD$.

On peut arriver au même but sans passer par ces divers calculs.

En effet, soit à distribuer 100 ampères à 100 volts et à 100 mètres. Si nous admettons une perte en volts de 10 pour 100, elle sera égale à 10 volts. La résistance de la ligne qui avec 100 ampères donnera une chute de potentiel de 10 volts sera de :

$$u = Ri \qquad R = \frac{10 \text{ volts}}{100 \text{ ampères}} = 0,1 \text{ ohm}$$

Or nous savons qu'une ligne d'une longueur de 1 mètre d'une section de 1 millimètre carré a une résistance de 0,02 ohm. Nous en déduisons tout de suite qu'il faudra une section de 40 millimètres carrés pour avoir une perte en volts de 10 volts à l'extrémité de la ligne. Nous voyons aussi que la densité de courant sera convenable, puisqu'il ne passera que 2,5 ampères par millimètre carré.

Emploi des hautes différences de potentiel. — La perte de charge R i dépend également de i l'intensité ; essayons de la rendre très faible. Soit à distribuer 100000 watts.

On peut le faire avec 1000 volts et 100 ampères, ou avec 10000 volts et 10 ampères.

Dans le deuxième cas (10 ampères), la perte de charge sera très réduite. Pour obtenir ce résultat il suffit donc d'employer une différence de potentiel plus élevée.

D'autres difficultés se présentent alors : les hautes différences de potentiel sont dangereuses. Le moindre contact peut être mortel. Il ne faut donc pas songer à employer ces courants directement. Il faut avoir recours à la *transformation* par les *courants continus, alternatifs* ou *polyphasés*. Nous allons pouvoir maintenant établir une comparaison entre ces diverses sortes de courants au point de vue de la distribution.

Comme on le voit par ces exemples, il est possible de réduire les masses de métal nécessaires pour une installation, en augmentant la différence de potentiel.

Mais il est alors indispensable d'augmenter l'isolement du câble. De sorte qu'il n'est pas exact de comparer sur des masses de métal nu.

Cependant les câbles employés aujourd'hui sont isolés au caoutchouc et sont presque les seuls adoptés partout. Nous verrons plus loin ce qui concerne l'isolement des câbles

Système divers de distribution.

Les quelques considérations précédentes nous montrent donc que si nous voulons effectuer la distribution de l'énergie électrique à grande ou à faible distance, nous serons obligés d'avoir recours à diverses dispositions utilisant des différences de potentiel faibles ou élevées. Ces différences de potentiel tout en facilitant la canalisation se prêteront plus ou moins bien à l'alimentation, et il sera nécessaire de disposer divers appareils appropriés. Nous donnerons l'examen de quelques-unes de ces dispositions dans les études suivantes :
Distribution de l'énergie électrique par courants continus.

   —   —   alternatifs.

   —   —   polyphasés.

B. — DISTRIBUTION DE L'ÉNERGIE ÉLECTRIQUE PAR COURANTS CONTINUS.

La distribution de l'énergie électrique peut s'effectuer par des procédés directs et par des procédés indirects. Dans les premiers, ne sont utilisées que de faibles différences de potentiel ne dépassant pas 440 volts; dans les seconds, au contraire, les différences de potentiel atteignent 1000 et 2000 volts.

Procédés directs. — Nous donnerons quelques renseignements sommaires sur les divers modes de distributions dont la fig. 223 nous démontre les diverses dispositions. *La dérivation simple* (fig. *a*). La section des câbles est calculée de façon que les lampes étant uniformément réparties, la différence de potentiel soit de 10 pour 100 plus faible au point B qu'au point A à cause de la perte de charge ; A étant le plus rapproché de l'usine et B le plus éloigné.

Ce mode de distribution, le plus simple et ordinairement le plus employé, présente de grands inconvénients. En admettant un potentiel de 100 volts, la différence entre le point A et le point B est de 10 volts pour la charge maxima.

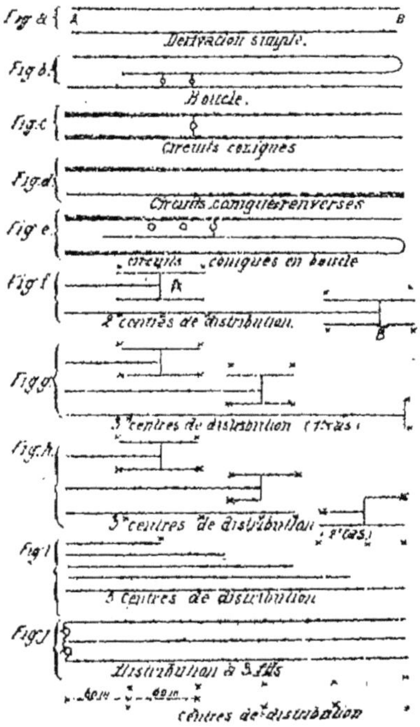

Par exemple si la résistance totale de la ligne R est 0,1 ohm, et si la différence de potentiel en A est de 100 volts, nous aurons en B : 100 — 10 = 90 volts.

On ne peut admettre que les mêmes lampes soient affectées à ces valeurs si différentes, et il est nécessaire d'y obvier en employant des lampes différentes . Il en résulte une complication et la distribution n'est pas assurée.

On peut remédier en partie à ces inconvénients en employant le système en boucle (fig. b), qui consiste à mettre un fil de retour sur lequel sont branchés les appareils d'utilisation. La distance qui sépare les lampes de l'usine est la même pour toutes les lampes ; pour avoir en tous points la même différence de potentiel, il faut prendre une densité de courant constante et avoir des circuits coniques, comme nous le verrons après.

Fig. 223. — Schémas des divers procédés directs de distribution à courants continus.

La figure *c* représente une autre disposition qui consiste à diminuer la section du câble à mesure que l'intensité diminue, que l'on a desservi des centres de consommation et que l'on s'éloigne de l'usine. Afin d'obtenir également la même différence de potentiel en tous points, on peut user de la distribution renversée (fig. *d*) ; mais pour ne pas avoir de différence de potentiel trop grande entre les points les plus rapprochés et les plus éloignés, on est obligé d'admettre une grande perte sur une partie de la ligne et une très faible sur l'autre. On arrive bientôt à des sections impossibles en pratique.

Une heureuse combinaison du système des circuits coniques avec le système en boucle peut permettre de résoudre le même problème dans de meilleures conditions (fig. *e*) au point de vue de la distribution, mais non au point de vue économique.

On peut avoir également l'idée de recourir à des centres de distribution (fig. *f*). De l'usine partent un certain nombre de circuits, dits circuits secondaires, pour aller alimenter les différents points de consommation. C'est en réalité le système de distribution par *feeders*. Dans les câbles allant au centre de distribution, on consent à une grande chute de potentiel. Pour les câbles secondaires la perte est très faible afin d'assurer la distribution.

On peut avoir recours à deux ou trois centres de distribution (fig. *f* ou *g*) en admettant plusieurs dispositions différentes. Les figures *g* et *h* se rapportent à l'alimentation de dix points par deux centres et 3 centres. Pour les deux centres, on a pris d'un côté 6 points de consommation et 4 de l'autre :

Pour les trois centres on peut considérer deux cas :

Dans le premier cas, on a deux centres qui alimentent chacun 4 points de consommation et un autre qui en alimente 2.

Dans le deuxième cas, un centre alimente 4 points de consommation et les deux autres centres chacun trois. Les résultats sont peu différents.

On peut même pousser les choses à l'extrême et admettre cinq centres de distribution (fig. *i*). Dans le cas présent, le nombre des circuits n'est pas embarrassant : mais si l'on avait un plus grand nombre de centres de distribution, le nombre des circuits pourrait devenir gênant. Il conviendrait alors de sacrifier un peu le côté économique à la commodité et à la simplification du service.

La différence de potentiel qui était ordinairement employée jusqu'ici était de 110 volts pour les distributions à deux fils. En Angleterre, après divers essais, dans plusieurs stations centrales, la différence de potentiel a été portée de 110 à 220 volts, dès que l'on a pu arriver à avoir de bonnes lampes à incandescence de 8 et de 16 bougies, fonctionnant à ce régime. Les résultats obtenus sont très satisfaisants ; il est certain que cette marche peut apporter certaines améliorations.

Ce procédé de distribution est certainement le plus économique de tous. Il permet également d'assurer la distribution dans les meilleures conditions. On peut, en effet, régler de l'usine la différence de potentiel au point de distribution et la maintenir constante, la perte de charge étant très faible dans les circuits secondaires. Nous verrons plus loin les dispositifs de réglage à utiliser.

Distribution à 3 fils. — Nous n'avons examiné jusqu'ici que le système à deux fils. Il existe aussi un système employant trois fils avec deux machines en tension et permettant une grande économie dans la quantité de cuivre employée (fig. *j*). Pour ce dernier procédé, plusieurs cas sont à distinguer :

Si les deux machines montées en tension doivent s'arrêter indépendamment l'une de l'autre, on ne gagne qu'une longueur sur quatre, soit 25 pour 100.

Mais si l'on admet que les machines fonctionnent constamment ensemble, l'économie est tout autre. Pour une même puissance, la différence de potentiel devenant double, l'intensité du courant devient moitié et la chute de potentiel à laquelle on peut consentir entre les fils extrêmes, augmente aussi de moitié. Le calcul algébrique donne une économie de 62,5 pour 100 en admettant le fil central de section égale aux deux autres. Si l'on admet ce dernier de section égale à la moitié des deux autres, l'économie est de 68 pour 100 ; ces résultats sont donnés par le calcul.

Le système des trois fils peut être également combiné avec les modes de distribution que nous avons décrits plus haut. Les systèmes de la dérivation simple, en boucle, des circuits coniques et en dérivation renversée ne présentent pas d'inconvénients pour être adaptés au système à trois fils. Pour les circuits coniques en boucle, il n'en est plus de même. En effet, le fil *neutre* ou *compensateur* n'étant traversé par aucun courant, la chute de potentiel est nulle sur toute la longueur. Pour assurer le même potentiel en tous les points, on est obligé de faire très grande la chute de potentiel consentie pour le câble d'aller et au contraire admettre une perte presque nulle et allant en diminuant sur le câble de retour formant la boucle. En faisant les calculs, on arrive à des sections impossibles à admettre pratiquement. Nous n'insisterons donc pas sur ce cas.

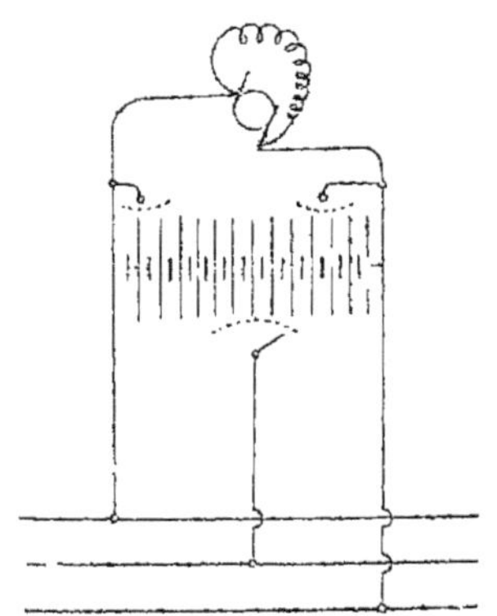

Fig. 224. — Distribution à 3 fils avec une seule machine et une batterie d'accumulateurs.

Au lieu d'employer deux machines dans ce système de distribution à 3 fils, on peut employer les dispositions des figures 224 et 225. Dans la figure 224 une seule dynamo alimente une batterie d'accumulateurs avec des réducteurs pour relier les deux conducteurs extrêmes. Au milieu se trouve un autre réducteur que l'on peut faire varier à volonté. Dans la deuxième disposition, appliquée en France par la Compagnie de Fives-Lille, deux points diamétralement opposés *a* et *b* d'un induit en anneau sont reliés par une bobine D possédant un grand coef-

ficient de self-induction. Le point du milieu est sensiblement
an potentiel zéro et peut être réuni au fil de compensation C.

Distribution à 5 fils. — On peut encore employer le système
de distribution à cinq fils, mais
avec une seule dynamo D, à l'u-
sine produisant la différence de
potentiel totale 440 volts et effectuant la distribution par des feeders F. Aux points d'utilisation se
trouvent des régulatrices M ou
des batteries d'accumulateurs qui
permettent de diviser le circuit
en 5 parties à 110 volts ; nous verrons plus loin divers exemples
de ce mode de distribution si intéressant à 5 fils (fig. 226).

Disons seulement que pour transmettre une même puissance la
différence de potentiel étant quatre
fois plus élevée, l'intensité sera
quatre fois moindre. Il en résultera par suite de grandes économies dans la masse de cuivre employée. On trouve une économie
d'environ 88 à 90 pour 100.

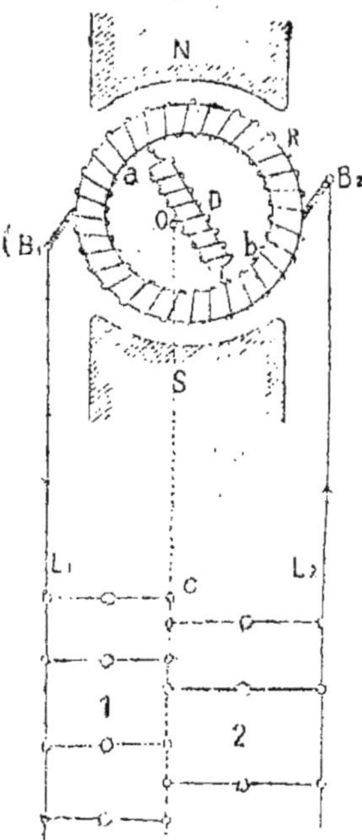

Fig. 225. — Distribution à 3
fils avec une seule machine.

*Comparaison de divers systèmes
de distribution à basse tension.*
— Une question importante peut se poser maintenant : on peut
se demander si les différents systèmes de distribution qui ont
tous été combinés, pour résoudre le problème dans les meilleures conditions, sont tous également avantageux au point de
vue des dépenses à faire dans le premier établissement des
canalisations.

Il faut avoir soin évidemment de ne comparer entre eux
que les systèmes qui assurent la distribution. C'est le cas réa-

lisé par les systèmes des circuits coniques en boucle et des centres de distribution.

Il est bien évident, en effet, qu'il faut autant que possible, réduire la masse de cuivre employée. En réduisant ce facteur, la section de câble sera diminuée et par suite la main-d'œuvre de fabrication ; l'isolement d'un pareil câble devenant plus facile, tant en conservant la même valeur, on aura encore une économie de ce côté.

Il s'ensuit donc que du chef de l'économie réalisée sur la masse du cuivre employée, il en résultera de grandes économies sur la dépense totale.

Le meilleur procédé pour discuter cette question est d'étu-

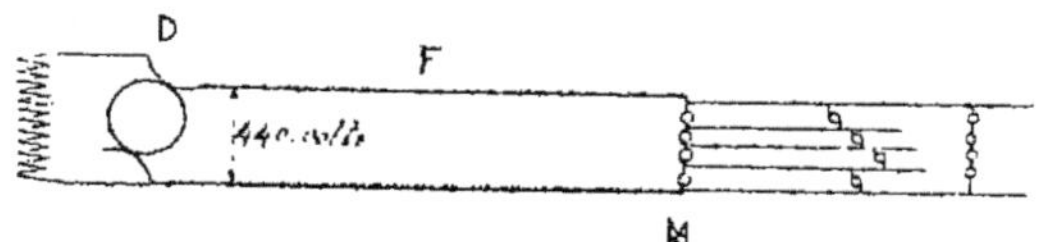

Fig. 226. — Schéma de distribution à 5 fils avec feeder à 2 fils.

dier pour une même installation ces différents modes de distribution et de noter la masse de cuivre employée dans chaque cas.

Pour fixer les idées à ce sujet, nous empruntons à un excellent petit livre : *Distribution de l'électricité, Usines centrales,* de M. R.-V. Picou, le tableau suivant dû à M. Rechniewski, qui détermine le rayon d'action, c'est-à-dire la distance à laquelle elles peuvent s'étendre, des distributions directes à deux, trois et cinq fils. Dans ces calculs on admet une perte de charge de 5 pour 100 et une masse de cuivre de 5 kilogrammes et de 10 kilogrammes par lampe de 40 watts pour les conducteurs dans l'installation.

	5 kilog-masse par lampe de 40 watts.	10 kilog-masse par lampe de 40 watts.
	Mètres.	Mètres.
Simple dérivation à 2 fils............	500	707
— avec artères.....	700-760	1000-1100
Canalisation à 3 fils.............	750	1075
— avec artères. ...	1150-1250	1650-1890
— à 5 fils..........	1400-1550	2000-2200
— avec artères.....	2300-2500	3300-3600

Ces quelques chiffres peuvent déjà donner des indications très précises sur les avantages des systèmes à trois et à cinq fils.

Procédés indirects. — A côté des procédés directs de distribution, dont nous venons de parler, nous trouverons aussi les procédés indirects.

Au lieu d'une station centrale, on établira plusieurs petites stations desservies par la canalisation de gaz et d'eau, comme

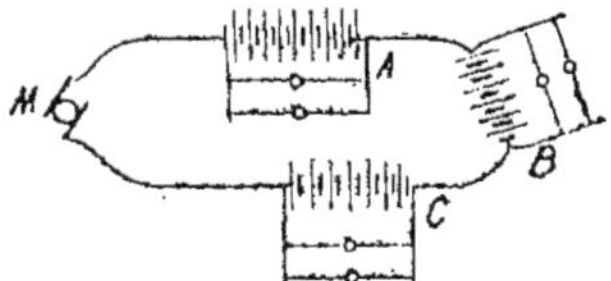

Fig. 227. — Distribution par sous-stations d'accumulateurs.

cela a eu lieu à Lyon, à Anvers etc., pour mettre en marche des machines dynamos à basse tension et effectuer la distribution dans le voisinage.

On utilisera parfois des sous-stations d'accumulateurs différés : ceux-ci se trouvent répartis en différents groupes, A, B, C (fig. 227), placés dans un même circuit alimenté par une usine M. Les lampes des abonnés sont desservies par ces différents groupes d'accumulateurs. L'usine M charge les accumulateurs, et ceux-ci sont mis en décharge sur les lampes des abonnés. Mais à ce moment le circuit de charge est retiré.

Les transformateurs rotatifs dont nous avons parlé précédemment peuvent également être utilisés, soit placés en tension sur un même circuit (distribution à intensité constante), soit montés en dérivation (distribution à différence de potentiel constante).

En un mot, les systèmes de distribution à courants continus conviennent surtout aux faibles distances ; au delà d'une certaine limite, pour les employer, on est obligé d'avoir recours à des procédés peu avantageux.

C. — DISTRIBUTION DE L'ÉNERGIE ÉLECTRIQUE PAR COURANTS ALTERNATIFS.

La distribution de l'énergie électrique par courants alternatifs est surtout appréciée parce qu'elle permet de produire à l'usine l'énergie électrique à une différence de potentiel élevée, de la transmettre par canalisation, et de la transformer ensuite sur place au point d'utilisation, en employant les transformateurs dont nous avons déjà parlé.

Avec les courants alternatifs, on peut employer la distribution à intensité constante et la distribution à différence de potentiel constante. M. Gaulard, dans ses premières expériences, avait monté les transformateurs en tension, et n'avait pu obtenir de résultats. Toutes les distributions à courants alternatifs ont été faites, depuis cette époque, à différence de potentiel constante.

La disposition générale d'une distribution à courants alternatifs peut alors être représentée par la figure 228. En A est installée l'usine avec un alternateur à haute tension qui dessert la canalisation L. Aux points d'utilisation B et C se trouvent branchés en dérivation des transformateurs qui desservent les canalisations particulières des abonnés. Le circuit primaire est, par exemple, à une différence de potentiel de 1000 volts, et les circuits secondaires ne fournissent ensuite que 110 volts.

Quelquefois, suivant la position des centres à desservir est utilisée également la distribution par *feeders*. — De l'usine **M** partent une série de câbles A, B, qui aboutissent en divers points et se subdivisent en plusieurs câbles D, E, F pour alimenter plusieurs transformateurs T placés en des endroits différents (fig. **229**).

Jusqu'à ce jour ce sont là les seules dispositions qui ont été utilisées en pratique avec des différences de potentiel varia-

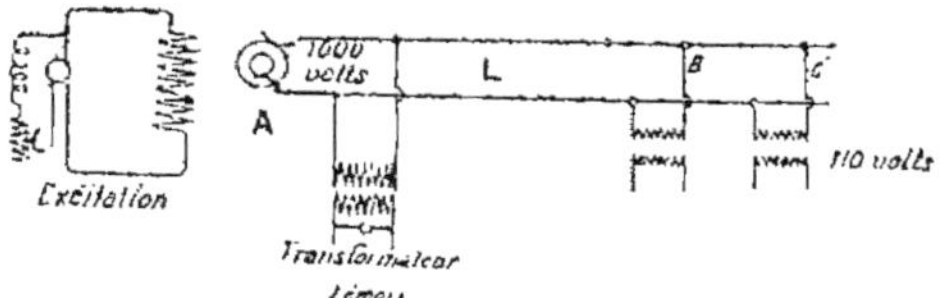

Fig. 228. — Schéma général d'une distribution par courants alternatifs.

bles le plus souvent de 2000 à 3000 volts, quelquefois atteignant 7000, 8000 et 10000 volts.

Mentionnons toutefois le nouveau système de distribution à la fois à différence de potentiel et à intensité constantes, imaginé

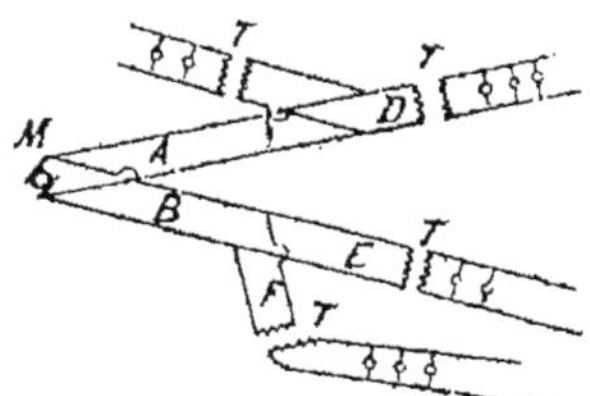

Fig. 229. — Distribution par feeders à courants alternatifs.

par M. Boucherot. Ce système repose sur l'accouplement de la capacité et de la self-induction. Nous ne pouvons y insister ici ; il n'a pas du reste reçu encore d'application pratique.

La distribution de l'énergie électrique par courants alternatifs simples, en dehors des particularités que nous verrons plus loin, présente l'inconvénient de ne pouvoir alimenter d ans

de bonnes conditions les moteurs électriques ; malgré toutes
les dispositions employées, les difficultés de démarrage sont
très grandes pour les moteurs synchrones et asynchrones.

M. Proteus Steinmetz a trouvé un système, dit *monocyclique*, qui est exploité par la *General Electric Co* de New-York et
qui consiste à employer un conducteur spécial de démarrage.
L'alternateur est pourvu d'un enroulement supplémentaire logé entre les bobines successives de l'enroulement principal.
Les forces électromotrices induites dans l'enroulement supplémentaire sont donc décalées de 90 degrés par rapport à celles

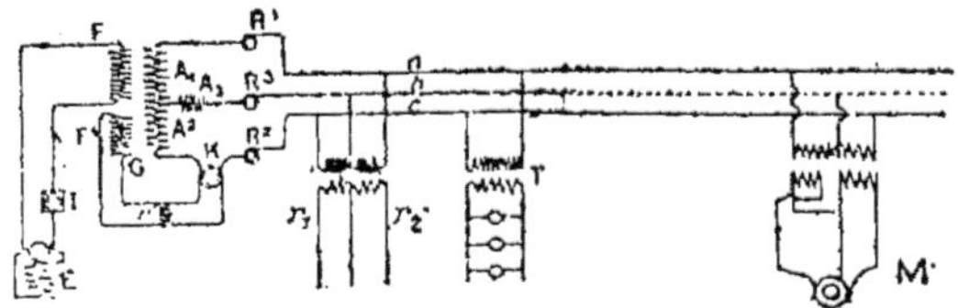

Fig. 230. — Distribution par le système dit *Monocyclique.*

créées dans l'enroulement principal. L'une des extrémités de la
bobine supplémentaire est reliée au milieu de l'enroulement
principal, l'autre extrémité à une bague et, par un balai, à
ur e troisième borne extérieure.

La figure 230 montre le diagramme d'un alternateur monocyclique dont l'enroulement principale A_1, A_2 aboutit aux bagues R_1 et R_2 et la bobine supplémentaire A_3 à la bague R_3. Cet
alternateur est excité par une dynamo E reliée à un rhéostat I
et aux inducteurs F. L'alternateur est compoundé par un enroulement G ; *ac* sont les conducteurs principaux et *b* le conducteur de démarrage. Le transformateur T est branché sur les
conducteurs principaux et alimente des lampes à incandescence, tandis que les transformateurs T_1 et T_2 montés sur 'es
trois câbles, ne font que modifier les qualités des courants sans
agir sur leurs phases. On aperçoit en M le montage d'un moteur. Le système monocyclique peut encore être disposé pour
la distribution à basse tension et à 3 fils.

Les courants polyphasés permettent également de faire disparaître les difficultés et d'assurer le démarrage dans les meilleures conditions.

Avant de voir les systèmes de distribution par courants polyphasés, nous devons toutefois mentionner le nouveau système de distribution imaginé dernièrement par MM. Ferraris et Arno, et qui consiste dans l'emploi d'une distribution à courants aternatifs simples, avec *transformateurs à décalage* pouvant produire des courants secondaires diphasés.

D. — DISTRIBUTION DE L'ÉNERGIE ÉLECTRIQUE PAR COURANTS POLYPHASÉS.

Comme nous l'avons déjà dit plus haut, les couran's polyphasés peuvent faire disparaître les difficultés de démarrage pour les moteurs, et assurer par conséquent véritablement la distribution de l'énergie électrique pour les moteurs électriques et l'éclairage.

Nous avons à considérer les courants diphasés et triphasés. La distribution par feeders convient également ici avec quelques particularités. Les principales dispositions à adopter avec ces courants sont les suivantes (fig. 231 planche 3).

En A se trouve la distribution par courants diphasés à 4 fils, en B la distribution par courants diphasés à 3 fils avec 1 fil commun. Les figures C et D nous donnent les schémas de distributions à courants triphasés respectivement à 3 et 4 fils. N'oublions pas que pour les courants triphasés nous avons le montage en étoile ou en triangle.

La figure 232 nous montre les dispositions d'une distribution à courants diphasés à 4 fils. En A se trouve le générateur, en B et C un montage de dérivation sur chaque circuit et enfin en D le couplage d'un moteur D à courants diphasés.

La figure 233 se rapporte à une distribution à courants diphasés à 3 fils. En A se trouvent les bobines génératrices. Nous voyons successivement : en B et C deux montages de lampes, en D un couplage de moteur sur le circuit primaire, en E une distribution de lampes à 3 fils, en F un circuit secondaire avec montage de lampe et de moteur.

La figure 234 est le schéma d'une distribution à courants triphasés ; en A est le générateur, en B, C et D des couplages de lampes avec une lampe à arc en E, et en F un moteur.

Les distributions par courants polyphasés sont devenues nombreuses depuis quelque temps ; nous en verrons plus loin divers exemples ; mais nous voulons signaler de suite ici la première application des courants triphasés qui a été la transmission d'une puissance de 300 chevaux à 175 kilomètres de distance de Lauffen à l'Exposition de Francfort en 1891.

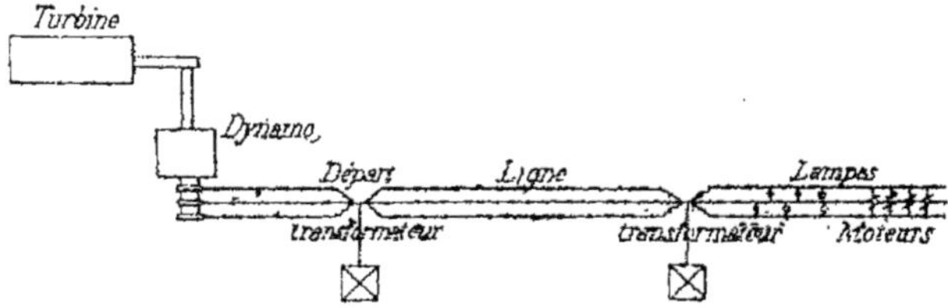

Fig. 235. — Schéma de la distribution de Lauffen-Francfort (1891)

Une turbine à eau était actionnée par les eaux du Neckar, à Lauffen. Cette turbine mettait en mouvement une dynamo Brown donnant 50 volts et 1400 ampères. Cette puissance passait dans des transformateurs isolés au pétrole, pour augmenter la différence de potentiel et l'amener à 16000 volts. La ligne était en cuivre nu de 4 millimètres de diamètre, maintenu par des isolateurs au pétrole portés sur des poteaux spéciaux semblables aux poteaux télégraphiques. La ligne arrivait ainsi à Francfort, où se trouvaient des transformateurs inverses pour la ramener à 100 volts. Cette énergie était utilisée dans l'exposition.

E. — SYSTÈMES MIXTES DE DISTRIBUTION.

On aura souvent recours dans l'industrie aux systèmes mixtes de distribution, surtout à ceux utilisant à la fois les courants polyphasés et les courants continus. Il arrivera, en effet, bien des fois, que l'énergie électrique, pour diverses raisons, soit pour éviter la fumée dans les villes, soit que l'usine ne puisse être établie par suite des difficultés de se procurer

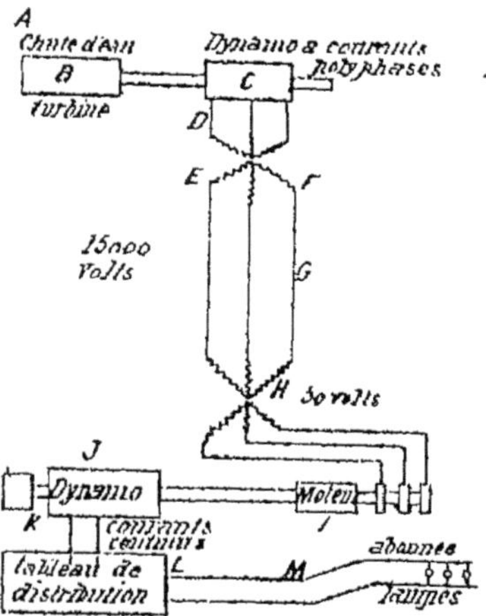

Fig. 236 — Schéma général d'une distribution mixte à courants triphasés et à courants continus.

A, chute d'eau ; B, turbine ; C, dynamo à courants polyphasés donnant 50 volts ; D, canalisation ; E, F, transformateurs donnant 16000 volts ; G, canalisation ; H, transformateurs à 50 volts ; I moteur actionnant la dynamo J à courants continus ; K, canalisation à courants continus ; L, tableau de distribution ; M. service des abonnés.

un terrain, soit par suite d'une chute d'eau à utiliser, il arrivera, disons-nous, que l'énergie électrique devra être produite au loin, canalisée et transmise au centre d'utilisation. On

produira à l'usine des courants polyphasés à faible tension ;
des transformateurs, au départ, élèveront la tension, l'énergie
sera transmise à distance à une réceptrice qui actionnera une
dynamo à courants continus et celle-ci, à son tour, effectuera
la distribution de l'énergie électrique dans le voisinage. C'est
un projet de ce genre que représente la figure 236. L'appareil formé du moteur et de la dynamo à courants continus
porte le nom de *convertisseur*.

A ce sujet, nous mentionnerons ici quelques exemples que
nous développerons plus loin. A Cassel, des moteurs alternatifs synchrones, branchés sur une distribution, actionnent à
plusieurs kilomètres des dynamos génératrices à courants
continus qui chargent des accumulateurs. A Buda-Pest, la
transmission à distance est faite par courants diphasés, et
ceux-ci actionnent des moteurs qui font fonctionner des dynamos continus. Enfin la Société des chutes du Niagara emploie
des courants diphasés avec transformation à distance en courants continus.

F. — AVANTAGES ET INCONVÉNIENTS RESPECTIFS DES COURANTS CONTINUS ET DES COURANTS ALTERNATIFS.

Les courants continus et alternatifs possèdent chacun des
avantages et des inconvénients, et suivant que l'on écoute les
partisans des uns ou des autres, ce sont les premiers ou les
seconds qui se prêtent le mieux à telle ou telle distribution.

Il est absolument certain que si l'on examine l'utilisation
seule, le courant continu sera de tous celui qui sera préféré,
parce qu'il se prêtera aux applications de lampes à incandescence, à arc, de force motrice, d'électrolyse, etc.

Si l'on examine les questions de transmission à distance, les
courants alternatifs l'emportent de beaucoup. Mais il faut également assurer la distribution de force motrice, et les courants
polyphasés entrent en jeu.

Pour les questions de dépenses, les courants polyphasés permettent de réelles économies sur les deux autres modes de transmission.

Nous pouvons citer à ce sujet quelques chiffres comparatifs de dépenses d'installation pour une transmission de puissance à grande distance, pour laquelle il ne pouvait être question de courants continus. Les dépenses d'installation de lignes étaient représentés par 1 pour les courants triphasés 1,33 pour les courants alternatifs simples et pour les courants diphasés à 2 circuits, et par 2,26 pour les courants diphasés avec un fil commun.

On peut donc dire que les courants continus conviennent aux réseaux de faible étendue, que les courants alternatifs s'appliquent aux réseaux de longue étendue mais ne comportant presque que de l'éclairage, et que les courants polyphasés conviennent surtout aux distributions de force motrice.

L'idéal d'une distribution serait donc d'utiliser à distance une chute d'eau, de transmettre dans la ville l'énergie électrique par courants polyphasés, et de faire actionner des dynamos à courants continus pour effectuer en ville la distribution de l'énergie électrique.

G. — RÉGLAGE DANS LA DISTRIBUTION PAR FEEDERS.

Dans ce qui précède, nous avons vu que le mode de distribution le plus employé, soit avec courants continus, alternatifs, ou polyphasés, est la distribution par *feeders* ou artères. De l'usine nous ferons donc partir plusieurs *feeders* dans diverses directions.

Il arrivera certainement que ces *feeders* ne seront pas tous également chargés aux mêmes instants. Dans les divers circuits nous aurions donc des pertes de charge variables, et par suite la distribution ne serait pas à différence de potentiel constante.

Cet inconvénient ne se trouvera pas avec les distributions à haute tension, où la perte de charge n'atteint qu'une valeur très faible, mais il subsistera surtout dans les distributions à faible tension. Il sera facile de remédier à cet état de choses et de rétablir la même différence de potentiel aux points extrêmes de chaque feeder à l'aide de rhéostats convenablement disposés. Voici à cet égard un exemple approprié.

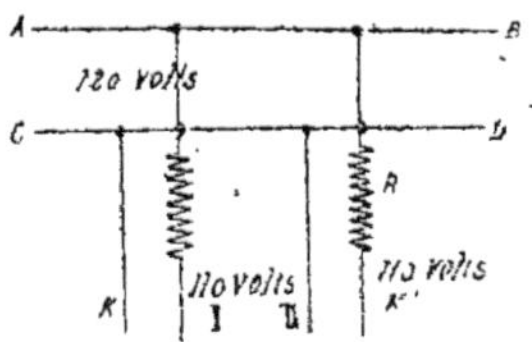

Fig. 237. — Réglage dans la distribution.

Soient deux lignes I et II alimentées par les circuits de distribution AB et CD. Il s'agit d'assurer un potentiel constant de 110 volts aux extrémités K et K' indépendamment sur chaque ligne (fig. 237).

Nous supposerons le cas extrême : la ligne I est complètement chargée, à 100 ampères, par exemple. La perte en ligne à

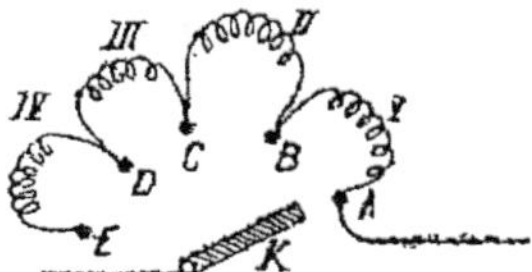

Fig. 238. — Rhéostats à résistance variable.

pleine charge étant 10 volts, nous devrons fonctionner à l'usine à 120 volts pour en assurer 110 en K.

Mais alors si la ligne II ne débite que 5, 10, 20, 50 ampères, la différence de potentiel en K' sera trop élevée. Il faut la réduire en augmentant la perte de potentiel dans la ligne, à l'aide de la résistance R.

Comment s'effectue le calcul de cette résistance R ?

La différence de potentiel entre AB et CD étant de 120 volts, pour avoir 110 en K', il faut perdre en ligne 10 volts.

La ligne a déjà une résistance propre de 0,1 ohm, puisque à 100 ampères, on perd juste 10 volts.

$R\,i = 10$ volts, si $i = 100$ ampères.; R. 100 $= 10$
On a donc.

Ampères	La perte est Volts	Elle doit être Volts	Manque Volts	Résistance à rajouter. Volts Ampères	Valeur en ohm.
$i = 5$	0,1 . 5=0,5	10	9,5	9,5 = 5 . R	1,9
$= 10$	0,1 . 10=1	10	9	9 = 10 . R	0,9
$= 50$	0,1 . 50=5	10	5	5 = 50 . R	0,1
$= 80$	0,1 . 80=8	10	2	2 = 80 . R	0,025

Les valeurs ainsi données sont les valeurs des résistances totales.

Nous disposons alors des résistances I, II, III et IV (fig. 238), en circuit avec des points de contact en A, B, C, D, E. Quand le levier de contact sera en A, la perte en ligne sera de 10 volts exactement, l'intensité étant de 100 ampères.

Si l'intensité tombe à 80 ampères, nous devrons intercaler en circuit la résistance I qui aura alors pour valeur 0 ohm, 025, et le levier viendra en B.

Si l'intensité est de 50 ampères, la résistance à rajouter devra être de 0,1 ohm. Mais si nous mettons le levier K en C, la résistance totale se composera de la résistance I et de la résistance II.

Cette dernière résistance aura donc pour valeur :

$$0,1 - 0,025 = 0 \text{ ohm}, 075.$$

De même si $i = 10$ ampères, les résistances I, II, III seront en circuit et la résistance III aura pour valeur :

$$0,9 - (0,025 + 0,075) = 0 \text{ ohm}, 8$$

résistance résistance
I   II

De même si $i = 5$ ampères, I, II, III et IV seront en circuit et la résistance IV sera égale à

$$1,9 - (0,025 + 0,075 + 0,8) = 1 \text{ ohm}.$$

Telles sont les bases des calculs des rhéostats. D'autres méthodes peuvent être employées et notamment les rhéostats dont les résistances successives sont en progression géométrique ; nous préférons les réserver, elles sortiraient du cadre de notre ouvrage.

L'énergie dépensée ainsi pour le réglage est dépensée en pure perte. Aussi a-t-on proposé de disposer des accumulateurs dont on ferait varier le nombre suivant les besoins. Ce système, qui a reçu quelques applications, présente de nombreuses difficultés. Les pertes avec les rhéostats ne sont du reste pas exagérées ; il en est tenu compte pour établir le choix d'un système de distribution.

Tels sont les principes élémentaires sur lesquels repose la distribution de l'énergie électrique.

CHAPITRE IV

L'USINE GÉNÉRATRICE

Dans les chapitres précédents, nous avons étudié les générateurs d'énergie électrique et les divers appareils qui pouvaient
nous être utiles. Nous avons vu également les différents modes
de distribution de l'énergie électrique. Il nous faut maintenant
utiliser ces divers procédés pour mettre en marche des usines
de puissance variable et effectuer la distribution. L'usine nous
a paru le premier point utile à étudier en détail.

Nous examinerons deux divisions spéciales :

I. INSTALLATION — II. EXPLOITATION.

I. Installation.

Nous avons déjà indiqué dans la planche 1 quels étaient les
principaux instruments que nous rencontrons dans une usine.

En A les chaudières avec dispositifs pour l'alimentation
d'eau, l'arrivée de charbon, etc.

En B les tuyauteries amenant la vapeur des chaudières aux
machines.

En C les machines à vapeur produisant la force motrice.

En D les volants et transmissions.

En E les machines dynamos électriques.

En F le tableau de distribution.

En G les circuits de départ de l'usine

Telles sont les principales parties que nous rencontrerons
le plus souvent, toujours installées dans l'espace le plus res-

treint, et il faut bien le dire, souvent d'une manière déplorable, contraire aux préceptes les plus élémentaires d'hygiène.

Quelquefois dans une usine se trouveront déjà installées toutes les transmissions et l'on se contentera de brancher une courroie pour actionner la dynamo.

Quoi qu'il en soit, nous ne dirons rien des chaudières et machines à vapeur en elles-mêmes, puisque ces engins sont étudiés en détail dans une autre partie du cours. Nous nous contenterons de dire que les électriciens sont assez difficiles

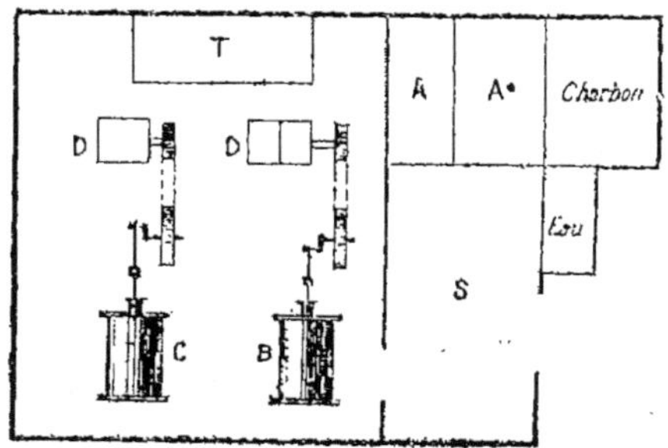

Fig. 239. — Dispositions principales de l'usine génératrice.

au point de vue de la chauffe et de la conduite des machines à vapeur. Les chaudières doivent fonctionner à pression constante, surtout aux débits élevés, les machines à vapeur doivent fournir une vitesse angulaire constante.

En ce qui concerne l'installation proprement dite de l'usine, les dispositions devront être prises pour séparer nettement les chaudières, pour établir les dynamos D dans un endroit facilement accessible, (fig. 239), le tableau T de distribution contre le mur avec un espace suffisant pour y passer. La figure ci-jointe nous représente le modèle général des petites installations de ce genre ; nous verrons plus loin les stations centrales. En A, A sont les chaudières, en B, C les machines à vapeur avec les transmissions aux dynamos D, en S la salle d'entrée des charbons et le passage. Ces dispositions pourront du reste varier suivant les circonstances locales.

Nos études vont porter maintenant uniquement sur la partie électrique.

Nous avons vu que la distribution de l'énergie électrique pouvait être effectuée par courants continus, alternatifs et polyphasés ; chacun de ces systèmes demande des dispositions spéciales à l'usine. Examinons donc chaque système en particulier.

A. — INSTALLATIONS A COURANTS CONTINUS

A. — Sans accumulateurs.

Le cas le plus simple et le plus général qui se présente est celui représenté par la figure 240. Des bornes B de la dynamo

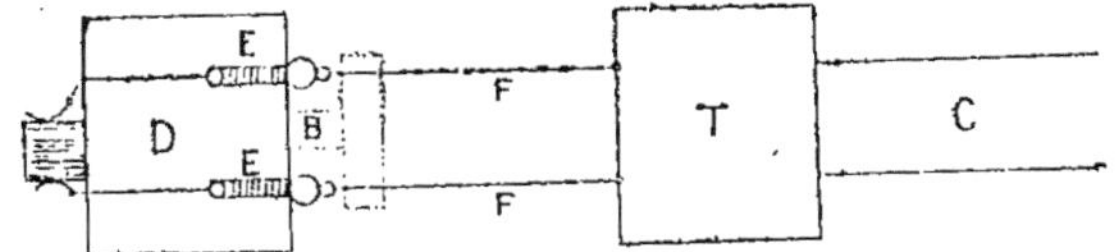

Fig. 240. — Cas de distribution simple.

D, à la sortie des coupe-circuits E placés sur la dynamo, partent des câbles F., F qui aboutissent au tableau de distribution T ; de ce dernier s'éloignent les câbles de distribution C.

Nous avons vu plus haut quelles étaient les conditions à réaliser pour une bonne installation de dynamo. Nous avons ajouté ici sur la dynamo un coupe-circuit bipolaire E E destiné à la protéger si un court circuit, pour une raison ou une autre, venait à se produire en dehors. Les câbles F F reliés au tableau T doivent être très apparents, et, en même temps bien isolés ; ils doivent être placés soigneusement. Ces câbles peuvent être également en cuivre nu posé sur isolateurs en porcelaine.

Le *tableau de distribution* est la partie la plus essentielle de l'usine. C'est sur ce tableau que sont réunis les divers appareils servant aux manœuvres. C'est de là que l'électricien ferme la machine sur le circuit, allume, éteint à volonté.

Le but du tableau de distribution est donc de réunir en un même point, sous la main de l'électricien, tous les appareils nécessaires aux manœuvres et aux réglages. La planche 1 nous a donné une vue générale d'un tableau de distribution.

La qualité essentielle c'est la netteté, la clarté. Un tableau de distribution doit être lisible. D'un côté sont les fils d'arri-

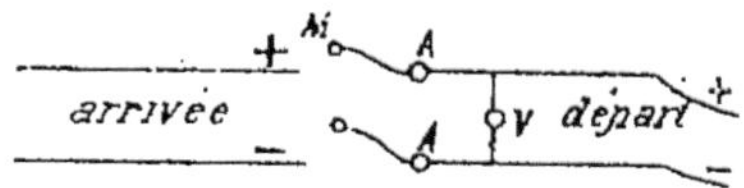

Fig. 241. — Schéma général d'un tableau de distribution.

vée (fig. 241), puis les interrupteurs M, les ampèremètres A, et enfin les fils de départ, tous ces fils nettement séparés avec un voltmètre V au départ.

Ces dispositions sont générales et s'appliquent aux distributions en série aussi bien qu'aux distributions en dérivation, à haute ou à faible différence de potentiel. Suivant les cas, des précautions plus ou moins grandes devront être prises.

Signalons également qu'à la place des ampèremètres A peuvent être mis des wattmètres.

Les fils de connexions doivent être très apparents sur le tableau même. Les constructeurs se contentent bien souvent de les faire passer derrière le tableau où ils peuvent être entremêlés à volonté. C'est une grosse erreur, un tableau n'est pas seulement pour satisfaire les yeux du public ; mais il doit faciliter les manœuvres par des indications nettes. Il est donc nécessaire que tous les fils soient nettement visibles. S'il n'est pas possible quelquefois de les fixer directement sur le tableau, il faut au moins peindre le trajet de ces fils. Il faut également, comme nous le recommandons toujours, qu'un schéma du tableau soit fixé dans un coin. Un tableau de distribution se présente en effet toujours avec un aspect des plus soignés, où tous les appareils sont vernis, polis, etc. Et l'ouvrier chargé de se servir de ce tableau ne connait nullement les connexions établies. Que d'électriciens avons-nous déjà vus dans cette situation ! Il est impossible que ces hommes puissent assurer une bonne marche de l'installation. Le point essentiel que nous recommandons à tous les électriciens est donc de connaître le schéma complet du tableau de distribution.

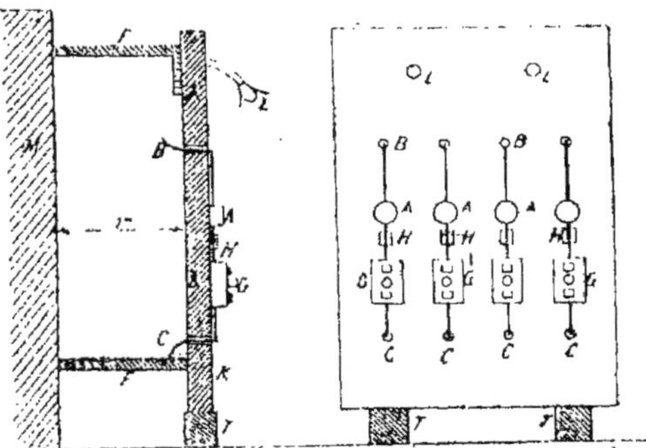

Fig. 242. — Exemple de montage de tableau de distribution.

Pour ce qui est de *la nature du support* du tableau ou des appareils, on choisit le bois, il est hygrométrique, il peut prendre l'humidité. L'ardoise contient souvent du sulfure de fer (pyrite de fer), de sorte qu'elle n'offre pas une résistance d'isolement suffisante. Le marbre offre de grands avantages, mais il a l'inconvénient de coûter cher.

Dans l'établissement des tableaux, il convient de ne pas les fixer directement contre le mur, mais de laisser une place derrière, afin que l'on puisse passer et suivre tous les fils.

Il faut à tout prix éviter l'encombrement, laisser des places libres tout autour des appareils. Il est absolument nécessaire que les fils soient entièrement dégagés et ne chevauchent pas les uns sur les autres pour quelques raisons que ce soit.

Nous donnons, dans la figure 242, un exemple de montage de tableau, non pour le montage du tableau en lui-même, mais pour les supports, leur fixation, installation, et pour la netteté de la disposition.

En M se trouve le mur, puis à la distance de un mètre une plaque de marbre K, reposant sur des supports en bois T, et maintenue par des traverses en fer F. Sur le tableau en C, les

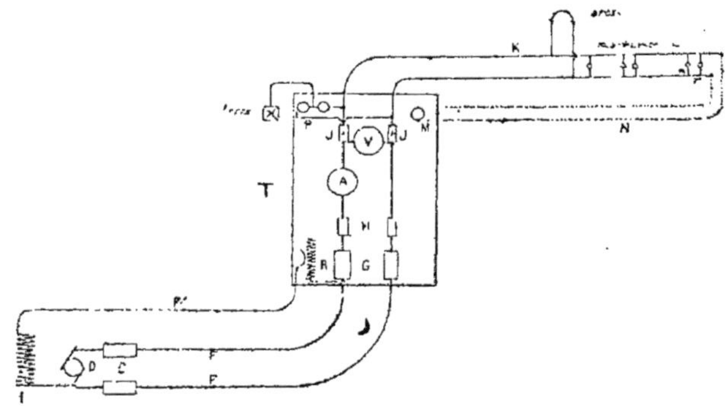

Fig. 243. — Schéma d'une installation d'une dynamo desservant un seul circuit.

fils d'arrivée des machines, en G les commutateurs, en H les coupe-circuits, en A les ampèremètres, en B les fils de sortie, et en L les lampes-témoins.

Nous aurons maintenant deux cas particuliers à examiner selon que nous aurons en vue une installation de plus grande ou de plus faible puissance.

a. Usines de faible puissance. Petite station centrale ou installation privée. — Dans ce cas, nous trouverons en général une dynamo de 20 à 30 chevaux alimentant soit un seul circuit, soit 2 circuits ayant chacun au même moment un nombre différent de lampes allumées. Ces diverses hypothèses se retrouvent en pratique lorsqu'il s'agit de desservir une fabrique, une usine plus ou moins importante, ou lorsqu'il s'agit pour une petite station centrale de province d'alimenter une ville voisine.

1° *Installation d'une seule dynamo desservant un seul circuit.* — Le schéma de la distribution avec tous les appareils nécessaires est entièrement donné par la figure 243. Nous partons de la dynamo D, nous trouvons les coupe-circuits C servant à protéger la dynamo elle-même, les fils FF se reliant au tableau de distribution. En G sont fixés des interrupteurs bipolaires, en H des coupe-circuits bipolaires, en A un ampèremètre. Aux bornes JJ sont reliées les extrémités du câble extérieur K qui dessert des lampes à arc, lampes à incandescence, etc... En P est installé un indicateur de terres avec lampes rouge et blanc. Le voltmètre V indique à chaque instant la différence de potentiel au départ du tableau. Le circuit K n'est pas de très grande longueur, et au moment de la pleine charge la perte en volts doit être assez faible. Toutefois pour être plus sûr, nous mettons un fil de retour N qui vient desservir une lampe M sur le tableau de distribution ; nous connaîtrons ainsi à tout instant l'état des lampes à l'extrémité de la ligne.

En R se trouve le rhéostat de réglage d'excitation, placé dans le circuit des inducteurs de la dynamo.

L'emploi des fils de retour peut être évité en utilisant un voltmètre compound placé sur le tableau et qui, par sa construction indique à chaque instant la différence de potentiel à l'extrémité de la ligne, diminuée de la perte en charge.

On peut aussi dresser un tableau des tensions nécessaires au départ pour produire, suivant l'intensité, aux extrémités la différence de potentiel normale. On pourrait également déterminer la touche du rhéostat à intercaler.

On arrive aisément à déterminer la différence de potentiel nécessaire au départ.

La résistance r de la ligne K peut être connue une fois pour toutes ; l'intensité i est donnée par l'ampèremètre A. Il est alors facile d'avoir à tout instant la perte en volts en ligne r i.

Admettons par exemple que la résistance d'une ligne totale aller et retour (câbles seulement) soit de 0,05 ohm.

	Ampères.			Volts.
Quand l'intensité sera 10, la perte sera 0,05.				10 = 0,5
—	—	20,	—	0,05. 20 = 1
—	—	50,	—	0,05. 50 = 2,5
—	—	100,	—	0,05. 100 = 5

On voit donc que, suivant la dépense en intensité, la perte en ligne variera, et par suite la différence de potentiel à l'arrivée des lampes en L. Si l'on doit avoir 110 volts en L, nous aurons 110 volts quand l'intensité sera nulle, et

Volts.				Ampères.
110 — 0,5 = 109,5 quand l'intensité sera....				10
110 — 1 = 109	—	—	....	20
110 — 2,5 = 108,5	—	—	....	50
110 — 5 = 105	—	—	....	100

Si donc nous voulons maintenir constamment 110 volts, il suffira d'augmenter un peu la tension au départ, et de produire :

Volts.			Ampères.
110,5 quand l'intensité sera de:...........			10
111 — —			20
112.5 — —			50
115 — —			100

Ce tableau peut être dressé très facilement par un électricien en s'adressant au directeur de l'usine. On peut le compléter en adoptant une disposition à sonnerie qui avertisse dès qu'il se produit une variation.

2° *Installation d'une seule dynamo desservant deux ou plusieurs circuits ayant au même moment la même puissance distribuée* (même nombre de lampes allumées ou même nombre d'appareils en marche).

Le schéma de distribution n'est pas beaucoup plus compliqué que le précédent. L'installation de la dynamo est la même (fig. 244). Au lieu d'un seul circuit K on en trouve un second exactement semblable. Nous n'oublions pas de mettre sur chacun au départ un interrupteur S bipolaire pour permettre de supprimer l'un ou l'autre, ainsi qu'un coupe-circuit T. On pourrait également en ajouter plusieurs autres à volonté.

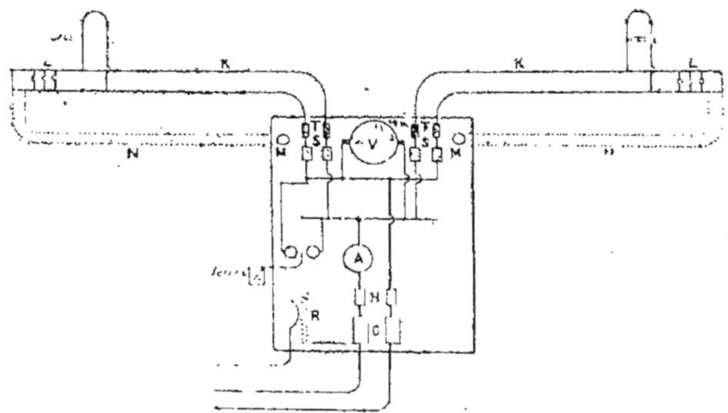

Fig. 244. — Installation de deux circuits desservis par une seule machine.

3° *Installation d'une seule dynamo desservant deux ou plusieurs circuits ayant au même moment des puissances distribuées différentes.* — L'installation de la dynamo reste la même que précédemment, ainsi que l'installation des lignes de distribution, K, K. Sur chacune de ces lignes au départ ont été installés des interrupteurs bipolaires S, des coupe-circuits bipolaires T, un rhéostat $R_1 R_2$ et un ampèremètre (fig. 245) A_1, A_2. Les ampèremètres montreront à chaque instant quel sera le débit sur chaque ligne. Les rhéostats R_1 et R_2 permettront à un moment donné d'augmenter la perte de charge dans la ligne la moins chargée pour ramener les lampes témoins et par suite les autres lampes à la même différence de potentiel.

b. Usines de puissance élevée. Station centrale ou Installation privée. — Nous arrivons maintenant à des usines d'une puissance plus élevée qui pourra atteindre 50, 100, 200 chevaux et dépasser même 5 ou 600 chevaux et au delà, en nous mainte-nant toujours dans des distances limitées.

Nous pourrons résoudre le problème de la distribution par

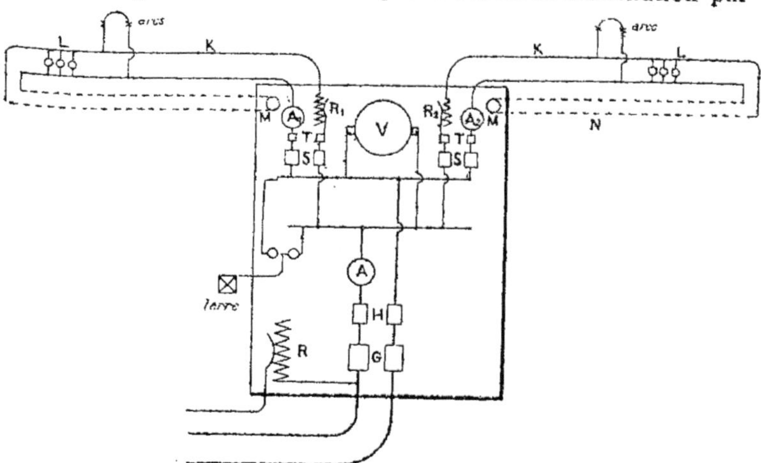

Fig. 245. — Deux circuits de puissance différente desservis par une seule machine.

plusieurs procédés que nous avons déjà vus et sur lesquels nous allons revenir.

Ces procédés seront : l'emploi de 2 ou plusieurs machines en quantité pour desservir un nombre quelconque de circuits de puissance variable (feeders), l'emploi de la distribution à 3 fils et par feeders, et l'emploi de la distribution à 5 fils par feeders.

1° *Installation de 2 ou plusieurs machines en quantité pour des-servir 2 ou plusieurs feeders.* — La figure 246 nous représente le schéma des principales dispositions du tableau. Nous aurons deux machines dont l'installation sera exactement semblable à l'installation des machines que nous avons déjà vues ; à la partie inférieure se trouvent les fils d'arrivée avec tous les appareils nécessaires. Nos deux machines peuvent être couplées, chacune ou toutes deux à la fois sur les barres horizontales.

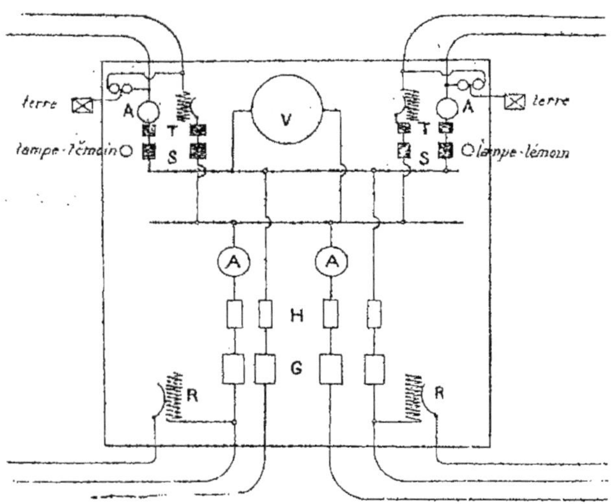

Fig. 246. — Installation de 2 ou plusieurs machines en quantité pour desservir 2 ou plusieurs feeders.

C'est de là que partent les lignes ou feeders munies chacune

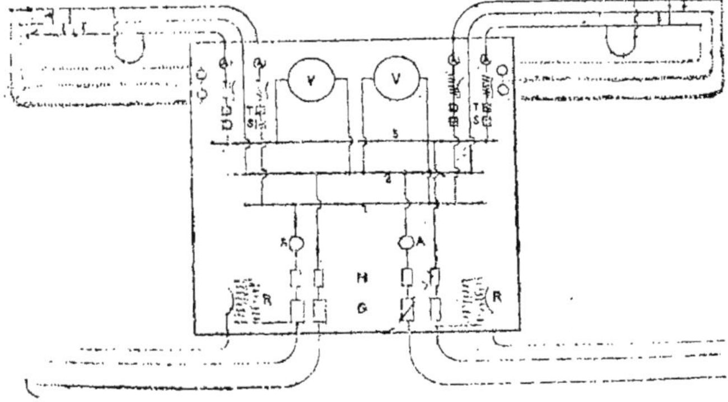

Fig. 247. — Distribution à 3 fils avec 2 machines.

d'interrupteurs bipolaires S de coupe-circuits T, de rhéostat et d'ampèremètre. Les dynamos dans ce cas peuvent être couplées en quantité. Nous verrons plus loin les diverses manœuvres à effectuer.

2° *Installation d'une distribution à 3 fils.* — Nous avons vu plus haut le principe d'une distribution à 3 fils. Cette distribution peut être réalisée en pratique de plusieurs manières. On peut avoir recours à 2 machines dynamos ordinaires que l'on couple en tension au tableau de distribution. On peut avoir

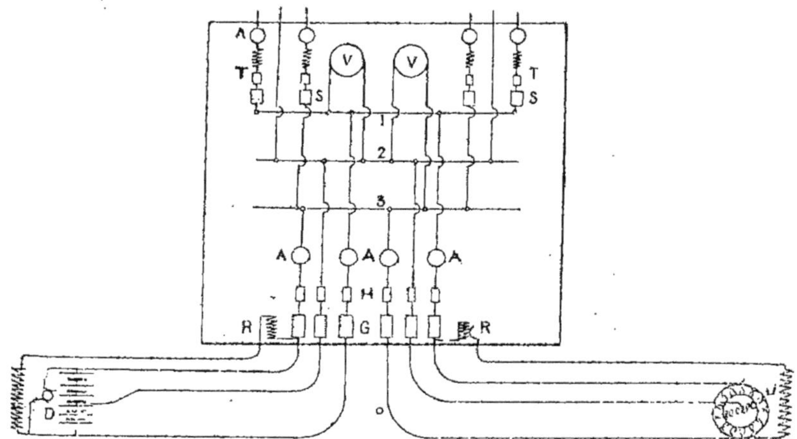

Fig. 248. — Distribution à 3 fils avec 1 machine.

une seule machine pour desservir les 3 fils, on peut enfin avoir 2 machines en tension et 2 machines en quantité.

La figure 247 nous montre les dispositions du tableau dans le premier cas. Nous trouvons deux machines dynamos arrivant au tableau et se couplant la première sur les deux premières barres et la deuxième machine sur la seconde et la troisième barre. Sur ces trois barres, désignées par les chiffres 1, 2, 3, sont couplés d'abord deux voltmètres V ; à gauche et à droite sont des circuits de feeders avec interrupteurs bipolai-

res S, coupe-circuits T et ampèremètres A, on remarquera que
les ampèremètres ne sont placés que sur les fils extrêmes. En
effet, si les deux circuits sont équilibrés, le fil du milieu est traversé par un courant nul ; s'il est traversé par un courant d'une
certaine intensité, celle-ci est donnée par la différence des lectures des 2 ampèremètres.

La figure 248 nous montre la disposition d'une distribution
à 3 fils avec une seule machine. Nous avons donné à gauche et
à droite les deux dispositions que nous avons étudiées précédemment. Dans ce cas, nous avons 2 machines à 3 fils couplées
en quantité.

Enfin, nous pouvons (fig. 249) coupler successivement 2 ma-

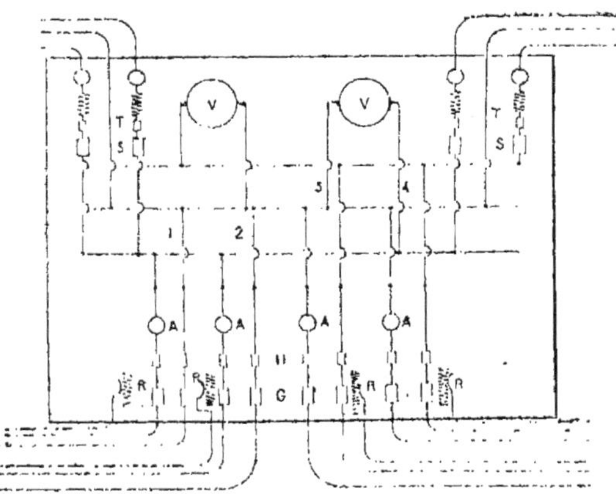

Fig. 249. — Distribution à 3 fils avec machines couplées en quantité.

chines entre la première et la deuxième barre horizontale, et 2
autres machines entre la deuxième et la troisième barre. Nous
aurons ainsi 1, 2, 3, 4 machines dont 2 en tension et 2 en
quantité. Rien n'empêcherait d'ajouter ainsi un plus grand
nombre de machines, ainsi que des feeders. Nous verrons
quelques exemples où les machines et les feeders sont en nombre considérable.

3° *Installation d'une distribution à 5 fils.* — Le schéma d'une
distribution à 5 fils est donné dans la figure 250. Nous supposons le cas le plus pratique où une seule machine à 440 volts
alimente la distribution. Les fils de connexions des dynamos D
arrivent au tableau, traversent des interrupteurs G, des coupe-circuits H, des ampèremètres A et aboutissent à deux barres horizontales à l'arrivée des machines. Dans le dessin, nous
avons 2 machines montées en quantité. Le circuit des inducteurs 1 est également relié au tableau et traverse des résistan-

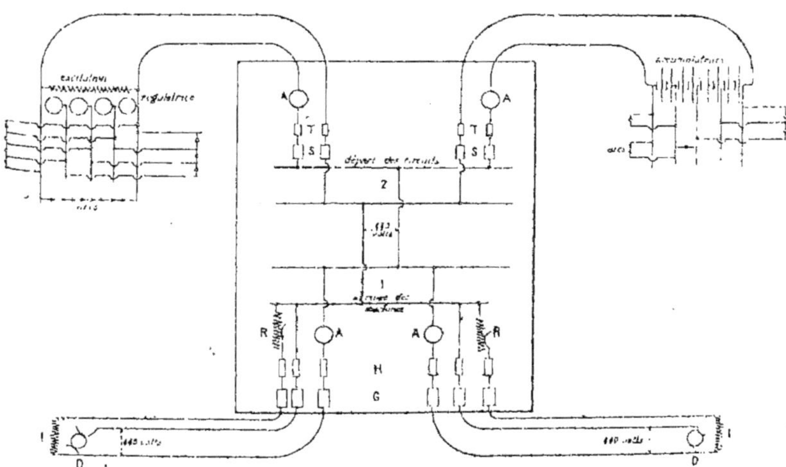

Fig. 250. — Distribution à 5 fils.

ces R. Les barres 1 sont reliées par des traverses verticales
aux barres 2, départ des circuits. De ces dernières barres partent les feeders comportant chacun un interrupteur bipolaire
S, un coupe-circuit T et un ampèremètre A. Nous ne retrouvons
plus ici la résistance R dont il a déjà été question. Cela tient à
plusieurs raisons ; à 440 volts, la perte de charge faible est plus
négligeable qu'à 110 volts, les machines régulatrices ou
accumulateurs, dont nous allons parler, peuvent aussi remé-

dier en partie aux pertes de charge. Enfin, on peut également prévoir des rhéostats régulateurs au départ des feeders, ou mieux comme le fait le secteur de Clichy à Paris, des *survolteurs électriques* ou machines placées en tension et destinées à

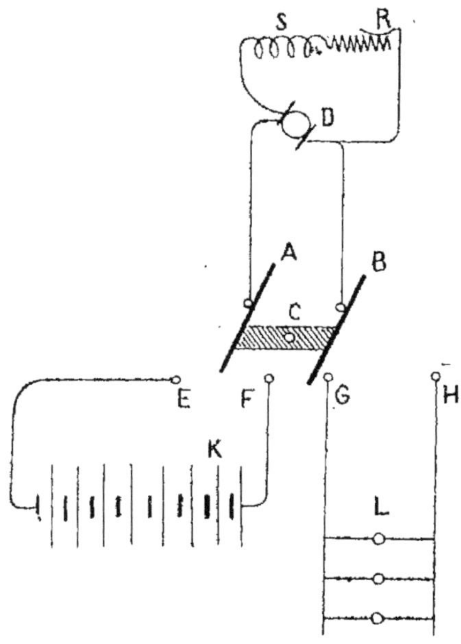

Fig. 251. — Installation à accumulateurs à charge séparée.

augmenter la différence de potentiel. Les feeders à 440 volts ou un peu plus aboutissent à des régulateurs ou accumulateurs qui desservent alors directement 4 circuits à 110 volts. On peut ainsi alimenter différents appareils, comme le montre notre schéma soit à 110, 220, 330 et 440 volts.

B. — Avec accumulateurs.

La distribution avec accumulateurs exige une opération de plus, la charge des accumulateurs ; mais elle procure aussi, comme nous le verrons plus loin, en étudiant l'exploitation, plusieurs avantages.

Dans la marche avec accumulateurs, nous pouvons distinguer :

a La *marche séparée*. — L'éclairage n'est pas alimenté en même temps que la charge des accumulateurs s'effectue. Il suffit que la machine puisse donner jusqu'à environ 160 volts. On établit alors un commutateur qui permet de mettre la machine soit directement sur les accumulateurs soit directement sur le circuit de décharge, en amenant bien entendu dans les deux cas à la différence de potentiel nécessaire. La fig. 251 représente le schéma de cette disposition. En D se trouve la dynamo avec le shunt S et le rhéostat régulateur R : les deux fils aboutissent en A B et peuvent être mis en communication par l'interrupteur bipolaire C soit avec les deux points E F de la batterie d'accumulateurs K, soit avec les deux points G H du circuit extérieur L. Tout le réglage se fait par la manœuvre du rhéostat R, soit pour monter jusqu'à 160 volts pour la charge de la batterie d'accumulateurs K, soit pour maintenir constamment 110 volts aux bornes du circuit L. Le tableau de distribution ne présente aucune difficulté ; il suffit de disposer deux circuits et un commutateur général bipolaire à 2 directions. La même disposition peut être adaptée à une distribution à 3 fils en intercalant un troisième fil.

b La *marche simultanée* présente de plus grandes difficultés.

Et cette marche est certainement la plus usitée chaque fois qu'une installation renferme également des accumulateurs. Il s'agit d'assurer à la fois la distribution pour l'éclairage à 110 volts, et la charge des accumulateurs. Lorsque ceux-ci ne sont pas chargés, leur tension au départ est de 1,8 volt : à la fin de la charge au contraire nous aurons 2,2-2,5 volts. Avec une batterie de 60 éléments, nous aurons donc au départ environ 108 volts et à la fin de la charge 132 à 150 volts. Nous emploierons donc les dispositions suivantes :

Le circuit de la dynamo (fig. 252) chargera tous les accumulateurs montés en tension. Sur le circuit extérieur L un réducteur R permettra de faire varier le nombre d'accumulateurs nécessaire pour maintenir 110 volts aux bornes. De la sorte tous les éléments seront également chargés et le nombre seul variera à la décharge. Le réducteur exigera un nombre de touches assez élevé ; mais cette disposition est de beaucoup préférable à celle qui consiste à employer une dynamo de plus faible tension et à faire varier le nombre d'éléments en charge à l'aide d'un réducteur de charge, car il reste des éléments qui n'ont reçu qu'une partie de la charge.

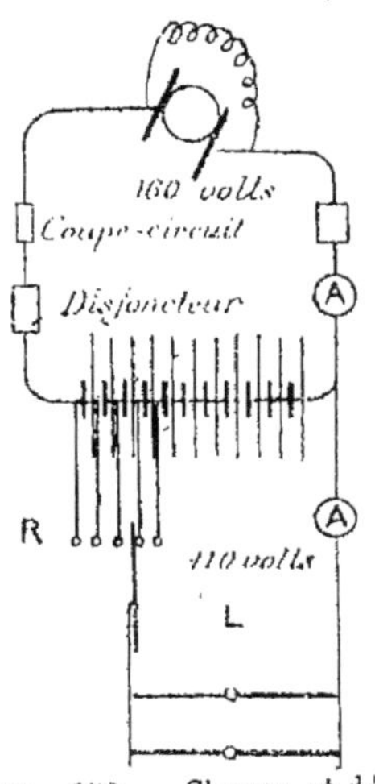

Fig. 252. — Charge et décharge d'accumulateurs à l'aide de réducteur.

Une autre solution consiste à monter en tension avec la machine sur la batterie d'accumulateurs (fig. 253) une petite dynamo S, appelée *survolteur*, donnant 60 à 80 volts environ et la même intensité que celle fournie par la machine. La dynamo peut alors fournir la tension ordinaire, le survolteur fournira le complément pour atteindre la valeur nécessaire. Le réglage du survolteur se fera par la variation de la résistance R d'excitation. De la sorte, aux bornes du circuit de distribution nous aurons la tension constante de 110 volts, et en même temps la batterie d'accumulateurs aura la tension de 110 + 50 volts.

Des dispositions analogues sont prises pour les distributions à 3 fils, comme le montrent les figures 254 et 255. En ce qui concerne les distributions à 5 fils, la charge peut s'effectuer également à l'aide de réducteurs de charge et de décharge ainsi qu'à l'aide de survolteurs ; le mode choisi dépend de la marche de l'usine.

Dans ce qui précède nous avons donné les *schémas théoriques* pour le fonctionnement des installations avec accumulateurs. Il est nécessaire que nous donnions maintenant ce que nous appellerons des *schémas pratiques*, c'est-à-dire l'ensemble des dispositions pratiques adoptées à l'usine : le départ de la machine, la place des divers appareils sur le tableau de distribution, etc.

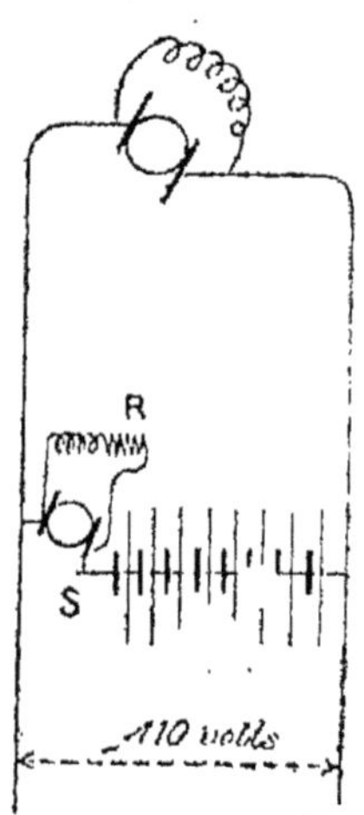

Fig. 253.—Charge d'accumulateurs à l'aide d'un survolteur.

La figure 256 nous représente les dispositions pratiques du tableau de distribution dans le cas du schéma (fig. 252) où se fait la charge des accumulateurs à intensité constante avec réducteur de charge sur le circuit de distribution. Nous voyons les circuits des dynamos D et D′ et les circuits des inducteurs I et I′ arriver à la partie inférieure du tableau. Les deux circuits traversent séparément des interrupteurs bipolaires G, des coupe-circuits bipolaires H, un ampèremètre A et arrivent à deux barres horizontales M, N. On remarque sur les côtés les rhéostats R, R dans les circuits d'excitation. A la barre N est relié un circuit formé d'un coupe-circuit, d'un conjoncteur-disjoncteur, d'un ampèremètre A, et de toute la batterie d'accumulateurs. Le dernier accumulateur communique au plot *a* du réducteur.

20

La manette B se fermant sur ce plot, nous revenons à la barre supérieure M. Notre batterie d'accumulateurs est donc fermée entièrement sur les machines montées en quantité. Nous avons même ici une particularité que nous n'avons pas signalée tout à l'heure. Nous avons un réducteur de charge B, et la manette peut encore être mise sur le plot *b*, ce qui nous permettra à un moment donné de brancher directement les machines sur les circuits extérieurs en mettant les manettes B et C sur le plot *b*. La barre N de l'arrivée des machines est réunie par une tige E à la barre Q des circuits de départ, et la barre P de ces mêmes circuits est en communication avec la manette C du réducteur de décharge des accumulateurs, ce qui permet de faire varier le nombre de ceux-ci. Un voltmètre V nous donne la tension au circuit de départ, un autre voltmètre à l'arrivée des machines, et un autre aux bornes de la batterie d'accumulateurs. A la partie supérieure du tableau se trouvent deux ou plusieurs circuits de départ ou feeders avec chacun des interrupteurs bipolaires S, coupe-circuits bipolaires T, ampèremètre A, rhéostat R, sans oublier les lampes-témoins et les indicateurs de terre.

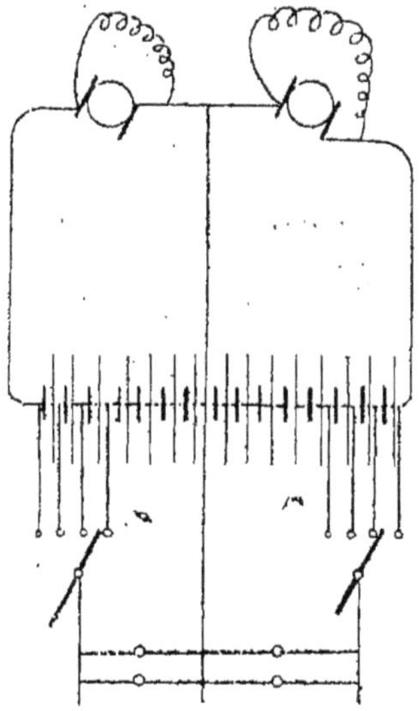

Fig. 254. — Distribution à 3 fils et à accumulateurs avec réducteurs.

Cette disposition permet donc à volonté : 1° de charger toute la batterie d'accumulateurs à 160 volts et de la décharger à 110 volts sur les circuits extérieurs ; 2° de charger à la différence de potentiel voulue et de décharger également ; 3° de marcher directement avec les machines sur les circuits extérieurs.

La disposition des divers appareils est nettement indiquée sur notre figure ; peut-être en pratique sur un tableau en marbre sera-t-on obligé de prendre quelques autres dispositions. Mais il ne faudra jamais sacrifier la netteté et la clarté à la beauté, ou tout au moins devra t-on installer dans un coin du tableau un schéma de la plus grande netteté.

Nous avons un second exemple très intéressant dans les dispositions adoptées à la station centrale au port libre de Copenhague. La figure 256 *bis* nous donne le détail du schéma. Il s'agit d'une distribution à 3 fils sur éclairage par 2 batteries d'accumulateurs avec réducteurs de charge et de décharge. Les 5 dynamos dont 2 à 4 pôles peuvent donner chacune 240 volts et 135 ampères à 730

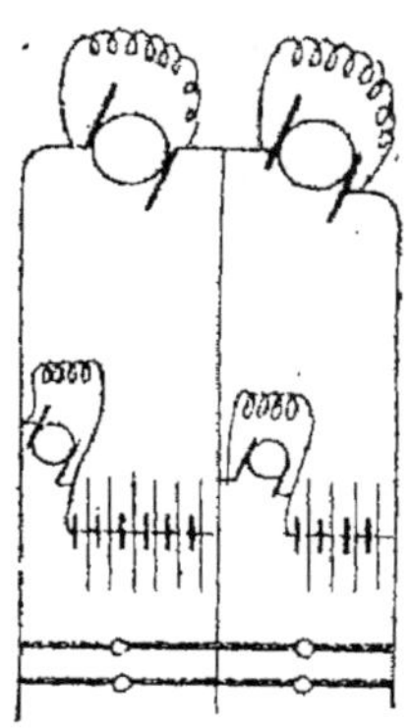

Fig. 255. — Distribution à 3 fils et à accumulateurs avec survolteurs.

tours par minute et dont 3 à 6 pôles donnent 240 volts et 280 ampères à 490 tours par minute, sont représentées en D, D. Chacune d'elles est pourvue d'un ampèremètre et d'un interrupteur bipolaire *b* permettant de coupler la machine sur deux barres de distribution C pour la charge des accumulateurs; à ces deux barres sont reliés les circuits de deux batteries de 70 accumulateurs chacune en tension. Toutes les machines peuvent être couplées en quantité. Plus haut se trouvent des commutateurs bipolaires *a* à deux directions permettant de coupler une machine sur deux barres voisines parmi les trois barres B de distribution, sur lesquelles sont branchés les circuits qui desservent les moteurs. Chaque machine a un circuit d'excitation spécial avec un rhéostat variable R. Le circuit d'excitation est fourni par une dérivation sur deux des 3 fils de distribution A, destinés à desservir les circuits d'éclairage. Ces 3 fils A sont reliés, 2 aux extrémités des 2 batteries d'accumulateurs montées en tension, et le troisième au centre. En E, E se trouvent des réducteurs automatiques. Nous voyons en *c*, *d*, *e*, *f*, *g*, *h* les départs des divers circuits, et en *v*, *v* les voltmètres sur fils témoins. Chaque batterie d'accumulateurs est munie d'interrupteurs spéciaux F, G sur la batterie et sur le circuit des machines, d'ampèremètres, d'indicateurs de courant et de commutateurs *i*, *j* pour changer à volonté le couplage suivant le sens du courant. A la partie supérieure du tableau sont installés les voltmètres V et V avec commutateurs spéciaux pour mettre en communication avec toutes les machines et barres de distribution.

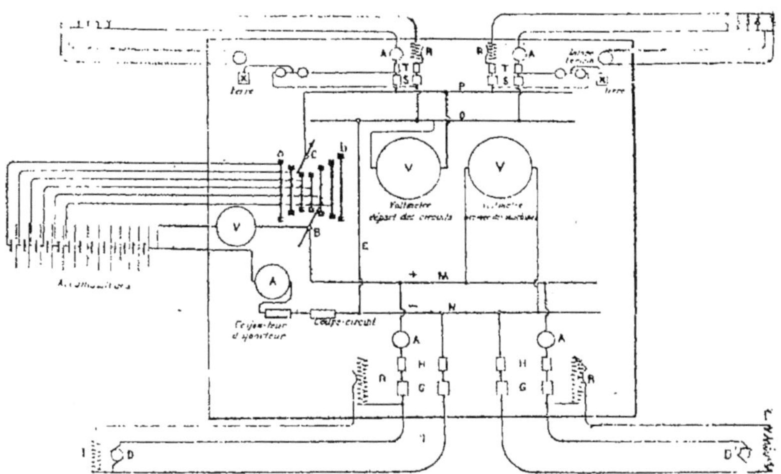

Fig. 256. — Détail des connexions pour la charge et la décharge des accumulateurs à l'aide de réducteurs.

Nous arrivons maintenant à examiner le cas où la charge des accumulateurs est faite par un survolteur. La figure 257 donne la vue d'ensemble de toutes les dispositions pratiques adoptées. Nous retrouvons tous les éléments de la figure précédente : arrivée des machines, circuit des accumulateurs, circuit de départ, etc... La seule différence est la suivante :

entre les barres horizontales M et N nous en avons intercalé
une troisième O, sur laquelle viennent se fixer d'une part les
fils des dynamos et d'autre part une tige U avec un plot à son
extrémité, un fil du survolteur, l'autre fil étant relié également
à un plot. Un commutateur K peut être branché sur un des
plots dont nous avons parlé. L'excitation du survolteur est

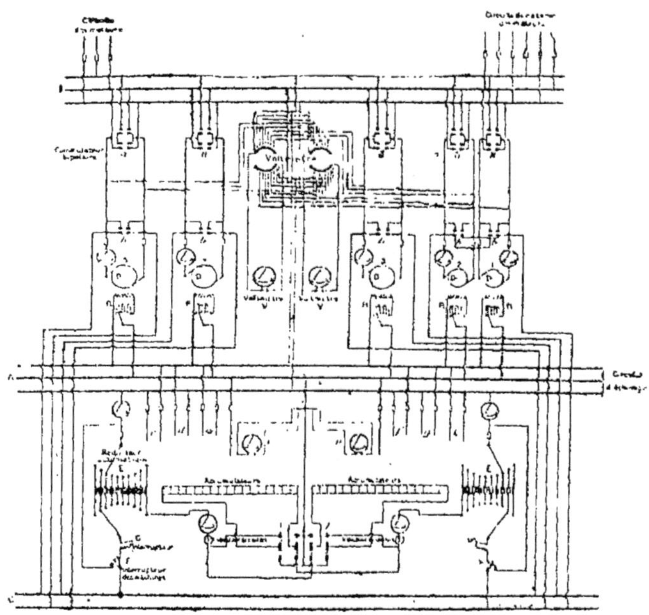

Fig. 256 *bis*. — Schéma du tableau de distribution de Copenhague.

assurée par un circuit branché sur les barres P Q et comprenant
un interrupteur *i* et un rhéostat *r*. Si nous fermons le commutateur K sur le survolteur, nous couplons celui-ci en tension
avec les machines sur la batterie d'accumulateurs. Mais cette
opération ne peut se faire que si l'excitation existe ; il y a
donc là une précaution à prendre. Nous pouvons arrêter le

survolteur et le supprimer en mettant le commutateur K sur
la tige U ; les machines sont alors, comme dans l'exemple précédent, couplées directement sur la batterie d'accumulateurs.

Ce tableau nous permet donc : 1° de charger les accumulateurs avec la machine seule et sans le survolteur, et de les

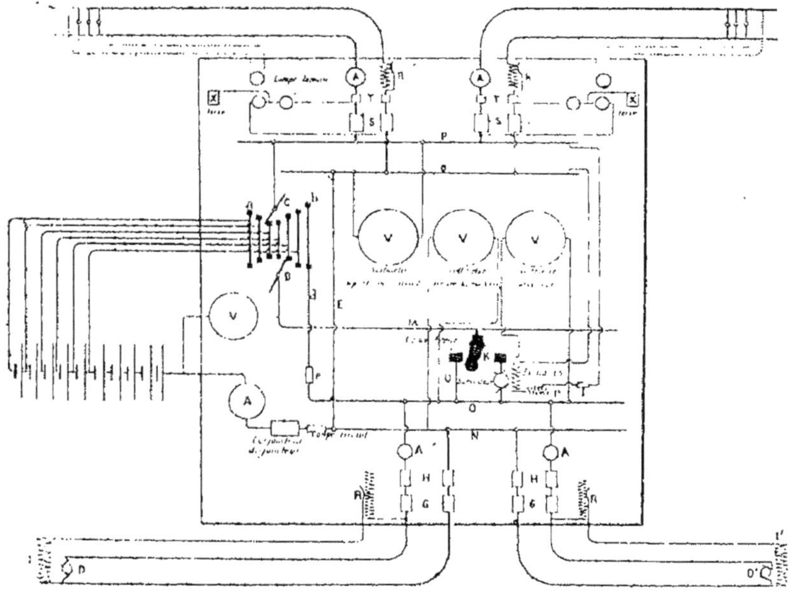

Fig. 257. — Détail des connexions pour la charge d'accumulateurs
à l'aile d'un survolteur.

décharger également sur les deux fils de l'extérieur à une différence de potentiel voisine ; 2° de charger les accumulateurs
avec la machine et le survolteur en tension à 160 volts, et de
les décharger à 110 volts ; 3° de marcher directement avec la
machine sur la ligne extérieure en supprimant le survolteur,
en mettant le commutateur K en U, et en plaçant sur les plots *b*
les manettes B et C. Il y a une cinquième opération qui doit

être réalisée et qui est la plus importante. Il faut pouvoir marcher à potentiel constant à 110 volts à la machine directement sur la ligne et assurer en même temps à potentiel variable la charge des accumulateurs par la machine en tension avec le survolteur que l'on peut régler à volonté. On peut opérer ainsi

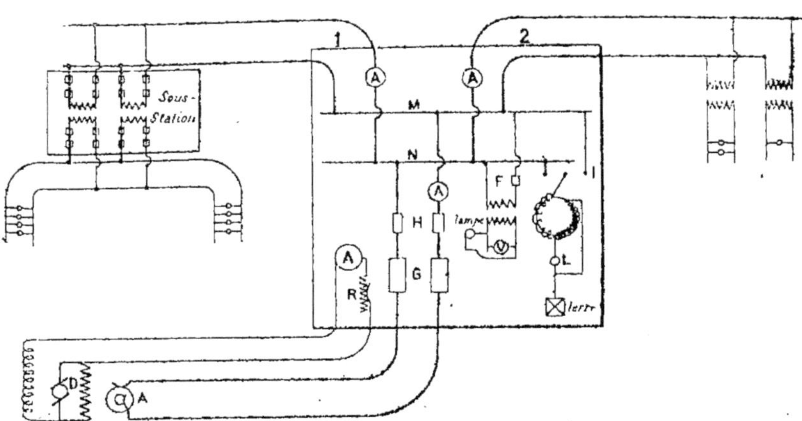

Fig. 258. — Distribution à l'aide d'un alternateur par divers feeders.

à l'aide d'un petit fil *d* réunissant le plot *b* au fil O de la machine. Le circuit porte un petit interrupteur *e*.

Nous n'avons rien à ajouter si ce n'est que nous avons un autre voltmètre nous indiquant le nombre de volts aux bornes du survolteur. On pourrait, pour ces divers circuits, n'avoir qu'un seul voltmètre ; mais bien souvent il est plus commode et plus utile d'avoir une série de voltmètres suivant les circuits.

Les mêmes dispositions subsistent lorsqu'il s'agit d'effectuer la charge des accumulateurs à différence de potentiel constante ; le réducteur de charge n'a plus aucun objet, et le réducteur de décharge seul est alors utilisé.

B. — INSTALLATION A COURANTS ALTERNATIFS SIMPLES

Nous allons maintenant trouver pour les courants alternatifs des dispositions sensiblement différentes. Mais avant d'entrer dans cette étude nous ferons remarquer que les distributions par courants alternatifs sont le plus souvent à haute tension et par suite dangereuses et exigent des précautions particulières. Nous avons déjà vu ce qui concernait les alternateurs ; pour les tableaux de distribution, nous ajouterons que les fils d'arrivée des machines au tableau seront soigneusement protégés et hors de la portée de la main, les interrupteurs généraux et coupe-circuits ne seront manœuvrés qu'avec des gants en caoutchouc. Nous insisterons du reste plus loin sur les diverses mesures de précaution à prendre.

Nous allons maintenant examiner plusieurs cas :

a) Une seule machine en service sur un ou plusieurs feeders — L'alternateur A (fig. 258) est réuni par deux câbles fortement isolés au tableau de distribution où ils traversent un interrupteur bipolaire G, un coupe-circuit bipolaire H, un ampère-mètre A et viennent se réunir aux câbles M N. Tous ces appareils doivent être particulièrement soignés et isolés pour hautes tensions. Des barres de distribution partent deux circuits extérieurs 1 et 2, l'un à gauche allant desservir une sous-station de transformateurs dont les circuits secondaires sont montés en quantité sur un circuit d'abonné, l'autre à droite alimentant des transformateurs placés chez les abonnés. Sur le tableau nous trouvons aussi le rhéostat R du circuit d'excitation de la dynamo D à courants continus. En F est le transformateur témoin aux bornes de la machine avec un voltmètre et une lampe. En I est fixé un indicateur de terres. Un contact peut être placé sur l'une des deux barres M ou N ; il communique au circuit primaire d'un transformateur spécial, dont le secondaire en gros fil est relié au primaire d'un côté et de l'autre à la terre et à une lampe L disposée comme le montre la figure. Si l'on appuie sur un contact et s'il existe une terre sur l'autre câble, le circuit primaire formé par la lampe L et la terre est traversé par un courant; par induction mutuelle le circuit développe une différence de potentiel qui fait briller la lampe L.

Nous ferons remarquer que les deux circuits 1 et 2 peuvent être desservis par un même alternateur, quelle que soit leur

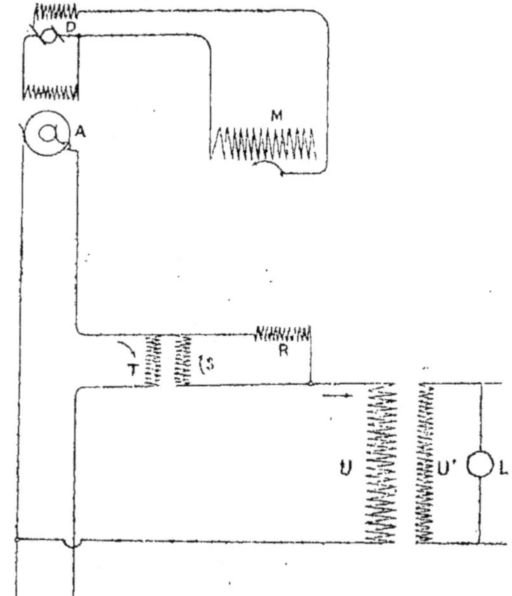

Fig. 239. — Dispositifs d'un transformateur égalisateur.

charge respective, parce qu'il s'agit d'une distribution à 2 ou 3 kilomètres, où la perte de charge admise ne dépasse pas 2 pour 100. On peut admettre que la différence de potentiel sera partout constante.

Si nous avions eu une distribution à 15 ou 20 kilomètres, nous aurions été obligés d'admettre sur les circuits principaux des pertes de charge de 2 à 10 pour 100. Dans ces conditions nous n'aurions pu assurer une différence de potentiel constante aux bornes des circuits d'arrivée qu'en utilisant des voltmètres sur des fils de retour, des voltmètres compound, ou encore d'autres dispositions comme celles que nous avons vues pous les alternateurs Thomson ou comme celles du *transformateur égalisateur* que nous allons décrire.

Avec toutes ces dispositions nous ferons d'abord observer

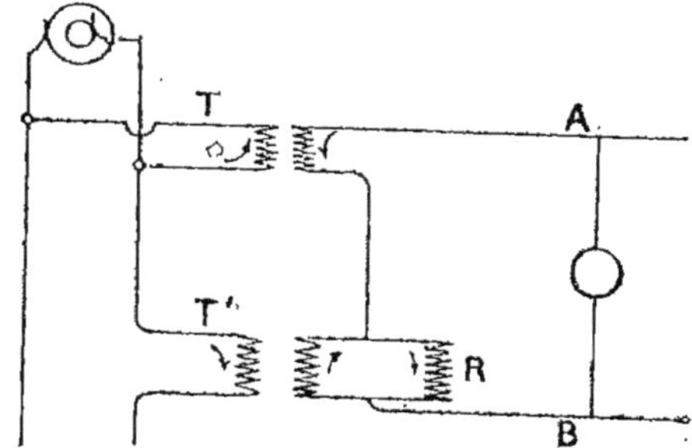

Fig. 260. — Autre dispositif pour connaître la différence de potentiel à l'extrémité de la ligne.

qu'il est nécessaire de n'employer qu'une seule machine sur une seule ligne.

De l'alternateur A partent deux câbles. Dans le circuit est intercalé le circuit primaire T d'un transformateur dont (fig. 259) le secondaire réuni, d'une part, au primaire est fermé sur une résistance R et vient aboutir ensuite à une borne du circuit primaire d'un autre transformateur U. La résistance R est calculée pour que la différence de potentiel aux bornes du secondaire S soit égale à la perte de charge dans la ligne, et l'enroulement S est disposé pour que cette différence de potentiel soit en sens inverse de la différence de potentiel, de telle sorte qu'aux bornes U' du secondaire du transformateur on a exactement à chaque instant la différence de potentiel à l'extrémité de la ligne. On peut alors régler le rhéostat M de l'excitation de l'excitatrice D pour ramener la tension à la valeur normale. Quelquefois aussi on établit en ce point un régulateur automatique, commandé par la différence de potentiel en U'.

On peut encore disposer (fig. 260) deux transformateurs, l'un T placé en dérivation avec production de force contre électro-

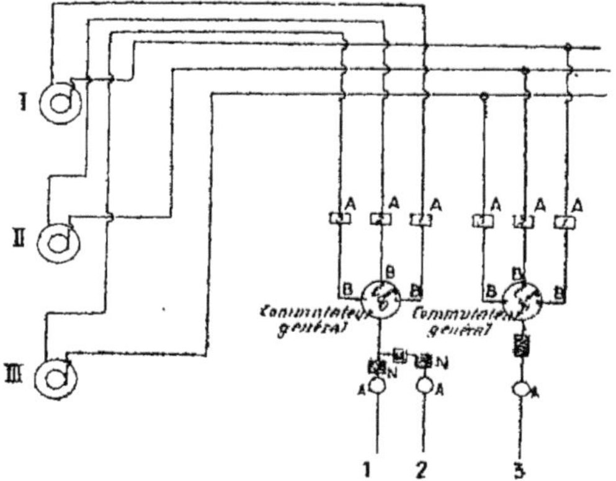

Fig. 261. — Alternateurs branchés sur circuits séparés.

motrice dans le circuit secondaire et l'autre T' comme le montre la figure, afin d'avoir toujours en A B la différence de potentiel à l'extrémité de la ligne.

b) Plusieurs alternateurs en service, chacun sur un circuit séparé.

Ce cas se présente lorsqu'il s'agit de machines que l'on ne peut coupler en quantité. Nous pouvons citer à ce sujet l'exemple des machines Ferranti aux Halles. Les machines électriques sont au nombre de 3 ; des deux bornes de chacune d'elles partent deux câbles isolés sous caoutchouc et placés dans les tubes en cuivre qui aboutissent, comme le montre la figure 261, à des plaques de cuivre A, A, A fixées sur le tableau de distribution. Dans la figure, on n'a représenté qu'un seul des pôles des machines pour chacun des commutateurs généraux ; mais, en réalité, il y a un câble sur chacun des pôles. Ces plaques de cuivre A, A, A, auxquelles aboutissent les circuits des dynamos, sont elles-mêmes reliées à trois contacts de cuivre, en forme de pinces à ressort B, B, B, placées à la périphérie intérieure d'un disque. Au centre du disque se trouve un axe O manœuvrable à l'extérieur à l'aide d'un volant, et portant un bras c qui peut venir établir un contact sur chacun des points B. Ce bras c est lui-même relié aux câbles des divers circuits d'utilisation. Sur le commutateur général de gauche, par exemple, nous trouvons relié un câble 1. Une prise de courant est faite sur ce même câble à l'aide d'un interrupteur M, pour un câble 2 ; en N se trouvent des coupe-circuits fusibles particuliers.

Ils sont formés par une série de petits fils de maillechort de quelques dixièmes de millimètre de diamètre, réunis en quantité, et placés dans des poteries présentant une série d'ouvertures séparées par des parties rectilignes sur la longueur, afin de diviser l'étincelle. L'axe, dont il est question ci-dessus, porte ainsi sur la longueur deux bras c, à quelque distance l'un de l'autre, et se mouvant en même temps entre les contacts B. Le deuxième bras c est relié au deuxième câble formant l'autre pôle du circuit d'utilisation. A côté de ce premier circuit s'en trouve également un second à droite.

On voit donc que sur trois machines Ferranti, l'une dessert un circuit 3, l'autre à la fois un circuit 1 et un circuit 2, la troisième machine sert de réserve. On peut maintenant se rendre compte des avantages que présentent les dispositions que nous venons de mentionner.

A un instant donné, on peut coupler une machine quelconque sur un circuit quelconque. Il suffit de mettre le bras c en communication avec la borne 1 pour mettre la machine I soit sur l'un ou l'autre des circuits. On peut même, à un moment donné, mettre les trois circuits sur une même machine, en plaçant sur deux commutateurs généraux les bras *c* aux bornes I. On remarquera de plus que la disposition présente permet d'éviter le couplage en quantité des machines, couplage qui ne peut s'exécuter avec les machines Ferranti telles qu'elles existent.

Nous avons dit plus haut qu'une troisième machine servait

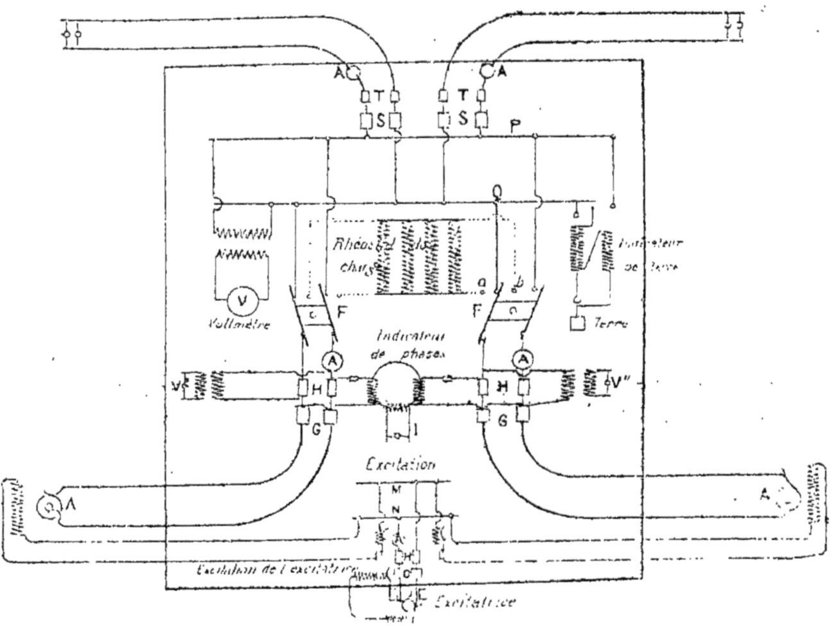

Fig. 262. — Dispositifs pour le couplage en parallèle d'alternateurs.

de réserve. En effet, en plein service, une machine est toujours réchauffée, presque sans pression, de sorte qu'au moindre accident elle est en marche. Il est alors très simple, par une manœuvre du bras *c*, de faire passer la charge de la dynamo I sur la dynamo II par exemple. Et il ne s'agit pas d'une partie de la charge, mais bien de la charge totale de la machine ; des expériences ont déjà été faites à ce sujet. Bien souvent, en plein service, il nous est arrivé de mettre la charge totale sur une seule machine par un changement rapide.

c) Alternateurs en quantité sur 2 ou plusieurs feeders. —

Nous arrivons au cas le plus intéressant et le plus important à la fois. Il s'agit de faire fonctionner 2 ou plusieurs alternateurs en quantité sur 2 ou plusieurs feeders, la perte sur ces feeders ne dépassant pas 2 pour 100.

Nous avons vu plus haut que pour assurer ce couplage, il suffit d'amener les mêmes alternateurs à la même différence de potentiel, à la même vitesse angulaire et à égalité de phases.

Le tableau de la figure 262 nous représente les diverses dispositions à employer. Les alternateurs A, A sont reliés au tableau et traversent des interrupteurs bipolaires G, des coupe-circuits bipolaires H, des ampèremètres A et arrivent aux commutateurs à deux directions F F. En G, des dérivations sont prises des deux côtés pour former les deux circuits primaires d'un transformateur I dont le circuit secondaire est fermé sur une lampe. Cet appareil est *l'indicateur de phases.* Après l'interrupteur F, de chaque côté arrivent 4 câbles dont 2 aboutissent aux barres de distribution P et Q d'où partent les circuits, et dont 2 sont reliés par des traits pointillés à un rhéostat, dit de charge, pouvant permettre d'absorber la puissance totale d'un alternateur. Supposons un alternateur A en service, celui de gauche par exemple ; l'ampèremètre A nous indique sa charge, le voltmètre V ou V' la différence de potentiel aux bornes. Nous fermons le commutateur F de l'autre alternateur sur les traits pointillés *a b*, et nous faisons varier la résistance du rhéostat de charge jusqu'à ce que l'ampèremètre A donne la même indication que l'autre. Nous avons eu soin, bien entendu, de fermer le circuit de l'excitatrice. Nous observons l'indicateur de phases, et, lorsque les phases sont semblables, les charges les mêmes, ainsi que la tension, l'alternateur est couplé en quantité par la manœuvre du commutateur. Nous ne disons rien de l'excitatrice ; mais l'on remarquera que le circuit principal de la machine excitatrice aboutit à

deux barres M et N d'où se font les prises d'excitation nécessaires. Le circuit d'excitation de l'excitatrice renferme un rhéostat placé sur le tableau et que l'on peut faire varier pour le
réglage.

Le cas que nous venons de traiter est le plus simple et le plus
usité jusqu'à ce jour ; nous pouvons cependant encore en
citer d'autres.

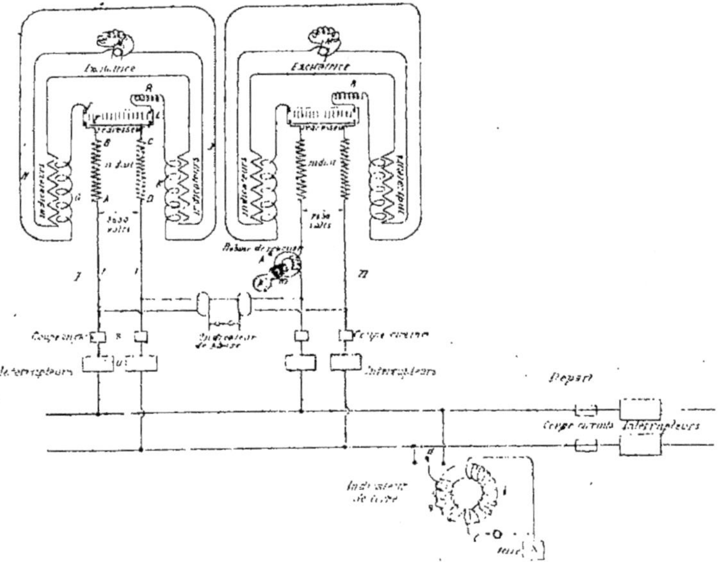

Fig. 263. — Tableau de distribution de la station centrale de
St-Brieuc.

La Compagnie Thomson-Houston emploie comme rhéostat
de charge une bobine de réaction dont la manœuvre est des plus
intéressantes. Nous donnerons le schéma d'installation de la
distribution effectuée en mars 1891 par la Cie Thomson-Houston de Paris à Saint-Brieuc (Côtes-du-Nord) à l'aide de machines à courants alternatifs couplées en quantité. Une transmis-

sion de puissance hydraulique a été faite à l'aide d'une usine située à 13 kilomètres de la ville. L'installation comprend deux machines à courants alternatifs Thomson-Houston donnant 2650 volts et 35 ampères à la vitesse angulaire de 1070 tours par minute. Le nombre des bobines de l'induit est de 14, la *fréquence* ou nombre de périodes par seconde est de 125. Ces machines sont excitées séparément par deux petites machines shunt M et M' Thomson à courants continus, et pouvant donner 110 volts et 30 ampères (fig. 263). Les machines à courants alternatifs ont ceci de remarquable, qu'elles sont *hypercompoundées*. Elles fournissent à 13 kilomètres une différence de potentiel constante de 2400 volts, quel que soit le débit. Ce résultat est obtenu à l'aide du compoundage de la façon suivante : Prenons par exemple la machine I ; le fil de l'induit AB sortant de la septième bobine est relié à une borne d'un redresseur de courant E. Cet appareil, dont nous ne nous occupons pas pour le moment, a pour but de prendre le courant alternatif qui lui est transmis, de donner du courant continu, à l'extrémité F. Ce dernier courant continu traverse alors un circuit qui entoure les inducteurs F G H I J K, arrive en L où se trouve une résistance variable R et retourne au redresseur. Là aboutit le fil entrant C de la huitième bobine, et le circuit se ferme par les autres bobines en D pour venir aux bornes T T fournir la différence de potentiel de 2650 volts. En un mot, une dérivation est une prise sur l'induit, pour redresser le courant et l'envoyer ensuite dans un circuit inducteur. On voit tout de suite l'avantage de cette disposition. L'intensité dans ce circuit inducteur dépendra nécessairement de l'intensité extérieure produite, et, même par un réglage convenable de la résistance R, il sera possible d'arriver à obtenir une différence de potentiel constante à l'extrémité de la ligne, c'est-à-dire à 13 kilomètres. C'est, en effet, ce qui est obtenu à Saint-Brieuc.

A côté du circuit inducteur dont nous venons de parler, se trouve alors le circuit inducteur ordinaire excité par la machine excitatrice spéciale M', comme le représente le diagramme.

Les deux fils de l'induit de la machine I traversent ensuite les coupe-circuits S et les interrupteurs U pour aboutir à la ligne générale.

A côté de la machine I se trouve la machine II, qui présente absolument la même disposition. Elle a en circuit une bobine de réaction, qui sert au couplage en quantité que nous allons expliquer tout à l'heure. Cette bobine se compose d'un noyau de fer sur lequel se trouve un enroulement à fil fin. Sur ce même noyau est un circuit secondaire formé par une masse de cuivre *m* fermée sur elle-même, et portant une poignée *p*. On peut ainsi déplacer cette masse de cuivre, et réagir sur le primaire, en faisant varier le coefficient de self-induction des deux circuits.

Avant d'effectuer le couplage en quantité, il nous faut encore un autre appareil ; c'est *l'indicateur de phases*, ou appareil qui nous servira, comme nous l'avons déjà expliqué, à reconnaître si les deux machines à coupler produisent bien au même instant des courants de mêmes phases. L'indicateur de phase utilisé ici consiste essentiellement en deux transformateurs dont les circuits primaires sont montés en dérivation sur les deux dynamos différentes, et dont les circuits secondaires sont montés en tension sur deux lampes également en tension. Si les phases sont concordantes, les courants ont la même direction dans le circuit secondaire, et les lampes s'allument. Si les phases ne sont pas concordantes, les courants sont de directions opposées, les lampes pâlissent plus ou moins. La différence d'éclat des lampes indique donc la différence de phase.

Nous pouvons maintenant expliquer le couplage en quantité.

Il est d'abord nécessaire que les machines I et II aient la même vitesse angulaire, la même excitation. Ces conditions peuvent être aisément remplies. Au moment du couplage, quand on a fermé les interrupteurs, il peut se produire des variations. On remédie aux accidents de ce genre à l'aide de la bobine de réaction. Supposons que les deux machines soient

en marche et prêtes à être couplées ; l'indicateur de phases a
indiqué des phases concordantes. On fait communiquer un
pôle de la machine à coupler avec le pôle qui travaille. On ferme ensuite les deux autres pôles l'un sur l'autre, en ayant soin
d'intercaler en circuit la bobine de réaction, et on manœuvre
cette dernière par la poignée jusqu'à un équilibre bien déterminé. A la fin de l'opération, la bobine de réaction est mise en
court-circuit.

Sur le tableau général, avant le départ de la ligne se trouve

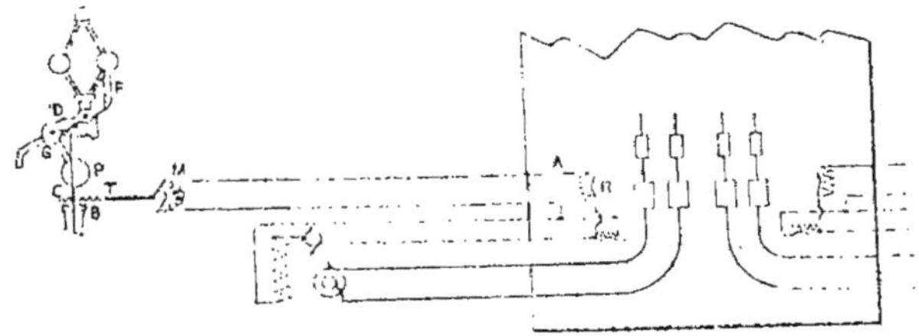

Fig. 264. — Dispositifs de réglage par la variation
d'admission de vapeur.

un *indicateur de terre*, qui a pour but d'indiquer une terre dès
qu'elle se présente sur la canalisation.

Nous pouvons encore mentionner le système adopté dans
plusieurs installations par la société Siemens et Halske de Berlin. Pour le couplage en parallèle des alternateurs, les principales conditions sont : même vitesse angulaire, égalité des
phases. La vitesse angulaire varie dans certaines proportions
avec la charge ; il est donc nécessaire d'avoir également la
même charge. La Société Siemens et Halske a cherché à conserver la même vitesse angulaire à une machine, en faisant
varier l'admission de vapeur suivant la charge. A cet effet (fig.
264) sur le tableau de distribution, à côté de l'alternateur, est
branché en dérivation sur le circuit d'excitation un circuit A
avec une résistance R. Ce circuit vient alimenter un moteur
M, qui actionne une vis tangente T. Celle-ci met en mouvement

une roue horizontale B qui transmet le mouvement, à l'intérieur d'un petit cylindre, à une transmission élastique C qui vient mettre en marche une vis verticale D. Celle-ci à son tour fait fonctionner une roue dentée G qui porte un contre-poids P. Par le déplacement de ce dernier on peut agir sur l'admission de vapeur, tout en laissant la vitesse angulaire constante dans certaines limites. Avec ces dispositions, il suffit alors de s'oc-

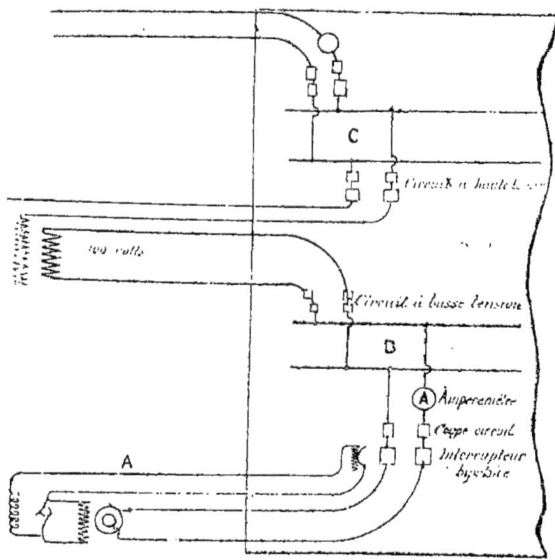

Fig. 265. — Schéma d'une distribution à basse tension.

cuper de l'égalité des phases, et de la vitesse angulaire en faisant fonctionner le moteur M. La Société Siemens et Halske a employé ce système dans plusieurs installations et a été très satisfaite des résultats obtenus.

d) Alternateurs à basse tension. — Dans tout ce qui précède, nous avons supposé qu'il s'agissait de circuits à haute tension au départ. Mais il peut arriver que l'on effectue au départ une double transformation. Les dispositions sont alors les suivantes : L'alternateur A (fig. 265) produit 100 à 150 volts. Les câbles sont réunis aux bornes du circuit à basse tension. Ils partent de là pour alimenter des transformateurs, dont le circuit primaire à 3000 volts se rend aux circuits de départ à haute tension.

C. — INSTALLATIONS A COURANTS POLYPHASÉS

Les diverses études que nous avons faites plus haut se rapportent également aux courants polyphasés. Nous donnons cependant dans la fig. 266 un schéma d'une distribution à courants triphasés. Les alternateurs A sont réunis au tableau ainsi que les circuits des machines excitatrices E et leurs circuits dérivés. Dans ces derniers sont intercalées des résistances R qui permettent le réglage. Au centre en I se trouve un indicateur de phases avec 3 lampes indicatrices. Les barres de distribution sont ensuite reliées aux circuits de départ. Nous avons placé des indicateurs de terre.

A titre de dernier exemple à ce sujet, nous donnons le schéma complet du tableau de distribution de l'installation établie par MM. Siemens et Halske, à Dresde, et dont nous avons déjà parlé dans l'*Industrie électrique* (fig. 267).

A la partie inférieure se trouvent les dynamos excitatrices avec toutes leurs dispositions et leur couplage en quantité sur 2 barres. Les cinq machines excitatrices forment trois groupes distincts couplés en quantité sur deux barres générales. Nous trouvons un indicateur de différence de potentiel, une prise de courant pour les lampes destinées à l'éclairage du tableau, un circuit pour la chambre des mesures, et un circuit desservant les lampes à arc et à incandescence de la station centrale. Plus haut se trouvent les prises d'excitation pour les alternateurs avec les indicateurs de courant, les rhéostats R et les

interrupteurs à charbon K; à côté se trouvent les moteurs.
pour le réglage de l'arrivée de vapeur; nous trouvons enfin.
les alternateurs à courants triphasés avec les coupe-circuits,
les interrupteurs etc., reliés à 3 barres horizontales.

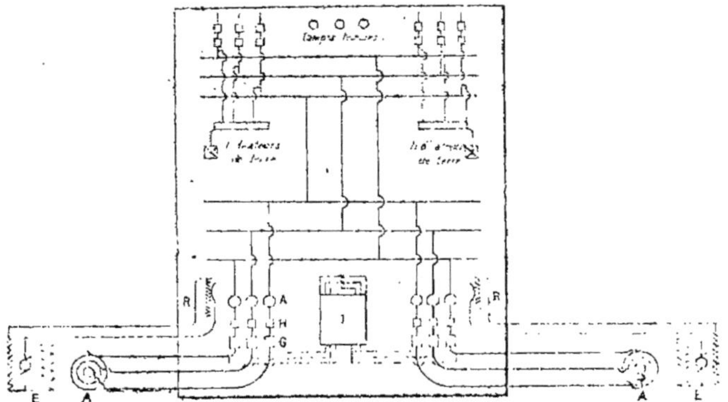

Fig. 266. — Distribution à courants triphasés.

Les circuits se divisent ensuite pour alimenter 9 transformateurs de 100 kw qui ramènent la tension de 115 à 3118
volts. Les circuits secondaires se réunissent de nouveau pour
former trois groupes et se répartir suivant les divers circuits
à desservir.

II. Exploitation.

Dans toute exploitation. il est nécessaire d'assurer le fonctionnement *dans les conditions les plus économiques, dans les
meilleures conditions de conduite*, et de maintenir le *matériel en*
excellent état.

(*a*) *Conditions économiques.* — Si nous considérons *les condi-*
tions les plus économiques, nous trouverons qu'il sera possible

avec un grand soin et une surveillance active d'économiser soit le charbon, soit l'huile, soit la graisse, soit les chiffons. Les dépenses actuellement sont extrêmement variables ; nous pouvons toutefois fixer quelque peu les idées. Le prix du charbon est très variable suivant la contrée, suivant qu'il s'agit d'une usine desservie par une voie ferrée, suivant qu'il s'agit d'une grande ville. Pour les installations électriques on emploie en général un charbon tout venant variable de 15 à 32 fr. la tonne suivant les conditions que nous venons d'énoncer. La dépense ne doit pas dépasser 3 à 5 kg. par kilowatt-heure utile aux bornes du tableau de distribution.

Pour les cylindres de la machine à vapeur, il faudra compter 5 à 8 grammes de valvoline valant 50 à 80 fr. les 100 kg. suivant la région.

L'huile ordinaire pour les dynamos valant de 40 à 75 fr. les 100 kg. ne sera usée qu'en petite quantité, 2 à 3 grammes environ. Les nettoyages et essuyages nécessiteront des chiffons, environ 8 à 10 grammes par kilowatt-heure. Le chiffon se vend à des prix très variables 20 à 35 fr. les 100 kg. ; quelquefois même ils sont les résidus d'une fabrication.

Nous ne voulons pas par ce qui précède fixer des limites aux matières employées ; mais nous désirons surtout faire comprendre aux chauffeurs mécaniciens électriciens qu'ils doivent apporter tous les soins désirables pour fonctionner avec la plus grande économie, s'assurer du fonctionnement de la chaudière, de la machine à vapeur, de la dynamo, etc. Tous les paliers doivent toujours être remplis d'huile, mais on ne doit jamais trouver de taches en dehors, etc.

(*b*) *Conditions de meilleure conduite*. — Si nous passons maintenant aux conditions de *la conduite*, nous devons dire que celle-ci doit se faire toujours avec grande attention de laisser travailler la machine dans les conditions normales. Au moment des manœuvres, l'électricien devra surtout veiller à n'oublier aucune des précautions que nous allons donner ci-après en nous rapportant aux schémas d'installations que nous avons tracés.

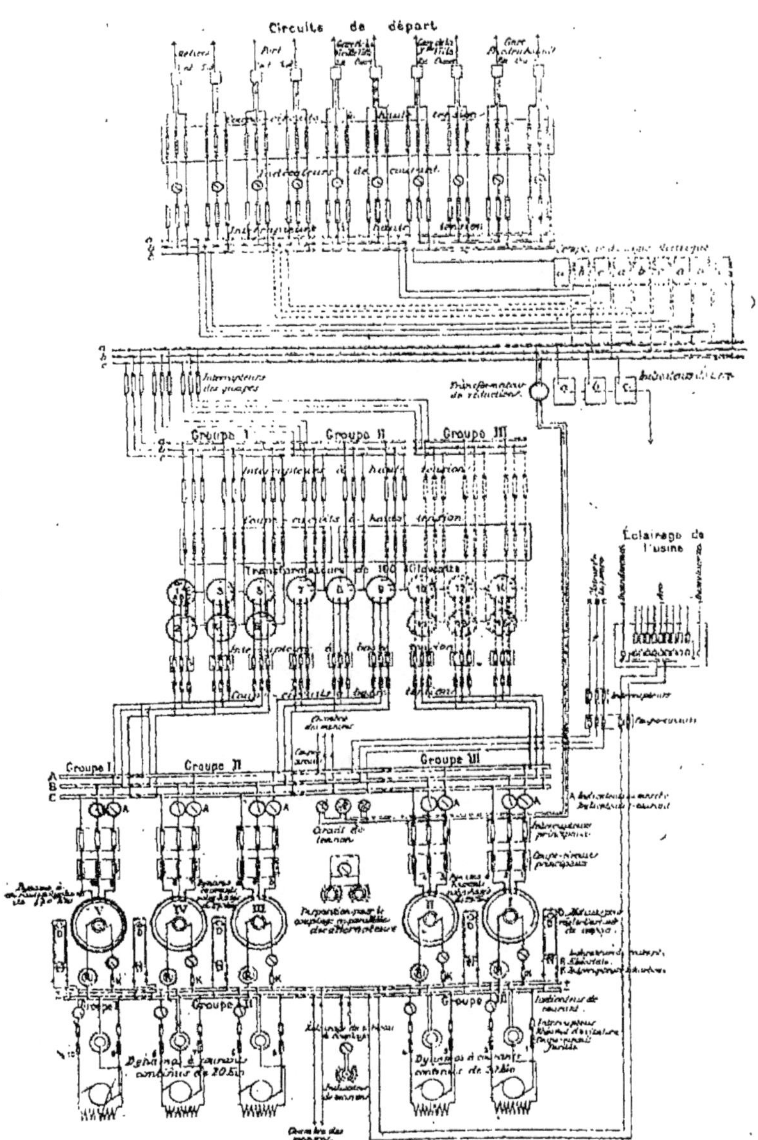

Fig. 266. — Schéma du tableau de distribution de la gare de Dresde.

Considérons les *courants continus*. Nous avons supposé tout d'abord qu'il n'y avait pas *d'accumulateurs*. Nous nous trouvons en présence d'une installation de faible puissance. Il n'y a qu'une seule machine, (fig. 243), une seule ligne. S'il y a quelques lampes à alimenter pendant la journée, la marche ne sera pas économique. Elle sera cependant moins coûteuse, si la dynamo est commandée par une transmission venant de l'usine. L'électricien veillera bien à ne marcher réellement que s'il a quelques lampes à alimenter. Inutile de recommander de s'assurer à tout instant de la différence de potentiel de la lampe-témoin et d'y remédier par le rhéostat. Si l'indicateur de terres indique une terre sur un câble, il sera nécessaire de rechercher cette terre et de la faire disparaître. Les interrupteurs seront maintenus en bon état ainsi que les coupe-circuits. Dans ce cas, du reste, les manœuvres ne sont pas difficiles.

Nous trouvons ensuite divers autres cas et entre autres celui où une dynamo dessert deux circuits de puissance variable. Il n'y a qu'à manœuvrer les rhéostats de chacun des circuits. Nous arrivons bientôt au couplage en quantité que nous avons déjà expliqué en détail. Nous n'avons donc plus rien à ajouter à ce que nous avons dit des distributions à 3 et à 5 fils en ce qui concerne les manœuvres. L'électricien, pendant la marche, doit toujours surveiller son tableau, ses différents appareils, ses coupe-circuits, la variation de son ampèremètre, et surtout les variations de la différence de potentiel. Dans tous les cas que nous venons d'examiner, si faible que soit la consommation pendant la journée, nous devrons mettre en marche une machine.

Il n'en sera pas de même si nous avons une batterie d'accumulateurs et nous arrivons à traiter la seconde partie du chapitre concernant les courants continus. Les accumulateurs peuvent nous rendre les plus grands et les plus utiles services. Si nous considérons en effet une courbe de consommation quelconque (fig. 268) donnant pour chaque heure la valeur de l'intensité en ampères consommée, nous voyons que pendant l'hiver cette consommation est très faible de 6 h. du matin à 2 heures de l'après-midi ; elle monte ensuite et atteint des valeurs très élevées vers 5 heures du soir et diminue après peu à peu. Cette courbe représente la figure générale de toutes les consommations privées ou publiques. Pendant les heures de faible consommation, on peut alors charger la batterie d'accumulateurs, de 6 h. du matin par exemple à 2 heures, pen-

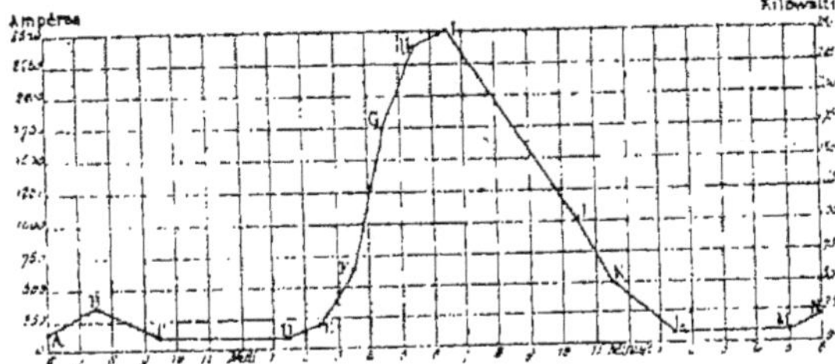

Fig. — 268. — Courbe de consommation d'une station centrale pendant une journée.

dant les heures de faible consommation. On a ainsi l'avantage de ne pas laisser travailler les machines à une puissance trop faible, c'est-à-dire dans de mauvaises conditions de rendement. Les accumulateurs ne doivent pas seulement servir de réservoirs d'énergie destinés à subvenir aux besoins du service en cas d'accident aux machines, mais ils doivent également remplir le même but que les gazomètres, c'est-à-dire être constamment en charge sur les circuits de distribution, et fournir eux-mêmes une partie de l'énergie. Cette disposition a l'avantage de permettre de faire fonctionner pendant le jour et pendant la nuit une seule machine à pleine charge au lieu de deux ou trois, par exemple. Le jour, l'énergie produite est emmagasinée dans les accumulateurs, et le soir, au moment du plein service, les accumulateurs et la machine travaillent en quantité sur les circuits. Le débit des accumulateurs doit être calculé pour être normal dans ces conditions ; s'il arrive un accident aux machines, les accumulateurs seuls doivent continuer le service, leur débit doit alors être double.

Une installation mixte de machines et d'accumulateurs permettra de faire travailler les machines quelques heures par jour à pleine charge en même temps que les accumulateurs, et d'autre part, de faire travailler les accumulateurs seuls au moment du faible service.

Par une action combinée des deux, machines et accumulateurs, nous nous trouvons donc dans les conditions les plus économiques. Nous ajouterons également qu'avec des accumulateurs, il n'est pas nécessaire de prévoir une machine de réserve aussi puissante, et même peut-être pas, attendu que les accumulateurs constituent la meilleure réserve d'énergie. Nous voyons donc qu'au point de vue du rendement industriel les accumulateurs ne peuvent qu'être avantageux.

Le fonctionnement avec accumulateurs assure même une plus grande sécurité dans l'exploitation. Car, si pour une cause ou pour une autre, les machines cessent de fonctionner, les accumulateurs peuvent pendant quelque temps, par un débit forcé, remédier à l'absence de la production et parer aux extinctions.

On a dit en bien des circonstances que les rendements industriels des accumulateurs n'étaient pas suffisamment élevés. Le secteur de la place Clichy a obtenu en service un rendement industriel de 70 pour 100 en capacité.

En Allemagne, nous trouvons dans les comptes-rendus des rendements de 72,9 (Cassel), 71,5 (Barmen), 79,4 (Hambourg), et 77,5 (Dusseldorf).

L'accumulateur est un appareil qui exige de grands soins et une grande surveillance. C'est un outil dont il faut savoir se servir.

Il reste à examiner la question des dépenses. Il est certain que si l'on ajoute la batterie d'accumulateurs à des machines existantes, on a une dépense en plus. Mais si l'on prend des machines de plus faible puissance et qu'on ajoute une batterie, les dépenses seront notablement diminuées.

Une batterie d'accumulateurs convenablement dirigée rendra en pratique de grands services et diminuera les prix de revient.

L'électricien chargé d'une installation avec accumulateurs devra, à chaque saison, et même chaque fois que l'occasion s'en présentera, déterminer un horaire spécial. Prenons par

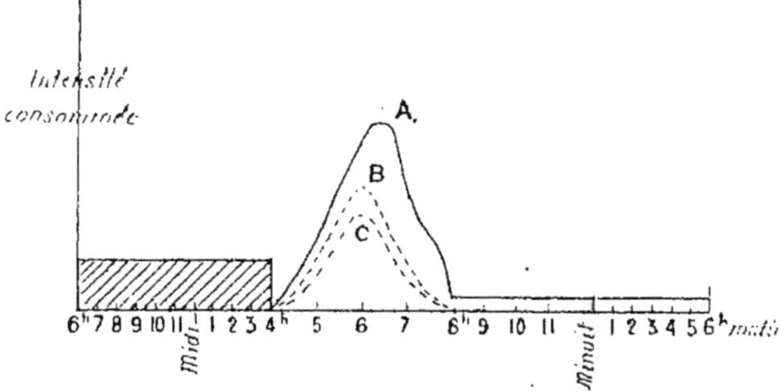

Fig. 269. — Courbes diverses de consommation.

exemple une installation dont la consommation A commence à 4 h. du soir (fig. 269), atteint son maximum vers 6 h. du soir et diminue à 8 h., pour atteindre à partir de ce moment une consommation très faible toute la nuit. Nous pouvons parfaitement mettre en charge à son régime normal la batterie d'accumulateurs de 6 h. du matin à 4 h. du soir avec une machine, puis faire travailler la batterie B d'accumulateurs en même temps que la machine C. Ces deux dernières fourniront à elles deux la consommation maxima de 4 h. à 8 h. A partir de cette heure, la batterie d'accumulateurs alimentera les lampes jusqu'à 6 heures du matin.

Nous pourrions encore ici traiter une série de cas qui se présentent dans l'exploitation pratique. Il s'agit chaque fois de combiner les heures de charge et de décharge pour ne pas trop faire travailler ni la machine ni les accumulateurs et d'obtenir de chacun le travail normal.

Toutes les manœuvres dont nous avons parlé peuvent être effectuées facilement avec les dispositions que nous avons indiquées. Nous devons, en effet, à un moment, charger la batterie d'accumulateurs toute seule, la faire décharger en quantité avec les machines sur le circuit extérieur, arrêter les machines et laisser la batterie en décharge jusqu'au lendemain. Ces opérations peuvent très facilement s'effectuer avec nos deux tableaux. Prenons en effet le 1er tableau (fig. 256). Il s'agit le matin à 6 h. de mettre une machine D en charge sur les accumulateurs. La machine est mise en route excitée, réglée, le circuit des accumulateurs est fermé par la manette B que l'on met sur le plot a. Tous les accumulateurs sont également chargés, on surveille l'intensité à l'ampèremètre en ayant soin de ne pas laisser dépasser l'intensité normale. La manette C appuie en b. A 4 heures du soir, il est facile de faire travailler à la fois la machine et la batterie d'accumulateurs sur le circuit extérieur à 110 volts, en réglant à l'aide des manettes B, C et du rhéostat. Enfin, à 8 h. du soir, on met la manette B en b, on arrête la machine et la batterie d'accumulateurs se trouve seule sur le circuit extérieur PQ.

On voit qu'il est facile avec les accumulateurs d'assurer toutes sortes de services, même les plus faibles avec toutes les facilités possibles.

Il n'en est plus de même si l'on examine les courants alternatifs et polyphasés ; mais ces derniers sont surtout destinés à la transmission économique à distance de l'énergie.

Des sous-stations à courants continus doivent ensuite effectuer la répartition de l'énergie. Dans quelques stations aussi, on a pour la journée un alternateur de faible puissance.

On peut cependant également utiliser les accumulateurs dans une usine à courants alternatifs, comme le fait est pratiqué à Woolwich en Angleterre. A cet effet l'excitatrice montée sur le même arbre que l'alternateur est de puissance égale sinon supérieure à ce dernier. Pendant la journée, lorsque le réseau extérieur ne demande qu'une faible puissance, la dynamo charge des accumulateurs. De la sorte, la charge de la machine à vapeur reste toujours au maximum. Le soir; quand l'alternateur fonctionne à pleine charge, les accumulateurs actionnent la dynamo et la font travailler comme moteur. Celui-ci double à ce moment la puissance de l'alternateur. De plus, comme le fait remarquer l'*Industrie électrique*, cette combinaison permet de fournir à tout instant et rapidement, une grande puisance, grâce au rôle inverse de producteur ou d'absorbeur de puissance que peuvent jouer instantanément les accumulateurs et la dynamo à courants continus.

c) *État du matériel.* — Il nous reste à examiner un troisième point, à propos de l'exploitation : le *maintien du matériel en excellent état*. Il est toujours recommandé, et à très juste raison, au mécanicien de veiller à tous les organes de sa machine, et de s'assurer à chaque instant du moindre défaut qui peut se présenter. Ces recommandations doivent être faites plus énergiquement encore, s'il est possible, aux électriciens. Ceux-ci doivent en effet surveiller constamment l'état de l'induit, du collecteur, des balais, des inducteurs, constater l'isolement, assurer le graissage. Ils doivent ensuite se rendre au tableau, se rendre compte que tous les appareils sont en bon état, interrupteurs, coupe-circuits, ampèremètres. Pour les coupe-circuits il faut voir si les serrages sont suffisants, et surtout en cas de fusion prendre les précautions pour éviter toute projection de métal. Tous les contacts de ces appareils, des rhéostats en devront être fréquemment nettoyés. Pour l'électricien la machine dynamo et le tableau de distribution devront toujours être polis, et ne pas offrir la moindre détérioration.

CHAPITRE V

CANALISATIONS DANS LES RUES

Principes.

Il ne suffit pas de produire l'énergie électrique à l'usine ; il nous faut maintenant la transmettre soit dans une usine aux divers appareils, soit dans une distribution aux domiciles des abonnés. Pour cela, il est nécessaire de traverser les rues ; il faut établir des *canalisations*. Ce sera l'objet de ce chapitre.

Et ajoutons que c'est toujours la canalisation extérieure qui présente les plus grandes difficultés.

La canalisation proprement dite comprend les conducteurs ordinairement en cuivre, formés d'un certain nombre de fils toronnés, traversés par le courant et qui partent de l'usine pour transmettre l'énergie à distance. Nous trouvons ici une différence avec les conduites d'eau et de gaz ; ces dernières sont vides et creuses de façon à laisser écouler le fluide. L'écoulement est d'autant mieux assuré que la conduite laisse un vide plus grand. Les conduites électriques, au contraire, sont pleines et traversées par le courant d'une manière qui échappe encore à nos investigations. La transmission électrique se fait d'autant mieux que la section de cuivre est plus grosse.

L'étude d'une canalisation comporte naturellement l'examen de trois points principaux :

A. *Les conducteurs en eux-mêmes ;*

B. *La pose de ces conducteurs ;*

C. *Conditions diverses des canalisations.*

Ce sont ces trois points de vue que nous allons considérer dans ce qui va suivre.

A. CONDUCTEURS EN EUX-MÊMES. — CABLES.

Nous avons vu précédemment, dans le chapitre spécial de la distribution, que l'on pouvait employer les basses et les hautes tensions, en ayant recours pour ces dernières à la transformation. Nous adopterons aussi cette division, et nous traiterons :

1° BASSES TENSIONS (jusqu'à 4 et 500 volts).

a. Constitution des câbles. Quantité de métal engagée :

b. Isolement des câbles. Fabrication.

c. Jonctions. Épissures.

2° HAUTES TENSIONS.

Mêmes divisions que ci-dessus.

1° BASSES TENSIONS.

. *a. Constitution des câbles. Quantité de métal engagée.* — Comment les câbles doivent-ils être constitués ? C'est là une question qui a préoccupé vivement les électriciens au début, mais qui a bientôt été résolue. Dans cette partie, nous ne parlons évidemment que de l'âme même des câbles. La matière à employer est aujourd'hui bien connue. C'est, comme nous l'avons dit précédemment, le cuivre qui est préféré.

Divers essais faits avec d'autres substances n'ont pas encore donné de résultats.

Convient-il maintenant de prendre des câbles en cuivre formés d'une seule barre ?

Les câbles destinés à être maniés doivent être aussi souples que possible. Il est donc préférable de prendre une série de fils de cuivre de faible diamètre et de les toronner ensemble. Cette disposition assure de plus un refroidissement plus énergique des parties intérieures du câble. Quand nous examinerons l'isolement, nous parlerons de la fabrication industrielle. L'opération de l'isolement est, en effet, connexe de la fabrication même du câble.

Par les quelques mots que nous venons de dire, on peut comprendre tout de suite que les câbles seront d'un prix élevé, et constitueront une certaine dépense. Il est donc nécessaire de chercher par tous les moyens à abaisser cette dépense à de justes limites. C'est le but auquel tendent divers systèmes de distribution, qui permettent de canaliser l'énergie électrique en employant des sections de cuivre plus ou moins faibles et en assurant la distribution dans les meilleures conditions.

En ce qui concerne la composition du câble nous devrons d'abord connaître le nombre de fils à toronner afin d'avoir une

Fig. 270. — Palmer.

section suffisante pour le passage du courant. Les fils à employer ont un diamètre de 1 à 1,5 millimètre. On peut mesurer ce diamètre à l'aide du *palmer* ou vis micrométrique que l'on aperçoit dans la figure 270 et qui est bien connu ; suivant le diamètre, on calcule la section et on met autant de fils qu'il est nécessaire pour atteindre la valeur de celle-ci. Nous devrons donc nous préoccuper de déterminer *la section d'un câble*.

A cet effet nous connaîtrons d'abord la longueur du circuit à établir, la nature du métal employé pour ce circuit (cuivre ordinairement), l'intensité du courant qui doit le traverser, la chute en volts à laquelle on consent. En effet, dans toutes les installations électriques, on admet une certaine perte en volts variable suivant l'intensité du courant et les circonstances de l'installation. On admet, en général, une perte de 10 pour 100 sur la puissance totale maxima à distribuer.

Nous avons alors la relation

$$u = \frac{\rho\,l}{S}\,i$$

u exprimé en volts ;

ρ — en ohms-centimètre ;

l — en centimètres (longueur double) ;

S — en centimètres carrés ;

i — en ampères.

Dans le cas particulier du cuivre, la formule devient

$$u = \frac{0,02\,l}{S}\,i$$

u est alors exprimé en volts, l en mètres, S en millimètres carrés, et i en ampères.

On prend en général le chiffre de 2 microhms-centimètre pour la résistance spécifique ou résistivité du cuivre.

La résistance spécifique en effet varie avec la température suivant la formule :

$$\rho\theta = \rho_0 (1 + a\,\theta)$$

$a = 0,0039$ et $\rho_0 = 0,0000017$ ohms-centimètres.

Pour tenir compte de l'échauffement probable, on calcule pour une température de 40°. Ce qui donne :

$$\rho_{40} = 0,0000017\,(1 + 0,0039.40) =$$
$$0,00000197 \text{ ohms-centimètre.}$$

soit 1,97 microhms-centimètre.

Nous pouvons encore employer un moyen plus simple afin de déterminer approximativement la section à prendre pour un câble dans une installation donnée.

1 mètre de 1 câble de 1 millimètre carré de section a une résistance de 0,02 ohm.

L'intensité doit être au maximum de 200 ampères à 110 volts. La perte en volts sera de 10 volts. Nous aurons donc la perte en volts $u = $ R (resistance de la ligne) . i (l'intensité). Remplaçons les lettres par leurs valeurs, et il nous vient 10 = R. 200.

$$\text{d'où } R = \frac{10}{200} = \frac{1}{20} = 0,05 \text{ ohm.}$$

Dans les conditions adoptées la résistance totale de la ligne devra donc atteindre 0,05 ohm. Déterminons maintenant la section. Supposons que la longueur à atteindre soit de 200 mètres, soit de 400 mètres aller et retour.

Nous savons que :

1 m. câble	1 mm² aura résistance		0,02	ohm.
400 m.	—	1 mm²	—	8	ohms.
400 m.	—	8 mm²	—	1	—
400 m.	—	160 mm²	—	0,05	—

La section est alors assez grande pour laisser passer 200 ampères.

On voit que nous tombons sur une section un peu élevée ; si nous augmentions la perte de charge et la différence de potentiel, nous pourrions arriver à des sections bien moins grandes. Il en résulte que les dépenses de cuivre pour la canalisation seraient beaucoup moins élevées.

Il ne faut pas seulement se préoccuper de la perte en volts sur un circuit ; il faut également veiller à éviter l'échauffement.

Il est bien évident que ce dernier dépend des circonstances locales particulières dans lesquelles le câble se trouvera (moulures, isolateurs, air froid, air chaud, etc.). Comme règles générales, on peut indiquer de ne pas dépasser un ampère par millimètre carré pour les câbles fortement isolés, 2 ampères par millimètre carré pour les câbles destinés aux faibles différences de potentiel (100, 200 volts) et d'une section supérieure à 20 millimètres carrés, 3 ampères par millimètre carré pour les mêmes câbles d'une section comprise entre 5 et 20 millimètres carrés, et enfin 3,5 ampères par millimètre carré pour des câbles destinés aux faibles différences de potentiel d'une section inférieure à 5 millimètres carrés.

b. Fabrication. Isolement des câbles. — Le conducteur électrique, qui amène l'énergie électrique du point de production au point d'utilisation peut être placé à l'air libre sans aucun revêtement, ou bien isolé. Nous verrons plus loin des exemples de ces modes de canalisation. Le plus souvent, les câbles employés sont des câbles isolés. Nous devons donc nous occuper de l'isolement.

Les principaux isolants connus jusqu'à ce jour sont la gutta-percha et le caoutchouc. Ce sont deux produits qui nous viennent de l'étranger, et qui sont retirés de certains arbres. La gutta-percha donne de faibles isolements, convenant surtout pour les applications électriques où l'on emploie de faibles tensions ; le caoutchouc donne au contraire de très forts isolements. Il existe encore plusieurs autres produits qui donnent d'assez bons résultats d'isolement. Nous citerons entre autres le Jute, qui est employé dans un grand nombre de câbles. Sans insister longuement sur leur préparation, nous dirons que la gutta et le caoutchouc sont d'abord extraits des produits apportés, et l'on obtient bientôt des substances que l'on peut appliquer directement sur le câble. La gutta s'applique à chaud. On distingue deux qualités spéciales dans le caoutchouc : le caoutchouc pur, ou caoutchouc *para*, et le caoutchouc vulcanisé, caoutchouc ordinaire, mélangé avec du soufre qui a été soumis à l'action d'une haute température pendant quelques heures. Nous n'indiquons là bien évidemment que des principes généraux sur les matières employées. Les modes de préparation sont variés à l'infini, et diffèrent suivant les fabricants. Voyons, maintenant, comment se passe la fabrication d'un câble sérieusement isolé pour des tensions de 100 à 500 volts. L'isolement d'un câble doit être en effet proportionné à la tension à laquelle il doit être soumis. Il faut que la résistance offerte au passage du courant de l'intérieur du câble à travers l'isolant à la terre soit d'autant plus grande que la différence de potentiel en volts est elle-même plus élevée.

Pour fabriquer un câble, on commence par former un toron de la section demandée à l'aide d'une série de fils de 1 à 1,5 millimètre de diamètre, suivant la rigidité à atteindre. Une machine spéciale, portant plusieurs bobines de petits fils venant se réunir dans l'axe, permet d'effectuer très aisément ce toron. Le cuivre employé a été préalablement étamé à l'étain pour éviter l'action du caoutchouc. Par surcroît de précautions, on place sur le cuivre un ruban de feutre, au-dessus viennent deux ou trois couches de caoutchouc para, atteignant

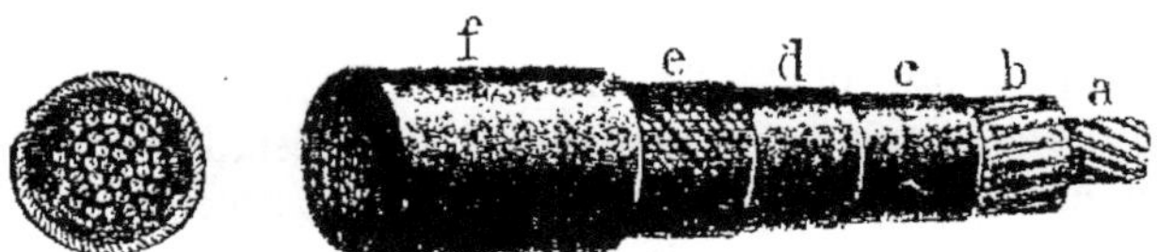

Fig. 271. — Section et coupe d'un câble montrant ses diverses enveloppes.

de 1 à 2 millimètres d'épaisseur, ensuite plusieurs couches de caoutchouc vulcanisé, de la toile caoutchoutée, et enfin à la partie supérieure une tresse de chanvre comme enveloppe protectrice. Tous ces isolants sont déposés mécaniquement sur le câble par une disposition analogue à celle que nous signalions plus haut.

Les modèles de câbles sont très nombreux et de compositions très variées. Nous indiquerons la composition de quel-

Fig. 272. — Câble sous plomb et armé de la Société Alsacienne de constructions mécaniques.

ques câbles qui sont utilisés pour les applications d'éclairage et de transmission de force motrice, en laissant de côté les câbles légers à faible isolement qui ne sont employés que pour les endroits secs.

La figure 271 nous représente la section et la vue longitudinale d'un câble pouvant fournir un isolement de 600 mégohms par kilomètre. Il est formé d'un toron de câbles en cuivre étamé électrolytique de haute conductibilité a et b, de deux couches de caoutchouc vulcanisé c et d, d'un ruban caoutchouté e, d'une tresse et enduit f. Ce câble peut être placé sous ruban, sous tresse ou sous plomb. Il peut atteindre les plus faibles sections et monter jusqu'à 400 millimètres carrés.

D'autres câbles de même fabrication peuvent fournir un isolement de 1000 mégohms par kilomètre avec la constitution suivante : une couche de caoutchouc naturel ou caoutchouc para, deux couches de caoutchouc vulcanisé, un ruban caoutchouc, un ruban et un enduit, avec soit un ruban, soit une tresse, soit une couche de plomb. On peut atteindre jusqu'à 1600 mégohms par kilomètre en ajoutant à la composition supérieure deux couches de caoutchouc naturel au lieu d'une seule.

Nous ne pouvons oublier de mentionner ici les câbles remarquables de la Société Alsacienne de constructions mécaniques, câbles formés d'un toron de fils de cuivre A, (fig. 272) d'une couche d'isolant composé de cires minérales B, d'une gaine de plomb C, et d'une couche de jute imprégné d'huiles lourdes et bitume D.

Le tuyau sous plomb peut être sans enveloppe, sous plomb avec enveloppe asphaltée, ou sous plomb avec enveloppe asphaltée et bandes d'acier. Cette armature protectrice que nous trouvons en E est formée par deux forts rubans d'acier enroulés en spirale et dont l'un chevauche sur les joints de l'autre. En F est une dernière couche de jute goudronnée qui met l'acier à l'abri de l'air. Ces câbles, dont nous parlerons plus loin au moment de la pose, donnent des résultats surprenants d'isolement, atteignant en pleine marche jusqu'à 6 et 7000 mégohms par kilomètre, comme nous avons pu le constater plusieurs fois.

Les différents câbles dont il vient d'être question sont des câbles sérieux à fort isolement. On fabrique une foule de câbles moins bien isolés. Pour quelques-uns, on se contente de mettre de la gutta, et même seulement une ou deux couches de coton. Ce sont là de graves erreurs. Les isolements obtenus sont des plus minimes, et peuvent même compromettre la sécurité d'une installation. Pour les applications électriques à l'éclairage et à la transmission de force motrice, nous recommandons tout particulièrement de ne prendre que des câbles isolés au caoutchouc ou présentant d'autres isolements très sérieux. Nous signalerons en passant que, pour certains câbles, surtout pour les applications téléphoniques et télégraphiques, on a employé des câbles isolés par des petits cylindres de bois emmanchés et juxtaposés.

c. Jonctions. Epissures. — La longueur des câbles ainsi fabriqués ne peut pas dépasser certaines valeurs, variables suivant les diamètres. Pour les câbles de 300 mm² de section, on ne peut guère fabriquer des longueurs de plus de 400 à 500 mètres ; pour les câbles de 20 mm² on peut aller jusqu'à 1200 et 1500 mètres. Il sera cependant nécessaire de réunir ensemble plusieurs longueurs de câbles. C'est là qu'intervient une des plus importantes questions de la canalisation : la question de l'*épissure*. Nous réunissons dans la figure 273 toutes les opérations successives pour la confection d'une bonne épissure. Pour bien faire une épissure, on commence par détacher et rendre libres sur une longueur d'environ 20 à 30 centimètres les 2 câbles. On voit en A et B les deux câbles à réunir tout décapés et débarrassés de leurs isolants. Ces fils sont soigneusement décapés, non pas aux acides ou au chlorure de zinc, qui pourraient ultérieurement attaquer le caoutchouc, mais bien à la résine. On commence par écarter les fils du deuxième toron en C et D sur les deux câbles et laisser les torons du centre intacts E et F. Si l'on ne veut pas donner à l'épissure une section plus forte que la section des câbles, on coupe les deux torons E et F. Dans quelques cas, nous les avons vus conserver et entrer dans l'épissure. Supposons que ces deux torons soient supprimés. Nous approchons les deux câbles à réunir l'un près de l'autre et nous entrelaçons tous les fils

comme en G. Nous approchons ensuite les deux câbles de façon que les sections coupées des câbles se touchent. Nous appuyons fortement et à l'aide d'une pince nous enroulons d'un
côté tous les fils pour venir se toronner sur la partie restante
du câble en H. Nous en faisons autant de l'autre côté et nous
avons enfin en J une épissure bien faite.

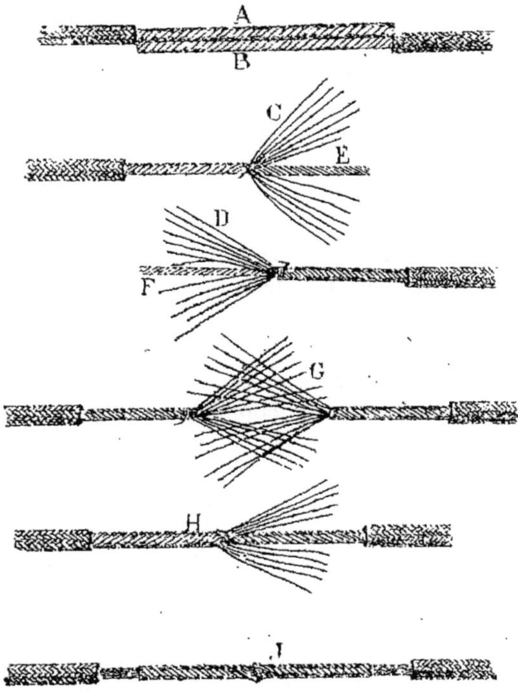

Fig. 273. — Tableau résumant les opérations pour la confection
d'une épissure.

Il peut arriver quelquefois que toutes les connexions ne
soient pas bien établies ni bien tirées. Alors pour être sûr d'a-

voir une bonne communication, on soude le tout à l'étain mélangé de plomb. Après la soudure, il est nécessaire de bien ébar-
ber pour éviter des pointes qui perceraient les isolants. Il faut
ensuite rétablir l'isolement comme sur les câbles non dénudés.
On recouvre les câbles d'un ruban de feutre, puis on place des
enveloppes de caoutchouc pur en nombre suffisant pour attein-

Fig. 274. — Isolement d'une épissure.

dre l'épaisseur nécessaire (fig. 274). On passe une couche de
benzine pour coller entre elles les diverses parties de caoutchouc.

Le nombre de ces couches de caoutchouc peut varier, ainsi
que leur nature.

Du reste, les diverses maisons de câbles ont publié des instructions spéciales à ce sujet très longues et très détaillées.

Nous donnerons ici la notice de la *India Rubber, Gutta-Percha
et telegraph Works C°* relative à l'isolement des joints. Lorsque le
joint du conducteur est terminé, le caoutchouc est taillé obliquement, de façon à former tout autour du conducteur un
biseau aussi long que possible, en tenant compte de l'épaisseur du caoutchouc. Le conducteur de cuivre et les extrémités
du caoutchouc sont alors frottés avec de la benzine pure et
chauffés légèrement avec une lampe à alcool. Le conducteur et
les bords du caoutchouc sont ensuite recouverts par une bande
de caoutchouc pur, tendue aussi fortement que possible, en
une ou deux couches, suivant les dimensions. On étend une
solution spéciale de caoutchouc par dessus le caoutchouc pur,
appliquée de façon à exclure l'air le plus possible ; on doit ensuite la laisser complètement sécher. Quand la solution est suf-

fisamment sèche et n'adhère plus aux doigts, une bande de caoutchouc spéciale est enroulée en spirale, de façon à former
un revêtement uniforme par-dessus la première enveloppe de
caoutchouc pur. Il faut avoir soin de laisser aussi peu d'air que
possible entre les couches en tendant constamment et fortement. On applique cet enroulement de caoutchouc en couches
superposées, jusqu'à ce qu'on atteigne le diamètre de l'isolant
primitif, et par-dessus le tout on enroule une couche de ruban
caoutchouté, de façon que le diamètre total du joint ainsi fait
excède légèrement le diamètre de l'isolation primitive. Pour
vulcaniser le joint, on le recouvre d'une enveloppe de toile
cretonne coupée à la largeur du joint, enroulée fortement
autour du câble et maintenue par un fort ruban de coton enroulé et tendu en spirale ; cette enveloppe remplit l'office d'un
moule maintenant en place toutes les parties du joint pendant
la cuisson.

Le joint est placé à l'intérieur d'une boîte en fonte de forme
particulière et fermée par un couvercle boulonné. Afin de garantir l'isolant appliqué précédemment et pour que la fermeture soit étanche, on enroule du ruban autour du câble, aux
deux points correspondants à l'entrée et à la sortie de la boîte,
de façon à obtenir une fermeture hermétique. On verse alors,
par une fermeture située à la partie supérieure de la boîte, une
composition sulfureuse, fondue préalablement. Après avoir
coulé le liquide de façon à entourer complètement le joint, on
plonge un thermomètre par l'ouverture et on maintient la température aussi constante que possible entre 145° et 150° centigrades, en chauffant la boîte avec des lampes à alcool. Au
bout d'une demi-heure, le soufre fondu est coulé hors de la
boîte et le couvercle enlevé ; le joint est débarrassé des rubans
et on voit qu'il est vulcanisé. On peut essayer grossièrement le
degré de vulcanisation obtenu, en rayant le caoutchouc avec
l'ongle, une fois refroidi. Si la marque de l'ongle reste empreinte, ou si le caoutchouc est trop dur, le joint est mauvais
et doit être refait. Si, au contraire, cet essai montre que la vul-

canisation est bonne, on achève le joint en enroulant par-dessus le tout des rubans qui viennent recouvrir la tresse de 5 centimètres environ de chaque côté et en les enduisant ensuite de vernis à la gomme laque.

Quelques précautions sont à prendre pendant l'opération. Les mains de l'opérateur qui touche le caoutchouc doivent être sèches et parfaitement propres. On ne doit se servir de la dissolution que par petite quantité ; il faut laisser à la benzine le temps de s'évaporer avant d'appliquer une nouvelle couche ; elle doit d'ailleurs être de première qualité de façon à s'évaporer rapidement et sans laisser de résidu appréciable. Il faut veiller à ce que le caoutchouc que l'on applique soit en contact immédiat avec celui des bouts du câble et qu'il ne s'interpose ni rubans ni matières étrangères qui seraient une entrée pour l'humidité.

Il faut maintenir le tout en parfait état de propreté et expulser l'air complètement par un enroulement serré. Il faut veiller à ne jamais tomber au-dessous de 145°. Si on tombe à 140°, il faut prolonger la cuisson de 1/4 d'heure.

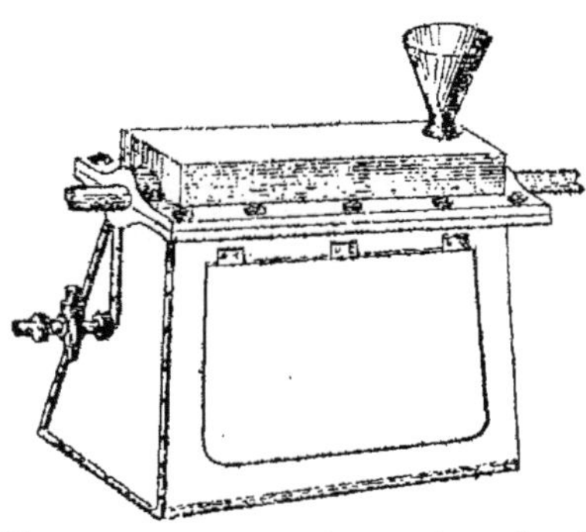

Fig. 275. — Appareil pour la vulcanisation du caoutchouc sur place.

MM. W. T. Glover de Manchester ont construit un appareil qui peut être très utile dans cette opération. Cet appareil (fig. 275) se compose d'un moule placé à la partie supérieure et dans lequel peut être placé le câble à vulcaniser. Les joints des deux parties du moule sont serrés à l'aide de boulons. Un entonnoir permet d'y verser la composition sulfureuse. Ce moule repose sur un support à l'intérieur duquel peuvent se placer des lampes à pétrole destinées à maintenir constante la température de 150° C. pendant 30 à 40 minutes. Sur le côté se trouve un thermomètre pour connaître à tout instant la température.

Dans bien des cas, lorsque les câbles sont un peu gros, ou pour diverses autres raisons, l'épissure n'est pas possible. On emploie alors des câbles de raccord avec griffes de contact. Les deux câbles à réunir sont serrés à la fois dans la même griffe.

Il existe également des boîtes spéciales, dites boîtes de jonction, dans lesquelles les deux extrémités à joindre sont serrées dans des pinces spéciales. Nous citerons en particulier les boîtes A et B de la figure 276. Ces boîtes sont utilisées par la Société alsacienne dont il était question à l'instant. La boîte A ou manchon sert à réunir des câbles de côté pour dérivations, la boîte B à réunir deux longueurs de câbles. Quand les connexions ont été faites, on remplit la boîte avec du goudron chaud, puis on ferme l'ouverture au moyen d'une vis. On emploie encore le plus souvent, surtout avec les canalisations souterraines, les boîtes de distribution dont nous parlerons plus loin.

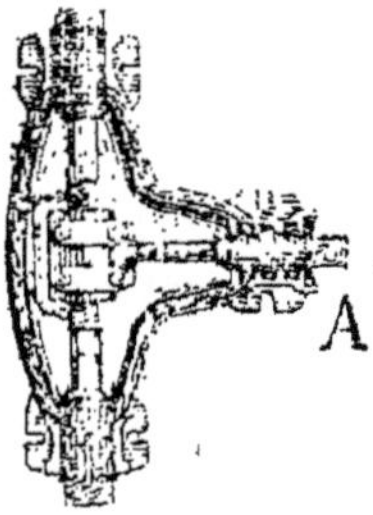

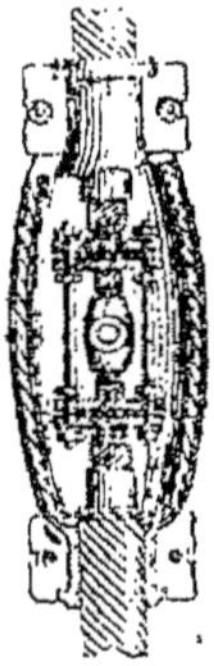

Fig. 276. — Boîtes de jonction.

La maison Johnson et Phillips emploie également la boîte de la figure 277. Ce procédé est du reste en grande partie utilisé, car il arrive bien souvent que les épissures à équerre ne sont pas faciles.

Nous terminerons cette note en indiquant le moyen de faire une jonction à angle droit (fig. 278). On commence par dénuder au centre le câble A en ouvrant à la partie médiane une échancrure semblable à celle que nous représentons. Nous dénudons ensuite le câble B qu'il faut joindre au précédent et nous avons le soin d'écarter tous les fils. Nous faisons pénétrer tous les fils du câble B dans l'ouverture du milieu du câble A,

Fig. 277. — Autre modèle de boîte de jonction.

comme nous le voyons en C. Et nous commençons à enrouler avec une pince et en tirant chacun des fils du câble B, à droite

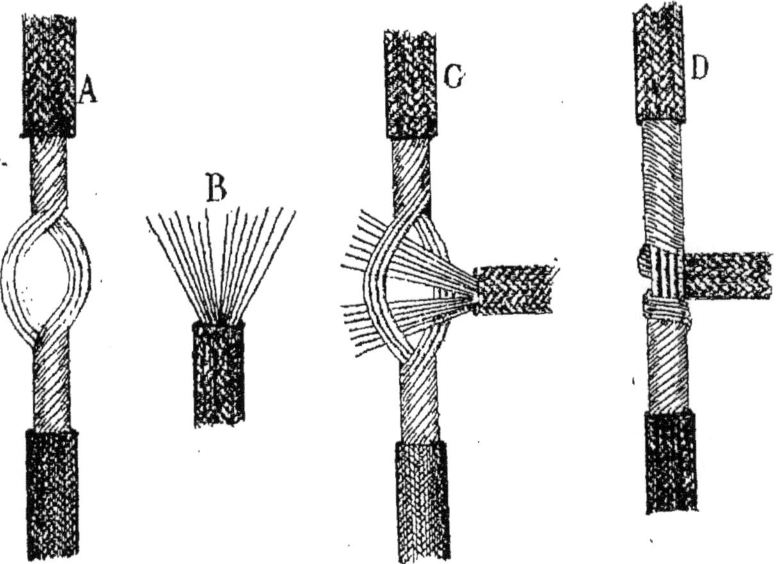

Fig. 278. — Jonction à angle droit.

et à gauche. Nous obtenons alors l'épissure D, que nous avons

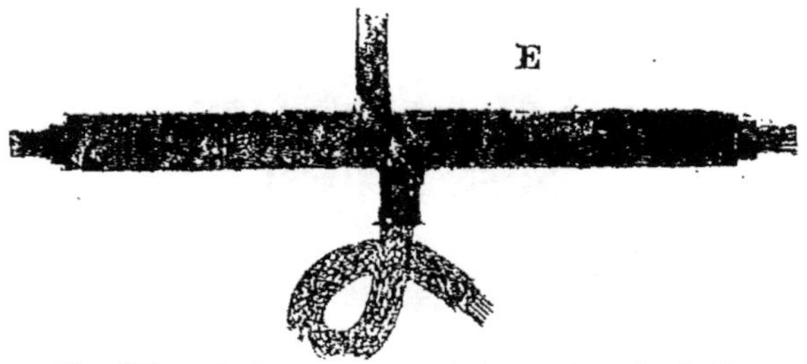

Fig. 279. — Isolement d'une épissure à angle droit.

soin d'isoler comme précédemment. Notre épissure terminée
se trouve en E (fig. 279).

2° HAUTES TENSIONS.

Dans cette partie nous allons également examiner la constitution des câbles, et l'isolement de ceux-ci.

Les distributions à haute tension peuvent être faites en *courants continus* ou en *courants alternatifs*. Nous supposons à potentiel constant.

Dans ces câbles, la section n'aura pas besoin d'être très grosse, puisque l'intensité sera très faible. Mais en revanche l'isolement devra être soigné et atteindre plusieurs milliers de megohms par kilomètre.

Les câbles destinés aux courants continus à haute tension ne se distingueront des précédents que par des couches de caoutchouc naturel en plus grand nombre. Quelques câbles seront séparés, mais ils seront le plus souvent concentriques pour éviter les actions des courants alternatifs sur les câbles téléphoniques ou autres.

Ces câbles sont difficiles à fabriquer ; nous allons pouvoir citer quelques exemples.

Le câble concentrique de l'usine des Halles (fig. 280) est
formé d'un toron de cuivre, composé de 19 fils de 2 millimètres de diamètre, d'une section totale de 60 millimètres carrés, étamés et tordus ensemble, de deux couches de caoutchouc
pur ayant ensemble une épaisseur de un millimètre, de plusieurs couches de caoutchouc vulcanisé ayant au moins 8 millimètres d'épaisseur, de deux rubans caoutchoutés enroulés
en sens inverse. La deuxième couronne comprend un nombre
de fils répartis de 60 millimètres carrés de section, deux couches de caoutchouc pur, plusieurs couches de caoutchouc vulca-

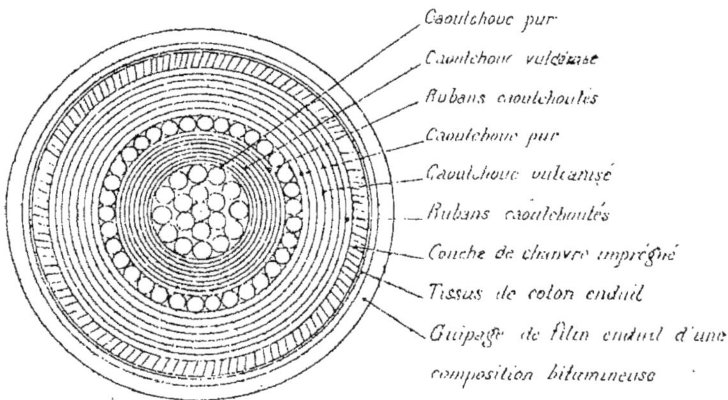

Fig. 280. — Section d'un câble concentrique.

nisé de 3 millimètres d'épaisseur totale, deux rubans caoutchoutés enroulés en sens inverse, une couche de chanvre
imprégnée de composition résineuse (3 millimètres d'épaisseur), deux rubans de coton enduit, et enfin, un fort
guipage de filin enduit d'une composition bitumineuse. La
résistance d'isolement entre les deux circuits d'un tel câble
atteignait 2300 megohms par kilomètre, après électrisation à
5000 volts pendant une heure.

Le câble concentrique de 56 millimètres carrés de section

de la station centrale de Nancy est composé de la façon suivante : âme centrale 19 fils cuivre rouge de 1,9 mm, isolant à base de jute et enduit spécial de 8 mm. d'épaisseur, conducteur de retour formé de 30 fils de 1,5 mm. de diamètre avec isolant semblable de 8 mm. d'épaisseur, armature de plomb, ruban de jute goudronné, armature de fils de fer, deux couches de jute enduit d'une composition bitumineuse.

M. Ferranti, à Deptford, près Londres, a pris un système de câbles concentriques particulier. L'âme intérieure est formée d'un tube de cuivre, et la deuxième âme est également formée par un second tube de cuivre concentrique d'un diamètre plus grand, séparée du premier par un isolant. Après une épaisseur d'isolant se trouve un anneau extérieur en fer qui est mis partout en communication avec la terre.

Le secteur des Champs Elysées à Paris emploie des câbles Berthoud-Borel fabriqués par les anciens établissements Cail et composés de la façon suivante : Une âme centrale en torons de fils de cuivre ; un double guipage en tissu ; une enveloppe isolante en matière isolante à base de résine, mélangée d'huiles végétales et de brai en proportions variables suivant les résultats à obtenir ; une gaine en plomb ; un toron annulaire en cuivre formant second conducteur en contact direct avec le plomb ; un double guipage en tissu ; une enveloppe isolante en matière résineuse cuite ; une gaine en plomb ; une couche de brai ; une gaine en plomb ; un guipage de jute goudronné ; un double ruban d'acier ; un double guipage en toile goudronnée.

Les câbles employés par le secteur de la rive gauche à Paris sont des câbles Felten et Guillaume de sections variables de 200 à 25 mm². Ils sont concentriques et ont été fabriqués par la Société industrielle des Téléphones. La composition du câble de 200 mm² est la suivante, en allant du centre à la périphérie : âme centrale formée de 19 fils de 3,6 mm d'un diamètre total de 18 mm, couche d'isolant de papier et de jute d'une épaisseur de 7 mm. conducteur annulaire de 33 fils de 2,1 mm de diamètre, couche d'isolant de papier et de jute de 5,2 mm couches de plomb de 2 mm d'épaisseur, couche d'isolant de 2.2 mm, rubans feuillards de 1,3 mm, et enfin une protection extérieure en jute de 15,5 mm. Le diamètre total est environ de 66,42 mm.

B. — ÉTABLISSEMENT ET POSE DES CANALISATIONS

La question des canalisations est surtout très importante en ce qui concerne l'établissement des câbles dans les rues, opération qui présente souvent de grandes difficultés.

Description générale des systèmes de canalisations. — Les canalisations établies dans les rues peuvent être aériennes ou souterraines. Les canalisations aériennes ont surtout existé jusqu'ici pour la télégraphie et la téléphonie, en Angleterre, en Amérique et en Allemagne. A Londres, les canalisations aériennes existent également pour les distributions de l'énergie électrique destinées à l'éclairage. Les câbles sont fixés sur les toits à l'aide de poteaux de fer portant des isolateurs en porcelaine. Jusqu'à ces dernières années, même les câbles des usines de distribution par courants alternatifs à haute tension étaient ainsi installés ; nous mentionnerons en particulier les usines de *Grosvenor Gallery* (système Ferranti) et d'*Oxford street* (système Mordey). Les autorisations étaient toujours accordées par les propriétaires des maisons. Nous donnons dans la fig. 281 un exemple de canalisations aériennes portées sur des poteaux. Les canalisations existaient également en Amérique, où elles étaient supportées par des poteaux analogues aux poteaux télégraphiques. Les canalisations aériennes présentent de sérieux dangers et de réels inconvénients au point de vue pittoresque. Quant il survient une tempête violente, des coups de vent, des tombées de neige, les fils sont rompus et tombent en quantité dans la rue. Pour nous faire une idée des dégâts qui surviennent dans ces occasions, nous mentionnerons la tempête survenue le 25 janvier 1891 à New-York, d'après le journal *La Nature* : « Les accidents se sont produits en nombre tel, dit notre confrère, qu'il a fallu arrêter momentanément toutes les distributions d'électricité.

« Il avait commencé à pleuvoir le 24 janvier dans la soirée, mais la pluie ne tarda pas à se transformer en givre, puis la neige commença à minuit et persista jusqu'au lendemain matin neuf heures. Bientôt elle s'accumula sur les fils, dont beaucoup devinrent aussi gros que le poignet. Les poteaux, dont quelques-uns soutenaient jusqu'à 200 fils, commencèrent à fléchir, puis se rompirent successivement en entraînant avec eux tout le réseau qu'ils supportaient. La chute commença à cinq heures du matin, et certains poteaux tombèrent en travers des voies des Elevated railroads, de manière à empêcher le mouvement des trains,

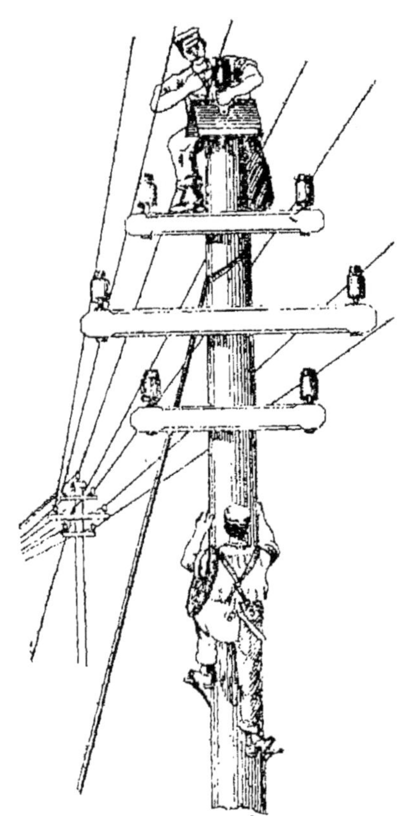

Fig. 281. — Pose de canalisations aériennes.

et dans la journée du dimanche, tout le service téléphonique et télégraphique dut être interrompu. En même temps

les Compagnies d'éclairage et de transport de force motrice arrêtaient leurs machines par crainte des accidents
qu'auraient pu amener ceux de leurs fils aériens qui étaient
tombés sur les voies. Enfin on faisait sonner les cloches
des églises pour donner l'alarme sur tous les points. D'après
les journaux américains, la perte éprouvée par les diverses
Compagnies d'électricité n'aurait pas été moindre de 20 millions de francs. Une seule a perdu 3200 fils et 1300 autres ont
été partiellement endommagés. »

Aux dégâts matériels s'ajoutent encore les dangers que peuvent présenter ces canalisations. Si les câbles de certaines installations à haut potentiel viennent à tomber sur les personnes,
elles peuvent être foudroyées. Les accidents de ce genre ont
du reste été très fréquents en Amérique.

A Paris, les canalisations aériennes existent entre quelques
pâtés de maisons, mais sur une très faible étendue. Les canalisations téléphoniques et télégraphiques sont toutes placées en
égout, ainsi que les tuyaux de la distribution de l'énergie par
l'air comprimé.

Les inconvénients des canalisations aériennes ont été reconnus depuis déjà longtemps ; aussi a-t-on résolu en Angleterre,
en Amérique et en Allemagne de renoncer à leur emploi pour
recourir aux canalisations souterraines.

L'établissement des canalisations souterraines n'a pas été
sans soulever de vives protestations en Amérique. On conçoit
que les frais de pose sont de beaucoup plus élevés avec ce
système. Aussi les Américains préféraient-ils payer des indem-
nités quand il survenait des accidents mortels, et faire les frais
de réparations en cas d'avaries.

Il est arrivé à ce propos un fait qui mérite d'être rapporté :
Quelques sociétés d'électricité ont refusé de changer leurs
canalisations qui étaient aériennes jusqu'alors, et les maires
des différentes villes américaines ont dû faire abattre poteaux
et canalisations.

Dans ce qui va suivre, nous examinerons les canalisations souterraines dans les diverses grandes villes : Paris, Londres, villes américaines, villes allemandes.

1° CANALISATIONS A PARIS. — Les principales sociétés d'éclairage électrique qui ont installé des canalisations sont à Paris : le Service municipal, la Société Edison, la Compagnie parisienne d'air comprimé et d'électricité, la Société de l'éclairage et de la force par l'électricité, la Société du Secteur de Clichy, le Secteur des Champs-Elysées, et le Secteur de la rive gauche.

Le *Service municipal* a établi des caniveaux en ciment sur place de 25 à 30 centimètres de hauteur, à environ 1,5 m du

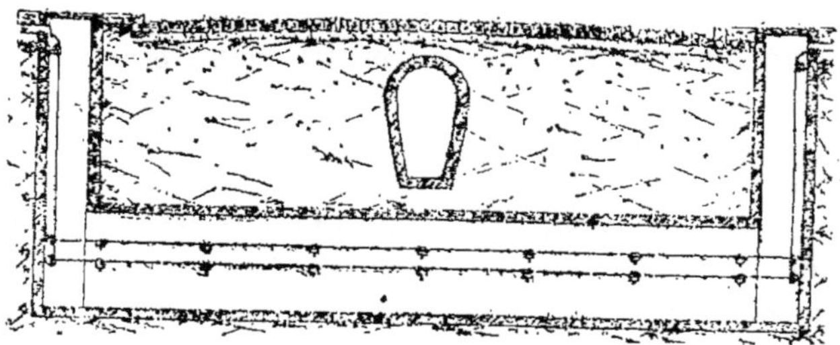

Fig. 282. — Galeries souterraines pour canalisations électriques à Paris

sol avec couverture de dalles. A l'établissement de l'usine en 1889, tous les 1,5 m une rainure avait été ménagée dans la maçonnerie pour établir des cadres en bois avec crochets en fer vitrifié. Les câbles isolés au caoutchouc étaient placés dans les crochets en fer. Dans les dernières installations en novembre 1892, on s'est contenté de fixer des supports en bois dans la maçonnerie, sur les côtés, de poser des poulies en porcelaine sur ces supports, et les câbles isolés par-dessus.

Aux traversées des rues importantes, des galeries souterraines ont été établies, dans lesquelles sont placés les câbles. La figure 282 donne la coupe d'une galerie dans une rue au-dessous des égoûts. Des regards ou trous d'homme ont également été faits de distance en distance pour permettre la *visite des canalisations*. Le prix du mètre de caniveau ainsi établi, tous frais

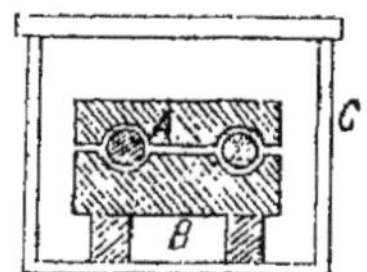

Fig. 283. — Pose d'un câble pour courants alternatifs.

compris (caniveau, câbles, pose, etc.), a été d'environ 70 francs pour une largeur de 30 à 40 centimètres.

Pour la canalisation à haute tension, le Service municipal a employé des moulures en bois sulfaté A reposant sur des taquets B (fig. 283). Le tout est placé dans des caniveaux en ciment C semblables aux premiers, mais de dimensions plus réduites. Le prix de revient de ces derniers a été environ, tous frais compris, de 47 francs par mètre.

Fig. 284. — Caniveau de la Compagnie Édison à Paris.

La *Société Édison* emploie également des caniveaux en ciment avec couvertures de dalles en ardoises (fig. 284). Dans ces caniveaux ont été plantés des isolateurs en porcelaine montés sur tiges de fer qui sont portées dans des barres de fer scellées dans le fond directement. Les câbles consistent en des conducteurs en cuivre nu, et sont fixés dans des isolateurs en porcelaine. Pour la traversée des rues, la Société emploie également des galeries souterraines, comme nous le disions plus haut.

La *Société d'éclairage et de la force par l'électricité* a employé des caniveaux avec câbles en cuivre nu semblables à ceux que nous venons de signaler (fig. 285).

La *Compagnie parisienne de l'air comprimé*, après une série de transformations, a adopté le même mode de canalisation

Fig. 285. Caniveau de la Société d'éclairage et de force à Paris.

que la Société du secteur de Clichy, c'est-à-dire la canalisation en câbles sous plomb et armés.

Ces câbles, dont nous avons déjà parlé, sont constitués comme le représente la figure ci-jointe empruntée au journal *La Nature* (fig. 286). D'abord on voit le toron de fils de cuivre, avec un petit fil de retour, une couche de jute imprégné d'huiles lourdes et de bitume, un tube de plomb serré à force, une couche de chanvre bitumé. En dehors sont roulées deux bandes d'acier, dont les extrémités ne se rejoignent pas. Enfin, par-dessus se trouve une couche de bitume et de filin asphalté pour protéger l'acier.

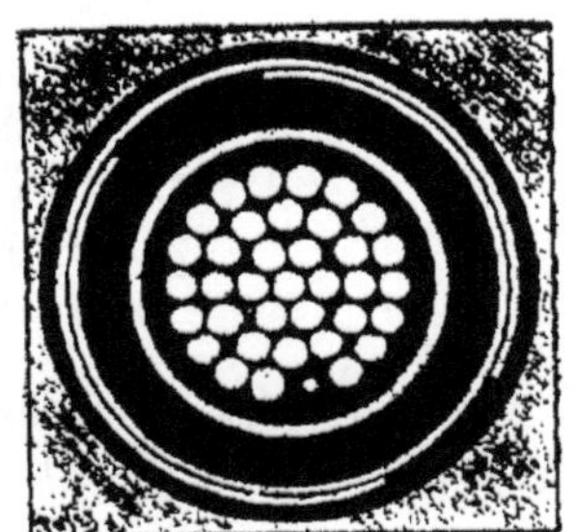

Fig. 286 — Section d'un câble sous plomb et armé.

Les câbles sont placés ainsi : à la profondeur voulue, on répand une couche de sable fin A (fig. 287) dans laquelle sont

placés les câbles ; au-dessus en B est une couche de terre de
déblais, puis en C un grillage qui a pour but de garantir les
câbles des coups de pioche si l'on oubliait leur présence. En
D est une couche de terre
de déblais puis en F une
couche de ciment, et en G
une couche de bitume.

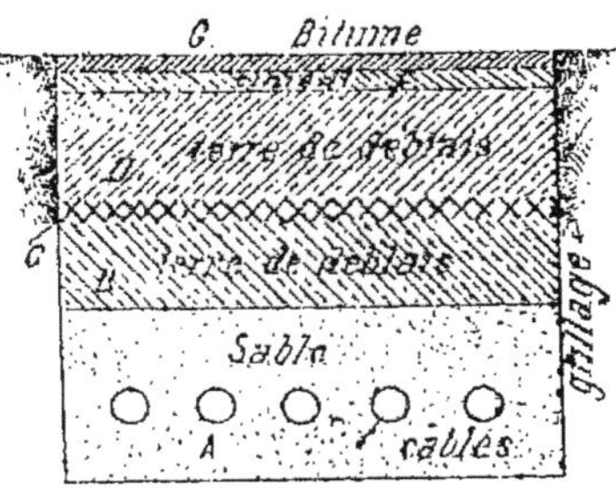

Fig. 287. — Pose en terre des câbles
sous plomb et armés.

Les câbles fabriqués par
la Société alsacienne, et utilisés par le secteur de Clichy et la Compagnie pari-
sienne de l'air comprimé
sont des câbles excellents
donnant des résistances d'i-
solement très élevées, attei-
gnant 6 à 7000 mégohms par kilomètre. Il est maintenant
nécessaire de prendre une série de précautions pour atteindre de beaux résultats.

Les câbles sont mis en place de la façon suivante : ils arrivent placés sur des couronnes posées à plat sur un chariot
à deux roues basses avec une plate-forme mobile autour d'un
fort pivot fixe placé au centre. On peut dérouler la couronne
dans la tranchée en déplaçant le chariot et en maintenant fixe
l'extrémité, ou en faisant le contraire. M. Soubeyran nous a dit
qu'une équipe de dix hommes pouvait ainsi dérouler environ
5000 mètres par jour. Les câbles sont tous marqués tous les
mètres avec un bracelet spécial afin de pouvoir les reconnaître
ultérieurement. Ces câbles sont placés dans les tranchées faites
sur les trottoirs comme nous l'avons dit plus haut. Ajoutons
que sous les traversées des rues sont établis des tuyaux en
fonte dans lesquels les câbles sont placés directement.

Les liaisons de câbles entre eux et les prises de dérivation
sont faites à l'aide de manchons semblables à ceux que nous
avons décrits plus haut, en coulant à la fin de l'opération une
masse isolante chaude.

A chaque croisement des câbles de distribution se trouvent des boîtes de jonction (fig. 288) pour établir les connexions

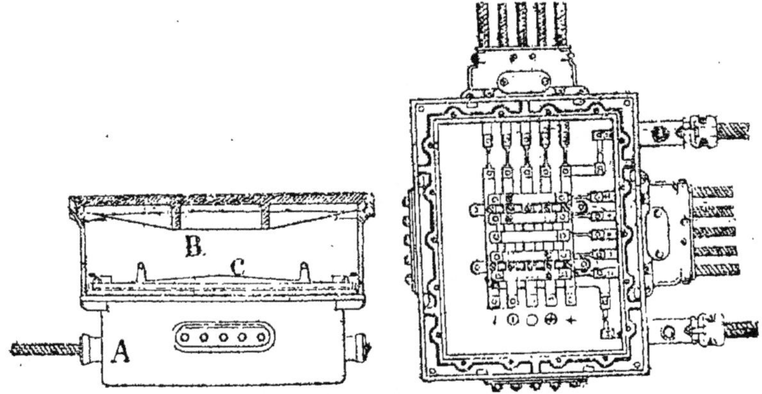

Fig. 288. — Boîte de jonction. Vue en coupe extérieure et vue en plan intérieure.

nécessaires. Ces boîtes sont formées d'une partie inférieure A surmontée d'un cuvelage B. Elles sont posées dans les trottoirs de façon que la partie supérieure du cuvelage B affleure le sol.

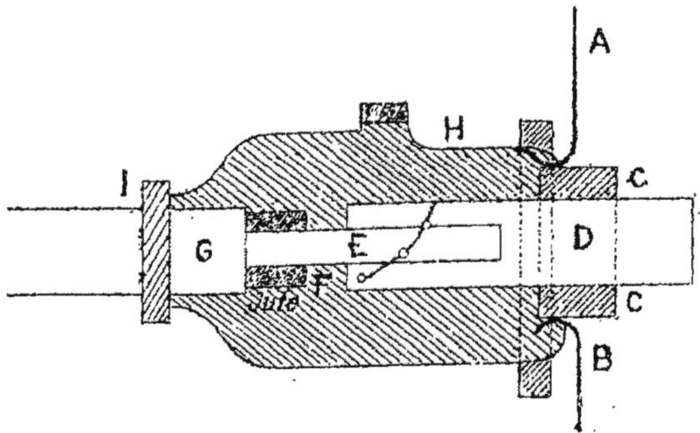

Fig. 289. — Détails d'une coquille d'entrée dans une boîte de jonction.

La boîte inférieure est munie d'un couvercle C la fermant hermétiquement avec point en caoutchouc et serrage par boulons. Les câbles pénètrent dans cette boîte par des coquilles en fonte en deux parties garnies de matière isolante coulée à chaud. La figure 289 nous donne le détail de la coquille d'entrée. En A B se trouve le côté de la boîte, en C C un anneau d'ébonite, en D la tige de cuivre qui entre d'un côté dans la boîte et qui de l'autre côté vient se réunir à l'âme E du câble en la maintenant à l'aide de vis disposées en spirale. Un peu plus loin se trouve le jute du câble puis le plomb G. Tout cet agencement est placé dans une coquille H maintenue partout par des boulons et par un anneau I. La partie intérieure de la coquille est remplie de matière isolante à chaud.

Dans la figure 288, les câbles arrivent à gauche et sont réunis aux câbles sortant en haut par des fils fusibles. En plus sur les côtés viennent en haut deux feeders. La liaison peut se faire quelquefois avec des fils de cuivre. N'oublions pas de mentionner le chlorure de calcium qui est placé dans une soucoupe à l'intérieur de la boîte pour maintenir le dessèchement complet.

Toutes ces dispositions sont des plus ingénieuses et permettent d'assurer après la pose, d'une façon permanente, sauf accidents, des résistances d'isolement qui atteignent 5 à 7000 mégohms par kilomètre.

La *Société du Secteur des Champs Elysées* a posé les câbles dont nous avons parlé plus haut, directement dans le sol ; au-dessous du grillage, elle a établi de plus des briques en terre cuite à emboîtement, afin de prévenir qu'il y a des câbles, en cas de fouilles, et si le grillage ne suffisait pas. Pour la pose, on ouvre d'abord la tranchée, puis les câbles arrivent roulés sur une grande bobine qui est montée horizontalement sur un chariot et peut tourner autour d'un axe central. Le câble est directement déposé sur une couche de sable. Les liaisons des câbles sont obtenues par des manchons qui présentent ici un intérêt spécial parce qu'il s'agit de câbles concentriques (fig

290). Les boites de dérivations sur feeders offrent aussi des particularités que l'on aperçoit sur la figure 291. Ajoutons que pour des vérifications, réparations, les feeders peuvent être isolés du reste de la canalisation par des coupe-circuits (fig.

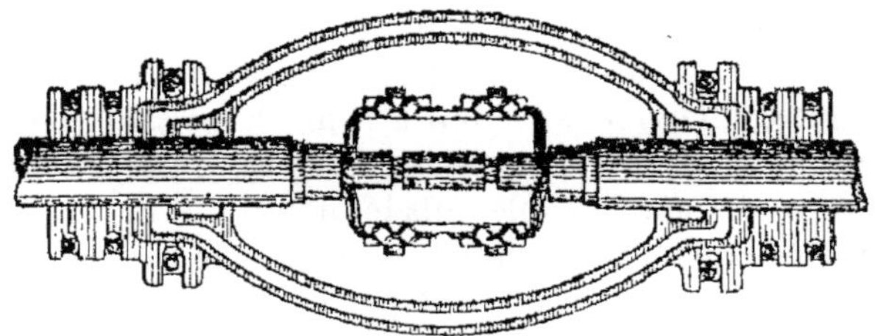

Fig. 290. — Manchon de jonction des câbles concentriques.

292). Ces appareils sont disposés dans des regards installés sous les trottoirs aux points où les conducteurs changent de section. Les deux câbles sont reliés à des barres de laiton

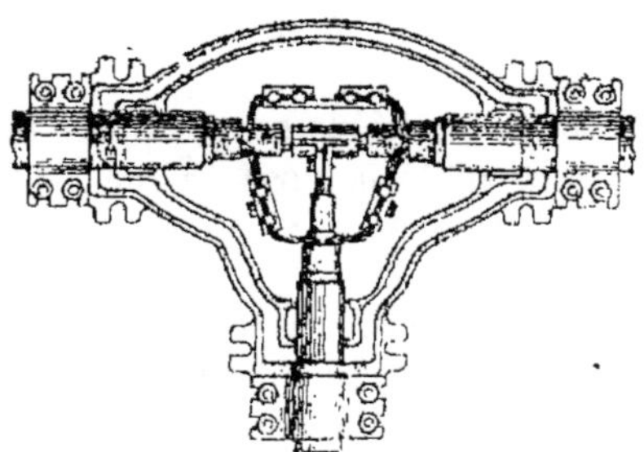

Fig. 291. — Boîtes de prises de dérivations sur feeders avec câbles concentriques.

terminées par des griffes ; le tout, sauf les griffes, est noyé dans la matière isolante. La boîte en fonte est fermé par un couvercle avec bague en caoutchouc.

Le *Secteur de la rive gauche* a aussi placé ses câbles directement en terre, dans une couche de sable, avec un grillage métallique pour éviter les coups de pioche ou autres détériorations. Toutes les jonctions, dérivations, prises pour changements de direction, croisements, sont faits à l'aide de boîtes spéciales en fonte placées directement en terre et fermées hermétiquement. Des coupes-circuits, placés dans des boîtes particulières, ont été répartis en différents points du réseau, mais toujours en des points qui peuvent être surveillés.

Il existe également dans la rue des canalisations secondaires de distribution. Des sous-stations de transformateurs ont en effet été établies rue du Bac, rue Danton et rue Soufflot. Leur puissance varie de 15 à 75 kilowatts. Les circuits secondaires

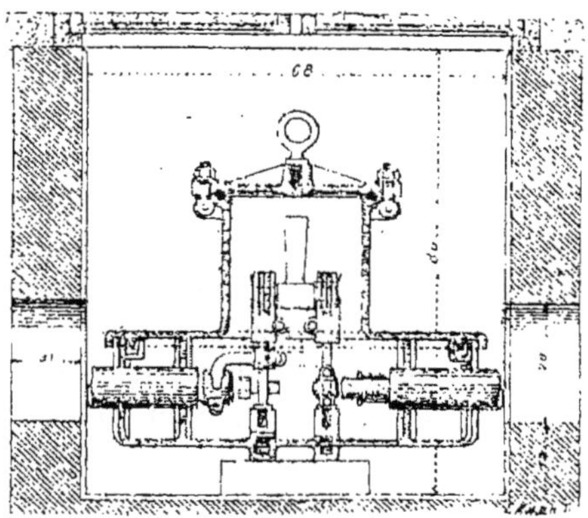

Fig. 292. — Coupe-circuits installés dans des regards sur canalisation à haute tension.

sont à 3 fils en conducteur nu porté par des isolateurs en porcelaine dans des caniveaux en ciment sous les trottoirs.

Tels sont les principaux modes de canalisation établis à Paris. On peut certainement dire que ce sont les câbles sous plomb et armés placés directement en terre qui ont fourni jusqu'ici les résultats les plus satisfaisants.

2° CANALISATIONS A LONDRES. — Les canalisations établies

à Londres sont de plusieurs sortes ; nous les examinerons successivement.

La première canalisation souterraine établie à Londres a été celle de Crompton, à la station de South-Kensington, qui a fonctionné dès 1885. M. Crompton a employé des conducteurs nus en cuivre à section carrée, présentant une certaine rigidité. Ces lames étaient supportées par des isolateurs en verre verni, établis tous les 15 à 20 mètres, reliés par des cordelettes à d'autres fixés sur des poutres transversales. M. Crompton a imaginé un petit chariot sur lequel sont fixés les isolateurs et au moyen duquel on peut introduire directement les câbles sur leurs supports par une extrémité du caniveau.

La *Compagnie Saint-James and Pall Mall Electric Lighting* emploie des lames minces de cuivre, réunies entre elles et placées dans des trous carrés d'une pièce en faïence vernie encastrée dans les parois d'un conduit en fonte fermé par un couvercle boulonné.

La *Compagnie House to House* utilise des câbles isolés placées dans des tubes en fer, ainsi que des trous d'homme en fonte.

La *Compagnie Callender Bitumen* emploie deux systèmes différents. Dans le premier, convenant pour les cas où les câbles ne doivent pas être déplacés, les câbles sont placés dans des auges en fonte dans lesquelles on coule une composition bitumeuse. Pour les cas où les conduits doivent être déplacés, on emploie des conduits en bitume de un mètre de longueur par tronçon ; les raccords sont faits sur place en chauffant les deux parties, les rapprochant et les entourant d'une enveloppe.

Divers autres modes de canalisation ont encore été adoptés ; nous ne saurions insister sur ce sujet.

3° CANALISATIONS EN AMÉRIQUE. — La Compagnie Edison, à New-York, emploie des conducteurs en cuivre nu entourés d'une corde, et introduits au nombre de trois dans des tubes de fer de 6 mètres de longueur. Ces tubes sont ensuite remplis d'une composition bitumineuse. Les jonctions des tubes entre eux se font par des câbles souples.

Fig. 293. — Canalisation Johnston en Amérique.

Quelques compagnies emploient des câbles sous plomb placés dans des tubes en fer. Les câbles sous plomb placés dans des moulures en bois créosoté ont été supprimés.

Le système *Dorsett* consiste en blocs de sable aggloméré par du goudron et de la résine. Ces blocs sont moulés et ont 1,25 m de long et 33 centimètres de largeur. Ils sont placés les uns à la suite des autres et reliés entre eux. Les câbles sont placés dans des caniveaux.

Certaines conduites ont été faites avec des tubes de zinc, ces derniers servant de moule au béton que l'on coule. D'autres conduites ont été faites en tôle et en ciment. Dans des tubes en tôle on a placé des petits tubes de laiton, et l'on a coulé dans les intervalles un ciment qui devient rapidement dur. Les tubes de laiton sont ensuite retirés, et la conduite est prête à être utilisée. Quelques Compagnies établissent des caniveaux spéciaux ainsi constitués : le fond est d'abord battu, sur les côtés sont des planchers de bois, puis au fond des couches de ciment, au-dessus des tubes en fer forgé, une couche de ciment, des tubes et ainsi de suite.

Entre tous les systèmes, nous mentionnerons particulièrement le système Johnston, comme un des plus employés. Nous en donnerons une description détaillée dans ce qui va suivre :

Le système de canalisation Johnston consiste en des caniveaux en fonte présentant un certain nombre de séparations intérieures également en fonte, destinées à loger les câbles (fig. 293). Ces caniveaux ont des sections diverses suivant les types, ainsi qu'un nombre de séparations variable, mais ont tous une longueur uniforme de 5 pieds (30,48 . 5 = 152,40 cm).

La liaison d'un tuyau à l'autre se fait très aisément à l'aide d'un anneau ou collier.

Tous ces conduits se rencontrent aux intersections des rues ; il aboutissent tous alors à des *trous d'homme*, ou puits, dans lesquels peuvent descendre des hommes pour effectuer des jonctions ou autres travaux (fig. 294).

Le trou d'homme est un cylindre en fonte composé d'une
série de pièces superposées de façon à déterminer une cavité
fermée. Il est formé par une partie inférieure sur laquelle
viennent s'emboîter une série d'anneaux rentrant l'un dans
l'autre. Suivant la hauteur nécessaire le nombre des anneaux

Fig. 291. — Canalisation Johnston. Trou d'homme.

est plus ou moins grand. Aux jonctions est intercalé un mastic
pour assurer l'étanchéité. A la partie supérieure se trouve un
dôme présentant au centre une ouverture d'un diamètre plus
restreint. Cette ouverture a une hauteur d'environ 20 à 25 cen-

timètres ; à l'orifice intérieur se trouve un rebord en fonte
avec garniture en caoutchouc sur laquelle repose un couvercle de fonte. Puis au-dessus, au niveau de la chaussée, est placée une autre plaque en fonte pour fermer. Le deuxième couvercle de fonte inférieur est destiné à recevoir les eaux ou autres immodices qui traverseraient le premier couvercle.

Les conduites sont d'abord installées, puis une fois la canalisation recouverte de toutes parts, on procède à la pose des
câbles.

Pour cela, deux hommes descendent dans deux trous d'hommes voisins. L'un deux est muni d'une série de petites baguettes en bois d'environ un mètre de longueur, et présentant à
leurs extrémités des petits crochets qui permettent de les
adapter très facilement l'une à l'autre. L'ouvrier fait donc ainsi
une chaîne continue avec ces baguettes, jusqu'à atteindre le
puits voisin. A ce moment, à l'extrémité de sa dernière baguette, il attache le câble, et l'ouvrier placé dans l'autre puits
retire les baguettes l'une après l'autre ; il atteint bientôt l'extrémité du câble. Cette dernière est alors attachée à un petit ca-
bestan manœuvré extérieurement de façon à pouvoir exercer
la traction nécessaire. On procède ainsi de puits en puits sur
toute la longueur de la canalisation.

Une question importante à considérer est l'isolement du
câble une fois placé dans les tuyaux. Ce point est défectueux
dans le système Johnston. Les câbles isolés sont placés directement sur des plaques en fonte sans aucun isolant spécial
intercalé entre le câble et la fonte.

Le prix de revient est également de la plus haute importance.
On peut, assurent les agents de la Compagnie Johnston, poser
300 mètres de canalisation par jour avec 10 hommes travail-
lant 10 heures. Le prix de la fonte des caniveaux est de 23 francs
les 100 kilogrammes.

4º CANALISATIONS EN ALLEMAGNE. — Les câbles presque
uniquement employés en Allemagne sont des câbles Siemens,

placés directement en terre. Ces câbles sont entièrement semblables à ceux que nous avons vus pour le secteur de Clichy. Les connexions des câbles entre eux sont faites à l'aide de boîtes de jonction spéciales.

C. CONDITIONS DIVERSES DES CANALISATIONS.

Les canalisations à l'extérieur mériteraient des études complètes et très détaillées ; nous ne pouvons nous en occuper ici à ce point de vue, mais nous donnerons cependant quelques renseignements.

1° *Défauts et inconvénients des canalisations.*

Les *canalisations aériennes* présentent de nombreux inconvénients dans les villes ; nous en avons rapporté plus haut quelques-uns. Ajoutons à ceux-là ceux provenant des lignes télégraphiques ou téléphoniques également aériennes soit à l'intérieur des villes, soit à l'extérieur sur une route où les deux canalisations sont voisines ou se rencontrent. L'administration des postes et télégraphes exige toujours des conditions spéciales pour éviter l'induction sur ses lignes. Il serait plus utile d'établir des circuits à double fil pour les lignes téléphoniques et télégraphiques.

Les lignes aériennes doivent être montées sur des isolateurs qui sont fixés sur des poteaux placés de distance en distance. Il est nécessaire de prendre toutes les précautions pour éviter que les lignes ne viennent à se toucher.

Les lignes aériennes, surtout les lignes à haute tension, sont soumises aux coups de foudre en temps d'orage. Il est nécessaire de placer sur les lignes des parafoudres qui, aussitôt que la foudre tombe, mettent automatiquement le circuit à la terre et évitent les graves accidents qui pourraient survenir dans l'usine ou chez les abonnés. Ces parafoudres sont très nombreux. Nous avons eu dernièrement l'occasion d'en examiner un qui nous a paru très efficace.

Il est constitué par une sorte de condensateur à grande surface, formé par des plaques en tôle étamées D (fig. 295), isolées les unes des autres par des rondelles en micanite E dépassant d'environ 2 mm. les plaques en tôle pour éviter la formation d'arcs. La micanite est une nouvelle substance formée de

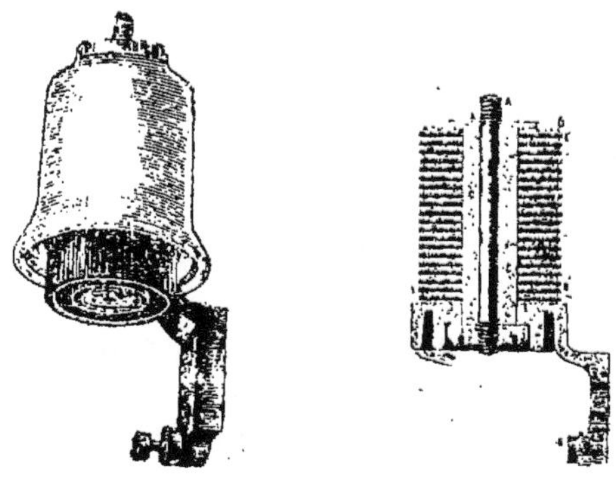

Fig. 295. — Parafoudre.

lames minces de mica superposées et collées à la gomme laque, qui donne des résistances d'isolements très élevées. A la partie supérieure se trouve une plaque en tôle appuyant sur la plaque D et maintenue par la tige en cuivre A qui traverse tout l'appareil dans un manchon en stabilite C C ; à la partie inférieure cette même tige est isolée du socle par un écrou et une rondelle en stabilite. La dernière plaque de tôle étamée repose sur un socle de fonte de cuivre maintenu par un support F. Ce support présente deux ouvertures pour fixer l'appareil sur les poteaux et une vis D qui sert à relier le fil de terre. La tige de cuivre A est ensuite vissée dans une borne placée à la partie supérieure d'une cloche en porcelaine qui recouvre le tout, comme le montre la figure. C'est à cette

24

borne dont nous venons de parler qu'est établie la prise de dérivation sur la ligne de distribution à protéger. Ce parafoudre peut convenir à des lignes à basse ou à haute tension. Il a été appliqué dans diverses stations et même sur des lignes à 10000 volts et il a toujours donné de bons résultats.

Les canalisations souterraines présentent elles aussi de nombreux inconvénients. A Paris les difficultés d'établissement ont été très grandes. Il a d'abord fallu ouvrir des fouilles sur les voies les plus fréquentées, construire des caniveaux en béton, en rencontrant des branchements d'eau et de gaz. Quelquefois on a pu s'établir au-dessus de ces branchements, le plus souvent au-dessous. Les fouilles ne devant pas être ouvertes plus de quelques jours, on peut juger des travaux qui ont été nécessaires.

Les difficultés ont été plus grandes encore dans l'exploitation. On a d'abord remarqué des défauts d'isolement dans la canalisation provenant de contacts avec des parties métalliques ; on a pu remédier aisément à ces pertes, en recherchant les points défectueux, notamment les supports des isolateurs. Les caniveaux n'ont pas ensuite présenté une bonne étanchéité ; à la suite d'orages, ils se sont remplis d'eaux qui n'ont pas pu s'écouler par les pentes naturelles ménagées à cet effet. On a dû recourir à des pompes en certains points bas de la canalisation pour extraire l'eau qui restait. Il en est résulté une humidité qui a été préjudiciable à l'isolement.

Il s'est ensuite présenté un cas beaucoup plus grave. Le gaz qui s'échappe des conduites de gaz par des fuites et qui se répand dans le sous-sol de Paris a pénétré dans les caniveaux. Mélangé à l'air, il a formé un mélange détonant qui a fait explosion ; des tampons de regards ont été soulevés et projetés. Dans quelques cas aussi, des phénomènes d'électrolyse ont eu lieu et ont donné naissance à des gaz qui ont pu produire l'explosion. Nous ne faisons que signaler les différentes hypothèses émises dans ces circonstances. Mentionnons également que des dépôts de soude, de carbonate de soude, même de potassium à l'état libre ont été relevés en quelques parties.

Aération des canalisations.

On s'est vivement préoccupé de cet état de choses, et on a tout d'abord cherché les moyens d'éviter la présence du gaz dans les caniveaux. L'aération naturelle n'étant pas suffisante, le service municipal a eu recours à la ventilation artificielle. Le ventilateur employé (fig. 296) est un ventilateur à force centrifuge de 370 millimètres de diamètre, donnant un débit de 400 mètres cubes d'air par heure à une vitesse angulaire de 1000 tours par minute. Le mouvement est transmis à une turbine par une manivelle à engrenages, que l'on peut faire mouvoir à bras à 40 tours par minute.

Le ventilateur est mobile à l'aide d'un chariot. On l'amène sur un puits à la place d'un tampon (fig. 297). On l'actionne pendant 10 minutes, l'air du caniveau est aspiré et remplacé par de l'air extérieur. De la sorte on peut éviter la présence du gaz dans les caniveaux, si cette ventilation est renouvelée assez souvent.

Il nous faut également mentionner un autre procédé qui a été employé par le Service municipal, pour éviter que le gaz provenant des pertes ne puisse pénétrer dans les caniveaux (fig. 298). Autour des tuyaux de branchements de gaz, sont disposés des tuyaux en poterie,

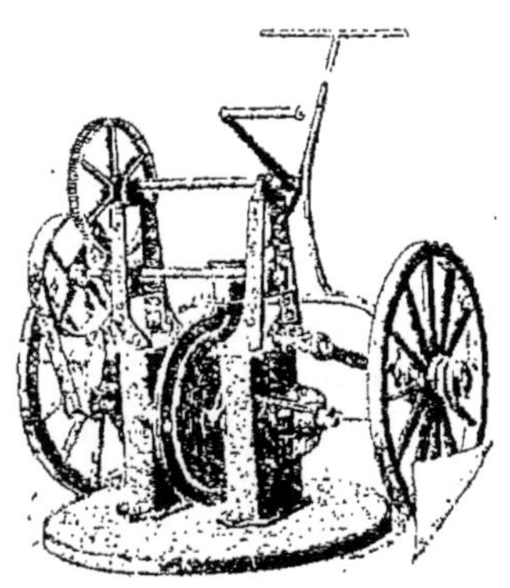

Fig. 296. — Ventilateur pour canalisation.

fermés à une extrémité sur la conduite de gaz, et débouchant à l'air extérieur le long d'une maison. S'il se produit une fuite sur cette partie, le gaz s'échappera à l'extérieur.

En dernier lieu, on a constaté bien souvent des communication directes des canalisations électriques avec les conduites de gaz. Ces contacts ne peuvent provenir la plupart du temps que des installations intérieures des abonnés, partie où les deux canalisations sont à côté l'une de l'autre, et chevauchent

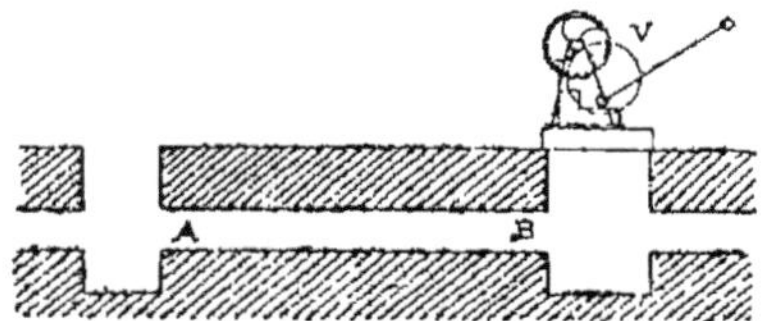

Fig. 297. — Mode d'emploi du ventilateur.

malheureusement quelquefois l'une sur l'autre en empruntant les mêmes appareils d'utilisation. Il suffit, en effet, que la conduite de gaz soit sur un autre point en communication avec le pôle négatif (fig. 299) pour qu'il survienne un court-circuit si accidentellement la canalisation intérieure de gaz est réunie au pôle positif. Et les exemples de ce genre ont déjà été nombreux.

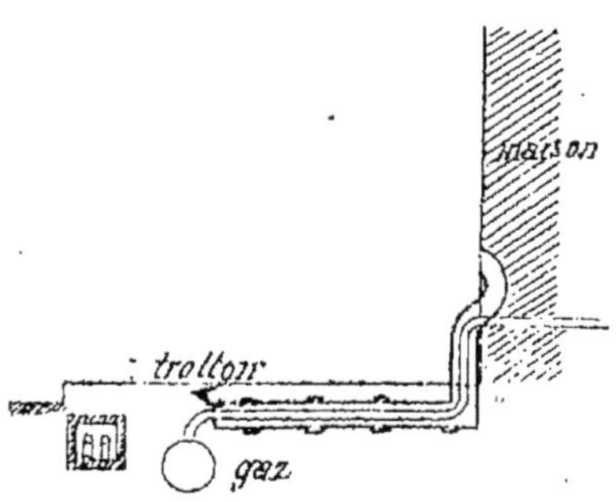

Fig. 298. — Aération des branchements de gaz.

En effet, dans les canalisations extérieures, il est certain que les contacts francs ont été évités. Comme nous le verrons plus loin, il serait donc nécessaire d'isoler, au point de vue électrique, complètement les installations intérieures de gaz. De la sorte il n'y aurait plus de court-circuit à craindre provenant de la partie extérieure. Cette mesure serait d'autant plus efficace que, dans les cas de distribution à 3 fils, le fil compensateur est en communication directe avec la terre.

Citons encore le fait suivant : Bien souvent pour les dérivations, on prend des câbles sous plomb que l'on se contente de placer directement en terre, au lieu de les mettre dans des moulures en bois sulfaté. Nous pouvons citer un exemple de ce que deviennent des canalisations de ce genre au bout d'un certain temps. La rue des Halles a été éclairée de 1890 à 1892 par des lampes à incandescence alimentées par des dérivations prises sur le réseau municipal à basse tension. Ces dérivations étaient établies par des câbles sous plomb placés dans des tuyaux en poterie. L'installation ayant été reçue, il est à présumer que ces câbles présentaient au début des conditions satisfaisantes d'isolement. En 1892, quand les câbles ont été re-

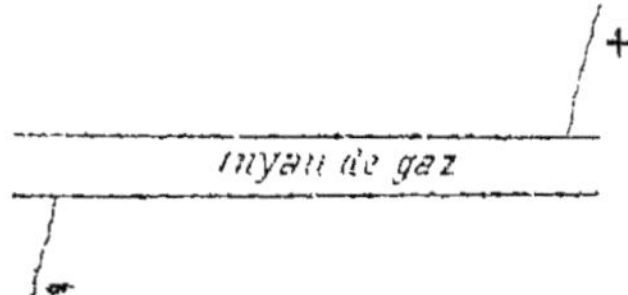

Fig. 299. — Tuyau de gaz établissant une communication électrique.

levés, nous avons trouvé dans les poteries des masses blanchâtres en grande quantité. Le plomb était entièrement rongé ; en bien des endroits le cuivre n'existait plus. La terre était à une température d'environ 35 à 40° tout autour sur une surface de 1 mètre carré et à 1 mètre de profondeur. L'analyse a indiqué des quantités notables de carbonate de soude ($Na_2 Co_3$), de carbonate de potasse ($K_2 Co_3$), de soude caustique ($Na OH$), de potasse caustique ($KO H$) et de carbonate de plomb ($Pb Co_3$).

Les inconvénients que nous venons de citer plus haut sont évidemment évités avec les câbles directement en terre. De plus ces derniers se trouvent dans de bonnes conditions, dans un sable sec, poreux, qui laissera écouler l'eau et se désséchera, si jamais celle-ci vient à l'atteindre.

Tous ces premiers accidents ont été très graves et auraient pu l'être encore davantage. Ils sont dûs pour la plupart à de-

mauvaises installations, au manque de précautions dans le passage sur conduites de gaz, aux communications métalliques qui ont pu s'établir et aux mauvaises installations intérieures. Depuis quelque temps, surtout depuis l'arrêté complémentaire du cahier des charges de M. le Préfet de la Seine, les accidents ont presque totalement disparu. Suivant l'ordre qui en était donné, les compagnies d'électricité ont établi un service spécial qui s'occupe de mesurer l'isolement des diverses parties du réseau, de telle sorte que l'ensemble ait été visité en un an. Les résultats d'isolement ne sont pas très remarquables dans tous les réseaux ; mais au moins ces mesures permettent de se rendre compte de l'état du réseau, et de le maintenir avec un isolement connu.

2° Canalisations à courants alternatifs. — Les canalisations à courants alternatif sont également intéressantes à plusieurs points de vue. Disons qu'avec les câbles bien isolés dont nous avons parlé précédemment on a pu obtenir un bon isolement pour l'exploitation. Mais des effets très curieux ont été observés. Nous citerons entre autres la ligne de l'usine Ferranti de Deptford à Londres. On a observé que cette ligne jouait le rôle de condensateur, de telle sorte qu'à l'arrivée à Londres, à une distance de plusieurs kilomètres, la différence de potentiel était plus élevée qu'au départ. On a donné à cet effet le nom *d'effet Ferranti.*

Nous mentionnerons encore en terminant les essais faits en 1895 par M. Grosselin sur les câbles du secteur des Champs-Elysées et qui ont donné les résultats suivants : un électromètre placé entre les deux conducteurs a indiqué environ 3000 volts ; placé entre le conducteur central et la terre, il a donné également 3000 volts. Mais il n'a rien indiqué entre le conducteur extérieur et la terre. Ces faits prouvent que la théorie de ces questions n'est pas encore nettement établie.

3° Isolement des réseaux électriques. — L'isolement d'un réseau électrique est certainement la question la plus importante à considérer en ce qui concerne les canalisations. Cet isolement qui nous intéresse particulièrement prend le nom de *résistance à la perte par la terre*. Cette résistance est la résistance offerte au passage du courant pendant la marche. Si nous désignons deux conducteurs AB et CD avec une différence de potentiel u à une extrémité et soient R et R' les deux résistances, le courant qui passera par la terre sera égal à $i = \dfrac{u}{R + R'}$.

En général, les deux conducteurs doivent autant que possible être bien isolés et ne pas donner lieu à des pertes de courant. Dans les distributions à 3 fils seulement, on a reconnu qu'il y avait avantage à mettre à la terre le fil neutre du milieu ; on évitait ainsi des terres à 220 volts et de nombreux inconvénients. A part cette exception, dans tous les réseaux, il est de la plus haute utilité d'isoler parfaitement tous les fils de la terre.

Cet isolement ne doit pas se tenir pendant quelques instants seulement, mais doit se maintenir d'une manière permanente surtout pendant la marche. Il n'existe pas jusqu'ici d'appareil qui, installé sur le tableau de distribution, permette à chaque instant de mesurer l'isolement ; des études ont été entreprises ; nous allons en dire quelques mots plus loin.

On a donc dû se contenter des *indicateurs de terre* qui donnent les indications des terres franches.

On en était à ce point à Paris, quand, le 30 juillet 1891, un arrêté de M. le préfet de la Seine disait que le permissionnaire serait tenu de vérifier l'état électrique de son réseau, de manière que toutes les parties en soient visitées au moins une fois par an.

C'est cet arrêté qui a été observé jusqu'à ce jour ; mais comme nous le disions plus haut, il ne donne que des mesures d'isolement de parties faites tout à fait en dehors des heures de service. Nous allons donner à ce sujet quelques renseignements sur les méthodes employées à Paris par les diverses sociétés pour mesurer les isolements des canalisations.

Le réseau de distribution de la Compagnie Edison, non compris les feeders, est divisé en 400 sections d'une longueur variable entre 75 et 30 mètres, soit en moyenne 50 mètres. Ces sections sont toutes visitées en un mois. Pour ces visites, les fils sont détachés aux coffrets. Des visites semblables sont faites sur les installations d'abonnés, la méthode employée est la méthode du voltmètre. Soit à mesurer une section (fig. 300), elle est détachée à son extrémité, puis le voltmètre est branché en V où il indique la différence de potentiel de la distribution, puis en V'. De ces deux indications on tire la valeur de la résistance

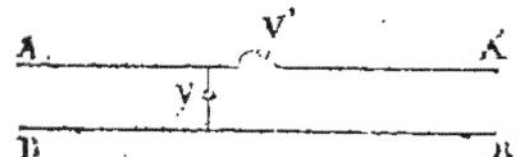

Fig. 300. — Méthode du voltmètre pour la mesure de l'isolement.

d'isolement pour la longueur donnée. Il est nécessaire que le voltmètre puisse donner des valeurs très faibles pour permettre une bonne mesure. Cette résistance peut atteindre parfois 500000 ohms et descendre souvent à des valeurs très faibles.

La Société d'éclairage et de force par l'électricité fait également les mesures de la même façon en sectionnant la canalisation.

La Société du secteur de la place Clichy prend les plus grands soins pour la mesure de d'isolement de ses canalisations. On sait que ce secteur a une canalisation en câbles sous plomb et armés. Le réseau est coupé par un certain nombre de boîtes de distribution ; sur les câbles du réseau sont prises les dérivations des abonnés. Les mesures sont faites par la méthode de la déviation à l'aide d'un galvanomètre Siemens, et une batterie de piles sèches Leclanché de 200 volts. Un laboratoire portatif est monté dans une voiture que l'on déplace à volonté. Des mesures sont également faites chez les abonnés. Ce réseau est tenu dans un état remarquable en ce qui concerne l'isolement. On trouve sur le registre des isolements de 6000 mégohms par kilomètre : au-dessous de 4 à 500 mégohms des recherches sont effectuées.

La Compagnie parisienne d'air comprimé et d'électricité a transformé presque complètement son réseau et adopté partout le système à 5 fils comme nous l'avons dit plus haut. Les mesures d'isolement du réseau de distribution sont effectuées d'une manière analogue à celle qui est usitée au secteur de Clichy. Une voiture sert de laboratoire portatif, et transporte un galvanomètre Thomson suffisamment amorti pour permettre des lectures très aisées. La canalisation est divisée en un certain nombre de sections et chacune de ces sections est mesurée périodiquement. Nous avons trouvé pour ces réseaux des isolements kilométriques de 2000 à 4500 mégohms.

Le secteur des Champs-Elysées effectue les résistances d'isolement d'une autre manière. Il s'agit d'un réseau à courants alternatifs, divisé en 3 parties bien distinctes, comportant chacune son feeder et son réseau de distribution particuliers. Tous les transformateurs sont branchés chez les abonnés. Il ne serait pas pratique d'aller débrancher tous les transformateurs (répartis dans environ 600 postes) pour effectuer les mesures. Ajoutez à cela que l'on ne pourrait prendre les mesures que sur la canalisation elle-même. Le secteur a pris l'habitude d'arrêter l'usine 2 fois par semaine, et de mesurer de l'usine la résistance d'isolement entre un câble et la terre, ainsi qu'entre feeders voisins. Les mesures sont faites par la méthode de la déviation à l'aide du galvanomètre Thomson. Les mesures ainsi effectuées donnent la véritable résistance d'isolement. On trouve, en général, pour les résistances d'isolement entre un câble et la terre, des valeurs variables de 200000 à 1200000 ohms, suivant les conditions atmosphériques. On remarquera bien que dans ce cas les deux câbles sont réunis par les transformateurs. Si nous mesurons l'isolement entre deux feeders voisins, les résistances d'isolement s'élèvent et varient de 480000 à 1500000 ohms.

Le secteur de la rive gauche effectue les mesures d'isolement pendant la marche. Le câble extérieur du câble concentrique, qui est sensiblement au même potentiel que la terre, est relié

à une pile de 50 éléments Leclanché, à un galvanomètre Deprez et d'Arsonval spécial très sensible, construit par la maison Carpentier, et à la terre. Le circuit se trouve fermé sur
l'autre conducteur par les transformateurs branchés. Les mesures sont faites par la méthode de la déviation avec comparaison sur un mégohm. Ce mode opératoire, qui est déjà employé
par la maison Ganz, permet d'apprécier exactement l'isolement en marche, les courants alternatifs n'agissant pas sur le
cadre du galvanomètre. L'isolement ainsi obtenu, avec 100 pos-

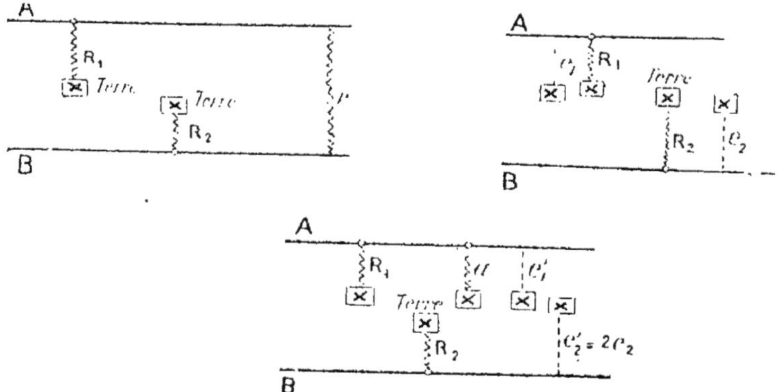

Fig. 301. — Méthode de M. Roux pour la mesure de l'isolement
en marche.

tes de transformateurs en service, a atteint environ de 300000
à 400000 ohms.

Comme nous l'avons dit plus haut, les mesures dont il vient
d'être question, nous donnent bien l'état d'isolement d'un réseau. Mais il serait indispensable pour une usine électrique
d'avoir un appareil lui permettant de mesurer à chaque instant la résistance de perte à la terre. MM. G. Roux et A. Lartigue ont fait à ce sujet, chacun de leur côté, diverses études
que nous sommes heureux de faire connaître. La Société d'Encouragement, qui avait mis la question au concours, leur a ac-
cordé à chacun un encouragement de 500 francs.

M. G. Roux a imaginé une méthode générale qui permet de mesurer l'isolement d'un réseau entier à la terre, ainsi que de chaque feeder ou d'une partie du réseau à la terre ou des câbles entre eux. Cette méthode est également applicable aux courants continus et aux courants alternatifs. Il considère d'abord deux câbles A et B (fig. 301) avec R_1 et R_2 pour isolement de chacun de ces câbles par rapport à la terre et r pour l'isolement des câbles entre eux sans passer par la terre. Nous ne pouvons insister ici sur le développement des divers calculs ; mais nous indiquerons le principe de la méthode. On monte successivement entre la terre et l'une ou l'autre des deux barres de distribution A et B du tableau un électromètre idiosta-

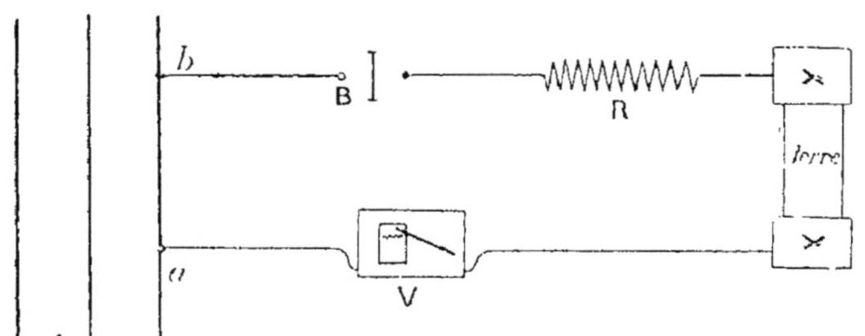

Fig. 302. — Enregistreur périodique de l'isolement de
M. A. Lartigue.

tique, on note les déviations qui sont proportionnelles aux carrés des différences de potentiel e_1 et e_2 existant entre chaque câble et la terre. On laisse ensuite l'électromètre en dérivation entre la terre et le câble qui a donné la plus faible lecture, c'est-à-dire dans notre cas, entre B et la terre, et l'on monte entre l'autre câble A et la terre une résistance a telle que la différence de potentiel primitivement la plus faible soit doublée, c'est-à-dire $e'^2 = 2\,e^2$. Avec ces diverses données, il est possible de trouver la valeur des isolements cherchés. On remarquera que, dans cette méthode l'exactitude ne dépend pas de la valeur d'isolement, mais seulement du rapport des différences de potentiel. L'électromètre de lord Kelvin que l'on doit employer est un appareil très industriel et d'une grande exactitude. Il sera donc possible de faire des mesures industrielles et intéressantes. De nombreuses mesures ont du reste déjà été effectuées sur divers réseaux et ont donné des résultats satisfaisants. L'auteur a également étudié l'application de la méthode aux distributions à 3 et à 5 fils. Des essais sont également entrepris pour permettre à l'appareil de fournir des indications pouvant être enregistrées facilement. M. Roux s'est servi d'un électromètre pour éviter d'avoir à tenir compte des résistances des voltmètres et ampèremètres, pour éviter les courts-circuits avec les ampèremètres et avoir à la fois une échelle de mesure étendue, et une grande sensibilité.

M. A. Lartigue a combiné une méthode, dérivée de la méthode du voltmètre, qui permet d'obtenir l'enregistrement automatique de l'isolement d'un réseau à 2 ou plusieurs fils. La méthode est basée sur l'emploi d'une perte auxiliaire dans laquelle passe par intermittences un courant dont on peut enregistrer l'intensité. Cette perte auxiliaire a pour effet d'abaisser d'une quantité que l'on enregistre la différence de potentiel entre la terre et le câble sur lequel on a branché le circuit de la perte auxiliaire. La différence de potentiel de distribution étant supposée rester sensiblement constante, l'abaissement du potentiel dû à la terre s'applique à tous les fils du réseau. Soit A (fig. 302) les 3 fils d'un réseau ; sur l'un d'eux a, nous branchons un circuit formé par un interrupteur automatique B établissant toutes les demi-heures un contact pour fermer le circuit pendant une demi-heure et l'ouvrir pendant la demi-heure suivante. Vient ensuite une résistance R connue et le branchement à la terre. A côté se trouve branché également entre le même fil et la terre un voltmètre enregistreur V qui enregistre les potentiels entre le câble et la terre chaque fois que des pertes auxiliaires se produisent. Le voltmètre V étant gradué donne la valeur u de ces potentiels ; mais la résistance R est connue, on peut donc déterminer facilement la valeur de l'intensité i qui passe par la résistance R et par la résistance réduite d'isolement du réseau. On a donc :

$$i = \frac{u}{\rho} \text{ d'où } \rho = \frac{u}{i}$$

La résistance ρ est la résistance d'isolement réduite totale.

Le voltmètre nous donne la valeur de u. D'autre part, la valeur de R étant connue, on peut déterminer la valeur de l'intensité. Il y avait lieu de tenir compte de la résistance auxiliaire due au voltmètre enregistreur qui se trouve branché en même temps que la résistance auxiliaire. Une correction spéciale a été faite à ce sujet.

Dans les expériences de M. A. Lartigue, la résistance R choisie était de 100 ohms, le voltmètre V avait une résistance de 500 ohms.

On a donc $i = \frac{u}{100}$; 1 volt correspond à une intensité de 0,01 ampère. La même graduation peut donc servir pour lire les variations de la différence de potentiel et en même temps les intensités en milliampères. Il suffit de faire les corrections dont nous avons parlé plus haut pour avoir aussitôt la résistance d'isolement.

M. Lartigue a bien voulu nous communiquer quelques-unes des courbes obtenues, que nous reproduisons dans la figure 302 *bis*. Elles se rapportent à divers défauts d'isolement observés. On remarque toutes les demi-heures des interruptions et rétablissements successifs du circuit de la résistance auxiliaire.

La courbe 1 correspond à un isolement satisfaisant et stable. Vers minuit et demi, nous trouvons une différence de potentiel de 10 volts et une intensité traversant la résistance auxiliaire de 0,093 ampère. En tenant compte des corrections, l'isolement général du réseau correspond à 137 ohms.

La courbe 2 nous montre le cas d'une terre franche se pro-

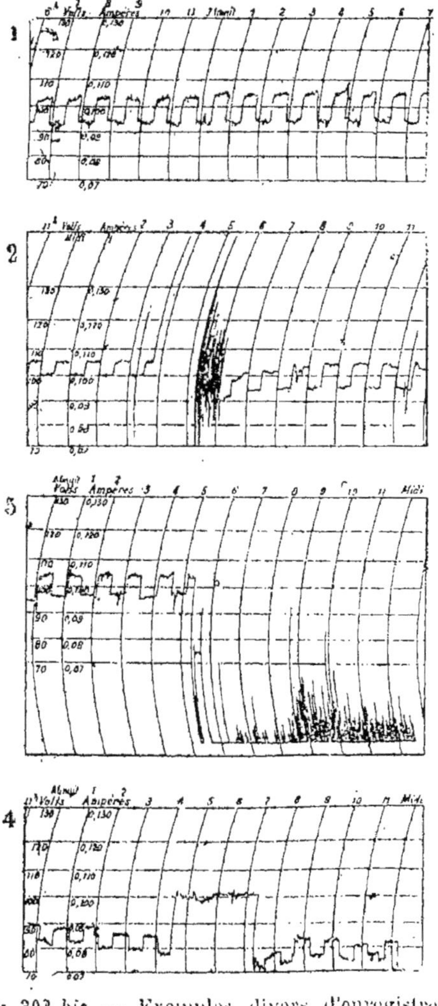

Fig. 302 *bis*. — Exemples divers d'enregistrement d'isolement.

duisant sur le fil qui est à **220** volts par rapport au fil relié à l'appareil. Au début la valeur de l'isolement est faible ; la variation est de 4 volts et l'intensité de 0,1 ampère ; l'isolement est de 44 ohms vers 3 heures du soir. Une rapide apparition du défaut a lieu à 3 h. 15 m. ; il reparaît ensuite et persiste pendant 1 h. 1/2 de 3 h. 48 m. à 5 h. 18 m. ; puis pendant 50 minutes, de continuelles intermittences révèlent qu'au point défectueux il y a mauvais contact avec étincelles, échauffement, etc. Enfin à 6 h. 10 m. le défaut disparaît, soit qu'il ait été aperçu, soit qu'un plomb ait sauté, soit qu'une

étincelle ait rongé un mauvais contact. L'isolement remonte

aussitôt à 95 ohms ; la variation est de 7,5 volts et l'intensité de 0,094 ampères.

Dans la courbe 3, l'isolement est à 3 h. 35 m. du matin de 87 ohms, la variation est de 7 volts et l'intensité de 0,094 ampère. Un défaut apparait à 5 h. 25 m. sur le fil relié à l'appareil. Jusqu'à 5 h. 50 m., c'est une simple baisse de l'isolement, mais ensuite on constate une terre franche pendant 3 heures entières. A partir de 8 h. 50 m. de nombreuses intermittences permettent de prévoir que le défaut tend à disparaitre.

La courbe 4 nous montre l'apparition à 4 h. 35 m. du matin et la disparition à 7 h. 20 m. d'une terre franche sur le fil qui qui est à 110 volts par rapport au fil relié à l'appareil. A la disparition du défaut l'isolement est de 92 ohms.

Ces recherches sont très intéressantes et des plus pratiques, parce qu'elles permettent de connaître à tout instant l'état d'isolement d'un réseau et de pouvoir déterminer le chiffre absolu de cet isolement. Jusqu'ici on s'est contenté de mesurer le réseau pendant l'arrêt, ou encore de mesurer certaines longueurs. On trouvait alors des milliers d'ohms d'isolement. Le véritable isolement en marche normale dans le cas examiné par M. Lartigue ne dépasse pas 100 ohms.

Dans ce chapitre, nous n'avons pu qu'indiquer sommairement tous les problèmes que soulève la canalisation. C'est surtout dans ces questions que la pratique fournit le meilleur renseignement.

CHAPITRE VI

INSTALLATIONS ÉLECTRIQUES INTÉRIEURES

Les installations électriques intérieures que nous avons à examiner peuvent être de deux sortes ;

I. Les installations intérieures privées, alimentées par une usine spéciale renfermée dans une fabrique, atelier.

II. Les installations intérieures branchées sur des réseaux de distribution de stations centrales.

Ces deux installations, quoique devant être établies suivant les mêmes règles, peuvent différer sur certains points de détail ; aussi les examinerons-nous chacune séparément.

I. Installations intérieures privées.

Ces installations se trouveront le plus fréquemment établies dans un atelier, dans une fabrique qui possède déjà la force motrice et qui veut l'utiliser pour son éclairage. Le plus grand nombre de ces installations seront faites avec des fils isolés placés sur des poulies en porcelaine qui sont portées par des taquets contre le mur. Dans un mur M (fig. 303) on fixe un ou 2 tampons en bois T, on assujettit par dessus un taquet en bois V qui porte la poulie en porcelaine P dans laquelle est maintenu le câble C. Ce sont là de bonnes dispositions à adopter, mais il y a quelques précautions à prendre. Il faut éviter à tout prix le passage des câbles directement sur les tuyaux métalliques, surtout à l'angle de deux murs. Soient deux murs M et M', avec un tuyau métallique T dans l'angle, les taquets V et V' devront être placés comme l'indique la fig. 304 afin que le fil F F soit partout dégagé. Ces précautions devront être surtout soignées en ce qui concerne les ateliers proprement dits, dans lesquels se trouvent des transmissions, des tuyaux en plomb, des tiges de fer à gauche et à droite. Nous aurons encore à recommander les passages de fils dans les murs. Il faut assurer aux câbles une protection mécanique et une protection électrique. Un trou étant percé dans le mur (fig. 305), nous mettons d'abord en A, A un tube métallique, en cuivre, recourbé à ses extrémités pour éviter qu'il n'éraille le câble et le déchire, nous mettons ensuite les câbles G dans des fourreaux de caoutchouc B de telle sorte qu'ils débordent aux deux extrémités.

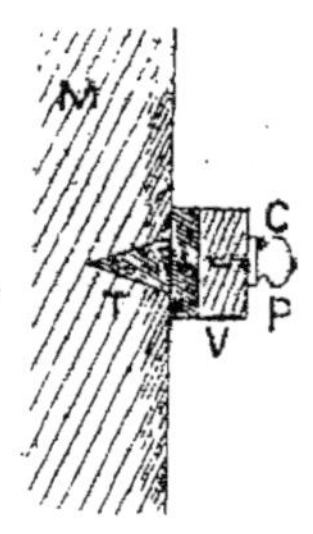

Fig. 303. — Pose d'un isolateur en porcelaine pour maintenir un câble.

Nous allons du reste résumer toutes ces explications dans un exemple que nous allons choisir.

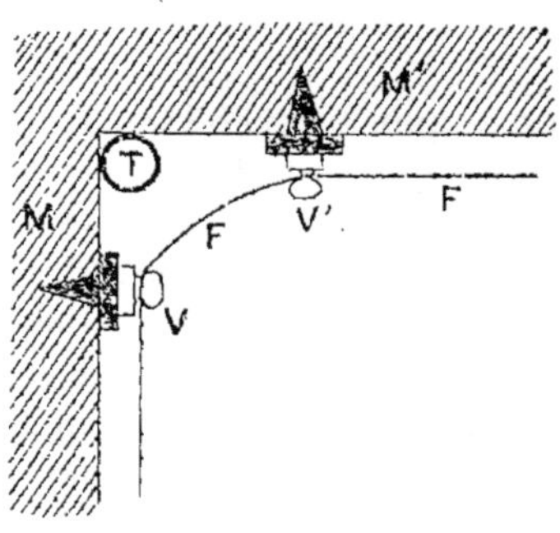

Fig. 304. — Passage d'un câble dans un angle de mur où se trouve un tuyau à gaz.

Soit une fabrique (fig. 306) dans laquelle se trouvent 3 corps de bâtiments B, C, D, où il s'agit de distribuer 10, 30 et 20 lampes. En E se trouve l'appartement qu'il s'agit d'éclairer, d'installer électriquement; nous verrons plus loin les dispositions à prendre. En A nous avons la salle des machines, chacune des salles comportant un travail spécial, nous mettons pour chacun d'eux un circuit distinct et nous avons le schéma (fig. 307) dont nous avons parlé

25

précédemment pour des cas analogues. Nous avons ici à nous préoccuper de la *pose des canalisations et des dérivations intérieures* comprenant les épissures sur le câble principal, le passage à travers le mur, la pose intérieure des fils, les dérivations, l'arrivée aux tiges.

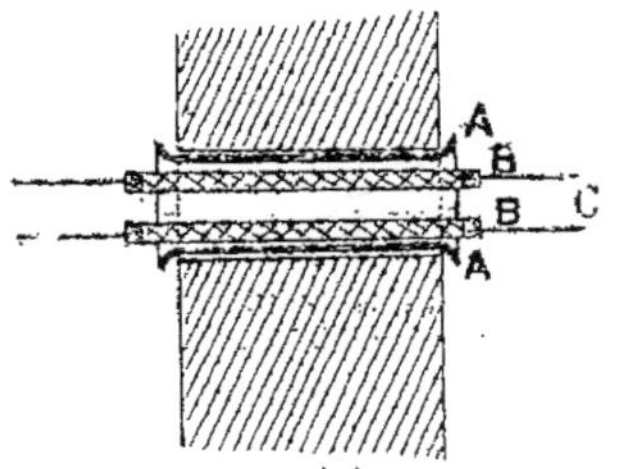

Fig. 305. — Passage de câbles dans un mur.

En ce qui concerne la canalisation de la salle des machines à chacun des pavillons, nous poserons sur les toits de la salle A et des pavillons des grands poteaux, et nous ferons arriver bien distinctement tous nos fils isolés sur des isolateurs semblables à ceux dont nous parlions plus haut ou d'un modèle plus gros s'il est nécessaire. Les isolateurs se construisent aujourd'hui sous toutes formes et toutes grandeurs et nous

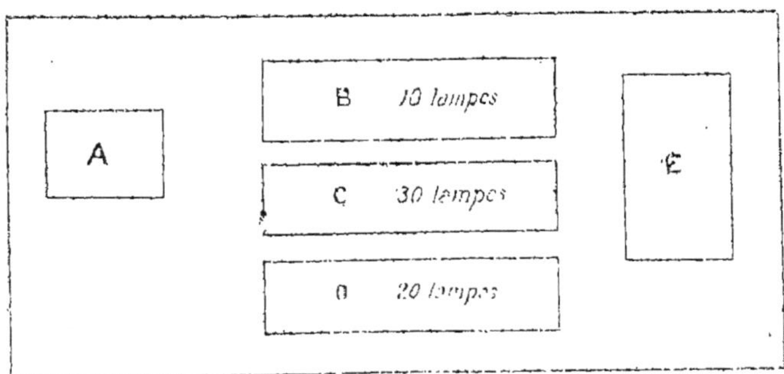

Fig. 306. — Plan d'une fabrique à éclairer.

pouvons ici mentionner la maison Parvillée frères qui nous a montré des échantillons d'isolateurs de toute nature bien soignés et bien établis. Nous aurons soin d'écarter nos deux fils l'un de l'autre et de les mettre à une distance de 0,25 à 0,30 m. Nous ne les mettrons pas non plus au-dessous l'un de l'autre afin d'écarter les points d'appui quand nous nous trouverons sur le mur,

Nous arrivons à une salle de travail par dessus le toit, nous traversons le mur, comme nous l'avons dit plus haut, et nous

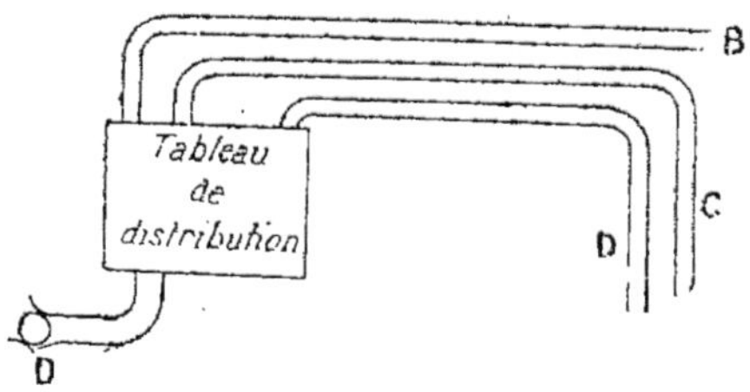

Fig. 307. — Schéma de l'installation électrique.

parvenons en T au tableau de distribution intérieure spécial à la salle A par exemple. Ce tableau est bien simple. Deux fils arrivent en F à l'interrupteur bipolaire I (fig. 308 et 309) per-

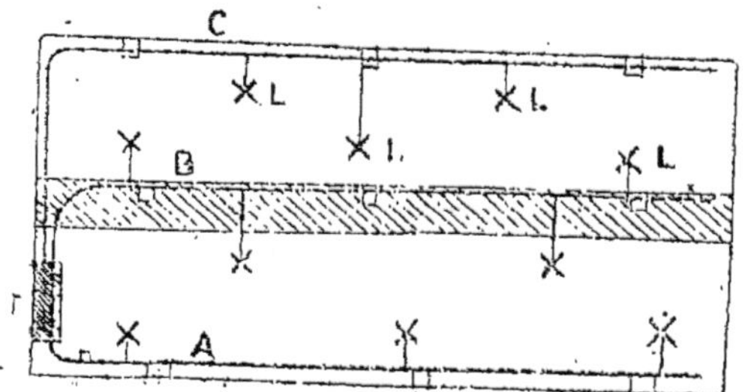

Fig. 308. — Répartition des lampes dans les salles.

mettant d'éteindre ou d'allumer tout l'atelier à la fois ; sur le circuit sont branchées trois dérivations A, B, C, renfermant chacune un coupe-circuit fusible D. Chaque dérivation de lampes est pourvue seulement d'un interrupteur monopolaire G, chaque circuit ne renferme ici que 3 ou 4 lampes, nous nous sommes contentés d'un seul coupe-circuit au départ, sinon nous aurions dû mettre un coupe-circuit pour 5 lampes.

Dans notre exemple nous avons supposé les fils isolés. Dans

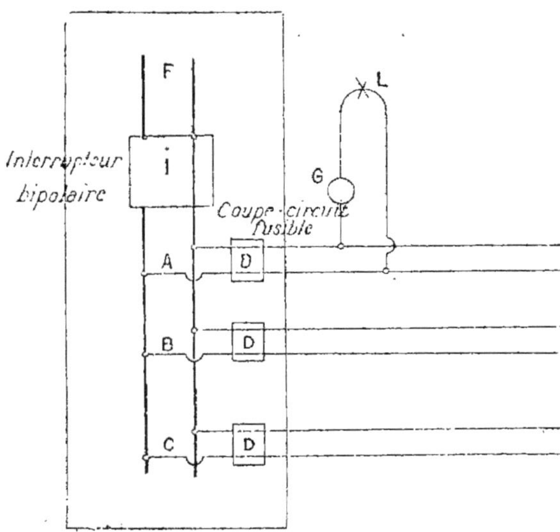

Fig. 309. — Tableau de distribution intérieure.

quelques usines les câbles A B (fig. 310) sont nus, et l'on fait déplacer sur eux une tige T recourbée pour établir les contacts et alimenter constamment la lampe L.

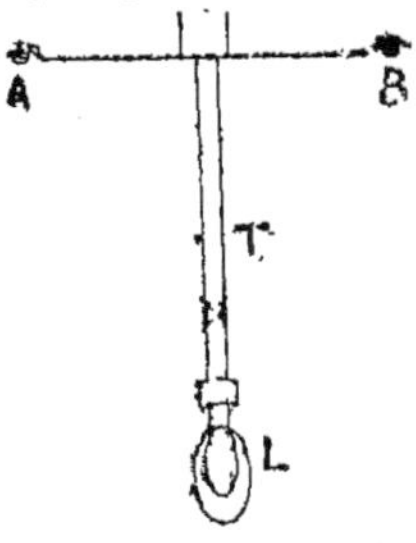

Dans plusieurs fabriques, telles que filatures, cotonneries, etc., les canalisations sont établies sous moulures, et la salle des machines est à proximité des salles à éclairer. Les difficultés que nous avons supposées ne se retrouvent donc pas dans ce cas et il en résulte une installation très simple à réaliser.

Fig. 310. — Mode de fixation des lampes.

II. — INSTALLATIONS SUR RÉSEAUX DE DISTRIBUTION. CANA-
LISATIONS INTÉRIEURES DES ABONNÉS.

Ces installations, sans offrir plus de difficultés que les précédentes, exigent plus de soins et sont soumises à de plus nom-
.breuses formalités.

Trois opérations sont d'abord nécessaires ; il nous faut éta·
blir :

**A. — Une prise sur la canalisation générale. Bran-
chement.**

**B. — L'entrée dans les maisons. Colonne montante.
Prise d'abonné.**

C. — La distribution intérieure chez l'abonné.

Il est à remarquer que le branchement et la colonne montante pourront desservir tout un immeuble et ne conviendront
pas uniquement à un seul abonné.

**A. — Une prise sur la canalisation générale.
Branchement.**

Les branchements à Paris sont faits de trois façons différentes
selon qu'il s'agit de courants continus (câbles nus et ordinaires, ou câbles armés), ou de courants alternatifs.

En ce qui concerne les courants continus dont la canalisation est faite en câbles nus, comme à la Compagnie continentale Edison, et à la Société d'éclairage et de force, les branchements se font par des câbles C dénudés au départ (fig. 311)
et fixés par des étriers sur le câble de distribution. On maintient aussi le câble par une soudure. Ce sont là des différences peu sensibles. On a soin de recourber les extrémités des
câbles au départ pour éviter que des gouttes d'eau pouvant provenir du dehors ne tombent sur la canalisation, à la sortie du
caniveau A ; les fils B sont en général des câbles isolés placés

directement dans des moulures en bois sulfaté que l'on désigne sous le nom de tuyaux flamands. On emploie également

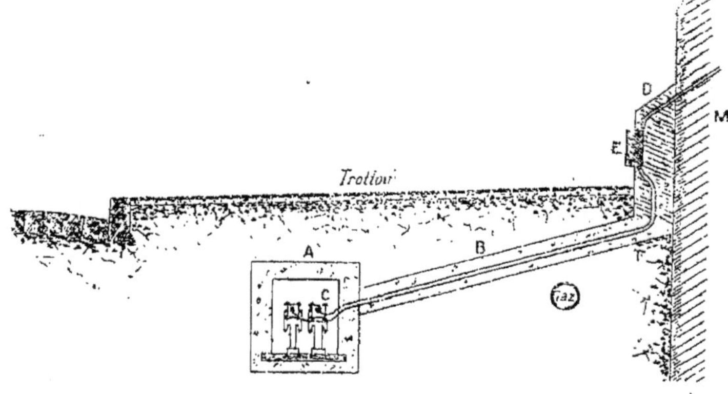

Fig. 311. — Branchement sur la canalisation extérieure.

des câbles sous plomb, soit directement en terre, soit quelquefois dans des moulures en bois. Des difficultés se rencon-

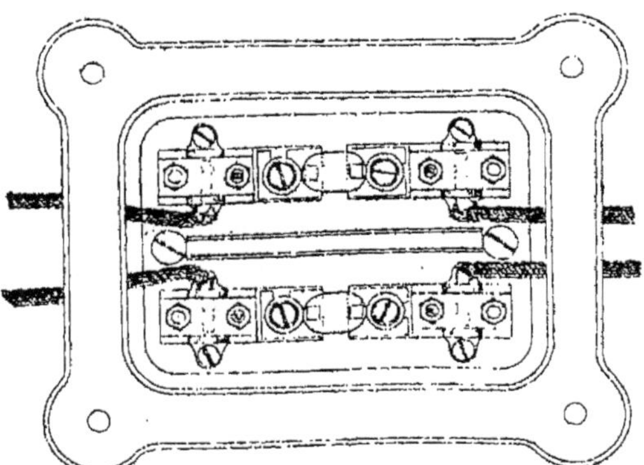

Fig. 312. — Vue intérieure d'un coffret d'abonné.

trent souvent pour la pose des branchements surtout dans les rues étroites. Dans notre figure, nous avons représenté un tuyau de gaz bien au-dessous ; mais souvent les branchements électriques doivent passer par dessus les conduites de gaz, éviter les branchements de gaz, etc. Chaque branchement devient un problème plus ou moins compliqué pour éviter tous les obstacles rencontrés sur le passage. Ajoutons que dans ces derniers temps la Compagnie Edison a essayé des branchements en câbles concentriques dans des moulures. Cette disposition permet d'éviter les effets électrolytiques. Un branchement est supprimé par un court-circuit, dès qu'il est en mauvais état.

Le branchement B arrive jusqu'au point F devant la maison M. Quelquefois le mur ou la devanture en bois peuvent être entaillés et le coffret E placé dedans. Mais bien souvent la Compagnie d'électricité doit poser une petite armoire en bois D pour placer le coffret.

Ce coffret dont on voit la coupe intérieure dans la figure 312 se compose de 4 plaques de cuivre séparées, placées en regard l'une de l'autre, 2 à la partie inférieure et 2 à la partie supérieure fixées sur une plaque isolante en porcelaine. Elles sont munies de pinces avec écrous pour recevoir d'un côté les câbles d'arrivée, et de l'autre côté les câbles d'entrée dans la maison. Les connexions sont faites à l'aide de plaques de cuivre. Autrefois les coffrets renfermaient tous des plaques de plomb fusibles. Mais dans quelques compagnies on a reconnu par expérience que les plaques fondaient souvent pour de faibles accidents chez un abonné et que tous les abonnés de la maison étaient plongés dans l'obscurité. On a remplacé ces plaques par des lames de cuivre. Ces coffrets, qui établissent la communication entre les canalisations de la rue et les canalisations intérieures des abonnés sont entretenus en état par des employés des Compagnies qui effectuent périodiquement des nettoyages intérieurs (enlèvement de la poussière, réfection des contacts, serrages, etc.).

Ces coffrets sont parfois difficiles à établir et offrent bien des inconvénients. La Société du secteur de Clichy et la Compagnie parisienne de l'air comprimé et de l'électricité ont adopté un autre mode de branchement qui consiste à prendre les dérivations sur les câbles de distribution à l'aide des manchons dont nous avons parlé plus haut (fig. 276). Les branchements se font à 3 ou à 5 fils. Nous représentons dans les figures ci-jointes les dispositions adoptées d'après les rensei-

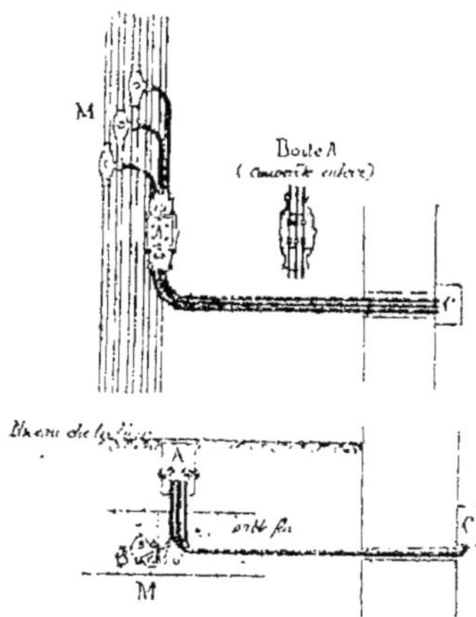

Fig. 313. — Vue en coupe et en plan d'un branchement à 3 fils sur une canalisation à 5 fils.

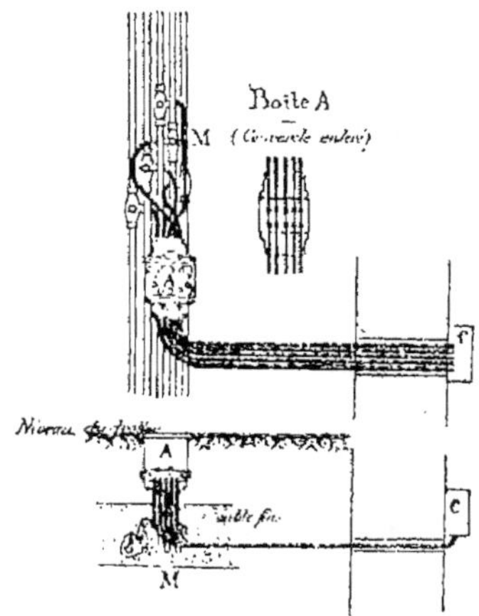

Fig. 314. — Vue en coupe et en plan d'un branchement à 5 fils.

gnements publiés dans une brochure spéciale par M. Soubeyran, le sympathique ingénieur principal du secteur de la place Clichy. Sur les cinq fils de la distribution se trouvent 3 ou 5 manchons M (fig. 313 et 314) avec câbles sous plomb et armés, aboutissant à une boîte A semblable à celles que nous avons déjà décrites et affleurant le sol. Ces boîtes à deux étages et contenant du chlorure de calcium pour dessèchement renferment des coupes-circuits fusibles et sont à 3 ou à 5 fils suivant l'importance des abonnés branchés sur la boîte intérieure C.

Cette disposition permet également très facilement de changer un abonné d'un pont sur un autre.

Les branchements pour courants alternatifs se font soit directement au moyen d'épissures faites sur les câbles de distribution, comme sur le réseau municipal, soit à l'aide de manchons spéciaux, dits *capots* d'abonnés, comme sur le secteur des Champs-Elysées et de la rive gauche. Nous avons parlé plus haut de manchons analogues.

La canalisation est faite dans le premier cas en câbles simples posés dans des caniveaux maçonnés jusqu'à la devanture. Dans le second cas, les câbles concentriques arrivent directement chez l'abonné où nous allons les retrouver.

B. — L'entrée dans les maisons. Colonnes montantes. Prises d'abonnés.

Ce paragraphe exige tout de suite deux grandes divisions, selon qu'il s'agit de courants continus ou de courants alternatifs.

Pour les courants continus, nous avons laissé nos câbles C à la sortie du coffret E (fig. 315). Nous avons un abonné à desservir au quatrième étage. Nous passons nos câbles, dans une cour, dans un corridor, en moulures bien ajustées pour atteindre l'escalier de service. Nous établissons ensuite la colonne montante jusqu'en haut en faisant quelques trous dans le mur dans les escaliers, à chaque étage. Les colonnes montantes électriques en effet sont établies verticalement et passent dans des trous à chaque étage. Ces colonnes sont généralement sous moulure en bois et forment un pont pour passer sur les tuyaux de gaz. Quelquefois il n'a pas été possible d'établir un pont semblable, et l'on s'est contenté de mettre les câbles dans des fourreaux en caoutchouc qui reposent directement sur les tuyaux à gaz. En un mot, nous fixons nos moulures avec toutes les précautions voulues et nous arrivons à la porte de

l'abonné qui veut être desservi. Il se présente bien souvent
le cas que dans le même immeuble il se trouve plusieurs
abonnés ; à la porte de chacun d'eux sont établies des *prises* B,
B, consistant uniquement en un coupe-circuit reliant la colonne montante à la canalisation intérieure. Les colonnes mon-

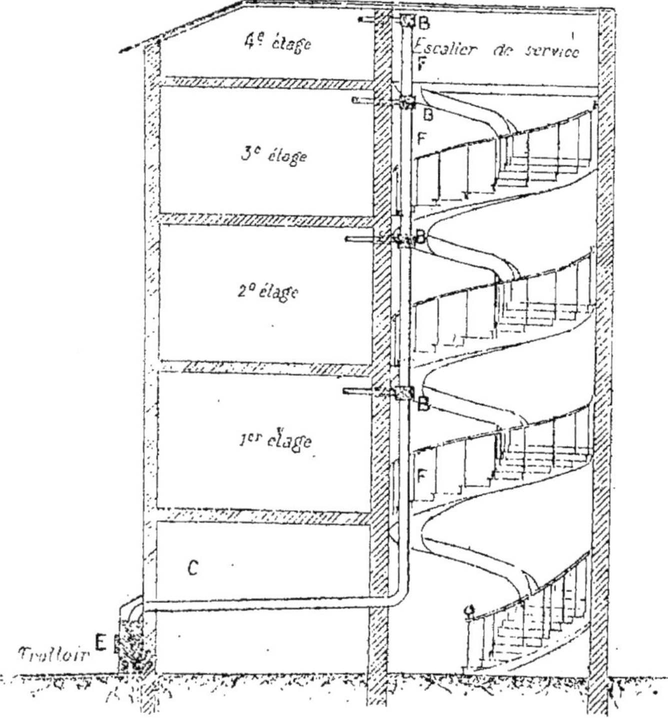

Fig. 345. — Colonne montante dans un escalier.

tantes sont souvent aussi faites en fils sous plomb lorsqu'elles
passent dans une cour pour parvenir à un étage élevé seul
desservi dans l'immeuble.

Dans le système de distribution à 5 fils, la prise de dériva-

tion à 3 ou à 5 fils faite, comme nous l'avons vu plus haut, à
l'aide d'une boîte sur le trottoir, aboutit d'abord dans l'installation à une boîte en bois posée contre le mur. Cette boîte
est fermée à l'aide d'un plomb scellé et ne peut être ouverte
que par le secteur. Elle renferme des plombs fusibles qui permettent de coupler une installation à deux fils sur le branche-

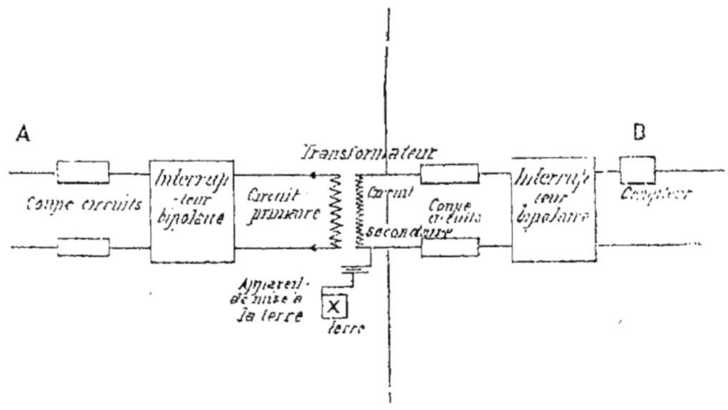

Fig. 316. — Schéma d'une prise de dérivation d'abonné sur une
canalisation à courants alternatifs.

ment à 3 fils et de la placer sur un des deux ponts. S'il s'agit
d'installations à deux circuits, elles sont alimentées par un
branchement à 5 fils, avec des commutateurs et fils fusibles
permettant de les brancher à volonté sur les 4 ponts donnés.
S'il s'agit d'une colonne montante établie dans les escaliers,
il y a à chaque prise d'abonné le tableau commutateur dont
nous venons de parler.

Ces dispositions de coupe-circuit commutateur à 3 ou 5 fils
suivant l'installation dans une boîte en bois fermée et scellée,
qui est toujours placée avant le tableau de distribution de
l'abonné et comme séparée de son installation assure toujours
l'établissement de fils fusibles de valeur nettement déterminée, et permet ensuite la juste répartition des lampes sur

les circuits, ce qui est la base du principe même de la distribution à 5 fils. Ces dispositions sont toujours prises à Paris par
la Société du secteur de Clichy et la Compagnie parisienne d'air
comprimé et d'électricité.

Pour les courants alternatifs, nous avons laissé le câble à
haute tension, après la canalisation du branchement, juste à
l'endroit où il pénètre chez l'abonné. Ce câble est à haute ten-
sion ; nous ne pouvons le laisser ainsi à la disposition de l'abonné, qui ne pourrait du reste l'utiliser.

Le diagramme ci-joint (fig. 316) représente l'installation complète d'un abonné sur réseau à haute tension. Cette installation peut être divisée en deux parties bien distinctes A et B. La partie A est une partie de l'installation placée chez l'abonné dans une cave ou dans une armoire fermée à clef. Cette installation comprend les coupe-circuits, l'interrupteur bipolaire placé sur le circuit primaire et le transformateur. Des

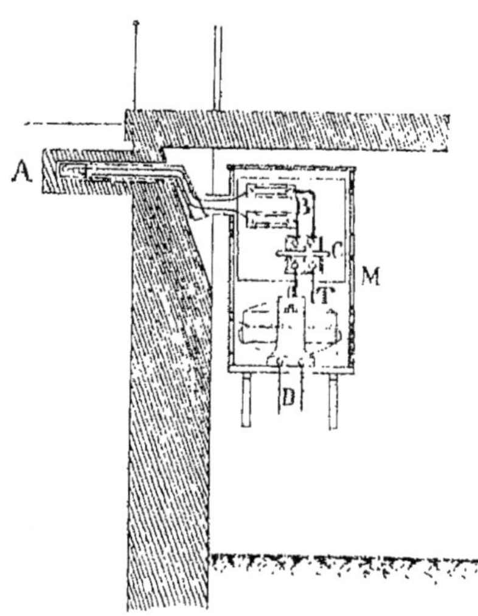

Fig. 317. — Branchement sur le réseau municipal à haute tension.

précautions spéciales sont prises pour l'installation des câbles
d'arrivée et de ces appareils. Le transformateur est placé sur des
planches isolées à l'aide de supports en porcelaine et de feuilles
de caoutchouc. Aux bornes du circuit secondaire se trouve un
appareil de mise à la terre, qui a pour but de faire communiquer ce circuit à la terre, s'il survient un contact entre le circuit
primaire et le circuit secondaire. Il se forme alors des dériva-

tions par la terre, les coupe-circuits fusibles fondent ; il y a
extinction totale, mais pas d'accident grave. Nous verrons la
description de ces appareils.

A la sortie du circuit secondaire se trouve la partie B, qui
comprend des coupe-circuits, un interrupteur bipolaire, le
compteur, et enfin le réseau utilisable que nous verrons plus
loin.

Nous pouvons du reste donner plusieurs exemples des dispositions adoptées à Paris.

Au réseau municipal (fig. 317) les câbles arrivent par le caniveau A, et passent dans une armoire M que l'on aperçoit fixée

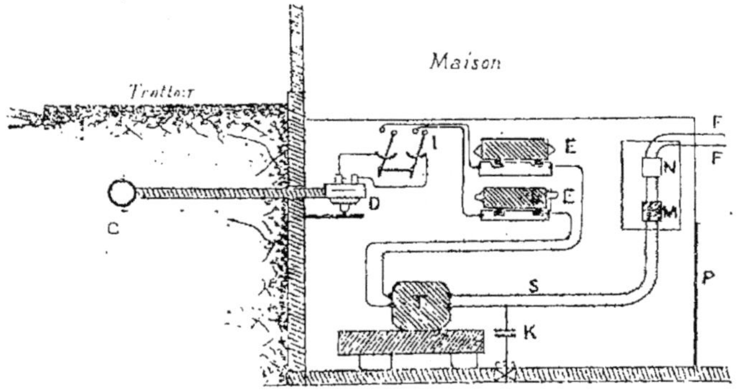

Fig. 318. — Branchement sur le réseau du secteur des Champs-
Elysées.

contre le mur par des consoles. Les câbles traversent ensuite
un coupe-circuit bipolaire primaire B, un interrupteur bipolaire
primaire C, et un transformateur T. Le circuit secondaire du
transformateur sort en D pour alimenter soit directement
l'abonné, soit une colonne montante.

Au secteur des Champs-Elysées, une boîte de dérivation est
placée sur le câble en C, puis le câble de dérivation se rend
chez l'abonné, traverse le mur, passe par un capot D, par un
interrupteur bipolaire I (fig. 318), par deux coupe-circuits E

dont nous allons dire un mot plus loin, et dessert le circuit primaire d'un transformateur T, qui est placé sur un madrier reposant lui-même sur des isolateurs en porcelaine. Le circuit secondaire S est d'abord muni d'un appareil de mise à la terre Cardew K, puis il se rend à un interrupteur bipolaire M, à un coupe-circuit bipolaire N, et les fils F, F vont ensuite au dehors pour alimenter l'abonné ou la colonne montante. Toute cette installation est faite dans une pièce séparée, le plus souvent une cave, fermée à clef et dont la porte P ne peut être ouverte que par les agents du service. Nous verrons plus loin les précautions prises pour éviter des accidents ; car les câbles sont à 3000 volts. Nous désirons décrire ici les coupe-circuits E E, qui sont employés avec toute satisfaction. Ces coupe-circuits sont formés de 2 parties A et B, en porcelaine, superposées (fig. 319). La partie inférieure A présente deux ouvertures co-

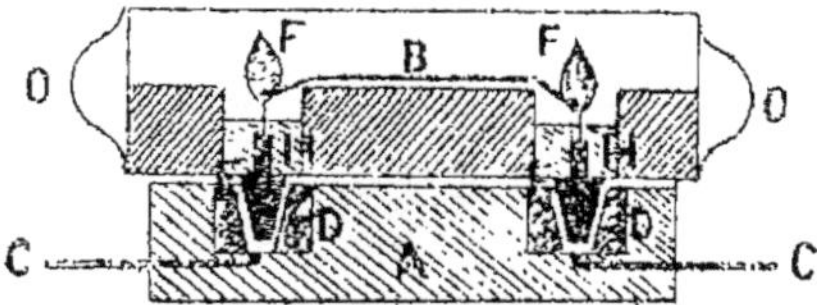

Fig. 319. — Détails du coupe-circuit.

niques D, D garnies intérieurement de cuivre qui est entouré d'un mastic isolant. Par les côtés C, C peuvent pénétrer les fils du circuit primaire. La partie supérieure B en porcelaine est creuse et présente entre autres deux trous cylindriques, à la base desquels sont fixés des coins de cuivre E, E pouvant pénétrer à force dans les ouvertures D, D dont il a été question plus haut. Ces coins de cuivre portent un petit tuyau dans lequel on peut enfoncer des manettes F, F. Ces manettes portent les fils fusibles. Les parties inférieures H, H sont garnies d'huile lourde. L'enveloppe extérieure de porcelaine porte deux oreilles O, O qui rendent très facile la manœuvre de l'appareil. En tirant en O, O, l'électricien enlève la partie supérieure du coupe-circuit ; il peut ensuite arracher les plombs à volonté. Inutile de dire que pour toutes ces manœuvres, l'électricien doit porter des gants de caoutchouc. Ce coupe-circuit a été établi par la maison Palin.

Nous donnerons enfin quelques renseignements sur les dispositions prises par le secteur de la rive gauche. La prise de dérivation se fait à l'aide d'une boîte B, le câble C sous plomb traverse le mur de la cave d'un abonné (fig. 319 *bis*), et arrive en D à un coupe-circuit bipolaire. Les deux câbles séparés E se rendent au circuit primaire du transformateur T. Le circuit secondaire aboutit en S à un interrupteur et un coupe-circuit bipolaires d'où part la colonne montante. En P et M se trouvent un parafoudre et un appareil de mise à la terre avec une terre commune prise sur le plomb du câble. Tous ces appareils sont placés dans une pièce spéciale dont le secteur seul a la clef. Pour les circuits de distribution en fils nus à caniveaux les prises de dérivation se font par épissures à l'aide de câbles qui aboutissent à des coffrets d'abonnés établis à la devanture des maisons.

C. — La distribution intérieure chez les abonnés.

Ce paragraphe est de beaucoup le plus important ; nous aurons ici à traiter une série de questions que nous allons diviser en plusieurs sections.

1° *Considérations générales sur l'installation.* — L'installation électrique intérieure doit être soignée dans tous ses détails. C'est une question extrêmement importante aujourd'hui et sur laquelle nous ne saurions trop insister. Il y a quelques années, à Paris, les installations étaient faites sans aucune méthode, sans aucun soin. Les câbles étaient parfois à peine fixées contre le mur par un clou, les fils se superposaient formant des faisceaux inextricables. Les appareils étaient de mauvaise qualité. Au moindre contact il survenait un accident parfois grave.

Il n'en n'est plus ainsi aujourd'hui, d'une part parce que les soi-disants électriciens qui effectuaient ces travaux ont disparu en partie et d'autre part parce que les Sociétés d'électricité ont examiné soigneusement les installations avant de les recevoir et de leur fournir le courant. *La Chambre syndicale des industries électriques* a également rédigé des instructions qui ont été très précieuses et que nous retrouverons plus loin avec le règlement municipal de la ville de Paris.

La première question à se poser pour une installation est

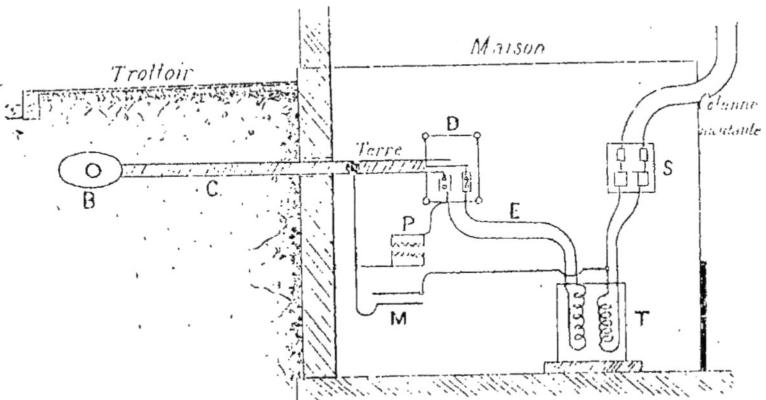

Fig. 319 *bis*. — Branchement sur le secteur de la rive gauche.

d'abord relative au nombre de lampes nécessaires. Cette question est souvent difficile pour ne pas dire impossible à traiter. En général on compte que la puissance lumineuse en bougies dans une pièce doit être égale à la moitié du volume en mètres cubes. C'est là une règle toute pratique qui peut donner au moins quelques indications. Soit par exemple une pièce de 5 mètres de longueur sur 6 mètres de largeur et 3 mètres de hauteur. Le volume en est de 90 mètres cubes. La puissance lumineuse sera donc d'environ 45 bougies, soit 5 lampes de 10 bougies ou 3 lampes de 16 bougies. On compte encore pour un éclairage ordinaire environ 1 à 2 bougies par mètre carré de plancher, et pour un éclairage brillant 4 à 5 bougies par mètre carré. On a également essayé de disposer au plafond toutes les sources de lumière afin d'avoir les plafonds lumineux qui projettent en bas toute leur lumière. En réalité, si l'on tient compte de l'ameublement des pièces, tentures, rideaux, dispositions particulières, il est difficile de prévoir la quantité de lumière nécessaire et il faut s'en rapporter à l'expérience. Il faut surtout tenir compte des circonstances locales pour dis-

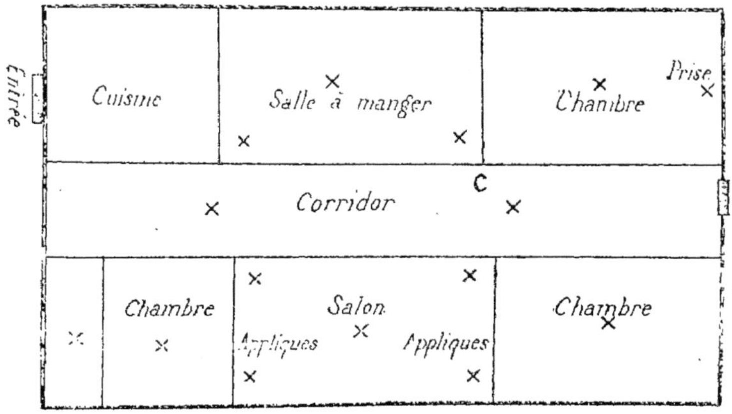

Fig. 320. — Plan général d'une installation intérieure. Répartition des lampes.

tribuer les lampes. La répartition des lampes est déjà faite par le propriétaire de l'installation, qui connaît ses besoins, quand l'électricien se présente pour faire les travaux, et il n'a qu'à suivre les indications qui lui sont données. Une fois la place des lampes fixée, bien établie, ainsi que la nature des supports, tige, applique, etc., l'électricien a son travail spécial sur lequel nous allons insister dans le deuxième paragraphe.

Mais avant nous allons expliquer le schéma (fig. 320), qui représente entre mille autres le plan d'une installation que

26

nous avons eu à surveiller dans un appartement. Une porte d'entrée donne sur un corridor C qu'il a fallu éclairer par deux lampes. De chaque côté se trouvaient les différentes pièces de l'appartement ; à droite, une chambre, le salon, une autre chambre et une pièce réservée. Le plan n'affectait pas exactement la régularité que nous lui donnons. Nous choisissons cet exemple en particulier, parce qu'il a offert à la fois toutes les

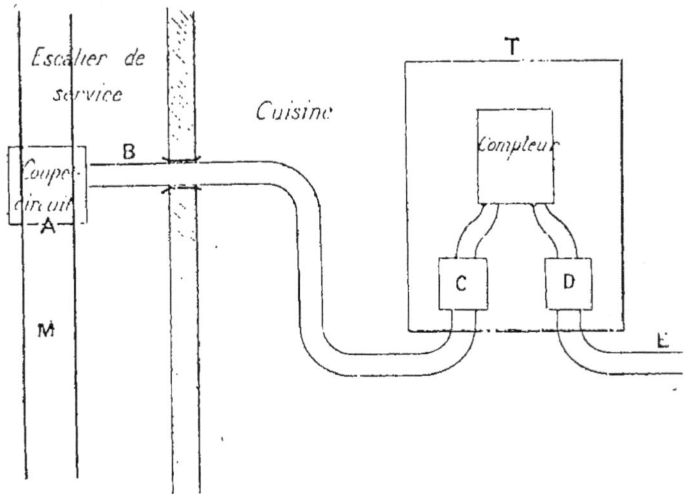

Fig. 321. — Schéma de la prise de dérivation d'un abonné sur la colonne montante. Tableau. Compteur.

difficultés. La répartition des lampes a été faite de concert avec les habitants de l'appartement. Celui-ci renfermait déjà le gaz ; on l'a laissé et on a ajouté diverses lampes comme le montre la figure.

2° *Dispositions électriques. Installation. Tableau de distribution. Compteur.* — Notre colonne montante se trouve dans l'escalier de service ; c'est donc par la cuisine que nous allons entrer dans l'appartement (fig. 321). La colonne montante est en M.

En A nous posons un coupe-circuit avec plombs fusibles d'où partent des câbles B qui pénètrent dans la cuisine et rencontrent d'abord un tableau de distribution intérieure T. Ce

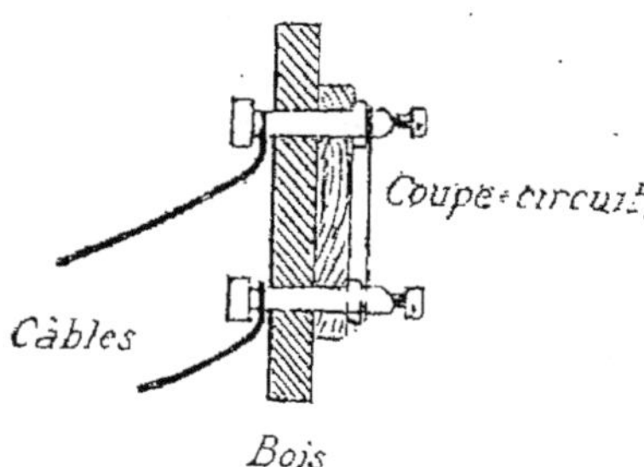

Fig. 322. — Jonction par derrière des câbles au coupe-circuit.

tableau est formé d'un panneau de bois (chêne ciré et verni), de marbre quelquefois, sur lequel reposent les appareils nécessaires au fonctionnement de l'installation. Le tableau ne devra pas être fixé directement contre le mur, mais il sera supporté par des isolateurs en porcelaine ou en caoutchouc fixés dans celui ci. Si des câbles doivent passer derrière le tableau, il faudra laisser un espace suffisant pour passer les mains, et au besoin pouvoir vérifier l'état de ces câbles.

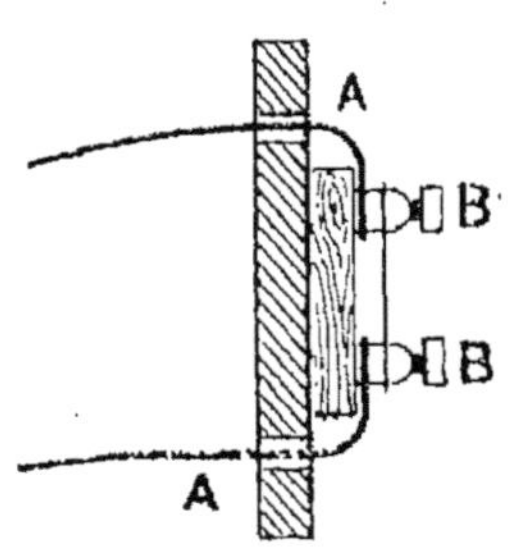

Fig. 323. — Jonction par devant des câbles au coupe-circuit.

Sur ce tableau se trouve d'abord en C un interrupteur bipolaire où sont reliés les câbles d'arrivée. Cet interrupteur bipolaire permet, lorsqu'on ne se sert plus de l'éclairage, de supprimer l'installation et d'éviter tout fonctionnement du compteur à vide. En sortant de l'interrupteur les câbles se rendent au compteur placé au-dessus, quelquefois sur le tableau de distribution, quelquefois en dehors sur des supports spéciaux. En réalité, un seul fil traverse le compteur et une simple dérivation est prise sur l'autre câble; car les compteurs employés aujourd'hui sont des watts-heures-mètres. Mais sur notre schéma nous préférons indiquer nettement le passage des fils. A la sortie du compteur les câbles traversent un coupe-circuit bipolaire général D qui dessert le circuit général E. Le schéma que nous donnons est très net. Malheureusement dans les installations il n'en est pas souvent ainsi, et l'on a beaucoup de peine à deviner le passage des fils. Le tableau est en effet entouré de moulures pour la symétrie avec passages par derrière. La question de décoration doit en effet être regardée ; mais la question technique doit surtout l'emporter. Nous ajouterons une autre re-

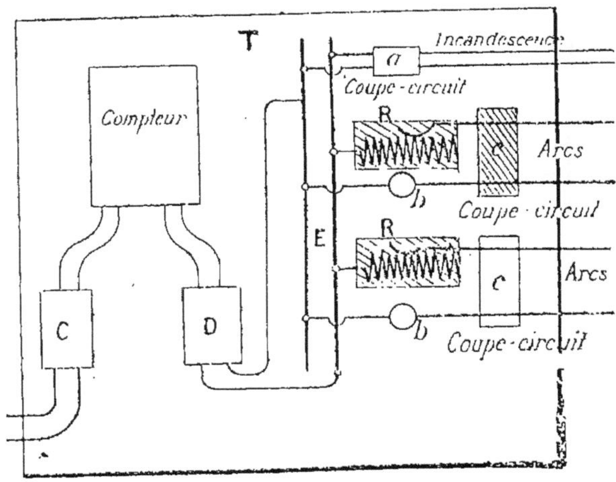

Fig. 324. — Tableau de distribution avec circuits d'arcs.

marque : à leur arrivée au tableau les câbles ne devront pas venir par derrière et être fixés à nu sur des boulons, comme le montre la figure 322 ; mais il est de la plus grande importance de ramener tous les câbles en avant par des ouvertures A,A (fig. 323) et de les serrer sous les bornes B, B.

Le cas de distribution intérieure que nous venons de signaler est tout simple et ne comporte que de l'incandescence. D'autres installations peuvent avoir aussi des lampes à arc et

des moteurs. Nous verrons plus loin, en détail, les dispositions
adoptées dans ces cas. Donnons ici une idée d'un tableau pour
arcs (fig. 324). Sur le tableau de distribution nous retrouvons
à gauche l'interrupteur bipolaire, le compteur, le coupe-circuit bipolaire D. Ce dernier est réuni à deux barres de distribution E sur lesquelles se trouvent branchés un circuit d'incandescence avec un coupe-circuit *a*, et deux circuits pour lampes
à arc avec les rhéostats R fixés sur des feuilles d'amiante, des
interrupteurs monopolaires *b* et des coupe-circuits bipolaires
c, *c*.

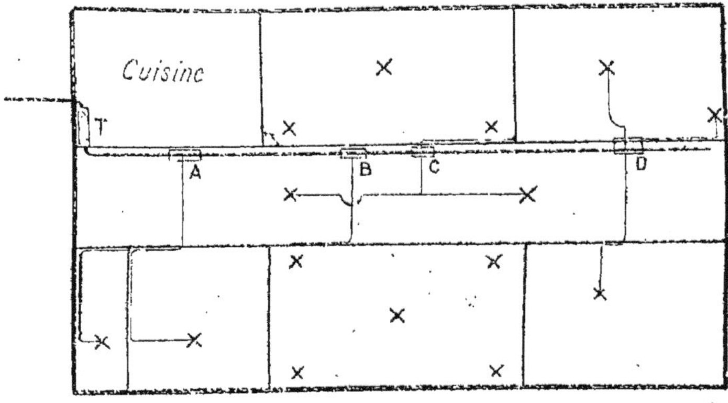

Fig. 325. — Lignes principales de distribution dans un appartement.

A la sortie du tableau de distribution T, l'électricien établira dans le corridor une ligne principale marquée en gros
traits sur notre fig. 325, et sur laquelle il branchera des coupe-circuits A, B, C, D pour desservir les diverses lampes. L'installation dont nous nous occupons ne comporte qu'une seule
ligne, eu égard à la puissance. La détermination de la section
de la ligne et des dérivations se fera facilement en suivant la
règle que nous avons indiquée plus haut, et en sachant que la
perte en volts ne doit pas dépasser 2 volts.

Nous n'avons guère à nous préoccuper que de la section principale,les sections des câbles de dérivation étant toujours pour 2 ou 3 lampes au maximum, et le plus faible diamètre admis étant au moins de 1 mm.

Nous rappellerons ce que nous avons déjà dit plus haut :

La perte est de 2 volts; l'intensité étant de 10 ampères, nous aurons 2 volts $= r \cdot 10$ ampères, soit $r = \dfrac{2 \text{ volts}}{10 \text{ ampères}} = 0,2$ ohm.

Or, nous savons que :

1 mètre fil 1 mm² section a pour résistance 0,02 ohm

Notre installation comportant 20 mètres de fil, ou une longueur totale de 40 mètres, ces

| 40 mètres | 1 mm² | auront | 0,80 ohm |
| 40 — | 4 mm² | auront | 0,20 — |

La section de 4 mm² conviendra pour 10 ampères, car la densité de courant ne sera que de $\dfrac{10}{4} = 2,5$ ampères par millimètre carré.

Notre électricien a maintenant en main les éléments de son travail ; nous allons suivre les détails au fur et à mesure qu'il les accomplira. Mais auparavant il nous reste à donner quelques indications sur le compteur.

Le compteur a pour but d'enregistrer l'énergie électrique qui a été consommée dans une installation. Nous ne voulons pas ici traiter ce sujet des compteurs qui demanderait tout un volume, mais nous voulons attirer l'attention à leur sujet. On se figure en général que les compteurs électriques fonctionnent dans de mauvaises conditions. C'est une erreur grossière très répandue. Les compteurs électriques, en service normal, sont certainement susceptibles d'une plus grande précision que les compteurs à gaz.

Les compteurs doivent d'abord être établis solidement. Signalons à cet effet les dispositions prises par la Société d'éclairage et de force qui a décidé que le compteur serait porté sur deux planchettes montées à angle droit et consolidées par 2 équerres en fer vissées sur champ. Ces planchettes sont fixées à l'aide de vis sur 2 fers à T, scellées dans le mur. Du reste les compteurs sont toujours installés par les compagnies qui prennent les mesures nécessaires.

Plusieurs abonnés à une distribution d'énergie électrique nous ont souvent demandé à se rendre compte de leur dépense journalière. Rien n'est plus facile ; il suffit d'écrire chaque jour le chiffre du compteur. Tous les compteurs portent aujourd'hui des cadrans formés d'une série de petits cercles au centre desquels se déplace une aiguille comme le montre notre figure 326. Tel est le cas des compteurs Aron, Thomson-Houston, Frager, qui se rencontrent le plus souvent à Paris. D'autres au contraire, et parmi ceux-ci nous citerons le compteur Brillié, sont munis d'un cadran formé d'une série d'ouvertures dans lesquelles apparaissent les chiffres comme le représente la figure 327. Cette dernière disposition permet une lecture facile ; pour la disposition à plusieurs cercles, chacun d'eux indique une unité dix fois supérieure à la précédente en allant de droite à gauche. Dans notre figure 326, le

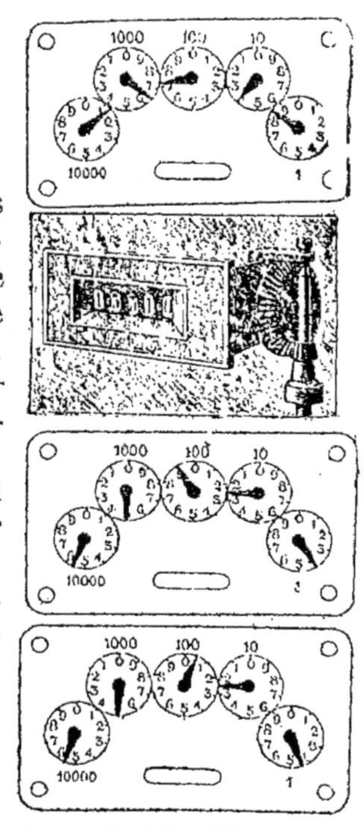

Fig. 326, 327, 328 et 329. — Cadrans des compteurs. — Lecture — Difficultés..

premier cercle à droite indique les unités, le deuxième les dizaines, le troisième les centaines, le quatrième les mille, le cinquième les dizaines de mille et ainsi de suite. Ces indications sont du reste mentionnées au-dessus de chaque cercle. Sur le premier cercle à droite, l'aiguille se déplacera suivant les divisions marquées, d'après l'énergie électrique consommée et ce n'est que quand elle aura effectué un tour complet et sera revenue au zéro, que l'aiguille du second cercle marquera une division. Cette dernière aiguille avancera d'une seconde division, quand l'aiguille du premier cercle aura effectué un second tour. On comprend de la sorte que chaque division du second cercle vaudra 10 divisions du premier. Le déplacement des aiguilles des autres cercles sera réglé de la même façon. Il est seulement nécessaire de bien remarquer que les chiffres n'occupent pas exactement la même position dans tous les cadrans, en raison des engrenages.

La lecture sera des plus faciles dans la figure 326 : nous lirons 16738. Quelques difficultés pourront parfois se présenter comme dans les figures 328 et 329, lorsqu'une aiguille est très voisine d'un trait. Il faut alors se guider sur la position de l'aiguille suivante. Dans la figure 328 nous lisons 54924 et dans la fig. 329, 55024.

Que représentent les chiffres indiqués par le compteur ? La tarification de l'énergie électrique est faite le plus souvent à l'hectowatts-heure par les stations centrales d'énergie électrique.

Dans la plupart des compteurs, le chiffre des unités indique le nombre d'hectowatts-heure ; dans quelques-uns cependant il ne donne qu'une partie de cette énergie. Il est alors nécessaire de multiplier par une constante les indications du compteur pour avoir la dépense réelle. Cette constante est toujours indiquée sur le compteur et a été déterminée par des expériences préalables.

Ces simples indications permettent de lire le compteur ; il sera alors facile de faire ces lectures tous les jours, ou à des intervalles de temps déterminés, et de constater que le compteur inscrit régulièrement. Si les heures d'allumage sont presque tous les jours les mêmes, les indications seront presque semblables. Mais ce qui importe surtout pour un abonné, c'est de se rendre compte que le compteur accuse des consommations exactes suivant le nombre de lampes allumées. Voici à ce sujet une règle facile à appliquer en ce qui concerne les lampes à incandescence et qui nous a toujours donné de bons résultats pratiques. En général, on peut compter une lampe à incandescence comme consommant en moyenne de 3,5 à 4 watts par bougie ; la dépense est quelquefois moindre, mais il faut tenir compte des conditions dans lesquelles se font nos expériences. Si nous allumons pendant 1 heure 10 lampes de 10 bougies, chacune d'elles consommant de 35 à 40 watts, la dépense totale sera de 350 à 400 watts-heure ou de 3,5 à 4 hectowatts-heure. Le compteur devra donc indiquer 3,5 ou 4 divisions en 1 heure s'il n'a pas de constante ou $\dfrac{3,5}{K}$ et $\dfrac{4}{K}$ si K est la valeur de la constante.

Pour comparer ainsi les indications du compteur à la consommation des lampes calculée comme nous l'avons dit, il suffit : 1° de noter les chiffres du compteur au début de l'expérience ; 2° de compter le nombre de lampes en service ainsi que de bien noter leur puissance lumineuse indiquée sur chaque lampe ; 3° de ne toucher à aucune lampe pendant 1 heure ou 2 heures suivant la durée des expériences, et 4° de noter les nouveaux chiffres du compteur à la fin des essais. On trouvera le plus souvent une légère avance de 4 à 5 pour 100. Mais ce ne sont pas des expériences de précision que nous faisons là et nous pouvons nous déclarer satisfait.

3° *Modes de canalisation. Pose. Exemple.* — Nous allons maintenant examiner en détail les divers modes de canalisation, nous verrons ensuite la pose et nous appliquerons toutes les conditions que nous aurons énoncées à l'exemple choisi plus haut.

Les câbles nécessaires à la canalisation seront d'abord des câbles isolés présentant les sections nécessaires calculées pour la perte de charge imposée avec une densité de courant qui ne devra pas dépasser 2 à 3 ampères par millimètre carré pour des câbles de 50 mm³ de section, et 3 à 4 ampères par millimètre carré pour des sections de 30, 20 et 10 millimètres carrés. Ces câbles devront être formés d'une couche de caoutchouc pur ou vulcanisé, d'un ruban caoutchouté, d'une tresse de fil et d'un enduit ; ils présenteront à la tension de 110 volts, une résistance d'isolement d'environ 5 à 600 mégohms par kilomètre.

Les câbles en fil nu ou avec un isolement inférieur ne de-

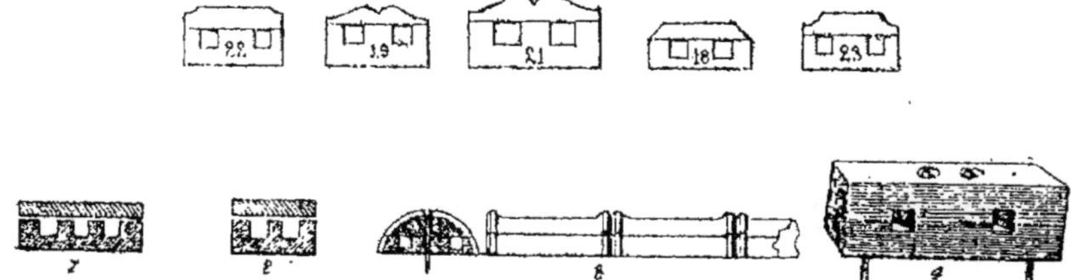

Fig. 330. — Modèles divers de moulures en bois.

vront être employés qu'avec des dispositions spéciales dans des locaux secs et avec isolateurs. Pour les locaux humides, il n'y a pas d'autre câble à prendre que les fils nus ou isolés sur des isolateurs disposés à distance.

Les modes de canalisation sont extrêmement nombreux ; nous citerons entre tous : les moulures en bois, les isolateurs en porcelaine, en caoutchouc, les tuyaux Bergmann, les tuyaux en verre, en fibre, en okonite, les câbles souples à œillets, les câbles maintenus par une ficelle à un clou, etc.

Les moulures en bois consistent en des lattes de bois, présentant deux rainures parallèles, dans lesquelles sont logés les conducteurs électriques eux-mêmes isolés. Un couvercle recouvre la partie supérieure. La figure 330 nous montre divers modèles de moulures, parmi lesquelles nous citerons celles de M. Soulé, fabricant à Bagnères-de-Bigorre. Ces lattes de bois peuvent être posées suivant les bordures et se prêter à toutes sortes de décorations. En général, elles ont été imprégnées d'un ignifuge, sulfatées ou même paraffinées pour prévenir tout accident et augmenter la résistance d'isolement. Elles ne doivent pas être posées directement sur des parties de mur humides ; pour les fixer, on a soin également de placer dans le mur des tampons de bois sur lesquels la moulure sera clouée. Il faut aussi éviter soigneusement que les clous pénétrant dans le mur ne traversent l'isolant des câbles. Ces précautions observées, les moulures en bois donnent de bons résultats.

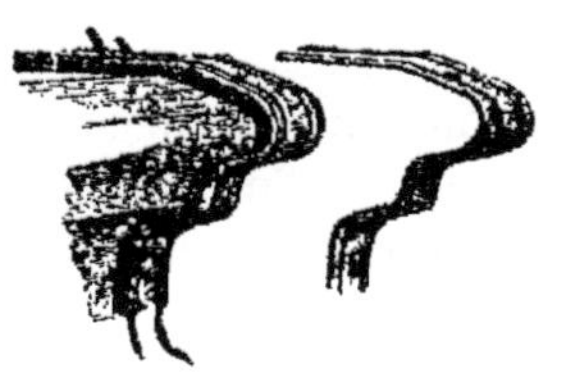

Fig. 331. — Moulures flexibles pour être fixées sur les contours des murs.

Les moulures doivent être ignifugées pour éviter tout accident si le câble venait à chauffer. On a également essayé d'assurer l'incombustibilité du câble. M. Snedekar, de Worcester, fabrique de nouveaux enduits pour recouvrir les isolants des câbles électriques. Ces produits ont le grand avantage d'augmenter l'isolement du câble et de le rendre en même temps incombustible. Ils sont préparés de la manière suivante : Les fils en cuivre ou en bronze phosphoreux sont étamés, comme à l'ordinaire, puis ils reçoivent une couche de caoutchouc vulcanisé. Par dessus, ils sont enduits d'un ciment souple composé de 40 parties de magnésie, 28 parties de talc, 15 parties d'asbeste en poudre fine, 30 parties de colle liquide, 15 parties de glycérine, 0,25 partie de bichromate de potasse ou de soude. Pour obtenir une teinte foncée de l'enduit, il faut ajouter 0,25 partie de noir de fumée. Toutes ces substances mélangées intimement produisent une pâte très homogène, dont les fils sont enduits. Les fils sont ensuite passés dans un bain composé de : Silicate de soude 27 kilogrammes, alun 13 kilog. 5, eau 180 litres. Ceux-ci, après avoir été séchés, sont finalement passés dans un bain de : Sulfure de carbone 40 parties, asphalte

8 parties. Ainsi préparés ils peuvent résister à des températures assez élevées. La Société industrielle des téléphones à Paris fabrique également des câbles dits *salamandres* qui, traversés par une intensité très grande ne s'échauffent presque pas. Des expériences ont donné à cet égard des résultats très nets.

D'autres inventeurs ont imaginé de recouvrir l'intérieur des moulures ainsi que le couvercle d'une couche de kaolin solide.

On pouvait reprocher aux moulures en bois de se prêter difficilement à suivre les contours d'une installation. Dernièrement en Angleterre la maison J. Dugdill et Cᵒ a construit les

Fig. 332. — Divers modèles d'isolateurs.

moulures spéciales que représente la fig. 331 et qui s'appliquent facilement sur tous les coins.

Les isolateurs en porcelaine sont posés sur les murs et maintiennent les câbles à une faible distance. Ces appareils donnent de grandes résistances d'isolement et conviennent surtout pour les endroits humides. Il en existe des modèles de toutes formes et de tous aspects (fig. 332). Mais leur emploi est souvent difficile dans les appartements, où il faut aussi respecter l'élégance. Nous avons déjà parlé du reste de ces isolateurs.

Nous signalons ici les isolateurs fabriqués par la Compagnie Hartmann et Braun à Francfort, et qui consistent en clous munis de têtes métalliques légèrement ondulées. Un crochet recourbé s'attache d'un côté sur la tête métallique et de l'autre se replie pour maintenir un petit anneau de porcelaine de 6,5 mm. de diamètre (fig. 333). Un autre modèle représenté par la figure peut s'adapter sur toute espèce de crochets placés contre le mur.

L'isolateur est enfoncé directement dans le mur. L'ouvrier dispose pour cela d'un outil présentant une fente longitudinale dans laquelle peut pénétrer le crochet de l'isolateur. Un coup de marteau suffit pour enfoncer le clou, l'anneau en porcelaine est monté ensuite. On peut poser ces isolateurs sur tampons en bois ; un petit outil en fer conique de 6 mm. de diamètre à l'extrémité, permet de faire le trou pour placer le

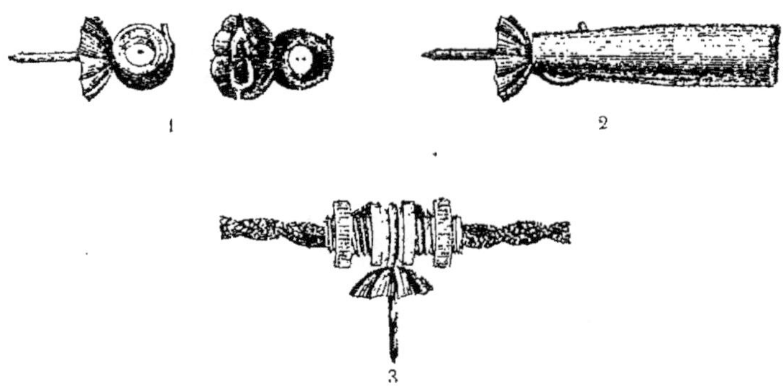

Fig. 333. — Isolateurs Hartmann et Braun.

tampon. Ce montage n'exige pas grandes opérations et peut s'effectuer très rapidement. Une minute suffit pour faire le trou, poser le tampon en bois et fixer l'isolateur.

Quand ces derniers ont été mis en place, et que les câbles sont passés dans les petits anneaux, il convient de les tendre légèrement. La pince à câble, représentée par le n° 3 de la figure permet d'effectuer très facilement cette opération. Elle se compose d'un tuyau de porcelaine présentant un pas de vis et une rainure longitudinale. Au centre se trouve un isolateur maintenu par un clou, comme dans le modèle ordinaire. Dans la rainure sont deux coins qui peuvent être appuyés plus ou moins sur le câble à l'aide d'écrous se déplaçant sur le tuyau de porcelaine. Il est ainsi possible de fixer le câble de distance en distance et de le tendre légèrement.

La figure 334 nous représente une dernière modification apportée par les inventeurs à leur système d'isolateur, et que nous avons vue chez M. Heller à Paris. L'anneau isolateur est formé, comme le représentent les deux figures ci-jointes, d'un anneau en porcelaine présentant à la périphérie et vers le milieu une rainure dans laquelle vient se loger un crochet. Celui-ci est attaché directement sur un clou à tête ondulée que l'on peut aisément enfoncer dans le mur directement ou dans des taquets de bois. Les câbles sont passés dans l'anneau en porcelaine et isolés l'un de l'autre par deux petites lames verticales de fibre. Suivant le diamètre du câble, on peut rapprocher ou éloigner ces deux lames à l'aide de deux vis qui se trouvent à la partie supérieure et qui peuvent être enfoncées plus ou moins à l'intérieur de l'anneau isolateur. Cette nouvelle disposition assure d'abord pour les câbles des supports plus solides de distance en distance ; elle permet ensuite de tendre parallèlement les deux câbles éloignés l'un de l'autre.

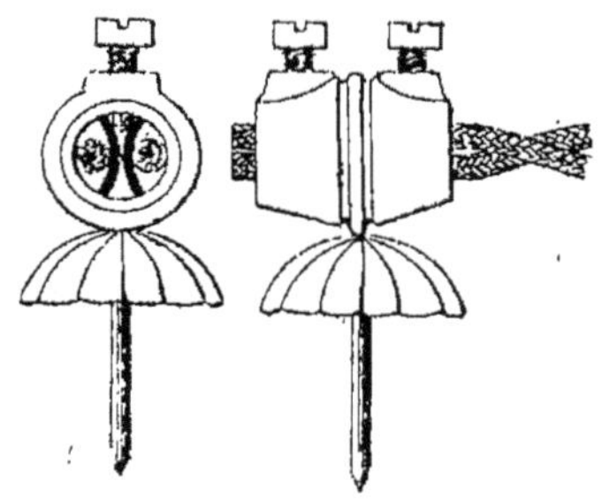

Fig. 334. — Autre modèle d'isolateurs.

En fait d'isolateurs, mentionnons encore les isolateurs en caoutchouc de MM. Moyé et Stotz. Ces isolateurs sont formés d'un bloc en caoutchouc avec une ouverture au centre, une fente pour permettre de passer le câble et une rainure extérieure pour loger le cavalier en fer qui le maintient contre le mur (fig. 335). MM. Parvillée frères fabriquent des poulies en porcelaine pour permettre l'emploi de fils tressés ainsi que des taquets très petits pour des fils tendus et divers accessoires en porcelaine tels que tubes pour passages des murs.

M. J. Ullmann fabrique des petits isolateurs en os blanc ou de couleur qui peuvent également convenir pour les installations intérieures. La fig. 335 *bis* nous montre les câbles avant et après la pose avec ces isolateurs.

Nous arrivons maintenant à considérer les divers modèles de tuyaux. La Compagnie Bergmann à Berlin a fabriqué des tuyaux en carton comprimé que l'on place directement dans les murs et qui communiquent de distance en distance à des

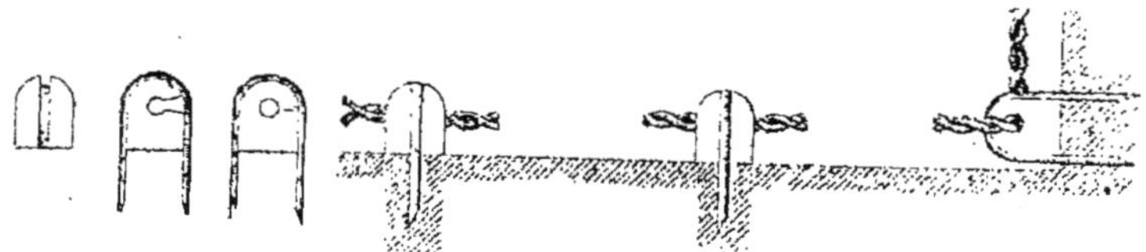

Fig. 335. — Isolateurs en caoutchouc.

interrupteurs d'un accès facile. Ces tuyaux sont installés pendant la construction de la maison, et il suffit ensuite de placer les câbles à l'aide d'un ruban-ressort.

La figure 336 montre une coupe verticale et une vue en longueur des tuyaux employés ; il en existe des modèles

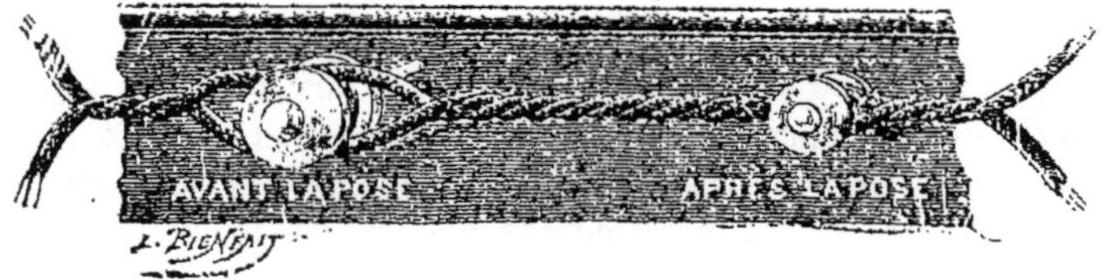

Fig. 335 *bis*. — Isolateurs en os blanc ou de couleur pour la pose des fils tressés.

de tous diamètres fournis par longueurs d'environ trois mètres. Les jonctions des tuyaux entre eux sont obtenues à l'aide d'un tube métallique. Les extrémités des tuyaux à rejoindre sont coupées droites, puis ces derniers sont introduits dans un tube, de façon qu'ils se touchent au milieu. On serre ensuite avec une pince particulière, et on a soin de chauffer pour obtenir une bonne connexion. Il faut éviter en général de placer sur un même parcours plus de 4 coudes ; si ce placement devient inévitable, on peut établir de distance en distance des boîtes de dérivation semblables à celles représentées par la fig. 336 ; il en existe de tous modèles, avec un nombre variable d'ouvertures se prêtant à toutes dispositions. Nous mentionnerons entre autres modèles les boîtes rectangulaires avec doublure en matière isolante. Il y a également une série de boîtes d'embranchement, de boîtes de distribution intérieure. Il s'agit, comme on le voit, d'un nouveau système complet de canalisation intérieure. Nous ne pouvons encore nous prononcer sur sa valeur d'une manière catégorique ;

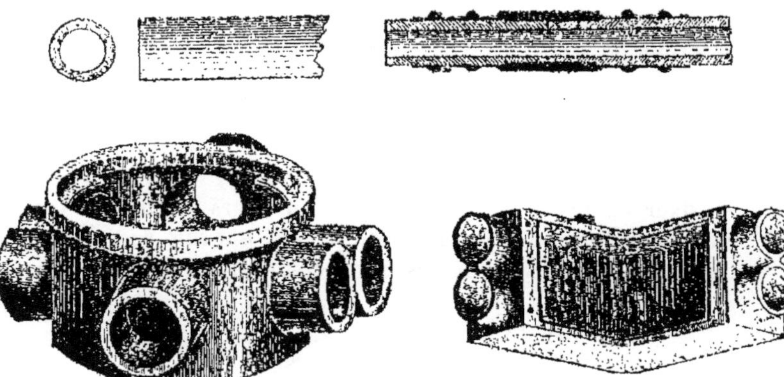

Fig. 336. — Tuyaux en carton comprimé système Bergmann.

cependant des essais très sérieux effectués par la maison Siemens et Halske ont montré que ces tubes avaient pu résister à des différences de potentiel alternatives allant jusqu'à 24000 volts établies entre un conducteur métallique placé à l'intérieur et un conducteur métallique extérieur.

Ces tuyaux rendent des services pour canaliser des pièces où existe une température élevée et où ne pourraient résister des câbles ordinaires.

M. J. Ullmann à Paris nous a également fourni des tuyaux

en carton bitumé, fabriqués par MM. Adt. (fig. 337), pouvant se réunir par un manchon simple en cuivre, et se fixer au mur par des attaches flexibles.

On a encore essayé dernièrement des tuyaux avec revêtement intérieur de verre, des tuyaux en fibre, et des tuyaux métalliques garnis d'un isolant, l'okonite. Nous n'avons pas encore eu connaissance des résultats donnés par ces divers tuyaux.

Parfois on se contente de prendre des câbles isolés, parallèles, ou roulés en torsades, et de

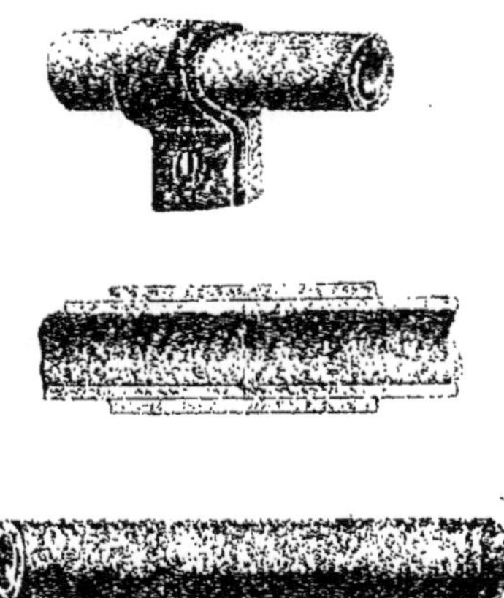

Fig. 337. — Tuyaux en carton bitumé.

les fixer contre le mur à l'aide de cavaliers en métal. On peut alors prendre des fils avec tresse de soie se prêtant aux plus jolis effets. Mais ces cavaliers sont recouverts d'un

Fig. 338. — Maintien d'un câble électrique par un cavalier.

Fig. 339. — Cavaliers avec isolant en fibre.

émail protecteur isolant qui tombe souvent, et le métal s'appuie directement sur les câbles. Nous recommandons d'intercaler entre les câbles et les cavaliers une petite bande de caoutchouc c ou de tout autre isolant, comme le montre la fig. 338.

On peut égaler fixement de distance en distance les câbles avec des cavaliers revêtus à l'intérieur (fig. 339) d'une petite couche *a* de fibre vulcanisée. Cette disposition assure de bons isolements.

MM. Pulsford et Triquet ont parlé, il y a quelque temps, de nouveaux câbles souples à œillets (fig. 340) qui peuvent être

Fig. 340. — Câbles souples à œillets.

posés directement à l'aide de clous enfoncés dans les œillets.

Dans bien des cas, la moulure ne peut être fixée au milieu d'une pièce, un salon par exemple, pour alimenter la lampe à incandescence. On emploie alors du fil avec tresses en soie (fig. 341), que l'on fixe contre le mur et que l'on maintient de

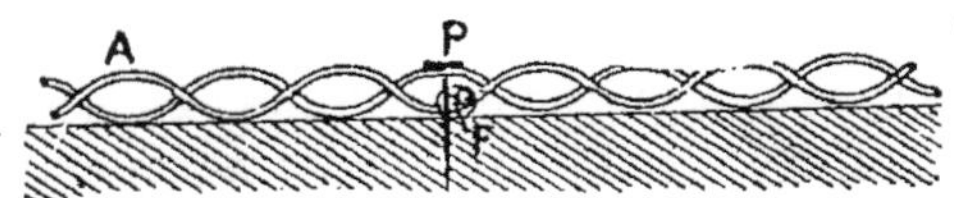

Fig. 341. — Fixation de câbles souples en soie par un fil sur une pointe.

distance en distance par des petits fils F retenus eux-mêmes par des clous ordinaires P. Ce mode de canalisation, le plus simple, convient très bien dans les appartements secs.

Ces montages ne sont même pas admis bien souvent. Il faut alors faire pénétrer les canalisations dans le plafond et faire ressortir les fils au centre pour alimenter le lustre.

Comme on le voit par cette simple énumération, et encore nous en avons omis à dessein, les modes de canalisation intérieure sont très nombreux ; il faut savoir les appliquer. Nous devons dire que jusqu'ici nous avons vu le plus souvent les moulures en bois, les tuyaux Bergmann, les cavaliers en fibre et les câbles en torsade maintenus par des fils.

Pose. — Nous arrivons maintenant à la deuxième partie de ce long paragraphe ; il nous faut indiquer les conditions de pose, ou tout au moins faire ressortir quelques-unes des difficultés qui peuvent se rencontrer.

La pose des moulures en elle-même est très simple. Il suffit (fig. 342) d'établir dans le mur des tampons de bois T, d'appliquer la moulure en la fixant à l'aide de pointes dans le tampon, de mettre les deux câbles dans leurs rainures, et d'appliquer ensuite le couvercle en le maintenant à l'aide d'une pointe ou d'une vis. Les câbles ne devront jamais être fixés par des clous dans les rainures. On évitera de les faire rentrer à force en tapant avec le marteau. Il faudra bien faire attention en fixant le couvercle de ne pas faire dévier le marteau à gauche ou à droite. Le clou en s'enfonçant dans un câble établirait une terre sérieuse. Suivant la

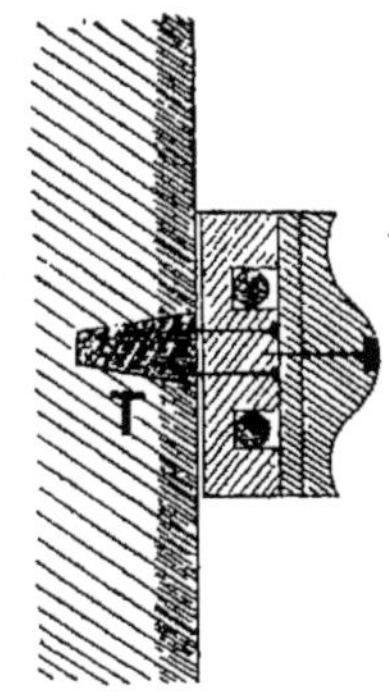

Fig. 342. — Pose d'une moulure contre le mur.

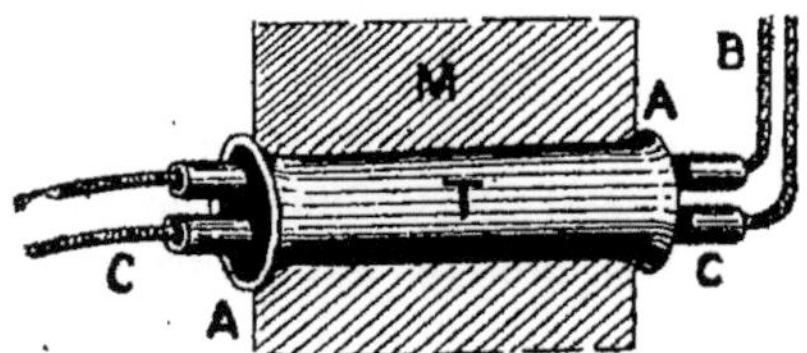

Fig. 343. — Traversée d'un mur.

largeur de la moulure, il sera parfois nécessaire de mettre un plus grand nombre de tampons, et de les répartir en les alternant. La pose des autres modes de canalisation a été définie par leur nature même.

Les principales difficultés qui se présenteront seront les suivantes : traversée d'un mur, pose des câbles et moulures dans les angles, passage sur canalisations métalliques (gaz, eau), dans des angles ou autres endroits, croisements de fils.

Pour la traversée d'un mur M (fig. 343) nous prendrons un fourreau métallique T aux angles recourbés A, A ; les câbles

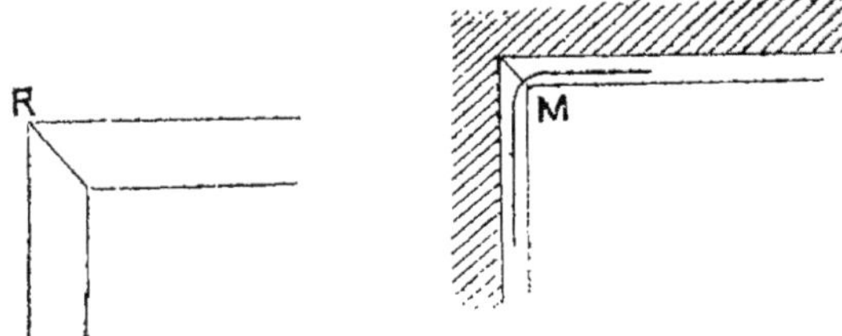

Fig. 344. — Pose d'une moulure dans un angle.

B seront passés chacun dans un tube de caoutchouc qui débordera des deux côtés au dehors du fourreau métallique.

Dans l'angle formé par deux murs (fig. 344) les deux moulures M viendront se raccorder sans laisser de vide. Les angles R devront être arrondis à l'intérieur pour ne pas offrir de point saillant au passage du câble.

S'il y a un tuyau métallique T, à l'angle de deux murs, on pourra avec la moulure M faire un pont P pour passer par-dessus (fig. 345) ou encore placer sur le tuyau une plaque de caoutchouc C et appliquer le câble (fig. 346).

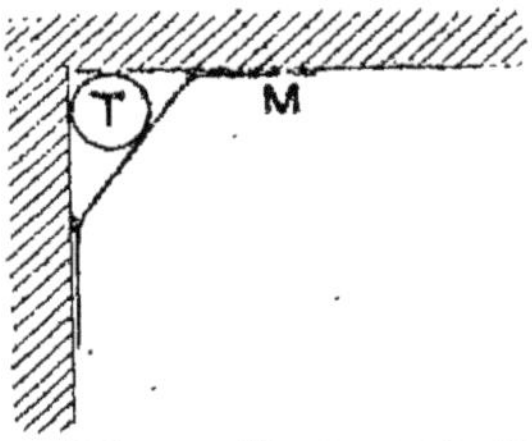

Le long d'un mur, les câbles auront encore à passer sur des tuyaux métalliques ; la moulure M sera arrêtée près du tuyau, et les câbles passeront dans des fourneaux en caoutchouc appliqués sur le tuyau T (fig. 347).

Fig. 345. — Passage en pont d'une moulure sur un tuyau de gaz dans un angle.

Les croisements de fils se feront en interposant également une plaque isolante.

Nous insistons sur ce passage des câbles sur les tuyaux métalliques, parce que de grandes précautions doivent être prises dans l'installation des canalisations électriques, à l'intérieur des appartements, surtout dans les grandes villes où se rencontrent à chaque instant les canalisations d'eau, de gaz, d'air comprimé, etc. Ces dernières canalisations étant métalliques peuvent en effet créer des terres, ou faire communiquer entre eux les deux fils électriques et amener des courts-circuits. Ces communications peuvent aussi être établies en deux points différents d'un ou de plusieurs réseaux électriques par les tuyaux métalliques de gaz ou d'eau ; nous verrons plus loin les précautions prises à cet égard.

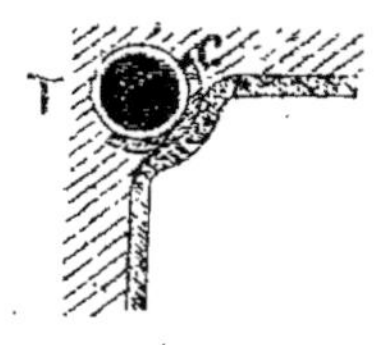

Fig. 346. — Passage de câbles électriques sur tuyau à gaz dans un angle.

Appliquons maintenant les principes que nous venons de voir à l'installation dont il a été question plus haut. Considérons d'abord la fig. 348 où l'installation électrique se trouve seule, nous avons d'abord en B un passage dans le mur des câbles allant au tableau, en C un passage dans le mur de la grande canalisation suivant le corridor. Cette canalisation sera placée en moulures sans aucune difficulté. En G, H, I, J, nous établirons des coupe-circuits de prise de courant, dont nous verrons le détail dans le prochain paragraphe. Il nous faudra ensuite de chacun de ces coupe-circuits faire partir des dérivations pour alimenter toutes les lampes. Nous aurons encore une série de passages de mur, de croisements de fils, etc. Sur chaque coupe-circuit nous n'avons pas plus de 5 lampes, nous n'en mettrons donc pas d'autre à chaque lampe. Dans le circuit de chacune de ces lampes nous aurons soin de mettre un

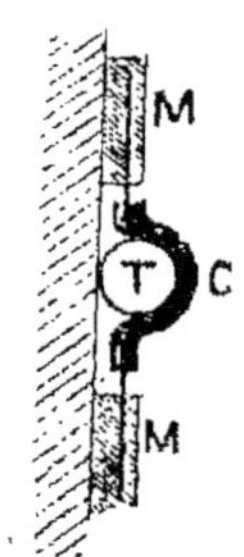

Fig. 347. — Passage de câbles électriques sur tuyau à gaz.

interrupteur *m*, *n*, etc., pour les rendre indépendantes. Ces interrupteurs sont figurés en un point quelconque du circuit, mais ils sont appliqués le long du mur à portée de la main. Nous ne considérons ici que la canalisation pure.

Prenons maintenant l'installation telle qu'elle s'est présentée (fig. 349 planche 4) avec canalisation de gaz et d'eau intérieures ; nous avons en plus des difficultés précédentes tous les passages sur tuyaux métalliques. On voit que cette installation, en somme bien minime, demande beaucoup de soins et de précautions, pour la faire proprement. Nous recommandons bien à l'électricien, malgré tout cet amas de fils, de ne pas superposer les câbles et en faire des monceaux.

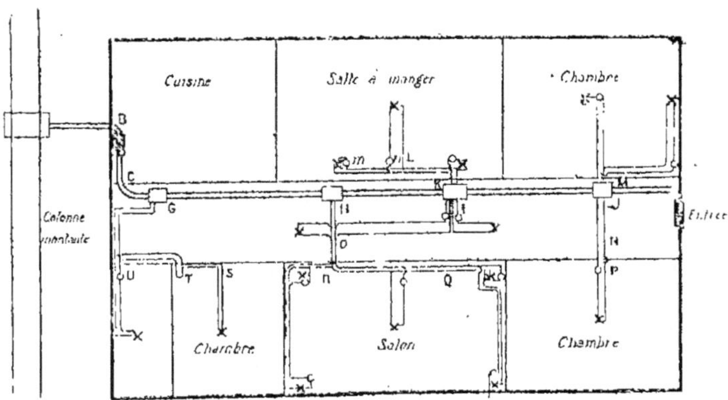

Fig. 348. — Diagramme des fils dans une installation électrique.

La question des canalisations intérieures est extrêmement sérieuse et l'on ne saurait être trop exigeant, surtout lorsqu'il s'agit de canalisations mixtes, comme nous l'avons expliqué plus haut. Au mois de février 1897, M. Bonfante a fait à ce sujet une communication à la société des Électriciens. Il a eu l'occasion d'examiner une grand nombre de canalisations, et surtout de remarquer les accidents les plus bizarres, soit par suite de contacts de câbles sur les toitures en zinc, soit par la formation d'arcs d'intensité élevées dans diverses circonstances soit dans les boutiques ne possédant pas l'électricité et où se produisirent des arcs entre des rampes de gaz et des colonnes de fonte. Il est certain que les contacts entre les câbles électriques et les canalisations métalliques peuvent amener de graves accidents ; nous en avons eu malheureusement des exemples. Le point le plus dangereux est la formation d'arcs semblables qui peuvent persister quelques minutes sans fusion de plombs.

Peut-être faut-il attribuer le fait à la formation lente de l'arc qui a consommé une intensité faible d'abord, puis de plus en plus élevée. Dans ces conditions, le plomb fusible résisterait davantage ; car on a pu arriver à en faire rougir et les maintenir quelques instants ainsi en les faisant traverser par une intensité supérieure à l'intensité pour laquelle ils étaient déterminés.

Pour éviter ces inconvénients, M. Bonfante demandait de provoquer un court-circuit franc, en mettant côte à côte les deux conducteurs. Toutes les fois qu'une action corrosive, de dérivation au sol s'établirait, le conducteur de polarité contraire à celui endommagé serait frappé avant que toute masse métallique pût l'être. Il rappelait à ce propos la conférence, faite le 28 novembre 1895 par M. Mavor à l'Institution des Ingénieurs électriciens de Londres, sur la description d'un système spécial de canalisation intérieure en câbles concentriques dont le conducteur externe est mis à la terre. Si l'isolant se trouve piqué ou que l'humidité l'ait atteint, disait M. Mavor, la distance de l'isolant entre les conducteurs est si faible que la faute y développe un court-circuit et que l'étincelle jaillit du conducteur central à la surface intérieure de la gaîne métallique et se trouvant entièrement à l'intérieur de cette gaîne, ne peut communiquer le feu à ce qui l'entoure. Les défauts, ajoutait M. Mavor, ne peuvent durer longtemps, ils se coupent eux-mêmes automatiquement.

Nous ne partageons pas complètement les idées de M. Ma--.

vor à ce sujet, et nous pensons que les câbles concentriques avec armature à la terre dans les installations intérieures donneraient bien des ennuis. Nous croyons qu'il est nécessaire de porter toute l'attention sur les isolements des canalisations électriques au voisinage des canalisations métalliques, si nombreuses que soient ces dernières dans les constructions et dans les planchers, et qu'il faut veiller à assurer un bon isolement entre chaque câble et la terre et entre eux et surtout à maintenir cet isolement en faisant entretenir et visiter les canalisations.

La question des coupe-circuits exige des expériences sérieuses et nombreuses, afin de déterminer les conditions nécessaires pour que la fusion des plombs ait réellement lieu pour une intensité déterminée. Nous avons déjà dit que des études de ce genre étaient entreprises par le Laboratoire central d'Electricité.

4° *Appareils concernant la canalisation.* — D'après ce qui précède, nous avons vu qu'il nous fallait des coupe-circuits prises de courant, des interrupteurs, des petits coupe-circuits et des prises de courant, que nous n'avons pas indiquées dans notre installation précédente, mais qui se trouvent souvent.

Les interrupteurs et les coupe-circuits doivent être bipolaires, c'est-à-dire s'appliquer sur les deux pôles. Les premiers doivent donner une rupture franche, brusque et presque sans étincelle. Comme nous l'avons dit précédemment, ils doivent être placés sur des supports bien isolants. Le bois convient peu et doit être accepté sous réserves. La porcelaine, l'ardoise *non pyriteuse* et le biscuit conviennent bien. Il faut cependant se méfier de la porcelaine qui éclate. Les mêmes observations s'appliquent aux coupe-circuits. On a essayé d'employer le bois en le revêtant d'une composition ignifuge quelconque. Ces essais n'ont donné que de médiocres résultats ; le but proposé n'a été que bien faiblement atteint.

Nous ne pouvons donner ici une description même sommaire des différents modèles soit d'interrupteurs, de coupe-circuits, de prises de courant. Nous insisterons seulement sur

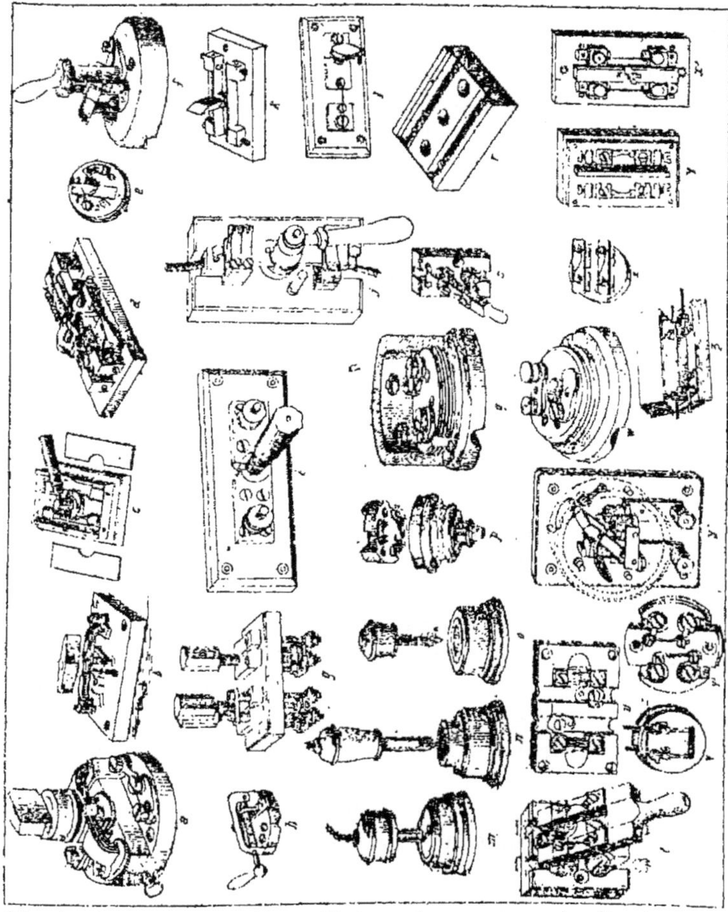

Fig. 349 *bis.* — Modèles divers d'interrupteurs, coupe-circuits et prises
de courant.

ce point que tous les appareils doivent être disposés de la
façon la plus pratique. Ainsi pour les coupe-circuits, il est plus

commode d'avoir mobile la partie sur laquelle se fixe le plomb. On peut l'enlever, remettre le plomb et la replacer ensuite, tandis qu'il est souvent difficile de placer le plomb directement.

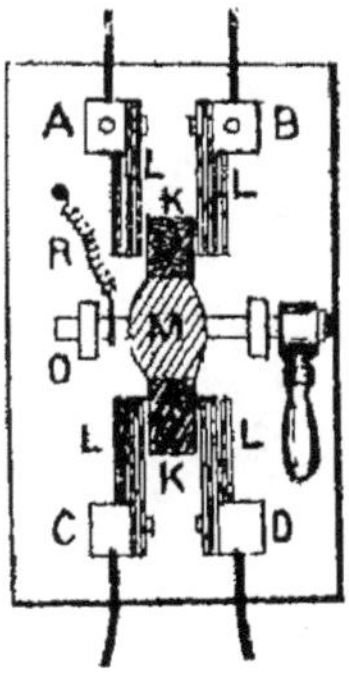

Pour fixer complètement les idées, nous avons réuni en un tableau quelques exemples, qui indiquent nettement l'esprit dans lequel doivent être construits ces appareils (fig. 349 *bis*).

En *a*, *b*, *c*, *d*, *e*, *f*, *h*, *j*, *k*, *l*, sont des interrupteurs rapides de différentes formes ; en *g* est un modèle spécial à fiches ainsi qu'en *i*.

Les figure *m*, *n*, *o*, représentent des prises de courant. On établit un contact glissant et à ressort à l'aide d'une fiche que l'on peut enlever à volonté. De cette fiche partent des fils doubles qui aboutissent à la lampe située en un point quelconque.

Fig. 350. — Plan d'un interrupteur bipolaire Bardon.

Nous donnons en *p* le modèle d'une rosace de plafond. La partie supérieure est fixée au plafond ; c'est sur elle que viennent s'ajuster les fils conducteurs. Par dessus est vissé un couvercle, qui laisse traverser les fils par une ouverture spéciale. Cette disposition permet d'établir une lampe au plafond ou d'y fixer les conducteurs pour l'amener plus loin.

Nous représentons en *q*, *r*, *s*, *t*, *u*, *v*, *x*, *y*, *z*, *w*, *v'*, *x'*, *y'* différents modèles de coupe-circuits doubles pour plombs fusibles.

Fig. 351. — Interrupteur bipolaire.

On remarquera que tous les modèles d'interrupteurs, coupe-circuits et autres appareils, etc., doivent être revêtus d'un couvercle et

d'un couvercle non métallique qui pourrait toucher les câbles
de la canalisation et causer des accidents.

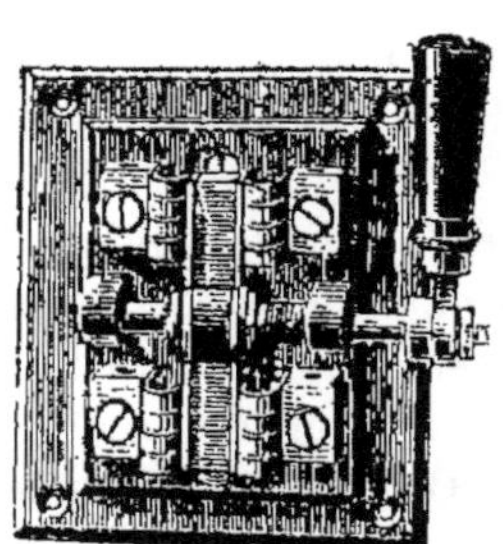

Fig. 351 *bis*. — Interrupteur bipolaire Hiyne-
Berline.

Fig. 351 *ter*. — Interrupteur
coupe-circuit Hiyne-Ber-
line.

Nous ajouterons quelques autres renseignements sur divers
modèles plus récents.

Fig. 352. — Interrupteur Elieson.

Dans la figure 350 nous avons le plan d'un interrupteur bipolaire Bardon que l'on rencontre dans un grand nombre d'ins-

tallations à Paris. Cet interrupteur est formé de 4 barres de cuivre A, B et C, D, où sont fixés les câbles arrivants et les câbles partants. Sur ces bornes sont maintenues une série de lames de cuivre L formant ressort. Sur un axe central O se trouve une pièce M en fibre portant à ses deux extrémités des pièces en cuivre K, K. Une manette permet de faire pénétrer de force les blocs de cuivre K, K entre les lames de cuivre L, L pour établir le contact. A la rupture un ressort donne une rupture très brusque. Tout l'appareil repose sur un socle de marbre.

L'interrupteur de la figure 351 est l'appareil de l'ancienne maison Sage et Grillet, et nous en avons déjà expliqué le principe.

Ces deux interrupteurs sont utilisés pour des dérivations d'une certaine puissance ou même encore pour les installations à l'arrivée au compteur. On se servira également dans ce but de l'interrupteur bipolaire disjoncteur Volta dont nous avons parlé plus haut.

Mentionnons également l'interrupteur bipolaire (fig. 351 *bis*) et l'interrupteur coupe-circuit (fig. 351 *ter*) que construit M. Hlyne-Berline. Dans le premier appareil le contact est obtenu par la pénétration de parties de cuivre entre deux lames à ressort. Le second appareil est pourvu d'un coupe-circuit à la partie supérieure. Des couvercles vitrés recouvrent cet appareil.

Nous allons maintenant trouver une série de petits appareils de toutes sortes qui vont servir pour alimenter 1, 2 ou quelques lampes. Ces appareils sont en nombre considérable, et si nous voulions ici mettre le monteur électricien au courant des divers modèles fabriqués, nous devrions lui citer les noms de tous nos grands électriciens de Paris et lui faire parcourir tous leurs catalogues. Nous tenons en effet à le dire ; depuis quelques années, la fabrication de l'appareillage électrique s'est beaucoup développée à Paris et est actuellement mieux soignée.

La figure 352 nous montre un interrupteur tout à fait original, dû à M. Elieson et que l'on trouve chez M. J. Ullmann.

Cet appareil est constitué par un socle en ivorine de 5 centimètres de diamètre sur lequel sont montées deux lames verticales en laiton qui servent de point d'appui à un levier de manœuvre en ivorine de 4 centimètres de longueur présentant l'aspect extérieur d'un petit cylindre. Celui-ci est creux et renferme une goutte de mercure qui, dans la position relevée, établit un contact électrique parfait entre deux vis en acier placées près de la culasse et qui le traversent de part en part et lui servent de tourillons.

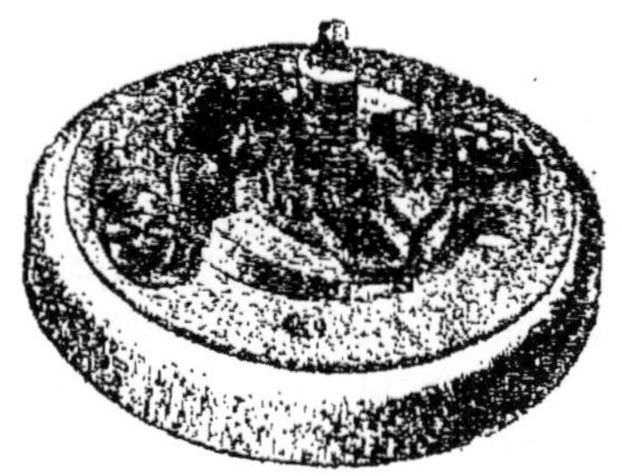

Fig. 353. — Interrupteur monopolaire.

Dans la position abaissée la goutte de mercure est à l'extrémité du cylindre et a rompu le contact. Les vis ferment le circuit extérieur par l'intermédiaire de deux lames élastiques qui appuient contre leurs têtes et maintiennent le petit cylindre dans la position acquise par la manœuvre. La rupture du circuit se fait ainsi dans un espace clos, dont l'air jamais renouvelé ne laisse pas le mercure s'oxyder.

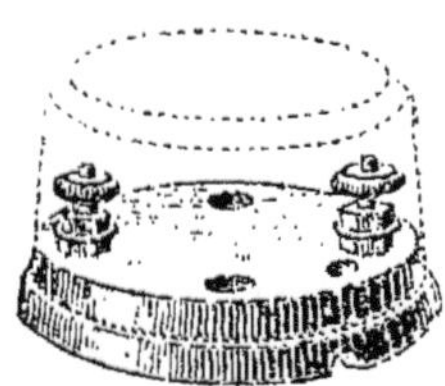

Fig. 354. — Coupe-circuit à couvercle en porcelaine.

La figure 353 nous représente la partie inférieure d'un autre petit interrupteur monopolaire que l'on trouve chez le même constructeur que plus haut.

La maison Ch. Mildé vient de fabriquer deux nouveaux petits modèles d'interrupteurs intéressants dus à M. Kotyra. Dans l'un, deux supports de cuivre placés parallèlement à 10 millimètres l'un de l'autre maintiennent deux lames à ressort, bombées au centre et fixées contre une bande de cuivre mobile. Entre les deux bandes parallèles du milieu se trouve une cheville en buis quadrangulaire portant sur deux côtés des lames de cuivre qui sont reliées à un disque en cuivre supérieur. Une manette supérieure permet de tourner à la main la cheville et de faire appuyer ou non les deux contacts métalliques. La cheville peut également être enlevée de sorte que l'appareil forme aussi prise de courant.

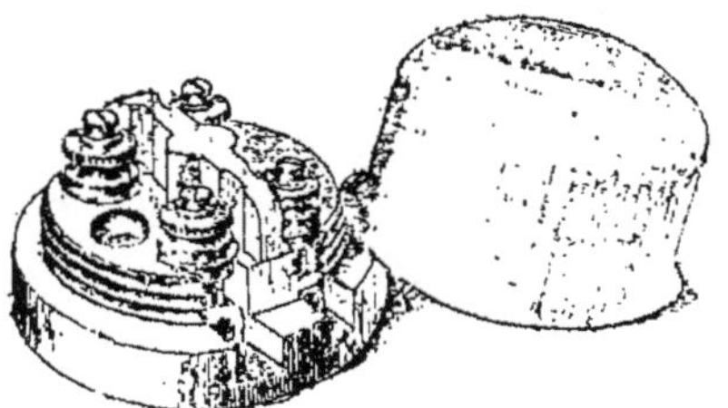

Fig. 355. — Modèles de coupe-circuits.

Dans le deuxième modèle, la cheville centrale reste sensiblement la même ; mais les contacts sont établis par deux petits plots de cuivre, maintenus sur les côtés par des ressorts et venant porter sur les lames de cuivre de la cheville.

Les figures 354 et 355 nous donnent la vue d'un coupe-circuit ordinaire avec couvercle en porcelaine, ainsi que de deux autres coupe-circuits. Celui à la partie droite de la figure est formé de deux parties A et B qui se superposent. La partie A

Fig. 356. — Coupe-circuit à barrettes mobiles, le couvercle enlevé.

est fixée contre le mur et ses vis sont en communication avec le câble. La partie B renferme 2 vis V, V entre lesquelles s'intercale le plomb fusible, sous un couvercle ; cette partie pénètre par les deux trous marqués dans les tiges que l'on aperçoit sur la partie A.

La figure 356 est un coupe-circuit à barrettes mobiles. On les retire pour remplacer le plomb.

M. D. Soulé, à Bagnères-de-Bigorre a entrepris la fabrication de l'appareillage électrique, et nous avons eu l'occasion

Fig. 356 *bis*. — Coupe-circuit bipolaire Soulé.

d'examiner plusieurs de ses appareils. Nous citerons entre autres le coupe-circuit bipolaire (fig. 356 *bis*) qui est à socle et à couverture en porcelaine émaillée. La disposition pour le

Fig. 356 *ter*. — Barrette mobile.

serrage des fils de la canalisation et des fils de plomb est très bonne. Quelques modèles sont également à barrettes mobiles ; la fig. 356 *ter* nous montre la disposition de cette barrette.

Mentionnons aussi dans les coupe-circuits de la maison Soulé

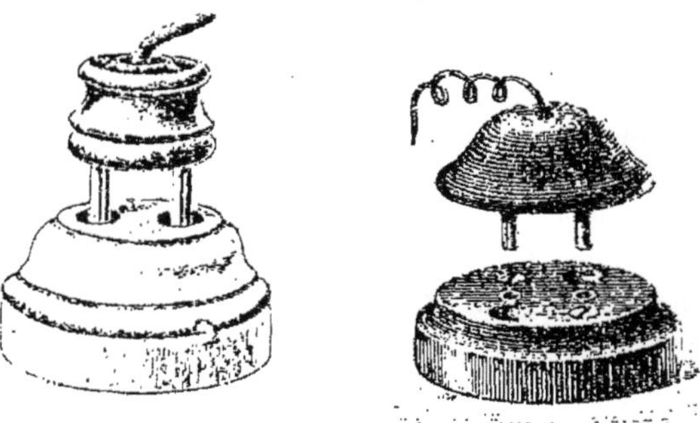

Fig. 357. — Prises de courant.

une rainure latérale qui peut être très utile pour la prise des dérivations.

Fig. 358. — Prise de courant avec bouchon.

Fig. 359. — Rosace pour plafond.

MM Parvillée frères à Paris ont entrepris la fabrication de pièces en porcelaine pour appareils électriques divers.

Les prises de courant de la figure 357 sont intéressantes parce que les deux contacts forment ressort et permettent d'établir un bon contact sur la pièce fixe. La figure 358 est une prise de courant avec bouchon ; on voit le détail de l'appareil.

Enfin les deux figures 359 et 360 nous font voir divers modèles de rosaces pour plafond.

Nous nous arrêterons là en ce qui concerne les descriptions d'appareillage. Mais nous recommanderons à tous les monteurs électriciens de bien étudier et de se rendre bien compte du fonctionnement de tous les petits appareils de ce genre qu'ils pourront avoir dans les mains.

Nous ajouterons maintenant un mot en ce qui concerne la pose de ces divers appareils. La plupart d'entre eux sont toujours fixés directement contre le mur. Il en résulte que bien souvent les fils, pour une raison ou pour une autre, sont en communication avec la terre. Un seul contact de ce genre peut compromettre une bonne installation. Aussi, il est recommandé d'interposer entre le mur et l'appareil une lame de caoutchouc sur laquelle seront placés les fils d'arrivée.

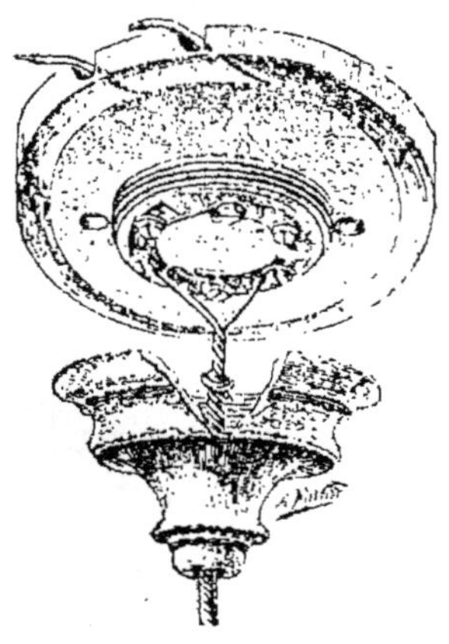

Fig. 360. — Autre modèle de rosace pour plafond.

Enfin pour fixer les interrupteurs, coupe-circuits, on emploie souvent des tampons ordinaires. Ceux-ci sont la plupart du temps insuffisants, et l'appareil ne tient pas. La maison Lacarrière fait sceller dans le mur des patères en bois sur lesquelles sont vissés les interrupteurs et coupe-circuits.

5° *Appareillage. Supports des lampes.* — Il nous resterait à parler ici de l'appareillage proprement dit ou des appareils qui viennent recevoir la lampe et la supporter. Nous aurions

28

d'abord l'appareil en lui-même, pied, applique, console, etc.
Ces appareils peuvent être des plus simples comme des plus
riches. Il en existe en effet chez les marchands de bronze ou
d'appareils d'éclairage des modèles magnifiques, qui constituent des œuvres d'art. Nous ne pouvons envisager ce côté de
la question, qui s'écarte de l'objet que nous voulons exami-

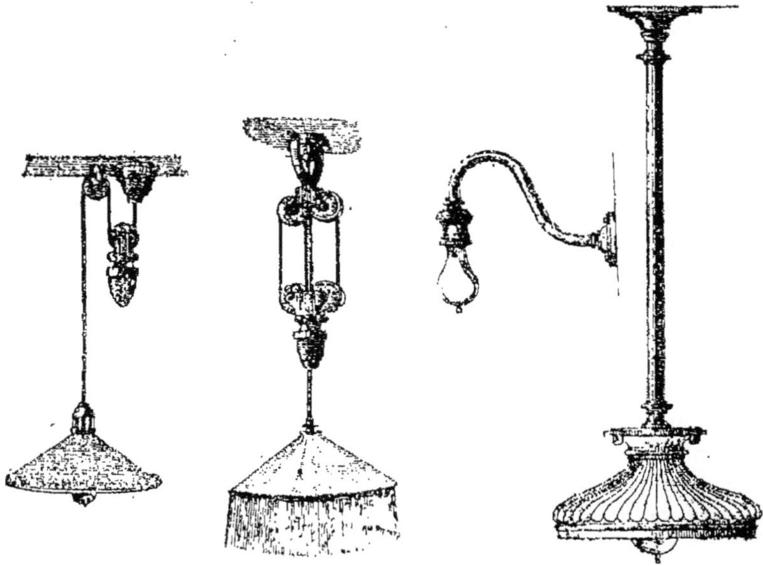

Fig. 360 *bis*. — Modes divers de fixation des lampes.

ner : le montage électrique. Ces appareils sont en général
équipés à l'avance, c'est-à-dire que tous les fils sont passés à
l'intérieur. *Nous recommanderons toutefois au monteur de bien
vérifier, avant de faire aucune liaison, l'isolement des câbles.*

Dans la figure 360 *bis*, nous montrons deux modèles de
lampes avec abat-jour et suspension mobile, ainsi qu'un col
de cygne et une tige avec abat-jour.

Pour ce qui concerne le montage de la lampe sur son support, nous allons en parler dans le chapitre suivant.

6° *Montage d'appareils mixtes à gaz et à électricité.* — Nous avons vu précédemment les difficultés que présentaient les conduites métalliques de gaz ou d'eau au point de vue électrique. Ces conduites peuvent fermer des circuits dont les points extrêmes peuvent être à des distances considérables. Il peut en résulter des courts-circuits et par suite des accidents très graves. Ces contacts se présentaient le plus souvent à l'intérieur des immeubles. Afin de localiser ces accidents, et pour éviter des courts-circuits s'établissant par un contact d'une conduite de gaz avec le câble positif en une maison, et par le contact de la même conduite de gaz prolongée avec le câble négatif en une autre maison, on a pensé à isoler électriquement les tuyaux de branchement de gaz pénétrant à l'intérieur des maisons du reste des conduites principales. De la sorte les accidents se borneraient aux communications qui pourraient se présenter dans chaque immeuble. Plusieurs ap

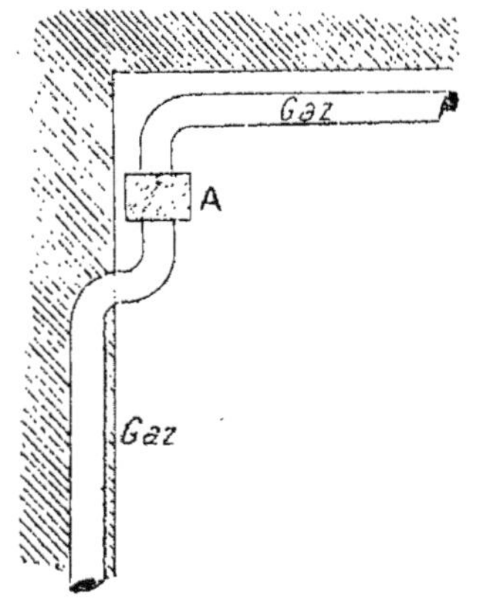

Fig. 361. — Isolement d'une conduite de gaz.

pareils isolateurs de ce genre ont déjà été construits. Quelques compagnies préfèrent au contraire une communication franche entre ces deux parties. S'il se présente un court-circuit, le coupe-circuit fusible fond, c'est vrai, mais s'il ne faut qu'une étincelle pour enflammer le gaz, cette étincelle est produite au moment de la fusion. Il suffirait pour isoler la canalisation de gaz d'établir en A, à l'entrée d'une maison ou d'un appartement, (fig. 361) un raccord en matière isolante fibre, micanite, etc. Ce raccord supprime la continuité métallique sans supprimer le passage du gaz.

Les communications électriques seraient donc ainsi localisées dans une installation. Avec les précautions que nous avons prises plus haut pour le passage des câbles électriques sur les tuyaux à gaz, nous n'avons du reste rien à craindre. Il reste maintenant les appareils eux-mêmes.

Nous rencontrerons le plus souvent l'appareil représenté dans la figure 362. Un tuyau de gaz T avec une tige dessert une lyre où se trouve un bec de gaz G. Au dessous on a installé une lampe à incandescence L. Les câbles électriques passés dans un fourreau de caoutchouc arrivent en C, suivent le long de la tige, mais sont maintenus par des attaches de filsR, R, R. La lampe L est fixée elle-même à l'aide d'un anneau reposant sur caoutchouc et à l'aide d'un appareil isolant M que nous verrons plus loin (douille isolée). Nous avons ainsi assuré l'isolement de cette tige par rapport à la canalisation qu'elle porte. Il nous faut encore assurer l'isolement de la tige par rapport

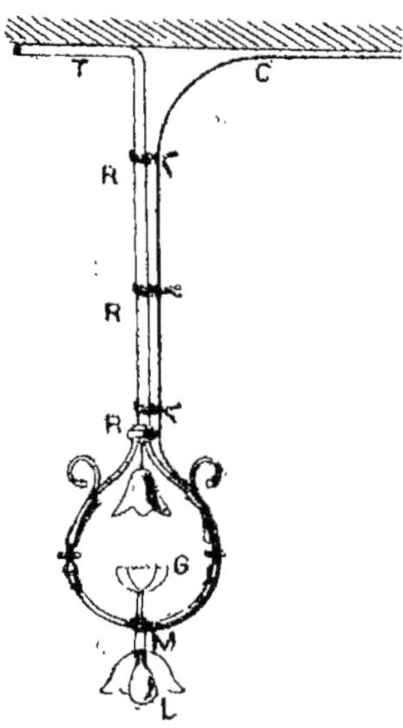

Fig. 362. — Montage d'une lampe électrique sur une lyre à gaz.

à toute la canalisation. C'est ce que nous ferons en coupant le tuyau à gaz T en deux parties A et B (fig. 363), et en les réunissant par un *raccord isolant M*.

En principe un raccord isolant est formé d'une matière isolante M placée entre deux plateaux P (fig. 364). Les tuyaux T et T' sont réunis chacun à un des plateaux P. Le tout est maintenu par des boulons V et V' convenablement disposés. On

voit ainsi que la communication métallique est interrompue ;
mais la plaque isolante M est percée d'une ouverture par laquelle le gaz peut se dégager. Plusieurs
modèles ont déjà été établis par les divers
constructeurs. Nous représentons ici (fig.
364 bis) en perspective et en coupe le modèle de raccord isolant construit par M.
Genteur. D'après le règlement municipal,
le raccord isolant doit avoir une résistance
d'isolement de 500000 ohms et une disposition telle que les poussières et l'humidité ne puissent compromettre cet isolement. Sur un lustre (fig. 365) comportant
des becs de gaz G, G, nous placerons des
lampes à incandescence L, L en prenant
toutes les précautions que nous avons
indiquées et en mettant un raccord isolant en R.

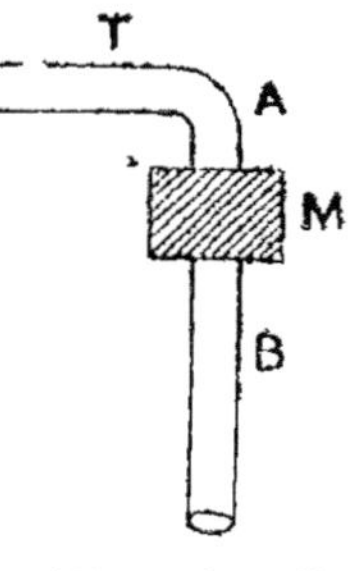

Fig. 363. — Installa-
tion d'un raccord
isolant sur une
conduite à gaz.

Pour une applique (fig. 366) le raccord sera en R, les câbles
C seront maintenus par des bandes de caoutchouc sur la par-

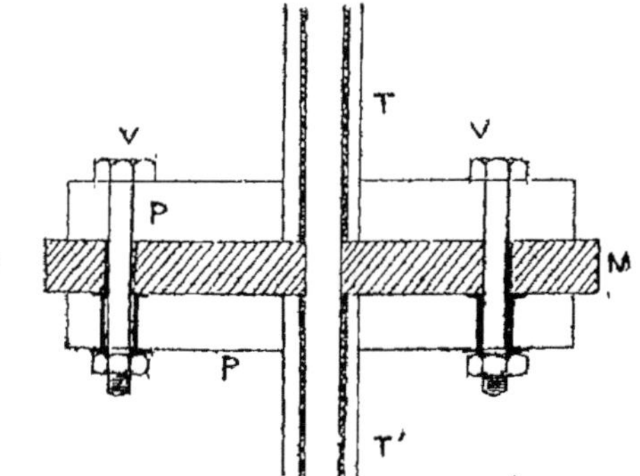

Fig. 364. — Coupe intérieure d'un raccord isolant.

tie métallique. De même la lampe L sera fixée par un anneau
qui sera placé sur le tuyau T entouré au préalable d'une
bande de caoutchouc.

Nous avons encore trouvé bien souvent le montage indiqué

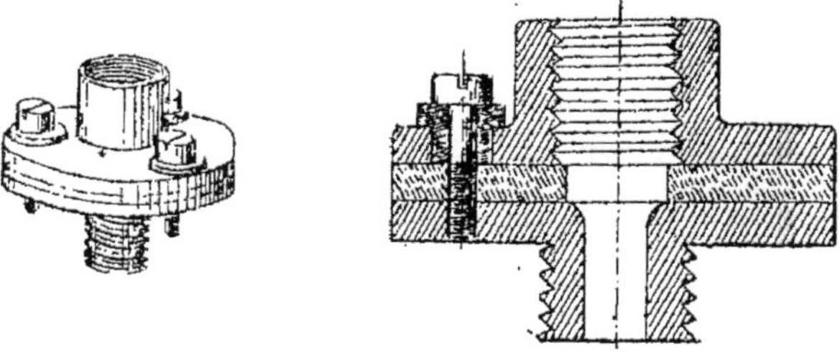

Fig. 364 bis. — Vue en perspective et en coupe à plus grande échelle
d'un raccord Genteur.

dans la figure 367. Un bec de gaz G est fixé sur une genouil-

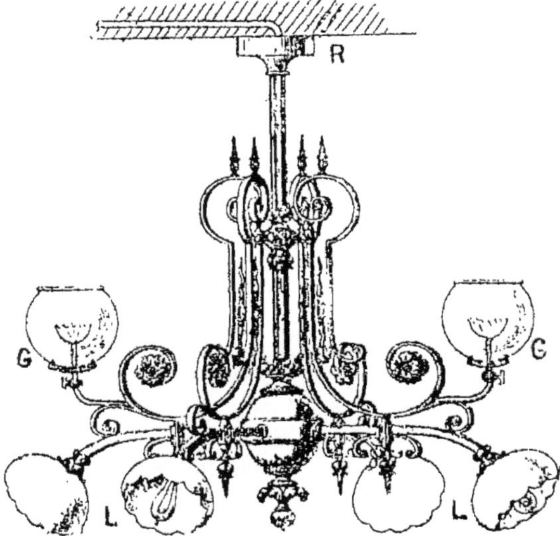

Fig. 365. — Montage de lampes électriques sur un lustre à gaz.

lère, ainsi qu'une lampe à incandescence L. L'installation a

été faite en mettant à l'entrée de la maison un raccord isolant. Les câbles C sont fixés sur la genouillère par des pinces P P qui reposent elles-mêmes non directement sur la genouillère mais sur une bande de caoutchouc D, D. Il en est de même en M pour le support de la lampe L.

7° *Quelques difficultés de montage.* — Les difficultés de montage sont parfois très grandes dans une installation intérieure.

Il faut distinguer deux sortes de difficultés : nous avons d'abord les difficultés matérielles ; telles que *pas-*

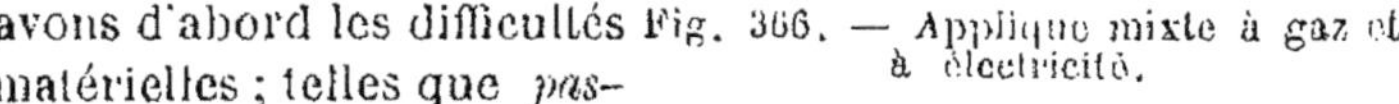

Fig. 366. — Applique mixte à gaz et à électricité.

sage des fils dans une pièce, percement des murs, pose des mou-lures, pose des fils le long des murs, pose des fils sur le pla-fond, mise en place des coupe-circuits, des interrupteurs.

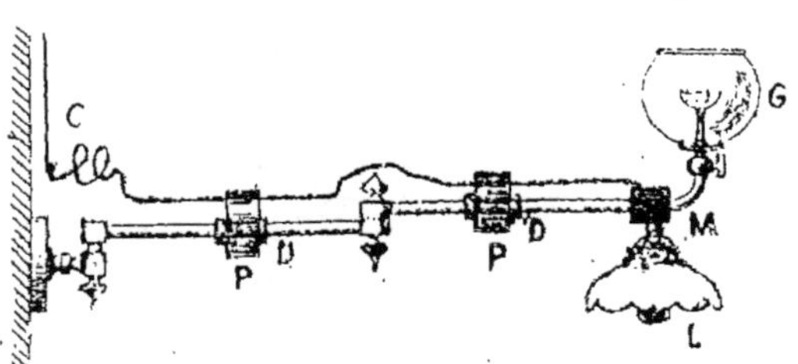

Fig. 367. — Genouillère à gaz et à électricité.

Il y a encore les difficultés de montage proprement dites : nous avons établi par exemple un schéma avec une ligne cen-trale de distribution sur laquelle doivent venir se brancher des lignes secondaires. Si ces dernières ne comportent qu'une ou deux divisions, il est facile de ne pas commettre d'erreur. Mais il nous est arrivé à diverses reprises lorsqu'il s'agit de 4 à 5 dérivations successives de voir le monteur s'embrouiller dans ses fils de distribution, et faire soit des courts-circuits, soit des couplages en tension ou des couplages en quantité.

Pour éviter toutes ces erreurs, nous recommanderons au monteur d'établir à l'avance le schéma complet, très détaillé

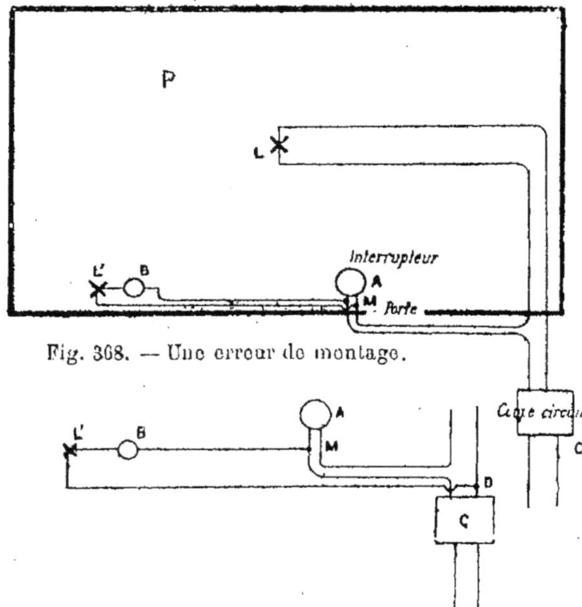

Fig. 368. — Une erreur de montage.

Fig. 369. — Détail des connexions nécessaires.

de l'installation qu'il va faire et ensuite de le suivre ponctuellement. Ce sera le seul moyen de ne commettre aucune erreur.

Nous citerons à ce sujet un exemple dont nous avons été témoin et qui montrera combien le monteur doit apporter d'attention même dans les montages les plus simples.

Dans une pièce P se trouvait au milieu une lampe à incandescence L prise sur un coupe-circuit extérieur C (fig. 368) avec un interrupteur A placé près de la porte d'entrée. On demandait d'installer une nouvelle lampe L′ avec l'interrupteur B à côté. Notre électricien établit sa lampe, l'interrupteur, et les fils jusqu'en M où il fit la dérivation.

Quand l'interrupteur A était seul fermé, la lampe L fonctionnait normalement. Quand l'interrupteur B était seul fermé les lampes L et L′ étaient toutes deux en tension. De même si les interrupteurs A et B étaient fermés tous deux, les lampes étaient encore en tension, la lampe L′ se trouvant en dérivation sur l'interrupteur A. Pour réparer cette erreur, il a fallu (fig. 369) laisser un des fils branché en M et ramener l'autre au coupe-circuit en D.

N'oublions pas de recommander ici aux ouvriers de bien enlever les coupe-circuits au tableau de distribution, quand ils font un travail quelconque sur une canalisation intérieure. Dans bien des cas, un ouvrier comptant sur son habileté fait un changement de douille à une lampe, une épissure, sans retirer les coupe-circuits. Il fait alors des courts circuits qui peuvent avoir les plus graves conséquences, comme cela est arrivé dans bien des cas.

8° *Qualités exigées des installations intérieures.* — Nous publierons plus loin quelques règlements qui déterminent nettement les conditions intérieures, notamment les *Instructions de la Chambre syndicale des industries électriques, le règlement municipal,* etc.

Nous désirons surtout que les installations intérieures soient propres, convenablement faites, présentent un isolement suffisamment élevé, permettent de faire facilement les diverses manœuvres nécessaires (changement de plombs, allumage, extinction) et assurent une grande sécurité. En suivant toutes les prescriptions que nous avons énumérées précédemment, le monteur électricien arrivera à son but.

Nous n'insistons pas ici sur les détails que nous retrouverons plus loin dans l'énoncé des textes et règlements. Mais nous voulons cependant dire quelques mots des résistances d'isolement exigées.

D'après la Chambre *syndicale des industries électriques*, l'isolement doit être tel que, dans une section quelconque de l'installation, la perte du courant qui peut se produire, soit entre un conducteur et la terre, soit entre les deux conducteurs, soit au plus égale à un dix-millième du courant qui doit alimenter les appareils de cette section.

Nous avons par exemple une installation qui consomme 2 ampères à 110 volts, la perte de courant consentie est donc de $\dfrac{2}{10000}$; la résistance d'isolement sera donc égale à $\dfrac{\frac{110}{2}}{10\,000}$ soit 550000 ohms.

L'arrêté du Préfet de la Seine du 25 juillet 1895 dit que sur toute partie du conducteur pouvant être séparée de l'ensemble par la manœuvre d'un interrupteur ou l'enlèvement d'un fil fusible, la résistance d'isolement soit par rapport à la terre, soit par rapport au conducteur de nom contraire, exprimé en ohms, ne devra jamais descendre au-dessous de $5\,E^2$, E étant la différence de potentiel en volts mesurée aux bornes extrêmes des appareils générateurs ou transformateurs du courant.

Si nous appliquons cette règle au cas mentionné plus haut, nous trouverons que le résistance d'isolement devra atteindre 60500 ohms. Il est à remarquer que cette résistance sera la même quelle que soit la puissance de l'installation, pourvu que la différence de potentiel ne dépasse pas 110 volts.

Si nous consultons d'autres règlements, nous trouverons que d'autres sociétés exigeront des isolements de 8 mégohms par lampe, ou des résistances variables suivant la longueur de fil employé.

Nous ferons remarquer en passant que l'isolement d'une installation doit dépendre : 1° de la différence de potentiel employée ; 2° de la longueur de câble.

Les résistances d'isolement devront donc être plus ou moins

grandes, suivant qu'il s'agira de 50, 100, 200, 500, 1000 ou
10000 volts.

Elles seront également variables avec la longueur totale de
câbles installés. On ne peut pas demander la même résistance
d'isolement à un câble de 10 mètres et à un câble de 500 mètres, bien que l'isolant soit le même. En effet, sur une longueur
de 500 mètres, il peut se rencontrer un plus grand nombre de
points défectueux.

Jusqu'ici chaque société, chaque compagnie a évidemment
adopté les chiffres qui lui paraissaient les meilleurs.

Il serait nécessaire que dans un avenir plus ou moins éloigné
un seul règlement ait été élaboré et soit accepté par tous.

En attendant, nous ferons connaître, comme nous l'avons
dit plus haut, quelques règlements intéressants.

Il est également très important de s'assurer périodiquement
que l'état d'isolement d'une installation est satisfaisant. A cet
effet, toutes les compagnies d'électricité ont installé des services spéciaux, qui, à côté des services de mesures des canalisations dans les rues, effectuent uniquement et périodiquement
les mesures des isolements chez les abonnés. Lorsque ces résistances d'isolement tombent au-dessous d'une certaine valeur
déterminée, les secteurs préviennent les intéressés de faire
revoir leurs installations par les appareilleurs.

9° *Essais divers.* — *Mise en marche d'une installation.* —
Avant de mettre en marche une installation intérieure, il faut
qu'elle soit soumise au service d'inspection compétent. On
commence d'abord par vérifier l'installation, voir si les passages sur tuyaux sont bien faits, si les moulures sont bien
posées, si les coupe-circuits sont en place et en nombre voulu,
si le moteur, quand il s'agit de force motrice, est convenablement installé, etc. On fait ensuite mettre le courant sur
l'installation et on s'assure que tout fonctionne bien, qu'il n'y a
pas de lampe ne s'allumant pas: lampes à arc, lampes à incandescence, etc. On peut après procéder aux mesures d'isolement. On coupe l'arrivée du courant. On mesure d'abord l'iso-

lement entre 1 fil et la terre, toutes lampes branchées et tous les interrupteurs fermés. On retire ensuite toutes les lampes, et on mesure l'isolement entre fils. La mesure d'isolement des raccords isolants est également effectuée quand il s'en trouve.

Dans le cas de moteurs et de lampes à arc il est nécessaire de détacher un fil et de le laisser en l'air pendant la mesure d'isolement entre fils.

Les mesures sont en général effectuées avec le mégohmmètre Carpentier dons nous avons vu l'emploi précédemment. On emploie cependant aussi divers galvanomètres sensibles avec table de mesure et piles pour déterminer l'isolement par la méthode de la déviation et par la comparaison avec une résistance étalon.

10° *Prix moyens d'installations diverses.* — Il est intéressant de connaître les prix de revient d'installations intérieures. Ces prix sont très difficiles à établir, car ils sont très variables suivant les circonstances locales dans lesquelles on peut se trouver. Nous mentionnerons cependant deux installations que nous avons faites et qui donneront des prix pouvant se rapporter à la moyenne. Dans la première, il n'y a pas eu d'appareillage proprement dit ; dans la seconde, il y a eu quelques transformations. Les prix ont été établis d'après la série des architectes, mais il ont subi les rabais consentis par l'entrepreneur.

Nous donnerons d'abord quelques chiffres sur un branchement puis sur une installation complète et enfin sur les deux installations que nous venons de mentionner.

Installation de branchement sur réseau extérieur et de colonne
montante dans un immeuble.

Branchement extérieur pour 200 lampes.

3 mètres environ de canalisation souterraine comprenant fouilles, terrassements, refection du sol, 3 câbles isolés, moulure en bois sulfaté, main-d'œuvre. . . . . .   70 fr.

3 manchons de raccordement sur câbles . .   135 —
2 boîtes de maison mises en place .   .   .   .   80 —
Canalisation intérieure dans les escaliers.

Colone montante de 30 mètres à 3 câbles comprenant 3 câbles de 15 mètres pour 200 lampes, et de 15 mètres pour 100 lampes, moulure en bois, fourreaux de passage, percements de murs, main-d'œuvre .   .   .   .   450 —

Branchement intérieur sur la colone montante.

1 boîte de jonction.   .   .   .   .   15 —

6 mètres de canalisation pour aller au compteur
   (câbles, moulures, fourreaux, percements,
   main-d'œuvre).   .   .   .   .   30 —

Pose de compteur   .   .   .   .   30 —
Interrupteur bipolaire avant le compteur .   .   30 —
                                        ____
                                         840 fr.

Les branchements extérieurs et colonnes montantes sont le plus souvent établis aux frais de la Société qui distribue l'énergie électrique, et l'abonné paie une taxe de location s'élevant à 8 ou 10 francs par mois, suivant l'importance du branchement. Les branchements intérieurs sont souvent installés par les clients eux-mêmes.

Installation de branchement extérieur et intérieur et de canalisation intérieure dans une boutique.

Branchement extérieur pour 20 ampères.

1 mètre environ de canalisation souterraine, parcours dans le sous-sol, fouilles, terrassements, réfection du sol, 3 câbles isolés, moulure en bois sulfaté, main-d'œuvre .   30 fr.

1 boîte de maison .   .   .   .   40 —

Canalisation intérieure.

7 mètres câbles, moulure, fourreaux, percements de mur, main-d'œuvre.   .   .   .   .   40 —

Branchement intérieur.

Pose de compteur . . . . 30 —
Interrupteur bipolaire avant le compteur. . 30 —
Total pour l'installation extérieure. . . . 170 fr.

Installation intérieure de 30 lampes à incandescence.

Canalisation montée sur taquets en porcelaine (150 mètres de fil, 100 taquets, interrupteurs, coupe-circuits, prises de courants divers, pose, main-d'œuvre . . . . 400 fr.

Équipement de 10 lustres à gaz à 3 lampes chacun (raccords isolants, fils, bras pour lampes à incandescence, douilles, lampes) . 700 —

Total pour l'installation intérieure . . . . 1100 fr.
de 30 lampes, compris les appareils d'éclairage soit par lampe . . . . 36 fr. 60
Prix de revient total de l'installation. . . . 1270 fr.
(branchement et canalisation intérieure avec appareils d'éclairage) soit par lampe. . . 42 fr. 30

Cette installation n'a comporté bien entendu qu'un appareillage très simple.

Installation intérieure de 30 lampes de 10 bougies.

Travaux de canalisation.

60 mètres de câble de 10 mm² section sous moulures . . . 160 fr.
25 — — 3 — sous caoutchouc . . 35 —
30 — — 2 — en fils souples. . . . 30 —
150 — — 2 — en fils toutes nuances 140 —
50 soudures à l'étain (diverses) . . . . 30 —
10 percements dans pierre dure. . . . . 50 —

Appareillage.

Tableau en chêne ciré avec un interrupteur bipolaire et un coupe-circuit bipolaire sur marbre . . . . 60 —
25 coupe-circuits de 1 ampère sur porcelaine . . . . . . 100 —
10 interrupteurs à rupture brusque à 4 fr. . . . . 40 —
5 prises de courant à 3 fr. . . . . 15 —
30 douilles ordinaires à 3 fr. . . . . 90 —
30 lampes à incandescence à 1 fr. 50 . . . . 45 —

Total. . . . . 795 —

La dépense totale s'est donc élevée à 795 fr. pour 30 lampes soit $\frac{795}{30} = 26$ fr. 50 par lampe.

Dans cette installation, on remarquera qu'il y a eu peu de fournitures, quelques difficultés seulement pour les percements dans la pierre dure, mais pas d'appareillage.

Installation intérieure de 60 lampes

L'installation dont il s'agit comprenait un tableau de distribution en chêne de 0 m. 30 sur 0 m. 30, avec un coupe-circuit et un interrupteur bipolaire de 20 ampères. La canalisation est établie sous moulures et dans certaines pièces en câbles souples guipés sous soie et réunis en torsade. Elle a nécessité :

80 mètres de câble de 16 mm² de section,
40 mètres de moulure pour ce câble,
70 mètres de fil de 2 mm. de diamètre,
35 mètres de moulure pour ce fil,
11 m. de fil souple de 1,5 mm. de diamètre à 1 conducteur
100 m. de câble souple de 1,2   —   —   —   —
75   —   —   1   —   —   2   —
7 m. de fourreaux en cuivre,
18   —   —   caoutchouc.

L'appareillage a compris 8 coupe-circuits bipolaires
—   —   5   —   —
—   —   16 interrupteurs
—   —   8 prises de courants
—   —   4 rosaces de plafond.

Les lampes étaient au nombre de 60, réparties de la façon suivante :

2 lampes de 10 bougies sur une lampe à gaz dans l'antichambre.

10   —   5   —   sur une applique de 10 lampes en 2 allumages dans le salon.

6 lampes de 5 bougies sur 2 appliques en face la cheminée dans le salon.

14 — 5 — sur 2 flambeaux de 7 lampes chacun dans le salon.

2 — 16 — sur 2 prises de courant à la cheminée dans le bureau.

1 — 32 — au centre dans la salle à manger.

12 — 5 — sur 4 bras dans la salle à manger.

2 — 16 — sur 2 prises de courant dans la salle à manger.

2 — 16 — sur 2 appliques dans la chambre à coucher.

1 — 16 — sur une prise de courant dans la chambre à coucher.

1 — 16 — sur 1 applique dans le cabinet de toilette.

2 — 32 — sur un réchaud dans le cabinet de toilette.

1 — 10 — sur un appareil au plafond dans les water-closets.

2 — 10 — sur un appareil au plafond dans le couloir.

1 — 16 — sur une applique dans la chambre des enfants.

1 — 16 — sur un appareil de plafond dans la cuisine.

Total 60

Cette installation a été faite au forfait de 825 francs.

La dépense était donc de $\dfrac{825}{60} = 13,80$ fr. par lampe.

Il a fallu ensuite la dépense d'appareillage électrique proprement dit et qui a été la suivante :

Transformation d'une lampe à gaz. . . . .   40 fr.   »
1 applique de 10 lampes   150   »
2 appliques de 3 lampes   80   »
2 flambeaux de 7 lampes à transformer   80   »
2 lampes à transformer. . . . .   30 .   »
Transformation de la suspension.   70   »
2 appliques de 1 lampe   20   »
1 col de cygne avec patère.   7   60
1 réchaud électrique.   60   »
1 tige droite avec coupe opale.   6   80
2 réflecteurs en porcelaine avec lampes   12   80
1 col de cygne nickelé avec coupe opale.   7   60
1 réflecteur porcelaine. . . . . , . . .   6   30
Douilles et lampes comprises.   64   »
                                                    ____
                Total . . . .   635 fr.   »

La dépense totale de l'installation s'est donc élevée à 825 fr.
plus 635 soit 1460 francs pour 60 lampes ; ce qui fait 24 fr. 30
par lampe.

Ce sont là deux exemples entre mille. Dans d'autres installations, les prix peuvent notablement varier, suivant les circonstances locales. Comme exemples nous citerons encore une
installation de 5 lampes ayant coûté 157,75 fr., soit 31,55 fr.
par lampe sans aucune installation. Une autre installation
comportant 260 lampes dont 230 dans divers appareils et 130
dans des lustres est revenue à 16 fr. 80 par lampe pour ce qui concerne la canalisation et à 15 fr. 50 en ce qui concerne la transformation d'appareils. On voit qu'il n'est guère facile d'établir
des prix bien fixes, et que ceux-ci varient suivant les installations.

CHAPITRE VII

APPAREILS D'UTILISATION DE L'ÉNERGIE ÉLECTRIQUE.

Les applications de l'énergie électrique sont aujourd'hui innombrables et de toutes natures. Nous n'avons pas l'intention de les passer toutes en revue. Nous désirons simplement indiquer les principales, en définir la base, et montrer les résultats que l'on peut atteindre.

Nous diviserons ces applications en

A. *Applications lumineuses. Lampes à arc et à incandescence.*

B. *Applications mécaniques. Moteurs électriques.*

C. *Applications calorifiques.*

D. *Applications chimiques.*

E. *Applications diverses.*

En étudiant chacun de ces paragraphes, nous décrirons les divers appareils qui sont utilisés.

A. APPLICATIONS LUMINEUSES. LAMPES A ARC ET A INCANDESCENCE.

a. Lampes à arc.

Dans les lampes à arc, il faut distinguer aujourd'hui les lampes à arc ordinaires à combustion à l'air libre, les lampes à arc à combustion lente en vase clos, et les lampes à arc dans le vide ou dans un gaz inerte. Nous passerons en revue ces divers modèles de lampes à arc dans deux paragraphes : *Lampes à arc à l'air libre, Lampes à arc en vase clos,* que nous développerons successivement.

Lampes à arc à l'air libre.

1° *Formation de l'arc.* — L'arc proprement dit est connu depuis déjà longtemps. C'est Davy qui l'obtint pour la première fois en 1813. Depuis, les essais ont été nombreux, et on a pu enfin arriver de nos jours à utiliser l'arc au point de vue industriel.

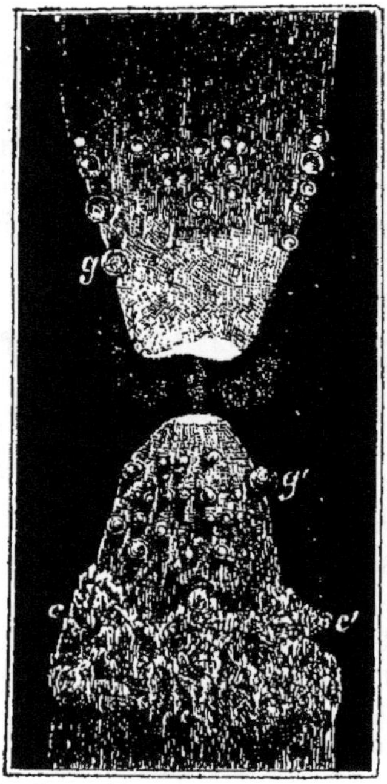

Une lampe à arc est constituée par deux charbons spécialement préparés et placés en regard l'un de l'autre à une distance de deux à trois millimètres (fig. 370). Si l'on met une différence de potentiel convenable en courants continus aux extrémités, on observe au milieu une clarté lumineuse. Il se produit un *arc voltaïque.*

L'action qui intervient dans ce phénomène est encore peu expliquée. On sait seulement qu'il y a une véritable combustion. Les charbons s'usent, et en se taillant d'une façon particulière. Le charbon + s'use en forme de cratère comme le représente la figure. Voilà pourquoi on le place toujours à la partie supérieure, afin qu'il puisse projeter la lumière en bas. Le charbon — se taille en pointe. On remarquera que les parties centrales des charbons sont incandescentes ; c'est même ce qui rend l'arc lumineux. L'espace entre les charbons est d'un ton violacé. On verra aussi sur les charbons les globules g, g' qui semblent

Fig 370. — Vue d'un arc électrique.

prêts à se détacher. Ce sont des gaz provenant de la combustion.

Conditions de marche d'un arc. — Pour obtenir un arc, il est nécessaire de fournir aux bornes des charbons une différence de potentiel environ de 44 à 45 volts se décomposant de la façon suivante :

Aux bornes de l'arc.	40 volts.
Aux bornes des charbons. . . .	4 à 5
	44 à 45

Nous parlons là d'un arc continu, et se maintenant. Car on a pu arriver aujourd'hui à produire 3 arcs de 30 volts en tension avec une résistance absorbant 20 volts, et même 4 arcs de 25 volts avec une résistance absorbant 10 volts. Au-dessus de 36 volts, les arcs sont généralement sifflants.

Usure des charbons. Courants continus, alternatifs. — Les deux charbons qui se trouvent en présence et entre lesquels se forme l'arc s'usent au fur et à mesure par le phénomène de combustion.

Avec les courants continus, le charbon + s'use approximativement deux fois plus vite que le charbon —. L'usure est égale pour les deux charbons, à peu de chose près, avec les courants alternatifs. Dans les lampes à courants continus, on met souvent des charbons positifs d'un diamètre double de celui des charbons négatifs pour éviter un mécanisme qui fasse avancer le premier deux fois plus vite que le second afin de maintenir le point lumineux fixe.

Nous n'insistons pas ici sur la durée des charbons. Il faut compter environ, par heure, une usure de 40 à 50 millimètres de charbon, dont :

26 à 33 millimètres pour le charbon +

13 à 16 millimètres pour le charbon —

Il faut ajouter à cela les déchets inévitables qui restent toujours dans les pinces. Tout compris M. H. Fontaine compte une usure totale de 80 millimètres par heure.

Dans certains cas, on emploie pour les charbons + des *charbons dits à mèches*, dont l'âme est constituée par une nature de charbon moins combustible.

Par l'emploi d'un économiseur spécial dû à M. Hardtmuth, et disposé de façon à recueillir dans une enveloppe les gaz de la combustion, on a pu augmenter la durée des charbons + du double au triple, et la durée des charbons — des deux tiers.

Diamètres et longueurs des charbons. — Suivant l'intensité des lampes à arc, et suivant la durée demandée, les charbons des lampes à arc doivent avoir des diamètres et des longueurs différentes.

Pour le diamètre, on se trouve bientôt limité ; car on ne saurait dépasser une certaine valeur, au delà de laquelle il y a une grande partie de la lumière produite, qui est absorbée en pure perte.

La longueur ne doit pas atteindre non plus une trop grande dimension ; car les mécanismes des lampes, comme nous le verrons plus loin, ne s'y prêtent pas toujours.

Les diamètres des charbons employés suivant les diverses intensités sont ordinairement les suivants :

	Diamètre des charbons.
Ampères.	Millimètres.
2 à 5	2 à 4
5 à 8	5 à 8
8 à 12	8 à 15
12 à 20	12 à 15

Pour les longueurs, suivant les types de lampes on peut compter sur des valeurs variables. Le charbon + est toujours d'un diamètre supérieur de quelques millimètres et à mèche pour les lampes à arc à courants continus. Les deux charbons ont le même diamètre pour les courants alternatifs. Comme on le voit, les charbons forment une partie essentielle de la lampe à arc. Il convient d'abord d'avoir un charbon d'une nature spéciale, dure, brûlant sans aucun résidu. Après bien des recherches et travaux, nous avons plusieurs sociétés qui fournissent les charbons dans de bonnes conditions ; nous citerons entre autres M. Berne, la Société le Carbone, la Société des charbons pour l'électricité, M. Henrion à Nancy, etc.

Suivant l'intensité d'une lampe à arc, il faut lui donner une longueur d'arc différente pour en retirer le maximum de lumière. On peut adopter les chiffres suivants :

Ampères.	Longueur d'arc entre les charbons — Millimètres
4	1,5
6	2
8	2,5
10	3

2° *Fonctionnement de l'arc. Eclairage.* -— L'arc, suivant qu'il est alimenté par des courants continus ou des courant alternatifs, fournit des intensités lumineuses variées. Considérons par exemple des arcs à feu nu (fig. 371). Pour l'arc à courants continus, si nous observons les différents rayons émis dans un plan nous trouvons le maximum OB vers un angle do 50°. Tous les autres rayons passant ensuite vont en diminuant tels que OC, OD, OE. Nous avons porté sur les lignes des longueurs proportionnelles aux intensités lumineuses. En prenant la moyenne des différentes intensités, on obtient *l'intensité moyenne sphérique* qui est l'intensité d'un foyer dont tous les rayons auraient une intensité constante. La courbe d'un tel foyer est une circonférence.

Si nous prenons aussi la courbe d'un arc à courants alternatifs nous trouvons, comme le montre notre dessin, deux maxima en OE, et OB, l'un à la partie supérieure et l'autre à la partie inférieure à 60°. Les rayons lumineux vont ensuite en variant pour atteindre le minimum sur l'horizontale. Ces lampes exigent des réflecteurs pour rabattre une grande quantité de lumière projetée en l'air.

Nous venons de considérer les lampes à arc à feu nu, et ce qui concerne uniquement l'éclat intrinsèque qu'elles fournissent ou leur *intensité lumineuse*.

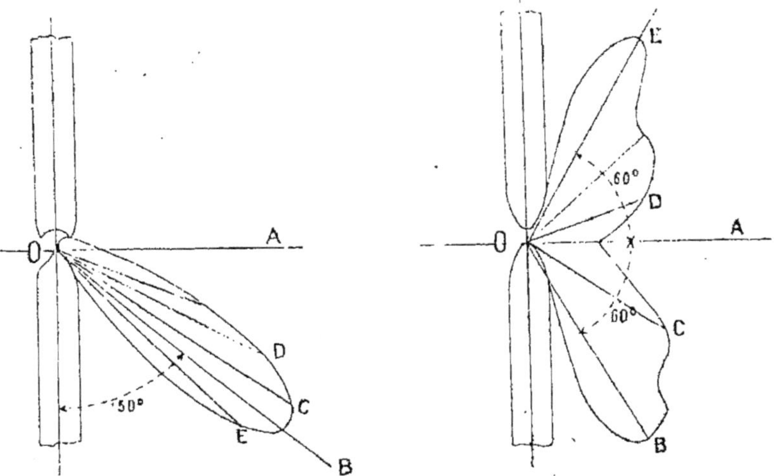

Fig. 371. — Courbes photométriques de l'intensité lumineuse d'un arc à courants continus et à courants alternatifs.

M. Blondel a fait sur ces divers sujets une conférence que nous ne pouvons que mentionner ici.

En ce qui concerne les lampes à arc, il y a plusieurs éléments qui doivent être définis. Nous avons étudié plus haut l'arc en lui-même et nous avons parlé de son intensité lumineuse moyenne sphérique.

Le Congrès international des électriciens de Genève (août 1896) a défini quelques autres éléments :

L'intensité lumineuse de la source lumineuse réduite à un point ;

Le flux lumineux émis par cette source ou produit de l'intensité lumineuse par l'angle solide qui découpe une surface égale à l'unité sur une sphère de rayon égal à l'unité.

L'éclairement ou quotient du flux lumineux émis par la surface qui reçoit ce flux ;

L'éclat ou l'intensité lumineuse par unité de surface émettante.

L'éclairage ou quantité de lumière, c'est-à-dire le produit du flux lumineux par le temps.

Sans nous arrêter longuement à ces nouveaux éléments, pour chacun desquels une nouvelle unité a été désignée, nous ferons remarquer que nous aurons maintenant à distinguer nettement :

L'intensité de la source lumineuse ;

L'éclairement produit sur une surface ;

L'éclairage ou quantité de lumière fournie sur une surface.

3° *Constitution d'une lampe à arc. Éléments constitutifs.* — Nous avons vu plus haut que pour constituer un arc électrique, il fallait laisser une distance de 2 à 3 millimètres environ entre deux charbons placés en regard et traversés par un courant.

Mais au fur et à mesure que le courant passe, les charbons s'usent, la distance augmente. Il est donc nécessaire d'avoir un mécanisme qui maintienne les deux charbons toujours à la même distance. C'est là une des premières données du problème à résoudre.

On a essayé dernièrement de remplacer dans les lampes à arc tous les mécanismes et l'usure même des charbons. A cet effet on mettait les charbons en présence dans un récipient où l'on faisait le vide. Au début, il y avait une certaine usure provenant de l'air qui était resté ; mais après quelques instants l'arc s'établissait et se maintenait. Nous parlerons plus loin de ces lampes.

La seconde donnée de notre problème est la suivante : la différence de potentiel aux bornes de la lampe peut varier dans certaines proportions. Il peut en résulter des variations très grandes dans l'intensité qui traversera les charbons, et par suite dans l'intensité lumineuse, dans l'usure des charbons, etc. Pour diverses autres raisons (variation de la résistance par suite de l'échauffement des bobines, etc.), l'intensité peut elle-même subir des variations plus ou moins grandes. Il s'agit de maintenir cette intensité constante dans les limites possibles.

Ces quelques mots nous montrent que dans une lampe à arc il est nécessaire d'avoir un mécanisme pour rapprocher les charbons l'un de l'autre et les maintenir à une distance convenablement réglée d'avance. Ce mécanisme doit suivre les variations de la différence de potentiel et de l'intensité et doit toujours rapprocher les charbons pour maintenir le point lumineux fixe.

Le nombre de systèmes de lampes à arc basées sur les deux principes précédents est actuellement, on peut le dire, incommensurable.

Les systèmes les plus divers, fondés sur des actions électriques ou sur diverses autres actions ont été déjà fabriqués ; et il n'est pas de jour où l'on ne trouve encore dans les annonces des journaux l'apparition d'une nouvelle lampe.

On conçoit donc que nous cherchions ici à ne donner que des idées générales, en laissant à chacun le soin de mettre à profit ces instructions dans l'étude des lampes à arc qui se présenteront à lui.

Mentionnons que les principaux régulateurs connus jusqu'à ce jour, au point de vue de l'action électrique, règlent :

1° Par l'intensité ;

2° Par la différence de potentiel ;

3° Par le rapport $\frac{u}{i}$ ou par la résistance.

Un régulateur qui tendrait à maintenir les watts ui constants n'existe pas encore.

Nous prendrons comme exemple le cas d'un régulateur à arc par le rapport $\frac{u}{i}$ ou par la résistance, ce qui est le cas le plus fréquent des régulateurs actuellement connus ; nous verrons successivement :

1° Le réglage électrique ; 2° le réglage mécanique.

1° *Le réglage électrique.* — Dans cette lampe, théorique en quelque sorte, le réglage électrique est obtenue à l'aide de deux solénoïdes S et S′ (fig. 372), l'un S placé en circuit, et l'autre S′ placé en dérivation. Dans l'intérieur de ces solénoïdes se meut une tige verticale supportée par un axe horizontal mobile autour d'un point, et portant à son autre extrémité le

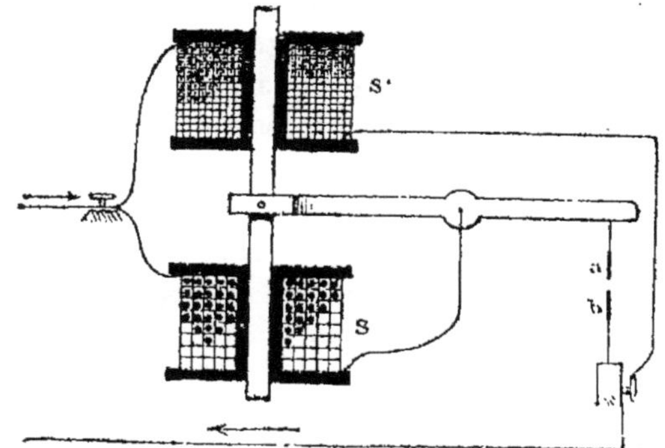

Fig. 372. — Schéma d'une lampe à arc différentielle.

charbon *a*. L'autre porte-charbon *b* est immobile. Si l'intensité augmente, le solénoïde S devient actif et tend à écarter le charbon *a*, de façon à maintenir l'intensité constante, en la diminuant. Si la différence de potentiel diminue, le solénoïde S′ agit à son tour.

Mais le fonctionnement de cette lampe est en quelque sorte théorique, puisque le réglage de l'arc est opéré uniquement par le rapprochement ou l'éloignement d'un seul charbon. En pratique, cette action serait insuffisante, aussi fait-on mouvoir les deux charbons pour obtenir le même résultat à l'aide d'un réglage mécanique défini.

2° *Le réglage mécanique.* — Nous avons vu plus haut que suivant l'usure des charbons, et suivant les variations de la différence de potentiel et de l'intensité, il se produisait un mouvement d'attraction ou de répulsion du noyau de fer.

Il s'agit maintenant d'utiliser ce mouvement pour rapprocher ou éloigner les charbons, de façon à maintenir le rapport
$\frac{u}{i}$ constant, c'est-à-dire la résistance du circuit constante. Le
réglage de la lampe a dû être opéré à l'avance pour obtenir ce
résultat.

A cet effet, le noyau de fer est muni d'un système quelconque : cordelette, poulie, etc. Le moindre mouvement fait avancer les deux charbons à l'encontre l'un de l'autre, mais le charbon + avance quelquefois d'une quantité double pour les
lampes à courants continus. Dans quelques lampes, on se contente, comme nous l'avons dit précédemment, de mettre un
charbon positif d'un diamètre double.

Tout ce que nous venons de dire sur la constitution des lampes à arc s'applique également aux lampes à courants alternatifs. Dans ces dernières lampes, il est cependant certaines
précautions à prendre pour éviter des effets d'induction.

4° *Principes de réglage d'une lampe à arc.* — Dans une lampe
fonctionnant bien, l'arc doit être normal, c'est-à-dire qu'il doit
y avoir entre les deux charbons la distance suffisante, et que la
taille des charbons doit s'opérer régulièrement. Nous avons dit
en commençant que le charbon + se taillait en pointe et que
le charbon négatif se taillait en cratère. Mais ces tailles ont
des formes particulières qui permettent de reconnaître le fonctionnement de l'arc. Nous représentons dans la figure 373 trois
images de l'arc relevées sur des lampes Pilsen à la maison
Henrion. On voit en A un arc un peu trop long, la pointe du
charbon — n'est pas assez prononcée. En C, la pointe est trop
prononcée ; l'arc est trop petit, les deux charbons se touchent
presque. En B se trouve l'arc normal : la petite pointe est
nettement distincte. L'arc normal est silencieux ; l'arc anormal
est sifflant.

Pour le réglage des lampes à arc, l'électricien aura donc à
les faire brûler pendant quelque temps, et s'assurer, en regar-
dant à travers une glace de couleur rouge, de la taille des char-

bons. Il agira ensuite sur le mécanisme de la lampe pour ramener l'arc à être normal.

Avec les lampes à courants alternatifs, la taille est sensiblement la même pour les deux charbons. Il importe de faire le réglage pour obtenir un arc stable.

5° *Marche des arcs.* — *Montage en tension.* — Les lampes

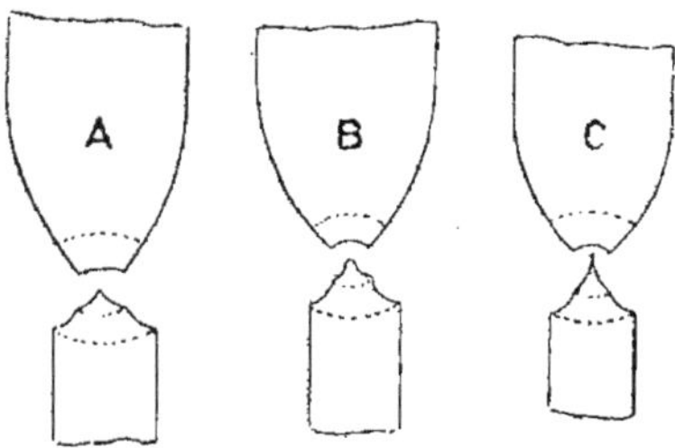

Fig. 373. — État de l'arc suivant le fonctionnement.

peuvent être couplées de plusieurs manières pour fonctionner; nous allons donner quelques renseignements pratiques sur ces divers couplages, en parlant des courants continus et des courants alternatifs.

Courants continus. — Nous avons dit précédemment qu'il

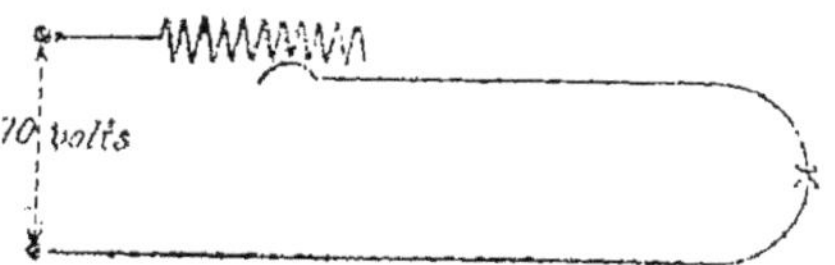

Fig. 374. — Montage d'un arc sur 70 volts.

était nécessaire d'avoir une différence de potentiel de 44 à 45 volts aux bornes des deux charbons entre lesquels jaillit l'arc. On ne peut obtenir un arc réellement stable avec un voltage plus faible.

Aussi dans les lampes à arc on a dû recourir à une différence de potentiel plus élevée. Il a d'abord été nécessaire de mettre des électro-aimants de réglage et ensuite des rhéostats de façon à faire varier la résistance du circuit et par suite la différence de potentiel aux bornes (fig. 374).

Pour faire fonctionner ainsi une lampe indépendante, il fallait 70 volts aux bornes.

Une lampe de 5 ampères absorbait donc :

70 volts. 5 ampères = 350 watts.

Les premières installations tout à fait au début furent faites ainsi avec des lampes à 70 volts ; car on se préoccupait

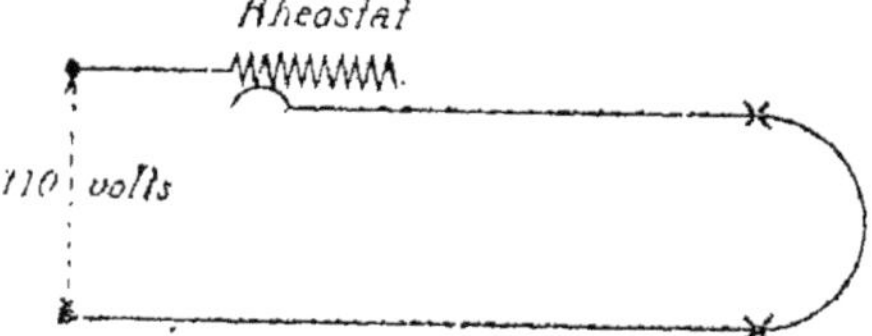

Fig. 375. — Montage de deux arcs en tension sur 110 volts.

beaucoup à ce moment d'assurer l'indépendance des lampes.

Mais peu à peu, on en est venu à essayer de mettre deux lampes en tension, et de les faire fonctionner dans de bonnes conditions.

Pour alimenter deux lampes en tension de 5 ampères, il faut compter au minimum sur une différence de potentiel de 110 volts (fig. 375), soit :

110 volts. 5 ampères = 550 watts.

Une résistance était encore nécessaire pour achever le réglage.

Avec une seule lampe sur 70 volts, il fallait 350 watts, soit 700 watts pour deux lampes. Il en résulte une économie de 150 watts sur 700, soit 21 pour 100 de puissance électrique, à l'aide du montage par deux en tension.

On pouvait seulement se demander si ce couplage n'influerait pas sur le fonctionnement et sur le rendement lumineux des lampes à arc. Certaines lampes par un bon réglage le permettent. Mais il n'en est pas de même de toutes les lampes.

M. Blondel a cité les chiffres suivants pour des arcs réglés dans de bonnes conditions, ne sifflant pas, et marchant par 2, 3 ou 4 en tension sur 110 volts, avec une intensité de 10 ampères :

Différence de potentiel aux bornes de l'arc	Nombre d'arcs en tension	Intensité lumineuse de chaque arc	totale
43 volts	2	600 bougies	1200 bougies
30 —	3	180 —	540 —
25 —	4	100 —	400 —

Il est facile de faire fonctionner 3 lampes à arc sur 110 volts 2 de 5 ampères et 1 de 10 ampères par exemple. Les 2 lampes de 5 ampères sont montées en quantité, et ce groupe est lui-même monté en tension avec l'autre lampe de 10 ampères.

Nous avons pu dans quelques expériences faire fonctionner en tension quatre lampes sur 220 volts, et même avec quelques systèmes cinq lampes dans les mêmes conditions. Le montage de 4 lampes en tension sur 220 volts a été utilisé aux Halles centrales. Il y a peu de temps, dans l'installation de l'éclairage électrique, avenues de la République et Gambetta, par la Société du tramway électrique de Romainville, les lampes Eck ont été montées par 9 en tension sur 500 volts avec dérivateur à chaque lampe.

Le couplage en tension des lampes soit par deux, quatre, ou un plus grand nombre exige certaines conditions. Il est absolument nécessaire de disposer chaque lampe de telle sorte que son réglage soit indépendant de celui de sa voisine. Ces dispositions sont adoptées aujourd'hui dans un grand nombre d'appareils, de telle sorte que si une lampe est mal réglée ou fonctionne mal, sa voisine, montée en tension avec elle, n'en subit aucune conséquence.

Dans le couplage en tension, il importe de prendre des dispositions pour que la bobine de dérivation ne soit pas traversée par l'intensité totale, si les charbons dans une lampe viennent à se consumer plutôt que dans une autre ; sans cela la bobine de dérivation est entièrement brûlée.

Pour les lampes à courants alternatifs, il importe de faire quelques restrictions. Une lampe peut fonctionner seule dans de bonnes conditions sur 50 volts. Le couplage en tension par deux ou plusieurs donne des résultats assez satisfaisants. Cependant, depuis quelque temps, la maison Bisson, Bergès et Cie fait fonctionner très régulièrement deux lampes Brianne de 2 ampères en tension sur 110 volts.

Pour les lampes à arc à courants alternatifs, on est arrivé aussi à les faire fonctionner 1 seule sur 35 volts, 2 sur 70 volts et 3 sur 110. Mais il y a lieu de considérer que pour une même intensité lumineuse la lampe à arc à courants alternatifs consommera une intensité plus élevée. Ainsi, d'après des chiffres que nous avons trouvés dans divers rapports, on peut admettre qu'une lampe à arc à courants continus de 1000 bougies consommera 12 ampères et 55 volts, soit 660 watts, compris la perte dans la résistance auxiliaire, et qu'une lampe à arc à courants alternatifs de même intensité consommera 20 am-

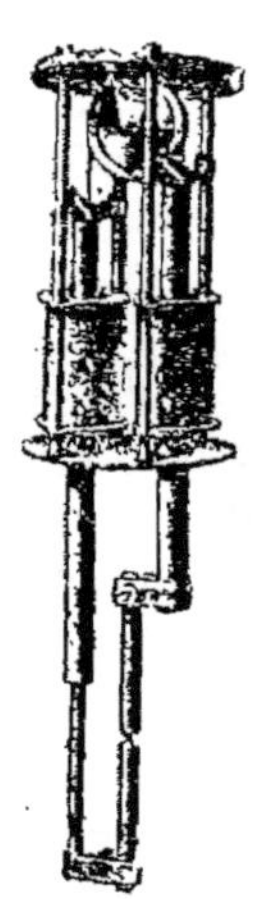

Fig. 376. — Lampe à arc Pilsen

pères et 36 volts soit 720 watts, soit 10 pour 100 en plus.

Mentionnons les lampes à arc Kremenczki utilisées pour l'éclairage de l'avenue de l'Opéra à raison de 5 de 14 ampères en tension sur 220 volts. M. Claude a indiqué récemment la possibilité de l'emploi d'un condensateur en dérivation aux bornes de la lampe pour combattre la self-induction.

6° *Modèles divers de lampes à arc.* — Les modèles de lampes à arc sont très nombreux. Nous pouvons citer parmi les lampes à courants continus : les lampes Cance, Sautter-Harlé, Postel Vinay, Gramme, Bréguet, de la Société Alsacienne de constructions mécaniques, Eck, Bardon, Buchet, Lœwenbruck, etc. Les principales lampes fonctionnant sur courants continus et alternatifs à l'aide de quelques changements sont les lampes Pilsen, Brianne, Pieper, Japy, Patin, de Courval, la lampe « La moderne » système Klostermann, et la lampe Blahnik.

Il nous est impossible de donner ici la description de toutes ces lampes, mais un ouvrier, en appliquant les principes généraux, comprendra vite les divers fonctionnements.

Toutefois, afin de fixer les idées, nous décrirons les lampes Pilsen, Cance, Bardon et Brianne.

La lampe Pilsen (fig. 376 et 376 *bis*), fabriquée par M. Henrion à Nancy, se compose de deux tiges de fer coniques A et B reliées entre elles par un cordon souple qui passe sur une poulie P. Ces deux tiges se meuvent à l'intérieur des deux solénoïdes ou bobines de fil l'une en circuit S, et l'autre en dérivation S'. Elles portent à leurs extrémités des pinces spéciales pour maintenir les deux charbons C et D. On voit que l'appareil constitue une véritable balance. Selon que l'action du solénoïde S ou S' est prépondérante, les charbons sont éloignés ou rapprochés en même temps. La forme conique donnée aux tiges de fer est destinée à obtenir une attraction égale et proportionnelle en tous les points de la course. Les pinces des porte-charbons ont une disposition qui permet à l'aide d'une vis de cintrer les charbons à volonté.

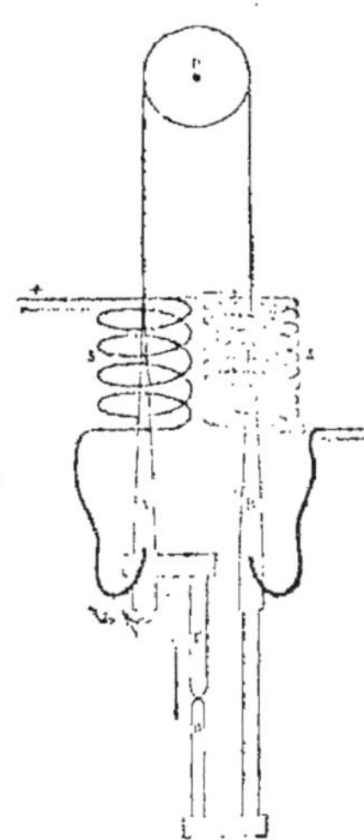

Fig. 376 *bis*. — Schéma d'une lampe à arc Pilsen.

Comme on le voit, cette lampe ne comporte aucun mécanisme. Elle se construit pour les intensités les plus faibles, 2 à 3 ampères, et peut fonctionner une sur 52 volts, et 2 sur 99-102 volts.

M. Henrion construit également des lampes à arc pour courants alternatifs présentant les mêmes avantages que pour les courants continus. Ces lampes fonctionnent 1 sur 36 volts, 2 en tension sur 72 volts et 3 en tension sur 105 volts. Le point lumineux est fixe. Ces lampes ont dû subir quelques modifications dans leur construction pour éviter les phénomènes de self-induction et les courants de Foucault. Les noyaux de fer doux ont été constitués par des fils de fer vernis et juxtaposés. On a également fendu les bobines en cuivre et les tiges en cuivre pour éviter les courants de Foucault. Suivant la fréquence, le réglage des diverses parties de la lampe a également varié.

La lampe Pilsen est une lampe très sensible, qui bien réglée, et dans de bonnes conditions donne un fonctionnement très satisfaisant.

La lampe Cance est déjà connue de nos lecteurs depuis longtemps. C'est une des premières lampes qui aient fonctionné d'une manière satisfaisante en pratique. Sans refaire l'historique de tous les modèles précédents créés par le Société anonyme Cance, nous nous contenterons de parler des derniers modèles de 1892 et de 1895. Ces modèles sont très intéressants en raison de leur faible prix, et eu égard également à la faible intensité qu'ils consomment, 2 ampères. La figure 377 nous donne la vue d'ensemble de la lampe. Le réglage est obtenu par un seul électro-aimant avec enroulement différentiel sans aucun ressort. Le rapprochement des charbons se fait par leur poids même. Le point lumineux est fixe. Au repos les charbons sont toujours au contact, et l'allumage est produit par le même organe qui sert à la régulation de marche des charbons. Le frein de régulation est à plateau et est commandé directement par le noyau du solénoïde.

La lampe à arc Kremenczky, dont il a été question plus haut, est une lampe différentielle à frein et à mise en marche sous l'action motrice du porte-charbon supérieur. Les deux porte-charbons sont réunis par une chaine qui les entraîne tous deux. Cette chaine passe sur une poulie à empreinte. Celle-ci fait partie d'un mécanisme qui se termine par un disque à

ailottes muni d'un frein. Sur ce dernier vient reposer un sabot
qui, par sa pression, arrête le défilemement du rouage. Ce sabot

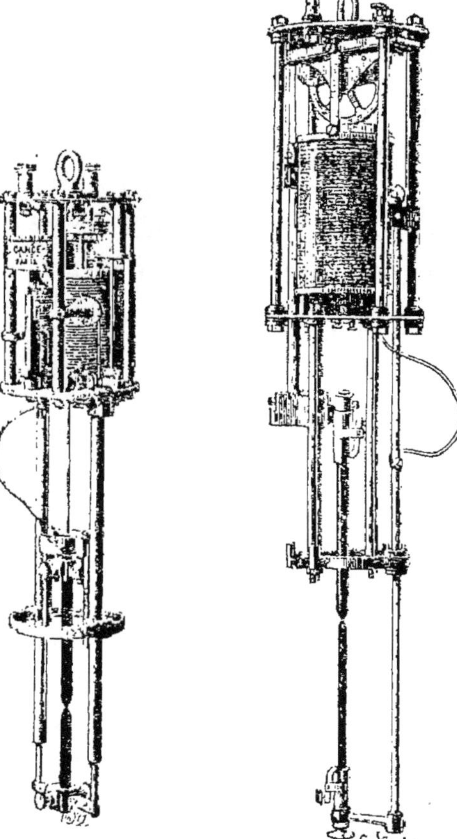

Fig. 377. — Lampe
à arc Gance.

Fig. 378. — Lampe à
arc Bardon.

est suspendu à un fléau de balance dont les extrémités supportent deux noyaux magnétiques plongeant dans deux solénoïdes,

l'un placé en série et l'autre en dérivation. Un contrepoids variable permet le réglage avec toute facilité. Cette lampe donne en marche normale de très bons résultats.

En général les charbons + et — sont de même diamètre ; ce qui permet d'obtenir le rendement lumineux maximum pour une intensité Un modèle spécial de cette lampe peut fonctionner sur courants alternatifs.

La lampe à arc Bardon a été également établie en plusieurs modèles depuis son origine. La figure 378 représente un des derniers modèles. Cette lampe peut prendre de 3 à 25 ampères. Elle est constituée essentiellement par un solénoïde placé au centre, et portant l'enroulement. Dans l'axe se trouvent deux noyaux de fer doux, l'un fixe et l'autre mobile qui peut être attiré à la partie supérieure. Il vient alors agir sur un levier horizontal qui fait frein sur un volant. Les deux porte-char-

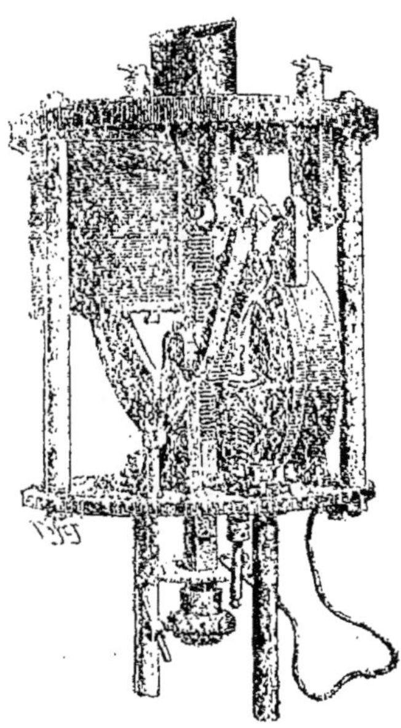

Fig. 379. — Vue du mécanisme de la lampe Brianne.

bons sont mobiles et sont reliés entre eux par un cordelet de soie dont les extrémités sont fixées aux points d'un levier supérieur oscillant autour d'un point déterminé. Le cordelet passe successivement sur les galets du mouflage des porte-charbons et dans la boîte à volant sur les galets de renvoi et dans la gorge d'un moyeu solidaire du volant. Un frein est fixé sur la bobine, qui n'est enroulée que de fil fin. Ces lampes ont donné jusqu'ici des résultats très satisfaisants et ont été employées dans un grand nombre d'applications.

La lampe Brianne (fig 379), qui a donné également des résultats remarquables est composée d'un solénoïde de fil fin en dérivation sur les bornes de l'appareil. L'armature du solénoïde qui peut effectuer une longue course est montée sur un axe solidairement avec un râteau ou portion de pignon denté. Ce râteau commande par engrenage un volant denté très lourd,

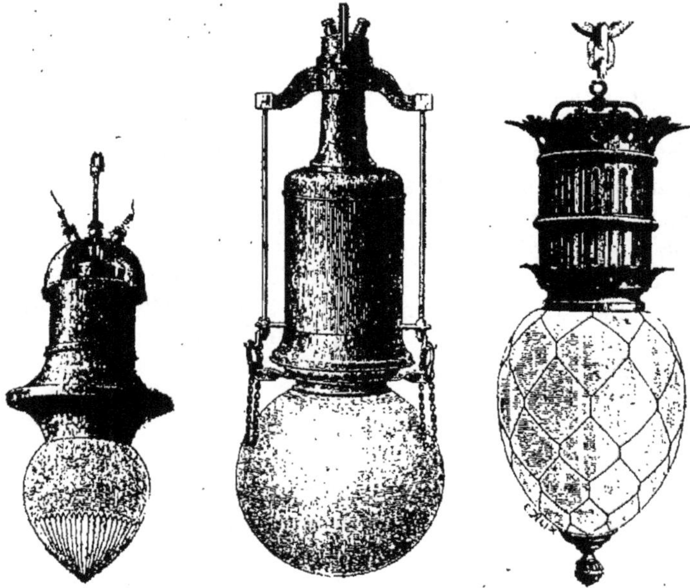

Fig. 380. — Modèles divers de globes pour lampes à arc.

ayant le même axe que le pignon qui engrène avec une crémaillère supportant le charbon supérieur. Au passage du courant, les charbons étant écartés, le solénoïde attire son armature : le râteau abandonne le volant qui, entrainé par le poids de la crémaillère, tourne jusqu'à ce que les charbons se touchent. A ce moment, le courant passe entièrement par les charbons et l'armature du solénoïde n'étant plus attirée, retombe en—

traînée par son poids : le râteau engrène avec le volant, le charbon supérieur est alors relevé avec un effort 17 fois supérieur au poids du fer, ce qui produit un allumage instantané. Au fur et à mesure de l'usure des charbons l'arc augmente et avec lui sa résistance ; le solénoïde agit et soulève doucement

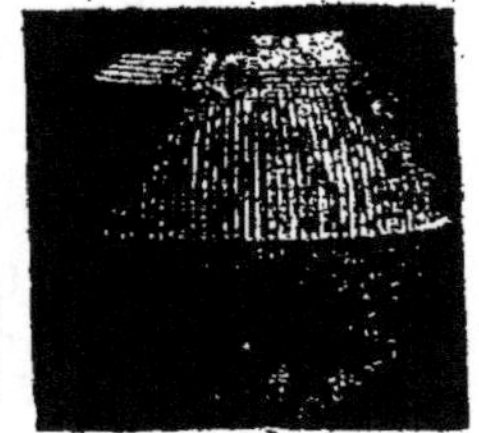

Fig. 381. — Globe holophane.

son armature jusqu'au point où la dernière dent du râteau cesse d'engrener avec le volant ; celui-ci, rendu libre, tourne et provoque le rapprochement des charbons. Grâce à son inertie, le volant n'a tourné que d'une dent ; quand le râteau le ressaisit, et en raison du rapport des rayons du volant et du pignon, la descente de la crémaillère s'effectue par dixième de millimètre, donnant ainsi une fixité remarquable à la lumière. L'échappement continue selon le besoin et dent par dent, maintenant l'écart normal entre les charbons.

7° *Globes et cendriers*. — On ne peut laisser les arcs à feu nu : il est nécessaire d'entourer la lampe d'un globe. Il est également nécessaire de placer au-dessous un cendrier destiné à recevoir les escarbilles qui peuvent tomber. Les modèles de globes varient dans de grandes proportions, depuis quelques centimètres seulement jusqu'aux plus grandes dimensions. Il serait difficile de donner des conseils à cet

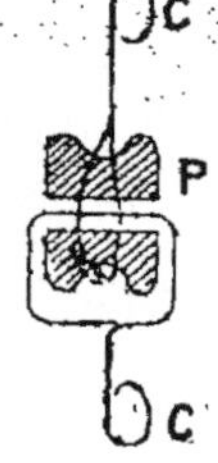

Fig. 382. — Isolateur pour lampes à arc.

égard. Disons seulement qu'il importe de choisir pour ces globes des couleurs chaudes, ni trop foncées, ni trop pâles. On obtient de très jolis effets avec des globes opale blanc, teintés dans la masse.

La plupart du temps les globes sont suspendus sur les côtés de la lampe à l'aide de chaînettes. Ce sont là de mauvaises conditions. Dans les nouveaux modèles de la lampe Pilsen, le globe est fixé après une couronne métallique, dans laquelle viennent se visser deux tiges. Ces dernières pénètrent dans deux fourreaux maintenus rigides sur les côtés de la lampe. Des leviers spéciaux permettent de faire glisser les tiges ou de les remonter. De la sorte le globe est maintenu fixe et solidement. Le cendrier est supporté par des petites chaînettes et maintenu par des crochets. Il est utile d'entourer les globes d'un grillage pour éviter les accidents si le verre vient à casser.

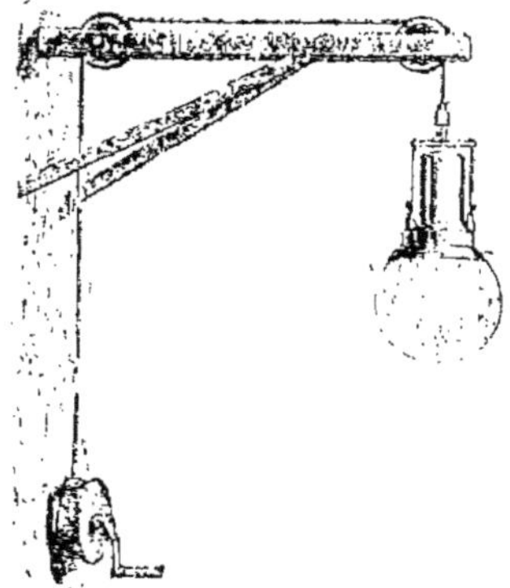

Fig. 383. — Treuil pour suspension de lampes à arc.

Nous avons réuni dans la figure 380 quelques modèles de dispositions de globes et de cendriers. On voit, en allant de gauche à droite, un petit globe, un gros globe fermé et un globe avec treillage.

Ce globe entourant l'arc a souvent pour effet d'absorber une grande partie de l'intensité lumineuse, de 40 à 60 pour 100. On a essayé de construire des globes disposés de façon à diffuser en tous sens l'intensité lumineuse d'un foyer et de la distribuer suivant certaines directions. Ces résultats ont été obtenus par les globes holophanes de M. Engelfred (fig. 381). Ces globes en cristal pur et transparent sont pourvus de cannelures extérieures et intérieures formées par des combinaisons de 2 profils, l'un réfractant et l'autre réfléchissant, qui ont été calculés pour produire l'effet voulu. M. Frédureau a également construit des globes diffuseurs à cannelures en s'appuyant sur les propriétés réfléchissantes du verre.

8° *Supports-treuils.* — Les lampes à arc peuvent être suspendues à faible hauteur ou à grande hauteur.

Il est d'abord nécessaire de suspendre la lampe à arc par un crochet isolant. Un isolateur en porcelaine P (fig. 382) porte deux crochets isolés l'un de l'autre C et C'. Cette précaution a pour but d'éviter de faire communiquer la lampe à la terre. Dans la plupart des lampes à arc, en effet, un pôle est à la masse.

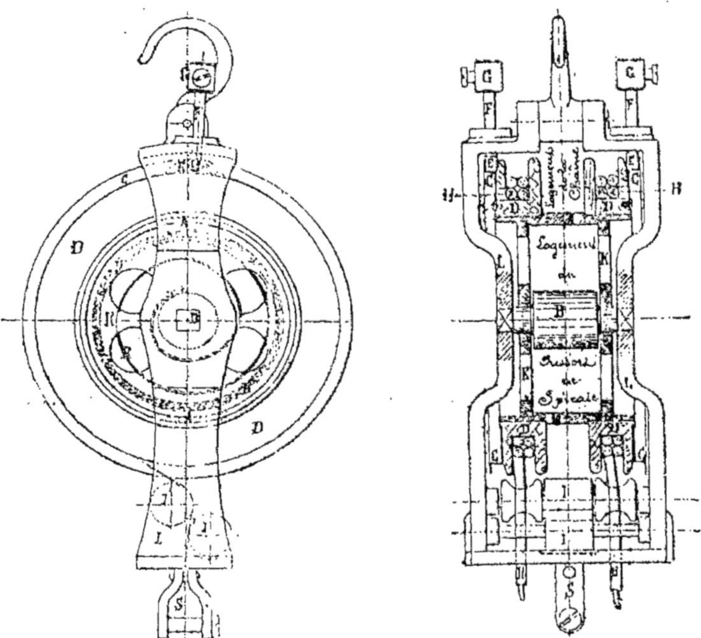

Fig. 384. — Treuil Scherrer.

Quelquefois les lampes à arc de faible intensité sont suspendues à de très faibles hauteurs, soit à l'aide d'une tige, d'une chaîne, etc. On peut facilement les atteindre à l'aide d'une petite échelle.

La lampe à arc doit être placée théoriquement à des hauteurs de 10 à 12 mètres, afin de bien utiliser tout le cône lu-

mineux qu'elle projette. Pratiquement on atteint rarement
ces hauteurs, et l'on se contente d'une moins bonne utilisation.
Quelquefois les lampes sont suspendues seulement à l'aide de
tiges ou de cordes appropriées. Elles peuvent être descendues
pour le remplacement des charbons au moyen d'une manivel-

Fig. 385. — Pylônes et candélabres pour lampes à arc.

le semblable à celle qui existe dans la disposition que nous
représentons (fig. 383).

Cette dernière installation est certainement un peu trop primitive, surtout s'il s'agit d'une installation au dehors.

En effet, les lampes à arc doivent être fixées solidement, et ne pas être exposées à être agitées par le vent, par les coups. Leur mécanisme dans ces agitations peut facilement se dérégler et compromettre la bonne marche de l'appareil.

Nous signalerons à ce sujet le modèle fort ingénieux de suspension imaginé par M J. Scherrer. Il consiste en un ressort (fig. 384), que l'on voit en RR, fixé sur un tambour qui est monté sur l'axe B. Ce ressort est logé dans le barillet A; sur lequel est fixée une chaîne ou un ruban par une de ses extrémités. L'autre extrémité de ce ruban maintient le crochet S qui supporte la lampe. Sur ce barillet sont portées également deux poulies en fibre sur lesquelles se trouvent deux cercles en cuivre C formant rainure avec la joue extérieure de la bobine. Les fils conducteurs souples H sont logés dans ces rainures : une extrémité est reliée au cercle de cuivre et l'autre reste libre pour aboutir à la lampe. Le courant est amené de l'extérieur à l'aide de frotteurs à ressort E, d'une section de 40 millimètres carrés, qui appuient constamment sur les cercles en cuivre et établissent la communication avec les bornes G par les tiges F. Par suite de ces dispositions, en tirant sur le ruban S, on déroule le ressort et, en même temps, les fils souples qui s'allongent suivant les besoins, mais le courant est toujours amené à la lampe par les frotteurs placés à la partie supérieure. Ce mode de suspension à tirage est des plus simples et des plus commodes ; il demande un appareil d'un volume très réduit et permet de fixer la lampe à n'importe quelle hauteur sans laisser voir de tous côtés des fils volants.

Dans de grandes installations ou de grandes villes on utilisera des pylônes soit en fer à jour (fig. 385) soit des potences. A Paris, tous les pylônes électriques ont la forme des deux modèles représentés à droite de la figure. Cette dernière disposition a été utilisée à Rouen en remplaçant les becs de gaz sur la traverse horizontale par des crochets destinés à maintenir les fils du tramway électrique.

9° *Entretien des lampes à arc. Réglage. Fonctionnement pratique.* — Les lampes à arc demandent des soins pour leur entretien, et même des soins continus. Il y a d'abord le nettoyage complet et ensuite le réglage.

Pour le nettoyage, il convient de frotter les tiges qui supportent les charbons, et qui sont le plus souvent à frottements, avec des chiffons imbibés de benzine ou de pétrole, les essuyer ensuite. Il faut examiner les contacts des pinces, l'état des bobines, vérifier s'il n'y a pas de contacts à la masse. Ne pas oublier d'examiner l'état des mouvements d'horlogerie si l'appareil en comporte (roues, pivots, transmissions, etc.).

Le réglage est une question bien délicate. Avant de mettre une lampe en place pour la faire fonctionner, il est absolument indispensable de s'assurer du bon fonctionnement : c'est le but du réglage. Les lampes sont montées, mises en service. L'électricien s'assure d'abord si les mouvements d'horlogerie fonctionnent régulièrement, et si les mouvements de montée et de descente des charbons sont réguliers. Il passe ensuite à l'examen des bobines, vérifie si elles ne chauffent pas, remarque si les variations électriques se font bien sentir sur l'état de l'arc. Il considère alors l'arc qui a eu le temps de se former, et observe si le cratère du pôle + s'est creusé, et si en face existe bien le petit champignon correspondant. Ce dernier est-il bien à distance voulue ? n'est-il pas trop aplati ? Tout autant de questions que l'électricien doit se poser. Si l'arc n'est pas normal, il agira sur la résistance de réglage, de façon à maintenir aux bornes constante la différence de potentiel sur laquelle la lampe doit marcher. Au besoin, si ce moyen ne suffit pas, il pourra réagir sur le mécanisme d'entraînement des charbons ; mais il ne devra le faire qu'avec extrême modération. A leur sortie de l'atelier du fabricant, en effet, les lampes sont toujours réglées, et portent une marque de réglage ; il faut en tenir compte.

Plusieurs conditions sont indispensables pour le bon fonctionnement pratique des lampes à arc. Suivant leur nature, il est d'abord nécessaire que l'intensité ou la différence de potentiel soient maintenues aussi constantes que possible ou ne subissent que des variations telles que le mécanisme régleur puisse y remédier. Il y a là un point sérieux à examiner. On se plaint souvent du fonctionnement des lampes à arc ; mais on ne s'occupe pas d'abord si le réglage est bon, et ensuite si la différence de potentiel (pour les lampes en dérivation et les lampes à résistance) est maintenue constante. On a constaté souvent que les lampes à arc fonctionnent beaucoup mieux avec des accumulateurs, parce que ces derniers assurent une différence de potentiel constante.

10° *Installation de lampes à arc chez un abonné.* — Nous avons vu plus haut quelles étaient les dispositions à prendre au tableau de distribution dans le cas d'une installation de lampes à arc chez des abonnés. Ce sont là les plus importantes. L'installation en elle-même ne comporte rien de particulier si ce n'est la suspension par un crochet isolant. Il est également nécessaire d'éviter des fils volants trop longs ; les canalisations seront soumises aux conditions que nous avons déjà énoncées.

Au tableau de distribution, il faut avoir soin de mettre une feuille d'amiante sous le rhéostat ; car si la résistance vient à chauffer, elle peut enflammer les objets placés dans le voisinage, et souvent le bois du tableau.

Les lampes à arc, quelquefois mal réglées, peuvent tomber au collage ; elles prennent alors une intensité considérable qui peut être trois ou quatre fois plus grande que l'intensité normale, pour laquelle elles ont été réglées. C'est ainsi qu'une lampe à arc de 5 ampères en tombant au collage peut prendre très facilement 15 et 20 ampères. Cet effet dépend simplement du réglage de la lampe, et il est très facile d'y remédier.

Lorsque cet excès d'intensité passe, les coupe-circuits fusibles en plomb, calculés pour une intensité de 8 à 10 ampères quand l'intensité normale est de 5 ampères, doivent fondre aussitôt. C'est bien ce qui arrive en effet tout d'abord ; mais bientôt l'abonné, lassé de remplacer les plombs souvent, au lieu de faire vérifier la cause de cette fusion néglige d'avertir son installateur et place des plombs fusibles d'un diamètre

plus fort et souvent même des fils de cuivre. Qu'arrive-t-il ?
C'est que les fils du rhéostat viennent à rougir, et à enflammer le tableau en bois sur lequel il sont placés. Pour éviter
cet accident, il convient donc : 1° d'employer des plombs fusibles d'un diamètre calculé et essayé ; 2° de faire régler
convenablement les lampes à arc : 3° de placer sur le tableau
en bois, au-dessous des rhéostats, des feuilles de carton d'a-
miante.

Un service spécial de surveillance devrait être établi par les
compagnies d'électricité pour s'assurer du fait dont il a été
question et faire les justes observations nécessaires.

11° *Prix de revient de l'éclairage électrique par lampes à arc.*
— Il est important de fixer les idées par quelques chiffres sur
le prix de revient.

On s'était contenté jusqu'ici de déterminer ce prix d'après
l'intensité moyenne lumineuse hémisphérique, comme nous
l'avons vue déterminée plus haut.

Une lampe à arc de 10 ampères à courants continus donnant
une intensité lumineuse moyenne hémisphérique de 600 bougies, avait fourni, après une heure de fonctionnement, un éclairage de 600 bougies-heure. L'énergie électrique depensée
était de 55 volts. 10 ampères. 1 heure = 550 watts-heure.

Le prix de l'hectowatts-heure étant environ de 0,10 fr., la
dépense s'élevait à 0,555 fr. Le prix de revient de la bougie-

heure était donc de $\dfrac{0,555}{600} = 0,00092$ fr.

M. Ph. Delahaye, dans une étude sur le prix de revient de
l'unité d'éclairage dans les systèmes d'éclairage public privé
les plus usités trouve les résultats suivants :

Foyers.	Intensité lumineuse totale en bougies.	Consommation de gaz en litres par bougie-heure.	Prix de revient par bougie-heure en francs.
Gaz. Bec Auer	50,7	2	0,0003
Gaz. Bec papillon de rue	11	12,7	0,0021
Gaz. Foyer intensif Siemens	200	4	0,00067
Gaz. Foyer intensif parisien	170	4,1	0,00068
Arc de 10 ampères	750	0,67	0,00036
		watts-heure par bougie-heure	

Ces prix ne comportent aucune dépense d'entretien des foyers, ni du renouvellement des lampes.

Mais il est à remarquer que nous n'avons pris là que l'intensité lumineuse à feu nu de la lampe à arc. Il importait également de considérer l'éclairement utile fourni sur le sol, après le passage à travers les globes.

Plusieurs expériences ont été faites par M. Maréchal, ancien ingénieur de la Ville de Paris, sur l'éclairage électrique de la voie publique et il est arrivé aux résultats suivants :

Foyers.	Voies éclairées.	Prix de revient d'un décamètre carré dont tous les points sont éclairés pendant 1 heure à raison de 1 bougie à 1 mètre, en centimes.	
Lampes à arc de 10 ampères avec globe en opaline	Avenue de Clichy. . .	1,62	moyenne 1,58
	Grands Boulevards. .	1,29	
	rue Royale (en partie).	1,83	
	rue Royale (en partie).	1,60	

Le même prix de revient pour l'éclairage à gaz avec becs papillon et à récupération s'élevait à 5,23 centimes. De nouvelles expériences ont donné à M. Maréchal les résultats suivants : 2,27 centimes avec le bec Auer, 3,65 centimes avec les becs à récupération et 6,81 centimes avec les becs papillons. On voit que les dépenses d'éclairage électrique sont de beaucoup inférieures ; mais comme le fait remarquer avec juste raison M. Maréchal, avec l'électricité on a toujours été amené à augmenter annuellement les dépenses d'éclairage. Ce n'est pas là un défaut, il nous semble ; l'éclairage en est notàmmment amélioré.

Il y a encore des économies à apporter à cet état de choses notamment en ce qui concerne le prix de 0,40 fr. par foyer-heure de 10 ampères payé aux secteurs. M. Attout-Taillfer avait, à la fin de 1894, obtenu de la Cie Edison le prix de 0,32 fr. par foyer-heure pour l'éclairage électrique des jardins du Carrousel et des Tuileries.

M. Blondel a trouvé également que les globes holophanes pouvaient augmenter l'éclairement de 50 pour 100.

Enfin, nous pouvons donner un nom plus court à l'unité qui nous a servi plus haut pour déterminer le prix de revient, et nous pouvons dire, après le congrès de Genève, que le déca-mètre carré-bougie-mètre heure n'est autre que l'*hecto-lumen heure*.

Dans ce qui précède, nous avons cité les chiffres déterminés par les auteurs, et nous ne nous sommes pas servis des nou-velles unités dont nous avons déjà parlé et qui sont les sui-vantes :

Unité d'intensité lumineuse : la bougie décimale, le *Pyr* ;
Unité de flux lumineux : le *Lumen* :
Unité d'éclairement : la *bougie à 1 mètre*, le *Lux* ;
Unité d'éclat intrinsèque : *Pyr par centimètre carré* :
Unité d'éclairage ou de quantité de lumière : *Lumen-seconde* et *Lumen-heure* (unité pratique).

Nous rappelons ces diverses unités afin que les électriciens connaissent les nouveaux noms adoptés.

Lampes à arc en vase clos

Comme nous l'avons dit au début de ce paragraphe, il existe aujourd'hui des lampes en vase clos venues d'Amérique. Le premier système de telles lampes est celui de M. Marks, venu récemment à Paris présenter sa lampe à la Société internatio-nale des Électriciens. Dans la dernière lampe, l'arc absorbe 80 volts et une résistance additionnelle de 30 volts ; ce qui per-met de faire fonctionner une seule lampe sur 110 volts. Autour des charbons se trouve un petit globe, dans lequel restent enfer-més les gaz de la combustion des charbons ; un couvercle supérieur forme en effet un joint hermétique. A la partie supérieure de la lampe est un mécanisme constitué par deux solénoïdes fixes dont les noyaux mobiles sont attachés à des mâchoires venant s'appliquer contre la tige qui maintient le charbon supérieur. Lorsque le courant faiblit, les mâchoires se desserrent et laissent glisser cette tige ; le charbon inférieur reste fixe. M. E. Hospitalier nous fait remarquer que l'arc produit dans les gaz confinés présente un aspect spécial : le charbon positif se creuse à peine et le charbon négatif reste plan. Avec 80 volts aux bornes des charbons, l'arc a une longueur de 8 millimètres. Avec des charbons homogènes de 12 millimètres de diamètre, l'usure des charbons pour un arc de 5 ampères est environ de 0,5 millimètre par heure pour le charbon négatif inférieur et de 1,4 mm. par heure pour le charbon positif supérieur. Les charbons durent environ 200 heures et le charbon négatif peut être repris pour fournir encore 200 heures comme positif.

M. C. Pierron, directeur du service des installations électriques de l'Association alsacienne des propriétaires d'appareils à vapeur, a fait divers essais très intéressants sur une lampe à arc Jandus (fig. 385 *bis*), et il a comparé son fonctionnement à celui d'une lampe à arc Siemens. Les deux charbons sont enfermés dans une capsule cylindrique intérieure en verre, recouverte d'une soupape et entourée

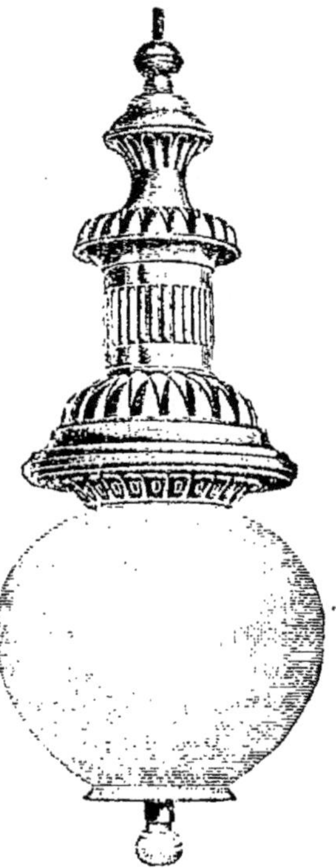

Fig. 385 *bis*. — Lampe à arc en vase clos, système Jandus.

par un globe extérieur qui est fermé vers le haut par deux rondelles en amiante et vers le bas au moyen d'un disque métallique formant ressort. Lorsque l'on fait jaillir l'arc, nous dit M. Pierron, l'oxygène contenu dans la capsule est rapidement absorbé pour former de l'acide carbonique et ensuite de l'oxyde de carbone. Bientôt il ne reste que de l'oxyde de carbone et de l'azote. Il se forme aussi des produits nitriques. L'usure des charbons est extrêmement retardée.

Les principaux résultats des essais ont été les suivants : L'arc qui prend 80 volts se déplace continuellement. L'éclat diminue par suite d'un dépôt pulvérulent qui se forme à l'intérieur de la capsule. La dépense a atteint 0,577 watts par bougie dans la lampe ordinaire Siemens ; la lampe Jandus a consommé 0,886 watts par bougie. L'augmentation de consommation de puissance est donc de 53,5 pour 100. Les lampes fonctionnaient à 116 volts et à l'intensité de 11,5 ampères. La consommation de charbon a été de 0,239 grammes par heure dans la lampe Jandus et de 10 grammes dans la lampe Siemens.

En faisant marcher la lampe Jandus à 5 ampères et à 95 volts, la consommation par bougie tombe à 0,700 watts soit seulement 21,3 pour 100 de plus que dans la lampe à arc ordinaire.

D'après les expériences de M. Pierron, on peut admettre comme chiffre pratique de consommation 2 watts par bougie pour la lampe Jandus.

M. Blondel a également effectué des mesures sur la lampe de M. Marks. Les charbons homogènes avaient 12 mm. de diamètre ; à l'intensité de 4,5 ampères, et à la différence de potentiel de 80 volts aux bornes, M. Blondel a trouvé une consommation spécifique de 1,55 watt par bougie. En tenant compte des conditions de fonctionnement (encrassement du globe, etc.), on s'approche beaucoup du chiffre donné plus haut.

En résumé, on peut établir de la façon suivante les avantages et inconvénients principaux des lampes à arc en vase clos.

Avantages : Indépendance de chaque lampe, économie des charbons, économie de personnel pour changer les charbons, absence de dangers par la chute des charbons, simplicité du mécanisme, propreté.

Inconvénients : Variations dans l'intensité lumineuse, déplacement de l'arc, rendement moindre du foyer lumineux, réglage imparfait, dépôt pulvérulent.

Tels sont les principaux renseignements que nous pouvons

fournir aujourd'hui sur les lampes à arc en vase clos ; la pratique amènera certainement de notables perfectionnements.

b. Lampes à incandescence.

Les lampes à incandescence électriques sont de deux sortes: l'incandescence à l'air libre, l'incandescence dans le vide. On a fait plusieurs essais pour faire brûler par incandescence le charbon et le rendre lumineux. Ces essais n'ont pas donné de résultats pratiques. Les lampes à incandescence dans le vide ont seules pu être utilisées. On a pu obtenir des filaments suffisamment fins pour ne laisser passer qu'une intensité très faible à la différence de potentiel ordinaire de 110 volts ; on a pu dès lors avoir une source lumineuse d'intensité moyenne analogue à celles que l'on emploie en usage courant. La première lampe à incandescence pratique date de l'Exposition de 1881.

Une lampe à incandescence consiste donc essentiellement en un filament d'une nature quelconque, d'une longueur et d'une section déterminées pour qu'il rougisse et devienne brillant au passage du courant. Pratiquement, le filament de charbon seul a donné de bons résultats ; de plus il a été nécessaire de le placer dans une ampoule dans laquelle le vide a été fait pour améliorer le rendement. Nous allons voir successivement les points importants concernant ce sujet.

1° *Constitution d'une lampe. Fabrication.* — Pour fabriquer une lampe à incandescence, nous avons les opérations successives à faire : préparation du filament et nourrissage, soudage dans le verre des fils de platine établissant la communication de l'intérieur à l'extérieur, soudage du filament aux fils de platine, mise en place de l'ampoule, opération du vide.

Le filament était autrefois en platine ; mais à une température au-dessus du rouge blanc il fondait, et en dessous il ne donnait qu'une lumière insuffisante. Le charbon au contraire possédait toutes les qualités nécessaires ; mais il fallait un charbon homogène en toutes ses parties et il était difficile d'atteindre ce résultat. On essaya d'abord le bambou, le papier, le coton parcheminé et diverses substances. Les fabricants ont alors préparé, avec divers produits des matières végétales et autres triturés et mélangés, une mélasse consistante bien homogène. A l'aide de filières on obtient des filaments de divers diamètres et de longueurs variables. La composition de ces mélasses est très variable ; nous pouvons cependant citer la composition qui était employée par la Société des lampes à incandescence de Budapest. Cette société prenait un filament de soie ou de coton qu'elle imprégnait d'un mélange formé de silicate de potasse, de gomme du Sénégal et de soude caustique (fig. 385).

Fig. 386. — Filament simple de lampe à incandescence.

Fig. 386 *bis*. — Filament à une spire.

Un chimiste nous a indiqué un procédé qui consiste à faire une pâte en mettant une certaine proportion de coton dans du chlorure de zinc préparé dans des conditions chimiques déterminées. Lorsque la pâte est homogène, on la laisse couler à travers des filières en verre dans de l'alcool méthylique ou autre de la série. Le fil ainsi obtenu est séché à l'air.

A leur sortie des filières, les filaments sont enroulés sur des moules en charbons spéciaux. Quane le fil est placé sur ces blocs, pour lui permettre de se contracter librement, on paraffine la partie inférieure des blocs et on tranche le bas de l'enroulement, la paraffine maintient seule les filaments ainsi formés. Ils sont ensuite soumis à la carbonisation, à cet effet ils sont placés dans des creusets en plombagine au milieu de poussière de charbon et portés dans un four que l'on chauffe environ pendant 8 à 10 heures jusqu'à 600° ; on chauffe ensuite pendant 5 à 6 heures au rouge vif, et l'on termine enfin par une période de chauffe au rouge blanc 1400°. Nous n'insistons pas sur ces divers détails, qui du reste peuvent varier notablement.

Une fois les filaments refroidis, ils sont mesurés au micro-mètre pour connaître leurs diamètres, on les coupe, en longueurs convenables, et on les classe suivant leur grosseur. Pour cela on le fait rougir par le passage du courant dans une atmosphère de gaz d'éclairage. Les filaments dont les extrémités ne sont pas de diamètre sont rejetés. Dans le choix des filaments se présentent de grandes difficultés pour obtenir des diamètres sensiblement pareils.

Les filaments sont ensuite portés à la carburation ou au nourrissage. Ils sont en effet d'une surface plus ou moins rugueuse. L'opération de la carburation consiste à les soumettre à l'action d'un carbure liquide, gazeux ou solide pour obtenir sur le filament un dépôt de carbure le rendant uniforme. Cette opération réclame de grands soins et une grande surveillance pour donner sensiblement à tous les filaments la même résistance. L'opération du nourrissage se fait quelquefois après la soudure des supports.

Notre filament est enfin constitué ; il est formé quelquefois (fig. 386) par un filament de charbon de quelques centièmes de millimètre de diamètre en boucle, d'autres fois, formant une spire. Nous verrons du reste plus loin les divers modèles.

Deux petits fils de platine P (fig. 387) sont alors soudés dans un petit tuyau de verre V. Ce sont ces filaments de platine qui établiront les communications entre le filament intérieur et les fils extérieurs. On a choisi le platine parce qu'il peut être soudé dans le verre et qu'en se dilatant, il ne cassera pas le verre parce qu'il a le même coefficient de dilatation que lui. Le prix du platine étant assez élevé, on a essayé dernièrement en Allemagne de le remplacer par l'aluminium. A cet effet, on laisse l'aluminium s'échauffer et se refroidir en faisant autour de lui dans le verre un espace libre. On verse une goutte de chlorure de mercure sur l'aluminium, et bientôt par oxydation il se forme une couche d'alumine qui

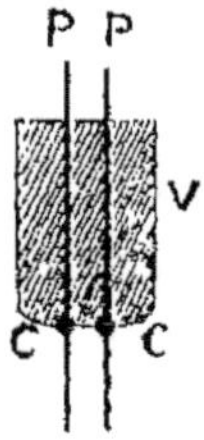

Fig. 387. — Fils de platine soudés dans le verre.

remplit complètement l'interstice entre le verre et l'aluminium.

À la sortie du verre V, sont soudés sur le platine deux petits fils de cuivre C. C que nous allons utiliser plus tard. Par-
fois le verrier scelle hermétiquement le verre sur la soudure du cuivre et du platine, à l'aide d'une pince plate.

Il nous reste maintenant à réunir le filament de charbon aux fils de platine (fig. 388). Cette jonction se fait à l'aide d'une pâte en charbon que l'on dépose à cet endroit et que l'on laisse adhérer complètement après dessication, et après avoir fait passer le courant dans une atmosphère de gaz d'éclairage pour faire rou-gir la soudure. Plusieurs autres procédés sont également utilisés pour cette jonction. On l'obtient par un dépôt d'hydrocarbure que l'on chauffe et qui forme une sorte de soudure. On a essayé aussi d'emboîter le filament dans un petit tube pra-tiqué à l'extrémité de chaque fil de platine ou entre les deux parties du fil de platine fendu en deux. Le tout est ensuite recouvert de pâte à char-bon.

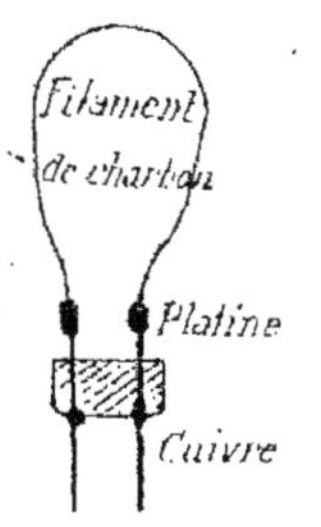

Fig. 388. — Jonc-tion du fila-ment de char-bon et des fils de platine.

L'ampoule de verre B (fig. 389) est en-suite préparée par le souffleur de verre au chalumeau, ou arrive directement préparée d'une verrerie. On a eu soin de faire à une extrémité un tube T et à l'autre un cy-lindre U qui termine la lampe. Le ver-rier prend cette ampoule, fait pénétrer à l'intérieur le filament tout monté et opère une soudure du verre au point C (fig. 390). Notre lampe est donc complètement montée.

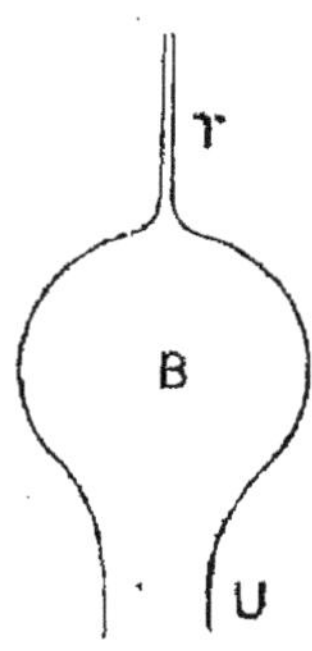

Fig. 389. — Am-poule de verre.

On soumet ensuite la lampe à la pompe à mercure qui ef-

fectue le vide et chasse l'air contenu dans l'ampoule. Cette
opération d'abord commencée à froid se ter-
mine ensuite à chaud, en faisant passer un
courant faible dans le filament, afin de chasser
complètement l'air contenu. Pour effectuer le
vide, on emploie des trompes Sprengel com-
binées avec des machines pneumatiques.

Quand le vide presque parfait a été obtenu,
il s'agit de sceller complètement la lampe, sans
détruire ce vide. C'est l'opération faite par le
souffleur au chalumeau, et l'on obtient enfin la
lampe que représente notre figure 391. Le vide
est vérifié à l'effluve avec une bobine de
Ruhmkorff; s'il se produit un nuage bleuâtre,
le vide est insuffisant.

Fig. 390. — Mon-
tage du fila-
ment dans
l'ampoule.

Les lampes sont ensuite soumises aux expé-
riences de photométrie, c'est-à-dire à des expériences qui permettent de déterminer leur intensité lumineuse. On mesure
également l'intensité consommée par la lampe et la différence
de potentiel à laquelle elle fonctionne. Ce
sont ces diverses opérations qui permettent
de reconnaître si la fabrication a été bonne
et si les lampes pour une même tension n'ont
pas des intensités lumineuses trop variables.

Il nous faut maintenant adapter à l'extrémité de la lampe le *culot*, ou partie qui
nous permettra de faire communiquer directement les deux fils de la lampe à l'extérieur.

Fig. 391. — Fer-
meture de l'am-
poule.

Ce culot peut être à vis ou à baïonnette.
Dans le culot à vis, système Edison (fig. 392), la partie inférieure de la lampe avec les fils de cuivre C C est tenue dans un
petit cylindre de plâtre fin R, qui se trouve traversé par les
fils de cuivre C, C. Tout autour est placé un pas de vis en

cuivre L, L auquel est relié un des fils de cuivre C. A la partie inférieure et au milieu est logée une masse de cuivre M qui reçoit l'autre fil C. On voit donc que nous avons ainsi deux points très distincts en communication avec le filament de la lampe.

Le culot pour douille à baïonnette est représenté dans la figure 393. Un cylindre en cuivre AB est fixé à la partie inférieure de la lampe. Il porte lui-même en bas un disque en os D, D, présentant deux ouvertures. Les deux fils de cuivre C, C traversent ces ouvertures et viennent en F, F se réunir par des soudures aux plaques métalliques

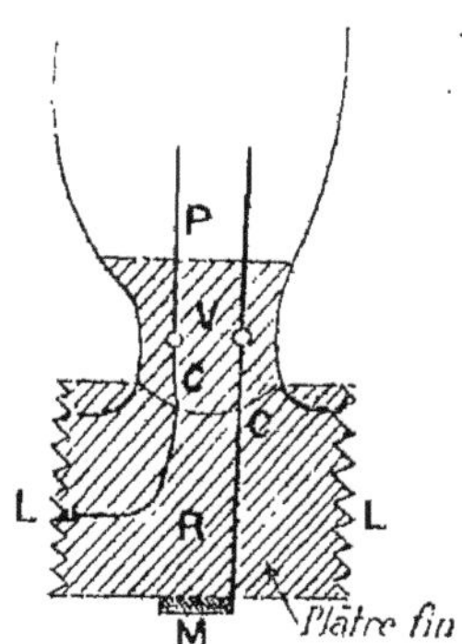

Fig. 392. — Culot à vis Edison.

qui les mettront en contact avec le courant. Sur les côtés en G, G se trouvent des petites traverses qui nous seront utiles tout-à-l'heure pour rentrer dans la baïonnette. Ces culots se construisent de plusieurs manières. Dans les uns, la partie intérieure est garnie de plâtre fin. D'autres sont garnis de plâtre fin et n'ont pas de disque en os à la partie inférieure. Dans d'autres modèles, au contraire, le cylindre en cuivre AB est remplacé par une matière vitreuse, dénommée vitrite.

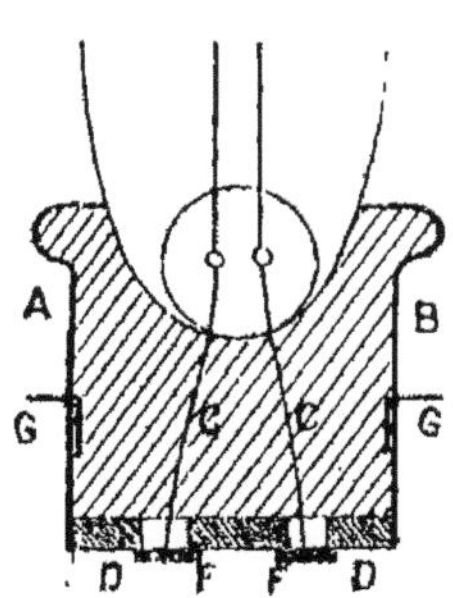

Fig. 393. — Culot à baïonnette.

2° *Support de la lampe. La douille.* — Le support immédiat de la lampe est la douille. Cette dernière peut à son tour se monter sur toutes sortes d'appareillage. Nous nous occuperons seulement ici de la douille en elle-même.

La douille à vis (fig. 394) est composée d'une vis A avec une ouverture d'un côté pour le passage d'une lame B formant res-

sort. Le tout est monté sur une partie isolante avec un pas de
vis C pour montage sur divers appareils.

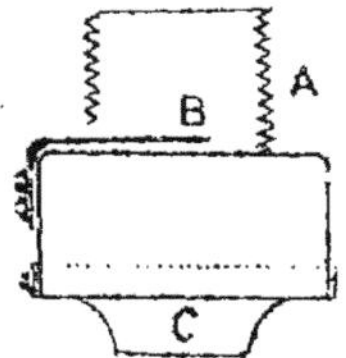

Fig. 394. — Douille à vis.

La douille à baïonnette présenté d'autres dispositions. La
figure 395 nous donne la vue d'ensemble d'une douille de ce
genre et la figure 396 nous montre les principaux
détails. Au centre se trouve une pièce A en porcelaine dont nous voyons la coupe verticale.
Dans deux ouvertures B, B sont placés deux pistons avec boulons à la partie inférieure, sur
lesquels nous allons donner quelques explications. Un petit cylindre de cuivre fileté extérieurement et portant à sa partie inférieure un boulon
E renferme intérieurement un ressort qui vient
appuyer contre une tige de cuivre C. Cette tige
glisse dans le cylindre intérieur, mais est mainte-

Fig. 395. —
Vue d'en-
semble d'u-
ne douille à
baïonnette.

nue à l'extrémité par un rebord *a*. Sur le cylindre fileté
extérieurement sont montés deux boulons F, F qui nous serviront plus loin. Cette partie de porcelaine pénètre par deux
crans spéciaux dans un cylindre supérieur G présentant deux
renflements *H*. Contre ceux-ci s'appuie une autre pièce
extérieure M présentant un filetage intérieur sur lequel
vient se visser un dernier raccord N N avec filetage intérieur
P. Le cylindre G nous servira pour faire pénétrer le culot
de la lampe ; les petites tiges sur le côté dont il a été question
rentreront dans les baïonnettes que montre en détail la
deuxième figure à droite et les pièces de cuivre à la partie

inférieure viendront s'appliquer sur les tiges de cuivre C, C. Celles-ci seront maintenues appliquées par la force du ressort.

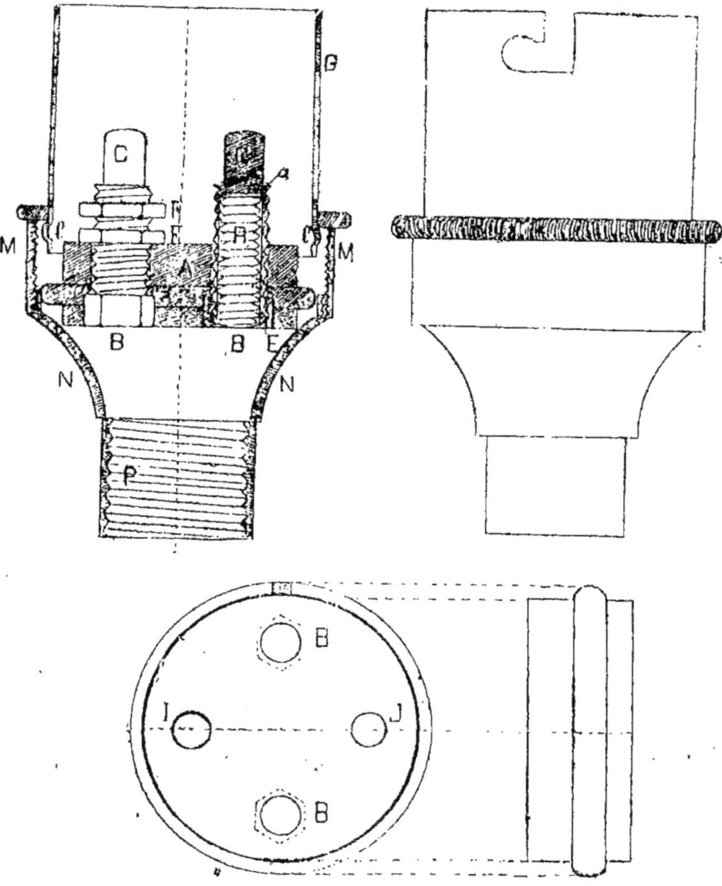

Fig. 396. — Détails d'une douille à baïonnette.

Le raccord N nous servira à fixer la douille sur un support quelconque. Il nous reste encore à donner un détail. La pièce de porcelaine A présente 4 ouvertures diamétrales ; nous n'avons le rôle que de 2 de ces ouvertures B et B. Les 2 autres ouvertures I et J servent à laisser passer les fils des circuits électriques et viennent se fixer sur la tige C, entre les 2 boulons F, F.

Telles sont les principales dispositions d'une douille simple à baïonnette.

On a apporté quelques modifications à cette douille primitive pour répondre à divers besoins.

On a d'abord cherché à isoler la douille de tout support sur lequel elle peut être fixée. Il a suffi pour cela (fig. 397) de faire la pièce A en porcelaine et la pièce B en cuivre, ou de faire la pièce A en cuivre et la pièce B en ébonite, en fibre, en matière isolante quelconque

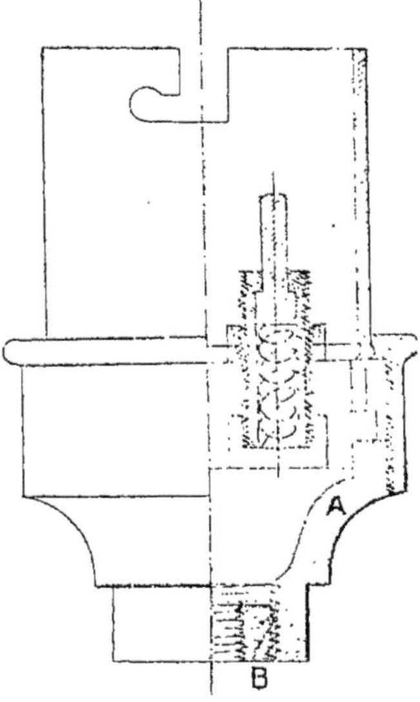

Fig. 397. — Vue intérieure d'une douille isolée.

Dans les deux cas, la pièce B devra être filetée intérieurement pour se fixer sur tout autre support.

Il a fallu dans quelques cas construire des douilles portant une clef qui pouvait servir d'interrupteur. La fig. 398 donne la vue d'ensemble d'une douille de ce genre. En tournant la clef A à gauche ou à droite, on allume ou on éteint la lampe. La clef, en tournant, déplace une petite plaque qui porte des contacts, on agit sur les tiges de cuivre en les abaissant.

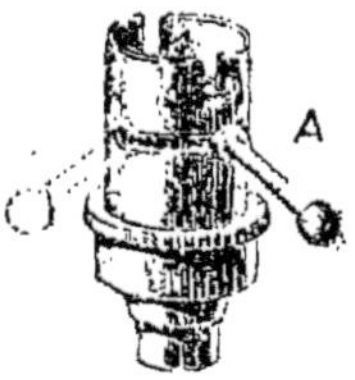

Nous mentionnerons aussi d'autres modèles de douilles à clef dans lesquelles l'interrupteur de manœuvre est placé sur le côté (fig. 399).

Fig. 398. — Douille à clef.

Nous ne signlaons du reste ici que quelques modèles spéciaux.

Fig. 399. — Autre douille à clef.

Le montage des fils électriques de la canalisation se terminera en faisant arriver les fils en A ; ils se sépareront en B, l'un traversera (fig. 400) la porcelaine et viendra en C se serrer entre les deux boulons Le deuxième fil ira sur la deuxième tige.

3° *Montage pratique de la lampe à incandescence sur pieds, supports, etc.* — Il nous reste peu de chose à faire pour monter maintenant complètement une lampe à incandescence. Prenons le cas simple d'une applique (fig. 401). Nous avons amené le courant en A, les câbles traversent l'applique B et se rendent à la douille D où nous savons les fixer. Nous poserons également sur le bras de l'applique une griffe C qui nous servira à maintenir la tulipe abat-jour E. Nous pourrons ensuite fixer la lampe F dans la douille et nous arriverons finalement au montage complet représenté par la figure 402.

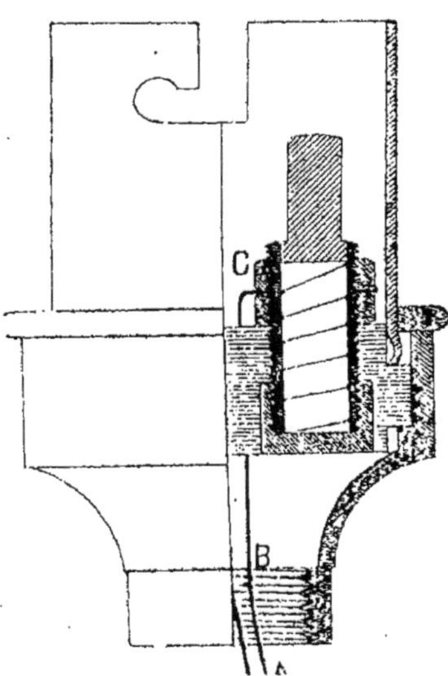

Fig. 400. — Montage intérieur d'une douille.

En pratique, nous aurons à monter des lampes à incandescence sur des tiges, sur des pieds, avec des prises de courant, (fig. 403) sur des suspensions variables, et dans une foule d'autres circonstances, sur des bougies, etc... Les principes que nous avons donnés plus haut suffisent au monteur électricien pour le préparer à faire ces différents montages.

4° *Modèles divers de lampes à incandescence.* — Les modèles de lampes à incandescence sont des plus variables ; on ren-

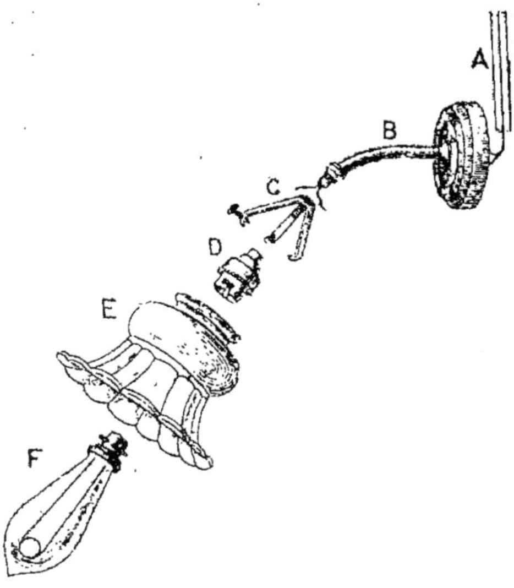

Fig. 401. Détail des pièces dans le montage d'une applique.

contre des lampes depuis 1 bougie jusqu'à 1000 bougies. La lampe de 1 bougie a été fabriquée par la Société des lampes homogènes et la société Gramme.

Les formes sont également des plus variables, ainsi que les modèles. Parmi les fabriques connues, citons la société des lampes homogènes, la société des lampes à incandescence, MM. Gabriel et Angenault, MM. Bainville et Cie, etc.

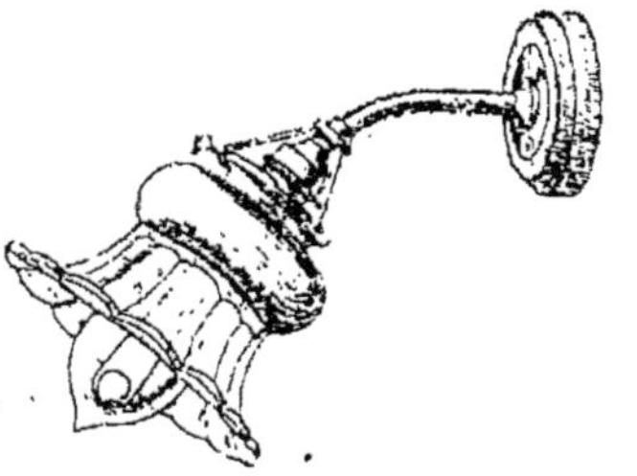

Fig. 402. — L'applique montée.

La figure 404 nous donne quelques modèles de lampes

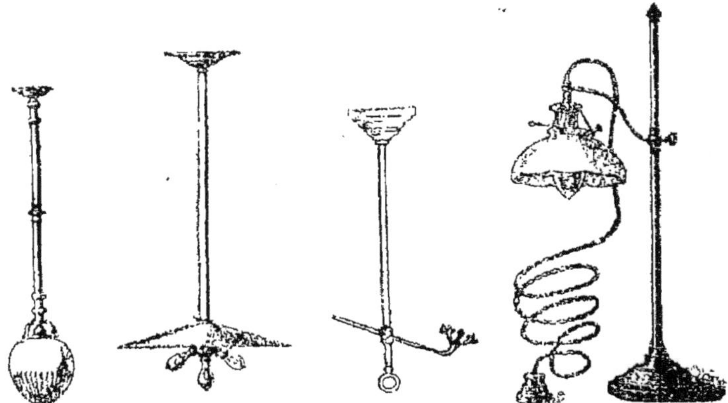

Fig. 403. — Montages divers de lampes sur tiges et sur pieds.

ordinaires, petite, contournée, droite à un seul filament en boucle.

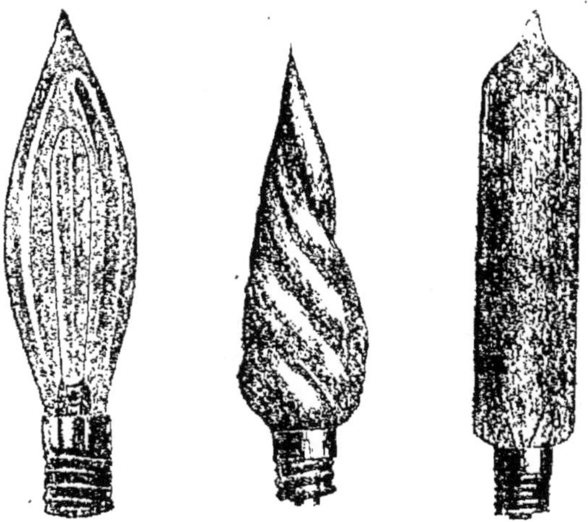

Fig. 404. — Modèles de petites lampes à incandescence.

MM. Gabriel et Angenault ont fabriqué un appareil spécial pour coupler deux lampes en tension (fig. 404 *bis*).

Dans la figure 405 nous trouvons des lampes à 1 et 2 spires en tension.

La Cie Edison Swan de Londres a monté dans une lampe 5 filaments en quantité (fig. 406). Ces filaments aboutissent tous à deux couronnes concentriques. Nous donnons deux autres modèles de lampes, l'une à 2 filaments en tension, et l'autre à 2 filaments en quantité. L'attention des électriciens s'est en effet portée depuis quelque temps sur la tension des lampes. Les stations centrales débordées ont remplacé des lampes de 110 volts par des lampes de 220 volts, ce qui permet d'augmenter le nombre de lampes sans changer les câbles et en augmentant simplement la différence de potentiel.

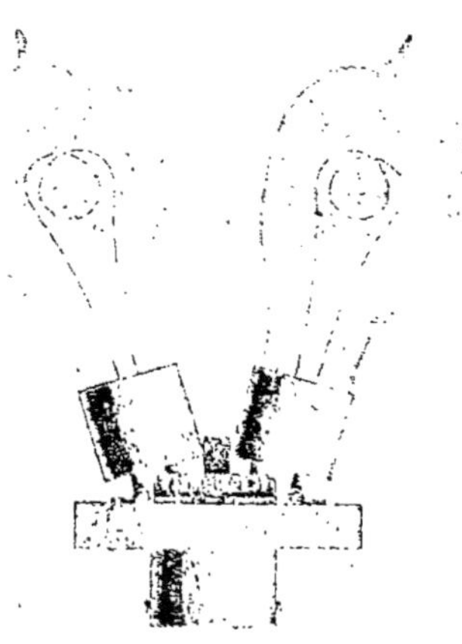

Fig. 404 *bis*. — Appareil Gabriel et Angenault pour monter deux lampes en tension.

5° *Prix de revient de fabrication d'une lampe à incandescence. Prix de vente.* — Il est assez difficile de se procurer quelques chiffres sur le prix de revient de la fabrication. Nous pouvons cependant donner les renseignements suivants :

Le prix de revient total d'une lampe est environ de 60 à 65 centimes. Dans ce prix les matières premières entrent pour 22 centimes, la main-d'œuvre pour 18 centimes, les frais généraux pour 8 centimes, la casse pour 5 centimes, et les frais divers pour 10 centimes. La matière première est certainement celle qui occasionne le plus de frais ; et c'est le platine, qui coûte environ 10 centimes par lampe.

Le prix actuel de vente des lampes à incandescence ordinaires pour les intensités lumineuses de 5 à 32 bougies est environ de 1 fr. 25 à 1 fr. 50 au détail.

6° *Dépenses des lampes à incandescence, Intensité lumineuse.* — La lampe à incandescence est un appareil qui consomme de

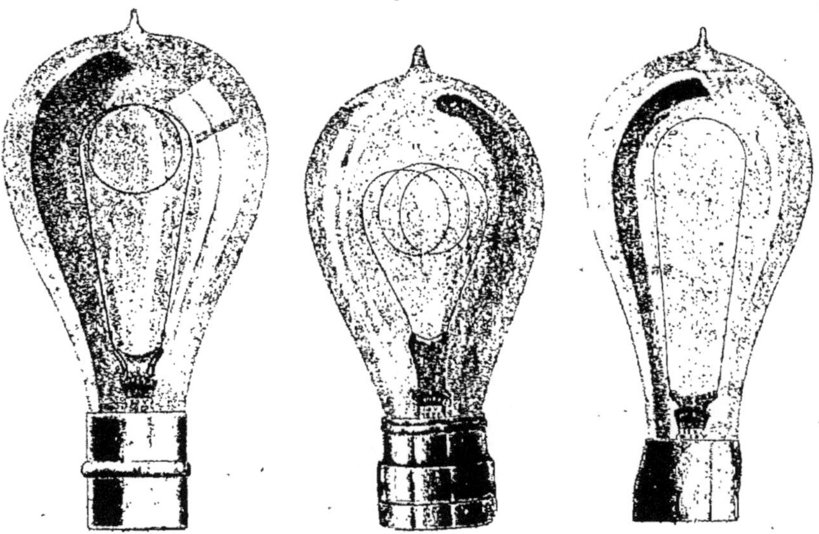

Fig. 405. Lampes à incandescence à un filament

l'énergie électrique et qui produit de la lumière. Nous pouvons maintenant dire quelles sont leurs conditions de fonctionnement, quelle est la puissance électrique dépensée, et quelle est l'intensité lumineuse obtenue.

La dépense spécifique des lampes ou consommation en watts par bougie est essentiellement variable et dépend beaucoup de leur durée. On peut avoir des lampes qui dépensent fort peu, 2 à 3 watts par bougie, mais qui, par contre, dureront moins longtemps, 500 à 600 heures. Par suite la lampe sera à rem-

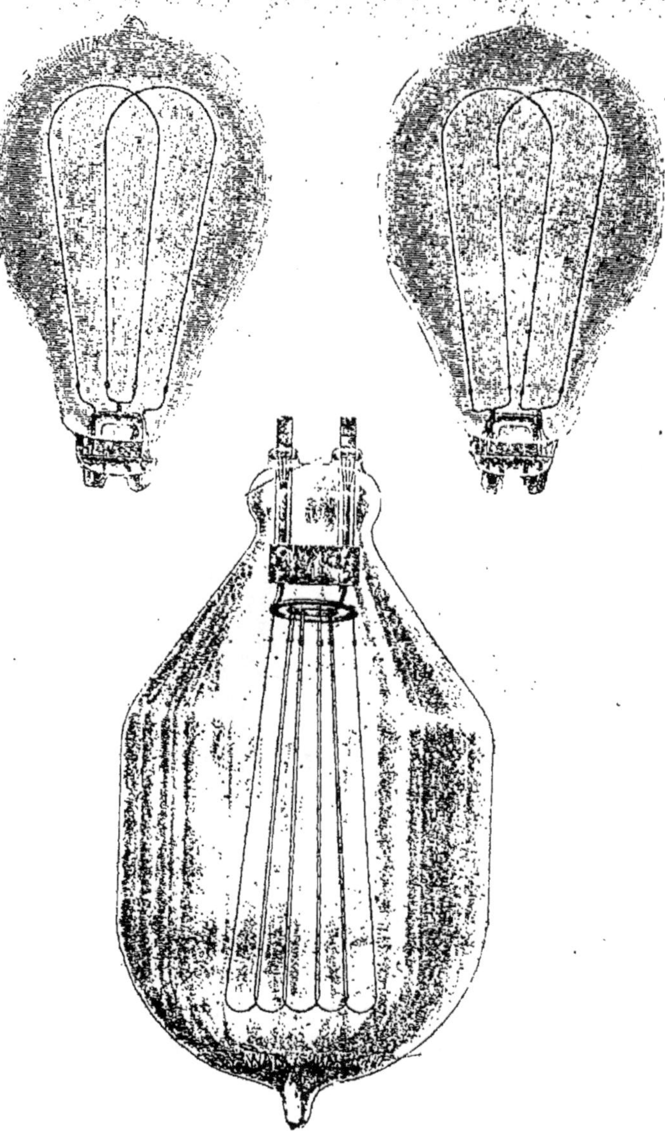

Fig. 406. — Lampes à incandescence à plusieurs filaments.

placer assez souvent. Au contraire d'autres lampes dépenseront davantage, environ 3,5 watts à 4 watts par bougie, et auront une durée moyenne de 800 à 1000 heures, en conservant leur puissance lumineuse normale. Tout cela dépend évidemment du prix de l'énergie électrique fournie. Cette question sera à examiner dans chaque cas particulier.

En ce qui concerne les dépenses spécifiques des lampes à incandescence, les expériences ont déjà été nombreuses. Nous citerons entre autres les essais de M. P. Gasnier, chef des travaux pratiques d'électricité à l'Ecole municipale de physique et de chimie industrielles de la Ville de Paris. Il a examiné plusieurs lots de lampes à 100 volts de 10 et de 16 bougies prises au hasard parmi un grand nombre. La dépense spécifique en watts par bougie a varié entre 2,46 et 3,54 pour les lampes de 10 bougies au début des essais, et entre 2,23 et 3,32 pour les lampes de 16 bougies. La durée des expériences a été poursuivie jusqu'à 600 heures, et la diminution de puissance lumineuse, ainsi que la dépense spécifique a été mesurée à différentes périodes. Plusieurs lampes, qui au début avaient une puissance lumineuse de 11,6 bougies et dépensaient 2,46 watts par bougie, donnaient 9,6 bougies après 150 heures et dépensaient 2,90 watts par bougie. Après 375 heures, l'intensité lumineuse était de 7,9 bougies et la dépense spécifique de 3,42 watts par bougie. Après 500 heures, les lampes ne donnaient plus que 7,1 bougies avec une dépense de 3,75 watts par bougie. Quelques lots de lampes ont donné des résultats inférieurs ; par exemple, on a trouvé des lampes dépensant 3.11 watts par bougie au début, 4,65 après 600 heures. D'autres qui donnaient 1 bougie pour 2,78 watts en dépensaient 4,89 après 800 heures. Ces résultats prouvent qu'il ne faut pas se baser sur quelques expériences pour juger une fabrication, mais sur un très grand nombre. Les lampes à incandescence de 16 bougies dépensaient au début 2.23 watts par bougie et après 150 et 400 heures respectivement 2,60 et 3,72. La dépense après 600 heures n'a pas dépassé pour les divers modèles de lampes essayées 4,29 et

3,94 watts par bougie. Suivant les lots de lampes, les résultats ont présenté entre eux des différences assez grandes. Un lot de 8 lampes a donné les dépenses spécifiques en watts par bougie de 2,51 au commencement des essais, de 2,92 après 175 heures, de 3,50 après 375 heures et de 3,76 après 500 heures. Un autre lot de 8 lampes a donné des dépenses de 2,43 watts par bougie au début, de 2,54 après 100 heures, de 3,12 après 350 heures et de 3,53 après 600 heures. Les lampes qui ont accusé

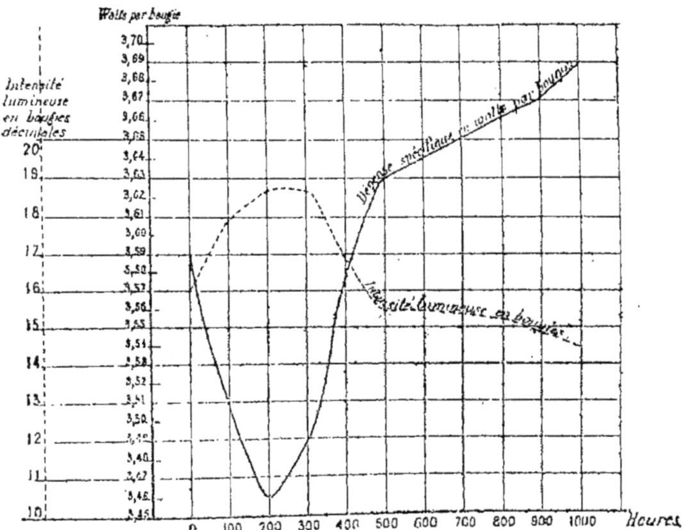

Fig. 407. — Courbes de consommation des lampes à incandescence.

des consommations de 4,29 watts par bougie après 600 heures ont eu une augmentation plus marquée de la dépense avec le nombre d'heures de fonctionnement ; les consommations ont été respectivement de 2,76 watts par bougie au début, de 3,07 après 250 heures, de 3,77 après 450 heures et de 4,29 après 600 heures. Pour deux lots de lampes de 20 bougies, les dépenses spécifiques ont été de 3 et de 3,36 watts par bougie au commencement des essais et de 3,71 et 3,53 après 600 heures.

M. Packard en Amérique a également fait des essais semblables sur un lot de 50 lampes de 16 bougies. Il a noté les intensités lumineuses et les dépenses spécifiques en watts par bougie après un certain nombre d'heures, jusqu'à 1000 heures. Nous représentons les résultats dans les courbes ci-jointes (fig. 407). Elles nous donneront une idée très nette des faits qui se passent ordinairement. La différence de potentiel dans l'expérience a été maintenue constante à 98 volts à 2 pour 100 près. Suivons la courbe de l'intensité lumineuse en pointillé. Celle-ci est d'abord de 16 bougies, puis après 100, 200, 300, 400, 1000 heures, elle passe par les valeurs de 17,9 ; 18,7 ; 16,9 ; 15,5 ; 15,2, et 14,5 bougies. On voit donc qu'elle a d'abord augmenté et qu'elle a ensuite diminué. De même si nous considérons les dépenses spécifiques en watts par bougie, nous trouvons :

au début		3,59	watts par bougie
Après	100 heures	3,51	—
—	200 —	3,46	—
—	300 —	3,49	—
—	400 —	3,58	—
—	500 —	3,63	—
—	600 —	3,64	—
—	800 —	3,66	—
—	1000 —	3,69	—

On voit donc que cette dépense spécifique a d'abord baissé dans de grandes proportions jusqu'à 200 heures, et cela tant que l'intensité lumineuse de la lampe a augmenté.

On voit que si une lampe donnant normalement 16 bougies a été *poussée*, c'est-à-dire en a donné 18,7, la dépense spécifique a été moins grande ; mais cet état n'a pas duré longtemps.

On peut tirer de ce fait un enseignement très intéressant comme l'a fait M. O' Keenan d'expériences analogues qu'il a effectuées sur le même sujet.

Si l'énergie électrique coûte cher, on aura intérêt à en dépenser le moins possible pour obtenir la plus grande quantité de lumière. Nous pouvons alors pour une lampe donnée déterminer, depuis sa mise en service, la quantité d'énergie électrique qu'elle a dépensée et, d'autre part, la quantité de lumière qu'elle a fournie en bougies-heure. La dépense totale effectuée se composera de la dépense d'énergie électrique, plus des frais d'achat de la lampe. En divisant la dépense totale par la quantité de lumière en bougies-heure, nous aurons à chaque instant le prix spécifique en francs par bougie-heure. Nous trouverons ainsi qu'à partir d'un certain moment la dépense spécifique augmente.

Ce moment arrivera pour un certain nombre d'heures variable suivant la qualité de la lampe, les conditions dans lesquelles elle se sera trouvée, etc. A partir de ce moment il sera plus économique de remplacer la lampe à incandescence par une lampe neuve, qui éclairera davantage et dépensera moins.

C'est là un point très important et qu'il est très difficile de faire comprendre aux abonnés à une distribution d'énergie électrique. Ceux-ci ont souvent des lampes presque rouges, en service depuis 1000, 1200 heures, et qui n'éclairent pas.

Ils hésitent à les remplacer par des lampes neuves, et ils se refusent totalement à changer la lampe dès que son intensité lumineuse s'affaiblit cependant d'une façon sensible.

Pour favoriser ces tendances, les fabricants de lampes, qui y sont tout intéressés, ont établi des modèles spéciaux qui ne dépensent que 2,5 watts par bougie avec une durée de 350 heures. Ce sont ces modèles les plus avantageux, quand l'énergie électrique est d'un prix élevé.

On a donc intérêt à pousser un peu les lampes et à les renouveler plus souvent.

7° *Prix de revient de l'éclairage par lampes à incandescence.* — Nous ne pouvons déterminer le prix de revient de l'éclairage par lampes à incandescence qu'en nous basant sur l'intensité lumineuse ; des expériences d'éclairement et de prix de revient n'ont pas encore été faites en effet dans les conditions que nous avons énoncées plus haut pour les lampes à arc.

Avec les lampes à incandescence, il faut compter sur une puissance dépensée de 3 watts par bougie en moyenne. Une lampe de 10 bougies consommera donc pendant une heure 30 watts heure. Au prix moyen de 0,10 fr. l'hectowatts-heure, la dépense sera donc de 0,03 fr., soit par bougie-heure 0,003 fr. Un bec de gaz ordinaire consommera 100 litres de gaz à 0,30 fr. le mètre cube pour fournir 10 bougies-heure, soit également par bougie-heure 0,003 fr. On estime que les becs Auer consomment 20 à 25 litres de gaz pour fournir 10 bougies-heure, et n'occasionnent qu'une dépense de 0,00075 fr. par bougie-heure. Ces chiffres nous semblent légèrement abaissés. Mais il faut maintenant y ajouter les prix des remplacements des lampes, des manchons.

M. Galine, dans son traité de l'*Eclairage au gaz*, indique pour prix de revient de la carcel-heure (10 bougies-heure) :

Becs à gaz ordinaires de 110 litres par heure.　0,033　fr.
Becs à récupération de 50 litres par heure.　.　0,015
Becs à incandescence de 26 litres par heure.　0,0078
Lampes à incandescence (10 bougies). . . .　0,038

M Ph. Delahaye, dans le travail que nous avons déjà cité à propos des lampes à arc, trouve les prix suivants pour la carcel heure :

Bec Auer de 5 carcels. . . . .　0,0035 fr.
Bec papillon de 1,1 carcel. . . . . . .　0,021
Lampe à incandescence électrique de 1 carcel.　0,019

Ces prix ne comprennent que la dépense de gaz et d'énergie électrique.

La Société française d'incandescence par le gaz, système Auer, à propos d'une nouvelle lampe à pétrole à incandescence Auer, donne les prix suivants pour la carcel-heure :

Lampe à huile de 1 carcel. . . . .　0,045 fr.
Lampe à pétrole Auer de 4,6 carcels. . . . .　0,006
Bec de gaz Auer de 4 carcels. . . . . . .　0,006

Il faut considérer également les conditions pratiques. La

lampe à incandescence se prête à des allumages et extinctions aisés et rapides ; le gaz et le bec Auer ne peuvent être éteints et rallumés aussitôt. Il en résulte que dans une journée ces becs brûlent un certain nombre d'heures, mais ne sont réellement utiles que pendant quelques heures. La lampe à incandescence au contraire peut n'être allumée que pendant les heures d'utilisation. Il en résulte donc, tous comptes faits, que la lampe à incandescence entretenue dans de bonnes conditions et poussée peut facilement lutter contre tous les becs de gaz même au point de vue du prix sans compter tous ses autres avantages. Ajoutons encore que l'intensité lumineuse du bec Auer, 4 à 5 carcels, est souvent trop éclatante pour les diverses applications ; la lampe à incandescence électrique se prête aux plus faibles intensités lumineuses. Il importerait de consulter des prix de revient pratiques comparatifs établis par expérience dans des conditions sérieuses.

B. — APPLICATIONS MÉCANIQUES DE L'ÉNERGIE ÉLECTRIQUE.

Les applications mécaniques de l'énergie électrique sont encore plus importantes que les applications lumineuses dont nous venons de parler. Elles permettent en effet d'utiliser dans la journée les usines électriques qui resteraient inoccupées, et nous laissent accomplir toutes sortes de travaux à l'aide des moteurs électriques. Les besoins de faible puissance motrice à domicile ou dans l'usine sont des plus variés et des plus étendus. Nous ne parlons pas des petites industries (tourneur, menuisier, serrurier, imprimeur, etc.), où les moteurs sont de première nécessité, mais encore des maisons particulières. Un moteur ne rendrait-il pas service pour mettre en action un petit ventilateur électrique, une machine à coudre, etc., et encore une série d'autres applications qui se présentent naturellement à l'esprit.

Nous allons donner quelques renseignements sur les moteurs électriques, et nous passerons en revue quelques-unes des applications principales.

Les moteurs peuvent fonctionner avec les courants continus, alternatifs et polyphasés. Les moteurs à courants alternatifs et polyphasés, qui existent en très grand nombre exigent des dispositions spéciales pour un bon fonctionnement. Nous ne

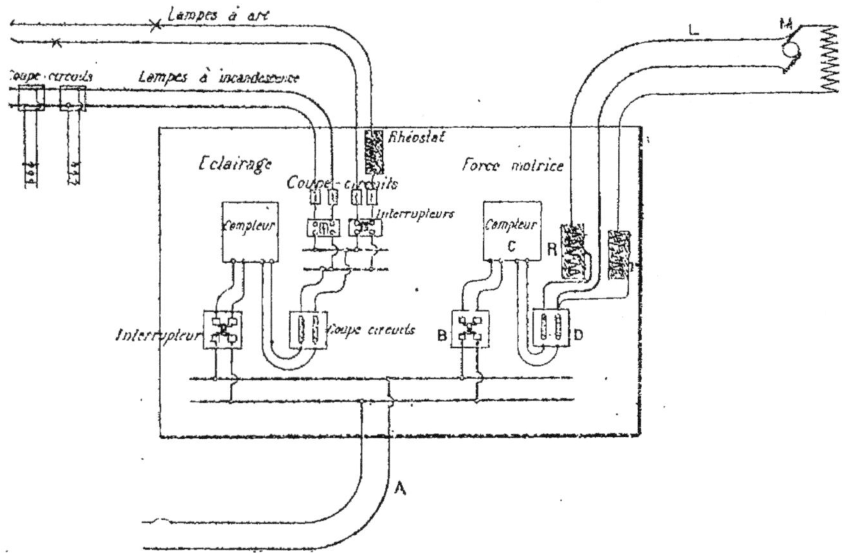

Fig. 408. — Tableau de distribution d'une installation comportant l'éclairage et la force motrice.

pouvons ici étudier en détail toutes ces dispositions qui nous entraîneraient trop loin, et auxquelles nous avons déjà consacré un ouvrage en deux volumes : *Les applications mécaniques de l'énergie électrique* ; nous nous contenterons de donner quelques renseignements sur les moteurs à courants continus.

Les moteurs à courants continus sont constitués exactement

comme les machines que nous avons étudiées au commencement de ce livre. Au lieu de recevoir de l'énergie mécanique qui les met en mouvement et de produire de l'énergie électrique, ils reçoivent de l'énergie électrique qui les fait déplacer et ils produisent de l'énergie mécanique. Les moteurs sont série, shunt ou compound. Les moteurs série donnent de grandes variations des vitesse angulaire ; il n'en est pas de même des moteurs shunt qui ne donnent que de faibles variations.

Un point important à considérer dans les moteurs est le démarrage, c'est-à-dire le moment où le moteur est mis en

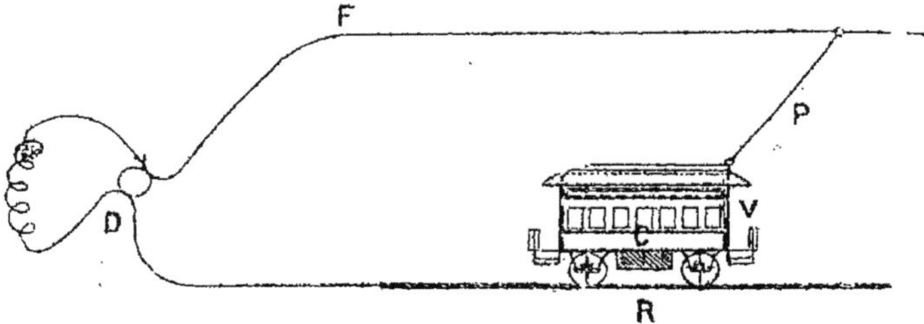

Fig. 409. — Schéma d'une installation de traction électrique.

marche. A cet instant, le moteur étant arrêté, l'intensité est très grande et dépasse de beaucoup les limites normales. On a soin alors de mettre toujours une résistance très grande en circuit au moment du démarrage. Celui-ci peut être obtenu sous charge ou à vide. Dans ces moteurs, les balais sont calés en avant dans le sens de la rotation.

Nous donnons dans figure 408 le schéma complet d'une installation simple comportant à la fois l'éclairage et la force motrice. Comme toujours, ce sont les dispositions du tableau qui importent le plus. Nous avons supposé le cas le plus compliqué : un abonné qui s'éclaire à l'arc et à l'incandescence et qui emploie la force motrice. Les deux installations sont nettement séparées, et l'une ou l'autre pourrait subsister seule.

Nous ne parlerons pas de l'installation pour l'éclairage ; nous l'avons vue plus haut. Le câble extérieur arrive en A, dessert deux barres horizontales et vient en B à un interrupteur bipolaire, traverse un compteur particulier C, un coupe-circuit bipolaire D, un rhéostat R placé sur amiante ; viennent ensuite la ligne L et le moteur M. Les inducteurs sont reliés au tableau à travers une résistance r. La résistance R est la résistance de démarrage, et la résistance r la résistance d'excitation. La commande du moteur peut se faire du tableau de distribution, comme nous l'indiquons ; quelquefois elle se fait dans une pièce éloignée à côté du moteur lui-même.

Les dispositions sont exactement les mêmes pour une installation séparée ; le compteur seul est enlevé.

Les applications de ces moteurs sont extrêmement nombreuses. Les moteurs électriques sont d'abord utilisés dans les usines, les ateliers, les fabriques pour actionner des transmissions, des tours, machines à percer, des scies, des ascenseurs, des monte-charges, des ventilateurs, grues, cabestans, des pompes électriques, des ponts roulants électriques, etc.

La traction électrique qui a pris depuis quelques années une si grande importance n'est qu'une application des moteurs électriques. A l'intérieur des voitures se trouvent des moteurs qui commandent les roues. Le courant est fourni au moteur soit par des accumulateurs portés par la voiture elle-même, soit par des communications avec des câbles extérieurs au moyen d'un contact spécial appelé *trolley*. La figure 409 donne le principe des tramways électriques à fil aérien. Une dynamo D a un pôle relié à des rails sur lesquels circule une voiture V contenant un moteur électrique C qui commande les roues. Une perche P, à l'aide d'un frotteur, vient recueillir le courant sur un fil F qui est le second pôle de la dynamo D. La voiture circule. Un grand nombre de dispositions seraient à étudier : trolley souterrain, chemin de fer électrique, etc. qu'il nous suffise de dire que la traction électrique est une des grandes applications des moteurs électriques.

La transmission électrique de l'énergie à distance est encore une application dont la grande importance et la haute utilité n'échappent à personne. Il suffit en un point déterminé A (fig. 410) d'établir une dynamo actionnée par une chute d'eau, par

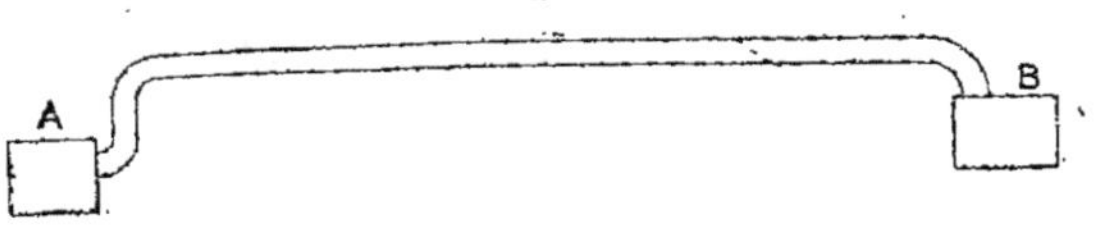

Fig. 410. — Schéma d'une transmission de force motrice.

une machine à vapeur etc, de recueillir l'énergie électrique produite dans des fils L et de transmettre à distance à un moteur B cette énergie, qui peut être utilisée. Bien conçue, cette transmission peut être très économique. Il y a à ce sujet des applications innombrables qui nous entraîneraient trop loin.

C. — APPLICATIONS CALORIFIQUES

Les applications calorifiques électriques reposent sur ce principe que si l'on fait traverser par un courant électrique certains corps présentant une grande résistance on peut faire dégager une certaine quantité de chaleur. Jusqu'à ce jour l'énergie électrique a été encore d'un prix trop élevé pour se prêter à de pareilles applications surtout sur les réseaux de distribution. Mais il existe un grand nombre d'appareils permettant d'utiliser ainsi l'énergie électrique.

Nous citerons tout d'abord la *soudure électrique*, qui est très employée en Amérique notamment pour le soudage des rails, le *recuit électrique des plaques de blindage*. On a essayé également à l'aide de radiateurs convenablement disposés de chauffer un théâtre.

On a construit (fig. 411) des radiateurs A pour chauffer l'air dans une chambre, des bouilloires B, des allume-cigares C (une

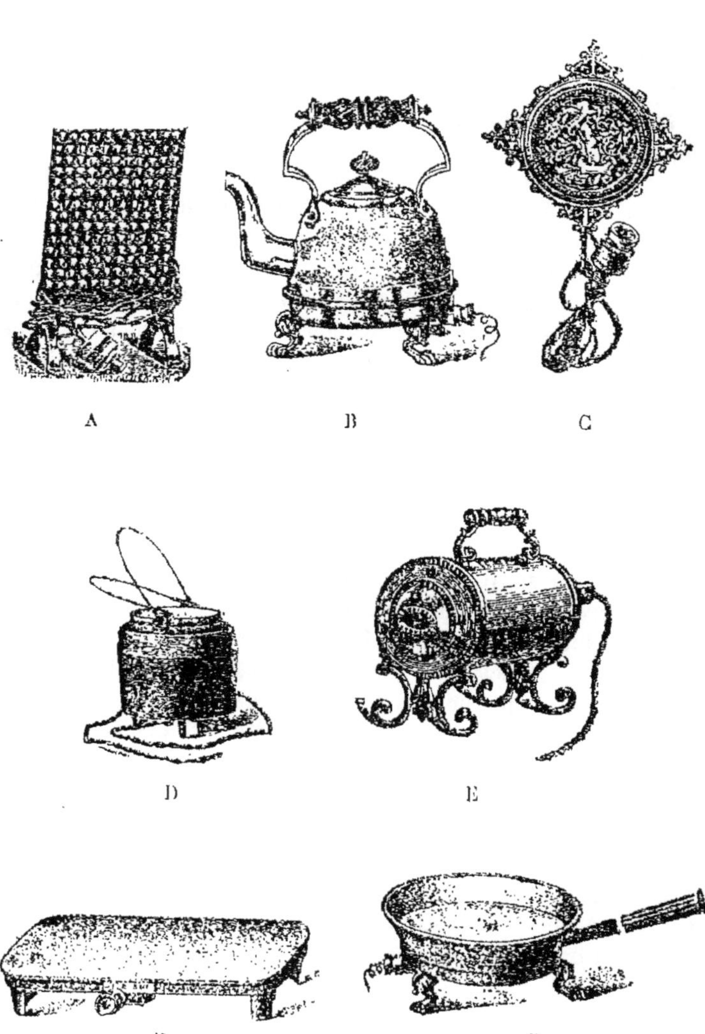

Fig. 411. — Appareils divers pour applications calorifiques.

toile métallique rougit par l'allumage), des pots à colle électrique D, des chauffe-fers E, des chauffe-plats F, des poëles à frire G, etc.

Tous ces appareils consomment à 110 volts des intensités ne dépassant pas 4 à 5 ampères.

A l'exposition de la Société des électriciens du 2 mai 1896 un cuisinier électricien faisait cuire des côtelettes et des biftecks sur un gril de 8 ampères.

Ainsi que nous l'avons dit plus haut, l'énergie électrique est encore d'un prix élevé pour que ces utilisations soient très répandues. Mais n'est-il pas agréable, quand on ne regarde pas à la dépense, d'avoir en quelques minutes, une bouillote d'eau chaude par la manœuvre d'un simple interrupteur.

D. — APPLICATIONS ÉLECTRO-CHIMIQUES.

Les applications électro chimiques sont également très nombreuses et nous ne pouvons ici que citer les noms de ces applications.

En électrolyse, il nous faut mentionner le cuivrage, le nickelage, l'argenture, la dorure, le platinage, la purification des eaux potables, l'extraction de l'or par l'électrolyse des solutions de cyanure, l'électrolyse des eaux d'égoût, l'assainissement des villes par la méthode Hermitte, la galvanoplastie de l'argent, la préparation du chlorate de potasse, l'électrolyse du sel marin et la production de soude et de chlore, l'électrolyse industrielle de l'eau pour la préparation de l'hydrogène et de l'oxygène, l'épuration des huiles et des graisses, la fabrication des matières colorantes.

Le four électrique a donné à M. Moissan des résultats merveilleux à une température de 3600° ; il a préparé le carbure de calcium, le titane, le molybdène, le diamant, le vanadium, etc. etc.

L'énergie électrique a également permis d'obtenir du cuivre, de l'aluminium et des bronzes qui sont de la plus haute utilité.

Enfin nous devons encore enregistrer parmi ces applications le tannage électrique, la fabrication électrique de la céruse, du carborundum, les ozoneurs, la culture électrique, le raffinage du sucre, la fabrication du papier et la préparation électrique de la cellulose, etc., etc. On voit que le champ des applications est vaste et il ne fait encore que s'agrandir davantage.

E. — APPLICATIONS DIVERSES.

Parmi ces applications, nous mentionnerons uniquement pour mémoire les sonneries, les signaux de chemins de fer, la téléphonie, la télégraphie avec ou sans fils, etc.

Les applications de l'énergie électrique sont multiples, on le voit ; et chaque jour on se trouve en présence de nouvelles découvertes peut-être encore plus intéressantes que les premières.

CHAPITRE VIII

ACCIDENTS ÉLECTRIQUES POUVANT SE PRODUIRE DANS UNE DISTRIBUTION D'ÉNERGIE ÉLECTRI. QUE — MOYENS D'Y REMÉDIER.

Nous examinerons dans ce chapitre les divers accidents électriques qui peuvent se produire dans des installations d'énergie électrique, ainsi que les moyens d'y remédier.

Nous passerons sous silence les accidents relatifs aux chaudières, aux tuyauteries, aux machines à vapeur et aux transmissions ; ces diverses parties sont étudiées dans les cours de mécanique, nous ne nous occuperons que de la partie électrique.

1º ACCIDENTS A L'USINE.

Nous avons déjà indiqué précédemment les principaux accidents qui pouvaient se présenter en étudiant les diverses parties de l'usine. Nous allons cependant en faire une courte revue.

Pour les machines à basse tension, il peut arriver que pour diverses raisons l'induit brûle et même enflamme les garnitures extérieures. Il faut alors immédiatement arrêter la machine, en ayant soin de prendre d'abord les précautions nécessaires pour assurer le service, si l'on se trouve au moment de la pleine charge. Dans le cas d'une distribution par accumulateurs, il n'y a pas à se préoccuper autrement de cette circonstance, ces derniers permettant d'assurer la dépense.

Il convient également de prévoir le cas où les balais d'une machine viendraient à fondre, afin de les remplacer aussitôt.

Pour éviter toute méprise de ce côté, on a soin de disposer toujours deux paires de balais à côté l'une de l'autre.

Pendant la marche des machines s'assurer toujours que l'échauffement n'est pas anormal.

Pour les tableaux de distribution, il importe de s'assurer souvent des contacts des commutateurs, des résistances, vérifier de temps à autre les ampèremètres et voltmètres, nettoyer souvent les bornes de connexions, resserrer de temps à autre les vis qui maintiennent les fils fusibles. Les explications que nous avons données précédemment suffisent largement.

Les courants électriques ordinairement employés â 100, 200 ou 400 volts ne sont pas dangereux ; ils peuvent causer des secousses désagréables. Pour les éviter nous avons vu que les ouvriers prenaient des gants de caoutchouc et des souliers de caoutchouc.

Nous ne saurions trop recommander aux électriciens la plus grande vigilance sur toutes les parties et les pièces de l'usine. Le Journal anglais *the Electrician* nous rapportait que le 3 mars 1897 un court-circuit avait été produit accidentellement sur une machine de 2000 chevaux à la station centrale de la Union Traction Company à Philadelphie, et avait causé la destruction totale de l'usine. Ce court circuit avait été produit de la façon suivante : Un pont roulant laissait pendre une chaîne qui est venue au contact du collecteur d'une dynamo en marche. Des flammes surgirent aussitôt, une grande quantité de métal fondu se répandit sur le parquet imprégné d'huile et celui-ci prit feu. Les conduites de vapeur fondirent et une explosion eut lieu, qui tua 2 hommes. Les dégâts se sont élevés à plus de deux millions.

Mais il en est autrement avec les courants à haute tension de 2000, 3000 volts, continus et surtout alternatifs. D'une manière générale, aucune manipulation ne doit être faite à la dynamo au tableau de distribution et en toute partie *sans gants de caoutchouc*, et sans reposer les pieds sur un isolant. Même s'il est nécessaire d'effectuer une petite réparation, *il est absolument in-*

dispensable d'avoir des gants de caoutchouc et aussi des outils à manche isolant. Défense expresse de toucher aux commutateurs, coupe-circuits, appareils de mesure, transformateurs témoins pendant la marche *sans gants de caoutchouc.* Éviter même de toucher une partie quelconque de l'alternateur.

Il ne faut jamais toucher un fil électrique ou un appareil avec les deux mains à la fois, et s'il est indispensable d'employer les deux mains, il faut s'assurer au préalable qu'il n'y a pas de courant sur la partie à toucher et que les deux mains sont protégées par des gants en caoutchouc.

2° ACCIDENTS A LA CANALISATION EXTÉRIEURE OU INTÉRIEURE

Les principaux accidents qui peuvent se produire et qui ont été observés jusqu'ici sont les suivants :

Contacts à la terre, courts-circuits, fils conducteurs s'enflammant, bois des moulures s'enflammant également, défauts d'isolement dans les transformateurs, contacts avec les tuyaux de gaz, fuites de gaz dans le voisinage d'une canalisation électrique, etc.

Disons quelques mots de ces divers accidents en distinguant nettement entre les *circuits à basse tension,* et *les circuits à haute tension.*

Circuits à basse tension.

Contacts à la terre. — Pour les contacts à la terre, qui peuvent arriver fréquemment, il importe de prendre toutes les précautions indispensables que nous avons déjà indiquées pour les prévenir autant que possible. Mais afin d'éviter que ces accidents ne puissent devenir dangereux, il convient de mettre des coupe circuits avec plombs fusibles sur les deux pôles des circuits principaux, ainsi que sur les divers circuits de dérivation. De la sorte, si un contact à la terre se produit, les plombs fondront et indiqueront qu'il y a un défaut dans l'installation.

Courts-circuits, inflammation des conducteurs, des moulures.
— S'il survient également un court-circuit, les plombs fusibles, dont il vient d'être question, le feront connaître en fondant. Si les fils conducteurs viennent à s'enflammer, ce ne peut être que par suite de courts-circuits et d'échauffement du fil sous l'influence d'une trop grande intensité due à ces courts-circuits. Ces derniers seront dus au contact de deux fils entre eux, au contact des deux fils sur un même objet métallique, ou à la communication de deux fils dans une moulure imbibée d'eau.

Il est à remarquer que si les plombs fusibles ont été établis dans de bonnes conditions et avec les précautions que nous avons mentionnées, ces inflammations ne seront pas à craindre. Elles ne peuvent arriver que si les plombs fusibles ont été calculés pour une intensité de beaucoup supérieure au double de l'intensité normale ou *si les plombs fusibles ont été remplacés, comme cela arrive trop souvent encore, par des plaques ou fils métalliques.* C'est là une opération des plus coupables qui ne doit jamais être faite par un électricien ; elle est équivalente au calage d'une soupape par un chauffeur.

En tout cas, s'il survient une inflammation quelconque il faut de suite couper le circuit au commutateur principal, relever les câbles, et arroser à grande eau l'endroit défectueux. Ne pas oublier de couper entièrement le circuit avant de jeter de l'eau.

Contacts avec les tuyaux de gaz. — Les contacts avec les tuyaux de gaz sont aussi des plus dangereux. Ils peuvent d'abord créer des pertes à la terre. Et ensuite, si les tuyaux de gaz et les conduites d'électricité se trouvent dans le sol, le gaz peut s'infiltrer, et s'amasser dans un endroit quelconque. Il peut de la sorte se former un mélange détonnant. Si pour une raison ou une autre, il vient à jaillir une étincelle, il peut en résulter une explosion. Le moyen de remédier à cet accident est d'établir des petites conduites de drainage, avec ventilation extérieure, autour des tuyaux de conduite à gaz qui alimentent les abonnés et qui sont prises sur les conduites générales.

Il en est de même pour les installations intérieures où se trouvent à la fois le gaz et l'électricité.

Mentionnons aussi que beaucoup d'accidents ont été dus au contact direct des câbles peu isolés et des colonnes montantes de gaz.

Mais tous ces accidents ont été dûs à des mauvaises installations et à des négligences des ouvriers monteurs.

Nous avons du reste parlé déjà longuement de cette question dans un chapitre antérieur, et toutes les mesures nécessaires pour éviter des accidents ont été indiquées dans divers chapitres.

Conduite des pompiers dans les cas d'accidents électriques. — Voici maintenant une question très importante qui se présente à notre examen. Dans un très grand nombre d'installations électriques, les canalisations ont été posées avec fort peu de précaution. Il peut en résulter très souvent que les câbles sont traversés par des intensités trop fortes et qu'ils s'enflamment. De là peuvent survenir quelques incendies. La plupart du temps, ces incendies n'ont pas grande gravité, hâtons-nous de le dire. Dans ces cas, on appelle aussitôt les pompiers. Ces derniers, à peine arrivés sur le théâtre du feu, doivent-ils jeter de l'eau dessus? Cette question mérite quelques explications.

Si l'accident survient dans une station centrale, il faut laisser au directeur le soin d'y remédier. Il est absolument indispensable, au contraire, que les pompiers ne touchent à rien, s'ils ne veulent pas causer de nouveaux accidents.

En ce qui concerne les canalisations à basse tension de 4 à 500 volts, il y a lieu de distinguer entre les canalisations principales et les canalisations intérieures des abonnés. Pour les canalisations principales, on peut jeter de l'eau ; mais il est préférable de couper la canalisation, afin d'éviter les courts-circuits qui peuvent être dangereux. En jetant de l'eau, les pompiers recevront peut-être des secousses désagréables, mais sans aucun danger.

Pour les accidents qui surviendraient après le coffret extérieur de l'abonné, il convient d'enlever immédiatement les plaques de communication placées dans ce dernier et ensuite d'inonder d'eau pour éteindre toute inflammation. En procédant ainsi, il n'y aura aucun court-circuit à craindre.

Circuits à haute tension.

Canalisations. — L'examen des circuits à haute tension est des plus importants. De grandes précautions doivent être prises pour la canalisation extérieure et pour les stations de transformateur.

Il ne faut jamais couper un fil en service sans en avoir préalablement averti le directeur de l'usine ou toute autre personne chargée de la surveillance de la canalisation ; il faut demander que la rupture du circuit soit faite d'abord à la station centrale, et que le circuit ne soit pas refermé à nouveau avant que l'on ait donné avis que le travail sur la ligne est complètement terminé.

A cet égard, il est bon pour délimiter nettement les responsabilités en cas d'accident, d'établir des signatures indiquant que le circuit a été arrêté à telle heure et remis en route à telle heure après avis de la personne intéressée, comme nous le faisions à l'usine des Halles. On peut également employer à l'usine des commutateurs à clefs. Les clefs sont enlevées quand il y a un travail à faire, le circuit ne peut donc être mis en charge.

Il n'est quelquefois pas possible de couper les circuits. Dans ce cas, pour la visite des accumulateurs chargés à haute tension ou des transformateurs, il est indispensable d'avoir des gants en caoutchouc et de reposer les pieds sur des supports isolants.

A ce sujet, nous citerons comme exemple les dispositonsi prises par le *secteur des Champs-Élysées*, qui a adopté dès 1893 le règlement suivant :

Règlement pour le personnel du service des canalisations.

I. Les canalisations du secteur électrique des Champs-Elyséss sont en charge à 3000 volts à toute heure du jour et de la nuit dans toutes leurs parties.

II. *Il est rigoureusement interdit* à tout ouvrier du service des canalisations de toucher à une partie quelconque de la canalisation (Boîtes diverses, capots, transformateurs, etc) sans UN ORDRE ÉCRIT de l'ingénieur chef de ce service, ou de son représentant autorisé.

III. *Les ouvriers ne devront effectuer aucun travail sur aucune partie desdites canalisations sans être munis de gants en caoutchouc à moins que l'ordre écrit dont il est parlé à l'article II ne mentionne expressément qu'ils peuvent se dispenser de prendre cette précaution.*

IV. — Chaque regard de boîte à coupe-circuit porte sur les deux faces verticales, perpendiculaires à la direction de la canalisation : la lettre A sur une face et la lettre C sur l'autre. Pour *débrocher*, il faut commencer par *enlever* la broche du côté A. Pour *brocher*, il faut commencer par *mettre* la broche du côté de la lettre C.

Suivent deux autres articles qui concernent le service proprement dit.

Les électriciens sont appelés fréquemment à exécuter des travaux sur des conducteurs dans lesquels circule le courant électrique, et c'est même là une des exigences de leur profession. Ils doivent donc prendre toutes les précautions.

Il y a quelques années, un ouvrier électricien avait reçu une blessure au moment où il remplaçait sur leurs isolateurs deux câbles qui avaient été arrachés par une tempête dans les environs de Paris. Dans le travail, les deux câbles se touchèrent et formèrent court-circuit. L'ouvrier attaqua la Compagnie en soutenant qu'elle avait commis une faute en faisant exécuter des travaux sur des câbles dans lesquels le courant circulait.

Le jugement rendu déclarait : « Ne commet aucune faute, « pouvant engager sa responsabilité, l'entrepreneur d'éclairage

« électrique qui fait exécuter par des ouvriers un travail sur
« des conducteurs dans lesquels circule un courant, si les
« nécessités de l'éclairage ne permettent pas d'interrompre le
« courant, et si d'autre part, l'ouvrier, chargé du travail a à
« sa disposition sur lui les gants destinés à le protéger contre
« l'établissement des courts-circuits ; en conséquence si cet
« ouvrier a négligé de se servir de ces gants, l'entrepreneur,
« en cas d'accident, n'encourt aucune responsabilité. »

Stations de transformateurs. — Un électricien qui rentre dans
une station de transformateurs chez un abonné doit aussitôt
mettre des gants de caoutchouc et reposer ses pieds sur un
tapis de caoutchouc. Il peut ensuite effectuer tous les travaux
nécessaires. S'il n'a que le circuit secondaire à visiter, qu'il
prenne tout de même cette précaution.

Les mêmes recommandations doivent être faites en ce qui
concerne les accumulateurs placés en tension dans un circuit
à haute tension.

Malgré ces sages conseils et ces règlements, nous avons eu à
Paris à déplorer deux accidents mortels sans que les causes
aient nettement pu être déterminées. Mais il est fort probable,
et même presque certain que les règlements n'avaient pas été
observés.

Un accident grave a eu lieu le 6 mars 1897, à Londres dans
la station de Hampstead. Un ouvrier avait à visiter un poste
de transformateurs souterrain. Il descendit par une échelle et
mit le pied sur un transformateur. Ce dernier était mal isolé
et le malheureux ouvrier reçut une terrible secousse. Il mourut
sur le coup, et son corps portait des traces de brûlures
profondes. L'enquête du major Cardew a montré que les câbles
arrivant aux bornes du transformateur étaient dénués d'armature et passaient sans protection dans un trou simplement
percé dans l'enveloppe.

Défauts d'isolement dans les transformateurs. — Les mêmes
précautions que plus haut s'appliquent également aux distributions par courants alternatifs. Il peut quelquefois survenir

des contacts entre le circuit primaire et le circuit secondaire d'un transformateur pour diverses causes, par suite d'un affaiblissement d'isolement. Il en résulte que le circuit secondaire peut se trouver de suite porté à une différence de potentiel de 2400 volts ou plus suivant le cas.

Il est inutile de dire combien ce contact peut être funeste, si au même moment un abonné touche un câble de sa canalisation intérieure.

Pour éviter cet accident, on a imaginé un appareil automatique qui établit une communication entre la terre et le circuit

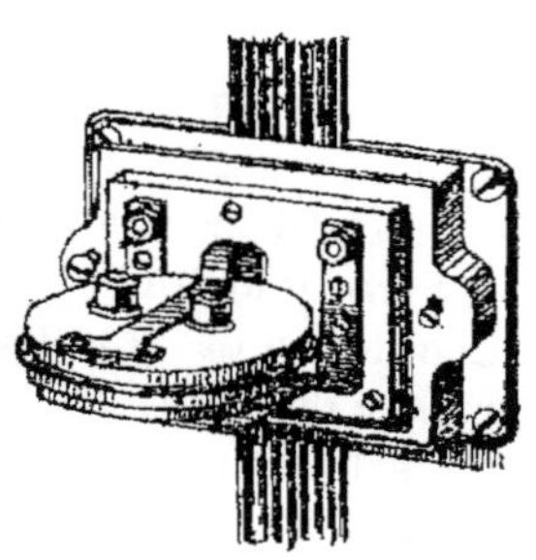

Fig. 411 *bis*. — Appareil de mise à la terre Cardew.

secondaire, dès que le contact avec le circuit primaire a eu lieu.

Parmi les modèles existant, nous citerons l'appareil du major Cardew (fig. 411 *bis*). Il se compose de deux disques de cuivre placés horizontalement en regard l'un de l'autre et séparés par un anneau isolant fixé sur les bords. Aux deux extrémités d'un même diamètre se trouvent deux petits rebords circulaires en cuivre, placés à environ 1 mm. de distance de l'autre plaque. Sur cette dernière repose une aiguille mobile formée d'une plaque d'aluminium. Un des disques est placé sur le circuit secondaire, l'autre communique à la terre. Si, pour une raison ou pour une autre, un contact vient à s'établir entre les spires du circuit primaire et les spires du circuit secondaire, de façon à donner un potentiel dangereux, le disque de cuivre se trouve porté à une haute différence de potentiel, il attire la petite plaque d'aluminium qui met alors le circuit directement à la terre. Les appareils sont étudiés pour une différence de potentiel de 450 volts. Les câbles du circuit secondaire ne peuvent alors résister ; il se forme des dérivations par la terre et les plombs fusibles des circuits sautent. Il y a extinction totale ; mais tout accident grave est évité.

Le fonctionnement de cet appareil est-il aussi satisfaisant qu'on veut bien le dire? Nous n'oserions l'affirmer.

Aussi on a déjà songé à divers autres dispositifs de sécurité à adopter. On a parlé notamment de mettre en communication permanente avec la terre le fer des transformateurs et des alternateurs. La question est encore à l'étude, et pour le moment il importe de prendre toutes les mesures de précaution.

Aussi recommandons nous de manipuler toujours avec soin les appareils, commutateurs ou autres... établis sur les canalisations même secondaires des distributions à haute tension. En tout cas, dès qu'il se passe un phénomène quelconque, et que l'abonné s'en aperçoit, il faut de suite couper l'interrupteur en se servant d'un objet isolant quelconque en caoutchouc ou autre. De plus, dans ce cas, il faut de suite prévenir la station centrale.

Dans les cas d'incendie, il faut aussi éviter de jeter directement de l'eau, à cause des accidents que cette inondation peut causer. Il importe de plus que les lances servant aux jets d'eau soient entourées de caoutchouc et non trop mouillées; de façon que l'homme qui la tient ne reçoive aucune secousse mortelle. Les canalisations intérieures peuvent être mouillées; s'il se produit des courts-circuits, les plombs fusibles fondront. Il conviendra de faire attention à ne pas inonder les transformateurs, car l'eau pourrait déclarer des contacts dans ces appareils, et faire communiquer les circuits secondaires du circuit d'utilisation avec les circuits primaires, ou circuits de distribution, dans les installations par courants alternatifs à haute tension.

3° INSTRUCTIONS CONCERNANT LES APPAREILS ÉLECTRIQUES.

La Chambre syndicale des industries électriques, qui se préoccupe toujours des intérêts de l'industrie électrique, et qui cherche à faciliter aux ouvriers électriciens les moyens d'exercer leur profession dans les meilleures conditions pour donner satisfaction à tout le monde, a eu dernièrement l'heureuse idée d'établir une instruction concernant les appareils électriques. Cette instruction nous a semblé résumer nettement les différentes parties dont nous avons parlé et nous la reproduisons ici.

Instructions de la Chambre syndicale des industries électriques.

Éviter sur les machines électriques en marche, sur les appareils ou conducteurs mis en communication avec la source d'électricité, tout travail autre que les manœuvres normales, même le nettoyage.

Éviter d'approcher des machines électriques des objets de fer qui peuvent se trouver attirés dans les organes en mouvement.

Veiller à la bonne isolation de toutes les parties de l'installation en écartant des machines, des conducteurs et des appareils, les poussières de toute nature, la graisse ainsi que l'humidité.

Il est interdit de jeter de l'eau ou des linges mouillés sur les appareils ou conducteurs parcourus par le courant, même en cas de feu. Dans ce cas, on doit d'abord interrompre le courant.

Lorsqu'un travail de modification ou de réparation est nécessaire, on doit séparer du réseau, de manière que le courant cesse d'y circuler, les conducteurs et appareils sur lesquels on travaille. Le contremaître devra s'assurer avant le commencement du travail que la source n'est plus en communication par aucun de ses pôles.

S'il était indispensable d'opérer sur des conducteurs ou appareils parcourus par le courant, le travail ne serait fait que par l'ouvrier spécialement chargé de l'installation électrique, sous la surveillance du contremaître.

On ne doit s'approcher des machines ou appareils parcourus par des courants à haute tension, qu'en prenant des précautions spéciales pour l'isolation. Les ouvriers qui s'approchent de ces machines et appareils doivent porter des chaussures isolantes ; ils doivent se tenir sur les planchers isolés ou tapis spéciaux isolants, disposés pour l'accès à ces machines et appareils.

On ne doit pas toucher les conducteurs, même garnis d'isolant, parcourus par des courants de haute tension.

Il est particulièrement dangereux de toucher simultanément deux conducteurs ou deux organes de polarité différente. Pour éviter tout accident dans les manœuvres à effectuer sur les appareils, on doit faire attention de ne toucher que les poignées isolantes, et autant que possible, se servir d'une seule main, l'autre restant éloignée des appareils.

Un ouvrier ne doit jamais entrer, sans autorisation spéciale, dans le local où se trouvent les transformateurs.

Il est même interdit de pénétrer, avec une lumière à feu nu, dans un local renfermant des accumulateurs.

L'Association des industriels de France contre les accidents du travail s'est également occupée, il y a peu de temps, des accidents électriques et a adressé aux industriels une lettre et des instructions que nous faisons connaître :

« Nous avons l'honneur de vous adresser une affiche destinée à indiquer aux ouvriers des ateliers où il existe une distribution électrique de force, d'éclairage ou mixte les précautions à prendre pour éviter les accidents dus à l'emploi de l'électricité.

« Nous croyons devoir attirer tout particulièrement votre attention sur les points suivants :

« Il est indispensable de tenir toujours dans un parfait état de propreté les machines génératrices et réceptrices, ainsi que les tableaux et appareils de distribution du courant qui accompagnent ces machines. Cette prescription est d'autant plus essentielle que des matières étrangères, telles que huile, graisse, eau (à l'état liquide ou de vapeur), poussières et surtout poussières métalliques, etc., venant à se loger dans certaines parties de ces machines et appareils, créeraient des dérivations, courts-circuits, etc., pouvant entrainer des conséquences plus ou moins graves, soit pour les personnes, soit pour les machines elles-mêmes.

« Dans tous les cas où il sera nécessaire de toucher à une partie de l'installation, soit pour la visiter, soit pour la réparer, nous pensons qu'il est indispensable de prescrire de l'isoler du courant électrique avant tout travail, afin d'éviter les accidents de personnes dont il est question plus loin.

« Cette nécessité de couper les conducteurs d'arrivée et de retour du courant s'impose aussi toutes les fois qu'il s'agit d'éteindre un incendie dû à l'électricité ou à toute autre cause. Si, en effet, on venait à jeter de l'eau sur des conducteurs en charge ou à entourer ces conducteurs de linges mouillés (ce qui vient naturellement à l'idée quand il s'agit d'étouffer le feu), on créerait des courts-circuits qui ne feraient qu'activer l'incendie et on s'exposerait à des accidents de personnes d'autant plus graves que la tension de distribution de l'électricité serait plus élevée.

« Toutes les fois, en effet, qu'on touche simultanément un conducteur d'arrivée et un conducteur de retour du courant, il se produit une dérivation au travers du corps de la personne qui établit ce double contact ; si même on ne touche qu'un seul conducteur sans être parfaitement isolé du sol, on reçoit une secousse ; les conducteurs ne pouvant jamais être rigoureusement isolés, une partie du courant se dérive par la terre et le corps de celui qui touche à l'un d'eux.

« C'est pourquoi nous avons cru devoir interdire d'une façon absolue aux ouvriers non électriciens de toucher aux fils d'une canalisation, sans distinguer si la distribution se fait à haute ou basse tension, et prescrire à ceux qui sont chargés de la conduite des dynamos et de la partie électrique de l'installation de ne toucher aux appareils producteurs ou distributeurs du courant à haute tension et au conducteur parcouru par ce courant, que lorsqu'ils sont assurés d'être parfaitement isolés du sol.

« Les gants en caoutchouc sont évidemment efficaces quand ils sont en bon état, mais ils ne permettent plus un isolement suffisant dès qu'il sont troués, même imperceptiblement. Il parait donc préférable de s'isoler du sol en chaussant des caoutchoucs auxquels il est plus facile de donner de l'épaisseur, ou, mieux encore, si cela est possible, en recouvrant tout le sol, ou au moins la partie voisine des appareils, d'un tapis isolant. Dans ce dernier cas, il est bien entendu que ce tapis devra avoir une largeur telle que l'ouvrier soit forcé de se placer sur lui pour faire les manœuvres nécessaires.

« L'interdiction absolue de laisser pénétrer dans un local renfermant un ou plusieurs transformateurs s'explique d'elle-même, ayant signalé plus haut le danger qui résulterait d'un contact avec les deux pôles d'appareil parcouru par des courants de haute tension.

« Enfin, les accumulateurs sont le siège de réactions chimiques accompagnées de dégagement d'hydrogène.

« Il en résulte l'obligation de ventiler convenablement les locaux où ces appareils sont enfermés et de n'y jamais pénétrer avec une lumière à feu nu, ni d'y fumer. On pourrait déterminer l'explosion des mélanges d'hydrogène et d'air qui auraient pu se former et occasionner un accident grave

« Nous avons cru devoir vous donner ces explications, afin que vous puissiez vous rendre compte de l'utilité de l'instruction qui s'adresse à vos ouvriers, en général, et que vous sachiez en même temps les points sur lesquels il convient d'appeler spécialement l'attention de ceux qui s'occupent de la conduite et de l'entretien de vos appareils de production, de distribution et d'utilisation de l'électricité.

« Veuillez agréer, etc.

Le Directeur de l'Association,
H. MAMY.

Le Président de l'Association,
S. PÉRISSÉ. »

Instruction concernant les installations électriques.

Article premier. — Il est expressément recommandé de ne faire sur les machines électriques en marche, sur les appareils ou conducteurs mis en communication avec la source d'électricité, aucun travail autre que les manœuvres normales. Il faut éviter même le nettoyage, à moins de nécessité.

Art. 2. — Il faut éviter d'approcher des machines électriques des objets en fer, qui peuvent être attirés dans les organes en mouvement.

Art. 3. — Pour maintenir la bonne isolation de toutes les parties de l'installation qui est nécessaire à la sécurité, il est recommandé d'écarter des machines, des conducteurs et des appareils, les poussières de toute nature, l'huile, la graisse et l'humidité.

Art. 4. — Il est formellement interdit de jeter de l'eau ou des linges mouillés sur les appareils ou conducteurs parcourus par le courant, même en cas de feu. Dans ce cas on doit d'abord interrompre le courant.

Art. 5. — Lorsqu'un travail de manipulation ou de réparation est nécessaire, on doit séparer du réseau, de manière que le courant cesse d'y circuler, les conducteurs ou appareils sur lesquels on travaille. Le contremaître devra s'assurer, avant tout commencement de travail, que la source n'est plus en communication par aucun de ses pôles.

S'il était indispensable d'opérer sur des conducteurs ou appareils parcourus par le courant, le travail ne serait fait que par l'ouvrier spé-

cialement chargé de l'installation électrique, sous la surveillance du
contremaître.

Art. 6. — On ne doit s'approcher des machines ou appareils parcourus
par des courants à haute tension qu'en prenant des précautions spéciales
pour l'isolation indispensable à la sécurité. Les ouvriers qui s'approchent
de ces machines et appareils doivent se tenir sur les planchers isolés ou
tapis spéciaux isolants, disposés pour l'accès à ces machines ou appareils.

Art. 7. — On ne doit pas toucher les conducteurs, même garnis d'isolants, parcourus par des courants à haute tension.

Il est particulièrement dangereux de toucher simultanément deux conducteurs ou deux organes de polarité différente. Pour éviter tout accident dans les manœuvres à effectuer sur les appareils, tout en se tenant
sur le plancher isolé, on ne doit toucher que les poignées isolantes et ne
se servir que d'une seule main l'autre restant éloignée des appareils.

Art. 8. — Il est défendu d'entrer, sans une autorisation spéciale, dans
le local où se trouvent des transformateurs.

Art. 9. — Il est interdit de pénétrer avec une lumière à feu nu dans
un local renfermant des accumulateurs et d'y fumer.

Observation. — Cette affiche ne remplace pas, pour les ouvriers électriciens proprement dits, les instructions spéciales qui leur sont données
par le Chef du Service électrique.

4° ACCIDENTS DE PERSONNES.

En dehors des accidents signalés plus haut, il faut considérer
également des accidents de personnes. Si un ouvrier se met en
communication avec un câble, et s'il y a justement une perte
à la terre ou une communication métallique avec l'autre câble, il reçoit une secousse toujours désagréable. S'il s'agit de
courant continu et de faible tension, les effets ne sont pas
graves, mais peuvent occasionner des malaises pendant plusieurs jours.

Dans les usines, les ouvriers sont sujets à une foule de petits
accidents (brûlures, etc.) Ces accidents sont connus en général,
et s'il n'est pas possible d'y remédier immédiatement, on connaît les suites à donner. Les brûlures doivent être traitées
aussitôt en trempant la partie atteinte dans une solution contenant environ 3 kg. d'acide picrique pour 200 litres d'eau.
M. A. Nodon conseille aussi une dissolution concentrée de per-
manganate de potasse.

S'il s'agit, au contraire, de courants alternatifs à haute tension, il peut y avoir *danger de mort,* ou tout au moins évanouissement complet avec suites assez graves.

Ces accidents sont bien souvent le fait de négligence et d'inadvertances. Nous allons citer quelques exemples pour fixer l'attention des électriciens

Robert Coleman, ouvrier électricien, travaillait le 25 février 1895, à nettoyer, avec un chiffon d'étoffe, des communicateurs dans une sous-station de *Bristol Corporation Electric Light Works, à Londres ;* il avait la main droite protégée par un gant en caoutchouc, lorsque son attention fut détournée par l'arrivée d'une personne à laquelle il adressa la parole : ce faisant, il toucha accidentellement de sa main gauche un coupe-circuit, et reçut la presque totalité de la décharge, soit 2000 volts. On essaya, mais en vain, de pratiquer la respiration artificielle ; aucun effort ne parvint à le ranimer. Le courant partait de la station centrale, près du pont Saint-Philippe, sous une tension de 2000 volts, et passait, à la sous-station, dans des coupe-circuits mobiles, montés sur des crochets de porcelaine. Coleman avait l'habitude de les démonter pour les nettoyer ; maintes fois, il avait accompli son ouvrage sans accident, bien qu'il l'effectuât toujours pendant que le courant passait. Le directeur de l'usine a dit qu'il n'était pas possible d'interrompre la marche des machines pendant ce nettoyage, étant donné qu'une trop longue interruption dans les services des quinze sous-stations de Bristol et de Clifton, aurait présenté de sérieux inconvénients. Coleman le savait, et a preuve, c'est qu'il avait pris la précaution d'isoler sa main droite avec le gant réglementaire. Il s'est retourné et n'a pas eu la présence d'esprit d'abaisser sa main sans la laisser toucher les coupe-circuits.

Dans une autre installation, un électricien forait un trou près d'un panneau sur lequel étaient fixés les coupe-circuits d'une canalisation à 3000 volts. L'outil chancela et la tête de l'ouvrier venant toucher les coupe-circuits, il fut foudroyé.

En 1893, à Bockenheim, un jeune apprenti maçon de 16 ans était avec ses camarades sur un échafaudage, occupé à travailler près de l'usine électrique. Tout à coup il chancela, et pour se retenir, il saisit les circuits électriques qui sont en cuivre nu à cet endroit. Il appela aussitôt à son secours, mais on ne put le retirer. Quand les circuits furent coupés à l'usine, l'ouvrier était mort.

Si nous feuilletons l'excellent livre de M. le Dr F. Biraud. *La mort et les accidents causés par les courants électriques de haute tension*, nous trouvons encore une série d'autres accidents.

C'est à Dieulefit (Drôme), un maçon qui saisit les deux fils passant devant sa fenêtre pour voir s'ils avaient une action, et qui fut pendant 1/4 d'heure en proie à de vives douleurs, bien que le courant ne fût qu'à 100 volts. A Lyon un électricien, allumant des bougies Jablochkoff, et touchant l'une d'elles, tomba sans connaissance. Nous trouvons ensuite des accidents arrivés à Boston, à Vienne, à Bruxelles, etc. etc. Nous pourrions ainsi citer un grand nombre d'accidents dûs pour le plus grand nombre à la négligence même des ouvriers. Citons aussi le cas de ce soldat à Nancy en 1890, qui, passant sur une plaque de regard d'une canalisation à courants alternatifs, eut son cheval tué sous lui et fut lui-même projeté à distance. L'accident était arrivé à la suite du contact d'un câble avec la plaque métallique extérieure. L'usine centrale était alors en défaut de ne pas s'être aperçue d'une perte de ce genre et de n'y avoir pas remédié aussitôt.

Nous avons vu plus haut les moyens préventifs, pour éviter tous accidents et nous sommes arrivés à la conclusion suivante : ne pas toucher un câble quelconque, sans reposer les pieds sur une partie isolante. Pour les courants alternatifs, effectuer toutes les manœuvres avec des gants de caoutchouc spéciaux à cet effet.

Mais il faut toujours compter avec avec les imprudences et les négligences. Aussi l'Académie de médecine de Paris a-t-elle été appelée en 1894 par M. le ministre des travaux publics à faire connaître des instructions spéciales concernant les soins à donner aux victimes de ces accidents électriques. La commission composée de MM. Bouchard, d'Arsonval, Laborde et Gariel, rapporteur, n'ont considéré que le cas où la victime n'est plus en contact avec les conducteurs ou la machine. Ils ont toutefois donné des indications pour faire cesser le contact s'il existe encore. Des précautions particulières doivent être prises pour faire cesser le contact, sans que les personnes qui interviennent puissent être victimes également. S'il est possible, il convient de faire cesser immédiatement le fonctionnement de la machine génératrice ; si ce n'est pas possible, on interrompra le courant en coupant le conducteur avec des instruments dans lesquels la partie tranchante sera séparée du manche par des parties isolantes : ou bien encore, on établira la mise à la terre, ou une dérivation (un shunt) à l'aide d'un conducteur de faible résistance, qui diminuera l'intensité du courant dans la partie où la victime est en contact avec le conducteur principal, etc.

Instruction sur les premiers soins à donner aux foudroyés, victimes des accidents électriques.

On transportera d'abord la victime dans un local aéré où l'on ne conservera qu'un petit nombre d'aides, trois ou quatre, toutes les autres personnes étant écartées.

On desserrera les vêtements et l'on s'efforcera, le plus rapidement possible, à rétablir la respiration et la circulation.

Pour rétablir la respiration, on peut avoir recours principalement aux deux moyens suivants : La traction rythmée de la langue et la respiration artificielle.

1° *Méthode de la traction rythmée de la langue.* — Ouvrir la bouche de la victime, et si les dents sont serrées, les écarter, en forçant avec les doigts ou avec un corps résistant quelconque, morceau de bois, manche de couteau, dos de cuiller ou de fourchette, extrémité d'une canne...

Saisir solidement la partie antérieure de la langue entre le pouce et l'index de la main droite, nus, ou revêtus d'un linge quelconque, d'un mouchoir de poche, par exemple (pour empêcher le glissement), et exercer sur elle de fortes tractions répétées, successives, cadencées ou rythmées, suivies de relâchement, en imitant les mouvements rythmés de la respiration elle-même au nombre d'au moins vingt par minute.

Les tractions linguales doivent être pratiquées sans retard et avec persistance durant une demi-heure, une heure et plus.

2° *Méthode de la respiration artificielle.* — Coucher la victime sur le dos, les épaules légèrement soulevées, la bouche ouverte, la langue bien dégagée.

Saisir les bras à la hauteur des coudes, les appuyer assez fortement sur les parois de la poitrine, puis les écarter et les porter au-dessus de la tête en décrivant un arc de cercle ; les ramener ensuite à leur position primitive en pressant sur les parois de la poitrine.

Répéter ces mouvements environ vingt fois par minute, en continuant jusqu'au rétablissement de la respiration naturelle.

Il conviendra de commencer toujours par la méthode de la traction d'la langue, en appliquant en même temps, s'il est possible, la méthode de la respiration artificielle.

D'autre part, il conviendra concurremment de chercher à ramener la circulation en frictionnant la surface du corps ; en flagellant le tronc avec les mains ou avec des serviettes mouillées ; en jetant de temps en temps de l'eau froide sur la figure ; en faisant respirer de l'ammoniaque ou du vinaigre.

Au mois de mai 1894, MM. Picou et Leblanc étaient amenés à pratiquer la respiration artificielle sur un électricien qui avait été traversé par un courant continu à 3000 volts à l'usine ; après deux heures ils arrivaient à faire parler l'électricien.

En 1895, M. le ministre des travaux publics a fait une circulaire spéciale adressée au service des ponts-et-chaussées, qu'il a accompagnée de notes explicatives concernant la manière d'appliquer les instructions de l'Académie de médecine. Il a surtout insisté sur les moyens d'éviter pour le sauveteur toutes sortes d'accidents, en lui indiquant les moyens de séparer la victime des fils électriques, et en lui recommandant de ne toucher aucun fil sans s'être recouvert les deux mains de matières isolantes, de ne toucher dans aucun cas simultanément les deux fils, et de s'abstenir de toute manœuvre qui mettrait la victime en contact avec deux fils différents.

CHAPITRE IX

INSTRUCTIONS PRATIQUES POUR ÉLECTRICIEN.

Dans les chapitres précédents, nous avons indiqué les instructions les plus essentielles au fur et à mesure que nous examinions les diverses conditions d'une installation. Nous résumerons en quelques lignes les instructions destinées à servir de guide au chauffeur-mécanicien-électricien. Il est clair que ces instructions ne peuvent qu'être générales. Mais il serait bon que dans les grandes maisons de montage, il y eût des instructions spéciales pour les monteurs. Nous citerons en particulier les instructions que la maison Sautter-Harlé et C° a éditées pour le montage et l'entretien des machines à vapeur, des machines dynamos et des accumulateurs de sa fabrication. Ces instructions sont très claires, très nettes, et doivent certainement être de la plus grande utilité aux ouvriers.

En ce qui concerne la partie électrique, il est absolument indispensable que le monteur chargé d'une installation ait reçu avant le travail toutes les explications nécessaires et surtout qu'il les ait comprises. La maison doit remettre au monteur un schéma détaillé, pour l'installation des circuits, du tableau, d'un moteur etc. Et même le monteur doit lui-même faire ce schéma et le faire approuver avant de commencer son travail. Que de fois il nous est arrivé de trouver dans une installation un monteur livré à lui-même avec de vagues indications, ayant fait l'installation en oubliant les choses essentielles (passage sur tuyaux de gaz, raccords, coupe-circuits après le compteur, etc.). L'installation était à refaire en de nombreuses parties. Quelquefois on avait remis au monteur un schéma plus ou moins clair, plus ou moins net, et l'ouvrier, sans l'avoir compris, l'avait exécuté. Il en résultait, au moment de la mise en marche, des courts-circuits, etc. Ces mêmes inconvénients se retrouvaient encore pour l'installation des moteurs électriques, surtout en ce qui concernait les rhéostats de démarrage, d'excitation. Dans tous ces cas, il y a deux fautes : la première commise par la maison qui doit donner à ses monteurs des instructions très précises ; la seconde commise par le monteur qui doit comprendre un schéma d'installation avant de l'exécuter ou en refaire un autre et le soumettre à son ingénieur.

De même en ce qui concerne l'exploitation d'une installation, un mécanicien chauffeur électricien doit bien connaître les divers points qui doivent fixer spécialement sa surveillance. Il doit en un mot d'abord connaître sa partie et ensuite être averti des particularités de l'installation qu'il a en mains.

C'est pour fixer tout d'abord l'attention de l'ouvrier que nous avons résumé dans les notes suivantes les instructions indispensables à connaître, mais l'électricien devra, pour approfondir la question, se reporter toujours aux chapitres de cet ouvrage traitant le sujet.

Nos instructions comprennent les parties suivantes :

1° *Tenue de l'ouvrier ;*

2° *Combustible ;*

3° *Eau ;*

4° *Chaudières ;*

5° *Conduites de vapeur ;*

6° *Machines à vapeur, turbines, moteurs à gaz, moteurs à pétrole. Entretien, nettoyage, mise en marche, surveillance, arrêt ;*

7° *Transmission des machines aux dynamos ;*

8° *Machines dynamos : Basse tension,* entretien, mise en marche, surveillance, arrêt ; *Haute tension, mêmes choses. Réglage pendant la marche ;*

9° *Tableaux de distribution ;*

10° *Conducteurs, câbles ;*

11° *Plombs fusibles ;*

12° *Lampes à incandescence ;*

13° *Lampes à arc : Entretien, fonctionnement ;*

14° *Moteurs électriques.*

15° *Accumulateurs : Montage, entretien, rendements ;*

16° *Installations. Schémas.*

17° *Exploitation : Renseignements à noter ;*

18° *Contrôle de l'isolement.*

19° *Outils nécessaires ;*

20° *La conduite d'un mécanicien-électricien dans une usine.*

1° *Tenue.* — Le mécanicien doit avoir des habits courts, ajustés pour passer facilement entre les machines et atteindre les diverses parties sans laisser de vêtements flottants. Il convient de faire attention à cette précaution, car de nombreux accidents sont arrivés.

2° *Combustible. Charbon.* — Les provisions de charbon doivent être faites à l'avance. On établit des murs en briquettes afin d'avoir une grande quantité de combustible sous un faible volume. On doit avoir plusieurs soutes et nettement séparer les dépenses de charbon pour s'en rendre compte plus facilement.

Nous n'insisterons pas ici sur le choix du combustible qui est dicté par diverses considérations. Il convient de compter aussi les crasses et les déchets se trouvant dans les feux pour connaître la quantité de charbon réellement utilisée.

3° *Eau.* — On doit aussi compter l'eau employée. De plus, il faut avoir soin d'en assurer une certaine quantité dans une bâche en cas de rupture de tuyaux. Suivant le cas, l'eau doit être épurée au préalable.

4° *Chaudières.* Nous ne dirons que quelques mots relativement aux chaudières. La question est, en effet, traitée plus longuement dans d'autres cours. Mais il importe cependant de faire quelques recommandations spéciales convenant aux installations électriques en particulier.

Il importe d'entretenir la propreté extérieure des tubes,

éviter l'encrassement, car la dépense de charbon s'en ressent.

Il faut veiller attentivement aux niveaux d'eau. Il convient aussi de savoir conduire les feux suivant le charbon à brûler, suivant la quantité de vapeur à produire, la pression à tenir. Il faut aussi réduire la dépense dans les plus grandes proportions, et savoir effectuer les décrassages sans amener de baisses trop fortes. On doit enfin éviter une grande production de fumée.

Nous mentionnerons aussi la conduite des pompes alimentaires, point capital de la surveillance de la chauffe.

5° *Conduites de vapeur.* — Pour les conduites de vapeur, il faut continuellement s'assurer de l'état des joints au minium et au chanvre, à emboîtement ou non ; afin de pouvoir refaire les joints aisément, il faut faire disposer sur la conduite des vannes intercalées pour permettre d'isoler une partie de la conduite et de travailler sur l'autre. Quelquefois il est préférable d'avoir deux conduites parallèles pour éviter trop de joints sur une seule.

6° *Machines motrices.* — Parmi les machines motrices employées pour les installations électriques, nous trouvons les machines à vapeur, les turbines, les moteurs à gaz et les moteurs à pétrole.

Nous examinerons d'abord ce qui concerne les machines à vapeur. Plusieurs points sont à examiner : l'entretien, le nettoyage, la mise en marche, la surveillance et l'arrêt.

a). Entretien. — Il faut visiter souvent les pivots, les cales et les paliers. On doit resserrer les paliers et réajuster les coussinets. Il faut également examiner les soupapes, les tiroirs, les pistons. On doit surtout avoir soin de disposer les outils et les clés nécessaires à proximité.

b). Nettoyage. — Le nettoyage doit être fréquent et doit se faire aussitôt après l'arrêt de la machine, de façon qu'elle soit encore chaude. Il faut de temps à autre nettoyer les tuyaux de graissage avec du pétrole, bien essuyer partout, surveiller les joints et les garnitures des cylindres et des pistons.

c). Mise en marche. — Pour mettre en marche une machine il faut faire les opérations suivantes : mettre en marche la pompe à air du condenseur, injecter l'eau en quantité suffisante, chauffer légèrement les cylindres, ouvrir les purges des cylindres, graisser et huiler partout. (Les tiroirs et les cylindres sont graissés à l'huile minérale, valvoline par exemple ; les têtes de bielles, paliers, à la graisse ou à l'huile ordinaire.) Ouvrir la vanne du condenseur (la machine marche pendant quelque temps), ouvrir la vanne d'arrivée de vapeur.

d). Surveillance. — La surveillance se réduit à bien surveiller le fonctionnement des graisseurs, tâter les excentriques, paliers, têtes de bielles ; à graisser, huiler les tiges des pistons, des tiroirs. Si un palier s'échauffe, il faut prévenir immédiatement pour qu'on mette en service la machine de secours.

e). Arrêt d'une machine. — Pour arrêter une machine à condensation, il faut diminuer l'injection d'eau du condenseur, ouvrir les purges, fermer les graisseurs et fermer la vanne d'arrivée de vapeur.

f). Graissage des machines à vapeur. — Le graissage doit être abondant, sans pour cela être abusif. Bien veiller au graissage des cylindres, des têtes et pieds de bielles, etc. La valvoline est ordinairement employée pour le graissage des cylindres dans des graisseurs Consolin. Jusqu'ici les têtes et pieds de bielles étaient graissés à la graisse ; dans presque toutes les usines on fait le remplacement par le graissage à l'huile.

Dans les machines à vapeur, il faut avoir soin de maintenir les joints bien étanches. Pour faire ces joints, selon que les surfaces sont plus ou moins unies, on emploie du minium et du chanvre mélangé, ou des anneaux de caoutchouc vulcanisé.

La marche du régulateur doit être surveillée avec attention et rectifiée aussitôt qu'elle semble défectueuse.

Les turbines hydrauliques sont aujourd'hui très employées dans l'utilisation des chutes d'eau. Ces appareils nécessitent parfois des dépenses de premier établissement assez élevées ; mais d'autre part, leur fonctionnement est très satisfaisant, et leur entretien se réduit à peu de chose.

Les moteurs à gaz ordinaire et à gaz pauvre sont très souvent utilisés dans les stations centrales établies dans les grandes villes.

Le moteur à gaz exige certaines précautions et certains soins : avant la mise en marche, il faut d'abord faire couler l'eau de refroidissement du cylindre, s'assurer que le graissage est prêt, on allume le bec d'allumage, on ouvre le robinet d'arrivée de gaz, et on fait tourner le volant à bras jusqu'à la première explosion ; le moteur se met rapidement en marche. La surveillance consiste principalement à veiller sur le refroidissement du cylindre, sur le mélange d'air et de gaz, et sur la régularité des explosions.

Les moteurs à pétrole exigent plus d'entretien que les moteurs à gaz ; il faut souvent nettoyer les pistons, les cylindres. Dans la marche, ils exigent également plus de surveillance. Ils donnent toutefois aussi de très bons résultats.

7° *Transmission des machines à vapeur aux machines dynamos.*

Courroies, câbles. — On emploie soit des courroies, soit des câbles. On a prétendu que les câbles devaient donner moins de secousses.

Câbles. — Les câbles sont en coton ou en chanvre tressés au nombre de plusieurs. Pour l'entretien on recommande de les enduire d'huile de ricin ou de différentes graisses. Les extrémités des câbles sont réunies par des épissures souvent difficiles à faire. On emploie également des câbles avec une âme en fils d'acier ; ces câbles, pour être plus solides, offrent aussi de grandes difficultés dans leur mise en place.

Courroies. — La qualité des courroies dépend de la nature du cuir. Pour relier les extrémités, les joints collés sont préférables ; on emploie quelquefois aussi des agrafes. Pour conserver les courroies, il faut y passer une graisse spéciale afin d'en entretenir la souplesse. Les courroies doivent être tendues plus ou moins par le déplacement de la dynamo sur son bâti.

Dans les dernières installations, on a beaucoup employé la transmission directe par *Joints Raffard*. La machine à vapeur et la dynamo portent des tiges perpendiculaires sur deux circonférences concentriques. Ces tiges sont réunies deux à deux à l'aide de bagues en caoutchouc.

M. Evans emploie une disposition qui peut offrir beaucoup d'intérêt. La commande se fait directement par friction, en ayant soin d'intercaler une courroie libre. On obtient ainsi une transmission de mouvement qui fonctionne bien.

Enfin dans la plupart des installations actuelles, on supprime toute transmission en faisant actionner directement la dynamo par la machine motrice.

8° *Machines dynamos.* — *Machines à basse tension.*

Entretien. — La propreté doit être surveillée. Il faut éviter les poussières, les limailles de fer ou de cuivre, ne pas mettre des outils en fer dans le voisinage, car ils pourraient être attirés. On doit donc couvrir d'une toile les machines au repos. La visite des graisseurs et des paliers doit être fréquente. Une des conditions les plus essentielles est d'assurer la ventilation de l'induit, soit en amenant de l'air sous pression soit en établissant des courants d'air.

Graissage des machines dynamos. — Le graissage des machines dynamos, comme en général le graissage de toutes machines, est une chose très importante.

Il faut éviter que les paliers d'une dynamo viennent à chauffer, et pour cela, il faut verser aux points de frottement une quantité d'huile de bonne qualité, de manière à assurer toujours une surface bien lubrifiante. Nous avons déjà, du reste, en parlant des dynamos, traité la question de leur graissage.

Collecteurs, balais. — Pour le collecteur, il faut chercher à obtenir une usure égale en tous points. Il faut le polir à l'aide de papier de verre très fin frotté à la surface. On prend une planchette creusée et épousant la forme du collecteur, et on appuie le papier dans le creux, quand la machine est en marche. Il faut que le collecteur soit toujours brillant, et lisse en le touchant avec le doigt.

On doit retourner le collecteur à certaines époques de l'année afin d'obtenir une surface bien égale en tous points, c'est-à-dire avec un outil enlever les parties saillantes du collecteur pour avoir une surface unie. On peut aussi passer quelques traces de vaseline sur le collecteur si l'on veut éviter les étincelles. Les balais sont formés par des fils de cuivre fins argentés appuyés contre une lame de cuivre qui sert de support. La taille est inclinée. Les balais sont placés de telle sorte que la dynamo doit tirer dessus en tournant, et il faut avoir bien soin de ne jamais les laisser retourner à rebrousse-poil par la machine. Il faut régler les balais de façon à avoir le minimum d'étincelles; cette opération est très facile à l'aide d'un porte-balais spécial, mobile autour de l'axe, mais que l'on peut fixer à l'aide d'une vis.

Nous avons déjà donné plus haut à ce sujet toutes les explications nécessaires.

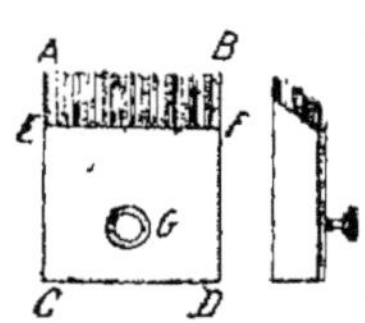

Fig. 411 *ter*. — Taillage des balais.

La taille des balais est une question importante, et qu'un bon ouvrier doit soigner (fig. 411 *ter*). Un petit appareil permet d'effectuer cette opération avant la mise en place. Il se compose d'une plaque de fer ou de cuivre A B C D, avec deux rebords en avant taillés en biseau en E, F. La plaque de dessus E F C D est mobile et peut être fixée à l'aide d'une vis G. Le balai est placé dans le fond, serré fortement, et à l'aide de cisailles et de la lime il est affûté en biseau. On coupe d'abord les fils afin de ne pas les laisser dépasser les uns plus que les autres, puis on finit de les ajuster avec la lime.

Induits. Inducteurs. — Pour les induits et inducteurs, il faut surveiller l'isolement entre le fer et l'âme du câble du circuit d'excitation. Il convient également d'observer l'échauffement des circuits. Sans effectuer de grandes mesures, un ouvrier peut se rendre compte si l'isolement pour l'induit et l'inducteur est suffisant. Il prend une lampe et forme un circuit avec deux fils. L'un des fils est mis en communication soit avec l'âme du câble des inducteurs, soit avec une partie du collecteur de l'induit, et l'autre fil en communication avec le bâti de la machine. Si la lampe s'allume, il y a communication. L'ouvrier doit alors prévenir de suite l'ingénieur de l'usine qui prendra les mesures nécessaires.

Mise en marche d'une machine. — On commence par faire tourner la machine, puis on place les balais, on ferme l'excitation, les interrupteurs et on règle les balais.

Surveillance. — La surveillance comprend : le huilage des paliers et l'observation de la température de l'inducteur et de l'induit.

Arrêt. — On relève les balais avant l'arrêt définitif.

Machines à haute tension. — Les machines à haute tension exigent les mêmes soins, mais plus stricts. Il faut avoir soin de visiter l'induit, les bobines, les inducteurs. De plus, en marche, il ne faut jamais tenir la main sur la machine, ni toucher aucun appareil. Il peut y avoir danger. Toute manœuvre, tout contact ou toute opération ne doivent être faits qu'avec gants de caoutchouc et sur tapis de caoutchouc.

Réglage des dynamos pendant la marche. — Le réglage consiste à observer le voltmètre et les lampes-témoins, et à faire varier les résistances d'excitation de façon à ramener la différence de potentiel toujours à la même valeur.

Pour les dynamos, n'oublions pas de recommander un grand état de propreté et d'entretien pour les coupe-circuits et les interrupteurs généraux particuliers aux dynamos, et placés quelquefois au-dessus même de la dynamo. Pour les coupe-circuits fusibles en plomb, bien se conformer aux prescriptions suivantes :

Ampères.		Millimètres.	Centimètres.
Pour 3, employer fil de plomb de 0,5 diam. et 5-6 de longueur			
3-10,	—	1	—
10-15,	—	1,5	—
15-20,	—	2	—
20-30,	—	2,5	—
30-40,	—	3	—
40-50,	—	4	—

Au-dessus, prendre des lames de plomb calculées de façon à avoir une section de 1 millimètre carré pour 3 ou 4 ampères.

Nous recommandons aussi de bien surveiller l'état d'isolement des câbles reliant les machines aux tableaux de distribution.

Il sera nécessaire de mesurer de temps à autre la vitesse angulaire de la dynamo en nombre de tours par minute. Nous avons expliqué plus haut les opérations à faire.

9° *Tableaux de distribution.* — Nous avons examiné précédemment tout en détail les différentes qualités des tableaux de distribution. Nous ne pouvons que rappeler ici les différents points à observer.

Bien surveiller l'état des rhéostats d'excitation, les manettes, les spires des rhéostats. S'assurer à tout instant du contrôle de la différence de potentiel sur les fils témoins aux extrémités des lignes ou feeders et de la bonne régularité de la marche.

Nettoyer souvent les interrupteurs, les coupe-circuits. Observer les appareils de mesure, les compteurs, s'il y en a, et prévenir si le fonctionnement ne paraît pas normal.

Pendant le grand service, un bon électricien ne doit se laisser distraire par rien, et doit tenir à honneur de fournir des feuilles de voltmètres enregistreurs dans lesquelles les variations instantanées n'atteignent que 1 ou 2 volts au maximum. Il arrivera à ce résultat par une surveillance minutieuse des indicateurs de tension aux bornes des fils de retour et des feeders, et par une bonne manœuvre des rhéostats de réglage.

Il est bon pour un électricien de surveillance au tableau d'avoir toujours sur lui un bon schéma du tableau fait nettement et clairement.

10° *Conducteurs Cables.* — Nous avons vu précédemment les calculs des cables. Les diamètres sont variables suivant l'intensité. Pour les intensités de :

Ampères.		Millimètres.	
1 à 2 on prend des câbles de.		1 de diamètre	
2 à 5	—	2	—
5 à 10	—	3	—
10 à 25	—	4	—
25 à 50	—	6	—

Le palmer, instrument que tous les ouvriers connaissent ou ont entre les mains, sert à mesurer les diamètres : il consiste en une vis micrométrique dont le pas est connu.

Pour établir ces sections, on peut également adopter les ba-ses suivantes.

	Ampères		Millimètres carrés
Admettre une densité de	3 par mm² pour les fils de	1 à 15
— —	2 — —	15 à 100
— —	1 — —	100 et au-dessus

Nous avons donné en détail toutes les conditions de pose ; nous rappelons d'éviter l'humidité, les contacts avec les tuyaux métalliques et les dénudations de fils. Ne pas oublier les précautions décrites pour la confection des épissures.

11° *Plombs fusibles. Remplacement.* — Il peut arriver quelquefois que des fils fusibles fondent en service. Il ne faut jamais les remplacer sans avoir coupé le courant sur le circuit S'il s'agit du tableau de distribution d'une machine à l'usine, on essaye de remplacer ces plombs fusibles, et on remet ensuite le courant en prenant toutes les précautions pour éviter quelque accident. Si pareil fait se renouvelle, il faut aussitôt couper le circuit définitivement et prévenir le service compétent. Il peut y avoir sur la ligne court-circuit ou défaut d'isolement. Ces mêmes recommandations doivent être faites pour les petites installations.

Dans aucun cas, il ne faut remplacer un fil fusible par un autre d'un diamètre supérieur, et surtout jamais par un fil métallique. On doit retrouver le défaut qui cause les fusions des plombs.

12° *Lampes à incandescence.* — Pour les lampes à incandescence, il faut maintenir la différence de potentiel constante, car des baisses de lumière ont lieu suivant les variations de différence de potentiel. On doit toujours mettre les lampes verticales : si les filaments sont horizontaux, ils se courbent, la durée diminue et la lumière également.

Il faut avoir soin de pousser les lampes, c'est-à-dire les faire fonctionner à une différence de potentiel plus élevée que la différence de potentiel normale, si l'énergie électrique revient à un prix élevé. La lampe peut être brûlée de suite, et en tout cas sa durée est notablement diminuée. Mais on gagne sur le rendement lumineux de la lampe qui est plus élevé. Il est important de ne pas laisser en service des lampes n'éclairant plus. Ces lampes consomment en pure perte de l'énergie électrique.

Ajoutons enfin que la lampe à incandescence, sans être un objet très fragile, doit être maniée avec soin.

13° *Lampes à arc.* — Les lampes à arc exigent certains soins et certaines précautions.

Entretien. Nettoyage. — Il faut nettoyer souvent les mouvements d'horlogerie, les bobines électriques, les crémaillères, globes, cendriers, pinces, porte-charbons, les mouvements divers, les tiges métalliques ; il faut graisser, huiler les mouvements. Les lampes doivent être abritées contre la pluie. On ne doit pas les laisser suspendues au dehors, été comme hiver, sans aucun abri. Il s'agit d'un appareil qui demande des soins.

Fonctionnement, surveillance. — Les charbons sont différents suivant les pôles ; le charbon + est à mèche et a un diamètre supérieur ; le charbon — est homogène, on doit se préoccuper de ces diverses conditions dans la pose des charbons. La qualité de ceux-ci influe notablement sur la lumière ; il est nécessaire d'avoir de bons charbons et d'une durée nettement déterminée ; car il faut bien veiller à ne pas laisser user complètement les charbons ; les bobines peuvent être brûlées et la lampe détériorée.

En plaçant les charbons, il est nécessaire de laisser un écart de 1 à 2 centimètres pour permettre l'éloignement des charbons au moment de l'allumage.

Les lampes à arc doivent soigneusement être réglées pour fonctionner à une intensité déterminée. A cet effet, après leur mise en service, un ampèremètre doit pouvoir être intercalé facilement en circuit pour vérifier si cette intensité n'a pas changé, ce qui peut survenir assez rapidement, et la ramener sur place à la valeur choisie en utilisant le rhéostat de réglage.

14° *Moteurs électriques.* — L'installation des moteurs électriques exige certaines conditions que nous avons étudiées plus haut. L'exploitation demande diverses précautions. L'Electricien ne devra jamais oublier pour la mise en marche d'utiliser toujours le rhéostat de démarrage, et de régler la vitesse angulaire par l'excitation. Le moteur devra être soigné comme la machine électrique en ce qui concerne le collecteur, les balais, le graissage. Il sera nécessaire aussi d'éviter la poussière qui bien souvent s'accumule dans les salles où les moteurs sont en service.

15° *Accumulateurs.* — De grandes précautions doivent être prises pour l'établissement des accumulateurs ; il faut d'abord un isolement convenable et une chambre fortement aérée. On doit adopter des règlements de charge et de décharge spéciaux suivant le régime de l'usine.

Pendant la charge, il est nécessaire d'examiner et de noter les éléments où ont lieu de grands dégagements de gaz, l'état des plaques. Il faut aussi voir si des pastilles ou particules se détachent des plaques et tombent au fond du vase. Enfin ne jamais oublier de vérifier de temps à autre le niveau et la densité du liquide avec un densimètre semblable à celui que représente la figure 411 quater.

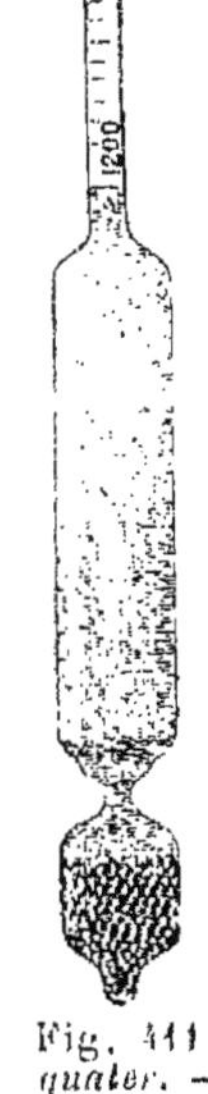

Fig. 411 quater. — Densimètre pour accumulateur.

16° *Installations électriques. Schémas.* — L'électricien ne sera pas toujours chargé d'un service spécial d'usine ; il sera aussi parfois employé dans le service des canalisations extérieures ou intérieures. Quelquefois, quand il s'agira d'une petite installation, dans la journée il s'occupera de ces installations et le soir il assurera l'éclairage.

Nous n'avons rien à ajouter ici à ce que nous avons dit précédemment en ce qui concerne les canalisations. Nous recommandons seulement au monteur de bien s'inspirer des divers schémas et exemples que nous avons donnés.

17° *Exploitation. Renseignements à noter.* — On doit se rendre compte de la dépense du charbon, d'eau, de valvoline, d'huile, de graisse par kilowatt-heure utile. Pour cela il faut relever le nombre d'ampères produits et la différence de potentiel à certaines heures et faire les calculs.

Ce relevé des ampères et des volts est très important. En le faisant toutes les demi-heures, il suffit largement. L'électricien, chargé de la surveillance du tableau, inscrit ses observations toutes les demi-heures. S'il s'aperçoit d'une augmentation considérable entre deux lectures, par exemple, au moment de l'allumage à 5 h 45, 6 h. 45, il le note en observation.

Cette feuille, dressée pour 24 heures, est essentielle pour se rendre compte exactement de la marche d'une usine. Nous donnons ci-joint un modèle de la feuille adoptée autrefois à l'usine des Halles, en la réduisant et en la simplifiant autant que possible. Nous ne donnons que la partie relative à 2 feeders, mais il y en a d'autres semblables ; de même les heures sont portées successivement jusqu'à la fin des 24 heures. La distribution étant à 3 fils, les indications sont données pour les 2 circuits. Une colonne spéciale donne à chaque instant la production totale en kilowatts. On note également les indications du compteur qui enregistre la production des 2 circuits. Les totaux sont faits à la fin de la page, ainsi que la production totale d'énergie électrique en kilowatts-heures pour le service des Halles et le service des abonnés Ces renseignements consignés depuis le jour de l'inauguration de l'usine (1ᵉʳ décembre 1889) ont fourni des observations intéressantes. Dans quelques usines, lorsqu'il y a des circuits peu nombreux, on préfère, à juste titre, employer des appareils enregistreurs. Il n'est pas toujours possible de le faire.

HEURES	DIFFÉRENCE DE POTENTIEL	FEEDER 1				FEEDER 2				Total de la production en kilowatts.	Lectures des Compteurs.
		Indication de chaque ampèremètre.		Total	Production en kilowatts.	Indication de chaque ampèremètre.		Total	Production en kilowatts.		
		Circuit 1	Circuit 2			Circuit 1	Circuit 2				
Minuit											
12ʰ30ᵐ											
1.											
1.30											
2.											
2.30											
3.											
3.30											
4.											
4.30											
Totaux . . .											

Production totale en kilowatts-heures.

On trouve environ par kilowatts-heure utile une dépense de 5 à 6 kilog. de charbon de composition moyenne, 0 kg. 008 de valvoline, 0 kg. 005 de graisse, 0 kg. 002 d'huile pour la dynamo.

A cela, il faut encore ajouter les dépenses de personnel et les dépenses de matériel et d'outillage. Ces dépenses peuvent être portées à part.

Ces chiffres ne sont évidemment que des chiffres moyens destinés à fixer les idées. Pour n'en citer qu'un exemple, suivant la qualité de charbon (maigre, demi-gras ou gras), la dépense peut tomber à 2 ou 2,5 kilogrammes par kilowatts-heure.

L'Electricien chargé de la conduite d'une exploitation doit s'intéresser lui-même à ces divers résultats. Il doit voir si telle qualité de charbon est préférable à telle autre, si les dépenses d'huile et de graisse augmentent dans telles ou telles conditions. A ce propos nous pensons qu'il serait très utile, comme cela se pratique dans un certain nombre d'usines, d'encourager les chauffeurs, mécaniciens, électriciens, à prendre les intérêts de l'usine en leur donnant des primes sur les économies réalisées. C'est le meilleur moyen d'avoir un matériel soigné, bien entretenu, et fonctionnant dans les meilleures conditions.

18° *Contrôle de l'isolement.* — Une des principales préoccupation de l'électricien de surveillance au tableau de distribution sera de s'assurer toujours que l'état d'isolement se maintient à une valeur normale. Il prendra cet isolement à l'aide d'un appareil de mesure ou d'un indicateur quelconque suivant l'installation.

19° *Outils nécessaires.* — Nous ne voulons pas décrire ici tous les outils nécessaires à un électricien. Il existe déjà une quantité de trousses bien connues renfermant tous ces ustensiles. Mais nous estimons que le plus souvent, la meilleure trousse est celle que l'on se compose soi-même. Aussi, nous voulons signaler quelques outils, dont nous avons eu l'occasion de nous servir quelquefois, et qui nous semblent très utiles.

Le premier est la pince universelle de M. May, en dépôt chez M. J. Ullmann, à Paris (fig. 412). Elle comprend en *a* une pince coupante permettant de couper des fils de cinq millimètres de diamètre, en *c*, *b*, un poinçon pour faire un trou dans un isolant, en *d*, une lame coupante, en *f*, un racloir, en *g*, une pince ronde, en *h*, une pince plate. Cette pince, de faible longueur, et d'un faible poids, peut rendre de grands services.

Le second outil est un canif, outil du même constructeur (fig. 412 bis), ayant une gaîne isolante pour permettre d'effectuer les réparations à une installation en service et comprenant une lime douce, une lime demi-

Fig. 412. — Pince universelle May.

douce, une vrille à bois, un poinçon, un gros et un petit

Fig. 412 bis. — Canif d'électricien.

tournevis, deux lames de couteau, une grande et une petite.

Fig. 413 — Grande pince coupante à levier.

M. Ullmann fournit également des grandes pinces coupantes à levier (fig. 413 bis) pour couper les câbles ; leur longueur est de 76 centimètres, et elles peuvent couper des câbles ayant un diamètre de 12, 5 millimètres.

La même maison fournit aussi des tabliers et des trousses

Fig. 413 bis. — Vue d'un tablier pour électricien.

pour monteurs électriciens. La figure 413 *bis* nous montre une vue d'ensemble d'un tablier et la figure 414, le tablier porté par un électricien. La figure 414 bis représente une trousse d'électricien qui renferme : 4 Vrilles de diverses grosseurs, 6 Mèches assorties pour bois, pierres et briques, 1 Ciseau à froid, 1 Pointe carrée, 1 Chasse-clou rond, 1

Fig. 414. — Un électricien portant le tablier.

Chasse clou plat, 3 Tournevis de tailles différentes, 2 Ciseaux de menuisier, 1 étroit, 1 large, 2 limes 1/2 ronde bâtarde, 1 Paire de ciseaux, 1 Mètre, 1 Vilbrequin, 1 Marteau de pose à longue panne, 1 Marteau rivoir, 1 Tamponnoir, 1 Tenaille, 1 Pince coupante, 1 Pince plate coupante, 1 Pince ronde.

20º *La conduite d'un mécanicien-électricien dans une usine.* — Dans une usine un mécanicien-électricien peut rendre les plus grands services. Dans la journée, il s'occupera du nettoyage des machines, de l'entretien et de la réparation des

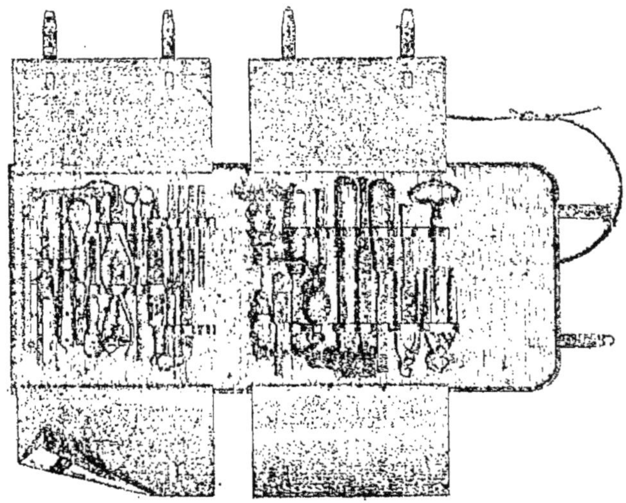

Fig. 414 *bis.* — Vue d'une trousse.

lampes à arc, des travaux sur la canalisation, et le soir il assurera le fonctionnement de l'éclairage. Nous parlons là bien
entendu d'une petite installation d'éclairage électrique. Un de
nos anciens élèves mécanicien-électricien est ainsi devenu en
province directeur d'une petite usine de distribution qu'il fait
marcher entièrement avec l'aide d'un chauffeur-électricien-
ajusteur.

Nous avons résumé en quelques mots les instructions nécessaires à un électricien, pensant que celles-ci ne doivent pas
être très nombreuses, si l'on veut qu'elles soient observées.

CHAPITRE X

STATIONS CENTRALES ÉLECTRIQUES DE PARIS.

La ville de Paris possède actuellement 6 compagnies électriques qui desservent complètement tout l'immense espace qu'elle occupe. Ces compagnies électriques ont obtenu chacune une concession dans un terrain sous forme de secteur. Pour assurer l'alimentation en énergie électrique des différents quartiers, les compagnies électriques ont installé des usines en divers points de Paris. Nous n'avons pas l'intention de consacrer ici une étude à ces différents secteurs. Nous voulons seulement montrer nettement les dispositions intérieures des stations centrales d'énergie électrique. La planche 5 donne la carte de tous les secteurs de Paris; nous l'avons empruntée à l'*Industrie Electrique*. Nous choisirons quelques usines entre toutes. Les principales usines que nous allons décrire sont :

1° *L'usine municipale d'électricité des Halles Centrales.*

2° *L'usine de la Cie Edison de l'Avenue Trudaine.*

3° *L'usine de la Société d'Eclairage et de force par l'électricité de la rue de Bondy.*

4° *Les usines de la Cie parisienne d'air comprimé et d'électricité du Boulevard Richard-Lenoir et du quai Jemmapes.*

5° *L'usine du Secteur de clichy.*

6° *L'usine du Secteur des Champs-Elysées.*

7° *L'usine du Secteur de la rive gauche.*

1° L'USINE MUNICIPALE DES HALLES CENTRALES.

L'usine municipale d'électricité des Halles Centrales a été créée en vertu d'une délibération du conseil municipal du 27

Carte des Secteurs de distribution d'énergie électrique de Paris

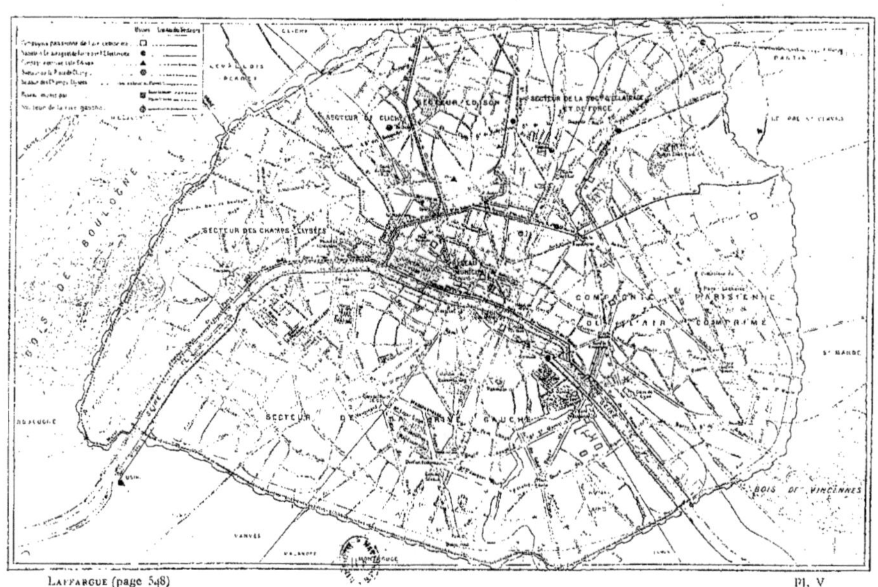

LAFFARGUE (page 548)   Pl. V

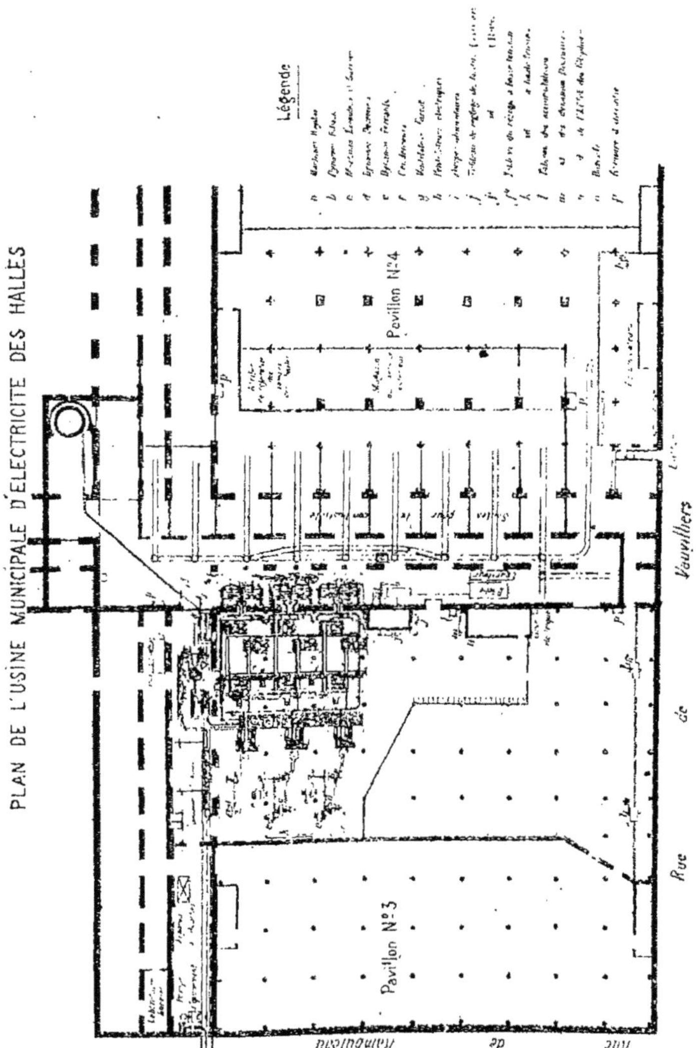

Fig. 415. — Plan de l'usine municipale des Halles.

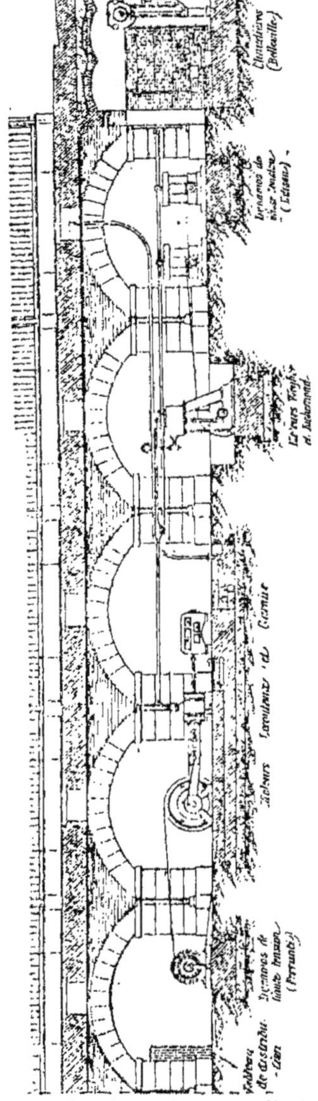

Fig. 415 bis. — Coupe de l'usine
des Halles.

juillet 1888 pour essayer les modes actuels d'éclairage électrique et se rendre compte des prix de revient industriels. L'usine a été établie pendant l'année 1889 par M. F. Meyer alors ingénieur de la première section, et par MM. Chrétien, Darche et J. Laffargue. La mise en marche eut lieu le 1er décembre 1889.

Le plan de la figure 415 nous donne les dispositions actuelles après des remaniements de toutes sortes survenus pour améliorer ou perfectionner certaines dispositions primitives. Une légende donne les explications nécessaires. Nous donnons aussi la coupe de l'usine fig. 415 bis.

L'usine est établie dans les sous-sols du pavillon n° 3, aux Halles centrales. Elle comprend :

A. 6 chaudières Belleville de 1800 kilogrammes de vapeur à l'heure à 15 kilogrammes par centimètre carré. L'eau d'alimentation est fournie par des conduites de la Ville. Une grande bâche permet d'avoir une réserve de quelques mètres cubes d'eau. Une seconde bâche sert à des essais d'épuration d'eau. L'échappement de la pompe alimentaire se fait dans la bâche d'eau.

B. 3 machines à vapeur Wehyer et Richemond, verticales à triple expansion, de 150 chevaux, à 160 tours par minute.

C. Ces machines Weyher et Richemond actionnent chacune par courroies deux machines Edison à courants continus donnant 350 ampères et 120 volts à 500 tours par minute.

Un alternateur volant Patin de 38 kw. avait été installé ; il a été enlevé, n'ayant aucun service à effectuer.

D. 3 machines à vapeur Lecouteux et Garnier de 170 chevaux à 180 tours par minute. Ces machines sont monocylindriques et à condenseur en tandem.

E. Les machines Lecouteux et Garnier actionnent, à l'aide de câbles, trois machines Ferranti à courants alternatifs donnant 45 ampères et 2400 volts à 500 tours par minute ; des transmissions avec plateaux Raffard ont été installées sur l'axe des moteurs monocylindriques 2 et 3. Ces transmissions actionnent chacune une dynamo Desroziers donnant 150 volts et 250 ampères. Ces 2 dynamos servent spécialement à la charge des accumulateurs, mais peuvent également être mises en service sur les lignes de distribution et alimentent notamment les lampes servant à l'éclairage de l'usine.

La distribution à courants continus s'effectue à trois fils par *feeders*, à l'aide de machines shunt montées en quantité.

La figure 415 *ter* indique le principe de la distribution à courants continus. Les machines sont toutes réunies au tableau central de distribution, ainsi que leurs circuits d'excitation avec les rhéostats de réglage. Un commutateur distinct permet de coupler une machine sur un circuit ou sur un autre. Ce couplage s'effectue à l'aide d'un inverseur. Nous représentons le schéma complet d'une machine. Il en est de même pour les cinq autres.

Cet inverseur, construit par la Compagnie continentale Edison, a pour but de permettre la mise en route d'une machine sur l'un quelconque des deux circuits. Comme les machines sont couplées en quantité, pour éviter qu'elles ne travaillent l'une sur l'autre, il y a une disposition spéciale qui ne permet de fermer le circuit que si le commutateur de l'excitation a été

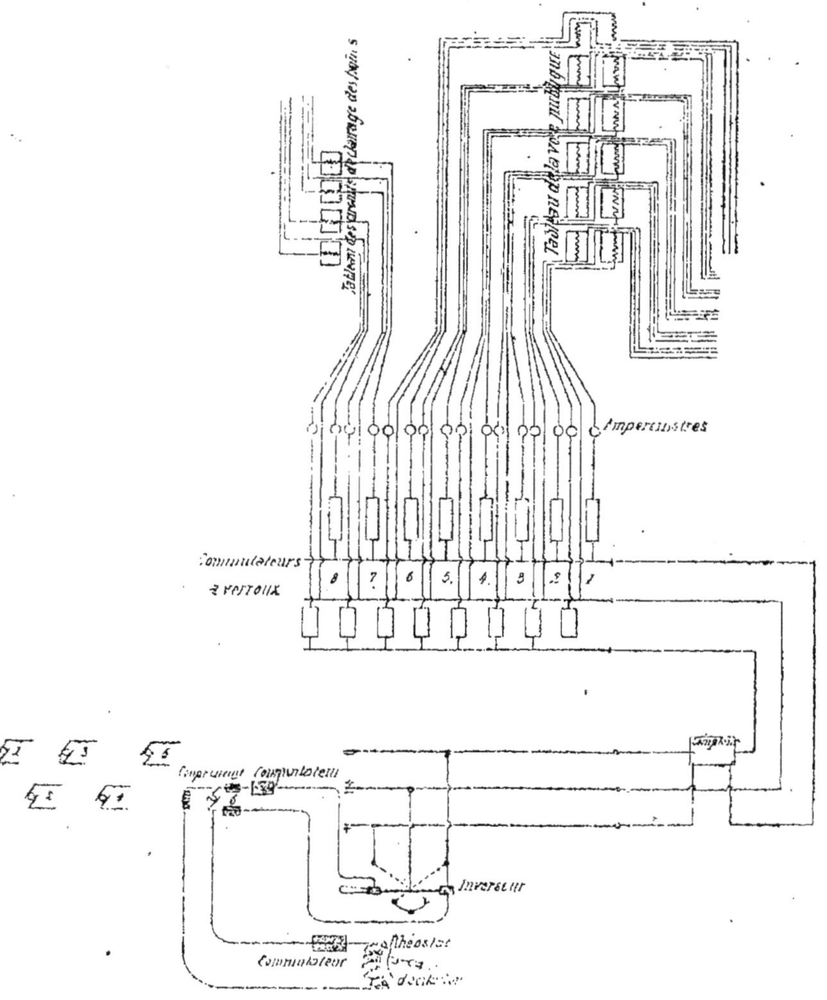

Fig. 415 ter. — Schéma de la distribution à courants continus.

formé auparavant. Après cet inverseur, le courant traverse un compteur à trois fils, et passe au tableau de distribution, où se trouvent les verrous-commutateurs des circuits extérieurs. Les extrémités des *feeders*, qui sont au nombre de huit, aboutissent à ce tableau. En partant, les *feeders* destinés à la voie publique se dirigent vers un tableau de réglage, où sont des rhéostats permettant de compenser à chaque instant les variations dues à la différence de consommation, grâce à des lampes témoins et à des voltmètres placés sur des fils de retour venant des jonctions des *feeders* avec les circuits de distribution sur la voie publique. Deux *feeders* séparés avec tableau de réglage, sont affectés à l'éclairage des Halles. Les lampes à incandescence fonctionnent à 110 volts. Les lampes à arc sont montées par 2 en tension sur 110 volts. Elles sont de plusieurs systèmes (Cance, Bardon, Henrion, Pieper). Le nombre des lampes à incandescence de 60 watts que l'on peut alimenter chez les particuliers dans les principales rues que nous avons désignées plus haut est environ de 1500.

Nous donnons plus loin des figures qui représentent le plan général des circuits de distribution, avec le détail des réglages.

La distribution par courants continus dessert les Halles centrales et un certain nombre de rues avoisinantes (rues des Halles, du Pont-Neuf, rue Berger, etc.). L'éclairage des Halles comprend 387 lampes à incandescence de 16 bougies placées dans les sous-sols, et 242 lampes à arc pour les rez-de-chaussée et allées couvertes. Environ 200 lampes à incandescence brûlent jour et nuit, le reste ne brûle qu'à certains moments. De même pour les lampes à arc, quelques-unes seulement brûlent à partir de la nuit, et d'autres au moment des criées, à deux heures du matin. Pour satisfaire à toutes ces exigences, chaque pavillon a deux tableaux : un pour l'arc et un autre tableau pour l'incandescence. Ce dernier tableau renferme deux interrupteurs : l'un commandant le circuit des lampes permanentes, et l'autre le circuit variable.

Pour une distribution de ce genre, il eut été de toute néces-

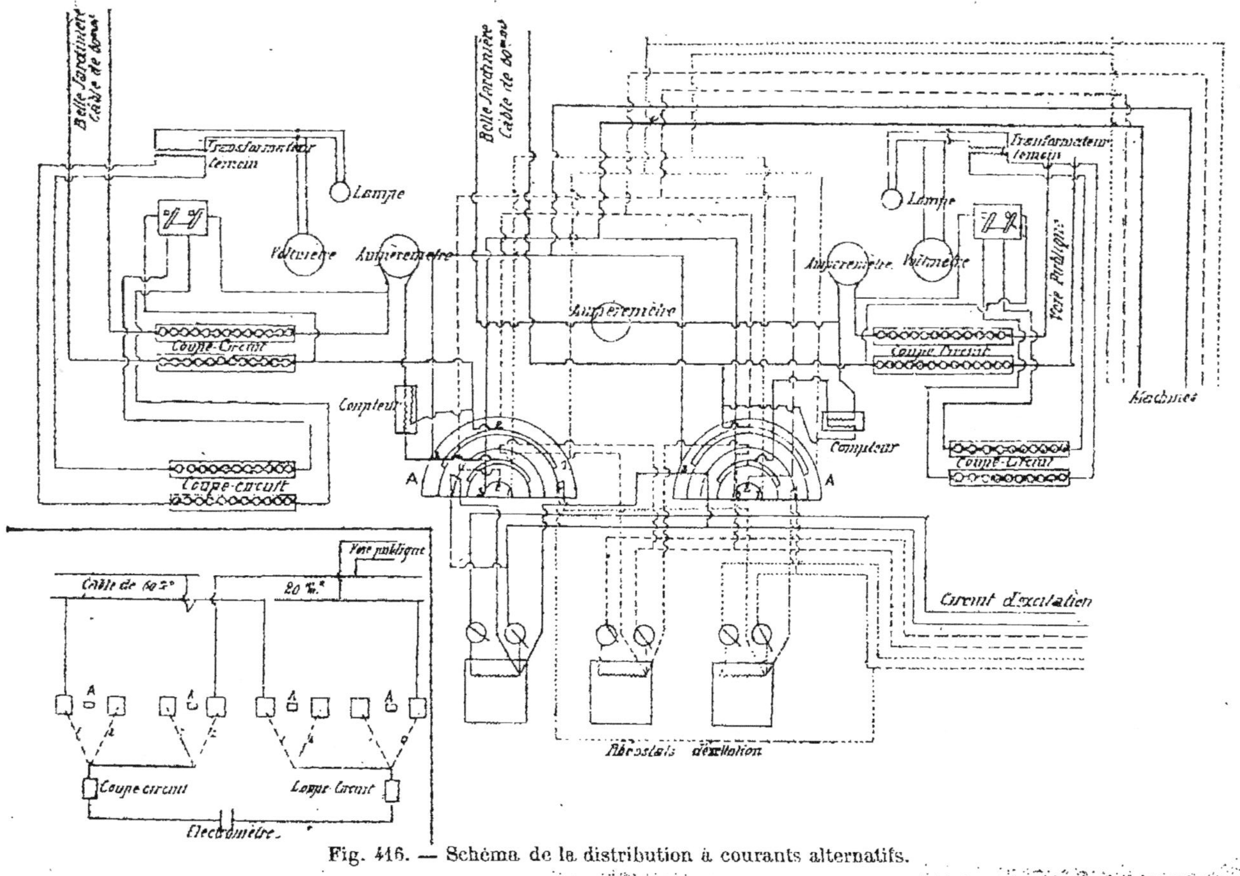

Fig. 446. — Schéma de la distribution à courants alternatifs.

sité d'avoir des accumulateurs, afin d'assurer la distribution dans la journée. L'étude a été faite dès le commencement de l'usine, puis abandonnée ; mais elle a été reprise en 1892, et on a établi une batterie de 144 accumulateurs de la Société pour le travail des métaux de 2000 ampères-heure de capacité ayant chacun 19 plaques de 6 mm. d'épaisseur et 40 cm. sur 80. La charge a lieu pendant la journée jusqu'au grand débit, où ils débitent peu. De 10 heures du soir à 1 heure du matin, on recharge les accumulateurs, qui fournissent leur décharge dès 2 heures à 8 heures du matin. Pendant la journée, une machine Desroziers charge les accumulateurs et alimente en même temps l'éclairage de l'usine, les sous-sols et des abonnés à courants continus. La machine à vapeur qui entraîne la dynamo Deroziers met également en marche la machine Ferranti qui alimente aussi quelques abonnés. La charge se fait à potentiel variable, soit en faisant varier le nombre des bacs, ou l'excitation de la machine. Une commande de réducteurs à distance a été installée.

La charge des accumulateurs est obtenue également par les machines Edison, mais alors à potentiel constant. Pour toutes ces manœuvres des tableaux spéciaux de charge et de décharge ont été ajoutés.

Signalons également au départ des volts-mètres compensés qui permettent d'apprécier la différence de potentiel aux extrémités des feeders.

La distribution par courants alternatifs s'effectue également par *feeders*.

Les machines sont reliées à un tableau de distribution. De l'usine partent deux circuits principaux, l'un formé d'un câble de 60 millimètres carrés, qui était destiné exclusivement à l'alimentation des magasins de la *Belle Jardinière* ; l'autre formé de deux câbles distincts de 20 millimètres carrés, un pour la *Belle Jardinière* et l'autre pour les abonnés extérieurs. L'éclairage de la *Belle Jardinière* a été supprimé à la suite de malentendus. M. Maréchal, l'ancien ingénieur de la 1ʳᵉ section, à qui l'on doit un ouvrage si documenté sur l'Eclairage à Paris, a aussitôt étudié des projets beaucoup plus pratiques et plus intéressants ; il a réalisé l'éclairage électrique de l'avenue de l'Opéra, et a proposé l'éclairage de l'Opéra Comique et du Châtelet.

Dans les rues, les câbles sont placés dans des moulures en bois injecté au sulfate de cuivre, et dans des caniveaux en ciment établis sous trottoirs.

Le réseau de distribution par courants alternatifs part des Halles, longe la rue Coquillière, la rue de la Vrillière, la rue des Petits-Champs, l'avenue de l'Opéra et revient sur la place du Théâtre-Français où plusieurs abonnés sont alimentés.

Nous donnons dans la figure 416 le diagramme entier du tableau de distribution qui complète celui que nous avons donné pour la mise en marche des machines. Dans ce tableau on peut remarquer un grand nombre de fils et de circuits qu'il est difficile de représenter sur le papier. Mais dans la pratique, tous ces circuits sont nets, bien distincts et surtout bien isolés les uns des autres. Nous avons du reste apporté tous nos soins à l'établissement et à l'entretien de ce tableau. Par côté nous représentons la disposition adoptée pour brancher de temps à autre un électromètre de Thomson sur les différents circuits pour connaître exactement la différence de potentiel aux bornes du circuit primaire. Un commutateur double et à deux prises sur chaque pôle avec repos au milieu en A sert à cet effet.

Ajoutons que la maison Henry est chargée aujourd'hui du graissage de l'installation.

Telles sont les principales dispositions de l'usine municipale des Halles établie en 1889, et à laquelle le conseil municipal de Paris a consacré jusqu'à fin de 1894, une somme de 1296000 francs dont 775000 francs pour l'usine proprement dite et 521000 francs pour la canalisation. Nous avons suivi l'installation de cette usine en 1889 avec MM. Chrétien et Darche, et nous avons exercé les fonctions de chef de l'usine jusqu'au mois de juin 1892.

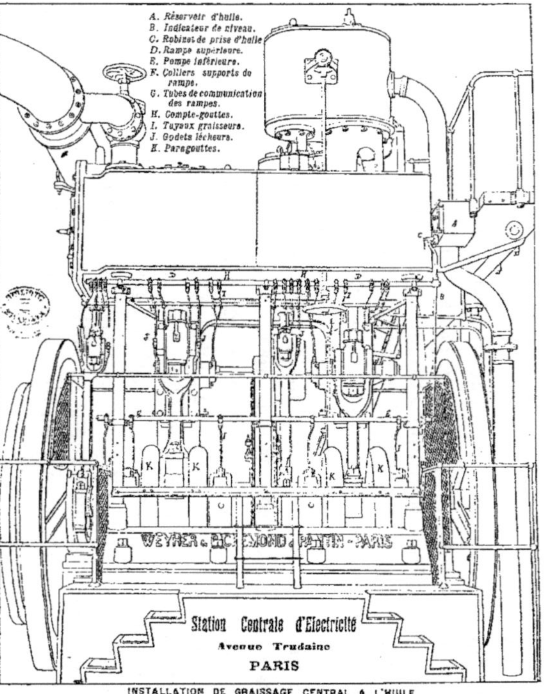

Planche 11 (page 556)

INSTALLATION DE GRAISSAGE CENTRAL A L'HUILE

sur 4 moteurs de 300 chevaux (120 tours par minute) avec compte-gouttes pour montage sur rampe, Bté S.G.D.G
et appareils spéciaux, Bté S.G.D.G., pour éviter les projections d'huile.

25 MOTEURS SEMBLABLES — 5000 CHEVAUX

fonctionnent avec ce graissage à Paris et donnent une économie de plus de 60 %, sur le graissage avec la graisse
ainsi qu'une réduction de moitié de la main-d'œuvre!

Au moment de l'établissement de l'usine, il semblait que les sous-sols des Halles permettraient de faire une installation vaste et grandiose. Il faut remarquer qu'à cette époque il n'existait à Paris que de petites stations centrales comme l'usine de la cité Bergère, l'usine de la rue de Bondy, etc. On a bientôt observé que le volume d'air était trop restreint et que la circulation d'air ne pouvait s'établir malgré les dispositions prises à cet égard.

On a dû, dans la suite, établir un ventilateur Farcot, actionné par un moteur à vapeur Westinghouse de 10 chevaux et puisant l'air au-dessus des toits des Halles. On verra ce ventilateur en *g*, ainsi que d'autres petits ventilateurs actionnés par des moteurs électriques qui sont branchés sur la distribution.

2° L'USINE DE LA COMPAGNIE EDISON DE L'AVENUE TRUDAINE.

Cette usine, dont la figure 416 *bis* nous donne le plan, renferme :

A. 3 générateurs Belleville de 3000 kilogrammes de vapeur par heure à la pression de 12 kilogrammes par centimètre carré et 3 générateurs de 3800 kilogrammes de vapeur dans les mêmes conditions. L'eau d'alimentation fournie par les conduites de la Ville est épurée à l'aide d'un épurateur Gaillet.

En regard des 3 premières chaudières on vient d'établir 3 autres chaudières semblables également de 3800 kg. de vapeur par heure.

B. 4 machines Weyher et Richemond, à triple expansion, à trois cylindres superposés, de 300 chevaux à 130 tours par minute, avec leurs condenseurs et pompe à air spéciale et installation de graissage central à l'huile de la maison R. Henry.

C. Chaque machine à vapeur commande directement 2 dynamos Edison à 8 pôles donnant 125-130 volts et 100 kilowatts chacune.

A côté des machines précédentes, on vient d'installer deux machines Bonjour construites par la maison Weyher et Riche-

mond. Cette machine est compound, du type pilon, verticale.
Elle donne une puissance de 1750 chevaux à la vitesse angulaire de 105 tours par minute. Elle est formée de deux parties
verticales E et D sur lesquelles se trouvent les cylindres et
les pistons; ces deux parties sont réunies en haut. Elle laisse

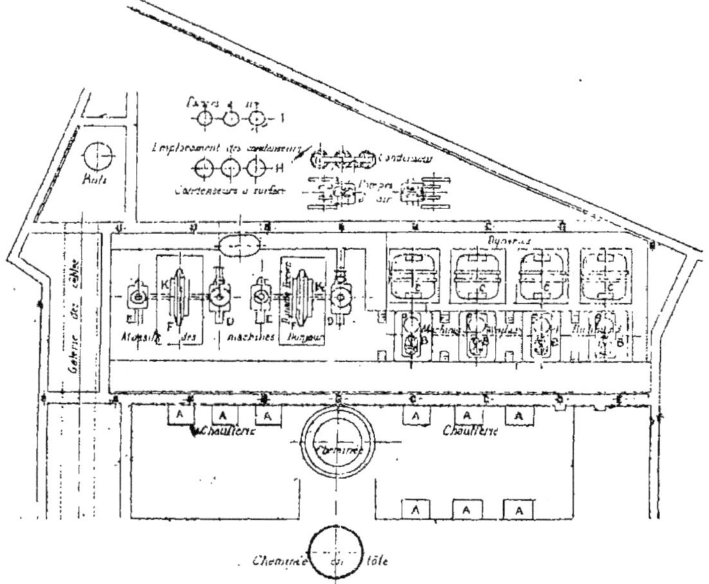

Fig. 416 bis. — Usine Edison de l'Avenue Trudaine.

donc en bas un grand espace disponible dans lequel peut être
placée la dynamo directement sur l'arbre K.

La dynamo est une machine Brown à 16 pôles, et à 2 collecteurs donnant 110 volts et 5000 ampères. Les condenseurs en
surface au nombre de 3 sont montés en H; en J se trouvent 3
pompes à air mues par des moteurs électriques. Au dessous
des 3 condenseurs sont également installées 3 pompes centrifuges, actionnées par les mêmes moteurs électriques; chaque

moteur actionnant une pompe à air et une pompe à eau, ces dernières pompes dites de circulation servent à puiser l'eau nécessaire aux condenseurs. Chaque moteur électrique peut consommer 160 ampères et 220 volts soit 35 kilowatts.

Au rez-de-chaussée nous signalerons l'installation qui distribue l'huile à tous les paliers de dynamos à l'aide d'un seul réservoir, comme nous l'avons expliqué déjà. C'est la maison R. Henry qui assure ce service.

Les appareils de distribution se trouvent au-dessus. Le réglage s'effectue à l'aide de résistances intercalées dans les feeders, suivant l'intensité qui les traverse.

Nous mentionnons tout particulièrement l'excellente disposition des appareils de distribution dont toutes les parties sont visibles et peuvent être abordées. Ces appareils sont placés dans une salle au premier étage où se trouve seul le chef électricien.

Les chaudières sont installées dans un grand sous-sol bien aéré ; devant se trouve l'entrée des soutes à charbons avec une bascule qui laisse peser à l'arrivée. A la sortie des conduites de vapeur des chaudières se trouve un grand collecteur, qui permet de faire une réserve de vapeur, pour parer à toute baisse instantanée de pression, et de recueillir les eaux d'entraînement.

En raison de l'augmentation de puissance on a dû installer une deuxième cheminée en tôle.

Au rez-de-chaussée se trouve la salle des machines, pièce vaste également très aérée. Dans cette salle sont installées les machines à vapeur avec les machines dynamos comme le représente la figure. Dans le coin de la salle se trouve un escalier permettant de monter au premier étage où se trouvent installés les appareils de distribution.

Des appareils à leviers servent à fermer les circuits des machines ; au-dessous de ces leviers s'en trouvent d'autres pour l'excitation. Les premiers ne peuvent être en service que si ces derniers sont fermés. Les résistances d'excitation sont manœuvrées à l'aide d'un rhéostat à vis. Des balances de M. Clerc permettent de maintenir la différence de potentiel constante. A la sortie des machines se trouvent de gros watts-mètres enregistreurs qui enregistrent à tout instant la puissance totale produite. Sur chaque feeder se trouvent également des watts-mètres ainsi que des résistances de réglage. Un étalonnage à l'avance fait connaître la différence de potentiel à maintenir à l'usine suivant l'intensité de débit pour assurer chez l'abonné la différence de potentiel de 110 volts.

Pour lire exactement les différences de potentiel soit sur les circuits généraux, soit sur les feeders, on a employé le galvanomètre Deprez et d'Arsonval, qui donne une image très nette se déplaçant à distance sur une échelle de grandes dimensions.

Cette usine alimente le réseau de distribution à la partie extrême du secteur ; mais elle peut être mise directement en communication avec l'usine de la rue du Faubourg Montmartre.

3° L'USINE DE LA SOCIÉTÉ D'ÉCLAIRAGE ET DE FORCE PAR L'ÉLECTRICITÉ DE LA RUE DE BONDY.

La distribution est effectuée par une série de machines montées en quantité et par une batterie d'accumulateurs en en dérivation. La distribution est faite à deux fils et par feeders.

Jusqu'à la fin de 1895, l'usine comprenait :

A. 4 chaudières Belleville, type de l'usine des Halles.

B. 4 machines Weyher et Richemond, type de l'usine des Halles.

C. 4 dynamos Desroziers de 95000 watts (125 volts et 750 ampères).

D. Les accumulateurs sont de la Société anonyme pour le travail électrique des métaux.

Ils sont au nombre de 67 et ont une capacité moyenne de 10 000 ampères-heures.

Cette usine a été transformée en 1896. Les 4 groupes de 150 chevaux ont été remplacés par deux groupes de 600 chevaux et un groupe de secours de 150 chevaux. Chaque groupe de 600 chevaux est formé d'une machine à vapeur Farcot, tournant à 70 tours par minute ; l'induit de la machine Desroziers de 4 mètres de diamètre est porté sur l'extrémité même de l'arbre sans aucun accouplement. Le collecteur est tout à fait dégagé. Ce groupe est monté sur des fondations élastiques système Anthoni. Les machines tournant ainsi à la vitesse angulaire de 70 tours par minute ne fournissent qu'une vitesse tangentielle de 14 mètres par seconde en donnant 400 kilowatts ; en doublant la vitesse tangentielle ce qui serait le chiffre normal des machines Desroziers, on pourrait produire 800 kilowatts. En 1895 on a installé qu'un seul groupe de 600 chevaux et l'autre en 1896. Pendant la durée des travaux une usine provisoire a fonctionné à côté renfermant un groupe de 80 chevaux et deux turbines dynamo Laval de 100 chevaux. Le groupe

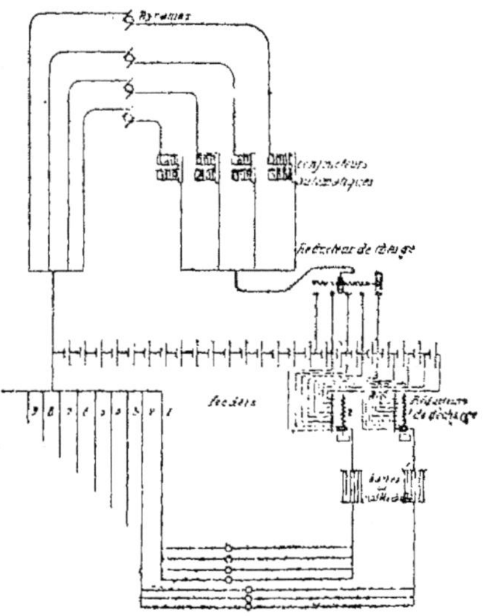

Fig. 417. — Schéma de distribution d'une usine de la Société d'éclairage et de force par l'électricité.

de secours doit être constitué par un turbine Laval de 300 chevaux.

Cette usine alimente le réseau de la Société en même temps que l'usine de la rue des Filles-Dieu. Du reste, les différentes usines de cette société, les usines de la gare du Nord, de la

Villette, du boulevard Barbès, de la rue de Bondy et de la rue des Filles-Dieu sont toutes montées en quantité.

La figure 417 représente le diagramme complet de la distribution. Les quatre machines sont montées en quantité, et traversent chacune un conjoncteur automatique. Un pôle aboutit ensuite à une barre où sont reliés les départs des différents feeders au nombre de neuf. Sur ce pôle est placé le circuit des accumulateurs. L'autre pôle, pour chaque machine, bien que le dessin n'en représente qu'un, aboutit à un réducteur de charge, dont les différentes connexions existent sur le circuit des accumulateurs. Aux bornes de ces derniers se trouvent aussi des réducteurs de décharge, un pour chaque feeder. Enfin, à la sortie de chaque feeder et sur le circuit de chaque machine sont disposées des barres de maillechort de résistance bien connues, aux bornes desquelles il suffit de mesurer la différence de potentiel pour connaître l'intensité qui traverse le circuit.

Cette station dessert un grand nombre de théâtres situées dans le voisinage, notamment l'Ambigu, la Renaissance, la Porte Saint-Martin, les Folies-Dramatiques.

4° L'USINE DE LA COMPAGNIE PARISIENNE DE L'AIR COMPRIMÉ ET D'ÉLECTRICITÉ DU BOULEVARD RICHARD-LENOIR ET DU QUAI JEMMAPES.

La Compagnie parisienne de l'air comprimé a employé successivement plusieurs systèmes de distribution. Elle est en ce moment encore dans la période de transition. Nous allons donc parler un peu des deux systèmes de distribution.

Le système de distribution employé par la Compagnie Popp consistait à charger une série de batteries d'accumulateurs placées en divers endroits et montées en tension à l'aide de deux stations centrales. Une fois chargés, ces accumulateurs devenaient des stations secondaires qui distribuaient l'énergie électrique dans leurs réseaux.

La Compagnie avait ainsi établi dans Paris un grand nombre

de postes d'accumulateurs : rue Franche-Comté, rue Feydeau, bazar de l'Hôtel-de-Ville, rue Pernelle, etc. etc.

Pour charger ainsi tous les postes d'accumulateurs les deux usines du Boulevard Richard Lenoir et du lac Saint-Fargeau étaient utilisées toutes les deux et étaient montées en tension. Ces usines servent toujours pour les sous-stations qui effectuent encore la distribution. (fig. 418).

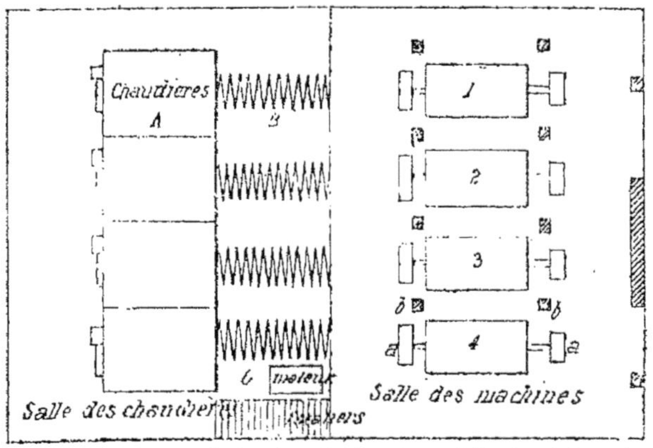

Fig. 418. — Plan de l'usine du boulevard Richard Lenoir.

La station centrale est située boulevard Richard-Lenoir (fig. 418.)

Elle comprend 4 chaudières A Babcok et Wilcox fournissant 3000 kilogrammes de vapeur par heure à la pression de 12 kilogrammes par centimètre carré. En B se trouvent des *économiseurs*. Les gaz en sortant de la cheminée passent autour d'une série de tuyaux traversés par l'eau d'alimentation. Cette eau se trouve ainsi portée à 90°. Pour éviter que la suie ne couvre les tubes il y a un petit moteur à vapeur C qui actionne un racloir. Ce dernier gratte les tubes et fait tomber la suie.

A côté de la salle des chaudières se trouve la salle des machines. Dans cette dernière sont installées 4 machines à vapeur Weyher et Richemond à triple expansion à 4 cylindres, donnant 300 chevaux à 135 tours par minute. Elles actionnent directement chacune 2 dynamos Desroziers *a* donnant 400 volts et 250 ampères. Ces dynamos sont à 8 pôles. Les machines excitatrices *b* sont des petites machines Rechniewski, mises en mouvement à l'aide d'une courroie. La fig. 419 donne une idée de la distribution. Toutes les machines peuvent être couplées en tension, ou être supprimées suivant la différence de potentiel nécessaire à la charge des accumulateurs. La différence de potentiel maxima est de 2300 volts. L'usine marchait de neuf heures et demie du soir au lendemain trois ou quatreou cinq heures du soir suivant les besoins.

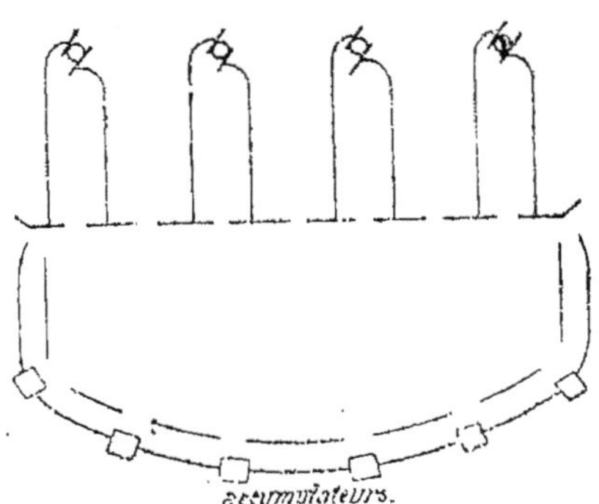

Fig. 419. — Schéma de la distribution à intensité constante.

Les lignes des 2 usines étaient distinctes mais elles passaient toutes les deux dans toutes les stations. Les accumulateurs n'ont pas donné satisfaction en raison du grand entretien qui était nécessaire, et dans diverses sous-stations on les a remplacés par des transformateurs rotatifs à courants continus, formés de deux dynamos Thury, montées sur le même arbre, d'une puissance de 40 ou 80 kilowatts, suivant les cas.

La Cie fut à ce moment obligée d'augmenter ses moyens de production ; elle eut alors l'idée d'adopter le système de distribution à 5 fils. A cet effet elle fit construire rue St-Roch une grande sous-station dont la figure 420 donne deux vues d'ensemble intérieure. Cette sous-station renferme 3 groupes de 4 transformateurs rotatifs en tension, alimentant un réseau à 5 fils dans le quartier Vendôme. Deux groupes de transformateurs

Fig. 420. — Vues d'ensemble intérieures de la sous-station St Roch.

ont une puissance de 80 kilowatts et le troisième une puissance de 40 kw. Il y a aussi 12 batteries d'accumulateurs de 50 kw.

Les usines du Boulevard Richard-Lenoir et du lac St-Fargeau devenaient insuffisantes, et la Cie décida d'établir quai Jemmapes une usine génératrice pour la distribution à 5 fils.

Cette grande usine doit alors envoyer l'énergie électrique

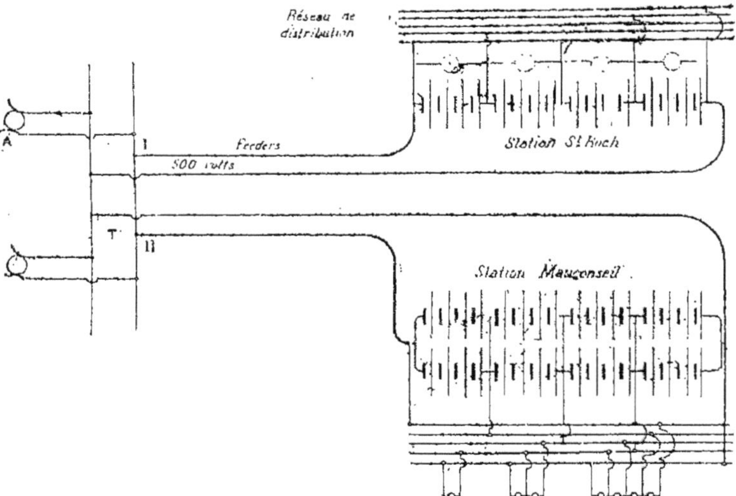

Fig. 421. — Schéma de la distribution actuelle dans le secteur de la Cie parisienne d'air comprimé et d'électricité.

à 5 fils à deux grandes sous-stations régulatrices, l'usine de St-Roch, dont il a été question plus haut et où quatre autres batteries d'accumulateurs de 50 kw. ont été adjointes, et à l'usine établie rue Mauconseil et ne comprenant que des batteries d'accumulateurs. Le réseau secondaire des transformateurs de la sous-station Saint-Roch est monté en quantité sur les batteries d'accumulateurs avec les feeders de la station Jemmapes. La station Mauconseil dessert aussi le réseau à 5 fils.

Avant de donner quelques renseignements sur l'usine centrale qui a été établie quai de Jemmapes, nous donnerons

le schéma de la figure 421 qui montre nettement les dispositions actuelles du secteur de la Compagnie parisienne d'air
comprimé et d'électricité. En A se trouve la station centrale avec
les dynamos, le tableau de distribution T d'où partent des feeders en câbles sous plomb et armés de 1000 millimètres carrés,
les uns pour la station St-Roch, et les autres pour la station
Mauconseil. A la station St-Roch, en dehors des accumulateurs
et de ces feeders sont montés également les secondaires des
transformateurs dont les primaires sont encore desservis par
les usines du Boulevard Richard-Lenoir et du lac St-Fargeau.

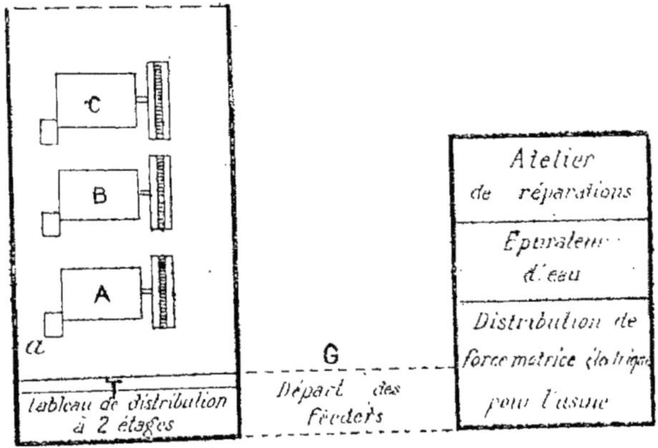

Fig. 422. — Plan de l'usine du quai de Jemmapes.

Mais il est bien évident que ces dispositions disparaitront peu à
à peu, et que nous nous trouverons en présence d'une distribution à 5 fils avec stations régulatrices par accumulateurs à St-
Roch et à Mauconseil et avec station centrale quai Jemmapes.
La puissance totale atteindra alors 4600 kilowatts.

La station centrale dont nous parlons est située sur le quai
Jemmapes et est actuellement construite en grande partie. En
principe cette usine doit comprendre deux grands bâtiments
perpendiculaires au quai et séparés par un troisième bâtiment

de plus faibles dimensions. L'usine a été prévue pour 2400 chevaux. Actuellement le bâtiment de gauche est seul construit en partie, ainsi que le bâtiment du milieu. La figure 422 nous montre la salle des machines, la galerie consacrée au départ des feeders et la distribution du bâtiment du milieu.

Dans la salle des machines, au-rez-de-chaussée, nous trouvons A B C trois machines verticales compound à deux cylindres à détente variable, par le régulateur de la Société Alsacienne des constructions mécaniques. A la vitesse angulaire de 75 tours par minute, elles donnent une puissance normale de 1200 chevaux. Chaque machine possède un vireur spécial *a* pour la mise en marche. Elles actionnent directement chacune une dynamo à collecteur extérieur à 14 pôles de 750 kilowatts à 600 volts. Ces collecteurs ont $3^m,50$ de diamètre.

Les câbles de chaque machine sont reliés à un tableau de distribution à deux étages. Au premier se trouvent les interrupteurs d'excitation et au second les interrupteurs généraux. A la sortie du tableau les câbles passent dans une galerie G où sont les départs des feeders. La galerie peut contenir 80 feeders.

Au premier étage au-dessus de la salle des machines sont installées 12 chaudières Belleville d'une puissance totale de 3600 chevaux, à la pression de 12 kg. par centimètre carré. Le charbon tombe dans la salle des chaudières par des trémies venant de la salle supérieure. Le charbon est, en effet, amené par des monte-charges électriques à la partie supérieure du bâtiment et retombe ensuite par les trémies.

Comme on le voit sur notre diagramme, le bâtiment du milieu renferme au rez-de-chaussée un atelier de réparation, un épurateur d'eau, une distribution de force motrice électrique pour l'usine. Au sous-sol se trouvent la tuyauterie et 3 réservoirs d'eau épurée de 1000 mètres cubes chacun.

Cette nouvelle usine sera certainement remarquable quand tout l'aménagement intérieur sera fait ; et si l'on songe qu'elle est destinée à recevoir 20 groupes de 1200 chevaux chacun, on peut dire qu'elle sera la plus grande usine de Paris.

5° L'USINE DU SECTEUR DE CLICHY.

L'usine du secteur de Clichy établie 53, rue des Dames, comprend (fig. 423) :

A. 12 chaudières de Naeyer fournissant 2500 kilogrammes de vapeur à l'heure à la pression de 8 kilogrammes par centimètre carré. L'eau d'alimentation est l'eau de Seine.

B. 3 machines Corliss monocylindriques horizontales sans condensation de 500 chevaux à 64 tours par minute.

C. 3 machines à vapeur verticales de 600 chevaux à 64 tours par minute.

D. 6 dynamos de 500 volts et 700 ampères à 8 pôles de la Société Alsacienne de construction mécanique à collecteur extérieur actionnées directement par les machines précédentes.

E. F. 3 machines à vapeur Armington horizontales à 2 cylindres de 150 chevaux à 240 tours par minute actionnant 6 dynamos shunt à 2 pôles de 250 volts et 200 ampères soit 50 kw, à collecteur en acier à

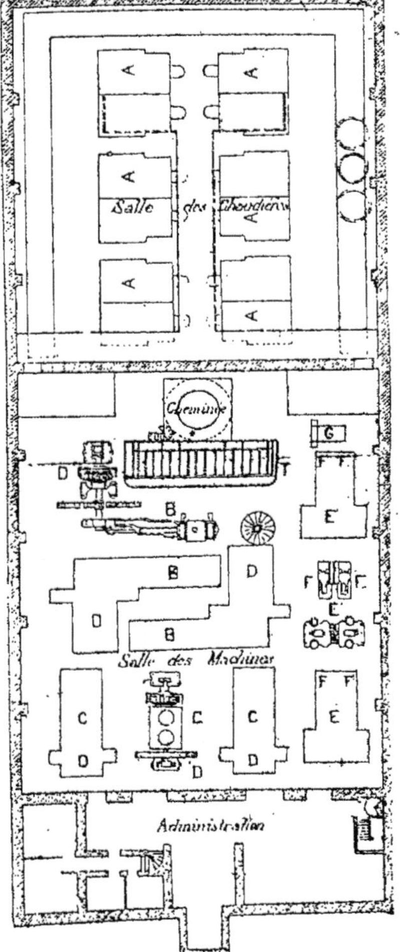

Fig. 423. — Plan de l'usine du secteur de la place Clichy.

isolement à air, servant pour la charge des accumulateurs.

2 batteries d'accumulateurs de 250 éléments de 1800 ampères-heures servent à remplacer les machines pendant la
journée. Ces accumulateurs sont de la Société pour le travail

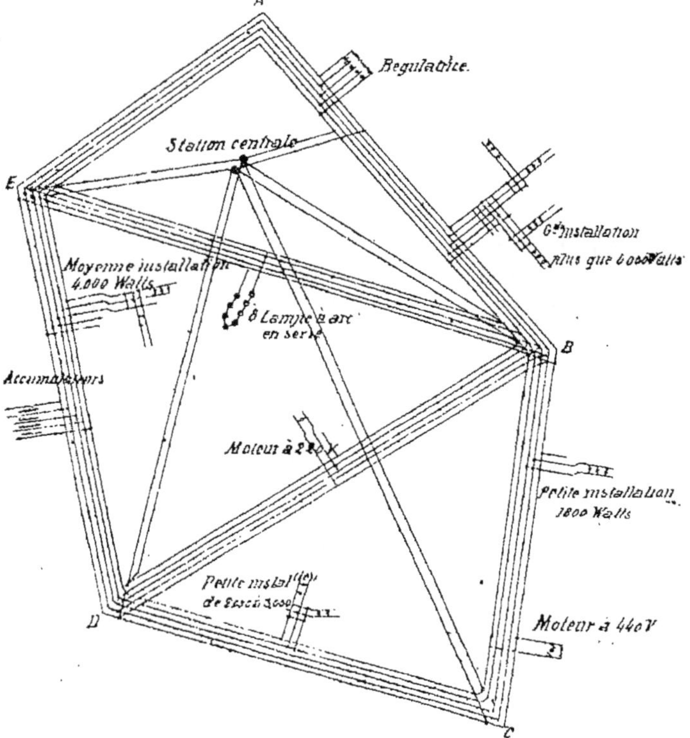

Fig. 424. — Schéma de la distribution du secteur de la place Clichy.

électrique des métaux. Ils donnent 500 volts et 250 ampères.
Il y a également une batterie de 270 éléments Tudor donnant
500 volts, 300 ampères, et 3000 ampères-heure.

G. Un survolteur pour la charge des accumulateurs actionné
par une machine verticale de 100 chevaux.

En T se trouve le tableau de distribution à 2 étages ; à l'étage inférieur sont placés deux rails communs pour l'arrivée des machines et un rail pour les accumulateurs. Chaque machine est pourvue de 3 interrupteurs, 2 pour le groupement sur la charge et le 3° sur les accumulateurs. Au-dessous se trouvent les interrupteurs de réglage de l'excitation de chaque machine. Là sont aussi les appareils de manœuvre à distance des réducteurs des batteries d'accumulateurs. A l'étage supérieur se trouvent deux autres rails sur lesquels sont fixés les feeders. Chacun d'eux est muni d'un interrupteur, d'un ampèremètre et d'un voltmètre branché sur fils témoins de retour à l'usine. Un réglage de feeders à l'aide de survolteurs doit prochainement être installé.

Nous avons déjà décrit précédemment les principales dispositions adoptées par cette usine. Nous nous contenterons de donner ici un schéma général (fig. 424). De l'usine partent quinze feeders à deux fils sur la différence de potentiel maxima qui aboutissent en cinq points d'un réseau fermé à 5 fils. On peut voir l'installation des dynamos régulatrices et des batteries d'accumulateurs de secours, dont nous avons parlé. On voit aussi des installations de 220 à 440 volts, et des installations d'abonnés à deux, trois, quatre ou cinq fils suivant la puissance d'installation.

6° L'USINE DU SECTEUR DES CHAMPS ELYSÉES

Le secteur des Champs Elysées emploie la distribution d'énergie électrique par courants alternatifs. L'usine est située à 2 km des portes de Paris, sur les bords de la Seine, quai Michelet, à Levallois-Perret.

L'usine est placée sur un côté D B le long d'une rue, mais elle peut s'étendre de l'autre côté (fig. 425). La salle des chaudières S renferme : 7 chaudières Galloway C, C, C, à foyer intérieur, construites par MM. Renaux et Bonpain de Rouen, produisant chacune 3 000 kg. de vapeur par heure à la pression de 6 kg. : cm².

Les gaz chauds provenant de la combustion avant leur sortie par la cheminée traversent un économiseur Green D. En P se trouvent différentes pompes qui servent à puiser dans la Seine l'eau nécessaire à l'alimentation.

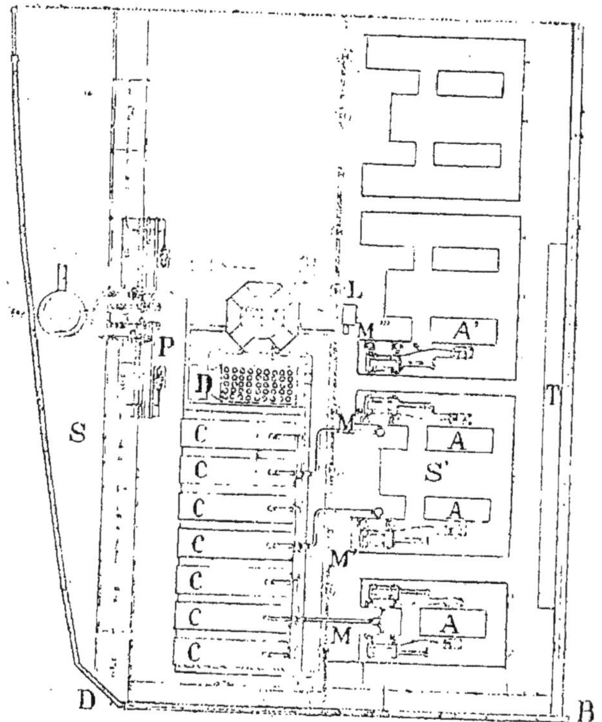

Fig. 425. — Plan de l'usine du secteur des Champs-Élysées.

Dans la salle des machines S', nous trouvons deux machines M Jumelées Corliss-Farcot de 300 chevaux chacune actionnant directement à 60 tours par minute un alternateur Hillairet A de 400 kilowatts à 3000 volts et une excitatrice de 25 kilowatts. En M' et M" se trouvent deux machines Corliss-Farcot de 600 chevaux actionnant chacune un alternateur semblable au précédent, et à la même vitesse angulaire. Les alternateurs sont à induit fixe, et à inducteur mobile portant 80 pôles. Ils produisent 133 ampères et 3 000 volts à la fréquence de 40 périodes par seconde ; ils doivent être remplacés bientôt.

En M''' existe depuis quelque temps une quatrième machine Corliss Farcot actionnant un alternateur A' Hutin-Leblanc construit par la maison Farcot. Cet alternateur fournit exactement les mêmes données que les autres alternateurs. Il y a également une machine excitatrice Farcot à 4 pôles et 120 volts de 25 kilowatts. La machine Farcot peut donner jusqu'à 800 chevaux.

En L est installée une machine Willans de 60 chevaux actionnant une dynamo qui doit fournir l'énergie à la grue électrique qui se trouve installée sur le bord de la Seine et qui sert à la manutention du charbon. La canalisation est formée de câbles concentriques Berthoud-Borel, sous plomb et armés, fabriqués par les anciens établissements Cail et posés directement dans le sol. Trois feeders aboutissent à la place de l'Etoile, à 3300 mètres de l'usine. Chaque feeder comporte environ 50 000 lampes installées, chaque alternateur marche pendant le service sur un feeder. Dans la journée, les trois feeders sont couplés sur la même machine. Pour le changement des machines, les alternateurs sont couplés en parallèle pendant 15 à 20 minutes pour faciliter le passage de la charge d'un alternateur à l'autre. Ensuite la charge est répartie sur chaque alternateur.

Le tableau de distribution, que nous voyons en T doit être disposé pour permettre facilement toutes les combinaisons possibles : un alternateur quelconque pourra être couplé sur une ligne quelconque et *vice versâ*.

A l'assemblée générale des actionnaires de février 1897, la Compagnie a décidé d'accorder une somme de 5 pour 100 aux employés et ouvriers à titre de participation dans les résultats de l'exploitation. C'est là une heureuse mesure que nous nous empressons de signaler et qui ne pourra que donner de bons résultats.

7⁰ L'USINE DU SECTEUR ÉLECTRIQUE DE LA RIVE GAUCHE.

L'usine est située sur le quai d'Issy 39, à Issy à environ 1 km de la porte de Meudon hors Paris. Elle effectue la distribution de l'énergie par courants alternatifs à 3000 volts.

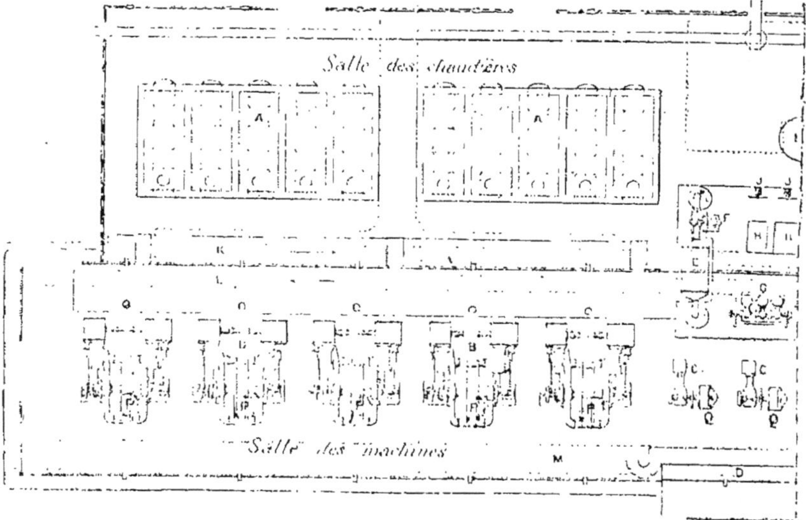

Fig. 426. — Plan de l'usine du secteur de la rive gauche.

La figure 426 représente la première moitié de l'usine dont la construction se poursuit.

L'usine est formée de deux batiments accolés, dont l'un est réservée aux chaudières et l'autre aux machines.

En A, A se trouvent deux groupes de 5 chaudières fournies par le Creusot et pouvant donner 3000 kg de vapeur par heure à la pression de 12 kg. par cm² ; 7 chaudières seulement sont installées en ce moment. Les machines à vapeur se trouvent en B. Ce sont des machines horizontales à deux cylindres fonctionnant en compound, accouplés tous les deux sur le même arbre. Chaque machine a une puissance de 700 chevaux à 125 tours par minute. Des machines C à un seul cylindre horizontales de 125 chevaux servent pour la conduite des excitatrices Q, Q. Il n'y a actuellement installées que trois machines à vapeur pour les alternateurs et 2 pour une excitatrice. Les appareils de condensation sont installés dans une fosse que l'on aperçoit sur le côté à droite. En E sont les condenseurs à surface avec les pompes F de circulation d'eau, en G les pompes à air, en H, H des filtres, en I la bâche centrale pour l'eau d'alimentation ; nous voyons en J les pompes d'alimentation, en K la galerie d'amenée d'eau de condensation, en L la galerie de retour à la Seine et en M une galerie de fils. L'eau de Seine destinée à la réfrigération est amenée par une galerie K ; de là elle est aspirée par une pompe centrifuge F commandée directement par un moteur à vapeur, et refoulée sous pression à travers le faisceau des tubes des condenseurs E ; après son passage, elle est renvoyée à la Seine par la galerie L. La vapeur, à la sortie des machines, est amenée dans le condenseur E ; une fois condensée, elle est extraite, ainsi que l'air mélangé, par des pompes verticales G à pistons actionnées par des moteurs à pilon. L'eau est refoulée dans les filtres H, H où elle se dépouille des matières grasses qu'elle contenait. A la sortie des filtres, elle passe dans la bâche centrale I, d'où elle est prise par les petits chevaux J, J pour servir à l'alimentation. Les condenseurs E, au nombre de 2, sont formés par 6040 tubes de laiton étamé, d'une longueur de 3 m et d'un diamètre de 20 mm. La surface totale de condensation est de 1130 m².

Les pompes de circulation F sont des pompes centrifuges commandées directement par des machines verticales à pilon, à un seul cylindre de vapeur. Elle peuvent fournir chacune un débit de 1550 m³ par heure.

Les pompes d'alimentation J, J, sont au nombre de 4 ; en

pleine marche, à condensation, 2 d'entre elles sont suffisantes pour assurer l'alimentation totale des chaudières. Les deux autres pompes servent à puiser dans la conduite K et à élever l'eau nécessaire au service des chauffeurs. C'est cette dernière disposition qui est utilisée pour l'alimentation des chaudières lorsque la condensation ne fonctionne pas.

Les alternateurs appartiennent au type Zipernowsky, et ont été construits par les *Usines du Creusot*. Nous avons décrit précédemment ce modèle.

Ces alternateurs sont actuellement au nombre de 3 dans l'usine ; mais leur nombre sera porté à 10. Chacun d'eux est placé entre les deux cylindres des machines à vapeur et monté directement sur l'arbre commun. Chaque alternateur, à la vitesse angulaire de 125 tours par minute, fournit une puissance de 400 kilowatts à 3000 volts et à la fréquence de 42 périodes par seconde. Les inducteurs sont mobiles ; ils sont formés par 40 pôles montés sur un moyeu en fonte. Les bobines induites fixes sont montées sur une couronne extérieure.

Le courant d'excitation est fourni par les machines à courants continus. Ces machines, placées en C, seront au nombre de 4, quand l'usine sera achevée. Ce sont des dynamos à courants continus à 6 pôles, construites également par les *Usines du Creusot*, donnant 630 ampères et 110 volts à la vitesse angulaire de 200 tours par minute. Une seule suffit pour l'excitation de 4 alternateurs.

Le tableau de distribution, construit par MM. Lombard Gérin et Cie, mérite de fixer notre attention. Comme dans toutes les installations de ce genre, c'est une partie très importante. Dans l'usine du secteur de la rive gauche, il est placé en D, au centre de l'usine. Il est porté sur un balcon à une hauteur de 2 m. 5 au-dessus du sol, d'où l'électricien peut distinguer toutes les parties de l'usine. Il a une longueur totale de 19 m. Le tableau peut être divisé en 6 parties distinctes, qui sont les suivantes : au centre se trouvent les circuits d'excitation, à gauche et à droite les arrivées des alternateurs ;

aux deux extrémités, d'un côté, les dispositions pour la synchronisation, le rhéostat de charge et le régulateur automatique d'excitation, et de l'autre côté, à l'extrémité de droite, le départ des feeders. La partie du tableau relative à l'excitation comprend les interrupteurs, coupe-circuits, rhéostats de champ avec commande individuelle ou commune, voltmètres, ampèremètres, appareils avertisseurs optiques et acoustiques ainsi que les circuits aboutissant aux divers alternateurs. Le rhéostat automatique placé à gauche, suivant la tension aux bornes d'un transformateur témoin, fait varier la résistance d'excitation dans le circuit dérivé des machines excitatrices. Les tableaux des alternateurs (un à gauche, l'autre à droite) contiennent l'excitation de chaque alternateur avec ampèremètre, interrupteurs d'excitation, interrupteurs principaux à mercure ainsi que les appareils de mesure pour les circuits principaux. Une partie intéressante est la partie relative à la synchronisation. Un rhéostat de charge spécial, composé d'une série de rhéostats, comme nous l'avons déjà expliqué, permet d'amener les alternateurs à la concordance de phase avant leur couplage en parallèle. Des rails de jonction ont été ménagés à cet effet ; on trouve également tous les interrupteurs, ampèremètres, transformateurs, indicateurs de phases, voltmètres, qui sont nécessaires pour ces opérations. Mentionnons aussi au centre un grand voltmètre de lord Kelvin. Nous arrivons enfin au tableau de départ des feeders où nous trouvons les interrupteurs généraux, les ampèremètres, les transformateurs compensateurs, les voltmètres, etc. Les alternateurs peuvent facilement être couplés en quantité à l'aide du rhéostat de charge.

CHAPITRE XI

EXEMPLES DIVERS D'INSTALLATIONS ÉLEC-
TRIQUES.

Dans le chapitre précédent, nous avons donné la description de quelques usines des grandes stations centrales parisiennes d'énergie électrique. Mais nous n'avons vu que des exemples d'usines à courants continus, et alternatifs Il faut également que nous citions divers exemples d'installations électriques à courants polyphasés. Enfin il est nécessaire que nous décrivions aussi quelques usines particulières industrielles.

Le nombre de ces usines particulières est, en effet, notablement élevé, et il n'est certainement pas possible d'en fixer le nombre, même en France. Toutes les grandes usines, dans tous les pays, qui possèdent des machines à vapeur pour la mise en marche de leurs ateliers, ou de leur fabrication, ont certainement fait actionner une dynamo par une courroie, afin d'assurer l'éclairage de leurs ateliers et même bien souvent pour effectuer une transmission de force motrice qui peut leur rendre de grands et utiles services. Nous avons fait connaître précédemment toutes les conditions techniques à remplir pour toutes ces installations. Nous allons maintenant donner quelques exemples.

Nous aurons à examiner :

A. — Stations centrales à courants polyphasés ;

B. — Installations électriques particulières.

A. — STATIONS CENTRALES A COURANTS POLYPHASÉS.

Les stations centrales à courants polyphasés ne sont pas nombreuses en France. Dans sa statistique du 25 janvier 1896, *L'industrie électrique* n'accusait que 4 stations à courants triphasés d'une puissance totale de 850 chevaux : Florensac (Hérault), St-Victor-sur-la-Loire (Loire), Les Echelles (Savoie), et Mascara (Algérie).

Mais depuis cette époque le nombre de ces installations a beaucoup augmenté. La Société Alsacienne de constructions mécaniques nous a dit en avoir installé plusieurs. Au Puy notamment, le courant triphasé est distribué à 7 communes dont la plus éloignée est à environ 8 kilomètres.

L'usine de Florensac comprend 2 turbines de 110 chevaux chacune actionnant un alternateur Oerlikon à courants triphasés. M. G. Delmas, le directeur, a bien voulu nous faire connaître sur cette installation divers renseignements que nous allons rapporter plus loin.

Dans l'usine de St-Victor-sur-la-Loire, appartenant à la Cie électrique de la Loire, se trouvait une force motrice de 300 chevaux mettant en marche également des alternateurs à courants triphasés.

L'usine des Echelles (Savoie), appartenant à la Société Grenobloise d'électricité, renfermait 2 turbines d'une puissance de 100 chevaux chacune. Ces turbines actionnent un alternateur Rontin de 40 kilowatts pour la distribution et une dynamo Roulin à courants continus pour transmission électrique de l'énergie.

L'usine de Mascara (Algérie) est en installation.

La station centrale de la basse plaine de l'Hérault se trouve sur la rivière de l'Hérault aux moulins de Florensac. Ces derniers étaient autrefois utilisés pour la mouture du blé à l'aide de roues en bois. Ils ont été transformés et disposés pour re-

cevoir deux turbines de 110 chevaux chacune. Ces turbines
sont à double aubage, mesurent 4,30 m. de diamètre à la

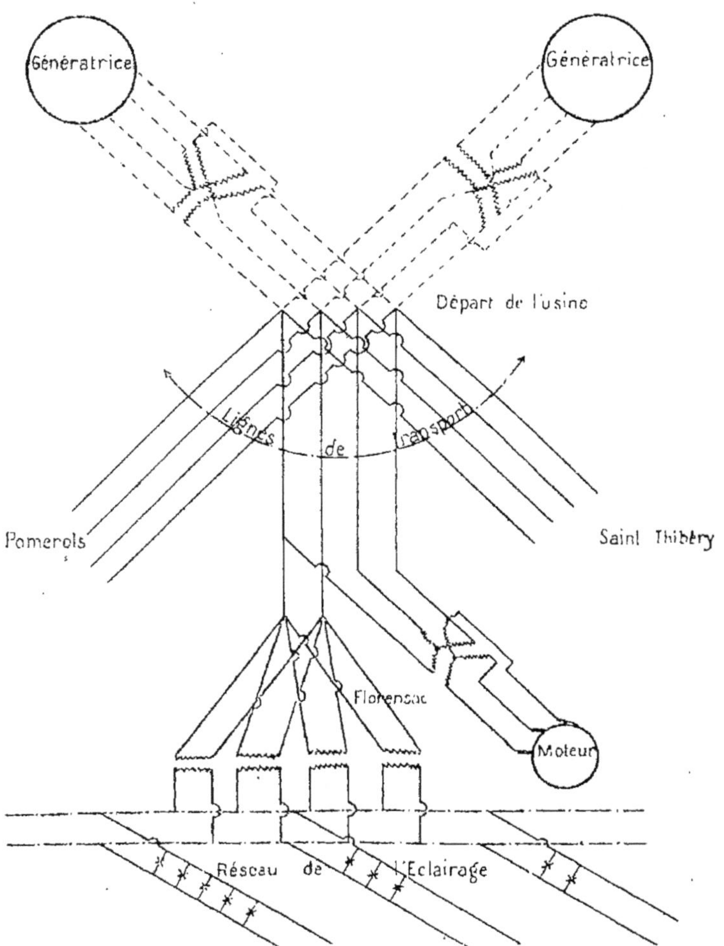

Fig. 426 bis. — Schéma de la distribution à courants triphasés de
Florensac.

bride et peuvent débiter chacune de 4 à 8 mètres cubes d'eau par seconde sous une chute de deux mètres. L'aubage intérieur est aveuglé par un vannage à rouleau manœuvré du sol de l'usine qui est situé à 6 mètres au-dessus du distributeur. L'arbre creux en fonte a une hauteur de 10 mètres ; il tourne à la vitesse angulaire de 13 tours par minute et actionne un arbre horizontal qui donne lui-même le mouvement à la transmission générale de l'usine. Cette transmission intermédiaire fait 200 tours par minute et attaque les alternateurs par courroies.

Les alternateurs triphasés, à induit fixe, ont une puissance de 66 kilowatts ; ils produisent 50 volts et la tension est portée à 3000 volts par des transformateurs triphasés établis à l'usine (fig. 426 bis). De l'usine partent trois lignes qui se dirigent sur Pomerols, Florensac et Saint-Thibery ; d'autres localités voisines doivent être également desservies ultérieurement.

A l'arrivée aux diverses stations, la différence de potentiel est abaissée à 100 volts par des transformateurs monophasés pour l'éclairage et triphasés pour la transmission de force motrice. On a évité ainsi l'obligation de compenser l'éclairage sur les trois phases à chaque poste.

Cette installation est, on le voit, des plus intéressantes.

Les courants polyphasés ont jusqu'ici reçu des applications beaucoup plus nombreuses en Suisse, en Allemagne et en Amérique, mais surtout en ce qui concerne les transmissions de force motrice.

Nous citerons en Suisse l'importante installation de Zufikon-Bremgarten faite par les ateliers d'Œrlikon. Cette usine d'une puissance de 1300 chevaux fournit l'énergie électrique à 2 abonnés à 20 kilomètres et à un troisième à 5 kilomètres. L'installation comprend 4 turbines Escher Wyss de 325 chevaux chacune à 115 tours par minute. Chaque turbine actionne directement un alternateur à courants triphasés de 224 kilowatts. La tension est de 2900 volts par phase, soit au total 5000 volts. L'alternateur est à induit fixe et à inducteur à 52

pôles. La fréquence est de 50 périodes par seconde. L'excitation est obtenue par 2 machines à courants continus de 11
kilowatts. Dans la figure 427 nous donnons le schéma du tableau de distribution à l'usine génératrice, que nous empruntons à l'*Industrie Électrique*. A la partie inférieure se trouve

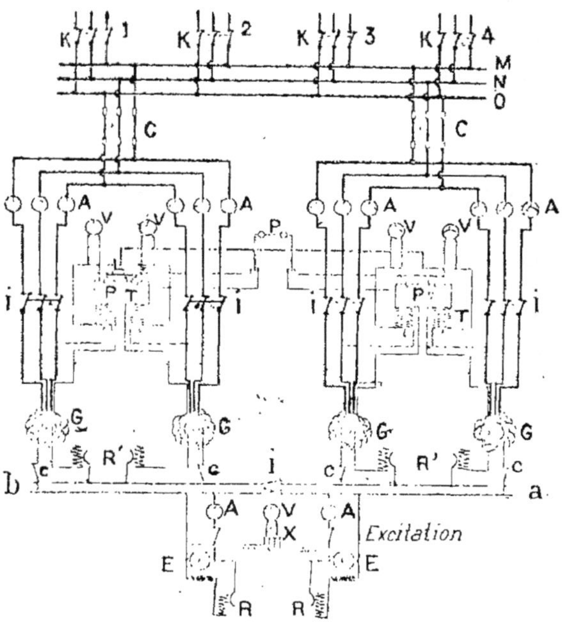

Fig. 427. — Tableau de distribution de l'usine de Zufikon-Bremgarten.

l'excitation avec les deux machines E dont nous avons parlé.
Chacun d'elles possède un rhéostat R pour le réglage de sa
propre excitation. Chaque machine est pourvue d'un ampèremètre A et aboutit aux deux barres *a b* sur lesquelles viennent
se brancher les circuits inducteurs de chaque alternateur au
moyen d'un interrupteur *c, c*. De nouvelles résistances R', R'
permettent le réglage de l'excitation de chaque alternateur.

En G se trouvent les alternateurs, dont les 3 circuits traversent des interrupteurs tripolaires I, I, I, des ampèremètres A, A, des coupe-circuits C et aboutissent à 3 barres M N O, sur lesquelles sont branchées les 4 feeders 1, 2, 3, 4 desservant les abonnés. Chaque feeder comporte un interrupteur au départ.

Sur une phase de chaque alternateur se trouve branché un transformateur T, dont le secondaire porte un voltmètre. A l'aide d'un petit interrupteur on peut coupler en tension sur deux lampes P les circuits secondaires de deux transformateurs voisins ; on a ainsi des indicateurs de phase. On remarquera de plus que les circuits secondaires des transformateurs ainsi montés en tension 2 à 2 sont réunis à la partie centrale à un autre indicateur de phase P. Il est ainsi possible de constater que deux alternateurs voisins sont en concordance de phase et qu'il en est de même des deux groupes de deux alternateurs. Le couplage en parallèle se fait très facilement en se servant des rhéostats des inducteurs et des indicateurs de phase.

La ville de Neuchâtel, en Suisse, possède également une distribution de force motrice par courants polyphasés.

En Allemagne, nous pourrions citer parmi les installations à courants polyphasés Chemnitz, Heilbronn, Leipzig, Strasbourg, etc.

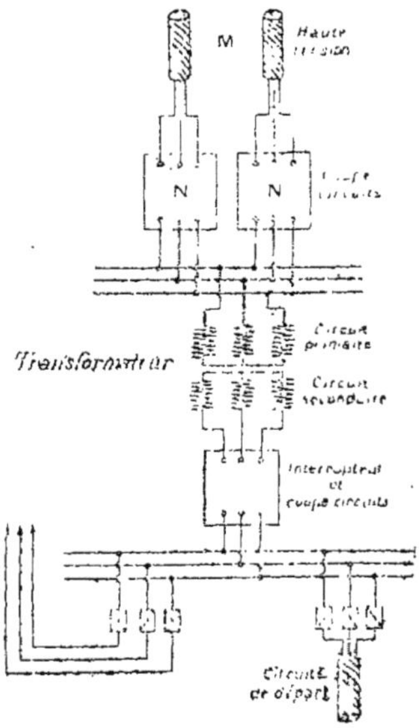

Fig. 428. — Couplage de transformateurs sur les circuits dans une distribution par courants triphasés à Chemnitz.

Nous ne nous arrêterons pas à la description de ces diverses usines, ce qui nous entraînerait beaucoup trop loin. Nous nous contenterons de donner dans la figure 428 le schéma d'un couplage de transformateur sur les circuits de distribution à Chemnitz. Les transformateurs sont installés dans des colonnes en fer placées sur la voie publique. Les circuits à haute tension alimentent ces transformateurs qui distribuent ensuite l'énergie électrique à basse tension. En M sont les câbles d'arrivée du circuit extérieur, en N N se trouvent des coupe-circuits. Le circuit primaire du transformateur est branché sur les barres de distribution. Au-dessous sont disposés le circuit secondaire, l'interrupteur et les coupe circuits, ainsi que les circuits de départ.

B. — INSTALLATIONS ÉLECTRIQUES PARTICULIÈRES

Installation de la maison Leven, à Saint-Denis.

La maison Leven à Saint-Denis (Seine) est une importante maison de tannerie, qui occupe de vastes espaces et divers

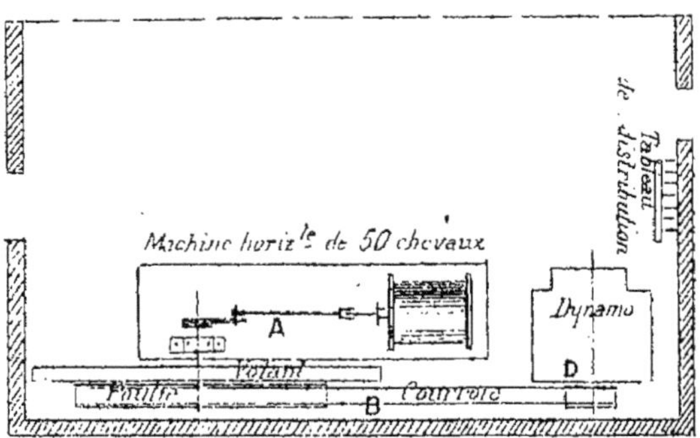

Fig. 429. — Installation de la maison Leven, à Saint-Denis.

ateliers. Une installation spéciale a été faite pour la distribution de l'énergie électrique. Dans la salle des machines, dont la figure 429 nous donne le plan, nous trouvons en A une machine à vapeur de 50 chevaux à 60 tours par minute qui actionne à l'aide d'une courroie B une dynamo Desroziers à 6 pôles donnant 115 volts et 180 ampères, soit 21 kilowatts, à la vitesse angulaire de 480 tours par minute. Cette dynamo fournit l'énergie électrique à 380 lampes à incandescence de 16 bougies réparties dans l'usine et à 2 lampes à arc de 10 ampères placées dans la grande cour. Ces diverses lampes sont divisées dans plusieurs circuits dont nous allons parler plus loin.

Des deux balais du collecteur de la dynamo partent deux câbles isolés qui aboutissent au tableau de distribution placé sur le côté. Nous donnons dans la figure 430 le schéma général de ce tableau. En 1 et 2 arrivent les deux câbles de la dynamo. Le câble 1 est relié à un ampèremètre A et vient se fixer ensuite à une traverse horizontale, B, à la partie supérieure. Le câble 2 est réuni également à une autre traverse horizontale C, mais

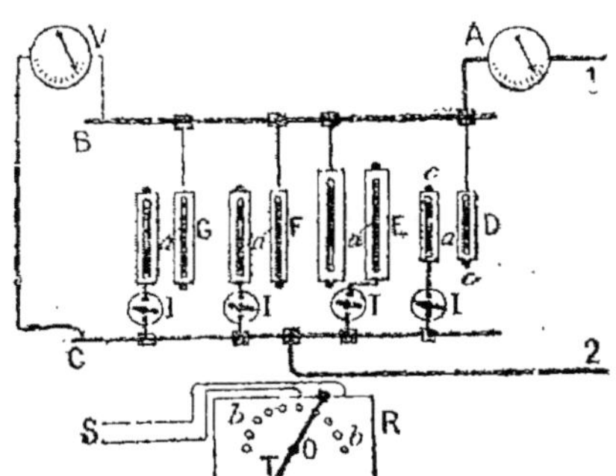

Fig. 430. — Schéma du tableau de distribution.

placée à la partie inférieure. Entre ces deux traverses B et C sont établis des circuits qui renferment des coupe-circuits fusibles a, a, a, a, ou lames de plomb d'épaisseur déterminée et destinées à fondre si le courant dépasse une certaine valeur, et des interrupteurs I, I, I, I Nous trouvons ainsi 4 circuits D, E, F, G, chacun avec un interrupteur I et des coupe-circuit fusibles doubles. Les fils de départ c et c passent derrière le tableau. Le circuit D alimente la cour et les bureaux, le circuit E dessert la tannerie et la corroierie, le circuit F alimente l'atelier du vernis et le circuit G dessert les lampes à arc. On remarque branché entre B et C un voltmètre V destiné à indiquer à chaque instant la différence de potentiel. Au bas de la figure se trouvent deux fils S qui arrivent du circuit enroulé autour des inducteurs de la dynamo et branché en dérivation aux bornes du circuit principal. Ces fils S sont reliés aux extrémités de plots de cuivre b, b, entre lesquels sont intercalées des résistances de valeurs variables. Une tige T, mobile autour d'un point O peut fermer le circuit en appuyant successivement sur chacun de ces plots. En faisant déplacer cette tige T, on fait varier la résistance du circuit des inducteurs et par suite l'intensité qui le traverse. Il en résulte que la différence de potentiel augmente ou diminue suivant le sens de la variation.

Nous avons pu, grâce à l'obligeance de l'ingénieur et à M. Bruneau mécanicien, faire à Saint-Denis diverses leçons pratiques devant la machine. Nous allons retrouver plus loin les exercices pratiques qui ont été effectués.

Installation électrique d'un château.

Nous avons fait dans le Midi l'installation d'un château que nous mentionnerons pour sa simplicité.

Ce château comprend un grand corps de bâtiment C (fig. 431) avec deux ailes sur les côtés E et D. Sur le devant se trouve une grande pelouse P que l'on a voulu également aux jours de fête illuminer électriquement en F et G, sans couper le point de vue de la terrasse du château. L'installation totale comprend 500 lampes de 10 bougies. La pose des lampes en F et G a été faite sur consoles spéciales avec globes, ce qui lui permet de rester intacte. L'usine a été placée en A, dans un bâtiment comprenant 7 mètres de largeur et environ 10 mètres de longeur. La figure 432 donne le plan de la salle. En M on a installé un moteur à pétrole d'environ 30 chevaux qui actionne par courroie une dynamo D donnant 165 ampères et 110 volts ou 160 volts et 100 ampères. En T se trouve le tableau de dis-

tribution. Dans une salle voisine est installée une batterie de
60 accumulateurs de 600 ampères-heure.

Le tableau de distribution est disposé comme le montre la
figure 433; à gauche se trouve l'arrivée de la machine avec interrupteur, coupe-circuits, rhéostat d'excitation et ampère-

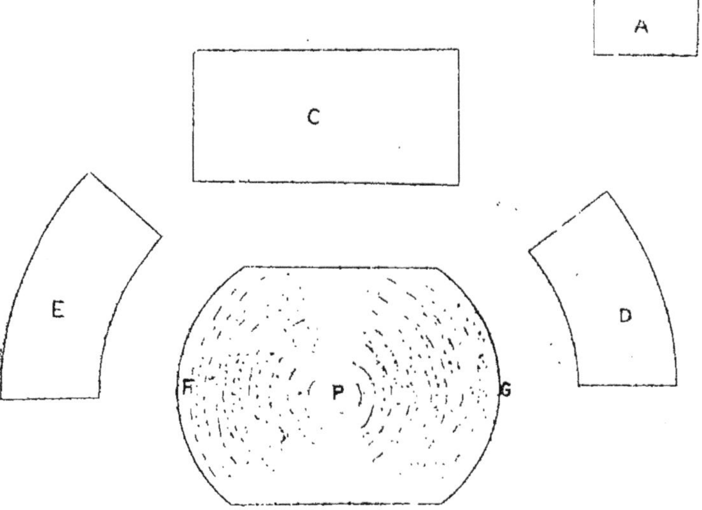

Fig. 431. — Plan d'un château à éclairer.

mètre. La machine est reliée à deux barres horizontales sur
lesquelles sont branchés les circuits C, D, E, F, G qui alimentent les diverses parties dont il a été question plus haut. Nous
trouvons aussi un voltmètre V allant à 180 volts et une lampe
témoin placée dans un circuit avec un interrupteur *i*. A droite,
pris sur les mêmes barres, se trouve le circuit qui alimente les
accumulateurs avec coupe-circuit, ampèremètre, disjoncteur,
interrupteur.

La conduite de cette installation est des plus simples. Elle a
du reste été confiée à un jardinier qui avait été autrefois mécanicien électricien pendant quelques années.

En été, le conducteur charge la batterie pendant la journée. A cet effet, il coupe tous les interrupteurs des circuits C, D, E, F, G, et supprime la lampe témoin. Il met la dynamo en route, ferme le circuit des accumulateurs, et fait monter la différence de potentiel jusqu'à ce que l'ampèremètre des accumulateurs indique une charge. Au fur et à mesure que la charge se fait, il fait varier la différence de potentiel puisque la machine peut monter jusqu'à 160 volts. Il charge ainsi la batterie jusqu'à ce qu'elle ait environ sa capacité normale de 600 ampères-

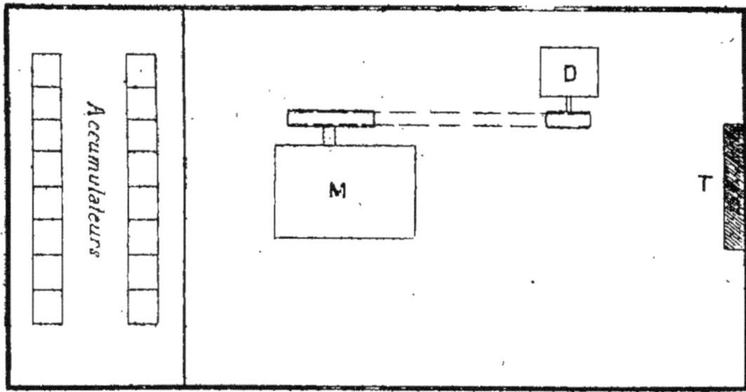

Fig. 432. — Plan de la salle des machines.

heure. Ensuite il arrête la machine, met le circuit des accumulateurs sur les lignes, rétablit les circuits C, D, E, F, G, et reste ainsi pendant quelques jours. Le service est assuré par les acumulateurs seulement. Après une charge, il y a bien une variation de différence de potentiel mais celle-ci n'est pas très sensible, car on a soin de ne jamais tomber au dessous de 1,9 volts sans recharger. De cette façon on a évité les réducteurs de charge.

En hiver, on marche directement avec la dynamo de 4 heures à 9 heures du soir et ensuite le service est assuré par la batterie qui est chargée dans la journée.

Cette installation faite depuis quelques années fonctionne parfaitement.

Nous aurions encore à signaler une foule d'installations semblables réparties souvent dans les endroits les plus déserts, au milieu des campagnes, dans de simples fabriques.

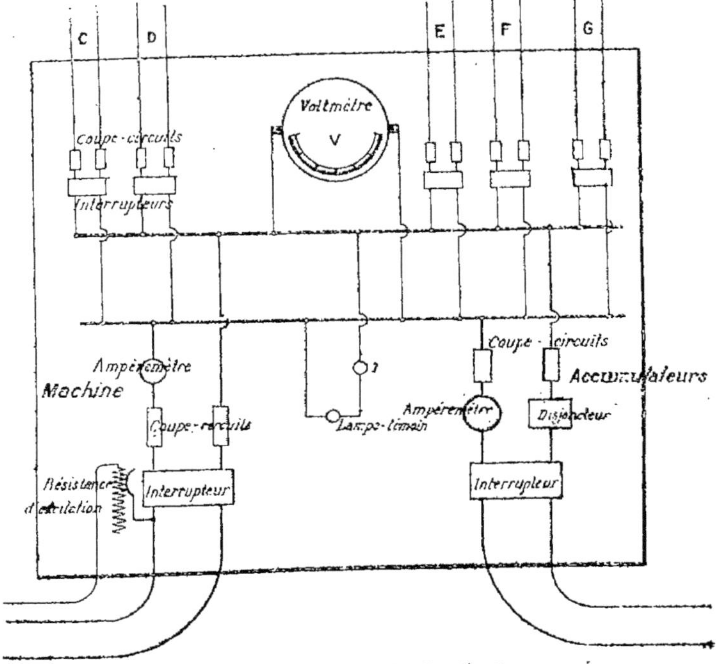

Fig. 433. — Tableau de distribution.

Si nous rentrons dans les villes et surtout les grandes villes, que d'installations particulières ne trouvons-nous pas encore. Entre toutes [nous signalerons celle de l'Olympia, qui nous a semblé] présenter des dispositions particulières, et sur laquelle nous voulons donner quelques renseignements.

Installation du concert l'Olympia, à Paris.

La station électrique de l'Olympia est destinée à fournir l'énergie électrique pour l'éclairage de la salle et pour différents jeux de scène. La figure 434 donne le plan de la station. Elle comprend :

3 chaudières Babcok et Wilcox donnant chacune 1600 kg. de vapeur à la pression de 12 kg. par centimètre carré. L'eau d'alimentation est fournie par une pompe Worthington W. L'eau de la ville V passe dans un épurateur Gaillet D, va ensuite refroidir les bains lubrifiants des machines à vapeur Wilians et revient dans des réservoirs d'où elle est envoyée dans les chaudières. Chaque chaudière alimente une machine. A la sortie des chaudières se trouvent des tambours accumulant une réserve de vapeur.

3 machines à vapeur verticales Willans G, G, G, de 135 chevaux à 400 tours par minute. Ces machines se composent de deux machines jumelles réunies sur un même bâti. Les manivelles de l'arbre unique qu'elles attaquent sont à 180° l'une de l'autre. Chaque machine est compound, mais à simple effet. La tige unique qui porte les deux pistons de haute et de basse pression est creuse ; la distribution se fait par un tiroir cylindrique multiple placé dans l'intérieur de cette tige et mû par un excentrique décalé à 90° avec elle. Des ouvertures sont ménagées pour les admissions et les échappements. Le degré d'admission a une durée constante, mais elle se fait à pression variable. Pour le graissage, le bâti inférieur de la machine est fermé et rempli d'eau mélangée d'huile dans laquelle viennent barboter l'excentrique du tiroir, les manivelles, les bielles et l'arbre. Il y a un régulateur à boules à 2 ressorts.

3 dynamos à courants continus H, H, H système Rechinewski, construites par la Société l'*Eclairage électrique*, de 60 kilowatts à 8 pôles à 110 volts, actionnées directement par les moteurs à vapeur. Les massifs des dynamos sont isolés et reposent sur du caoutchouc pour éviter toute trépidation.

4 condenseur 1 système Weyher et Richemond à mélange. L'eau de la condensation est fournie par un moteur électrique K de 4 chevaux qui actionne par courroie une pompe centri-

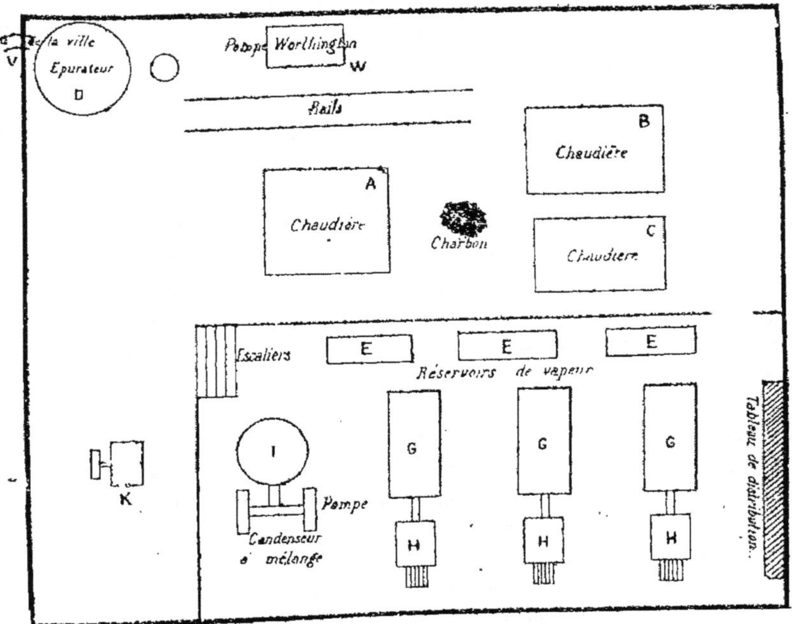

Fig. 434. — Plan de l'usine de l'*Olympia* à Paris.

fuge Dumont puisant l'eau dans un puits spécial. Ce moteur est installé sur une galerie en bordure dont le sol est plus élevé que celui de l'usine.

Installation de la maison Linet, à Aubervilliers.

La maison Linet à Aubervilliers fabrique des engrais et des produits chimiques. Pour assurer son service, elle a dû avoir recours à une installation électrique qui lui assure l'éclairage et la force motrice. Le moteur est un moteur à gaz simple de MM. E. Delamare-Deboutteville et Malandin de 80 chevaux, alimenté par une batterie de gazogènes Buire-Lencauchez.

Les machines dynamos génératrices entraînées par ce moteur sont deux machines Gramme à 6 pôles et tournent à la vitesse angulaire de 360 tours par minute. L'une d'elles, machine shunt servant indistinctement à la distribution de force motrice, d'éclairage et à la charge d'une batterie d'accumulateurs, a une puissance de 56,5 kilowatts, avec une intensité de 390 ampères sous une différence de potentiel de 145 volts. L'autre dynamo est hypercompound, et a une puissance de 56 kilowatts également, mais avec 450 ampères et 125 volts. L'éclairage est assuré par des lampes à arc et à incandescence réparties dans les divers ateliers de l'usine. La distribution de force motrice est obtenue en divers endroits par des circuits partant du tableau de distribution. Cette installation comporte donc un tableau avec circuits d'éclairage et circuits de force motrice distincts. Les moteurs électriques sont actuellement au nombre de 12, et fonctionnent tous à 120 volts. On trouve 1 moteur de 15 kilowatts pour les transmissions de l'atelier, 1 moteur de 7,5 kilowatts pour la commande d'un broyeur, 1 moteur de 4,5 kilowatts pour la commande d'une soufflerie à gaz, 2 moteurs de 7,5 kilowatts pour le séchoir, 2 moteurs de 7,5 et de 4,5 kilowatts pour 2 ventilateurs, 1 moteur de 7,5 kilowatts pour le malaxeur, 1 moteur de 4,5 kilowatts pour un monte-charge, 1 moteur de 7,5 kilowatts pour un monte-sacs, 1 moteur de 7,5 kilowatts pour la fabrication et un moteur de 10,8 kilowatts pour le séchage. Tous ces moteurs sont des moteurs Gramme shunt bipolaires, et sont munis de balais en charbon.

Installation de l'atelier de chronophotographie de M. Gaumont, à Paris.

Cette installation est remarquable par sa faible puissance, et surtout par la bonne utilisation de cette puissance. Un moteur à gaz vertical de 3 chevaux actionne une dynamo à courants continus de 70 volts et 15 ampères. L'énergie produite sert pour l'éclairage des ateliers, à la charge d'une batterie de 37 accumulateurs Blot, et alimente des petits moteurs électriques servant à actionner des découpeuses, des perforatrices, des machines à faire les positifs, et des ventilateurs. Une salle spéciale est installée pour faire les projections, et l'énergie électrique est encore utilisée dans la lanterne.

Installations diverses.

Nous mentionnerons encore à Paris les installations des théâtres, chacun d'eux renfermant une installation qui lui est propre (L'Opéra, le Châtelet, l'Opéra Comique, l'Odéon, le Gymnase, la Gaîté, le Casino de Paris, Parisiana); les gares (Saint-Lazare, Est, Orléans, Montparnasse, Sceaux, Lyon), les grands Hôtels (Grand-Hôtel, Continental), les grands Magasins (Bon-Marché, Louvre, Printemps, ville Saint-Denis, Gagne-Petit, Ville de Londres, Place Clichy, Pygmalion), les cafés, restaurants et divers.

La vapeur n'est pas la seule force motrice qui soit employée, mais il existe aussi dans Paris un très grand nombre de moteurs à gaz depuis les plus faibles puissances jusqu'à 50 chevaux pour actionner des puissances peu élevées.

Sans insister autrement sur ces installations, nous en citerons quelques-unes.

L'installation de Parisiana comprend 2 chaudières Niclausse de 800 kg. de vapeur par heure à la pression de 10 kilogrammes par centimètre carré, un moteur à vapeur monocylindrique horizontal de 70 chevaux à 53 tours par minute, une dynamo Henrion à 4 pôles de 250 ampères et 110 volts, et une petite installation à vapeur spéciale pour la charge des accumulateurs. Dans la journée l'énergie électrique est prise sur le secteur; la machine ne marche que dans la soirée

Les magasins de la Place Clichy utilisent 3 chaudières Belleville donnant chacune 1150 kg. de vapeur par heure pour alimenter 3 turbines-dynamos Laval-Bréguet de 75 chevaux à 12 kg. par cm² à 120 volts.

Une importante manufacture de coton de M. Frings possède une dynamo-vapeur de 80 chevaux Sautter Harlé et une autre dynamo de 50 chevaux qui est actionnée par la transmission de l'usine. Ces dynamos fournissent l'énergie électrique pour l'éclairage et la mise en marche de divers moteurs électriques pour les ateliers de dévidage, le sous-sol et l'imprimerie.

Dans les grandes installations de moteurs à gaz à Paris, citons l'Hôtel Moderne qui utilise 5 moteurs d'une puissance totale de 76 chevaux, dont 2 de 25 chevaux, 1 de 16 chevaux, 1 de 4 chevaux et 1 de 6 chevaux. La brasserie de la Capitale emploie un moteur à gaz Charon de 10 chevaux ; nous en trouvons également un très grand nombre dans divers cafés, bazars, concerts, les magasins de chaussures de la Société Raoul, etc. etc.

Nous terminerons en mentionnant quelques installations à courants polyphasés aux mines de Decize, où une puissance de 200 chevaux environ est transmise par courants diphasés pour actionner des treuils et des ventilateurs. L'éclairage est également assuré par cette distribution.

A Noisiel, dans les usines de M. Menier, la transmission d'énergie électrique est également faite par courants diphasés. La Société des établissements Weyher et Richemond a également installé dans ses propres ateliers une distribution d'énergie électrique par courants diphasés.

Nous citerons encore deux grands établissements de la rue de Flandre à Paris. Dans l'un d'eux, la raffinerie Lebaudy, l'installation électrique comprenait au début 5 machines Weyher et Richemond type pilon de 30 chevaux à 300 tours par minute. Ces machines actionnaient 5 dynamos Edison donnant 110 volts et 220 ampères à 900 tours par minute. Du tableau de distribution partaient 8 ou 10 circuits se repartissant dans l'usine. Une prise de distribution avait été également faite pour alimenter 150 lampes à incandescence. Dernièrement la Compagnie de Fives Lille a établi dans ce même établissement 3 machines Willans d'une puissance totale de 200 chevaux, actionnant chacune directement un alternateur triphasé. Le courant ainsi produit est destiné à actionner des moteurs placés dans l'usine. Dans l'autre établissement dont il a été question, il y a 4 dynamos à vapeur Sautter-Harlé donnant 125 ampères et 120 volts à 350 tours par minute ; nous avons également vu deux alternateurs à courants triphasés l'un de 56 kw. et l'autre de 25 kw. à 110 volts.

Nous avons tenu à donner ces quelques exemples et à faire ces quelques réflexions pour bien montrer aux électriciens que les installations particulières sont très nombreuses et qu'ils peuvent être appelés à faire la conduite d'une installation de ce genre. Il est donc indispensable qu'ils en connaissent bien à l'avance toutes les parties.

CHAPITRE XII

RÈGLEMENTS DIVERS ACTUELLEMENT EN USAGE DANS LES PRINCIPAUX PAYS DU MONDE.

Un grand nombre de règlements ont déjà été édictés dans les divers pays du monde concernant les installations électriques. Théoriquement ces règlements devraient se ressembler, à quelques exceptions près. Il n'en est malheureusement pas encore ainsi.

Nous nous contenterons de faire connaître ici à nos lecteurs quelques-uns des règlements en vigueur à Paris. L'électricien puisera là les renseignements qui lui sont nécessaires. Nous avons du reste toujours observé ces règlements dans nos diverses études précédentes.

a. Instructions de la chambre syndicale des industries électriques.

Nous signalerons en premier lieu les instructions publiées en 1892 par la Chambre syndicale des industries électriques, et composées par une commission formée de MM. Cance, Carpentier, Hillairet et Picou. C'est dire tout le côté pratique et sérieux qu'elles comportent.

Ces instructions sont les suivantes :

1° QUALITÉS DES MATÉRIAUX.

1. Tous les câbles et fils conducteurs seront en cuivre d'une conductibilité au moins égale à 90 pour 100 de celle du cuivre pur (1).

(1) On entend par là la conductibilité qui correspond à une résistance spécifique inférieure à 1,8 microhm-centimètre.

2. La section sera déterminée par la condition que la perte de charge, entre le coffret de branchement et la lampe la plus éloignée, ne dépasse pas 3 pour 100 du voltage au coffret.

En outre, elle devra toujours être suffisante pour que le passage accidentel d'un courant d'une intensité double de la normale ne détermine pas un échauffement supérieur à 40 degrés. Ce résultat sera obtenu en général si la densité du courant ne dépasse pas :

$$3 \text{ ampères par } ^{mm^2} \text{ pour des sections de 1 à 5 } ^{mm^2}$$
$$2 \quad — \quad — \quad — \quad \text{ de 2 à 50 } ^{mm^2}$$

1 ampère par mm² au-dessus de 50 mm.

Enfin on n'emploiera aucun conducteur dont l'âme soit formée par un fil unique d'un diamètre inférieur à 0,9 mm.

3. L'emploi des fils nus, interdit en principe, pourra être autorisé dans certains cas particuliers. Quelle que soit la nature des locaux, la couverture isolante du fil, ou la gaine de protection mécanique, doit être (l'une ou l'autre) imperméable.

4. L'isolation sera obtenue par une ou plusieurs couches de matières non conductrices, placées directement sur l'âme de cuivre. Cette couverture isolante devra être assez solide pour résister aux détériorations dues au montage.

5. *Protection mécanique.* — En règle générale, les fils seront toujours pourvus d'une protection mécanique indépendante de leur couverture isolante. Si les conducteurs sont posés sur les murs dans des locaux humides, cette protection devra former une gaine imperméable. On pourra employer les bois moulurés dans les locaux secs.

Ces moulures devront être en bois bien sec et fermées à l'aide de couvercles. Lorsque les fils seront laissés apparents dans les locaux secs, ce qui n'aura lieu autant que possible que hors de portée de la main, ils devront être protégés par un ruban, une tresse, ou toute autre couverture indépendante de la matière isolante.

6. *Interrupteurs.* — La matière formant la base des interrupteurs devra être appropriée à la nature de l'emplacement qu'ils occuperont. Les interrupteurs devront assurer un bon contact et ne pas s'échauffer par le passage du courant. Lorsque la rupture peut donner lieu à un arc notable, par exemple au-dessus de 5 ampères sous 100 volts, il est nécessaire que l'appareil ne puisse pas rester dans une position intermédiaire et que son support soit en matière incombustible et indéformable.

7. *Coupe-circuits et fils fusibles.* — Les coupe-circuits doivent être disposés de telle sorte que la fusion d'un fil fusible ne détermine pas de courts-circuits. Les fils fusibles doivent être faciles à remplacer, ne pas donner lieu à des projections de métal fondu.

Ils devront être marqués d'un chiffre bien apparent, réprésentant le courant normal pour lequel ils sont établis. Ils devront fondre pour un courant au plus égal au triple du courant normal.

8. *Lampes à arc.* — Les lampes à arc seront toujours pourvues

d'enveloppes et de cendriers. Les lampes placées à l'extérieur auront leurs bornes bien protégées de la pluie et des chocs.

Les rhéostats devront être montés sur matière incombustible et non hygrométrique. Leurs fils seront calculés de manière à ne pas dépasser la température de 200 degrés en fonctionnement normal.

2º CONDITIONS DE POSE.

9. *Conducteurs*. — Les moulures servant de protection mécanique aux conducteurs ne doivent présenter aucune discontinuité dans les raccords ou dans les angles vifs. Les conducteurs n'y seront maintenus que par le couvercle. On ne pourra pas mettre deux fils dans la même rainure. Aux croisements des tuyaux de gaz, il y aura un supplément d'isolement et de protection mécanique. A la traversée des murs et plafonds, la protection mécanique sera avantageusement formée d'un tube en matière dure et à angles arrondis. Si ce tube est métallique, une gaine isolante supplémentaire devra recouvrir le fil et déborder les extrémités du tube. Lorsque des conducteurs seront apparents, ils seront à un écartement minimum de 1 cm et assujettis de manière à conserver cet écartement.

10. *Fils doubles*. — Des conducteurs doubles, renfermant sous une même tresse ou ruban les deux fils isolés séparément, peuvent être employés, mais l'isolement électrique des deux âmes et leur écartement devront être parfaitement assurés. Cette prescription est également applicable à des conducteurs de même polarité.

11. *Fils souples*. — Les fils souples ne seront employés que lorsqu'ils sont inévitables. Ils seront reliés aux appareils de telle sorte que la traction ne puisse déchirer l'isolement des fils. Leurs raccordements avec des fils massifs seront fait par des soudures soignées. Il sera placé un fil fusible simple à l'un des points d'attache d'un fil souple à deux conducteurs.

12. *Soudures*. — Les soudures seront faites en évitant l'emploi des substances décapantes liquides. Elles ne devront point former des points faibles, soit mécaniquement soit électriquement, et l'isolement électrique devra être rétabli avec des matières isolantes équivalentes à celles qui servent d'enveloppes aux câbles et fils.

13. *Tableaux et petits appareils*. — Il est toujours désirable que le départ des circuits s'effectue à partir de tableaux sur lequels la subdivision est poussée autant que possible. Ces tableaux seront écartés des murs, et les attaches des fils et câbles seront autant que possible sur la face apparente. Il faut prendre les précautions nécessaires pour qu'un court-circuit n'y puisse pas être produit par le contact d'un objet métallique.

14. *Coupe-circuits*. — Chaque circuit sera pourvu à son origine d'un double coupe-circuit. Chaque branchement en sera également pourvu, et de même chaque subdivision dans laquelle l'intensité peut atteindre 5 ampères. Ce coupe-circuit devra être facilement accessible et mis à l'abri des matières inflammables.

15. *Appareillage.* — Si des appareils portent chacun un grand nombre de lampes, celles-ci seront divisées en plusieurs groupes consommant chacun 5 ampères au plus, et chaque groupe sera muni de son double coupe-circuit. Les appareils tels que lustres, appliques, etc., exclusivement employés à l'électricité, seront isolés électriquement à leur point d'attache, et la masse des appareils ne devra pas faire partie intégrante du circuit. Les douilles y seront fixées de manière à ne pouvoir tourner. Lorsque les appareils servent à la fois au gaz et à l'électricité, ils devront remplir les conditions suivantes :

a. La masse de l'appareil sera isolée électriquement de la canalisation du gaz par 500000 ohms au moins ;

b. Les douilles des lampes incandescentes ou la masse de la lampe à arc seront isolés électriquement de celle de l'appareil.

c. Enfin les fils fortement isolés et protégés seront assujettis en épousant les formes de l'appareil, et de manière à ne pas être détériorés par la chaleur du gaz.

16. *Lampes à arc.* — Chaque circuit de lampes à arc comprendra un interrupteur et un plomb fusible. Si l'on fait usage de résistances, elles seront placées de manière à éviter le contact de toute matière inflammable, assez éloignées de la paroi pour que celle-ci n'ait rien à craindre de l'échauffement du fil, et disposées de telle sorte que la circulation de l'air soit assurée.

17. *Isolement.* — L'isolement devra être tel que dans une section quelconque de l'installation, la perte du courant qui peut se produire soit entre un conducteur et la terre, soit entre les deux conducteurs, soit au plus égale à 1 dix-millième du courant qui doit alimenter les appareils de cette section. Par exemple, un branchement parcouru par 10 ampères devra posséder un isolement tel que le courant n'y excède pas 0,001 ampère et, dans ce cas particulier, sur un circuit à 100 volts, la valeur de l'isolement sera donc au moins de 100000 ohms.

b. Diverses conditions imposées par les Compagnies de Paris.

Les diverses compagnies de Paris ont imposé des conditions spéciales aux entrepreneurs chargés de faire les installations. Nous citons ici les conditions imposées par le secteur de Clichy :

Cahier des charges.

I. — *La société anonyme d'Éclairage électrique du secteur de la place Clichy* se réserve le droit absolu de recevoir ou d'accepter les installations faites chez les abonnés par ses entrepreneurs agréés ou par d'autres.

Les causes de non-acceptation pourront résulter d'un défaut ou insuffisance d'isolement dans la canalisation, de la défectuosité du matériel ou de l'appareillage que la Société se réserve le droit d'approuver, et enfin de la mauvaise exécution ou du peu de soins apportés dans la pose des moulures, câbles, appareils, etc.

II. — Dans toute installation il sera exigé une résistance d'isolement minimum de :

8 mégohms pour un groupe de		1 lampe de dix bougies.
800 000 ohms	—	10 —
320 000 —	—	25 —
160 000 —	—	50 —
80 000 —	—	100 —

ou d'un nombre d'ohms proportionnel à ces chiffres suivant la quantité de lampes de 10 bougies installées ou leur équivalent.

III. — Tous les fils ou câbles employés seront en cuivre de haute conductibilité ; ils auront l'isolement dit supérieur (équivalent de la série E. Ruttier). Il ne sera fait en aucun cas usage de câbles ou fils souples ou non à deux conducteurs concentriques et, en général, d'aucun câble ou fil à deux conducteurs, à moins de nécessité absolue. Dans cette hypothèse, chaque conducteur aura son isolement particulier parfait et indépendant de l'immeuble protectrice qui les réunit.

IV. — Tous les conducteurs seront, autant que possible, facilement accessibles à toute inspection.

Ils auront une section suffisante pour laisser passer avec sécurité au moins cent pour cent de plus d'électricité que celle qui pourra être demandée pour les lampes qu'ils alimentent.

Tout conducteur nu est prohibé dans une maison.

Il est absolument interdit de placer en paquets non seulement des conducteurs de polarité différente, mais encore des conducteurs de même polarité. Chaque conducteur sera toujours éloigné de son voisin d'au moins 1 cm.

V. — Dans toute installation comprenant des lampes à incandescence, la perte consentie en un point quelconque du réseau ne devra jamais dépasser 2 pour 100.

VI. — En général, les fils ou câbles devront être posés dans des moulures en bois. Quand il sera impossible d'en faire usage, et seulement dans les endroits secs, les fils pourront être posés à l'aide de crochets vitrifiés, isolés de ceux-ci par du caoutchouc ou autre matière isolante, et éloignés l'un de l'autre d'au moins 1 cm. En aucun cas, deux fils de pôle contraire ne pourront être pris sous le même crochet. Pour le passage en plafond, l'usage d'un tube métallique est interdit, les fils seront enfermés dans des tubes en caoutchouc. Les fils de nom opposé seront soigneusement séparés.

Pour les passages de murs ou cloisons, chaque câble ou chaque fil sera protégé par une gaine de caoutchouc enfermée dans un tuyau de cuivre ou de porcelaine.

Tout percement de mur, cloison ou plafond doit être fait sans amener aucune détérioriation dans la construction ; les entrepreneurs sont entièrement responsables de toute atteinte ou préjudice apportés de ce fait dans l'immeuble.

Pour la pose des fils à l'extérieur ou autres endroits exposés à la pluie ou à l'humidité, il est exigé des fils sous plomb ou des fils caoutchoutés montés sur isolateurs en porcelaine

Si la canalisation extérieure est soustraite à l'action immédiate de l'eau, il peut être toléré des moulures en bois soigneusement goudronnées ou paraffinées. Les mêmes précautions seront prises dans les caves ou tous autres endroits où l'humidité est à craindre.

VII. — Les moulures devront être en bois dur et bien sec.

Les moulures en bois de hêtre sont préférables à celles de sapin, qui laissent facilement l'isolement du fil se pourrir quand elles ont subi les atteintes de l'humidité.

La moulure devra adhérer solidement à la paroi sur laquelle elle est posée, ne présenter aucune discontinuité dans les raccords, courbes, angles, etc. Le couvercle sera posé avec le plus grand soin et ne comprimera pas les câbles ou les fils qui doivent être libres dans leurs rainures et n'être jamais retenus dans celle-ci par des pointes ou crochets. Il ne sera pas accepté qu'un câble ou fil soit entré à coups de marteau ou autre outil de métal dans une rainure trop faible. Aux angles vifs, il devra être réservé une certaine courbure aux fils afin d'éviter tout déchirement de l'isolement ou une cassure du cuivre.

Dans certains cas, il pourra être exigé que les couvercles des moulures soient vissés.

VIII. — Les épissures seront faites avec le plus grand soin et suivant les règles adoptées. Les parties mises en contact seront préalablement soigneusement décapées.

L'épissure faite, on la soudera à la résine, puis elle sera recouverte de matières isolantes équivalentes à celles qui servent d'enveloppe aux câbles et fils.

IX. — Les appareils électriques, coupe-circuits, interrupteurs, prises de courant, etc., seront montés sur porcelaine, ardoise ou bois, suivant l'emplacement où ils doivent se trouver. Chacun de ces appareils devra être approuvé au préalable par la Société.

Aucune pièce métallique recevant le courant ne devra se trouver entre l'appareil et la paroi qui le supporte ; ces pièces elles-mêmes devront être préservées par un couvercle s'adaptant sur le socle de l'appareil.

Les plombs fusibles devront être soigneusement enfermés et mis dans l'impossibilité de se trouver en contact avec des matières inflammables ou, s'ils fondent, de tomber en dehors de l'appareil. De plus, il ne pourra jamais se produire de court-circuit dans l'intérieur d'un appareil par suite de la chute d'un plomb. Les coupe-circuits devront porter un chiffre apparent indiquant le nombre de lampes qu'ils protègent. *Les plombs fusibles devront avoir une section telle que, pour une augmentation de courant de moitié, ils fondent.* Les coupe-circuits devront représenter toute facilité pour permettre le remplacement des plombs fondus.

Les interrupteurs seront à rupture brusque et ne pourront jamais s'échauffer au passage du courant.

Leur construction sera telle que les pièces de contact devront toujours adhérer entre elles et sur toute leur surface, et ne pas s'altérer sous l'action de l'étincelle de rupture.

Ils doivent être disposés de façon à ce qu'ils ne puissent rester dans une position intermédiaire entre fermé ou ouvert en plein.

Dans les prises de courant, le fil souple devra être rattaché à l'appareil de telle façon qu'aucune traction ou secousse ne puisse causer la déchirure de l'isolement et amener contact et court-circuit dans l'appareil.

Les bornes d'attache des fils devront être solides et hors d'atteinte. Le maniement de la prise de courant devra être simple. Chaque prise de courant devra être protégée par un coupe-circuit double.

X. — Les bras, appliques, lustres, etc.., ne devront jamais être en contact avec la terre ; ils seront isolés par une patère en bois ou autre matière isolante.

Le passage des fils à l'intérieur des l'appareils devra être facile et ne jamais nuire à l'isolement.

Les appareils à gaz qui supporteront des douilles et fils électriques devront être pratiquement isolés de la conduite générale par une rondelle isolante qui n'empêchera nullement l'abonné de se servir des son éclairage au gaz.

Le plus grand soin sera apporté au montage et à l'isolement des fils sur ces appareils. Les douilles devront être solidement fixées à leurs supports et isolées de l'appareil.

Les fils servant à alimenter un appareil ne devront jamais servir à le suspendre et, en aucun cas, supporter un poids quelconque.

XI. — Il ne sera fait, en aucun cas, usage de coupe-circuits à un seul pôle.

Dans une installation d'éclairage par incandescence, tout groupe comptant au plus quatre lampes devra être muni d'un coupe-circuit.

Pour l'éclairage à arc, les lampes seront montées en dérivation ou en tension par deux, ou plus, après entente avec la Société. Chaque ligne d'arc sera munie d'un interrupteur et d'un coupe-circuit.

Le rhéostat sera placé en un endroit aéré et loin de toute matière inflammable ; de même que le reste de l'appareillage, il devra être monté sur matières ininflammables et non susceptibles de garder l'humidité. On devra laisser entre le rhéostat et la paroi un espace libre pour la circulation de l'air. La paroi sera protégée contre tout échauffement par une feuille d'amiante.

Les lampes devront être parfaitement réglées pour le nombre d'ampères que la Société aura désignés. La lumière devra en être stable et fixe.

Les lampes à feu nu ne sont pas tolérées ; elles doivent être munies d'une garniture disposée de façon à ne laisser échapper ni flamme ni étincelle. Les lampes extérieures ne devront pas être susceptibles de se détériorer, sous l'action de la pluie ou de l'humidité. Les globes seront grillagés.

XII. — Si un abonné veut installer chez lui un moteur électrique, toutes les questions relatives à cette installation devront être soumises à la Société.

XIII. — Tout entrepreneur à qui la Société se sera adressée pour le montage d'une installation, devra lui soumettre un devis détaillé et un plan du local à éclairer avec tracé de la canalisation, diamètre des fils, emplacement des lampes, interrupteurs, coupe-circuits, etc. Le système de distribution sera indiqué par la Société, qui fournira le compteur avec un tableau de départ où l'entrepreneur viendra brancher sa canalisation. Indépendamment de ce tableau, l'entrepreneur devra fournir, s'il y a lieu, les tableaux de distribution.

Chaque entrepreneur devra, avant de présenter son devis, s'entendre avec le client, pour savoir exactement de ce dernier comment il désire placer ses lampes, les allumer, etc.

Sous aucun prétexte l'entrepreneur n'installera plus de lampes que la Société n'en aura indiquées, à moins que l'abonné n'en fasse la demande lui-même et fasse rectifier sa police.

Il ne sera procédé à aucune réception avant que l'entrepreneur ait envoyé à la Société les plans de l'installation à recevoir.

XIV. — L'entrepreneur commencera les travaux aussitôt qu'il en aura reçu l'ordre écrit de l'ingénieur de la Société.

L'entrepreneur devra prévenir en temps utile du moment où il commencera et finira les travaux.

Tout travail exécuté en dehors des prescriptions de la Société ou contrairement à ses indications sera aux frais de l'entrepreneur.

XV. — L'entrepreneur reste entièrement et exclusivement responsable des accidents, pertes et avaries pouvant résulter de l'exécution des travaux d'installation.

L'entrepreneur est entièrement responsable de son personnel.

XVI. — Tous les travaux d'installation s'exécuteront sous la surveillance de l'ingénieur et des agents du service extérieur, sans que cette surveillance puisse en rien diminuer la responsabilité de l'entrepreneur à raison de l'exécution.

XVII. — L'entrepreneur sera tenu, après avoir reçu l'ordre de commencer les travaux d'une installation, de mettre toute la diligence possible à l'exécuter, sous peine de se voir retirer la commande.

XVIII. — La réception de l'installation sera définitive après huit jours de marche consécutifs. Une première réception aura lieu à la fin des travaux ; des essais d'isolements seront faits en présence d'un ingénieur de la Société et de l'entrepreneur ou de son fondé de pouvoir. L'entrepreneur devra se soumettre à toutes les demandes de vérification qu'il plaira à l'ingénieur de la Société de faire. Le jour de la mise en marche, l'entrepreneur et un ingénieur de la Société assisteront aux essais.

Huit jours après, la Société enverra, s'il y a lieu, par écrit la réception définitive de l'installation, *dont l'entrepreneur se trouve néanmoins responsable pendant un an à dater du jour de la mise en marche.*

Au bout de cette année, l'entrepreneur remplacera à ses frais l'appareillage défectueux et les parties de la canalisation dont l'isolement ne serait plus suffisant. De même pour les lampes à arc dont le fonctionnement ne sera pas satisfaisant.

XIX. — L'entrepreneur, pendant tout le temps qu'il sera responsable de l'installation, devra, sur la réquisition de la Société, procéder, dans les vingt-quatre heures, aux réparations nécessitées par une installation défectueuse.

Si l'entrepreneur n'a pas envoyé d'ouvrier dans le délai donné, les travaux seront exécutés par les soins de la Société aux frais de l'entrepreneur, sans préjudice des dommages-intérêts qui pourraient être encourus si le défaut de réparation causait un accident ou un préjudice.

XX. — Après réception définitive, l'entrepreneur présentera le mémoire exact du matériel fourni et des travaux exécutés. La Société se réserve le droit de contrôler elle-même les quantités et la qualité du matériel fourni.

La facture ne devra jamais dépasser le prix prévu au devis ; le devis ne devant être qu'estimatif, le montant de la facture pourra lui être inférieur. Exception est faite au cas où, sur la demande de l'abonné et après entente avec la Société, il aurait été livré plus de matériel qu'il n'en aurait été prévu au devis.

La Société payera comptant les neuf dixièmes du montant de la facture ; comme garantie, le dernier dixième sera soldé un an seulement après le jour de la mise en marche.

Ce dixième pourra être retenu en entier ou en partie jusqu'à concurrence des frais qu'entraîneraient les réparations incombant à la charge de l'entrepreneur qui se refuserait à donner satisfaction à la Société d'après les clauses des articles XVIII et XIX.

XXI. — Les entrepreneurs sont tenus de se conformer à l'article 27 du cahier des charges de la Ville de Paris, qui dit :

« Le matériel tout entier, y compris les fils électriques et les lampes à incandescence, sera fourni par des maisons françaises et fabriqué en France. »

c. Règles à observer pour la pose et l'exploitation des canalisations d'électricité sous les voies publiques de Paris.

A la suite des premières installations électriques à Paris, en 1889 et 1890, plusieurs accidents sont arrivés par défaut de précautions. M. le Préfet de la Seine a dû prendre l'arrêté suivant :

Conducteurs électriques placés dans une enveloppe métallique.

Article premier. — Dans tous les cas où les conducteurs électriques seront placés dans une enveloppe métallique, ils devront être isolés avec le même soin que s'ils étaient placés directement dans le sol.

Voisinage d'autres canalisations.

Art. 2. — Dans tous les cas où les conducteurs électriques passeront à moins de cinquante centimètres (0m50) d'une masse métallique ou d'une canalisation bonne conductrice de l'électricité (eau, gaz, air comprimé, etc.), le permissionnaire devra prendre des mesures spéciales d'isolement pour toute la partie de ces conducteurs placée dans cette situation.

Regards.

Art. 3. — Les regards, établis par un permissionnaire pour le service des conducteurs électriques, ne pourront renfermer ni tuyau de gaz, d'eau, d'air comprimé, etc., ni conducteurs électriques appartenant à un autre permissionnaire.

Ces regards devront être disposés de manière à pouvoir être ventilés.

Branchements d'électricité.

Art. 4. — Tous les branchements d'électricité seront constitués par des conducteurs isolés. Ces conducteurs seront protégés mécaniquement d'une manière suffisante, soit par l'armature même du câble conducteur, soit par des caniveaux.

A leur entrée dans les immeubles, les branchements devront être disposés de manière à ce que leur pénétration ne laisse aucun vide dans les murs.

Canalisations rencontrées dans l'exécution des travaux.

Art. 5. — Lorsque le permissionnaire, dans l'exécution des travaux, rencontrera des canalisations d'une nature quelconque (électricité, eau, gaz, air comprimé, etc.,) il devra avertir immédiatement les propriétaires ou concessionnaires de ces canalisations (Compagnie parisienne du Gaz, Compagnie générale des Eaux, etc). A cet effet, il sera adressé auxdits propriétaires ou concessionnaires une déclaration dûment signée et conforme à un modèle approuvé par l'Administration. Des duplicatas de ces signalement, seront adressés à l'ingénieur chargé du service de la Voie publique.

Vérification de l'état de canalisation pendant la période
d'exploitation.

Art. 6. — Le permissionnaire sera tenu de vérifier l'état électrique de son réseau, de manière que toutes les parties en soient visitées au moins une fois par an.

Le permissionnaire avisera préalablement l'Administration des époques choisies pour les différentes opérations.

Les résultats des vérifications seront consignés sur un registre dont le modèle devra être soumis à l'administration et qui devra être présenté à toute réquisition.

Art. 7. — L'inspecteur général, Directeur des Travaux de Paris, est chargé de l'exécution du présent arrêté qui sera inséré au *Recueil des actes administratifs*.

Fait à Paris, le 30 juillet 1891.

Signé : POUBELLE.

d. Arrêté préfectoral réglementant les installations électriques desservies par les réseaux des compagnies concessionnaires de la ville de Paris.

Le préfet de la Seine,

Vu le rapport, en date du 3 juillet 1895, par lequel M. le directeur administratif des Travaux propose de réglementer les installations électriques desservies par le réseau municipal et ceux des compagnies concessionnaires de la ville de Paris ;

Vu le cahier des charges général, approuvé par délibération du Conseil municipal, en date des 29 décembre 1888 et 25 février 1889, et notamment l'art. 10, § 2, portant que les concessionnaires seront soumis d'une manière générale, pour l'exploitation de leur réseau, à tous les règlements et arrêtés qui seront en vigueur pendant la durée de l'autorisation,

Arrête :

Conditions générales.

Article premier. — Les installations électriques alimentées par un concessionnaire de la ville de Paris devront satisfaire aux conditions techniques ci-après indiquées, tant au moment de leur établissement qu'à une époque quelconque de leur fonctionnement.

Résistivité des câbles et fils.

Art. 2. — Le métal entrant dans la constitution des câbles et fils aura une résistivité au plus égale à 1,80 microhm-cm. à 20° centigrades.

Section des conducteurs.

Art. 3. — La section métallique des conducteurs devra toujours être suffisante pour que le passage accidentel d'un courant d'une intensité double de la normale ne détermine pas un échauffement supérieur à 40°. En tous cas, la densité du courant ne devra pas dépasser :

3 ampères par millimètre carré pour des sections de 1 à 5 mm².
2 ampères par millimètre carré pour des sections de 5 à 50 mm².
1 ampère par millimètre carré pour des sections au-dessus de 50 mm².

Dans le cas d'emploi de fils nus, les chiffres indiqués ci-dessus pourront être doublés.

Enfin on n'emploiera aucun conducteur dont l'âme serait formée par un fil unique d'un diamètre inférieur à 9/10 de millimètre.

Isolation et protection mécanique des câbles et fils.

Art. 4. — En dehors des tableaux de distribution, tous les câbles et fils seront à la fois isolés électriquement et protégés mécaniquement.

L'enveloppe des câbles et fils devra être assez solide pour résister aux détériorations pouvant résulter du montage. Elle sera de nature à ne jamais attaquer l'âme métallique.

Pour les fils posés dans des locaux humides, l'enveloppe devra être imperméable.

Coupe-circuits.

Art. 5. — Les coupe-circuits doivent être disposés de telle sorte que la fusion d'un fil fusible ne détermine pas de court-circuit.

La température de ces appareils devra, en régime normal, rester assez basse pour qu'il soit possible d'y maintenir la main.

Les fils fusibles doivent être faciles à remplacer et ne pas donner lieu à des projections de métal fondu. Ils devront fondre pour une intensité de courant au plus égale au triple de l'intensité normale.

Interrupteurs.

Art. 6. — La matière isolante formant la base des interrupteurs devra être appropriée à la nature de l'emplacement qu'ils occuperont. Les interrupteurs ne devront pas s'échauffer par le passage du courant. Ils devront toujours rester à une température telle qu'il soit possible d'y maintenir la main.

La longueur de rupture dans l'air sera telle qu'il ne pourra se former d'arc permanent.

Branchements particuliers.

Art. 7. — Chacun des fils du branchement d'arrivée sera muni d'un coupe-circuit et d'un moyen d'interruption.

Si ce circuit d'arrivée dessert un poste de transformateur, un deuxième coupe-circuit et un deuxième moyen d'interruption seront installés sur chacun des fils du circuit secondaire aboutissant au compteur.

Une plaque extérieure signalera les immeubles dans lesquels il sera fait usage de canalisations électriques et indiquera la position du branchement.

Installation de dynamos réceptrices, de transformateurs et d'accumulateurs.

Art. 8. — Lorsqu'il sera fait usage de dynamos réceptrices, de transformateurs ou d'accumulateurs, ces appareils devront être disposés de façon à éviter tout accident.

Des précautions spéciales seront prises pour les isoler et les mettre hors de la portée des personnes qui ne sont pas appelées à s'en servir.

Les locaux affectés en particulier aux accumulateurs devront être convenablement ventilés.

Si l'on emploie une différence de potentiel primaire dépassant 800 volts en courant continu, ou 500 volts en courant alternatif, l'installation secondaire devra être protégée efficacement contre l'éventualité d'un contact entre les deux circuits.

Circuits de distribution.

Art. 9. — Des dispositions seront prises pour que chacune des parties d'une installation puisse être facilement distinguée et isolée de l'ensemble.

Chaque circuit sera pourvu à son origine d'un double coupe-circuit, chaque branchement en sera également pourvu ; de même chaque subdivision dans laquelle l'intensité peut atteindre 5 ampères. Ce coupe-circuit devra être facilement accessible et mis à l'abri des matières inflammables.

Pose des câbles et fils.

Art. 10. — Les moyens employés pour fixer les canalisations devront à la fois assurer leur isolation et éviter toute détérioration des câbles et fils.

Aux croisements des masses métalliques, il y aura un supplément d'isolement et de protection mécanique.

A la traversée des murs et plafonds, la protection mécanique sera formée d'un tube en matière dure, à angles arrondis.

En outre, une gaine isolante supplémentaire devra recouvrir le fil et déborder les extrémités du tube.

Il sera placé un coupe-circuit unipolaire à l'un des points d'attache d'un fil souple à deux conducteurs desservant un appareil mobile.

Épissures.

Art. 11. — Dans les parties de câbles destinées à être reliées par une épissure, le décapage se fera au moyen de substances qui n'altèrent ni le métal ni l'isolant ; l'emploi des acides est proscrit. Les épissures ne devront affaiblir ni l'âme métallique, ni l'enveloppe isolante, ni l'enveloppe de protection mécanique.

Moulures.

Art. 12. — La moulure ne devra présenter aucune discontinuité dans les angles, courbes et raccords.

Les angles des rainures devront être arrondis à chaque changement de direction. Les câbles et fils ne devront jamais être fixés dans les moulures au moyen de pointes ou de crochets. Les couvercles seront cloués avec grand soin et vissés si besoin est.

Appareillage.

Art. 13. — Le plus grand soin sera apporté dans l'équipement des lustres, bras, appliques, etc.

Les conducteurs qui y seront placés seront supérieurement isolés ; ils épouseront les formes des appareils le plus strictement possible.

Dans les lustres ayant cinq lampes et davantage, on devra éviter les épissures ; les fils de chaque lampe seront de préférence réunis à la dérivation sur des couronnes métalliques munies de vis.

Les douilles y seront fixées de manière à ne pouvoir tourner. Elles seront, en outre, isolées électriquement de la masse des appareils.

Installation des lampes à arc.

Art. 14. — Chaque circuit d'arcs comprendra un interrupteur et, sur chaque pôle, un coupe-circuit.

En cas d'emploi de rhéostats, ces appareils seront placés dans un endroit abrité, aéré et loin de toutes matières inflammables; leur fil, qui sera calculé de manière à ne pas dépasser la température de 200° en fonctionnement normal, devra être séparé par une couche d'air d'au moins 5 centimètres du mur ou du tableau portant les rhéostats.

Ces appareils devront être montés sur une matière incombustible et non hygrométrique.

Les lampes à arc seront toujours pourvues d'enveloppes et de globes constituant une fermeture assez complète pour arrêter toutes projections d'étincelles.

Les lampes à arc placées à l'extérieur auront leurs bornes bien protégées de la pluie et des chocs.

Règles spéciales aux installations mixtes de gaz et d'électricité.

Art. 15. — Lorsque dans la même installation seront placés des tuyaux de gaz et des conducteurs électriques, il y aura lieu d'appliquer les règles spéciales suivantes :

a) Les appareils servant à la fois au gaz et à l'électricité seront toujours montés sur un raccord dont la résistance d'isolement sera au moins de 500000 ohms et dont la disposition sera telle que les poussières et l'humidité ne puissent compromettre cette isolation ;

b) Les fils placés sur les appareils servant à la fois au gaz et à l'électricité seront fortement isolés et protégés. En outre, ils seront assujettis, en épousant les formes de l'appareil, de manière à n'être pas détériorés par la chaleur du gaz.

Mode d'essai et détermination de la valeur d'isolement.

Art. 16. — Sur toute partie de conducteur pouvant être séparée de l'ensemble par la manœuvre d'un interrupteur ou l'enlèvement d'un fil fusible, la résistance d'isolement, soit par rapport à la terre, soit par rapport au conducteur de nom contraire, exprimée en ohms, ne devra jamais descendre au-dessous de $5\,E^2$, E étant la différence de potentiel en volts mesurée aux bornes extrêmes des appareils générateurs ou transformateurs du courant.

Dans les mesures d'isolement, la différence de potentiel employée devra être égale à E, sans toutefois dépasser 500 volts, ni descendre au-dessous de 100 volts.

Art. 17. — L'inspecteur général, directeur administratif des Travaux de Paris, est chargé de l'exécution du présent arrêté qui sera inséré au *Recueil des actes administratifs.*

Fait à Paris, le 26 juillet 1895.

POUBELLE.

Cet arrêté municipal, qui paraît le moins sévère de tous, permet d'effectuer les installations dans de bonnes conditions. Il semble établir un juste milieu entre les exigences de quelques compagnies et les complaisances de diverses autres. Il serait à souhaiter qu'il fût observé par tout le monde. Un contrôle municipal est déjà installé pour assurer l'observation de ce règlement par les Compagnies d'électricité.

c. Bureau de contrôle des installations électriques.

La Chambre syndicale des industries électriques a créé depuis quelques années un bureau chargé spécialement du contrôle des installations électriques. Ce bureau privé installé, 12, rue Hippolyte Lebas fonctionne de la même façon que les associations de propriétaires d'appareils à vapeur. Il est appelé à rendre les plus grands services aux propriétaires d'installations électriques et aux compagnies d'électricité elles-mêmes. En effet, il ne suffit pas de vérifier et de contrôler une installation électrique au moment même de sa mise en service. Elle peut parfois répondre à toutes les exigences à ce moment là, et tomber quelques jours après dans un état très défectueux, qui peut échapper au contrôle de l'administration municipale et des compagnies. Le Bureau de contrôle par ses visites périodiques assure le bon entretien de ces installations. Le Directeur actuel de ce bureau est M. G. Roux. Voici le règlement général adopté :

Article premier. — Le bureau de contrôle a pour but :

1º Assurer périodiquement, pour le compte de ses adhérents, le contrôle de leurs installations en fonction, de façon à empêcher que des détériorations n'en compromettent incidemment la sécurité ;

2° Procéder, sur la requête de tout intéressé, à la vérification des installations ;

3° Centraliser tous les renseignements techniques, commerciaux, juridiques ou administratifs, relatifs aux installations, stations centrales ou autres entreprises d'électricité.

Art. 2. — Les moyens d'action du bureau consistent dans les visites et vérifications des installations, par un personnel spécial d'inspecteurs, et dans la communication, aux abonnés, des observations recueillies au cours des visites.

Art. 3. — Bien que placé sous le patronage de la Chambre Syndicale des Industries Électriques, qui nomme son Directeur et discute son règlement, le bureau de contrôle conserve dans ses travaux, son entière indépendance, sous la seule responsabilité de son Directeur, la Chambre Syndicale restant étrangère à ces travaux.

Art. 4. — Pour assurer l'impartialité qui doit présider à ses fonctions, le Directeur du bureau s'interdit de faire acte d'entrepreneur ou de fabricant d'appareillage électrique, et d'accepter un intérêt quelconque dans une maison d'entreprise d'installations ou de construction d'appareillage électrique.

Art. 5. — Le bureau de contrôle garantit à ses abonnés, à titre de service ordinaire, deux vérifications de leurs installations, par an.

Ces vérifications, qui seront toujours complétées par des mesures d'isolement et une épreuve du compteur, se feront sans aucun avertissement préalable, en tenant compte seulement des indications des abonnés, à un intervalle de cinq mois au moins et de sept au plus.

Les inspecteurs sont tenus de donner, à chaque visite, toutes les indications nécessaires pour assurer la bonne marche de l'installation.

Toute visite donne lieu à un rapport écrit constatant l'état général de l'installation et signalant les points particuliers auxquels des modifications doivent être apportées. Ce rapport est adressé à l'abonné.

Art. 6. — En cas d'accident, les abonnés sont tenus d'en aviser immédiatement le Directeur qui se rend sur place ou envoie un inspecteur, aussitôt qu'il a connaissance de l'accident, pour en rechercher les causes. Cette visite est toujours gratuite.

Art. 7. — Toute addition, modification ou réparation de quelque importance d'une installation, doit être signalée au Directeur, avant sa mise à exécution.

Art. 8. — Les abonnés au bureau de contrôle paient, pour le service ordinaire de visite de leurs installations, un abonnement dont le taux est fixé ci-dessous.

Art. 9. — En dehors des visites régulières, l'adhérent peut réclamer des visites supplémentaires, toutes les fois qu'il le jugera nécessaire ; elles donneront lieu à la perception d'une taxe déterminée plus loin.

Art. 10. Le personnel du bureau est, de plus, à la disposition des abonnés et du public, pour exécuter sur place tous travaux de sa compétence, tels que essais de rendement de dynamos ou d'accumulateurs, vérifications de compteurs ou d'appareils de mesure, le tout moyennant une rétribution déterminée par le présent règlement.

Art. 11. — Le bureau de contrôle tient, en outre, à la disposition des abonnés, les renseignements relatifs aux installations électriques et centralisés par lui. Il peut même, sur leur demande, leur en communiquer des copies, en percevant une rétribution discutée de gré à gré avec le Directeur.

Art. 12. — Le Directeur soumet chaque année à l'approbation de la Chambre syndicale, les comptes de l'exercice écoulé, et lui adresse un rapport sur toutes les opérations du Bureau de contrôle.

Le rapport et la délibération à laquelle il a donné lieu sont insérés dans l'annuaire du syndicat, et adressés gratuitement à tous les abonnés.

Art. 13. — Tout propriétaire d'une installation électrique, qui désire s'abonner au bureau de contrôle, doit remplir et signer une police conforme à un modèle spécial.

L'abonnement, pendant les six premiers mois d'un exercice, part du 1er janvier et oblige au paiement de la cotisation pour l'année entière.

Si l'abonnement est postérieur au 1er juillet, la cotisation sera réduite de moitié pour l'exercice courant.

Art. 15. — Les tarifs à percevoir sont ainsi fixés :

§ 1. — *Taxe annuelle d'abonnement.*

La taxe est basée sur le nombre de lampes à incandescence que comporte l'installation, chaque lampe à arc étant comptée comme cinq lampes à incandescence, et chaque moteur ou machine dynamo électrique comme dix.

Moins de 10	lampes,	taxe fixe fr.	5, »
De 10 à 20	—	par lampe	0,50
De 20 à 23	—	taxe fixe	10. »
De 23 à 50	—	par lampe	0,45
De 50 à 56	—	. taxe fixe	22,50
De 57 à 100	—	par lampe	0,40
De 100 à 115	—	taxe fixe	40. »
De 116 à 200	—	par lampe	0,35
De 200 à 233	—	taxe fixe	70. »
De 234 à 500	—	par lampe	0,30
De 500 à 600	—	taxe fixe	150. »

De 600 à 1000	—.	par lampe fr.	0,25
De 1000 à 1250	—	taxe fixe	250. »
Au-delà de 1250	—	par lampe	0,20

§ 2. — *Taxe des visites générales supplémentaires chez les abonnés.*

Un tiers de la taxe annuelle d'abonnement, avec minimum de 5 francs.

§ 3. — *Taxe de vérification de points spéciaux dans les installations.*

D'une vérification de compteur. . . . . . 20 fr.
Travaux extraordinaires visés à l'article X.
Par journée d'opérateur . . . . 30 fr,
Par demi-journée . . . . 20 fr.

§ 4. — *Taxe des vérifications des installations pour le compte des personnes non abonnées.*

Les deux tiers de la taxe annuelle d'abonnement avec un minimum de 5 francs.

Art. 15. — Les tarifs ci-dessus sont applicables au département de la Seine. Pour les autres départements, les frais de déplacement du Directeur ou de l'Inspecteur seront à la charge des adhérents qui pourront se grouper pour supporter cette dépense à frais communs.

Art. 16. Le présent règlement a été discuté et approuvé par la Chambre Syndicale des Industries électriques, dans ses séances du 7 février 1893 et du 5 février 1895.

Il est revisable par décision de la Chambre Syndicale, à la fin de chaque année.

Tels sont en quelques mots les principaux réglements adoptés à Paris. On remarquera qu'ils diffèrent sensiblement les uns des autres. Aussi les appareilleurs et installateurs ont-ils demandé depuis plusieurs années que le contrôle de la Ville fût seul admis par les sociétés pour les visites des installations. Ce service commence à fonctionner.

On a trouvé que quelques règlements sont sévères en ce qui concerne l'isolement exigé, et d'autres au contraire trop indulgents. Le règlement en lui-même n'a qu'une valeur relative ; c'est surtout la manière de l'appliquer qu'il faut considérer. On peut être très sévère lorsqu'il s'agit d'une installation faite sans grandes précautions ni beaucoup de soins, bien qu'elle fournisse l'isolement exigé ; on peut au contraire se montrer plus indulgent lorsqu'il s'agit d'une installation dans laquelle les principales parties sont bien soignées, même si l'isolement atteint est à la limite. On voit que l'application d'un règlement demande des ingénieurs compétents.

CHAPITRE XIII

MANUEL PAR QUESTIONS ET RÉPONSES
RÉSUMANT LE COURS

Les explications données dans le cours ont été détaillées, parfois un peu longues. Il peut arriver souvent qu'un détail échappe. Il faut le retrouver, et ce n'est pas toujours facile dans un livre un peu étendu. C'est pour obvier à cet inconvénient, et pour fixer nettement les idées de l'ouvrier électricien que nous avons résumé en quelques mots les points essentiels à connaître. Si l'ouvrier a suivi et étudié son cours, les détails lui viendront naturellement.

Les questions suivantes ont toutes été posées aux examens de fin d'année par des ingénieurs électriciens pris en dehors des professeurs, et nous devons à la vérité de reconnaître que les résultats des examens ont été satisfaisants.

Nous avons séparé les questions en deux parties se rapportant A aux cours de 1re année

B aux cours de 2e année.

A. — COURS DE PREMIÈRE ANNÉE

GÉNÉRALITÉS

1. — *Quels sont les principaux éléments d'une distribution d'énergie électrique ?*

Les principaux éléments d'une distribution d'énergie électrique sont au nombre de deux : *la pression* à laquelle se fait cette distribution, ou différence de niveau électrique, et *le débit* qui est produit dans la conduite par unité de temps, ou *intensité*.

2. — Quelles sont les unités pratiques adoptées pour mesurer une différence de niveau électrique ?, une intensité ?

Le *volt* est l'unité pratique adoptée pour mesurer une différence de niveau électrique. L'*ampère* est l'unité pratique adoptée pour mesurer l'intensité.

En électricité la différence de niveau électrique ou différence de potentiel est analogue à la pression en hydraulique.

Pratiquement le volt est donné par une pile Daniell dans laquelle le sulfate de zinc est à demi-saturé (1,07 volt) ou par d'autres éléments tels que le Latimer-Clark. Le nom de volt vient du physicien Volta.

L'*ampère* est l'unité de débit par unité de temps ou l'intensité du courant. Cette quantité est analogue à la quantité d'eau qui passe dans un tuyau pendant l'unité de temps. Il y a débit parce qu'il y a une pression électrique dans un circuit fermé.

3. — Donnez une définition de l'ohm ?

L'ohm est l'unité de résistance électrique. Les conducteurs électriques opposent au passage du courant une certaine résistance, de même que les tuyaux au passage de l'eau.

Pratiquement l'ohm est représenté par une colonne de mercure de 1 millimètre carré de section et d'une longueur de 106,3 centimètres à la température de la glace fondante.

Le nom de ohm a été donné en souvenir du physicien Ohm.

4. — A quoi est égale la résistance d'un conducteur ?

La résistance d'un conducteur est proportionnelle à la longueur, à un certain coefficient propre à chaque substance et inversement proportionnelle à la section de ce corps.

On a :

$$R = \frac{\rho\, l}{S}.$$

Si l'on veut la résistance R en ohms
il faut exprimer l en mètres,
    —   S en millimètres carrés,
    — ρ en microhms-centimètres,
et appliquer la formule.

$$R = \frac{\rho\, l}{100\, S}.$$

à cause des relations des unités.

5. — Qu'est-ce que la résistance spécifique ?

La résistance spécifique d'un corps ou *résistivité* est la résistance d'un cylindre de ce corps de longueur égale à l'unité choisie (mètre ou centimètre) et d'une section égale à l'unité.

$$R = \frac{\rho\, l}{S}.$$

Si $l = 1^m$, $S = 1^{mm^2}$.

$$\rho = R.$$

ρ est la résistance spécifique. Elle s'énonce en ohms-centimètres et varie suivant les différents corps. C'est ce facteur qui permet de différencier les métaux quant à leurs résistances.

6. — *Comment peut-on apprécier facilement la résistance d'un conducteur quand on connaît la longueur et la section ?*

On peut très facilement apprécier la résistance d'un conducteur quand on connaît la longueur et la section en s'appuyant sur la donnée suivante. Prenons par exemple un câble en cuivre.

Nous cherchons la résistance d'un conducteur d'une longueur de 100 mètres et d'une section de 10 millimètres carrés.

Nous savons, par le calcul indiqué ci-dessus, que

1 mètre de câble de 1 mm² section a une résistance					0,02 ohm
100	—	1	—	— auront —	2 ohms
100	—	10	—	— auront —	0,2 ohm

Il suffit de bien se souvenir que la résistance est proportionnelle à la longueur du câble et inversement proportionnelle à la section.

7. — *Comment déterminer la section à donner à 1 câble de longueur donnée pour obtenir une résistance déterminée.*

La même donnée que précédemment nous permet de résoudre ce petit problème.

Nous cherchons la section à donner à un câble de 50 mètres pour avoir une résistance de 10 ohms.

Nous savons que

1 mètre de câble de 1 mm² section a une résistance					0,02 ohm
50 mètres	—	1	—	auront —	1 ohms
50 mètres	—	$\dfrac{1}{5}$	—	auront —	10 ohm

8. — *Comment pouvez-vous trouver la valeur de l'intensité, de la différence de potentiel ou de la résistance en connaissant deux de ces données ?*

Pour un courant constant et continu, les *volts* les *ampères* et les *ohms* sont reliés entre eux par la loi de *Ohm* :

$$I = \frac{E}{R} \quad \text{d'où } E = RI \text{ et } R = \frac{E}{I}$$

R est la résistance et s'exprime en ohms.

Si on connaît les *volts* et les *ohms*, il suffit de diviser l'un par l'autre pour avoir les *ampères*.

Si on connaît les *ohms* et les *ampères*, il suffit de multiplier l'un par l'autre pour avoir les *volts*.

Si on connaît les *volts* et les *ampères*, il suffit de diviser l'un par l'autre pour avoir les *ohms*.

Il existe un moyen mnémotechnique très simple pour se souvenir de la loi de Ohm.

Ce moyen qui a été indiqué par le journal L'*Industrie électrique* (n° 14 du 25 juillet 1892) est le suivant :

On écrit :

$$\frac{E}{RI}$$

Pour s'en servir, il suffit de cacher la quantité que l'on cherche. Les lettres restant donnent l'expression de la quantité cherchée. Par exemple :

$$\text{Si l'on veut connaître I, il reste } \frac{E}{R}.$$

$$- \quad R, - \quad \frac{E}{I}$$

$$- \quad E, - \quad RI.$$

9. — *Définissez les watts ? Quelle est la relation entre les watts et les chevaux ?*

Les watts donnent l'expression de la puissance électrique

$$1 \text{ volt. } 1 \text{ ampère} = 1 \text{ watt.}$$

On sait que la puissance électrique est le travail électrique par seconde, ou plus exactement le rapport de ce travail au temps employé à l'effectuer.

$$1 \text{ cheval est égal à 736 watts.}$$

10. — *Quelle est l'unité de puissance électrique industrielle ?*

L'unité de puissance électrique industrielle est le kilowatts, qui vaut mille watts.

11. — *Quelle est l'unité de travail électrique ?*

L'unité de travail électrique est le watt-heure. Il suffit de multiplier la puissance électrique en watts par le temps en heures pour avoir le travail électrique dépensé.

$$1 \text{ watt pendant 10 heures} = 10 \text{ watts-heure}$$
$$1 \text{ cheval-heure} = 736 \text{ watts-heure}.$$

12. — *Qu'entendez-vous par kilowatts-heure ?*

Le kilowatts-heure est l'unité industrielle de travail électrique. Il vaut mille watts-heure, le mot *kilo*, signifiant mille.

Dynamos à courants continus

13. — *Qu'est-ce qu'une machine dynamo ?*

Une machine dynamo est une machine qui utilise les phénomènes d'induction pour transformer l'énergie mécanique en énergie électrique.

14. — *Sur quels principes est basée une machine électrique ?*

Si, en présence d'un aimant, on déplace une bobine composée d'un certain nombre de tours de fil, on reconnaît qu'il y a production d'un courant dans la bobine. Cela résulte de l'induction. Tout autour de l'aimant se trouve un espace que l'on définit le *champ magnétique*.

C'est en se déplaçant dans ce champ qu'un conducteur fermé sur lui-même produit un courant. Dans l'espace embrassé par le conducteur est créé un *flux de force*.

15. — *Quelles sont les lois qui régissent les phénomènes d'induction sur lesquels sont basées les machines ?*

La loi est la suivante :

Toute variation du flux de force embrassé par un circuit produit dans ce circuit une force électro-motrice exactement proportionnelle à cette variation. Si le circuit est fermé sur lui-même, il se produit un courant d'une intensité variable suivant la résistance du circuit.

16. — *Combien de parties distingue-t-on dans une machine ?*

On distingue deux parties essentielles : 1º L'inducteur ; 2º L'induit. L'inducteur produit le champ magnétique. L'induit, en se déplaçant dans ce champ magnétique, produit le courant électrique.

17. — *Comment est obtenu le déplacement de l'induit ?*

L'induit est monté sur un arbre animé d'un mouvement de rotation. Il se trouve disposé entre les pôles des électro-aimants.

18. — *Quelle est la nature des courants produits ?*

Les courants produits sont de deux sortes : Les courants alternatifs, et les courants continus. Il y a une troisième sorte de courants appelés *polyphasés*, qui ne sont que plusieurs courants alternatifs de phases différentes.

19. — *En quoi consiste un courant alternatif ?*

Naturellement, quand on approche ou qu'on éloigne d'un champ magnétique un circuit, le courant qui se produit est alternatif, c'est-à-dire qu'il varie d'intensité depuis 0 jusqu'à un maximum ; puis décroît, et subit ensuite les mêmes phénomènes, mais en sens inverse.

20. — *En quoi consiste un courant continu produit par une dynamo ?*

C'est un courant formé par la réunion d'une série de courants alternatifs.

Ce courant continu est obtenu par certains artifices dans la manière de le recueillir.

21. — *Qu'est-ce que le collecteur d'une machine ?*

Le collecteur d'une machine est la partie où l'on recueille les courants produits. En principe, il consiste en deux bagues isolées placées sur l'arbre de rotation ; les deux fils de l'induit sont en communication avec ces deux disques. Sur ces derniers on appuie deux frotteurs. C'est là la disposition adoptée pour les machines à courants alternatifs.

22. — *Quels sont les principaux modes d'enroulement des induits ?*

Le principal est l'enroulement Paccinotti-Gramme, qui consiste en une série de bobines enroulées toutes dans le même sens sur un anneau. Les fils, entrée et sortie de chaque bobine, aboutissent à un collecteur.

L'enroulement Siemens est disposé à la périphérie d'un cylindre et est formé par une série de bobines superposées, mais placées dans diverses positions. Les deux extrémités de toutes les bobines sont également libres pour aboutir au collecteur.

Il y a aussi les autres enroulements Edison, Desroziers.

23. — *En quoi consiste le collecteur Paccinotti ?*

Le collecteur Paccinotti est une partie très importante, qui par son invention a permis les plus grandes applications de l'électricité.

C'est lui qui aujourd'hui est presque universellement employé dans toutes les machines dynamos à courant continu.

Il consiste dans une série de lamelles de cuivre, isolées les unes des autres, et placées à la périphérie d'un cylindre dans le sens longitudinal. Ce cylindre est monté sur l'arbre de rotation qui supporte l'induit, et est par conséquent lui-même animé d'un mouvement de rotation.

A chacune de ces lames de cuivre sont reliées et soudées l'extrémité du fil sortant d'une bobine et l'extrémité du fil entrant de la bobine suivante. De telle sorte que toutes les bobines forment un circuit fermé. On part d'une bobine, et l'on peut suivre le circuit en touchant toutes les barres du collecteur, et revenir au point de départ.

Les courants produits dans les diverses bobines sont donc recueillis sur le collecteur, au fur et à mesure de leur production. Il suffit pour cela de mettre en des points convenablement choisis deux frotteurs appropriés.

24. — *Comment sont formés les balais ou frotteurs d'une machine à courants continus ?*

Les balais consistent en une série de petits fils de quelques dixièmes de millimètre de diamètre de cuivre argenté à leur partie extérieure, afin d'être plus conducteur. On a une série de petits fils pour avoir plus de souplesse. Ces fils sont maintenus dans des glissières allongées. Le tout est porté dans un support, généralement concentrique à l'arbre de rotation, et pouvant être déplacé à volonté.

On emploie aujourd'hui des balais en feuilles de clinquant très mince superposées, en toile métallique, et en charbon.

25. — *A quelle place doivent être fixés les balais dans une machine à courants continus ?*

Théoriquement les balais doivent être fixés perpendiculairement à la ligne des pôles, c'est-à-dire au point où la force électro-motrice est minima dans les bobines induites.

Pratiquement, il est nécessaire de les déplacer plus ou moins dans le sens de la rotation, pour éviter les étincelles.

26. — *Pourquoi met-on du fer dans la partie centrale d'un induit ?*

Le fer que l'on met à la partie centrale d'un induit, soit dans un anneau, soit dans un tambour, a pour but de diminuer la résistance du circuit magnétique. Le fer est en effet plus perméable que l'air.

27. — *Le fer dans l'induit est-il formé par une grosse masse ?*

Le fer dans l'induit ne peut être constitué par une grosse masse. Car celle-ci en se déplaçant dans le champ magnétique engendrerait des courants de Foucault qui absorberaient en pure perte une partie de l'énergie mécanique dépensée. Il convient donc de diviser autant que possible cette masse de fer pour diminuer l'intensité des courants de Foucault. C'est ce que l'on obtient en prenant des disques en fer (de Suède, très pur, très doux) d'un millimètre d'épaisseur au maximum, en en superposant une certaine quantité, et en ayant soin de les séparer entre eux par du papier ou tout autre isolant.

28. — *Comment sont formés les inducteurs dans une machine ?*

Les inducteurs peuvent être formés par des aimants ou par des électro-aimants. Dans le premier cas, ce sont des barres de fer qui ont été aimantées à l'avance. Dans le deuxième cas, des barres de fer sont entourées par un certain nombre de tours de fil isolés. Ce fil est traversé par un courant emprunté au courant de l'induit, et alors le fer s'aimante, tant que dure le courant. Un fer doux et de bonne qualité est préférable à la fonte.

Les machines à aimant sont des machines *magnétos*.

Les machines à électro sont des machines *dynamos*. A poids égal, les électro-aimants ont une puissance bien supérieure aux aimants.

29. — *Comment sont disposés les pôles des inducteurs ?*

Ils sont généralement placés de part et d'autre du noyau de fer induit de façon à laisser un jeu nécessaire à l'emplacement de l'enroulement induit. C'est dans l'espace laissé libre que se meut l'induit.

La disposition des inducteurs a donné lieu à un grand nombre de machines diverses. Il faut citer les machines multipolaires à 4,8 et à un nombre défini de pôles. Ceux-ci sont portés en général à l'intérieur d'une culasse, en formant une série de champs magnétiques successifs.

30. — *Comment se fait l'alimentation des électro-aimants dans les machines dynamos ?*

L'alimentation des électro-aimants ou *excitation* se fait par plusieurs procédés.

On emprunte une partie du courant total pour traverser le fil de l'électro-aimant.

Ce fil peut être placé dans le circuit et être parcouru par le courant total. La machine est dite *série*.

Cette disposition a pour effet de réduire l'excitation au fur et à mesure que la résistance du circuit extérieur augmente ; ce qui est parfois un inconvénient.

Ce fil peut être placé en dérivation aux bornes du circuit total. Il n'emprunte alors qu'une très faible puissance pour l'excitation.

C'est la disposition en *shunt*. Il est facile à l'aide de résistances variables de maintenir l'excitation à une valeur convenable, et d'obtenir une différence de potentiel sensiblement constante, quelle que soit la résistance extérieure du circuit.

Un troisième système consiste à employer à la fois la disposition en série et en shunt. Ce procédé, appelé *compound*, a l'inconvénient d'exiger une vitesse constante de la dynamo pour donner de bons résultats.

31. — *Quels sont les principaux types de machines à courants continus ?*

Nous citerons la machine Gramme, Siemens. Edison, Rechniewski, Labour, Postel-Vinay, etc... etc.

32. — *Quel entretien doit-on faire subir aux balais ?*

Il faut que les balais soient taillés régulièrement avant une mise en marche. Cette taille doit se faire en biseau. Il faut qu'aucun fil ne dépasse.

33. — *Comment doit-être installée une machine dynamo ?*

Une machine dynamo doit être installée sur un bâti en béton, dans lequel on a fixé des boulons qui maintiennent de solides madriers. Sur ces derniers repose le bâti de la machine dans des glissières qui permettent son déplacement.

34. — *Comment effectuez-vous la mise en marche d'une dynamo ?*

Pour mettre en marche une dynamo, on commence par s'assurer que rien n'empêche l'induit de tourner. On met ensuite en marche la machine motrice, on appuie les balais, on ferme le circuit d'excitation, et l'on fait varier peu à peu la résistance d'excitation jusqu'à ce que l'on obtienne la différence de potentiel normale. On ferme ensuite l'interrupteur bipolaire du circuit extérieur.

35. — *Comment faites-vous le réglage d'une dynamo ?*

Quand la dynamo est en marche, il suffit de faire varier dans un sens ou dans un autre le rhéostat d'excitation, afin de maintenir toujours à la valeur normale le voltmètre en dérivation aux bornes de la machine.

36. — *Comment effectuez-vous l'arrêt d'une dynamo ?*

Avant d'arrêter une dynamo, on commence par éteindre successivement les divers circuits qu'elle alimente, afin de ne laisser sur la machine qu'une intensité très faible provenant de circuits que l'on ne peut éteindre directement. On ouvre ensuite l'interrupteur, et on coupe l'excitation.

37. — *Comment couplez-vous en quantité deux machines dynamos à courants continus ?*

Une machine dynamo est en service à pleine charge sur un circuit ; nous désirons ajouter une seconde machine. Nous mettons en marche cette seconde machine, nous l'excitons de façon que sa différence de potentiel à vide soit un peu supérieure à celle prise aux bornes du circuit. A ce moment nous fermons l'interrupteur, et nous faisons aussitôt varier en sens inverse les deux résistances d'excitation, afin de répartir la charge également. Nous augmentons la résistance dans le circuit d'excitation de la première machine en marche, afin de lui faire débiter moins, et au contraire nous diminuons la résistance dans le circuit de l'autre machine pour lui faire débiter davantage. Il y a là une manœuvre que l'habitude permet de faire très aisément et presque sans variations de différence de potentiel.

Machines à courants alternatifs ou alternateurs.

38. — *En quoi consistent les machines à courants alternatifs ?*

Les machines à courants alternatifs consistent, comme les machines à courants continus, en des inducteurs et des induits. L'un ou l'autre peuvent être fixes ou mobiles. Dans le cas actuel, il est préférable, à cause des hautes tensions, de rendre l'induit fixe et l'inducteur mobile.

L'excitation des inducteurs est faite soit à l'aide de courants alternatifs que l'on redresse, soit à l'aide d'une petite machine à courants continus, distincte, portée sur l'arbre de rotation.

Les bobines induites sont réunies soit en tension, soit en quantité, et leurs extrémités aboutissent à des collecteurs spéciaux, consistant soit en des frotteurs à disques, soit en d'autres frotteurs, comme dans la machine Ferranti.

39. — *Quelles sont les principales machines à courants alternatifs ?*

Les principales machines à courants alternatifs sont la machine Siemens, la machine Zipernowski, la machine Hillairet, Farcot, Labour, la machine Ferranti, la machine Kapp, etc.

Accumulateurs, transformateurs

40. — *Donnez le principe sur lequel repose un accumulateur ?*

Un accumulateur se compose en principe de deux plaques de plomb en présence placées dans un bain d'eau acidulée sulfurique. Sur la plaque positive est déposée une couche de peroxyde de plomb ; sur la plaque négative une couche de protoxyde. Nous parlons d'un accumulateur formé qui a déjà travaillé.

Quand le courant passe, il se produit des décompositions sur une plaque, et des recombinaisons sur l'autre. Cet appareil produit du courant électrique.

41. — *Comment effectuez-vous la mise en service d'un accumulateur ?*

Il convient d'abord de bien nettoyer les plaques, et bien les gratter. On fait après un bain d'eau acidulée sulfurique à 10 pour 100 en ayant soin de verser doucement l'acide dans l'eau.

On pose après les plaques dans le bain en ayant soin de les isoler les unes des autres à l'aide d'isolants divers ou de bracelets en caoutchouc. On recouvre l'accumulateur d'une couche d'huile lourde, pour éviter à l'air le dégagement des gaz et les projections d'acide.

42. — *Comment doit-on faire l'entretien des accumulateurs ?*

Il faut visiter assez souvent les plaques, les regratter, enlever le bioxyde de plomb qui tombe au fond, vérifier le degré de l'eau acidulée sans oublier d'assurer fortement les contacts.

43. — *Qu'est-ce qu'un transformateur rotatif à courants continus ?*

Un transformateur rotatif à courants continus est un appareil formé de 2 machines dynamos, montées sur le même arbre et placées à côté. L'une d'elles sert de moteur et fonctionne à une différence de potentiel élevée, 1000 volts par exemple ; elle actionne l'autre dynamo qui devient génératrice et fournit du courant à 110 volts.

44. — *Qu'est-ce qu'un transformateur à courants alternatifs ?*

Un transformateur à courants alternatifs est un appareil formé de deux bobines de fil en présence et agissant l'une sur l'autre par induction. L'une d'elles est traversé par un courant à 1000, 3000 volts et une intensité très faible. C'est le circuit primaire. L'autre circuit donne une différence de potentiel de 100 volts et est traversé par une intensité plus élevée. Ces effets sont obtenus par un nombre de spires convenablement calculé. Les circuits primaire et secondaire sont portés sur un circuit magnétique en fer fermé pour augmenter le rendement.

Appareils de mesure.

45. — *Qu'est-ce qu'un voltmètre ?*

Un voltmètre est un appareil branché en dérivation sur le circuit et qui permet de lire la différence de potentiel en suivant sur un cadran gradué les indications données par une aiguille mobile.

46. — *Qu'est-ce qu'un ampèremètre ?*

Un ampèremètre est un appareil branché dans un circuit et qui permet de lire le nombre d'ampères débités dans le circuit en suivant sur un cadran gradué les indications données par une aiguille mobile.

47. — *Qu'est-ce qu'un indicateur de courant ?*

Un indicateur de courant est un appareil dans lequel se trouve une aiguille qui dévie lorsque le courant passe et indique sa présence.

48. — *Qu'est-ce qu'un indicateur de pôles ?*

Un indicateur de pôles est un appareil qui permet de reconnaître les pôles + ou —. Par exemple nous prendrons 2 fils du circuit placés dans une solution d'acétate de plomb, le fil + devient brun. Il en existe également beaucoup d'autres modèles.

Distribution de l'énergie électrique.

49. — *Quels sont les principaux systèmes de distribution de l'énergie électrique ?*

40

Les principaux systèmes de distribution de l'énergie électrique sont les systèmes à basse et à haute tension. Les systèmes à basse tension comportent généralement des courants continus, et comprennent les systèmes à 2 fils, à 3 fils et à 5 fils. Ces systèmes peuvent exister avec les canalisations simples, en boucle, en câbles coniques ; mais généralement les distributions sont faites par feeders.

Les systèmes à haute tension comportent généralement l'emploi des courants alternatifs.

50. — *Pourquoi effectue-t-on des distributions à haute tension et à courants alternatifs ?*

On effectue des distributions à haute tension et à courants alternatifs pour atteindre des distances plus éloignées. Avec les courants continus, on est obligé d'admettre une différence de potentiel au maximum de 500 volts, les différences de potentiel supérieures ne pouvant être utilisées qu'avec des transformateurs rotatifs. A 500 volts, les pertes en lignes sont encore trop élevées, si l'on ne veut dépasser des sections déjà énormes de 1000 mm². Les courants alternatifs permettent au contraire d'employer 3000 volts et au delà avec de faibles sections de câble. Ajoutons cependant que l'isolement de ce dernier doit être particulièrement soigné.

Tableaux de distribution.

51. — *Qu'est-ce qu'un tableau de distribution ? Quelles en sont les qualités générales ?*

Le tableau de distribution est l'endroit où sont réunis tous les appareils de distributions (interrupteurs des machines, résistances d'excitation, interrupteurs et coupe-circuits des circuits extérieurs).

Un tableau de distribution doit être net, lisible et sans aucune complication.

52. — *Décrivez le modèle général d'un tableau de distribution pour courants continus ?*

Supposons le cas plus simple d'une seule machine et d'un seul circuit.

La base du tableau est formée d'une plaque de marbre, dans laquelle sont encastrés les divers appareils.

A la partie inférieure sont les cables d'arrivée des machines avec interrupteur sur chaque pôle. Au dessous sont les rhéostats d'excitation avec manettes mobiles à volonté.

A la partie supérieure se trouvent les deux arrivées du circuit extérieur, avec des ampèremètres, et un voltmètre au départ.

Quelquefois, il peut y avoir un volmètre sur des fils de retour. Le plus souvent, on a calculé une fois pour toutes les pertes en volts sur la ligne suivant les divers régimes et on se sert de l'ampèremètre seulement.

53. — *Quels sont les modes de réglage dans une distribution à courants continus ?*

Le réglage consiste à maintenir la différence de potentiel constante au départ, ou variable suivant le régime de débit d'après une loi calculée d'avance. Ce réglage est obtenu en faisant varier les résistances d'excitation des machines ordinairement excitées en shunt.

Quand il y a plusieurs lignes alimentées par le même tableau, il faut de plus régler la résistance sur ces diverses lignes et suivant le régime de chacune d'elles.

54. — *Quels sont les modes de réglage dans une distribution à courants alternatifs ?*

La plupart des distributions par courants alternatifs sont également faites à potentiel constant. Il suffit alors de faire varier l'excitation de la machine excitatrice, de façon à maintenir constante ou à faire varier dans certains limites la différence de potentiel aux bornes d'un transformateur témoin placé à l'usine.

Canalisations extérieures.

55. — *En quoi consiste la canalisation d'une distribution ?*

La canalisation d'une distribution consiste à établir des conducteurs de l'usine jusqu'aux points les plus éloignés pour fournir l'énergie électrique.

56. — *En quoi consiste un câble ?*

Un câble consiste en un toron formé d'un nombre de fils de cuivre de 1 millimètre de diamètre variable suivant la section à atteindre.

57. — *Comment se fait l'isolement d'un câble ?*

L'isolement d'un câble est obtenu par des couches de caoutchouc pur *para*, et par des couches de caoutchouc vulcanisé, avec un certain nombre de tresses superposées. On a soin de prendre un câble étamé avant de placer le caoutchouc pour éviter toute action. Dans diverses catégories de câbles, on se contente de plusieurs tresses, mais il s'agit de câbles d'un faible isolement.

58. — *Quels sont les modes de canalisation adoptés dans Paris, et en général ?*

Les canalisations peuvent être aériennes ou souterraines.

Les canalisations aériennes consistent en des câbles isolés ou non, suspendus sur des isolateurs en porcelaine portés eux-mêmes sur des poteaux en bois ou autres supports de hauteur convenable.

Les canalisations souterraines consistent dans des câbles de cuivre nu maintenus sur des isolateurs en porcelaine scellés dans des caniveaux en ciment établis sous la chaussée.

Des câbles isolés au caoutchouc peuvent être maintenus par des supports appropriés dans des caniveaux de ce genre.

On peut enfin prendre des câbles isolés au caoutchouc sous plomb et armés, et les placer directement en terre dans une couche de sable fin.

59. — *Comment faites-vous une épissure sur des câbles ?*

Supposons qu'il s'agisse de réunir deux câbles. On commence par les dénuder sur une certaine longueur, puis on défait les torons, on approche ainsi les deux câbles l'un contre l'autre, en entrelaçant tous les fils et on enroule les fils des deux côtés de façon à entremêler les fils des deux câbles. On enroule ainsi en ayant soin de le faire d'une façon régulière.

On peut souder l'épissure ainsi faite, de façon à avoir un meilleur joint.

60. — *Comment isolez-vous une épissure ?*

Quand l'épissure est faite, on nettoie à la résine, puis on lave dans la benzine. On enroule ensuite une certaine quantité de ruban de caoutchouc pur *para*, en ayant soin de l'humecter d'un peu de benzine. Les diverses couches se collent ainsi l'une sur l'autre. Quelquefois on se contente de mettre par dessus une ou plusieurs couches de caoutchouc vulcanisé puis un ruban de caoutchouc et enfin une tresse.

Le plus souvent on vulcanise sur place le caoutchouc pur. A cet effet, on l'enroule dans une toile de calicot, puis on place le câble dans un moule spécial, où on le soumet pendant 25 à 30 minutes à l'action d'une composition de soufre vers 130°. On place ensuite les diverses substances dont il est question plus haut.

Canalisations intérieures.

61. — *Comment faites-vous un branchement ?*

Pour faire un branchement, on pose d'abord deux câbles allant du devant de la maison à la canalisation de la Cie qui fournit le courant. On place un coffre à l'extérieur, où aboutiront deux câbles. Ces derniers seront placés sous poteries ou seront sous plomb et viendront rejoindre la canalisation en un point où se feront les épissures.

62. — *Qu'entendez-vous par colonne montante et où la placez-vous ?*

La colonne montante est la canalisation électrique qui part du coffret, traverse les couloirs et va passer dans les escaliers de service pour aboutir à l'étage où se trouve l'abonné. Cette colonne montante est formée par des câbles placés sous moulure ou par des câbles sous plomb. Aux passages sur les tuyaux de gaz, la moulure doit faire un pont, ou les câbles doivent être placés sous caoutchouc. Aux traversées des murs et des plafonds, les câbles seront placés dans des fourreaux en caoutchouc et ceux-ci dans des fourreaux métalliques à angles recourbés.

63. — *Comment faites-vous une installation intérieure chez un abonné ?*

Il importe d'abord de placer dans la maison les divers câbles sous moulures ou isolateurs suivant les cas, en ayant soin de les dissimuler le plus possible, et en ne négligeant aucun détail pour assurer un bon isolement.

On place ensuite le compteur, puis le tableau en prenant garde dans ce dernier à l'installation du rhéostat, des coupe-circuits. Un interrupteur bipolaire doit être placé avant le compteur et un coupe-circuit après le compteur.

64. — *Quelles sont les précautions à prendre pour les installations intérieures ?*

Les principales précautions à prendre doivent porter sur les traversées de murs, passages sur tuyaux de gaz et sur les appareils mixtes à gaz et à d'électricité. Pour les traversées de murs, les câbles sont placés dans des fourreaux de caoutchouc, un pour chaque câble, et ces deux fourreaux dans un autre métallique placé dans le mur et dont les extrémités sont à angles recourbés. Les passages sur tuyaux de gaz se font dans des tubes en caoutchouc. Les appareils mixtes à gaz et à l'électricité doivent être montés sur *raccords isolants*, ou appareils qui permettent de couper la continuité métallique du tuyau de gaz afin d'éviter des retours d'autres circuits.

65. — *Comment se font les installations intérieures et les branchements avec les courants alternatifs ?*

Dans les installations avec courants alternatifs, une prise de dérivation sur le câble à haute tension alimente le circuit primaire d'un transformateur placé dans une cave chez l'abonné. Le circuit secondaire sort de cette pièce qui est fermée à clef et va desservir la colonne montante et ensuite l'installation intérieure.

Appareils d'utilisation de l'énergie électrique.

66. — *Décrivez une lampe à incandescence ?*

Une lampe à incandescence consiste en un filament de charbon de longueur et de section déterminées. Sous le passage du courant, ce filament devient incandescent.

Pour augmenter sa durée et son rendement lumineux, ce filament est placé dans une ampoule en verre dans laquelle on a fait le vide. Les extrémités du charbon aboutissent à deux fils de platine soudés dans un culot de verre. A son tour le culot est placé dans un support qui porte le nom de douille.

67. — *Décrivez une lampe à arc ?*

Une lampe à arc est formée essentiellement par deux charbons d'un diamètre déterminé mis en présence et traversés par le courant.

Un mécanisme d'horlogerie ou autre permet de maintenir les charbons à distance convenable et constante malgré leur usure.

Un système électrique a pour but de régler la distance des charbons suivant les variations du courant pour assurer toujours la constance de l'arc. On construit actuellement des lampes en vase clos, dans lesquelles l'usure des charbons est beaucoup diminuée.

68. — *En quoi consiste l'entretien d'une lampe à arc?*

Dans une lampe à arc, il convient d'entretenir le mouvement d'horlogerie, le mouvement des crémaillères qui assurent la montée et la descente des charbons. Il faut assurer le bon fonctionnement des divers rouages, en ayant soin de les nettoyer de temps à autre.

Il faut maintenir les attractions des divers noyaux de fer.

Il faut nettoyer les pinces destinées à serrer les charbons.

69. — *Comment effectuez-vous le réglage d'une lampe à arc?*

Pour effectuer le réglage d'une lampe à arc à une intensité donnée, il faut faire varier la tension des ressorts, les leviers d'embrayage, de façon à ce que l'arc soit normal à l'intensité donnée, et que le réglage automatique se produise aussitôt que l'intensité vient à augmenter ou à diminuer.

70. — *Qu'est-ce qu'un moteur électrique?*

Un moteur électrique est une machine dynamo qui, recevant de l'énergie électrique se met en mouvement et fournit de l'énergie mécanique. Il existe des moteurs électriques à courants continus, alternatifs et polyphasés.

71. — *Quelles sont les principales dispositions d'un moteur électrique à courants continus? Comment se fait la mise en marche?*

Un moteur électrique peut être série ou shunt, comme les dynamos. Dans les deux cas, on a soin pour le démarrage, au moment de la mise en marche, de mettre en circuit une résistance suffisante pour éviter un court-circuit sur la bobine.

72. — *Comment fonctionnent les moteurs à courants alternatifs simples et polyphasés?*

Les moteurs à courants alternatifs simples offrent des difficultés de fonctionnement surtout pour le démarrage. Aussi utilise-t-on des moteurs à courants diphasés ou triphasés qui fonctionnent sans aucune difficulté. C'est surtout pour faciliter cet usage ainsi que la transmission de force motrice à distance que les courants di et triphasés sont utilisés.

Accidents.

73. — *Quelles sont les précautions que doit prendre un électricien pour éviter les accidents?*

Pour éviter des accidents, secousses électriques quelquefois dangereuses, l'électricien devra prendre des gants en caoutchouc, et reposer ses pieds sur un tapis en caoutchouc. Il devra prendre surtout ces précautions lorsqu'il s'agira de courants alternatifs à haute tension.

Stations centrales.

74. — *Décrivez en principe les principales installations électriques de Paris (stations centrales) ?*

L'installation de l'usine des Halles comprend une distribution à courants continus à trois fils par *feeders* effectuée par six dynamos Edison, couplées par deux en tension et trois en quantité. Des accumulateurs ont été établis.

La même installation comporte une distribution par courants alternatifs par transformateurs à l'aide des machines Ferranti.

La station Edison de l'avenue Trudaine emploie une distribution dans le même genre à courants continus.

La station de la rue de Bondy emploie un système de distribution à deux fils avec accumulateurs en dérivation.

Le secteur de Clichy distribue à cinq fils et au potentiel de 440 volts à l'aide de machines spéciales à collecteurs extérieurs.

75. — *Quelles sont les dépenses moyennes de matières que l'on peut admettre dans une station centrale ?*

Charbon, huile à cylindre (valvoline), huile à dynamos, graisse.

Il faut compter environ une dépense de :

4 à 6 kg. charbon par kilowatt-heure utile (variable suivant la qualité de charbon).

0 kg. 008 valvoline par kilowatt-heure utile.

0 kg. 006 graisse par kilowatt-heure utile.

0 kg. 002 huile à dynamo par kilowatt-heure utile.

B. — COURS DE DEUXIÈME ANNÉE.

Les questions suivantes ont été posées aux examens de deuxième année ; elles se distinguent des questions de première année en ce qu'elles sont plus complètes, et que l'élève ne doit pas seulement se contenter de répondre, mais doit encore manipuler certaines machines, tableaux de distribution, accumulateurs, etc. qui se trouvent sur la table devant les examinateurs.

Les cours de deuxième année sont en effet consacrés en partie à l'étude spéciale pratique de diverses manœuvres électriques et en grande partie à la construction de petits appareils et à la mise en marche, arrêt, réglage, en un mot à la réalisation pratique de diverses manœuvres qu'on peut exiger d'un électricien.

Cet examen devrait se passer dans une usine spécialement disposée pour les cours ; nous espérons qu'il en sera ainsi bientôt.

1. — Quelles sont les parties essentielles d'une machine ? Montrez-les sur les modèles ?

L'élève prend un des modèles placés là (Gramme, Siemens, Rechniewski, Henrion) et énumère toutes les parties de la dynamo en insistant sur le rôle de chacune : inducteurs, induits, collecteurs, paliers, etc.

2. — Recherchez un court-circuit dans une bobine de l'induit d'une machine ?

L'élève prend une pile, un petit galvanoscope et deux fils : il appuie successivement sur deux touches voisines du collecteur. Il obtient toutes les fois une petite déviation. Tout à coup, la déviation devient très grande. C'est dans la bobine touchée que se trouve le court-circuit. Au lieu de galvanoscope, on peut également employer une sonnerie.

3. — Recherchez une perte à la terre dans l'induit et dans les inducteurs ?

On forme un circuit avec une pile, une sonnerie ou un galvanoscope, et on appuie l'un des fils sur le bâti de la machine et l'autre sur le collecteur et ensuite à l'extrémité d'un fil des inducteurs qui ont été détachés. S'il y a une communication à la terre, c'est-à-dire par le bâti, l'ouvrier en est averti aussitôt.

4. — Recherchez si toutes les bobines de l'induit sont en bon état ?

Il suffit de continuer pour toutes les bobines de l'induit les opérations dont il a été question plus haut.

5. — A quelle place doivent être mis les balais ?

L'élève prend les balais qui se trouvent là et les place sur une des machines. Nous avons déjà donné précédemment des renseignements à ce sujet.

6. — Effectuez la taille d'une paire de balais, et montez-les sur une machine ?

L'élève doit d'abord ajuster ses balais, les arranger, les tailler, et les monter ensuite sur une machine.

7. — Vérifiez l'état d'isolement d'un collecteur ?

Nous supposons qu'aucune bobine n'est réunie au collecteur. Il suffit de vérifier, comme nous l'avons fait, pour les bobines successivement, entre 2 lames. Lorsque la déviation de l'appareil atteindra une valeur élevée, nous aurons un défaut.

8. — Déterminez facilement le sens du courant produit par une machine ?

Certains voltmètres et ampèremètres permettent de déterminer de suite le sens du courant, car ils ne donnent des indications dans ce sens que si le pôle + est branché sur un pôle. On a quelquefois simplement recours à un peu d'eau acidulée dans laquelle on plonge deux fils venant des bornes du circuit. Le fil qui laisse dégager le plus de gaz est le fil négatif.

9. — Comment vérifiez-vous que votre machine est excitée ?

On vérifie qu'une dynamo est excitée en appuyant un objet en fer sur la culasse des inducteurs. Cet objet est attiré si la dynamo est excitée.

10. — Mettez en marche une dynamo en dérivation, et faites les réglages nécessaires ?

Cette question a été traitée dans le questionnaire précédent.

11. — Allumez 100 lampes, puis 100 autres quelques instants après. Qu'indiquent les ampèremètres et le voltmètre du fil témoin ? quelles opérations devez-vous faire à la machine ? Éteignez ensuite 150 lampes.

Prenons des lampes consommant 0,5 ampère chacune. En allumant 100 lampes l'intensité augmente donc de 50 ampères, c'est ce qu'indique l'ampèremètre. Mais aussitôt nous voyons le voltmètre du fil témoin tomber de 110 volts par exemple à 105 volts, en raison de la perte de charge due à la ligne. Nous diminuons la résistance d'excitation en faisant parcourir au curseur quelques touches et nous voyons aussitôt le voltmètre remonter à 110 volts. Allumons encore 100 autres lampes, l'ampèremètre augmente encore de 50 ampères et indique alors 100 ampères. La différence de potentiel baisse encore et nous faisons comme précédemment. Éteignons tout à coup 150 lampes. L'intensité baisse de 75 ampères, et au lieu de 100 l'ampèremètre n'en indique plus que 25. Mais le voltmètre est aussitôt monté à 115 volts. Nous augmentons la résistance d'excitation et tout est bientôt ramené à l'état normal.

12. — Démontez un interrupteur en mauvais état et réparez-le ?

On donne à l'élève un interrupteur dont toutes les vis sont desserrées, et dont les contacts sont complètement déformés. L'élève commence par refaire les contacts avec une lime jusqu'à ce qu'il obtienne deux surfaces glissant bien l'une sur l'autre. Il remonte ensuite l'interrupteur en serrant les vis, et le fait fonctionner sous les yeux des examinateurs. Il explique en même temps les diverses actions qu'il fait.

13. — Faites une épissure pour relier 2 câbles ?

L'élève prend deux morceaux de câble qui se trouvent là et exécute l'épissure d'après les renseignements qui ont déjà été fournis dans le cours.

14. — Faites une prise de dérivation sur un câble ?

Deux câbles servent à faire la prise de dérivation demandée.

15. — Montez les fils de dérivation sur une douille baïonnette ?

L'élève prend des fils, et une douille qu'il démonte entièrement pour fixer les conducteurs et il la remonte ensuite.

16. — *Démontez une lampe à arc système Pilsen ; indiquez-en les différentes parties ?*

17. — *Même question que la précédente pour la lampe à arc Bardon ?*

18. — *Même question que la précédente pour la lampe à arc Dulait ?*

Pour ces trois questions, la lampe à arc est remise à l'élève qui la prend et la démonte en en expliquant toutes les parties.

19. — *Indiquez comment vous feriez pour le réglage d'une lampe à arc ?*

L'élève doit fixer la lampe, et supposer diverses variations dans l'intensité et dans la différence de potentiel ; il énumère sur place en touchant les parties désignées le réglage à faire.

20. — *Disposez le tableau du cours pour une distribution à un circuit et à deux fils ?*

Nous avons au cours un tableau de distribution consistant en un grand panneau de bois sur lequel sont placés des interrupteurs, des coupe-circuits, des appareils de mesure, etc. Avec des fils volants, les élèves font le schéma demandé. Nous verrons plus loin une explication détaillée de cet exercice.

21. — *Disposez le tableau du cours pour une distribution à 3 fils à 2 circuits ?*

Même réponse que pour la question précédente.

22. — *Démontez et remontez un accumulateur ?*

L'élève a entre les mains un accumulateur qu'il démonte et remonte entièrement en expliquant les différentes pièces qui lui passent sous la main et la manière de les disposer.

23. — *Disposez une machine et un survolteur pour charger à la fois des accumulateurs et distribuer à 110 volts ?*

L'élève commence par donner les explications nécessaires et par bien indiquer le rôle du survolteur. Il fait ensuite un schéma et le réalise à l'aide de deux petites machines et des appareils qui se trouvent là.

24. — *Placez les plombs sur un coupe-circuit ?*

L'élève prend un coupe-circuit, le démonte et place un plomb fusible de diamètre voulu pour une intensité déterminée en insistant sur les précautions qui sont prises pour le serrage.

25. — *Installez une canalisation électrique dans une salle où le gaz est déjà installé ?*

L'élève explique les renseignements que nous avons donnés plus haut et montre sur un tuyau de gaz la manière d'opérer.

26. — *Faites traverser un mur à une canalisation ?*

L'élève se servant des appareils de démonstration du cours fait une traversée de mur à l'aide des fourreaux nécessaires.

27. — *Montez des lampes à incandescence sur un lustre à gaz ? Quelles précautions doit-on prendre ?*

Cette question a pour but de permettre à l'élève d'expliquer le but du *raccord isolant*. Un raccord de ce genre est à la disposition de l'élève.

Toutes ces questions sont d'un appui précieux pour l'élève qui a suivi le cours avec attention.

En première année, les questions sont très générales; elles résument le cours et permettent à l'élève d'avoir quelques idées sur des appareils qu'il a vus, dont il s'est rendu à peu près compte du maniement.

En deuxième année, les questions sont plus précises, plus nettement définies, et l'ouvrier doit y répondre, en maniant les objets sous les yeux de l'examinateur. Pendant toute l'année du reste, il a vu en détail, il a examiné de près les appareils, les a démontés et a appris le moyen de s'en servir.

De plus, en seconde année, il est recommandé à tout élève au commencement de l'année de fabriquer chez lui un appareil ou tout autre objet qui lui plaira. Cet objet doit être présenté aux examinateurs au moment de l'examen.

C'est par ces divers moyens que nous mettons en œuvre depuis 1890 à la Fédération professionnelle des chauffeurs mécaniciens qu'il nous a été permis, dans nos cours, de donner aux chauffeurs-mécaniciens et autres auditeurs libres des éléments suffisants pour faire d'eux, après quelque temps de mise en marche, des électriciens pratiques et sachant ce qu'ils font. Dans une usine, bien souvent, le chauffeur-mécanicien devient également électricien, quand il s'agit d'une petite installation, au grand contentement du directeur.

CHAPITRE XIV

PROBLÈMES PRATIQUES

Applications de la loi de Ohm. — Calculs des résistances. — Machines. — Lampes. — Plombs fusibles. — Puissance nécessaire dans les installations. — Isolements. — Accumulateurs. — Dépenses de matières dans les usines électriques (1).

Principes.

APPLICATIONS DE LA LOI DE OHM

1° *On a une force électro-motrice de 5 volts produite par une machine. On veut obtenir 5 ampères dans le circuit extérieur, en supposant négligeable la résistance intérieure de la machine. Quelle sera la valeur de la résistance à donner au circuit ?*

$$\text{On a la loi de ohm } I = \frac{E}{R}$$

$$\text{d'où } R = \frac{E}{I}$$

$$E = 5 \text{ volts} \quad I = 5 \text{ ampères}$$

$$R = \frac{5}{5} = 1 \text{ ohm.}$$

Si l'on ne veut pas employer la formule, on peut également écrire

$$1 \text{ volt} = 1 \text{ ohm. } 1 \text{ ampère}$$
$$5 \text{ volts} = x \quad . \ 5 \text{ ampères}$$

2° *On a une résistance de 10 ohms, on veut une intensité de 3 ampères. Quelle sera la force électro-motrice nécessaire ?*

(1) Nous rappelons que dans les nombres le point est le signe de la multiplication.

$$I = \frac{E}{R}, \; E = RI$$

$$R = 10 \text{ ohms}, \; I = 3 \text{ ampères}$$
$$E = 3 \; . \; 10 = 30 \text{ volts}$$

3° On a une force électro-motrice de 100 volts, une résistance de 10 ohms. Quelle sera l'intensité du courant qui traversera cette dernière ?

$$I = \frac{E}{R}, \; E = 100 \text{ volts}, \; R = 10 \text{ ohms}$$

$$I = \frac{100}{10} = 10 \text{ ampères.}$$

4° Quelle est la puissance nécessaire pour qu'une intensité de 10 ampères traverse une résistance de 50 ohms ?

La force électro-motrice nécessaire est
$$E = RI = 50 \; . \; 10 = 500 \text{ volts}$$

La puissance dépensée sera donc
$$500 \text{ volts} \; . \; 10 \text{ ampères} = 5000 \text{ watts.}$$

CALCUL DES RÉSISTANCES

5° Calculez la résistance d'une barre de cuivre de 10 mètres de longueur, de 5 cm² de section ?

Nous avons la formule

$$R = \frac{\rho \, l}{100 \, S}$$

ρ en microhms-cm.
l en mètres.
S en mm².

Or ici $\rho = 2$ microhms-cm.
$l = 10$ mètres
$S = 5$ cm² ou 500 mm².

Donc
$$R = \frac{2 \; . \; 10}{100 \; . \; 500} = \frac{20}{50000} = \frac{2}{5000}$$
$$0,0004 \text{ ohm.}$$

Ou

6° On veut avoir une résistance de 10 ohms avec une tige de cuivre de 50 mètres de longueur. Quelle section faut-il lui donner ?

On a :

$$R = \frac{\rho \, l}{100 \, S}$$

$R = 10$ ohms.
$\rho = 2$ microhms-cm.
$l = 50$ mètres.

d'où
$$S = \frac{\rho\, l}{100\, R}$$

$$S = \frac{2 \cdot 50}{100 \cdot 10} = \frac{100}{1000} = \frac{1}{10}\ mm^2$$

7° *On a une barre de cuivre de 10 cm² de section, on veut une résistance de 5 ohms. Quelle longueur faut-il prendre ?*

$$R = \frac{\rho\, l}{100\, S}$$

$S = 10\ cm^2$ ou $1000\ mm^2$
$R = 5$ ohms
$\rho = 2$ microhms-cm.

$$l = \frac{R\,100\,S}{\rho} = \frac{5 \cdot 100 \cdot 1000}{2} = \frac{500\,000}{2} = 250\,000\ \text{mètres.}$$

8° *On veut obtenir une résistance de 10 ohms avec une longueur de 100 mètres et une section de 6mm². Quel est le métal qu'il faut prendre ?*

$$R = \frac{\rho\, l}{100\, S}$$

$l = 100$ mètres
$S = 6\ mm^2$
$R = 10$ ohms.

$$\rho = \frac{R\,100\,S}{l} = \frac{10 \cdot 100 \cdot 6}{100} = \frac{6\,000}{100} = 60\ \text{microhms-cm.}$$

Or les résistances spécifiques ou résistivités des métaux sont à 0°.

Cuivre.	1,6	microhms-cm.
Zinc comprimé.	5,58	—
Fer recuit.	9,63	—
Nickel.	12,356	—
Ferro-nickel.	78,3	—
Maillechort.	20,7	—

C'est donc le ferro-nickel qu'il conviendra de choisir.

9° *On veut obtenir une résistance de 10 ohms. Quel est le métal qui donnera cette résistance avec la longueur et la section les plus petites ?*

$$R = \frac{\rho\, l}{100\, S}, \quad R = 10\ \text{ohms.}$$

Si nous prenons du cuivre, nous aurons

$$\frac{l}{S} = \frac{100\,R}{\rho} = \frac{1000}{1,6} = 625$$

Si $S = 10\ mm^2$, $l = 6250$ mètres
Si $l = 1000$ m., $S = 1,6\ mm^2$.

Si nous prenons du ferro-nickel, nous aurons

$$\frac{l}{S} = \frac{100\,\mathrm{R}}{\rho} = \frac{1000}{78,3} = 12,8$$

Si S = 10 mm², l = 128 mètres.
Si l = 1000 m., S = 7,7 mm².

Si nous prenons du maillechort, il vient

$$\frac{l}{S} = \frac{100\,\mathrm{R}}{\rho} = \frac{1000}{20,7} = 48,3$$

Si S = 10 mm², l = 483 mètres.
Si l = 1000 m., S = 20,7 mm².

Nous pouvons alors dresser le tableau suivant :

10 ohms. Si S = 10 mm².

Cuivre	6250	mètres
ferro-nickel	128	—
maillechort	483	—

Si l = 1000 mètres.

Cuivre	1,6	mm²
ferro-nickel	7,7	—
maillechort	20,7	—

On voit que pour une même section, c'est le ferro-nickel qui demandera une longueur minima et pour une même longueur le cuivre qui demandera la section minima.

Il y aura donc intérêt à prendre le ferro-nickel, qui a la résistance spécifique la plus élevée. Ce qu'il était facile de voir *a priori*.

10° *Quel est le diamètre d'un fil ayant une section de* 4mm² ?

On peut le calculer facilement par la formule :

$$\frac{\pi d^2}{4} = 1$$

d étant le diamètre exprimé en millimètres.

Mais comme il peut être difficile de faire cette opération, on en trouve le résultat dans les livres.

Une section de 1,131mm² a un diamètre de 1,2 millimètres.

Une section de 0,9503mm² a un diamètre de 1,1.

11° *On prend 6 résistances de 5 ohms chacune. On demande la résistance totale, quand elles sont montées en tension, et en quantité ?*

En tension, les résistances s'ajoutent :

La résistance totale est donc de :

$$6\,.\,5 = 30 \text{ ohms.}$$

En quantité, les résistances sont divisées par le nombre de résistances.

$$\frac{0,02.1000}{50} = 0,4$$

On a donc :
$$\frac{5}{6}$$

d'ohm pour la résistance totale.

12° *Trouver la résistance d'un fil de cuivre de 50$^{mm^2}$ de section et de 1000 mètres de longueur ?*

Dans les exemples précédents, nous nous sommes servis dans nos calculs de la formule que nous avons établie. Nous ne nous en servirons pas ici. Nous savons que

1 mètre fil de 1$^{mm^2}$ section donne une résistance de 0,02 ohm

1000   —   —   ont   de 0,02 . 1000 = 20 ohms.

1000   —   50   ont $\dfrac{de\ 0,02\ .\ 1000}{50} = 0,4$ ohm.

Machines

13° *Une machine doit fournir 100 kilowatts. Quel sera le nombre d'ampères qu'elle donnera à 50 et à 100 volts ?*

$$100000 \text{ watts} = EI$$

A 50 volts, elle donnera :

$$\frac{100000}{50} = 2000 \text{ ampères.}$$

A 100 volts, elle donnera :

$$\frac{100000}{100} = 1000 \text{ ampères.}$$

14° *Une machine produit 500 ampères et 100 volts. Quelle est sa puissance en kilowatts et en chevaux ?*

La puissance est de :

$$500 \text{ ampères . } 100 \text{ volts} = 50000 \text{ watts.}$$
$$\text{soit : } 50 \text{ kilowatts.}$$

$$\frac{50000}{736} = 67,9 \text{ chevaux}$$

15° *Une machine de 100 kilowatts demande pour son excitation une différence de potentiel de 100 volts et 10 ampères. Quelle est la puissance dépensée pour l'excitation ? et que représente cette puissance par rapport à la puissance totale ?*

$$100 . 10 = 1000 \text{ watts.}$$

Soit 1 kilowatts sur 100 kilowatts. 1 pour 100.

Câbles.

16° *Dix kilomètres de fil de cuivre doivent avoir une résistance de 10 ohms. Trouver la section nécessaire ?*

1 mètre de fil de cuivre de 1 mm² de section a une résistance de 0,02 ohm.

10000 mètres de fil de cuivre de 1 mm² de section ont une résistance de 0,02 . 10.000 = 200 ohms.

10000 mètres de fil de cuivre de 2 mm² de section ont une résistance de 100 ohms.

10000 mètres de fil de cuivre de 20 mm² de section ont une résistance de 10 ohms.

17° *En quoi consiste la perte de charge dans un câble ?*

La perte de charge dans un câble est la perte de différence de potentiel. Elle est proportionnelle à la résistance du câble et à l'intensité qui le traverse.

18° *Un câble a une résistance de 2 ohms, et est traversé par une intensité de 10 ampères, quelle est la perte de charge à l'extrémité de ce câble ?*

La perte de charge est égale à 2 ohms multipliés par 10 ampères
$$E = RI = 2 \cdot 10 = 20 \text{ volts.}$$

19° *Des câbles en cuivre de longueurs différentes 100, 1000 et 10000 mètres et de sections 10, 50 et 500 millimètres carrés sont traversés par des intensités respectives de 10, 100 et 1000 ampères. On demande quelles sont les pertes de charge dans chacun de ces cas.*

Nous devons tout d'abord calculer les résistances.

1 m câble   1 mm² section a une résistance 0,02 ohm

$$100 \quad - \quad 10 \quad - \quad - \quad \frac{0,02 \cdot 100}{10} = 0,2 \text{ ohm.}$$

$$1.000 \quad - \quad 50 \quad - \quad - \quad \frac{0,02 \cdot 1.000}{50} = 0,4 \quad -$$

$$10.000 \quad - \quad 250 \quad - \quad - \quad \frac{0,02 \cdot 10000}{250} = 0,8 \quad -$$

Les pertes de charge sont alors
Câble   100 m   10 ampères   0,2 ohm   10 . 0,2 = 20 volts
—   1000 m   100   —   0,4   100 . 0,4 = 40   —
—   1.0000 m 1.000   —   0,8   1000 . 0,8 = 800   —

20° *On veut distribuer 100 kilowatts à 500 volts à 1000 mètres ; on admet une perte de charge de 50 volts. Quelle sera la section à prendre pour les câbles ?*

100 kilowatts ou 1000 watts . 100 = 10000) watts.

L'intensité est de $\dfrac{100000 \text{ watts}}{500 \text{ volts}} = 200$ ampères.

La résistance est de : $50 = R \cdot 200$

D'où selon la formule $R = \dfrac{E}{I}$

On a : $R = \dfrac{50 \text{ v}}{200 \text{ a}}$ ou $R = \dfrac{1}{4} = 0,25$ ohm

1 m de fil de 1 mm² de section a une résistance de 0,02 d'ohm.

1000   —   1 mm²   —   0,02 . 1.000 = 20   ohms.
1000   —   20 mm²   —   1   ohm.
1000   —   80 mm²   —   0,25 ohm.

La section doit être de 80 mm².

21° *On veut distribuer 1000 kilowatts à une distance de 10000 mètres, en adoptant une perte de charge de 100 volts. Déterminez les sections ? pour une différence de potentiel de 1000 volts et 2000 volts ?*

1° Solution pour une différence de potentiel de 1000 volts.

Nombre de watts :   1000 watts . 1 000 = 1000000 watts.

L'intensité pour une différence de potentiel de 1000 volts :

$$\frac{1000000 \text{ watts}}{1000 \text{ volts}} = 1000 \text{ ampères.}$$

En admettant 100 volts de perte de charge la résistance sera de 100 volts = R . 1000 ampères.

D'où selon la formule : $R = \dfrac{E}{I}$

On a : $R = \dfrac{100 \text{ volts}}{1000 \text{ ampères}} = \dfrac{1}{10}$ ohm

La résistance est donc de : $\dfrac{1}{10}$ d'ohm

On sait que 1 mètre de fil de 1 mm² de section a une résistance de 0,02 d'ohm ; donc 10000 mètres ont 0,02 . 10.000 = 200 ohms ou 2000 dixième d'ohm.

10000 mètres de 2000 mm² de section auront une résistance de $\dfrac{1}{10}$ ohm

La section est de 2000 mm².

2° Solution pour une différence de potentiel de 2000 volts.

Nombre de watts : 1000 1.000 = 1000000 watts.

L'intensité pour une différence de potentiel de 2000 volts est de :

$$\frac{1000000 \text{ watts}}{2000 \text{ volts}} = 500 \text{ ampères.}$$

En admettant 100 volts de perte de charge la résistance sera de : 100 volts = R . 500 ampères.

D'où selon la formule : $\dfrac{E}{RI}$ $R = \dfrac{E}{I}$

On a : $R = \dfrac{100 \text{ volts}}{500 \text{ ampères}} = \dfrac{1}{5}$ d'ohm ou $\dfrac{2}{10}$ d'ohm.

On sait que 1 mètre de fil de 1 mm² de section à une résistance de 0,02 d'ohm ; donc 1000 mètres ont 0,02 . 10000 = 200 ohms ou 2000 dixièmes d'ohms.

10000 mètres de 1000 mm² de section auront une résistance de 0,2 ohm.

La section est de 1000 mm².

Lampes.

22° *Une lampe à incandescence a une résistance de 150 ohms. Quelle sera la résistance de 10 lampes en tension, en quantité ?*

En tension, la résistance totale $= 10 . 150 = 1500$ ohms.

En quantité, la résistance totale $= \dfrac{150}{10} = 15$ ohms.

23° *Une lampe à incandescence exige pour son fonctionnement 100 volts et 0,5 ampère. Quelle est sa résistance ?*

On a :
$$I = \frac{E}{R}$$

d'où :
$$R = \frac{E}{I}$$

$$E = 100 \text{ volts}, I = 0,5 \text{ ampère}.$$

$$R = \frac{100}{0,5} = 200 \text{ ohms}.$$

24° *Une lampe à arc a une résistance de 20 ohms. Quelle sera la résistance de 10 lampes en quantité ?*

On a :
$$\frac{20}{10} = 2 \text{ ohms}$$

25° *Deux lampes à arc de 5 ampères exigent une différence de potentiel de 110 volts pour fonctionner. Quelle est la résistance de chacune d'elles ?*

On a :
$$I = \frac{E}{R} \text{ d'où } R = \frac{E}{I}$$

$$R = \frac{E}{I} = \frac{110}{5} = 22 \text{ ohms}$$

pour 2 lampes,

soit :
$$\frac{22}{2} = 11 \text{ ohms pour chaque lampe.}$$

26° *On veut alimenter à 110 volts 100 lampes à incandescence de 16 bougies, 10 lampes à arc de 100 bougies. Quelle sera l'intensité nécessaire ?*

1 lampe à incandescence de 16 bougies, à 4 watts par bougie, consomme 64 watts.

100 lampes à incandescence de 16 bougies, à 4 watts par bougie, consomment 6400 watts.

A 110 volts, l'intensité sera de : $\dfrac{6400}{110} = 58,1$ ampères.

1 lampe à arc de 100 bougies à 1 watt par bougie, consomme 100 w tts.

10 lampes à arc de 500 bougies à 1 watt par bougie, consomment 5000 watts.

A 110 volts, l'intensité sera de 45,45 ampères.

Mais comme 2 lampes à arc sont montées en tension sur 110 volts, l'intensité sera pour chaque groupe de 2 lampes :

$$\frac{45.45}{5} = 9,09 \text{ ampères.}$$

Plombs fusibles.

27° *Quelle section et quelle longueur faut-il donner à des plombs fusibles pour un circuit dans lequel il passe 10 ampères ?*

Il faut d'abord donner une longueur suffisante pour négliger le refroidissement qui se produit aux attaches. On compte ensuite environ 1 ampère par millimètre carré de section. Il existe certaines formules qui donnent ces dimensions, mais elles sont un peu compliquées, et d'un emploi peu facile.

Puissance nécessaire dans les installations.

On désire installer 100 lampes à incandescence de 16 bougies
—   200   —   —
—   300   —   —

28° *Quelle est la puissance nécessaire dans chacun de ces cas ?*
1 lampe de 16 bougies à 4 watts par bougie consomme :

$$4 . 16 = 64 \text{ watts.}$$

100 lampes de 16 bougies consomment 6400 watts ou 6,400 kilowatts.

200 lampes à 16 bougies consomment 12,800 kilowatts.
500   —   —   32,000   —

29° *Dans une installation d'une longueur totale, aller et retour, les deux conducteurs compris, de 10 mètres, on désire une perte de potentiel de 2 volts sur 100 volts avec 50 lampes de 16 bougies allumées. Quelle est la section à donner aux câbles ?*

50 lampes de 16 bougies à 4 watts par bougie consomment :

$$16 . 4 . 50 = 3200 \text{ watts.}$$

A 100 volts, on a 32 ampères.

$$\text{La perte en volts } u = R\,i, \quad R = \frac{\rho\,l}{S}$$

$$u = \frac{\rho\,l}{S}\,i, \text{ d'où } S = \frac{\rho\,l\,i}{u}.$$

$\rho = 2$ microhm-cm, $l = 10$ mètres, $i = 32$ ampères,

$$u = 2 \text{ volts, S en mm}^2 = \frac{2 \cdot 10 \cdot 32}{2 \cdot 100} = 3,20 \text{ mm}^2.$$

Mais dans ce cas la densité de courant serait trop élevée. On admettra une section de 8 mm², ce qui fera 4 ampères par mm². On est sûr ainsi de ne pas atteindre la perte en volts demandée, et d'éviter tout échauffement.

30° *Quelle est la puissance dépensée dans une installation qui comporte 100 lampes à incandescence de 100 volts et 0,6 ampère ? Exprimer cette puissance en chevaux et en kilowatts ?*

1 lampe de 100 volts et 0,6 ampère consomme

100 volts . 0,6 ampère = 60 watts.

100 lampes de 100 volts et 0,6 ampère consomment

6000 watts, soit 6 kilowatts.

Or,   736 watts = 1 cheval,

donc $\dfrac{6000}{736} = 8,15$ chevaux.

31° *Quel sera le travail total produit en 24 heures par une station d'énergie électrique qui débite 100 volts et 10 ampères de minuit à 4 heures du soir, 50 ampères et 100 volts de 4 heures soir à 6 heures soir, 100 ampères et 100 volts de 6 heures soir à 11 heures soir, et 60 ampères de 11 heures soir à minuit ?*

De minuit à 4 h. soir le travail produit est :

100 volts . 10 ampères   16.... = 16000 watts-heure.

De 4 heures soir à 6 heures soir

100 volts . 50 ampères . 2.... = 10000   —

De 6 heures soir à 11 heures soir

100 volts . 100 ampères . 5.... = 50000   —

De 11 heures soir à minuit

100 volts . 60 ampères . 1.... = 5000   —

Soit au total..... 82000 watts-heure,

ou 82 kilowatts-heure,

ou $\dfrac{82000}{736} = 111$ chevaux-heure.

Accumulateurs.

32° *Des accumulateurs ont une capacité utile de 150 ampères-heures, qu'ils fournissent à la décharge. Quel sera le temps de charge à raison de 20 ampères ?*

Le rendement en ampères-heure est égal à 80 pour 100.

Pour avoir une décharge de 150 ampères-heure, il faudra donc fournir 150 A. H. + 80 pour 100.

Si pour 80 A. H utiles il en faut 100 A. H. en charge,

—   1   — $\dfrac{100}{80}$ —

$$— \quad 150 \quad — \quad \frac{1500}{80} = 187,5 \text{ A. H.}$$

Il faudra donc fournir 187 ampères-heure ; à raison de 20 ampères, le temps de charge sera de

$$\frac{187}{20} = 9 \text{ heures.}$$

33° *Une installation de 125 lampes à incandescence de 16 bougies et de 10 lampes à arc de 5 ampères fonctionne à 10 ampères de minuit à 5 heures du soir et de 8 heures soir à minuit. De 5 heures à 8 heures soir, le régime est de 100 ampères et 100 volts.*

La machine peut fournir 100 volts et 100 ampères. On demande de calculer une batterie d'accumulateurs pour éviter de faire marcher la machine pendant le jour. Quel sera le temps de charge ?

L'alimentation pendant la journée de 10 ampères de minuit à midi . . . . 12 heures.
De midi à 5 heures du soir . . . . 5 —
De 8 heures soir à minuit . . . . 4 —

21 heures.

exigera une capacité utile de 210 ampères-heure utiles, soit une charge de 262 A. H., en comptant un rendement de 80 pour 100.

Il suffira alors de faire marcher la machine à 2 heures après midi à 100 ampères.

Sur ces 100 ampères, 90 chargeront les accumulateurs et 10 allumeront les lampes de la journée.

De 2 heures à 5 heures, soit pendant 3 heures, les accumulateurs recevront une charge totale de 90 . 3 = 270 ampères-heure. L'intensité de charge atteindra 90 ampères.

34° *Une installation fonctionne 4 heures par jour pendant 2 heures à 20 ampères, 2 heures à 60 ampères. La machine employée peut produire 100 volts et 100 ampères. Comment peut-on employer des accumulateurs ?*

Il suffit de faire marcher la machine pendant les 2 premières heures à 100 ampères.

Il y aura une intensité de 20 ampères pour l'éclairage et une intensité de 80 ampères pour la charge des accumulateurs.

La charge des accumulateurs sera donc au bout de ces 2 heures de :

$$80 . 2 = 160 \text{ ampères-heure.}$$

La quantité exigée pour le fonctionnement des lampes pendant les 2 dernières heures est de :

$$60 . 2 = 120 \text{ ampères-heure.}$$

A ce moment, on pourra donc arrêter la machine et mettre les accumulateurs en service.

Dépenses de matières dans les usines électriques.

35° *Une installation de 100 lampes à incandescence de 16 bougies et de 50 lampes à arc de 10 ampères (par 2 en tension sur 110 volts) doit fonctionner pendant 6 mois en hiver pendant 5 heures par jour, et en été pour 6 mois pendant 3 heures par jour. Calculer les dépenses à faire pendant l'hiver et pendant l'été en charbon, en valvoline, en graisse et en huile à dynamo ?*

$$1 \text{ lampe de 16 bougies consomme} \quad 64 \text{ watts.}$$
$$100 \quad — \quad 6400 \text{ watts.}$$

2 lampes à arc de 10 ampères consomment :
$$110 \; . \; 10 = 1100 \text{ watts.}$$

50 lampes à arc de 10 ampères consomment :
$$1100 \; . \; 25 = 27500 \text{ watts.}$$

Pendant 6 mois (30 : 6) hiver, la production totale sera de :

Incandescence.

Watts.	Jours	Mois	Heures	Watts-heures.
6400 .	30 .	6 .	5 =	5 760 000

Arc.

27 500 .	30 .	6 .	5 =	24 750 000
				30 510 000

soit 30510 kilowatts-heure.

Pendant 6 mois (30 . 6) été, la production totale sera :

Incandescence.

Watts.	Jours.	Mois.	Heures.	Watts-heures.
6 400 .	30 .	6 .	3 =	3 456 000

Arc.

27 500 ,	30 .	6 .	3 =	14 850 000
				18 306 000

soit 18306 kilowatts-heure.

Les dépenses moyennes étant de :
5 kilog. de charbon par kilow-heure utile,
0 kilog. 008 valvoline   —
0 kilog. 005 graisse   —
0 kilog. 002 huile à dynamo   —

On aura en hiver une consommation totale de
30510 kilow-heure . 5 = 152550 kilog. charbon.
30510 kilow-heure . 0,008 = 244 kilog. 080 valvoline
30510 kilow-heure . 0,005 = 153 kilog. 550 graisse.
30510 kilow-heure . 0,002 = 61 kilog. 020 huile à dynamo.

CHAPITRE XV

COURS ET EXERCICES PRATIQUES DE DEUXIÈME ANNÉE (1).

Le cours de première année a pour but de faire connaître aux élèves les généralités, les parties essentielles des machines dynamos, la distribution électrique, les canalisations, les lampes à arc et à incandescence. A la fin de la première année, les élèves connaissent quelques notions fondamentales électriques, mais n'ont jamais manié un seul appareil.

Dans le cours de seconde année, auquel ne peuvent assister que les élèves ayant suivi le cours de première année, nous nous sommes proposé :

A. D'expliquer très nettement quelques-unes des parties principales dont l'électricien aura à s'occuper dans l'usine.

B. De faire faire des exercices pratiques et montages pour habituer les électriciens à manier aisément les appareils électriques.

Etudions chacune de ces parties :

A. — EXPLICATIONS DES PRINCIPALES MANŒUVRES ÉLECTRIQUES.

a. Nous commençons par faire une courte *révision du cours* de première année pour remettre en mémoire les *modes de pro-*

---

(1). Les cours d'électricité industrielle à la Fédération des chauffeurs mécaniciens, président M. F. Guimbert, comprennent 2 années de cours : la première année, après examen, l'élève peut obtenir un diplôme *théorique*, et la seconde année seulement un diplôme *pratique*.

duction de l'énergie électrique, de distribution, de canalisation et d'utilisation. Deux ou trois leçons suffisent à cet effet.

Les questions que nous étudions ensuite en particulier sont les suivantes : elles ont toutes été examinées dans les chapitres précédents, nous nous contentons donc de les énumérer.

b. Machines dynamos à courants continus. Constitution. Inducteurs. Induits. Collecteurs. Balais. Réglages. Montage et entretien. Mise en marche. Arrêt. Couplage en quantité.

c. Alternateurs à courants alternatifs simples. Constitution. Inducteurs. Induits. Excitation. Réglages. Montage Construction. Précautions à prendre dans l'emploi des alternateurs. Couplage en parallèle.

d. Alternateurs à courants polyphasés.

e. Renseignements pratiques sur les modes de distribution les plus répandus.

f. Étude complète d'installations avec ou sans accumulateurs. Détails des heures de charge ou de décharge. Soins à donner aux accumulateurs.

g. Étude détaillée d'une pose de canalisation extérieure.

h. Étude détaillée d'une pose de canalisation intérieure.

i. Examen de quelques difficultés se présentant dans les installations.

j. Étude générale pratique des lampes à arc.

k. Renseignements sur le mode d'exploitation des petites installations.

Dans toutes ces études nous nous servons des schémas, et nous forçons les élèves à se servir continuellement de schémas qu'ils font eux-mêmes.

B. — EXERCICES PRATIQUES.

Dans le cours de seconde année, les exercices pratiques sont la partie la plus importante. Mais il faut que l'élève puisse également expliquer ce qu'il fait.

1. — *Construction d'un anneau Gramme.*
Noyau en fils de fer enroulé sur bois, ou disques superposés.
2. — *Construction d'une petite machine dynamo complète.*
3. — *Construction de divers modèles d'inducteurs à 2 ou à 4 pôles.*
4. — *Mesurer l'isolement des bobines d'un induit.*
5. — *Mesurer l'isolement des inducteurs d'une machine.*
6. — *Examen complet d'une machine dynamo.*
7. — *Démontage et remontage d'un collecteur.*
8. — *Construction d'un collecteur.*
9. — *Confection d'épissures de tous genres et avec des fils de diamètres différents.*
10. — *Montage d'un tableau de distribution avec différents systèmes.*
11. — *Montages de canalisations sur des tableaux de bois.*
12. — *Passage de fils sur des tuyaux à gaz.*
13. — *Passage de fils dans les murs.*
14. — *Montages d'appareils divers, un ampèremètre, un voltmètre.*
15. — *Monter un interrupteur monopolaire.*
16. — *Monter un interrupteur bipolaire.*
17. — *Monter un coupe-circuit monopolaire avec le fil fusible.*
18. — *Monter un coupe-circuit bipolaire avec le fil fusible.*
19. — *Monter une douille avec les fils de connexion.*
20. — *Monter une lampe à arc.*
21. — *Disposer une série de circuits d'arcs de façon à introduire un ampèremètre dans chacun d'eux sans éteindre.*
22. — *Mettre en marche une machine dynamo.*
23. — *Faire le réglage d'une machine dynamo en marche.*
24. — *Faire décharger une batterie d'accumulateur.*
25. — *Régler et faire fonctionner deux lampes à arc.*

Les exercices 1, 2 et 3 ne peuvent être faits au cours. Le professeur peut donner diverses explications, et chaque élève fera son travail chez lui.

Les exercices 4, 5, 6, 7 peuvent être faits au cours.

L'exercice 8 doit être fait en dehors.

Les exercices de 10 à 21 compris sont faits au cours.

Les exercices 22, 23, 24 et 25 doivent être faits dans une usine, comme nous avons l'habitude de les faire tous les ans.

Nous désirons rajouter ici quelques renseignements particuliers sur les exercices 10, 22 et 23.

L'exercice 10 se rapporte aux tableaux de distribution (fig. 435)

Nous disposons pour notre cours d'un tableau de bois d'une

largeur de 1,50 m. sur une hauteur de 1 mètre, que M. F. Henrion a bien voulu mettre à notre disposition. Sur ce tableau sont montées les pièces suivantes sans aucune liaison entre elles.

A, A Coupe-circuits pour les arrivées des machines.

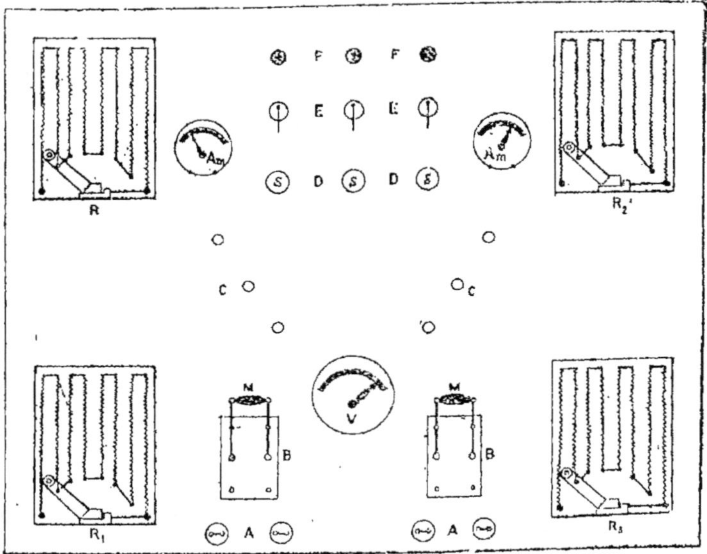

Fig. 435. — Tableau de démonstration.

B, B Interrupteurs bipolaires à manches isolants M. montés sur des plaques d'ébonite avec plots de repos à la partie inférieure.

C, C Trois bornes de chaque côté disposées en gradin.

V Voltmètre pouvant indiquer 120 volts.

D, D Coupe-circuits.

E, E Interrupteurs monopolaires à manettes.

F, F Bornes pour les circuits de départ.

Am. Am Ampèremètres à intercaler dans les circuits de départ.

R, R$_1$, R$_2$, R$_3$ Rhéostats.

Cette disposition nous permet d'effectuer tous les montages de tableaux de distribution, à l'aide de fils volants qui sont installés aux différents points.

Les rhéostats R$_1$ et R$_3$ servent pour l'excitation, les rhéostats R et R$_2$ pour le réglage des circuits de distribution. Les ampèremètres A$_m$, A$_m$ doivent être utilisés pour mesurer l'intensité dans les circuits de départ.

On voit qu'il est facile de réaliser toutes sortes de montage. Les principaux exercices que nous faisons sont :

Couplage de 1 machine sur un circuit à 2 fils avec ampèremètre en circuit.

Couplage de 1 machine sur un circuit à 2 fils avec ampèremètre et rhéostat en circuit.

Couplage de 2 machines séparées sur 2 circuits, à 2 fils avec ampéremètre et rhéostat dans chaque circuit.

Couplage de 2 machines en quantité sur 2 circuits à 2 fils en quantité avec ampèremètre et rhéostat en circuit.

Couplage de 2 machines en tension sur un circuits de distribution à 3 fils.

Les exercices 22 et 23 se rapportent à la mise en marche d'une dynamo et aux réglages divers en marche. Nous allons indiquer les exercices que nous avons déjà effectués à ce sujet.

Pour bien expliquer les opérations exécutées, nous ferons une comparaison. Quand un chauffeur conduit sa chaudière en marche, sa principale préoccupation est de maintenir toujours le manomètre à une pression déterminée. Si le débit de vapeur demandé par la machine augmente ou diminue dans de notables proportions, la pression tend elle-même à diminuer ou à augmenter. Le chauffeur surveille son feu et le pousse en conséquence suivant la quantité de vapeur à fournir.

Les mêmes opérations se retrouvent avec la machine électrique ; les appareils sont changés, l'esprit de conduite et de surveillance reste le même.

Examinons en détail chacune des opérations (fig. 436).

Mise en marche. — La machine à vapeur est mise en marche et elle entraîne la dynamo. L'induit tourne entre les inducteurs. On ferme d'abord le circuit de ces derniers à l'aide d'un interrupteur à broche placé sur la machine elle-même. En faisant diminuer la résistance R à l'aide de la manœuvre de la tige, on voit bientôt le voltmètre V monter graduellement et atteindre la différence de potentiel normale de 110 volts; nous sommes en pression, mais la machine ne débite pas encore.

Allumages divers et réglages. — Poursuivons nos essais ; Fermons l'interrupteur I du circuit D, nous voyons l'ampèremètre A indiquer une certaine intensité. Le voltmètre V oscille, mais se maintient à 110 volts, la pression reste constante. Fermons encore l'interrupteur I du circuit E, nous voyons aussitôt l'ampèremètre A indiquer une grande déviation, et en même temps le voltmètre V diminuer sensiblement et tomber à 105 volts. De même dans notre chaudière, au moment où la machine à vapeur se met en marche, la pression décroît en raison du débit de vapeur.

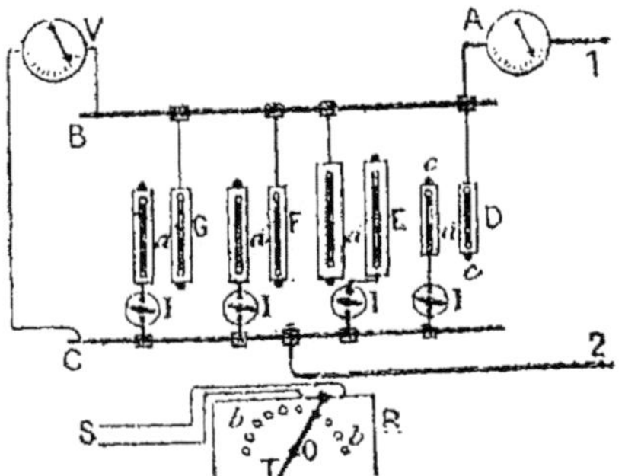

Fig. 436. — Schéma d'un tableau de distribution.

Pour ramener notre voltmètre à 110 volts, il nous suffit de déplacer la tige T du rhéostat R. Nous voyons aussitôt le voltmètre remonter. Nous aurions également les mêmes phénomènes si nous allumions successivement les circuits F et G. A la fin de notre allumage, l'ampèremètre A indiquera l'intensité maxima, soit environ 150 ampères et le voltmètre la différence de potentiel constante soit 110 volts.

Faisons maintenant l'opération inverse. Éteignons l'un après l'autre les divers circuits G, F, E D. L'intensité indiquée par l'ampèremètre diminuera ; mais la différence de potentiel augmentera. Pour la ramener à 110 volts, nous déplacerons la tige T dans un sens inverse à celui que nous avons suivi précédemment.

Ce sont là les diverses opérations que nous avons fait faire par chacun des élèves présents, en allumant ou en éteignant les divers circuits. Dans chaque cas aussi nous nous sommes préoccupés du placement des balais sur le collecteur.

Arrêt de la machine. — Pour arrêter la machine, on éteint d'abord tous les circuits, puis on augmente la résistance R. On ouvre ensuite l'interrupteur à broche placé sur la dynamo, et la machine à vapeur peut être arrêtée.

Nous terminerons enfin par le problème général suivant.

Nous supposons une usine renfermant trois chaudières Belleville fournissant chacune chacune 2000 kg. de vapeur par heure à la pression de 12 kg. par cm.² 2 machines Weyher et Richemond à triple expansion de 150 chevaux chacune à 140 tours par minute, actionnant chacune 2 dynamos Desroziers de 200 ampères, 100 volts avec des petites excitatrices Rechniewski Expliquez les opérations pour la mise en marche, l'arrêt et la surveillance générale pendant le service. On supposera des débits variables et une distribution à 2 fils, avec circuit unique.

Ce problème, comme on le voit, comporte une série d'observations des plus nécessaires et des plus essentielles au mécanicien électricien. Plusieurs des auditeurs du cours nous ont remis différentes notes. C'est en nous servant de leurs rédactions que nous avons établi les renseignements suivants ;

1° *Opérations préalables.*

Il faut d'abord s'assurer du bon état des chaudières, machines et dynamos.

Nous n'insisterons pas sur les chaudières et les machines, partie qui est traitée dans un autre cours.

En ce qui concerne les dynamos, il convient de vérifier l'état des collecteurs, de les essuyer, de ne laisser aucune trace d'huile, ni de poussière, de visiter les balais et de les tailler s'il est nécessaire. Voir ensuite l'état des inducteurs, du commutateur ; visiter les machines excitatrices, les courroies, etc., ne pas oublier de passer la visite du tableau de distribution, ouvrir tous les commutateurs. En un mot, il faut observer tous les engins depuis la chaudière jusqu'à la ligne générale de distribution : chaudières tuyauteries, machines à vapeur, transmissions, dynamos, excitatrices, câbles de réunion ou tableau de distribution, commutateurs, appareils divers de ce tableau, etc. etc. Remplir d'huile les paliers et les graisseurs.

2° *Mise en marche.*

Les chaudières sont en état à leur pression normale. — On commence par réchauffer les cylindres de la première machine à vapeur, en ouvrant légèrement la vanne d'admission et les purgeurs des cylindres. Quand la machine est réchauffée, on ouvre peu à peu entièrement les vannes, et la machine prend sa vitesse normale de 110 tours par minute.

Les dynamos correspondantes sont entraînées ; nous en mettons d'abord une en service. Nous appuyons d'abord les balais sur le collecteur, ensuite nous fermons le commutateur d'excitation de la machine excitatrice n° 1, et nous agissons sur le rhéostat correspondant. Nous diminuons la résistance de ce rhéostat jusqu'à ce que nous voyons notre lampe témoin S de l'excitatrice donner son éclat normal, alors nous sommes sûrs que notre excitatrice fonctionne ; nous fermons le commutateur H, le courant passe dans les électros de notre dynamo n° 1, nous diminuons donc la résistance du rhéostat I jusqu'à ce que notre volmètre I ou notre lampe-témoin M accuse une différence de potentiel de 120 volts, alors nous fermons les commutateurs de la ligne A et A'. Peu à peu lorsque l'on allumera des lampes sur le circuit extérieur l'ampèremètre augmentera et par suite le volt-mètre baissera. Il faudra diminuer la résistance du rhéostat I afin de maintenir le voltage à 120 volts et tenir compte des pertes de voltage en ligne. Nous n'avons supposé qu'un rhéostat de réglage sur le circuit d'excitation de la machine excitatrice. On peut également placer un deuxième rhéostat dans le circuit de cette dernière.

3° *Surveillance générale.*

Pendant le service, il faudra surveiller très attentivement pour que la différence de potentiel ne varie pas sensiblement au dessus de la valeur normale ; à la moindre variation, il faudra réagir sur les rhéostats d'excitation. De plus, il faudra bien s'assurer que les parties ayant des frottements ne s'échauffent pas par suite du manque ou du mauvais fonctionnement du graissage ou de toute autre cause. Il faut aussi surveiller la ventilation des inducteurs et de l'induit qui doit se faire d'une façon convenable. A mesure que l'intensité varie il faut faire varier l'angle de calage des balais, c'est-à-dire les ramener en avant ou en arrière pour éviter les étincelles ; surveiller également pour que l'induit ne frotte pas contre les épanouissements polaires.

Nous serons bientôt obligés de mettre une deuxième dynamo en service pour fournir la puissance demandée. Nous coupleons en quantité avec la première la deuxième dynamo actionnée par la même machine à vapeur.

Comme plus haut, nous fermons les commutateurs de l'excitation de la machine excitatrice de la dynamo n° II, puis nous diminuons la résistance jusqu'à ce que la lampe témoin T soit allumée, alors nous fermons le commutateur P et le courant passe dans les inducteurs de la dynamo II. Nous retirons toujours de la résistance au rhéostat II, jusqu'à ce que notre lampe témoin N et le volt-mètre de la dynamo II, soit à une dizaine de volts près au même voltage que le volt-mètre n° 1. Nous fermons ensuite les commutateurs B et B' et nos deux machines sont couplées en quantité ; elles se partagent l'intensité à fournir sans pour cela que l'intensité soit égale dans le 2 machines. Il est nécessaire de faire varier les deux rhéostats afin de maintenir à 5 ou 6 volts près le voltage de 2 dynamos.

Les mêmes précautions seront à prendre, s'il s'agit de mettre en route une autre machine.

4° Arrêt.

A la fin de la soirée, le débit diminuera, et l'intensité descendra bientôt au-dessous de 400 ampères. c'est-à-dire qu'une seule machine à vapeur sera nécessaire. Nous arrêterons par exemple les 2 dynamos I et II, dont nous parlions tout à l'heure, Nous augmenterons la résistance du rhéostat I jusqu'à ce que l'intensité soit presque nulle, nous ouvrirons les interrupteurs de la ligne A A' et en manœuvre l'interrupteur R de l'excitation, nous mettrons toute la résistance du rhéostat I : alors il faudra aussitôt diminuer la résistance des rhéostats des autres machines afin d'obtenir toujours la même différence de potentiel. Nous ferons de même avec la machine II et nous arrêterons alors la machine à vapeur I. Avant d'arrêter cette dernière, nous retirerons les balais de dessus le collecteur, puis nous frotterons avec du papier de verre ou d'émeri très fin sur les collecteurs. Les machines à vapeur seront nettoyées encore toutes chaudes.

Au fur et à mesure que la puissance diminuera, une ou plusieurs chaudières seront également arrêtées.

Telles sont, bien abrégées, les opérations nécessaires pour la mise en marche, l'arrêt et la surveillance d'une usine. Nous avons supposé un cas particulier ; le problème peut être facilement étendu en adoptant diverses hypothèses.

CHAPITRE XVI

RÉPONSES A DIVERSES QUESTIONS POSÉES PAR LES LECTEURS DU MANUEL DEPUIS L'APPARITION.

Depuis l'apparition de notre Manuel (janvier 1893), nous avons reçu un nombre considérable de lettres nous demandant divers renseignements sur quelques points obscurs, sur des parties peu développées, etc. Nous avons soigneusement conservé toutes ces lettres, et nous nous sommes efforcé de leur donner satisfaction dans ce volume.

Toutefois, nous voulons faire connaitre ici quelques-uns des problèmes qui nous ont été posés et les réponses que nous avons faites.

1. — *J'ai une pile au sulfate de cuivre de 10 éléments, chargeant 24 heures par jour deux groupes en quantité de 3 accumulateurs en tension chacun. En usant 500 grammes de sulfate de cuivre par 24 heures, je n'obtiens qu'une quantité d'électricité égale à un demi-ampère-heure.*

Il est certain que pour la dépense trouvée de sulfate de cuivre la quantité d'électricité fournie par les accumulateurs devrait être plus grande. Il y a lieu de surveiller avec voltmètre et ampèremètre la charge et la décharge pour noter à chaque instant la différence de potentiel et l'intensité, ainsi que le sens du courant.

Après quelques observations, il a été reconnu qu'au début la charge se faisait bien, mais après 8 à 10 heures la différence de potentiel des piles, qui au début était de 10 volts environ, tombait beaucoup au dessous. Les accumulateurs se déchargeaient alors en pure perte dans les piles et en décomposant du sulfate de cuivre.

Ce n'est que lorsque les accumulateurs étaient complétement déchargés que la recharge pouvait recommencer. A la fin des 24 heures, il y avait une grande dépense de sulfate de cuivre, et une très faible charge. On a remédié à ces défauts en ajoutant 4 éléments de plus à la pile et en intercalant en circuit un disjoncteur qui ne permettait pas le renversement du courant sans rompre le circuit.

2. — *Votre manuel donne un grand nombre de renseignements pratiques sur les dynamos ; mais il y manque encore beaucoup de détails pour un ouvrier (M. L. E. à Paris).*

Dans le volume actuel, nous nous sommes beaucoup étendus sur les descriptions des dynamos, sur la mise en marche, sur les couplages et manœuvres à faire avec elles, ainsi que sur l'entretien, le nettoyage et la réparation.

3. — *Votre ouvrage devrait renfermer beaucoup plus de renseignements sur les accumulateurs et leur couplage avec la dynamo et les lampes ; c'est la partie difficile pour un ouvrier et bien souvent pour un ingénieur. (M. M. à Épernay).*

Nous avons particulièrement étudié l'emploi des accumulateurs avec ou sans les machines dynamo pour assurer un service d'éclairage ; il nous suffit de renvoyer à ces divers chapitres.

4. — *Votre manuel m'a donné des idées générales sur l'éclairage électrique, qu'en ma qualité de maire, je devais posséder pour discuter ces questions au conseil municipal et avec les entrepreneurs. Il m'a cependant encore manqué quelques détails sur les canalisations, sur les accumulateurs. (M. P. à E.).*

Nous avons tenu compte très largement de toutes ces observations et dans la rédaction présente, nous avons toujours examiné séparément la question des petites installations pouvant convenir à des petites villes ou villages et la question des stations centrales. Les notions que nous avons données s'adressent surtout à nos électriciens ; mais elles peuvent, comme on le voit, rendre également service à des maires ou autres personnes appelées à s'occuper de ces questions par la nature de leurs fonctions.

5. — *Peut-on employer des petits ventilateurs électriques ainsi que des lampes à incandescence d'une intensité lumineuse au-dessous de 5 bougies ? Vous n'en parlez pas dans votre manuel. (M. G. K., à Charenton).*

Il existe aujourd'hui des petits ventilateurs que l'on peut brancher à la place d'une lampe et qui ne consomment que 500 watts environ. Ces petits ventilateurs fonctionnent parfaitement. Jusqu'à ces dernières années on s'était contenté de lampes de 5 bougies. Dernièrement, plusieurs sociétés, et entre autres la Société des lampes homogènes et la Société Gramme ont pu fabriquer des lampes industrielles de 1 bougie à 110 volts.

6. — *Les petits moteurs électriques pour actionner des machines outils et diverses machines sont-ils pratiques ? Comment doit-on les monter ? Le manuel n'en dit rien. (J. S., à K. et O. U., à Paris).*

Les moteurs électriques sont des plus importants et peuvent parfaitement actionner des machines-outils et autres de la façon la plus pratique. Il est nécessaire de prendre pour la mise en marche certaines précautions que nous expliquons dans ce volume. Cette question exige du reste une étude spéciale que nous avons faite dans notre ouvrage *Les applications mécaniques de l'énergie électrique.*

7. — *Possédant une force motrice hydraulique de 12 chevaux et dé-*

sireux de faire une installation électrique dans mon usine, quel est le nombre de lampes à incandescence de 16 bougies que je pourrais alimenter? Quelle puissance devra avoir la dynamo, combien de volts, combien d'ampères? Comment devra être formée une batterie d'accumulateurs pour permettre, en cas d'arrêt de la dynamo, pour 1 jour, d'alimenter les lampes qui seront allumées 12 heures par jour. (M. L. N., à Paris).

La puissance hydraulique de 12 chevaux fournira environ aux bornes de la dynamo une puissance de 8 chevaux.

8 chevaux égalent 8 . 736 = 5888 watts.

La distribution se faisant à 110 volts, l'intensité sera de 50 à 55 ampères.

Une lampe de 16 bougies consomme environ 55 watts soit 3,5 watts par bougies.

La puissance de 5888 watts nous permettra donc d'alimenter

$$\frac{5.888}{55} = 106 \text{ lampes de 16 bougies.}$$

La batterie d'accumulateurs devra d'abord être composée d'environ 60 éléments pour fournir les 110 volts.

106 lampes consommant 0,5 ampère chacune prendront au total 53 ampères et cela pendant 12 heures. La capacité des accumulateurs devra donc être de 636 ampères-heure.

8. — *Une chute d'eau de 5 mètres de hauteur avec un débit de 15 litres par seconde donnera-t-elle une puissance suffisante pour transmettre électriquement le mouvement à une machine à battre d'une exploitation agricole située à 900 mètres de la chute (M. G. G., à C.).*

La puissance de la chute serait certainement trop faible. Pour actionner la machine à battre, il faut compter environ une puissance de 2 à 3 chevaux sur la poulie du moteur, soit 2.75 ou 3.75 = 150 ou 225 kilogrammètres par seconde. Il faut ensuite ajouter les pertes dans la transmission et la transformation électriques. La chute ne produit que 5 15 = 75 kilogrammètres par seconde (1 cheval).

9. — *Je vais exploiter une eau minérale dans les montagnes, j'ai une force motrice d'environ 40 chevaux : Je désirerais l'utiliser pour le transport des eaux par véhicule électrique de la source à la gare, ainsi que pour la stérilisation des eaux de lavage et pour l'éclairage des divers locaux de l'usine (M. E. S., à N.).*

Rien n'est plus facile que de réaliser cette distribution. Il faut d'abord établir une turbine et une dynamo. Il faut ensuite installer une voie avec petits wagons et trolleys électriques. Pour la stérilisation des eaux de lavage, on peut les soumettre à une température supérieure à 100° à l'aide de résistances appropriées.

10. — *J'ai une usine qui est mise en mouvement par une turbine hydraulique. L'hiver, l'eau est assez abondante pour fournir la force motrice nécessaire, mais l'été il y a parfois de grandes difficultés à marcher. Comme je ne travaille que le jour, la force motrice de la chute est perdue pendant la nuit. N'y a-t-il pas un moyen pratique de l'utiliser. Votre manuel que j'ai consulté ne dit rien à ce sujet (M. E. S., à J.).*

On peut parfaitement utiliser la force motrice de la chute d'eau pendant la nuit à l'aide d'accumulateurs. Mais on comprendra que nous ne pouvions traiter cette question dans le Manuel.

Il suffit de disposer une machine dynamo de 160 volts qui sera mise en marche pendant la nuit et chargera une batterie d'accumulateurs. On devra employer un régulateur spécial pour faire varier les différences de potentiel suivant les besoins. La batterie d'accumulateurs pourra être ainsi chargée pendant la nuit. Dans la journée, la machine électrique servira de moteur électrique, étant alimentée par les accumulateurs, et ajoutera ainsi sa puissance à la puissance de la chute.

11. — *Je possède une usine située sur un cours d'eau, dont la chute me donne une puissance de 30 chevaux. En aval à 400 mètres se trouve une chute d'eau plus importante que la mienne et qui est abandonnée. Voulant doubler la puissance de mon usine, je désirerais employer cette puissance perdue. Différents systèmes m'ont été proposés. Dans votre Manuel, je n'ai vu de solution possible (M. A L., à C).*

La solution la plus pratique est une transmission de force motrice par l'électricité. Il faut installer à l'usine abandonnée une dynamo à 200 volts, peut-être plus suivant les circonstances, et transmettre l'énergie à l'aide de deux fils par ligne aérienne à la première usine. Là sera installé un moteur électrique, sur la poulie duquel on pourra recueillir la force motrice utile.

12. — *Je désirerais avoir un matériel roulant de 3 à 4 chevaux avec dynamo pour faire l'éclairage en différentes parties d'une propriété et fournir la force motrice dans divers coins où la machine motrice ne peut pénétrer (G. K. à C).*

Le matériel roulant est facile à établir. Dans le cas actuel, il faut une plate-forme sur laquelle on installera un moteur à pétrole commandant une dynamo à 110 volts et 3 chevaux, ainsi qu'un petit tableau de distribution. La plate-forme sera nécessairement mobile, montée sur chariot traîné par cheval, ou peut-être pourra-t-on utiliser le moteur à pétrole pour mettre en mouvement la plate-forme. Il suffira ensuite d'avoir des fils volants et des poteaux supportant les lampes. Pour les moteurs électriques, on les installera auprès des machines à mettre en mouvement en prenant les précautions que nous avons indiquées. Ces dispositions existent peut-être déjà; en tout cas elles sont faciles à réaliser dans des maisons, comme la maison Merlin, Durand, Brûlé, Chaligny, etc.

13. — *Nous désirerions éclairer une petite ville de 2500 habitants. Quel est l'éclairage nécessaire ? Le vent peut-il être utilisé comme force motrice ? (L. B à R).*

Pour éclairer une petite ville de 2500 habitants, il faut environ compter 4 à 500 lampes à incandescence de 10 bougies. Une lampe de 10 bougies dépensant 40 watts, il faudra une puissance de 20000 watts soit 3 chevaux. On ne peut compter sur la force motrice fournie par le vent pour un éclairage public; le vent est en effet très variable.

14. — *J'ai besoin pour mon travail d'installer une seule lampe à arc de 30 ampères. Je me suis adressé à une usine qui distribue l'énergie électrique. Le courant distribué est à 120 volts. On serait donc obligé de mettre dans mon installation une résistance, ce qui me ferait perdre une grande partie de l'énergie fournie. Pour réduire cette perte, on me propose de mettre à mes frais un transformateur à courants continus avec lequel j'aurai un rendement de 70 pour 100. Est-ce l'usine qui doit prendre cette perte à son compte ? On me demande 0,12 fr. l'hectowatts-heure. Je ne me servirai de ma lampe que pendant le jour. (M. W. M. à X.)*

L'usine ne peut prendre à son compte la perte de 30 pour 100 qui résulterait de la transformation du courant continu à 120 volts en courant continu à 65-70 volts nécessaire dans le cas actuel pour votre seule lampe à arc. Mais au lieu d'une lampe à arc de 30 ampères, pourquoi ne pas mettre 2 lampes à arc de 15 ampères en tension dans un même globe. Les faisceaux lumineux peuvent être réunis à volonté à l'aide de miroirs. Le prix de 0,12 fr. l'hectowatts-heure est certainement trop élevé surtout pour une utilisation de jour. L'énergie électrique peut être livrée 0,05 fr. l'hectowatts-heure.

15. — *Une charpente en fer est entourée des deux côtés par deux plaques de fibre isolante de 1 centimètre d'épaisseur. Sur la fibre de chaque côté est fixé un conducteur nu. Quand le courant passera, l'isolement sera-t-il suffisant ? Le fer sera-t-il isolé ? (M. E. G. à V).*

Si la fibre est de bonne qualité et si sur toute la longueur, il n'y a aucun contact extérieur, l'isolement sera certainement suffisant. Le fer sera isolé également. Il pourra seulement être aimanté par les flux émis par les deux conducteurs ; mais ces flux étant en sens inverse l'un de l'autre, il n'en restera pas une grande quantité.

16. — *J'ai l'idée d'utiliser une chute d'eau pour produire l'énergie électrique et effectuer une transmission de force motrice pour divers usages. Dois-je prendre un homme que je mettrais au courant ou un électricien ? (M. D. R, à R).*

Il est absolument nécessaire que vous preniez un mécanicien électricien qui connaisse bien la mécanique pratique, la machine dynamo et le montage, si vous voulez avoir une installation en bon état. C'est une erreur de croire que l'on peut former en peu de temps des gens de la campagne et en faire des mécaniciens et des électriciens compétents.

Telles sont les principales questions auxquelles nous avons à répondre à des lecteurs du Manuel, jusqu'à ce jour.

Nous prions les lecteurs futurs de vouloir bien aussi consigner leurs observations et me les faire parvenir ; je m'efforcerai d'y répondre et de leur donner satisfaction.

TABLE DES MATIÈRES

INDEX ALPHABÉTIQUE

A

B

C

D

E

F

G

I

K

L

M

U

V

W

Laval. — Imprimerie Parisienne, L. BARNÉOUD et Cⁱᵉ

Catalogue N° 3

1897

Électricité

Éclairage

Chaleur

Librairie Bernard Tignol
53 bis, quai des Grands-Augustins

E. BLAVIER
Inspecteur des lignes télégraphiques

TRAITÉ
DE
Télégraphie électrique

2 volumes in-8° de 472 pages
avec nombreuses figures dans le texte

Prix . . . . . . 20 fr.

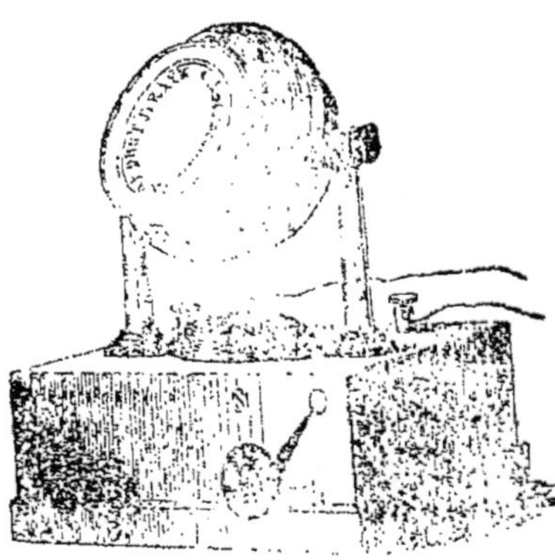

Spécimen des figures

TABLE DES MATIÈRES. — Electricité statique. Fluides électriques. Corps conducteurs. Fluide neutre. Réservoir commun. Tension électrique. Electrisation par influence. Machine électrique. Condensateurs. Courant électrique. Electricité statique et dynamique. Effets de l'électricité dynamique. Propriétés du courant électrique et ses effets divers. Induction. Mesure de l'intensité des courants. Lois du courant électrique. Propagation de l'électricité. Piles à courant constant. Electricité atmosphérique. Composition d'un système télégraphique. Manipulateurs. Récepteurs. Translation. Substitution des machines magnéto-électriques aux piles. Description des principaux appareils télégraphiques. Appareil anglais à aiguille. Appareil à cadran. Appareil Morse. Appareils électrochimiques. Lecture au son ; parleurs. Appareils de translation. Appareils Morse à double style. Commutateurs. Appareils de résistance. Fils conducteurs dans les postes. Les piles. Emploi de la pile pour plusieurs directions. Machines magnéto-électriques. Installation des bureaux télégraphiques. Postes extrêmes. Postes intermédiaires. Postes multiples. Transmission simultanée. Rappel des postes. Orages. Courants produits par les aurores boréales. Courants permanents dans les fils. Dérivations accidentelles. Perte du courant sur les lignes. Mélange de fils. Polarisation. Mauvaise communication avec la terre. Courants de charge et de décharge. Vitesse de transmission. Détermination de la résistance d'un conducteur. Recherches des dérangements dans les postes. Appareils divers. Isolateurs. Tension des fils. Principes généraux pour la construction des lignes électriques. Câbles aériens. Matières qui composent les lignes souterraines et sous-marines. Télégraphie sous-marine. Procédés d'immersion. Appareils à cadran. Appareils écrivant. Appareils acoustiques. Appareils imprimeurs. Appareil imprimeur de M. Hughes. Appareils autographiques ou pantélégraphes. Pantélégraphe Caselli. Typo-Télégraphes. Relais. Plusieurs dépêches par le même fil. Théorie de la transmission des signaux télégraphiques. Télégraphie à grande distance. Télégraphie à petite distance. Télégraphie militaire. Exploitation des chemins de fer. Avertisseurs et enregistreurs électriques.

A. BOUSSAC
Inspecteur des lignes télégraphiques

PRÉCIS
DE
TÉLÉGRAPHIE
ÉLECTRIQUE

1 vol. in-8°, de 500 pages
avec 233 figures dans le texte

Prix. . . . . . 5 fr.

TABLE DES MATIÈRES. — Electricité et magnétisme. De la pesanteur et du pendule. Du poids et de la densité. Du baromètre. Du thermomètre. Phénomènes fondamentaux et théorie de l'électricité. Loi de l'électricité statique. Electrisation par influence. Electricité condensée. Electricité atmosphérique. Notions de magnétisme. Courants électriques. Pile de Volta. Notions de chimie. Théorie électrochimique. Piles hydro-électriques. Loi des intensités des courants. Courants dérivés. Electro-dynamique. Electro-aimants. Télégraphie : principes généraux. Notions sur les mouvements d'horlogerie. Transformateurs des mouvements. Des télégraphes Morse et à cadran. Communications télégraphiques simples. Relais. Communications multiples. Communications simultanées. Influence des lignes sur les communications télégraphiques. Boussoles. Commutateurs. Paratonnerres. Sonneries et parleurs. Télégraphes Hughes, d'Arlincourt, Caselli, Lignes télégraphiques aériennes : principes fondamentaux. Construction des lignes.

MANUEL
DE
GALVANOPLASTIE

DORURE, ARGENTURE

CUIVRAGE

NICKELAGE, ÉTAMAGE

Par Georges BRUNEL

1 vol. in-16 avec 28 figures
dans le texte

Prix. . . . . 4 fr.

TABLE DES MATIÈRES

Galvanoplastie. — Décomposition électrolytique, Principes. Historique. Divisions de procédés électrochimiques. — Appareils. Sources d'électricité. Piles. Machines dynamo. Accumulateurs. — Préparation des surfaces. Moulage. Métallisation. Mise au bain. Galvanotypie.

Électrochimie. — Préparation des surfaces. Décapages. Dorure à froid. Dorure à chaud. Dédorage. Extraction de l'or des vieux bains. — Argenture. Conduite de l'opération. Résumé des opérations. Désargenture. Extraction de l'argent des vieux bains. Argenture des miroirs et des glaces. — Cuivrage. Laitonisage. — Nickelage. Préparation des pièces. Conduite de l'opération. Dénickelage. Divers métaux. Zingage. Ferrage et aciérage. Platinage. Aluminiage. Plombage. Étamage. Antimoniage. Cobaltisage.

Dépôts métalliques par simple immersion. — Finissage des pièces.— Unités de mesure. — Renseignements chimiques. — Procédés, recettes et tours de main. — Dépôts métalliques. Principes. Dorure au trempé. Dorure de l'aluminium. Moyen de reconnaitre la dorure au mercure de la dorure électrochimique. Argenture au trempé. Cuivrage au trempé. Étamage au trempé. Antimoniage au trempé. Ors de couleur. Argent et vieil argent. Épargnes. — L'anthropoplastie galvanique. — Formules et procédés utiles. Recettes diverses. — Unités de mesure. Données chimiques. Tableau des constantes thermiques. Équivalents chimiques et électrochimiques. Chaleur de formation des principaux sels potassiques dissous.

CATÉCHISME
D'ÉLECTRICITÉ
PRATIQUE

Premières Leçons à la portée

de tous

PAR

Ernest SAINT-EDME

Ancien Professeur de Physique
à l'École Turgot

1 vol. in-16 avec 73 figures
dans le texte

Prix . . . . 2 fr. 50

TABLE DES CHAPITRES

PILES ÉLECTRIQUES
THERMO-ÉLECTRIQUES
Par HAUCK

Édition française par Georges FOURNIER

Un volume in-16. Prix, 5 fr.

Extrait de la Table des Matières

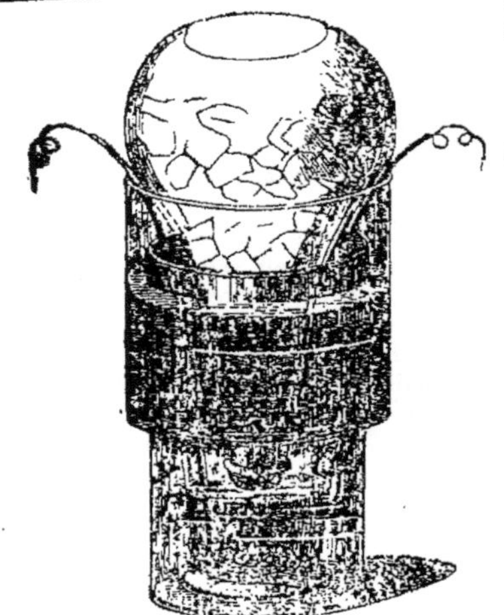

INTRODUCTION.
Découverte du galvanisme.— Actions dans l'élément Volta.— Le courant galvanique.— Force électromotrice. — Potentiel. — Résistance. — Cause de la grandeur de la force électromotrice. — Disposition des éléments. — Travail du courant. — Loi de Joule.

LES PILES ÉLECTRIQUES.
Dépolarisation par l'oxygène de l'air.— Emploi des électrodes en charbon, leur fabrication et comment la bande de dérivation doit y être fixée. — Dépolarisation par l'oxygène des oxydes métalliques.
Éléments avec liquides. — Piles sèches.
Dépolarisation par l'oxygène des acides.
Éléments à l'acide nitrique. — Chargement et vidange d'une pile de grande dimension. — Éléments à l'eau régale. — Éléments au chlore. — Éléments à l'acide chromique. — Éléments télégraphiques — Piles pour lumière électrique. — Éléments à acide chromique sans vase poreux.— Élément de campagne.—Éléments au sulfate de cuivre.—Les vases poreux dans l'élément Daniell. — Éléments télégraphiques. — Éléments pour éclairage électrique.—Remplacement du sulfate de cuivre par d'autres sels.
Éléments à deux liquides; id. à un liquide et un gaz; id. à deux gaz.

ÉLÉMENTS SECONDAIRES.
Chargement des accumulateurs. — Degré d'activité des accumulateurs.

PILES THERMO-ÉLECTRIQUES.

L'ÉLECTROLYSE ET L'ÉLECTROMÉTALLURGIE
Par E. JAPING
Deuxième édition par Charles BAYE

Un volume in-16, 46 figures. Prix . . . . 4 fr.

TABLE DES MATIÈRES

A. TOBLER et L. DE BELFORT DE LA ROQUE

L'HORLOGERIE ÉLECTRIQUE

1 vol. in-16°, de 152 pages, avec 65 figures dans le texte

Prix : 3 francs

TABLE DES MATIÈRES. — Unités de mesure. Unités fondamentales, système C. G. S. Unités géométriques. Unités mécaniques. Unités électro-magnétiques. Introduction. Appareils à cadrans sympathiques et régulateurs. Horloges de Wheatstone, Bain, Garnier, Stöhrer, Fritz, Bréguet, Siemens et Halske, du chemin de fer de Droz, de Houdin-Callaud et Mildé, Gloesener, Hipp, Arzberger. Appareil de contact à mercure de

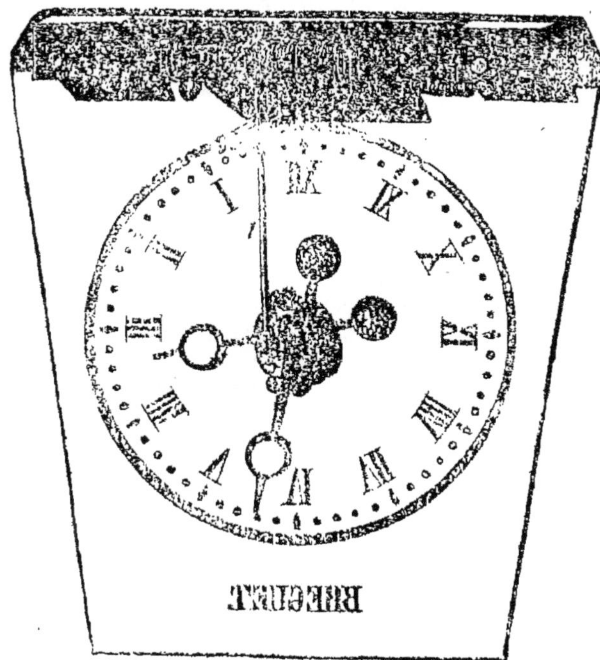

Horloge électrique, système Bréguet

Leclanché et Napoli, et de E. Liais. Remise à l'heure. Système de Bréguet, de Collin. Réglage des horloges à Berlin, à Paris. Système de Barraud et Lund. Système de Hipp. Horloges à pendules électriques de Liais et de Kramer. Horloge à pendule de Hipp. Horloge de Schweizer. Pendules à remontoir électrique. Pendules à remontoir Mouilleron et Anthoine. Pendule de Callaud. Horloge de M. Bréguet. Pendule électrique à remontoir et à sonnerie, système Japy frères et Cᵒ. Horloges électriques, système Château. Horloges à remontage électrique.

F. DOMMER

INGÉNIEUR

Professeur à l'École de Physique et de Chimie Industrielles
de la Ville de Paris

L'INCANDESCENCE PAR LE GAZ
ET LE PÉTROLE

L'ACÉTYLÈNE
ET SES APPLICATIONS

Un beau volume in-16, 320 pages, 220 figures
Prix franco : 4 fr. 50

L'éclairage au gaz, dont la disparition était annoncée comme prochaine par tous les électriciens, vient d'assurer son existence par une série de découvertes et d'améliorations qui ont permis aux gaziers de lutter avantageusement avec l'éclairage électrique.

Après une théorie élémentaire de la lumière, l'auteur aborde la description, encore peu connue, des minéraux dont les oxydes sont utilisés à produire l'incandescence : Thorite, Orangite, Monazite, etc.

Il traite ensuite avec une grande compétence les appareils à incandescence, à combustion complète, de Siemens, Bandsept, Denayrouse et Aüer, pour ne citer que les noms connus du public.

La seconde partie, la plus importante de cet ouvrage, est entièrement consacrée à l'*Acétylène*, le nouveau et déjà célèbre concurrent du gaz et de l'électricité. Tout ce que nous savons à ce jour sur l'acétylène, préparation de carbure de calcium, emploi dans l'éclairage, lampes mobiles, régulateurs, application à la carburation du gaz, à la traction, aux produits chimiques, alcool, etc., est décrit minutieusement dans les 200 pages qui terminent ce livre, 220 figures, la plupart inédites, illustrent cet ouvrage.

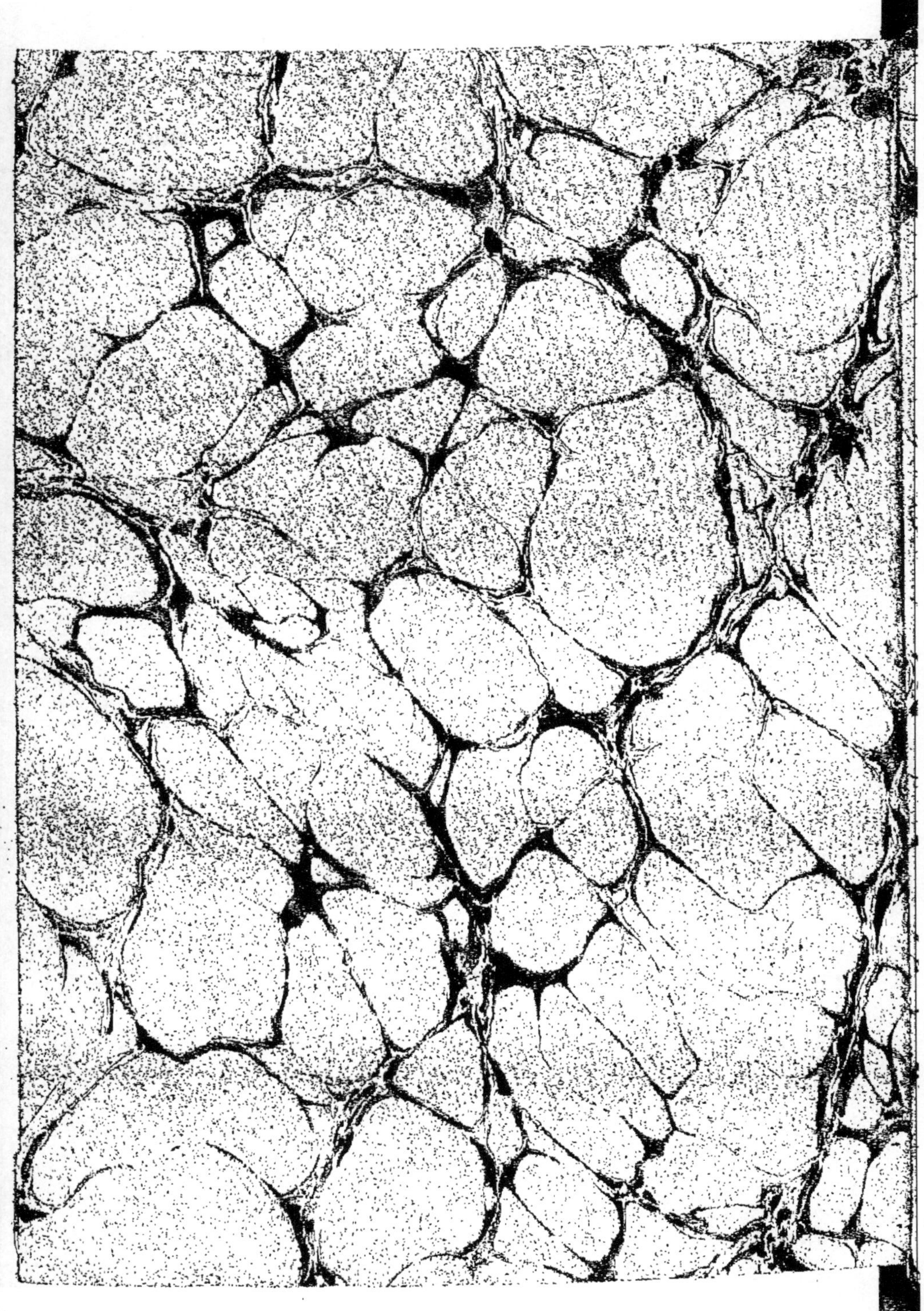

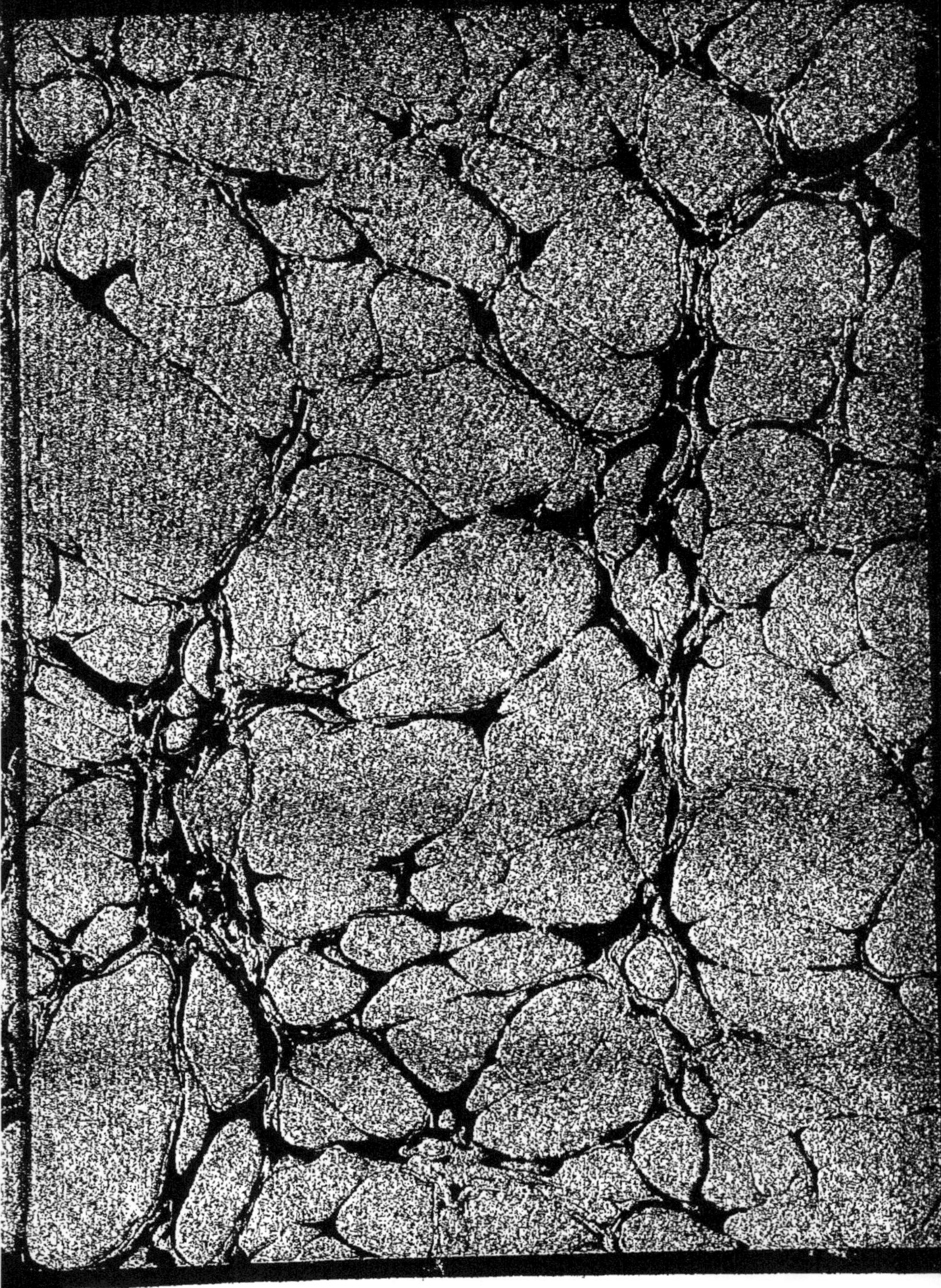

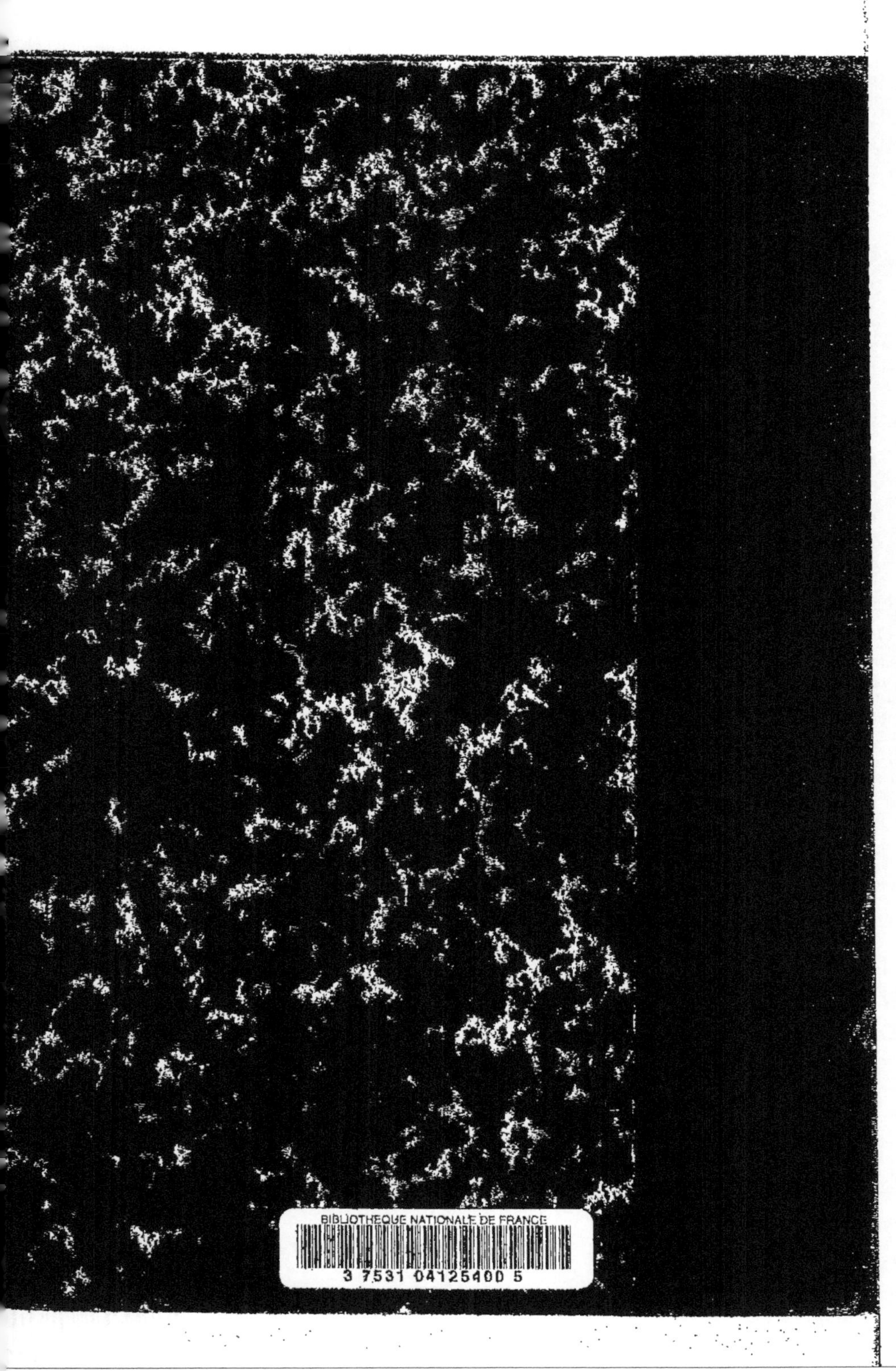